Zahlentheorie

Zahlentheorie

von
Prof. Dr. Harald Scheid
Bergische Universität –
Gesamthochschule Wuppertal

2., überarbeitete Auflage

B·I·

Wissenschaftsverlag
Mannheim · Leipzig · Wien · Zürich

Die Deutsche Bibliothek – CIP-Einheitsaufnahme

Scheid, Harald:
Zahlentheorie / von Harald Scheid. – 2., überarb. Aufl. –
Mannheim; Leipzig; Wien; Zürich: BI-Wiss.-Verl., 1994
   ISBN 3-411-14842-X

Gedruckt auf säurefreiem Papier
mit neutralem pH-Wert (bibliotheksfest)

© Bibliographisches Institut & F.A. Brockhaus AG, Mannheim 1994
Druck: Progressdruck GmbH, Speyer
Bindearbeit: Ludwig Fleischmann, Fulda
Printed in Germany
ISBN 3-411-14842-X

Inhaltsverzeichnis

IV Kongruenzen und diophantische Gleichungen

V Zahlentheoretische Funktionen

VI Der Primzahlsatz

VII Elemente der Additiven Zahlentheorie

VIII Siebmethoden

Vorwort zur 2. Auflage

Seit Erscheinen der 1. Auflage dieses Buchs im Jahr 1991 haben sich in der Zahlentheorie große Dinge getan: Die Fermatsche Vermutung (vgl. Kapitel IV), welche über 350 Jahre allen Anstrengungen, einen Beweis zu finden, widerstanden hatte und dabei zur Entwicklung vieler neuer mathematischer Disziplinen geführt hatte, scheint bewiesen zu sein (Juni 1993). Der Beweis ist erwartungsgemäß so tiefliegend, daß er hier nicht — auch nicht andeutungsweise — angesprochen werden kann. Auch eine andere — weit weniger populäre — Vermutung konnte in der Zwischenzeit bewiesen werden, nämlich die, daß es unendlich viele Carmichael-Zahlen gibt (vgl. Kapitel III). Eine Darstellung dieses Beweises würde ebenfalls den Rahmen des Buches sprengen.

Von zahlreichen Lesern wurde ich auf Fehler — nicht nur harmlose Druckfehler — aufmerksam gemacht, wofür ich an dieser Stelle danken möchte. Dem Verlag bin ich dankbar, daß er bereit war, die 2. Auflage in einem größeren Format erscheinen zu lassen und damit die Lesbarkeit zu verbessern.

Frei-Laubersheim, im Juli 1994   H. S.

Einleitung

Die Zahlentheorie beschäftigt sich mit den Teilbarkeitseigenschaften der ganzen Zahlen, wobei ein besonderes Interesse den Primzahlen zukommt, also jenen natürlichen Zahlen größer als 1, die nur durch 1 und durch sich selbst teilbar sind. Diese Beschreibung der Zahlentheorie könnte vermuten lassen, daß es sich bei ihr um ein sehr elementares Gebiet der Mathematik handelt. Dies ist aber keineswegs der Fall, denn um den ganzen Zahlen ihre Geheimnisse entreißen zu können, haben sich einige bedeutsame Zweige der Mathematik entwickelt, welche sich schließlich fernab von den Problemen der Teilbarkeitslehre als interessant und nützlich erwiesen haben.

Viele große Mathematiker haben Beiträge zur Entwicklung der Zahlentheorie geleistet, und auch heute ist dieses Gebiet der Mathematik aufgrund seiner zahlreichen ungelösten Probleme für die mathematische Forschung von höchstem Interesse. Unter den Mathematikern, deren Namen mit der Zahlentheorie verbunden sind, wollen wir einige hier hervorheben.

EUKLID von Alexandria lebte um 300 v. Chr. Am bekanntesten ist sein Werk mit dem Titel *Elemente*, in dem er das mathematische Wissen seiner Zeit darstellte, wobei er vor allem Wert auf strenge Beweisführungen legte. Teile dieses Werkes wurden noch im 18. Jahrhundert in Schulen als Unterrichtsbuch verwendet. Ein nach EUKLID benannter Satz muß nicht immer von diesem gefunden worden sein, der wahre Entdecker ist meistens nicht mehr bekannt.

DIOPHANT von Alexandria lebte vermutlich um 250 n. Chr. Er ist der Verfasser eines arithmetischen Werkes, bestehend aus 13 „Büchern". Bis vor kurzer Zeit waren nur sechs dieser Bücher bekannt, im Jahr 1973 wurden vier weitere Bücher in einer arabischen Übersetzung entdeckt. Ein wesentlicher Teil seines Werkes befaßt sich mit dem Lösen von Gleichungen. Da hierbei nur rationale Lösungen gesucht sind, nennt man noch heute eine Gleichung, für welche man rationale oder gar nur ganzzahlige Lösungen sucht, eine *diophantische* Gleichung.

Im 4. Jahrhundert n. Chr. ging ein großer Teil der antiken Wissenschaft verloren; nicht nur „heidnische" Tempel und Kunstwerke wurden zerstört, es wurden auch Bücher verbrannt und Wissenschaftler verfolgt. Im April 415 erschlugen Fanatiker die Philosophin und Mathematikerin HYPATIA von Alexandria, weil sie nicht zum christlichen Glauben übertreten wollte. Im Jahr 529 schloß JUSTINIAN die Athener Akademie und zerstörte damit ein bedeutendes wissenschaftliches Zentrum der antiken Welt. Viele Gelehrte siedelten sich im Iran an und begründeten damit eine neue Epoche wissenschaftlicher Blüte im arabisch-islamischen Raum. So war es möglich, daß uns ein Teil der antiken Wissenschaft erhalten blieb. Das Werk des EUKLID wurde teilweise schon im 12. Jahrhundert aus dem Arabischen ins Lateinische übersetzt, die erste vollständige lateinische Ausgabe erschien aber erst 1533.

LEONARDO von Pisa (LEONARDO PISANO) gen. FIBONACCI („Sohn des Bonaccio") lebte ungefähr von 1170 bis 1240. In der Zeit, in der sein Vater Notar in der Stadt Bugia im heutigen Algerien war, und auf seinen ausgedehnten Geschäftsreisen durch den Vorderen Orient lernte er die arabische Sprache und Rechenkunst. Im Jahr 1202 verfaßte er ein Buch mit dem Titel *Liber abbaci*, welches epochemachend für die Entwicklung der Mathematik im Abendland war. Er brachte mit diesem Buch das indisch-arabische Ziffernsystem und das Rechnen im Zehnersystem nach Europa. Der *Liber abbaci* enthält auch viele zahlentheoretische Themen, seine Bedeutung liegt aber hauptsächlich in der Darstellung arithmetischer Algorithmen. („Algorithmus" ist eine Verballhornung von AL CHWARIZMI, dem Namen eines arabischen Gelehrten des 9. Jahrhunderts, dessen Schriften mit dazu beitrugen, das indisch-arabische Ziffernsystem zu verbreiten.) Im Jahr 1225 schrieb FIBONACCI den *Liber quadratorum*, in welchem diophantische Gleichungen zweiten Grades behandelt werden, welcher sich also mit einem wichtigen Thema der Zahlentheorie beschäftigt. Dieses Buch widmete er dem den Wissenschaften aufgeschlossenen Kaiser FRIEDRICH II, an dessen Hof er zeitweilig verkehrte. Es ist sicher richtig, FIBONACCI als den größten abendländischen Mathematiker des Mittelalters anzusehen.

PIERRE DE FERMAT (1601–1665) lebte als höherer Verwaltungsbeamter („königlicher Parlamentsrat") in Toulouse. Er gilt als Vater der neuzeitlichen Zahlentheorie, obwohl seine mathematische Arbeit größtenteils nur in Briefen an seine Zeitgenossen (vor allem an PIERRE DE CARCAVI, RENÉ DESCARTES, BERNARD FRÉNICLE DE BESSY, MARIN MERSENNE, BLAISE PASCAL) enthalten ist. Im Jahr 1621 hatte CLAUDE GASPARD BACHET DE MÉZIRIAC die *Arithmetica* des DIOPHANT in Griechisch und Latein publiziert und mit Kommentaren versehen. Diese DIOPHANT-Ausgabe regte FERMAT zu interessanten zahlentheoretischen Studien an. Auf dem Rand des Buches notierte er, daß er die Unlösbarkeit der Gleichung $x^n + y^n = z^n$ für $n \geq 3$ in ganzen Zahlen beweisen könne, der Rand des Buches für diesen Beweis aber zu wenig Platz biete. (FERMATs Sohn veröffentlichte 1670 die *Arithmetica* von DIOPHANT mit den Anmerkungen seines Vaters.) Bei der Suche nach einem Beweis haben sich großartige mathematische Theorien entwickelt. Der im Juni 1993 vorgelegte Beweis der „Fermatschen Vermutung" ist noch umstritten.

LEONHARD EULER (1707–1783) stammte aus Basel, weshalb er auf der z. Zt. gültigen schweizerischen 10-Franken-Note abgebildet ist. Er verbrachte allerdings den größten Teil seines Lebens in St. Petersburg als Mitglied der dortigen Akademie, von 1741 bis 1766 war er Mitglied der Königlichen Akademie in Berlin. EULERs Werk gilt als beispiellos, nicht nur bezüglich seines Umfangs: Er verfaßte mehr als 850 wissenschaftliche Arbeiten und schrieb etwa 20 Bücher; in den 26 Bänden mathematischer Abhandlungen, die die Petersburger Akademie von 1727 bis 1783 herausgab, stammte mehr als die Hälfte der Beiträge von EULER. Er beschäftigte sich auch mit naturwissenschaftlichen und philosophischen Fragen, der Schwerpunkt seiner Arbeit lag aber in der Mathematik. Hier hat er fast jedes Gebiet mit neuen Ideen und Theorien bereichert, u. a. natürlich auch die Zahlentheorie.

JOSEPH LOUIS LAGRANGE (1736–1813) gilt vielfach als der nach EULER bedeutendste Mathematiker des 18. Jahrhunderts. Er begann seine Laufbahn mit 18 Jahren als Professor für Geometrie an der Königlichen Artillerieschule in Turin und wurde 1766 Nachfolger EULERs in der Königlichen Akademie zu Berlin. Danach lehrte er ab 1793 an der gerade gegründeten École Polytechnique in Paris. Seine bekanntesten Werke beschäftigen sich mit der Analysis und ihren Anwendungen, sein Interesse galt aber auch der Zahlentheorie, wobei er vor allem durch die Arbeiten EULERs angeregt wurde.

CARL FRIEDRICH GAUSS (1777–1855) wird vielfach als der bedeutendste Mathematiker aller Zeiten angesehen, man sprach von ihm als dem *princeps mathematicorum*. Er ist auf der zur Zeit gültigen 10-DM-Note abgebildet. Obwohl auch er fast alle Gebiete der Mathematik weiterentwickelte und auch wesentliche Beiträge zur Astronomie und Geodäsie lieferte, galt seine Liebe vor allem der Zahlentheorie, die er die „Königin der Mathematik" nannte. Im Jahr 1801 erschien seine Arbeit mit dem Titel *Disquisitiones arithmeticae*, welche ein Meilenstein in der Entwicklung der Zahlentheorie ist; geschrieben hat er diese „Magna Carta" der Zahlentheorie als Achtzehnjähriger. GAUSS lehrte in Göttingen, dort war er ab 1807 Professor der Astronomie und Direktor der Sternwarte. Ehrenvolle Berufungsangebote an andere Universitäten hat er stets abgelehnt.

ADRIEN-MARIE LEGENDRE lebte von 1752 bis 1833, war also etwas älter als GAUSS. Er arbeitete zunächst, wie viele große französische Mathematiker, als Lehrer an einer Militärschule; eine seiner ersten Arbeiten behandelte Probleme der Ballistik. Neben der Himmelsmechanik und der Theorie der elliptischen Funktionen wurde sein Hauptarbeitsgebiet aber die Zahlentheorie. Sein *Essai sur la Théorie des Nombres* aus dem Jahr 1798 war der Taufpate der „Zahlentheorie".

GUSTAV PETER LEJEUNE-DIRICHLET (1805–1859) lernte während seines Studiums in Paris die bedeutendsten französischen Mathematiker dieser Zeit kennen. Nach Lehrtätigkeiten an der Kriegsschule und später der Universität in Berlin wurde er 1855 Nachfolger von GAUSS an der Universität Göttingen. DIRICHLET hat als erster systematisch Methoden der Analysis in die Zahlentheorie eingeführt.

Viele Themen der Zahlentheorie haben heute, besonders im Zusammenhang mit der Verwendung von Computern, ihren „praktischen Nutzen" erwiesen (vgl. z. B. Kapitel IV; vgl. auch [Schroeder 1986]). Man wird also heute folgender Einschätzung [Heaslet/Uspensky 1939] nicht mehr voll zustimmen: *The theory of numbers, unlike some other branches of mathematics, is a purely theoretical science without practical applications.* Andererseits kann man in der „Nutzlosigkeit" vielleicht gerade die „Schönheit" der Zahlentheorie sehen. ERNST EDUARD KUMMER (1810–1891), der wesentlichen Anteil an der Entwicklung der Algebraischen Zahlentheorie hat, soll gesagt haben, daß er seine diesbezüglichen Forschungsergebnisse gerade deshalb so schätze, weil sie sich nicht mit irgendwelchen praktischen Anwendungen beschmutzt hätten.

Man pflegt die Zahlentheorie nach verschiedenen Gesichtspunkten in Gebiete einzuteilen, wobei es sich allerdings nicht um eine strenge Einteilung handelt. Betrachtet man statt der üblichen ganzen Zahlen ganzalgebraische Zahlen, dann spricht man von der *Algebraischen Zahlentheorie*. Anfangsgründe dieses Gebiets werden in Kapitel II behandelt. Benutzt man Methoden der reellen oder komplexen Analysis, wie etwa beim Beweis des Primzahlsatzes (Kapitel VI), dann nennt man dies *Analytische Zahlentheorie*. Interessiert man sich vor allem für die Darstellung von Zahlen als Summe von Zahlen aus einer vorgegebenen Menge, dann treibt man *Additive Zahlentheorie* (Kapitel VII, VIII). Behandelt man schließlich Fragen der Teilbarkeitslehre ganzer Zahlen „nur" mit den auch in der Schule benutzten Methoden der Arithmetik, dann nennt man dies *Elementare Zahlentheorie*. Häufig wählt man die Bezeichnung „elementar" aber auch zur Abgrenzung gegen „analytisch", wenn letzteres insbesondere die Einbeziehung von Methoden der Funktionentheorie bedeutet. In diesem Sinne ist der in Kapitel VI dargestellte Beweis des Primzahlsatzes „elementar". Daß „elementar" in der Zahlentheorie jedenfalls nicht „einfach" bedeutet, zeigen schon die Kapitel I, III, IV, die alle zweifelsfrei der *Elementaren Zahlentheorie* zuzurechnen sind.

Eine Darstellung aller Ergebnisse der Zahlentheorie und ihrer Entwicklung bis etwa 1920 gibt das dreibändige Werk *History of the theory of numbers* von DICKSON [Dickson 1971]. Der Geschichte der Zahlentheorie „von Hamurapi bis Legendre" hat ANDRÉ WEIL ein Buch gewidmet [Weil 1983]. Die Entwicklung von FERMAT bis MINKOWSKI (vgl. IV.11) wird in [Scharlau/Opolka 1980] dargestellt. Zahlreiche Lehrbücher zur Zahlentheorie informieren über die historische Entwicklung, z. B. [Ore 1948], [Grosswald 1966], [Burton 1976], [Bundschuh 1988]. Auch im vorliegenden Buch werden historische Daten und auch (verbürgte und spekulative) historische Zusammenhänge eingeflochten, wenn auch nur sehr sporadisch.

Die Sätze innerhalb eines Kapitels sind durchnumeriert und werden in der Form „VI.3 Satz 7" zitiert. Sätze tragen häufig den Namen dessen, der ihn erstmals formuliert oder bewiesen hat. Dabei kann man nicht immer alle „Väter" eines Satzes nennen, der Satz von LAGRANGE (IV.5 Satz 15) müßte sonst „Satz von DIOPHANT/BACHET/FERMAT/EULER/LAGRANGE" heißen.

Ist an einer Stelle, wo über weitergehende Ergebnisse lediglich berichtet wird, Lehrbuchliteratur angegeben, so bedeutet dies in der Regel, daß man in den genannten Lehrbüchern auch weitere Literaturangaben findet. Auf diese Weise konnte das Literaturverzeichnis relativ bescheiden gehalten werden.

Die Aufgaben am Ende eines jeden Kapitels sind z. T. nicht einfach zu lösen, so daß es zweckmäßig schien, die Lösungen in nicht zu knapper Form anzugeben. Weitere Aufgaben zur Zahlentheorie findet man in den Aufgabensammlungen [Sierpinski 1964,1970], [Parent 1978] sowie u.a. in den Lehrbüchern [Apostol 1976], [Burton 1976], [Flath 1989], [Gioia 1970], [Grosswald 1966], [LeVeque 1956], [Long 1972], [Nagell 1964], [Narkiewicz 1983], [Niven/Zuckerman 1980], [Rose 1988], [Shockley 1967], [Sierpinski 1988], [Stark 1970].

Das Buch richtet sich nicht an Studienanfänger, da Kenntnisse aus der Linearen Algebra und der Analysis vorausgesetzt werden, die man i. allg. nicht auf der Schule erwirbt. Dazu gehört das Rechnen mit Matrizen und Determinanten, mit unendlichen Reihen sowie mit komplexen Zahlen. Ein Student im dritten Semester sollte aber keine Schwierigkeiten bei der Lektüre haben. Vielleicht bereitet es sogar eine besondere Freude, die Nützlichkeit der Methoden der Analysis und der Linearen Algebra hier zu erleben. Und vielleicht wird auch hier und da verständlich, daß zahlentheoretische Probleme zu allen Zeiten eine große Faszination ausübten.

I Teilbarkeit ganzer Zahlen

I.1 Die Teiler einer ganzen Zahl

Im folgenden soll $\mathbb{N}$ die Menge der natürlichen Zahlen bedeuten, also

$$\mathbb{N} = \{1, 2, 3, \ldots\}.$$

Die Menge der natürlichen Zahlen einschließlich der Zahl 0 bezeichnen wir mit $\mathbb{N}_0$; es ist also $\mathbb{N}_0 = \mathbb{N} \cup \{0\}$. Wenn für $a, d \in \mathbb{N}$ die Divisionsaufgabe $a : d$ „aufgeht", wenn also ein $c \in \mathbb{N}$ mit $a : d = c$ bzw. $a = cd$ existiert, dann heißt a *teilbar durch* d. Man schreibt dafür $d|a$ („d teilt a") und nennt d einen *Teiler* von a und a ein *Vielfaches* von d. Ist d kein Teiler von a, so schreibt man $d \nmid a$ („d teilt nicht a"). Mit T_a wollen wir die Menge aller Teiler von a bezeichnen und nennen diese Menge die *Teilermenge* von a.

Ist $d|a$, so ist $\frac{a}{d}$ eine natürliche Zahl, welche ebenfalls ein Teiler von a ist. Für $d|a$ nennt man das Zahlenpaar $(d, \frac{a}{d})$ ein *Paar komplementärer Teiler* von a. Um die Teilermenge T_a zu bestimmen, gibt man zweckmäßigerweise zu jedem Teiler d sofort den *komplementären* Teiler $\frac{a}{d}$ an und schreibt die Teiler in Tabellenform auf:

30			48			81	
1	30		1	48		1	81
2	15		2	24		3	27
3	10		3	16		9	9
5	6		4	12			
			6	8			

Ist $d \leq \frac{a}{d}$, so ist $d^2 \leq a$, also $d \leq \sqrt{a}$; in der linken Spalte der Teilertabelle von a schreibt man also nur die Teiler von a auf, die nicht größer als $\sqrt{a}$ sind. Ist a keine Quadratzahl, so enthält jedes Paar komplementärer Teiler zwei verschiedene Teiler von a, es gibt also in diesem Fall eine gerade Anzahl von Teilern. Ist dagegen a eine Quadratzahl, so gibt es ein Paar komplementärer Teiler mit gleichen Teilern, so daß in diesem Fall die Anzahl der Teiler ungerade ist.

Für die Teilbarkeit in $\mathbb{N}$ gelten u.a. folgende Regeln, welche man ohne große Mühe aus der Definition der Teilbarkeit herleitet:

(1) $1|a$ und $a|a$ für alle $a \in \mathbb{N}$;

(2)   aus $a|b$ und $b|a$ folgt $a = b$;

(3)   aus $a|b$ und $b|c$ folgt $a|c$;

(4)   aus $a|b$ folgt $a|rb$ für alle $r \in \mathbb{N}$;

(5)   aus $a|b$ und $a|c$ folgt $a|b + c$;

(6)   aus $a|b$ und $a|b + c$ folgt $a|c$.

Die Zahl 1 besitzt nur einen Teiler, es ist $T_1 = \{1\}$. Wenn eine Zahl genau zwei Teiler besitzt, dann nennt man sie eine *Primzahl*. Eine Primzahl p besitzt also nur die Teiler 1 und p, es ist $T_p = \{1, p\}$. Eine Primzahl p läßt sich nicht als Produkt zweier natürlicher Zahlen schreiben, welche beide größer als 1 und kleiner als p sind. Besitzt eine Zahl mehr als zwei Teiler, so heißt sie *zusammengesetzt*. Ist $d|a$ mit $1 < d < a$, so ist $a = d \cdot \frac{a}{d}$, die Zahl a läßt sich also als Produkt zweier Zahlen schreiben, welche von 1 und von a verschieden sind.

Man kann den Begriff der Teilbarkeit auf die Menge

$$\mathbb{Z} = \{\dots, -3, -2, -1, 0, 1, 2, 3, \dots\}$$

der ganzen Zahlen ausdehnen: Für $a, d \in \mathbb{Z}$ gilt $d|a$ genau dann, wenn ein $c \in \mathbb{Z}$ mit $a = c \cdot d$ existiert. Dann ist beispielsweise $-3|15$, denn $15 = (-3) \cdot (-5)$. Die Teiler von 6 sind dann $-6, -3, -2, -1, 1, 2, 3, 6$. Regel (2) muß man in $\mathbb{Z}$ ersetzen durch die folgende:

(2′)   Aus $a|b$ und $b|a$ folgt $a = b$ oder $a = -b$.

Es gilt dann auch für alle $a, b, c \in \mathbb{Z}$: Aus $a|b$ und $a|c$ folgt $a|b - c$. In Verallgemeinerung dieser Regel und der Regel (5) gilt in $\mathbb{Z}$:

(5′)   Aus $a|b$ und $a|c$ folgt $a|ub + vc$ für alle $u, v \in \mathbb{Z}$.

Noch allgemeiner gilt, daß ein Teiler von n ganzen Zahlen auch jede *Vielfachensumme* dieser Zahlen teilt:

(5″)   Aus $a|b_1$ und $a|b_2$ und $\dots$ und $a|b_n$ folgt
$a|u_1 b_1 + u_2 b_2 + \cdots + u_n b_n$ für alle $u_1, u_2, \dots, u_n \in \mathbb{Z}$.

Wegen $d \cdot 0 = 0$ für alle $d \in \mathbb{Z}$ gilt $d|0$ für alle $d \in \mathbb{Z}$. Weil auch $0 \cdot 0 = 0$ ist, gilt insbesondere $0|0$, obwohl man natürlich 0 nicht durch 0 dividieren darf. Andererseits ist 0 die einzige ganze Zahl, die durch 0 teilbar ist.

Den Begriff der Teilermenge wollen wir im folgenden nur für natürliche Zahlen verwenden, also für die Menge der positiven Teiler einer positiven Zahl. Ebenfalls in vielen weiteren Zusammenhängen ist es keine Beschränkung der Allgemeinheit, sich mit der Betrachtung natürlicher Zahlen zu begnügen, denn für $a, b \in \mathbb{Z}$ ist genau dann a ein Teiler von b, wenn $|a|$ ein Teiler von $|b|$ ist.

In Kapitel II werden wir die Begriffe der Teilbarkeitslehre auf noch allgemeinere Rechenbereiche als den der ganzen Zahlen ausdehnen, was aber weitgehend nur zu dem Zweck geschieht, Aussagen über natürliche Zahlen zu gewinnen.

I.2 Primzahlen

Die Folge der Primzahlen beginnt mit 2, 3, 5, 7, 11, 13, 17, 19, 23, 29 ... .
Schon EUKLID gibt in den *Elementen* einen Beweis dafür an, daß die Folge der
Primzahlen nicht abbricht.

Satz 1: Es gibt unendlich viele Primzahlen.

Beweis (EUKLID): Wir nehmen an, es gäbe nur die endlich vielen Primzahlen
$p_1, p_2, \ldots, p_r$. Die natürliche Zahl

$$n = p_1 \cdot p_2 \cdot \cdots \cdot p_r + 1$$

ist durch keine der Primzahlen $p_1, p_2, \ldots, p_r$ teilbar, weil sonst nach Regel (6) aus
I.1 auch 1 durch diese Primzahl teilbar wäre. Da aber jede Zahl, die größer als 1
ist, durch eine Primzahl teilbar sein muß, existiert noch mindestens eine weitere
Primzahl. Damit ist die Annahme, es gäbe nur die genannten r Primzahlen,
widerlegt. □

Auch folgendermaßen kann man den Beweis von Satz 1 führen: Bezeichnet
man mit $n!$ („n Fakultät") das Produkt aller natürlichen Zahlen von 1 bis n,
dann ist jeder Primteiler von $n! + 1$ größer als n. Zu jeder natürlichen Zahl n
gibt es also eine Primzahl, die größer als n ist.

Beim Beweis von Satz 1 haben wir die Tatsache benutzt, daß jede natürliche
Zahl > 1 einen Primteiler besitzt, d.h. durch eine Primzahl teilbar ist. Dies gilt
in der Tat. Denn ist $a > 1$ und p der kleinste von 1 verschiedene Teiler von a,
dann ist p eine Primzahl; ein Teiler q von p muß nämlich auch ein Teiler von a
sein, im Fall $q < p$ kann also nur $q = 1$ sein.

Satz 2: Ist a eine zusammengesetzte Zahl, dann existiert ein Primteiler p von
a mit $p \leq \sqrt{a}$.

Beweis: Ist a zusammengesetzt, dann ist der kleinste von 1 verschiedene Teiler
von a eine Primzahl p, wie wir schon oben festgestellt haben, und es gilt $p \leq \frac{a}{p}$,
also $p^2 \leq a$. □

Möchte man also prüfen, ob eine natürliche Zahl a Primzahl ist oder nicht,
so muß man nur feststellen, ob sie durch eine Primzahl $\leq \sqrt{a}$ teilbar ist oder
nicht. Beispielsweise ist 257 eine Primzahl, denn

$$2 \nmid 257, \quad 3 \nmid 257, \quad 5 \nmid 257, \quad 7 \nmid 257, \quad 11 \nmid 257, \quad 13 \nmid 257$$

und die nächste Primzahl 17 ist größer als $\sqrt{257}$ ($17^2 = 289 > 257$).

ERATOSTHENES von Cyrene (276–196 v.Chr.), der im Jahr 235 v.Chr. Vor-
steher der Bibliothek in Alexandria wurde, hat ein Verfahren beschrieben, mit
welchem man alle Primzahlen unterhalb einer Schranke N bestimmen kann.
Dies nennt man das *Sieb des* ERATOSTHENES:

1) Man schreibe alle natürlichen Zahlen von 2 bis N auf.

2) Man markiere die Zahl 2 und streiche dann jede zweite Zahl.

3) Ist n die erste nicht-gestrichene und nicht-markierte Zahl, so markiere man n und streiche dann jede n-te Zahl aus $\{n+1, n+2, \ldots, N\}$.

4) Man führe Schritt 3) für alle n mit $n \leq \sqrt{N}$ aus; ist $n > \sqrt{N}$, so stoppe man den Prozeß.

5) Alle markierten bzw. nicht-gestrichenen Zahlen sind Primzahlen, und zwar sind dies alle Primzahlen $\leq N$.

Beispiel ($N = 100$):

$$
\begin{array}{ccccccccccccccc}
\underline{2} & \underline{3} & \cancel{4} & \underline{5} & \cancel{6} & \underline{7} & \cancel{8} & \cancel{9} & \cancel{10} & 11 & \cancel{12} & 13 & \cancel{14} & \cancel{15} \\
\cancel{16} & 17 & \cancel{18} & 19 & \cancel{20} & \cancel{21} & \cancel{22} & 23 & \cancel{24} & 25 & 26 & \cancel{27} & \cancel{28} & 29 \\
\cancel{30} & 31 & \cancel{32} & \cancel{33} & \cancel{34} & \cancel{35} & \cancel{36} & 37 & \cancel{38} & \cancel{39} & 40 & 41 & \cancel{42} & 43 \\
\cancel{44} & \cancel{45} & \cancel{46} & 47 & \cancel{48} & \cancel{49} & \cancel{50} & \cancel{51} & \cancel{52} & 53 & \cancel{54} & \cancel{55} & \cancel{56} & \cancel{57} \\
\cancel{58} & 59 & \cancel{60} & 61 & \cancel{62} & \cancel{63} & \cancel{64} & \cancel{65} & \cancel{66} & 67 & \cancel{68} & 69 & \cancel{70} & 71 \\
\cancel{72} & 73 & \cancel{74} & \cancel{75} & \cancel{76} & \cancel{77} & \cancel{78} & 79 & \cancel{80} & \cancel{81} & \cancel{82} & 83 & \cancel{84} & \cancel{85} \\
\cancel{86} & \cancel{87} & \cancel{88} & 89 & \cancel{90} & \cancel{91} & \cancel{92} & \cancel{93} & \cancel{94} & \cancel{95} & \cancel{96} & 97 & \cancel{98} & \cancel{99} \\
\cancel{100} & & & & & & & & & & & & &
\end{array}
$$

Unterhalb von 100 findet man 25 Primzahlen, nämlich

$$2, 3, 5, 7, 11, 13, 17, 19, 23, 29, 31, 37, 41,$$
$$43, 47, 53, 59, 61, 67, 71, 73, 79, 83, 89, 97.$$

Man kann beim Sieb des ERATOSTHENES natürlich die Arbeit verringern, indem man die geraden Zahlen von vornherein ausschließt.

Die Primzahlen außer 2 und 5 enden (im 10er-System) alle auf 1, 3, 7 oder 9, sie sind von der Form $10k + a$ mit $k \in \mathbb{N}_0$ und $a \in \{1, 3, 7, 9\}$. Allgemein gilt für $m \in \mathbb{N}$: Die Zahl $mk + a$ mit $k \in \mathbb{N}_0$ und $1 \leq a \leq m - 1$ ist *keine* Primzahl, wenn a und m einen gemeinsamen Teiler $d > 1$ besitzen, außer im Fall, daß a eine Primzahl und $k = 0$ ist. Denn aus $d|a$ und $d|m$ folgt $d|mk + a$. Beispielsweise sind alle Primzahlen außer 2, 3, 5 von der Form

$$30k + a \text{ mit } k \in \mathbb{N}_0 \text{ und } a \in \{1, 7, 11, 13, 17, 19, 23, 29\}.$$

Daher könnte man die Primzahlen ab 7 in folgender Form übersichtlich aufschreiben:

	7	11	13	17	19	23	29
31	37	41	43	47		53	59
61	67	71	73		79	83	89
	97	101	103	107	109	113	
	127	131		137	139		149
151	157		163	167		173	179
181		191	193	197	199		
⋮	⋮	⋮	⋮	⋮	⋮	⋮	⋮

Aus dem DIRICHLETschen Primzahlsatz, den wir in Kapitel VI beweisen werden, folgt, daß in jeder der acht Spalten unendlich viele Primzahlen auftreten.

Mit dem Sieb des ERATOSTHENES kann man mit Hilfe eines Computers sehr umfangreiche Primzahltabellen berechnen; aber auch schon vor der Erfindung der elektronischen Rechner publizierte DERRICK NORMAN LEHMER im Jahr 1914 eine Tabelle aller Primzahlen von 2 bis 10 006 721. In 20jähriger Arbeit hatte schon JACOB PHILIP KULIK (1773–1863) eine Faktor- und Primzahltafel erstellt, welche zehnmal so weit reichte, aber nicht sehr zuverlässig war. Sein *Magnus canon divisorum pro omnibus numeris per 2,3 et 5 non divisibilis, et numerorum primorum interjacentium ad millies centum millia accuratius ad 100330201 usque* existiert nur als Manuskript, das seit 1867 in der Akademie der Wissenschaften zu Wien deponiert ist. Von den 8 Bänden mit insgesamt 4212 Seiten ist allerdings ein Band (nämlich Band 2) verlorengegangen.

Mit $\pi(N)$ bezeichnet man die Anzahl der Primzahlen $\leq N$. Es ist

$\pi(10)$	$=$	4	$\pi(1000000)$	$=$	78 498
$\pi(100)$	$=$	25	$\pi(10000000)$	$=$	664 579
$\pi(1000)$	$=$	168	$\pi(100000000)$	$=$	5 761 455
$\pi(10000)$	$=$	1 229	$\pi(1000000000)$	$=$	50 847 534
$\pi(100000)$	$=$	9 592	$\pi(10000000000)$	$=$	455 052 512

Die Anzahl $\pi(N)$ kann man, wenn auch mit erheblichem Rechenaufwand, anhand des Siebes von ERATOSTHENES berechnen, wenn man alle Primzahlen $\leq \sqrt{N}$ und damit $\pi(\sqrt{N})$ kennt:

Satz 3: Es sei P das Produkt der Primzahlen $\leq \sqrt{N}$ und $\omega(n)$ die Anzahl der verschiedenen Primteiler von n ($n \in \mathbb{N}$). Mit $[x]$ wird die größte ganze Zahl $\leq x$ bezeichnet. Dann gilt

$$\pi(N) = \pi(\sqrt{N}) - 1 + \sum_{d|P} (-1)^{\omega(d)} \left[\frac{N}{d}\right] .$$

Dabei ist die Summe über alle Teiler d von P zu erstrecken.

Beweis: Es seien $p_1, p_2, \ldots, p_r$ die Primzahlen $\leq \sqrt{N}$. Ferner sei

$$A_i = \{n \in \mathbb{N} \mid 2 \leq n \leq N \text{ und } p_i | n\} \quad (i = 1, 2, \ldots, r),$$
$$A = \{n \in \mathbb{N} \mid 2 \leq n \leq N \text{ und } (p_1|n \text{ oder } p_2|n \text{ oder } \ldots \text{ oder } p_r|n)\},$$

also $A = A_1 \cup A_2 \cup \cdots \cup A_r$. Die Menge A besteht aus allen Primzahlen $\leq \sqrt{N}$ und allen im Sieb des ERATOSTHENES gestrichenen Zahlen. Folglich gilt für die Anzahl $|A|$ der Elemente von A die Gleichung $N - 1 - |A| + \pi(\sqrt{N}) = \pi(N)$, also

$$\pi(N) = \pi(\sqrt{N}) + N - 1 - |A|.$$

Nun gilt nach einer bekannten Zählformel für endliche Mengen

$$|A| = |A_1 \cup A_2 \cup \cdots \cup A_r|$$

$$= \sum_{1 \leq i \leq r} |A_i| - \sum_{1 \leq i_1 < i_2 \leq r} |A_{i_1} \cap A_{i_2}|$$

$$+ \sum_{1 \leq i_1 < i_2 < i_3 \leq r} |A_{i_1} \cap A_{i_2} \cap A_{i_3}|$$

$$- + \cdots + (-1)^{r-1} |A_1 \cap A_2 \cap \cdots \cap A_r|.$$

Wegen

$$|A_{i_1} \cap A_{i_2} \cap \cdots \cap A_{i_s}| = \left[\frac{N}{p_{i_1} p_{i_2} \cdots p_{i_s}} \right] \text{ und } N = \left[\frac{N}{1} \right]$$

folgt die angegebene Formel.   □

Beispiel:

$$\pi(100) = \pi(10) - 1 + [\frac{100}{1}] - [\frac{100}{2}] - [\frac{100}{3}] - [\frac{100}{5}] - [\frac{100}{7}]$$

$$+ [\frac{100}{6}] + [\frac{100}{10}] + [\frac{100}{14}] + [\frac{100}{15}] + [\frac{100}{21}] + [\frac{100}{35}]$$

$$- [\frac{100}{30}] - [\frac{100}{42}] - [\frac{100}{70}] - [\frac{100}{105}] + [\frac{100}{210}]$$

$$= 4 - 1 + 100 - 50 - 33 - 20 - 14$$

$$+ 16 + 10 + 7 + 6 + 4 + 2$$

$$- 3 - 2 - 1 - 0 + 0 = 25.$$

Mit wesentlich subtileren Siebmethoden hat man im Jahr 1985 den Wert $\pi(4 \cdot 10^{16}) = 1\,075\,292\,778\,753\,150$ berechnet; diesen und weitere Rekorde im Zusammenhang mit Primzahlen findet man einschließlich der einschlägigen Literatur in [Ribenboim 1988].

Anhand einer heuristischen Betrachtung kann man aus Satz 3 eine Abschätzung für $\pi(N)$ gewinnen, welche wir aber erst in I.4 streng beweisen werden: Lassen wir in der Formel in Satz 3 die eckigen Klammern weg und vernachlässigen wir $\pi(\sqrt{N}) - 1$ gegenüber $\pi(N)$, so ergibt sich

$$\frac{\pi(N)}{N} \approx \sum_{d|P} \frac{(-1)^{\omega(d)}}{d} = 1 - \sum_{1 \leq i \leq r} \frac{1}{p_i} + \sum_{1 \leq i < j \leq r} \frac{1}{p_i p_j} - + \cdots + (-1)^r \frac{1}{p_1 p_2 \cdots p_r}$$

$$= \left(1 - \frac{1}{p_1}\right) \left(1 - \frac{1}{p_2}\right) \cdot \ldots \cdot \left(1 - \frac{1}{p_r}\right) = \prod_{i=1}^{r} (1 - \frac{1}{p_i}).$$

Nun ist

$$\left(\prod_{i=1}^{r} (1 - \frac{1}{p_i}) \right)^{-1} = \prod_{i=1}^{r} \left(\sum_{j=0}^{\infty} (\frac{1}{p_i})^j \right) = \sum{}^* \frac{1}{n},$$

wobei $\sum^* \frac{1}{n}$ die Summe aller $\frac{1}{n}$ ist, für welche n nur die Primteiler $p_1, p_2, \ldots, p_r$ enthält. Bei dieser Behauptung haben wir von der Eindeutigkeit der Primfaktorzerlegung natürlicher Zahlen Gebrauch gemacht, welche wir im folgenden Abschnitt beweisen werden. Wegen der aus der Analysis bekannten Näherung

$$\sum_{n \leq x} \frac{1}{n} \approx \log x,$$

wobei log der natürliche Logarithmus ist, ergibt sich

$$\sum^* \frac{1}{n} \geq \sum_{n \leq p_r} \frac{1}{n} \approx \sum_{n \leq \sqrt{N}} \frac{1}{n} \approx \log \sqrt{N} = \frac{1}{2} \log N.$$

Eine etwas genauere Untersuchung zeigt, daß sich $\sum^* \frac{1}{n}$ auch nach oben bis auf einen konstanten Faktor durch $\log N$ abschätzen läßt. Also gibt es (vermutlich) positive Konstanten a und A, so daß

$$a \cdot \frac{N}{\log N} < \pi(N) < A \cdot \frac{N}{\log N}.$$

In Kapitel VI werden wir sogar beweisen, daß

$$\lim_{N \to \infty} \frac{\pi(N)}{\frac{N}{\log N}} = 1$$

gilt; dies ist der berühmte *Primzahlsatz*.

Der kleinste Abstand, den zwei Primzahlen > 2 haben können, ist 2; denn von zwei aufeinanderfolgenden Zahlen ist eine stets gerade. Zwei Primzahlen mit dem Minimalabstand 2 bilden einen *Primzahlzwilling*. Die ersten Primzahlzwillinge sind

$$(3,5), \ (5,7), \ (11,13), \ (17,19), \ (29,31), \ (41,43), \ (59,61),$$
$$(71,73), \ (101,103), \ (107,109), \ (137,139), \ (149,151), \ \ldots .$$

Eine Tabelle der Primzahlzwillinge unterhalb der Schranke N kann man sich mit Hilfe einer leichten Modifikation des Siebes von ERATOSTHENES beschaffen: Man streiche im Sieb des ERATOSTHENES für jede Primzahl $p \leq \sqrt{N}$ nicht nur jede p-te Zahl, sondern auch die jeweils übernächste Zahl (welche bei Divison durch p den Rest 2 läßt). Ist dann u nicht gestrichen, dann ist $(u-2, u)$ ein Primzahlzwilling, weil dann weder u noch $u-2$ einen Primteiler $p \leq \sqrt{N}$ besitzt.

Von drei aufeinanderfolgen ungeraden Zahlen ist stets eine durch 3 teilbar, so daß es sich außer bei $(3,5,7)$ nie um drei Primzahlen handeln kann. Unter vier aufeinanderfolgenden ungeraden Zahlen können aber drei Primzahlen sein; in diesem Fall spricht man von einem *Primzahldrilling*. Die ersten Primzahldrillinge sind

$$(5,7,11), (7,11,13), (11,13,17), (13,17,19), (17,19,23), (37,41,43),$$
$$(41,43,47), (67,71,73), (97,101,103), (101,103,107), (103,107,109), \ldots .$$

Bilden von fünf aufeinanderfolgenden ungeraden Zahlen die beiden ersten und die beiden letzten jeweils einen Primzahlzwilling, so spricht man von einem *Primzahlvierling*. Die ersten Primzahlvierlinge sind

$$(5, 7, 11, 13), (11, 13, 17, 19), (101, 103, 107, 109), (191, 193, 197, 199), \ldots .$$

Es ist eine bis heute unbewiesene Vermutung, daß es unendlich viele Primzahlzwillinge und auch unendlich viele Primzahldrillinge und -vierlinge gibt. Mit diesem *Primzahlzwillingsproblem* werden wir uns in VI.6 und VIII.4 beschäftigen.

Primzahlzwillinge, -drillinge und -vierlinge untersucht man bei der Frage nach dem *kleinsten* Abstand, den Primzahlen voneinander haben können. Die Frage nach dem *größten* Abstand, den aufeinanderfolgende Primzahlen voneinander haben können, ist nicht sinnvoll, denn dieser kann beliebig groß werden. Es gilt nämlich für beliebiges $n \in \mathbb{N}$: Die $n - 1$ Zahlen von $n! + 2$ bis $n! + n$ sind alle zusammengesetzt, denn für $2 \leq i \leq n$ ist $n! + i$ durch i teilbar.

Andererseits kann man zeigen, daß der Abstand aufeinanderfolgender Primzahlen nicht allzu stark wachsen kann, daß etwa für $n > 1$ zwischen n und $2n$ stets mindestens eine Primzahl liegt (vgl. I.4). Viel spricht dafür, daß auch zwischen zwei aufeinanderfolgenden Quadratzahlen n^2 und $(n + 1)^2$ stets eine Primzahl liegt, dies konnte aber bis heute nicht bewiesen werden.

Viele interessante Fragestellungen über Primzahlen und die Faktorisierung von Zahlen, mit der wir uns im nächsten Abschnitt beschäftigen werden, findet man in [Guy 1981], [Riesel 1987] und [Ribenboim 1988].

I.3 Primfaktorzerlegung

Zerlegt man eine natürliche Zahl in ein Produkt von möglichst kleinen von 1 verschiedenen Faktoren, so hat man sie schließlich als Produkt von Primzahlen dargestellt:

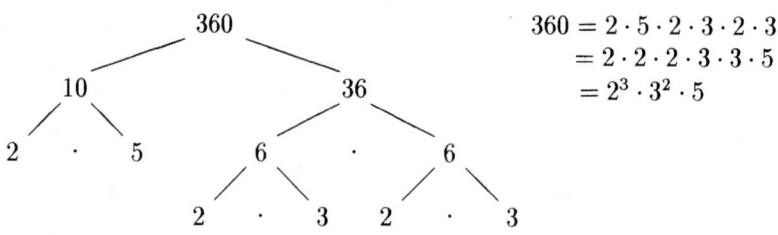

$$360 = 2 \cdot 5 \cdot 2 \cdot 3 \cdot 2 \cdot 3$$
$$= 2 \cdot 2 \cdot 2 \cdot 3 \cdot 3 \cdot 5$$
$$= 2^3 \cdot 3^2 \cdot 5$$

Der folgende Satz 4 (Satz von der eindeutigen Primfaktorzerlegung) ist ein grundlegender Satz der Teilbarkeitslehre und heißt deshalb auch *Fundamentalsatz der elementaren Zahlentheorie*.

Satz 4: Jede natürliche Zahl $n > 1$ läßt sich als Produkt von Primzahlen darstellen. Abgesehen von der Reihenfolge der Faktoren ist diese Darstellung eindeutig, n besitzt also *genau eine* Primfaktorzerlegung.

Beweis: a) Zunächst beweisen wir die *Existenz* der Primfaktorzerlegung. Dazu benutzen wir das Prinzip der vollständigen Induktion: Die Zahl 2 besitzt eine Primfaktorzerlegung, denn jede Primzahl besitzt eine solche (mit *einem* Faktor). Wir nehmen nun an, jedes $k \in \mathbb{N}$ mit $2 \le k \le n$ besitze eine Primfaktorzerlegung; daraus wollen wir schließen, daß dies auch für die Zahl $n + 1$ gilt. Dies ist der Fall, wenn $n + 1$ eine Primzahl ist; andernfalls ist $n + 1 = p \cdot R$, wobei p eine Primzahl ist und $2 \le R \le n$ gilt. Die Zahl R besitzt aufgrund der Induktionsannahme eine Primfaktorzerlegung, etwa $R = p_1 \cdot p_2 \cdot \ldots \cdot p_r$; also ist $n + 1 = p \cdot p_1 \cdot p_2 \cdot \ldots \cdot p_r$. Daher besitzt $n + 1$ eine Primfaktorzerlegung.

b) Jetzt beweisen wir die *Eindeutigkeit* der Primfaktorzerlegung, wobei wiederum das Prinzip der vollständigen Induktion benutzt wird. Die Primfaktorzerlegung von 2 ist (wie die Primfaktorzerlegung jeder Primzahl) eindeutig (Primfaktorzerlegung mit nur *einem* Faktor). Wir nehmen an, die Primfaktorzerlegung für jedes $k \in \mathbb{N}$ mit $2 \le k \le n$ sei eindeutig. Ist nun $n + 1$ eine Primzahl, so ist auch die Primfaktorzerlegung von $n + 1$ eindeutig. Ist $n + 1 = p \cdot R$, wobei p eine Primzahl ist und $2 \le R \le n$ gilt, dann besitzt R eine eindeutige Primfaktorzerlegung $R = p_1 \cdot p_2 \cdot \ldots \cdot p_r$. Besitzt $n + 1$ eine von $n + 1 = p \cdot p_1 \cdot p_2 \cdot \ldots \cdot p_r$ verschiedene Primfaktorzerlegung, dann kann diese also nicht den Primfaktor p enthalten. Wir nehmen an, es wäre $n + 1 = q \cdot q_1 \cdot q_2 \cdot \ldots \cdot q_s$, wobei die Primzahlen $q, q_1, q_2, \ldots, q_s$ alle von p verschieden sind. Wir setzen $q_1 \cdot q_2 \cdot \ldots \cdot q_s = S$, also $n + 1 = q \cdot S$. Wegen $p \ne q$ können wir $q > p$ annehmen. Die Zahl

$$k = n + 1 - p \cdot S = q \cdot S - p \cdot S = (q - p) \cdot S$$

ist kleiner als $n+1$, ihre Primfaktorzerlegung ist also eindeutig. Es gilt aber auch $k = p \cdot R - p \cdot S = p \cdot (R - S)$, in der Primfaktorzerlegung von k kommt also der Primfaktor p vor. Da er nicht in S vorkommt, muß $p | q - p$ gelten, wegen $p | p$ also $p | q$. Dies ist wegen $1 < p < q$ aber nicht möglich. Die Annahme, $n + 1$ besitze zwei verschiedene Primfaktorzerlegungen, führt also zu einem Widerspruch. □

Aus Satz 4 ergibt sich unmittelbar:

Satz 5: Ist p eine Primzahl und gilt $p \mid a \cdot b$, so gilt $p|a$ oder $p|b$.

Aus Satz 5 kann man umgekehrt Satz 4 herleiten. Einen Beweis von Satz 5, der nicht auf Satz 4 beruht, erhält man mit dem Begriff des größten gemeinsamen Teilers und dessen Eigenschaften (vgl. I.6 und II.2 Satz 3).

Außer den Primzahlen 2 und 3 sind alle Primzahlen

von der Form $3n + 1$ oder $3n - 1$,
von der Form $4n + 1$ oder $4n - 1$,
von der Form $6n + 1$ oder $6n - 1$,

wie wir schon in I.2 allgemeiner bemerkt haben. Von jeder der beiden genannten Sorten gibt es jeweils unendlich viele. Wir wollen hier als Anwendung von Satz 4 zeigen, daß unendlich viele Primzahlen der Form $kn - 1$ für $k \in \{3, 4, 6\}$ existieren. Dabei gehen wir ähnlich wie beim Beweis von Satz 1 vor: Es sei k eine fest gewählte Zahl aus $\{3, 4, 6\}$ und es seien $p_1, p_2, \ldots, p_r$ Primzahlen der Form $kn - 1$. Dann kann die Zahl

$$N = k \cdot p_1 p_2 \ldots p_r - 1$$

nicht nur aus Primfaktoren der Form $kn + 1$ bestehen, weil ein Produkt aus solchen Faktoren ebenfalls von der Form $kn + 1$ ist. Daher besitzt N einen Primfaktor der Form $kn - 1$. Da dieser von $p_1, p_2, \ldots, p_r$ verschieden ist, gibt es außer diesen stets noch eine weitere Primzahl der Form $kn - 1$.

In der Primfaktorzerlegung einer natürlichen Zahl ordnet man meistens die Primfaktoren der Größe nach und faßt gleiche Faktoren zu Potenzen zusammen. Dabei ist es für manche Zwecke sinnvoll, auch die nicht als Faktor vorkommenden Primzahlen in die Darstellung aufzunehmen, und zwar mit dem Exponent 0 (man beachte $x^0 = 1$ für $x \neq 0$). Man schreibt also beispielsweise

$$11781 = 3^2 \cdot 7 \cdot 11 \cdot 17 \quad = 2^0 \cdot 3^2 \cdot 5^0 \cdot 7^1 \cdot 11^1 \cdot 13^0 \cdot 17^1 \cdot 19^0 \cdot 23^0 \cdot \ldots$$
$$46200 = 2^3 \cdot 3 \cdot 5^2 \cdot 7 \cdot 11 \quad = 2^3 \cdot 3^1 \cdot 5^2 \cdot 7^1 \cdot 11^1 \cdot 13^0 \cdot 17^0 \cdot 19^0 \cdot 23^0 \cdot \ldots$$

Jede natürliche Zahl ist dann eindeutig durch die Folge der Exponenten in ihrer Primfaktorzerlegung gekennzeichnet. Z.B. gehört

zu   11781   die Exponentenfolge $0, 2, 0, 1, 1, 0, 1, 0, 0, \ldots$
zu   46200   die Exponentenfolge $3, 1, 2, 1, 1, 0, 0, 0, 0, \ldots$

Wir denken uns nun die Primzahlen durchnumeriert, also

$$p_1 = 2, \ p_2 = 3, \ p_3 = 5, \ p_4 = 7, \ p_5 = 11, \ \ldots \ .$$

Mit α_i bezeichnen wir den Exponent der Primzahl p_i in der Primfaktorzerlegung von a, d.h.

zu a gehört die Exponentenfolge $\alpha_1, \alpha_2, \alpha_3, \alpha_4, \alpha_5, \ldots$.

Dann schreiben wir mit Hilfe des Produktzeichens $\prod$

$$a = \prod_{i=1}^{\infty} p_i^{\alpha_i}$$

und nennen diese Darstellung die *kanonische Primfaktorzerlegung* oder genauer die *kanonische Form der Primfaktorzerlegung* von a. Man beachte, daß es sich dabei stets um ein *endliches* Produkt handelt, da nur endlich viele der Exponenten α_i von 0 verschieden sind.

Die kanonische Primfaktorzerlegung der Zahl 1 ist $\prod_{i=1}^{\infty} p_i^0$.

Die Zahl $d = \prod_{i=1}^{\infty} p_i^{\delta_i}$ ist genau dann ein Teiler von $a = \prod_{i=1}^{\infty} p_i^{\alpha_i}$, wenn $\delta_i \leq \alpha_i$ für alle $i \in \mathbb{N}$ gilt. Dies gibt uns die Möglichkeit, die *Anzahl $\tau(a)$ aller Teiler von a* zu bestimmen, wenn die kanonische Primfaktorzerlegung von a bekannt ist. Für die Anzahl $\tau(a)$ aller Teiler von $a = \prod_{i=1}^{\infty} p_i^{\alpha_i}$ gilt nämlich

$$\tau(a) = \prod_{i=1}^{\infty} (\alpha_i + 1).$$

Denn soll $\delta_i \leq \alpha_i$ für alle $i \in \mathbb{N}$ gelten, dann gibt es

$$\alpha_1 + 1 \quad \text{Möglichkeiten für} \quad \delta_1,$$
$$\alpha_2 + 1 \quad \text{Möglichkeiten für} \quad \delta_2,$$
$$\alpha_3 + 1 \quad \text{Möglichkeiten für} \quad \delta_3 \quad \text{usw.,}$$

insgesamt also $(\alpha_1 + 1)(\alpha_2 + 1)(\alpha_3 + 1)\cdots$ Möglichkeiten, eine Exponentenfolge $\delta_1, \delta_2, \delta_3, \ldots$ so zu konstruieren, daß die zugehörige Zahl d ein Teiler von a ist.

Beispiel: Die Anzahl der Teiler von $46200 = 2^3 \cdot 3^1 \cdot 5^2 \cdot 7^1 \cdot 11^1$ ist

$$\tau(2^3 \cdot 3^1 \cdot 5^2 \cdot 7^1 \cdot 11^1) = 4 \cdot 2 \cdot 3 \cdot 2 \cdot 2 = 96.$$

Mit Hilfe der Primfaktorzerlegung von a kann man die Teiler von a in einem *Teilerdiagramm* anordnen, das die Teilbarkeitsbeziehungen in der Teilermenge T_a wiedergibt. Genau dann führt ein aufsteigender Weg im Teilerdiagramm von d_1 nach d_2, wenn d_1 ein Teiler von d_2 ist. Dabei ist genau dann d_1 durch eine Strecke mit d_2 verbunden, wenn $d_2 : d_1$ eine Primzahl ist. Enthält a sehr viele verschiedene Primteiler, dann wird dieses Teilerdiagramm aber sehr unübersichtlich. Nachstehend sind die Teilerdiagramme der Zahlen 8, 12, 60 und 210 angegeben.

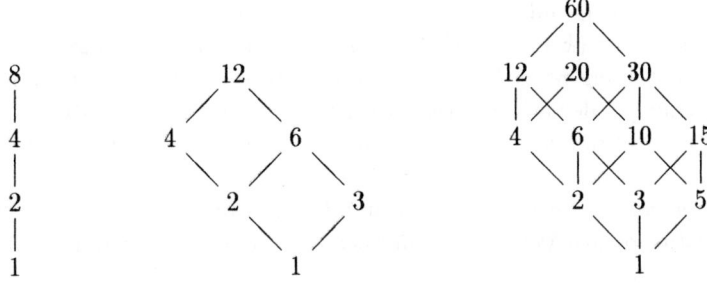

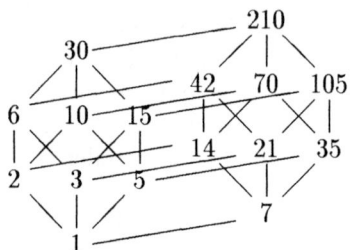

Diese Teilerdiagramme baut man zweckmäßigerweise mit Hilfe der Teiler auf, welche Primzahlpotenzen sind. Diese Teiler, welche das „Gerüst" des Teilerdiagramms bilden, nennt man *Primärteiler*. Die Menge aller Primärteiler von a bezeichnen wir mit P_a, wobei stets $1 \in P_a$ gelten soll. Die Nützlichkeit des Begriffs der Primärteilermenge wird in I.7 deutlich werden. Die Gerüste obiger Teilerdiagramme sehen folgendermaßen aus:

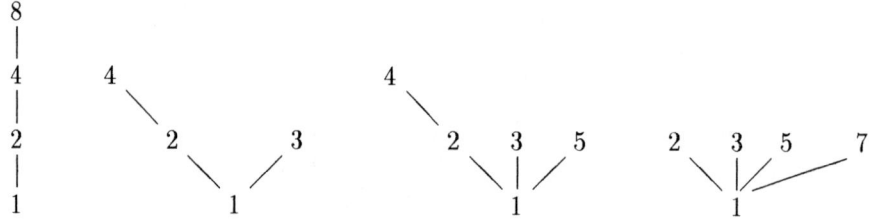

Bei großen Zahlen, bei denen man nicht auf Anhieb (z.B. anhand der Zifferndarstellung, vgl. III.2) einen Faktor erkennt, ist es in der Regel sehr mühsam, eine Faktorzerlegung zu finden. Manchmal kann dabei eine Formel hilfreich sein, die schon im alten Babylon zur Multiplikation verwendet wurde:

$$a \cdot b = \left(\frac{a+b}{2}\right)^2 - \left(\frac{a-b}{2}\right)^2.$$

Zur Multiplikation ungerader Zahlen benötigt man also nur eine Tabelle der Quadratzahlen, und eine solche beschafft man sich im Handumdrehen mit Hilfe der Rekursion $(k+1)^2 = k^2 + (2k+1)$. (In FIBONACCIs *Liber quadratorum* ist die Darstellung $n^2 = 1 + 3 + 5 + \cdots + (2n-1)$ der Ausgangspunkt aller Untersuchungen der arithmetischen Eigenschaften von Quadraten.) Ist umgekehrt $n = r^2 - s^2$ mit $n, r, s \in \mathbb{N}$, so ist $(r-s)(r+s)$ eine Faktorzerlegung von n (und zwar eine nicht-triviale, wenn $s < r - 1$).

Bei der Suche nach einer Darstellung $n = r^2 - s^2$ starten wir mit dem kleinstmöglichen Wert von r, nämlich $r_0 = [\sqrt{n}]$. Für $i = 0, 1, 2, \ldots$ untersuchen wir dann, ob

$$(r_0 + i)^2 - n$$

eine Quadratzahl ist. Ist dies für $i = i_0$ erstmals der Fall, so erhalten wir mit $r^2 = (r_0 + i_0)^2$ und $s^2 = r^2 - n$ eine Darstellung $n = r^2 - s^2$ und damit eine Faktorzerlegung von n. Genau dann ist die ungerade Zahl n eine Primzahl, wenn $n + s^2$ für $s = 1, 2, \ldots, \frac{n-3}{2}$ kein Quadrat ist; dann besitzt nämlich n nur die triviale Zerlegung

$$n = \left(\frac{n+1}{2}\right)^2 - \left(\frac{n-1}{2}\right)^2 = n \cdot 1.$$

Bei diesem von FERMAT angegebenen Verfahren ergeben sich zwei eventuell numerisch schwierige Aufgaben, nämlich

(1) die Bestimmung von $[\sqrt{n}]$;

(2) die Feststellung, ob $(r_0 + i)^2 - n$ Quadratzahl ist.

Zu (1): Zur Berechnung der Quadratwurzel wurde früher in der Schule ein Verfahren gelehrt, welches auf der binomischen Formel $(a + b)^2 = a^2 + 2ab + b^2$ beruht. Es genügt, dieses Verfahren an einem Beispiel zu zeigen:

$$
\begin{array}{ll}
\sqrt{53363091} \quad = \quad 7\,3\,0\,5, \ldots & \\
-\underline{49} \qquad\qquad\quad 7^2 & \\
436 & \\
-\underline{429} \qquad\qquad 2 \cdot 70 \cdot 3 + 3^2 & \\
730 & \\
-\underline{000} \qquad\qquad 2 \cdot 730 \cdot 0 + 0^2 & \\
73091 & \\
-\underline{73025} \qquad\quad 2 \cdot 7300 \cdot 5 + 5^2 & \\
66 & \\
\end{array}
$$

Es ergibt sich $[\sqrt{53363091}] = 7305$.

Zu (2): Für eine im Zehnersystem geschriebene Quadratzahl gilt:

a) Die letzte Ziffer ist 0,1,4,5,6 oder 9; Zahlen, die auf 2,3,7 oder 8 enden, können also keine Quadratzahlen sein.

b) Für die beiden letzten Ziffern einer Quadratzahl kommen nur

00				
01	21	41	61	81
04	24	44	64	84
09	29	49	69	89
16	36	56	76	96
25				

in Frage; denn für $a_0, a_1 \in \{0, 1, 2, 3, 4, 5, 6, 7, 8, 9\}$ hat $(10a_1 + a_0)^2$ bei Division durch 100 denselben Rest wie $20a_0 a_1 + a_0^2$, und dies ergibt für $a_0^2 = 0, 1, 4, 9, 6, 5$ (vgl. a)) die angegebenen 100er-Reste.

Beispiel 1: $n = 2881;$ $[\sqrt{n}] = 53;$ $53^2 = 2809 < n;$

$$54^2 \;=\; 2809 + 107 = 2916;$$
$$54^2 - n = 35 \text{ ist keine Quadratzahl};$$
$$55^2 \;=\; 2916 + 109 = 3025;$$
$$55^2 - n = 144 = 12^2;$$
$$n \;=\; 55^2 - 12^2 = (55 - 12)(55 + 12) = 43 \cdot 67.$$

Beispiel 2: $n = 135\,337;$ $[\sqrt{135\,337}] = 367;$ $367^2 = 134\,689 < n;$

$$368^2 = 134\,689 + 735 = 135\,424; \quad 368^2 - n = 87;$$
$$87 \xrightarrow{+737} 824 \xrightarrow{+739} 1563 \xrightarrow{+741} 2304 = 48^2.$$

Die Zwischenergebnisse 824 und 1563 sind keine Quadrate. Es ist

$$n = (368 + 3)^2 - 48^2 = 323 \cdot 419.$$

Beispiel 3 (FERMAT): $n = 2\,027\,651\,281;$

$$[\sqrt{n}] = 45\,029; \quad 45\,029^2 = 2\,027\,610\,841; \quad 45\,030^2 - n = 49\,619;$$

$$49\,619 \xrightarrow{+90061} 139\,680 \xrightarrow{+90063} 229\,743 \xrightarrow{+90065} 319\,808$$
$$\xrightarrow{+90067} 409\,875 \xrightarrow{+90069} 499\,944 \xrightarrow{+90071} 590\,015$$
$$\xrightarrow{+90073} 680\,088 \xrightarrow{+90075} 770\,163 \xrightarrow{+90077} 860\,240$$
$$\xrightarrow{+90079} 950\,319 \xrightarrow{+90081} 1\,040\,400 = 1020^2.$$

Dabei sind die Zwischenergebnisse 139 680, 229 743, ... keine Quadrate, was man außer bei 499 944 an den Endziffern erkennt. Es ergibt sich

$$n = (45\,030 + 11)^2 - 1020^2 = 44\,021 \cdot 46\,061.$$

(44 021 und 46 061 sind Primzahlen, vgl. II.3.)

MERSENNE forderte FERMAT in einem Brief auf, die Zahl 100 895 598 169 in Faktoren zu zerlegen. Das war für FERMAT kein großes Problem, er fand die Faktoren 112 303 und 898 423.

Bemerkung: Die Faktorzerlegung natürlicher Zahlen spielt in FIBONACCIs *Liber abbaci* eine große Rolle, da er bei der Division durch große Zahlen diese zuerst in einfache (möglichst wenigstellige) Faktoren zerlegt. Das folgende Beispiel steht (in etwas anderer Form) im *Liber abbaci* (vgl. [Lüneburg 1992]):

$$67898 : 1760 \;=\; 67898 : (2 \cdot 8 \cdot 10 \cdot 11) = (((67898 : 2) : 8) : 10) : 11$$

$$= \;(((33949 + \frac{0}{2}) : 8) : 10) : 11$$

$$= \;((4243 + \frac{0}{2 \cdot 8} + \frac{5}{8}) : 10) : 11$$

$$= \;(424 + \frac{0}{2 \cdot 8 \cdot 10} + \frac{5}{8 \cdot 10} + \frac{3}{10}) : 11$$

$$= \;38 + \frac{0}{2 \cdot 8 \cdot 10 \cdot 11} + \frac{5}{8 \cdot 10 \cdot 11} + \frac{3}{10 \cdot 11} + \frac{6}{11}$$

Es ist also $67898 : 1760 = 38 + (((0 : 2 + 5) : 8 + 3) : 10 + 6) : 11$. FIBONACCI schreibt dies in der Form $\frac{0\ 5\ 3\ 6}{2\ 8\ 10\ 11}38$. Es ist

$$\frac{0\ 5\ 3\ 6}{2\ 8\ 10\ 11} = \frac{((6 \cdot 10 + 3) \cdot 8 + 5) \cdot 2 + 0}{2 \cdot 8 \cdot 10 \cdot 11} = \frac{1018}{1760}.$$

Zu Divisionsaufgaben dieser Art führt FIBONACCI auch Restproben aus, am vorliegenden Beispiel die 13er-Restprobe (vgl. III.2).

I.4 Eine Formel von Legendre und die Sätze von Tschebyscheff

Für viele Zwecke der Teilbarkeitslehre benötigt man die Primfaktorzerlegung von $n! = 1 \cdot 2 \cdot 3 \cdot \cdots \cdot n$ („n Fakultät"). Um den Exponent $e_p(n!)$ zu berechnen, welchen die Primzahl $p \leq n$ in der kanonischen Primfaktorzerlegung von $n!$ besitzt, benutzen wir die schon im Beweis von Satz 3 eingeführte GAUSS-Klammer bzw. *Ganzteilfunktion* $x \longmapsto [x]$, welche jeder reellen Zahl x die größte ganze Zahl $\leq x$ zuordnet. Ferner benötigen wir die Darstellung natürlicher Zahlen im b-adischen Ziffernsystem, wobei die Basis b eine natürliche Zahl > 1 ist. Die in folgendem Satz angegebene Formel stammt von LEGENDRE.

Satz 6: Es sei $n \in \mathbb{N}$ und p eine Primzahl. Ferner sei

$$n = a_0 + a_1 p + a_2 p^2 + \cdots + a_r p^r \quad (\text{mit } r = \left[\frac{\log n}{\log p}\right])$$

die p-adische Zifferndarstellung von n und

$$s_p(n) = a_0 + a_1 + a_2 + \cdots + a_r$$

die p-adische Quersumme von n. Dann gilt für den Exponent $e_p(n!)$ des Primfaktors p in der kanonischen Primfaktorzerlegung von $n!$

$$e_p(n!) = \frac{n - s_p(n)}{p - 1}.$$

Beweis: Von den n Faktoren in $n!$ enthalten $\left[\frac{n}{p}\right]$ den Faktor p; von diesen enthalten $\left[\frac{n}{p^2}\right]$ den Faktor p mindestens zweimal; von diesen wiederum enthalten $\left[\frac{n}{p^3}\right]$ den Faktor p mindestens dreimal, usw. Also ist

$$(*) \qquad e_p(n!) = \sum_{i=1}^{\infty} \left[\frac{n}{p^i}\right].$$

Für $i > r$ ist $\left[\frac{n}{p^i}\right] = 0$, für $0 < i \leq r$ ist

$$\left[\frac{n}{p^i}\right] = a_i + a_{i+1} p + \cdots + a_{r-1} p^{r-i-1} + a_r p^{r-i}.$$

Es folgt

$$
\begin{aligned}
e_p(n!) \;=\; a_1 \;&+\; a_2 p \;+\; a_3 p^2 \;+\; \cdots \;+\; a_r p^{r-1} \\
&+\; a_2 \;+\; a_3 p \;+\; \cdots \;+\; a_r p^{r-2} \\
&\qquad\;\; +\; a_3 \;\;+\; \cdots \;+\; a_r p^{r-3} \\
&\qquad\qquad \cdots\cdots\cdots \\
&\qquad\qquad\qquad\qquad\;\; +\; a_r
\end{aligned}
$$

$$
= \; a_1 \cdot \frac{p-1}{p-1} + a_2 \cdot \frac{p^2-1}{p-1} + a_3 \cdot \frac{p^3-1}{p-1} + \cdots + a_r \cdot \frac{p^r-1}{p-1}
$$

$$
= \; \frac{(a_0 + a_1 p + a_2 p^2 + \cdots + a_r p^r) - (a_0 + a_1 + a_2 + \cdots + a_r)}{p-1}. \qquad \square
$$

Bemerkung: Zur Berechnung von $e_p(n!)$ wird häufig sofort das oben angegebene Zwischenergebnis (∗) benutzt. Die Formel von LEGENDRE kann man auch ohne dieses Resultat herleiten, etwa folgendermaßen:

$$
e_p(n!) = \sum_{i=1}^{n} e_p(i) = \sum_{i=1}^{n} \frac{s_p(i-1) - s_p(i) + 1}{p-1} = \frac{n - s_p(n)}{p-1}.
$$

Dabei ist $e_p(i)$ der Exponent von p in i. Für diese Funktion gilt nämlich

$$
e_p(ab) = e_p(a) + e_p(b) \quad \text{und} \quad e_p(a) = \frac{s_p(a-1) - s_p(a) + 1}{p-1}.
$$

Korollar: Die Reihe

$$
\sum_{p} \frac{\log p}{p}
$$

ist divergent. (Dabei soll die Summation über alle Primzahlen p erfolgen.)
Beweis: Aus Satz 6 folgt $e_p(n!) < \frac{n}{p-1}$, also

$$
n! < \prod_{p \le n} p^{\frac{n}{p-1}},
$$

wobei das Produkt über alle in $n!$ auftretenden Primzahlen p zu erstrecken ist.
Es folgt

$$
\sqrt[n]{n!} < \prod_{p \le n} p^{\frac{1}{p-1}}
$$

und hieraus

$$
\log \sqrt[n]{n!} < \sum_{p \le n} \frac{\log p}{p-1} \le 2 \sum_{p \le n} \frac{\log p}{p}.
$$

Aus $\lim\limits_{n \to \infty} \sqrt[n]{n!} = \infty$ folgt nun die Behauptung. $\quad \square$

Das Korollar belegt erneut die Unendlichkeit der Menge der Primzahlen. Es gibt „so viele" Primzahlen, daß die Reihe $\sum_p \frac{\log p}{p}$ divergiert. Es gibt also in einem gewissen Sinn „mehr" Primzahlen als Quadratzahlen, denn die Reihe $\sum_{i=1}^{\infty} \frac{\log i^2}{i^2}$ konvergiert. Man kann auch leicht zeigen, daß sogar die Reihe $\sum_p \frac{1}{p}$ divergiert (vgl. Aufgabe 32).

Als weitere Anwendung von Satz 6 untersuchen wir in folgendem Beispiel eine (nicht unmittelbar einsichtige) Teilbarkeitsbeziehung zwischen Fakultäten bzw. Binomialkoeffizienten.

Beispiel: Wir wollen zeigen: Für alle $a, b \in \mathbb{N}$ ist $a!b!(a + b)!$ ein Teiler von $(2a)!(2b)!$. Gleichbedeutend mit dieser Behauptung ist die folgende: Für alle $a, b \in \mathbb{N}$ ist $\binom{a+b}{a}$ ein Teiler von $\binom{2a}{a}\binom{2b}{b}$. Nach Satz 6 ist die behauptete Beziehung äquivalent mit

$$\frac{a - s_p(a) + b - s_p(b) + a + b - s_p(a + b)}{p - 1} \leq \frac{2a - s_p(2a) + 2b - s_p(2b)}{p - 1},$$

also

$$s_p(a) + s_p(b) + s_p(a + b) \geq s_p(2a) + s_p(2b)$$

für alle Primzahlen p. Treten bei der Ausführung der Additionen $a+a$, $b+b$ bzw. $a + b$ im p–adischen Ziffernsystem $n(a)$, $n(b)$ bzw. $n(a, b)$ Ziffernübertragungen auf, dann gilt

$$\begin{aligned} s_p(2a) &= 2s_p(a) &-& (p - 1)n(a), \\ s_p(2b) &= 2s_p(b) &-& (p - 1)n(b), \\ s_p(a + b) &= s_p(a) &+& s_p(b) - (p - 1)n(a, b). \end{aligned}$$

Daher ist die letzte Ungleichung äquivalent mit

$$n(a, b) \leq n(a) + n(b).$$

Diese Ungleichung ist aber leicht zu bestätigen: Eine Ziffernübertragung kann bei der Addition $a + b$ nur auftreten, wenn sie bei der Addition $a + a$ oder bei der Addition $b + b$ auftritt, da andernfalls die entsprechenden Ziffern bei a und bei b beide kleiner als $\frac{p}{2}$ sind.

Die wichtigste Anwendung von Satz 6 ist der Beweis des folgenden Satzes, welcher besagt, daß die Anzahl $\pi(x)$ der Primzahlen $\leq x$ von der Größenordnung $\frac{x}{\log x}$ ist (vgl. auch Kapitel VI):

Satz 7: Für $x \geq 2$ gilt mit $a = \frac{1}{4} \log 2$ und $A = 6 \log 2$

$$a \cdot \frac{x}{\log x} < \pi(x) < A \cdot \frac{x}{\log x}.$$

Beweis: Für $n \geq 1$ gilt

$$n^{\pi(2n)-\pi(n)} \leq \prod_{n<p\leq 2n} p \leq \binom{2n}{n} < 2^{2n},$$

wobei man zur Begründung der letzten Ungleichung beachte, daß $\binom{2n}{n}$ kleiner als $(1+1)^{2n} = 2^{2n}$ ist. Für $n = 2^{k-1}$ ergibt sich daraus

$$(k-1)\left(\pi(2^k) - \pi(2^{k-1})\right) < 2^k,$$

also

$$k \cdot \pi(2^k) < (k-1) \cdot \pi(2^{k-1}) + \pi(2^k) + 2^k.$$

Nun ist $\pi(2^k) \leq 2^{k-1}$, denn von den Zahlen von 1 bis 2^k ist die Hälfte gerade, und 1 ist keine Primzahl. Also ist

$$k \cdot \pi(2^k) < (k-1)\pi(2^{k-1}) + 3 \cdot 2^{k-1}$$

bzw.

$$\pi(2^k) < \frac{k-1}{k} \cdot \pi(2^{k-1}) + 3 \cdot \frac{2^{k-1}}{k}.$$

Mit Hilfe dieser Ungleichung beweist man induktiv, daß

$$\pi(2^k) \leq 3 \cdot \frac{2^k}{k}$$

für alle $k \geq 1$. Für $k = 1$ ist diese Ungleichung richtig ($\pi(2) \leq 6$), der Schluß von $k-1$ auf k sieht folgendermaßen aus:

$$\pi(2^k) < \frac{k-1}{k} \cdot 3 \cdot \frac{2^{k-1}}{k-1} + 3 \cdot \frac{2^{k-1}}{k} = 3 \cdot \frac{2^k}{k}.$$

Für $2^k \leq x < 2^{k+1}$ folgt nun

$$\pi(x) \leq \pi(2^{k+1}) < 3 \cdot \frac{2^{k+1}}{k+1} = 6 \log 2 \cdot \frac{2^k}{\log 2^{k+1}} < A \cdot \frac{x}{\log x}.$$

Damit ist die Abschätzung von $\pi(x)$ nach oben bewiesen. Nun zur Abschätzung nach unten: Aus der Formel von LEGENDRE (Satz 6) folgt

$$e_p\left(\binom{2n}{n}\right) = \frac{2s_p(n) - s_p(2n)}{p-1}$$

für $n \geq 1$. Ist $p^r \leq 2n < p^{r+1}$ und $2n = a_0 + a_1 p + \cdots + a_r p^r$ die p-adische Zifferndarstellung von $2n$, dann treten bei der Addition „$n + n = 2n$" höchstens r Zifffernübertragungen auf, es ist also

$$2s_p(n) - s_p(2n) \leq r(p-1),$$

also $e_p\left(\binom{2n}{n}\right) \leq r$. Daher gilt

$$p^{e_p} \leq p^r \leq 2n,$$

wenn wir einfach e_p statt $e_p\left(\binom{2n}{n}\right)$ schreiben. Daraus folgt

$$\binom{2n}{n} = \prod_p p^{e_p} \leq (2n)^{\pi(2n)}.$$

Andererseits ist

$$\binom{2n}{n} = \frac{2n}{n} \cdot \frac{2n-1}{n-1} \cdot \frac{2n-2}{n-2} \cdot \ldots \cdot \frac{n+1}{1} \geq 2^n,$$

es gilt also

$$2^n \leq (2n)^{\pi(2n)}.$$

Für $n = 2^{k-1}$ ergibt sich daraus $2^{k \cdot \pi(2^k)} \geq 2^{2^{k-1}}$, also

$$\pi(2^k) \geq \frac{2^{k-1}}{k} = \frac{2^k}{2k}.$$

Für $2^k \leq x < 2^{k+1}$ folgt daraus schließlich

$$\pi(x) \geq \pi(2^k) \geq \frac{2^k}{2k} = \frac{\log 2}{4} \cdot \frac{2^{k+1}}{\log 2^k} > a \cdot \frac{x}{\log x}. \quad \square$$

Pafnutij Lwowitsch Tschebyscheff (1821–1894), einer der bedeutendsten russischen Mathematiker des 19. Jahrhunderts, bewies eine schärfere Version von Satz 7; er zeigte nämlich, daß die Konstanten a und A so gewählt werden können, daß $a + A = 2$ gilt, wobei man in Kauf nimmt, daß die Ungleichungen erst ab einer gewissen Stelle x_0 gelten. Man nennt Satz 7 daher auch *Satz von* Tschebyscheff. Ebenfalls von Tschebyscheff wurde bewiesen: Wenn

$$\lim_{x \to \infty} \frac{\frac{\pi(x)}{x}}{\log x}$$

existiert, dann ist dieser Grenzwert 1 (vgl. VI.7 Aufgabe 9).

Im Beweis des folgenden Satzes benötigen wir eine Abschätzung des Produktes aller Primzahlen unterhalb einer Schranke x, und zwar

$$(*) \qquad \prod_{p \leq x} p < 4^x \qquad \text{für alle } x \geq 2.$$

Es genügt offensichtlich der Nachweis dieser Beziehung für den Fall, daß x eine ungerade natürliche Zahl ≥ 5 ist, also $x = n = 2m + 1$ $(m \geq 2)$. Setzen wir dann $k = 2[\frac{m}{2}] + 1$, so gilt

$$\prod_{k < p \leq n} p \leq \binom{n}{k},$$

denn eine Primzahl p mit $k < p \leq n$ teilt $n!$, nicht aber $k!$ oder $(n-k)!$; man beachte dabei, daß $n - k$ gerade und $\leq k + 1$ ist. Nun gilt

$$2^n = (1+1)^n > \binom{n}{k} + \binom{n}{k+1} = 2\binom{n}{k},$$

also $\binom{n}{k} < 2^{n-1}$. Nun gehen wir induktiv vor, wobei der Induktionsanfang problemlos ist. Gilt $\prod_{p \leq k} p < 4^k$, dann ist

$$\prod_{p \leq n} p = \prod_{p \leq k} p \cdot \prod_{k < p \leq n} p < 4^k \cdot 2^{n-1} = 2^{2k+n-1} \leq 2^{2n} = 4^n.$$

JOSEPH LOUIS FRANÇOIS BERTRAND (1822–1900) stellte anhand einer Primzahltafel bis $6\,000\,000$ fest, daß sich zwischen n und $2n$ stets eine Primzahl befand. Seine Vermutung, daß dies allgemein gelte, nannte man das BERTRANDsche *Postulat*. Dieses wurde erstmals von TSCHEBYSCHEFF bewiesen. Der folgende Beweis basiert auf der Formel von LEGENDRE und obiger Ungleichung $(*)$.

Satz 8: Für jedes $n > 1$ existiert eine Primzahl p mit $n < p < 2n$.

Beweis: Es sei e_p der Exponent der Primzahl p in der Primfaktorzerlegung des Binomialkoeffizienten $\binom{2n}{n}$. Wenn keine Primzahl p mit $n < p < 2n$ existiert, dann ist

$$\binom{2n}{n} = \prod_{p \leq n} p^{e_p}.$$

Man beachte, daß gemäß der Annahme, das BERTRANDsche Postulat sei falsch, das Produkt nur für $p \leq n$ zu bilden ist.

Für $\frac{2}{3}n < p \leq n$ ist $e_p = 0$, denn dann ist $s_p(2n) = 2s_p(n)$: Es ist $n = 1 \cdot p + a_0$ mit $0 \leq a_0 < p$ und $s_p(n) = 1 + a_0$; ferner ist $2n = 2 \cdot p + 2a_0$, wobei $2a_0 < p$ wegen $2n < 3p$, also $s_p(2n) = 2 + 2a_0$.

Für $\sqrt{2n} < p \leq \frac{2}{3}n$ ist $e_p \leq 1$. Denn dann ist $n = a_1 p + a_0$ mit $1 \leq a_1 < \frac{p}{2}$ und $0 \leq a_0 < p$; ferner ist $2n = 2a_1 p + 2a_0 < p^2$, bei der Addition „$n + n = 2n$" kann also höchstens eine Ziffernübertragung auftreten, woraus $2s_p(n) - s_p(2n) \leq p - 1$ folgt.

Verwenden wir nun für $p \leq \sqrt{2n}$ die im Beweis von Satz 7 gewonnene Abschätzung $p^{e_p} \leq 2n$, dann ergibt sich

$$\binom{2n}{n} \leq \prod_{p \leq \sqrt{2n}} 2n \cdot \prod_{p \leq \frac{2}{3}n} p.$$

Die Anzahl der Faktoren in dem ersten Produkt ist $\pi(\sqrt{2n})$, also höchstens $\frac{1}{2}\sqrt{2n}$, da die geraden Zahlen (außer 2) und 1 keine Primzahlen sind. Es sei nun $n \geq 128$, also $\sqrt{2n} \geq 16$. Dann entfallen noch die Zahlen 9 und 15, so daß sich

$\pi(\sqrt{2n}) \leq [\frac{1}{2}\sqrt{2n}] - 2 < \frac{1}{2}\sqrt{2n} - 1$ ergibt. Das zweite Produkt können wir mit $(*)$ nach oben abschätzen. Also ist

$$\binom{2n}{n} < (2n)^{\frac{1}{2}\sqrt{2n}-1} \cdot 4^{\frac{2}{3}n}.$$

Andererseits ist $2^{2n} = (1+1)^{2n} < 2n \cdot \binom{2n}{n}$, also $\binom{2n}{n} > \frac{2^{2n}}{2n}$. Aus

$$\frac{2^{2n}}{2n} < (2n)^{\frac{1}{2}\sqrt{2n}-1} \cdot 4^{\frac{2}{3}n}$$

folgt $2^{\frac{2}{3}n} < (2n)^{\frac{1}{2}\sqrt{2n}}$, daraus $\frac{2}{3}n \log 2 < \frac{1}{2}\sqrt{2n} \log 2n$ und schließlich

$$\sqrt{8n} \log 2 - 3 \log 2n < 0.$$

Für die Funktion $f : x \longmapsto \sqrt{8x} \log 2 - 3 \log 2x$ gilt aber $f(128) = 8 \log 2 > 0$ und $f'(x) = \frac{1}{x}(\sqrt{2x} \log 2 - 3) > 0$ für $x \geq 128$, so daß f für $x \geq 128$ keine negativen Werte annehmen kann. Damit ist für $n \geq 128$ die Annahme, es gäbe keine Primzahl zwischen n und $2n$, zu einem Widerspruch geführt. Für $n < 128$ beweist man die Aussage des Satzes anhand einer Primzahltafel. $\quad\square$

Bemerkung: Man kann sogar (mit Hilfe des Primzahlsatzes, vgl. Kapitel VI) beweisen, daß für jedes $\varepsilon > 0$ eine Zahl $N(\varepsilon)$ derart existiert, daß zwischen n und $(1 + \varepsilon)n$ eine Primzahl liegt, falls $n \geq N(\varepsilon)$ ist (VI.7 Aufgabe 2).

I.5 Irrationalitätsbeweise

Eine interessante Anwendung des Satzes von der eindeutigen Primfaktorzerlegung ergibt sich beim Beweis der Irrationalität gewisser reeller Zahlen. Hierzu wollen wir einige Beispiele angeben.

Beispiel 1: Ist die natürliche Zahl n nicht k-te Potenz einer natürlichen Zahl, dann ist $\sqrt[k]{n}$ irrational.

Beweis: Gibt es Zahlen $a, b \in \mathbb{N}$ mit $\sqrt[k]{n} = \frac{a}{b}$, also $n \cdot b^k = a^k$, dann gilt für die Exponenten α_i, β_i und ν_i in der kanonischen Primfaktorzerlegung der Zahlen a, b und n

$$\nu_i + k\beta_i = k\alpha_i \qquad (i = 1, 2, 3, \ldots).$$

Es folgt $k | \nu_i$ $(i = 1, 2, 3 \ldots)$, also ist n eine k-te Potenz. $\quad\square$

Beispiel 2: Ist u eine reelle Lösung der Polynomgleichung

$$x^k + c_1 x^{k-1} + c_2 x^{k-2} + \cdots + c_{k-1} x + c_k = 0$$

mit ganzzahligen Koeffizienten $c_1, c_2, \ldots, c_k$, dann ist u entweder eine ganze oder eine irrationale Zahl. (Für $c_1 = c_2 = \cdots c_{k-1} = 0$ und $c_k = -n$ ergibt sich die Aussage in Beispiel 1.)

Beweis: Wir nehmen an, u sei rational, also $u = \frac{a}{b}$ mit $a, b \in \mathbb{Z}$ und $b \neq 0$. Einsetzen in obige Gleichung und Multiplikation mit b^k liefert

$$a^k + c_1 a^{k-1} b + c_2 a^{k-2} b^2 + \cdots + c_{k-1} ab^{k-1} + c_k b^k = 0.$$

Da b die k letzten Summanden der Summe teilt, muß b auch a^k teilen. Jeder Primteiler von b ist daher auch ein Primteiler von a. Setzt man in der Darstellung $u = \frac{a}{b}$ den Bruch als voll gekürzt voraus, so muß also $b = 1$ gelten, die Zahl u ist daher ganz. $\quad\square$

Dieses Beispiel zeigt, daß es nützlich ist, den Begriff der Teilbarkeit nicht auf die natürlichen Zahlen zu beschränken, sondern diesen Begriff von vornherein in der Menge $\mathbb{Z}$ der ganzen Zahlen zu definieren.

Als einfache Anwendung der Aussage in Beispiel 2 ergibt sich, daß die Zahl $u = \sqrt{2} + \sqrt{3}$ irrational ist: Wegen $3,1 < u < 3,3$ ist diese Zahl nicht ganz. Ferner gilt $u^2 = 5 + 2\sqrt{6}$, also $(u^2 - 5)^2 = 24$ und damit $u^4 - 10u^2 + 1 = 0$. Das kann man natürlich auch schneller einsehen: $\sqrt{2} + \sqrt{3}$ ist irrational, weil $\sqrt{6}$ irrational ist.

Beispiel 3: Für $m, n \in \mathbb{N}$ mit $m, n \geq 2$ ist der Logarithmus $\log_n m$ irrational, wenn von den beiden Zahlen m und n die eine einen Primteiler hat, den die andere nicht besitzt.

Beweis: Aus $\log_n m = \frac{a}{b}$ mit $a, b \in \mathbb{N}$ folgt $n^{\frac{a}{b}} = m$, also $n^a = m^b$, woraus sich die Behauptung ergibt. Insbesondere erkennt man, daß $\log_n m$ genau dann rational ist, wenn eine positive rationale Zahl r existiert, so daß für die Exponenten μ_i, ν_i in der kanonischen Primfaktorzerlegung von m und n gilt:

$$\mu_i = \nu_i = 0 \quad \text{oder} \quad \frac{\mu_i}{\nu_i} = r \quad (i = 1, 2, \ldots). \quad\square$$

Bemerkung: Die Irrationalität von Quadratwurzeln läßt sich auch ohne die Primfaktorzerlegung beweisen: Ist $\sqrt{k}$ nicht ganz und $[\sqrt{k}]$ der Ganzteil von $\sqrt{k}$, dann gilt $0 < \sqrt{k} - [\sqrt{k}] < 1$. Wäre $\sqrt{k}$ rational und m die kleinste natürliche Zahl mit $m\sqrt{k} \in \mathbb{N}$, dann wäre auch

$$mk - m[\sqrt{k}]\sqrt{k} \in \mathbb{N}, \quad \text{also} \quad (m\sqrt{k} - m[\sqrt{k}])\sqrt{k} \in \mathbb{N}.$$

Wegen $0 < m\sqrt{k} - m[\sqrt{k}] < m$ widerspricht dies der Minimalität von m. Die Irrationalität der EULERschen Zahl

$$e = \sum_{i=0}^{\infty} \frac{1}{i!}$$

beweist man mit einem ähnlichen Gedankengang: Für jedes $m \in \mathbb{N}$ gilt

$$m!e = \sum_{i=0}^{m} \frac{m!}{i!} + r_m \quad \text{mit} \quad r_m = \sum_{i=m+1}^{\infty} \frac{m!}{i!}.$$

Wegen

$$0 < r_m < \frac{1}{m+1} \sum_{j=0}^{\infty} \left(\frac{1}{m+2}\right)^j = \frac{m+2}{(m+1)^2} < 1$$

kann $m!e$ für kein $m \in \mathbb{N}$ ganz sein.

I.6 Der größte gemeinsame Teiler

Zunächst beschäftigen wir uns mit dem größten gemeinsamen Teiler von *natürlichen* Zahlen, am Ende des Abschnitts dehnen wir diesen Begriff auf *ganze* Zahlen aus.

Für $a_1, a_2, \ldots, a_n \in \mathbb{N}$ nennt man die größte Zahl in der Menge

$$T_{a_1} \cap T_{a_2} \cap \cdots \cap T_{a_n}$$

den *größten gemeinsamen Teiler* von $a_1, a_2, \ldots, a_n$ und bezeichnet diesen mit $\mathrm{ggT}(a_1, a_2, \ldots, a_n)$. Zunächst betrachten wir den größten gemeinsamen Teiler von *zwei* natürlichen Zahlen a und b, wobei es keine Beschränkung der Allgemeinheit ist, wenn wir $a > b$ voraussetzen.

Unter der *Division* von a durch b *mit Rest* verstehen wir die Darstellung

$$a = vb + r \quad \text{mit} \quad v \in \mathbb{N} \quad \text{und} \quad 0 \le r < b.$$

Die Zahlen $v = \left[\frac{a}{b}\right]$ und $r = a - vb$ sind dabei durch a und b eindeutig bestimmt. Nun gilt genau dann $d|a$ und $d|b$, wenn $d|b$ und $d|r$ gilt. Also ist

$$T_a \cap T_b = T_r \cap T_b \quad \text{und daher} \quad \mathrm{ggT}(a, b) = \mathrm{ggT}(r, b).$$

Ist $r = 0$, dann ist $T_a \cap T_b = T_b$ und $\mathrm{ggT}(a, b) = b$. Ist $r \ne 0$, so wiederholen wir obige Umformung mit vertauschten Rollen:

$$b = wr + s \quad \text{mit} \quad w \in \mathbb{N} \quad \text{und} \quad 0 \le s < r$$

liefert $T_r \cap T_b = T_r \cap T_s$ und $\mathrm{ggT}(r, b) = \mathrm{ggT}(r, s)$, insgesamt also

$$\mathrm{ggT}(a, b) = \mathrm{ggT}(r, b) = \mathrm{ggT}(r, s).$$

So können wir fortfahren, bis schließlich der Rest 0 entsteht und der ggT sich als der letzte von 0 verschiedene Rest erweist.

Dieses Verfahren ist von EUKLID angegeben worden und daher nach ihm benannt. Bei EUKLID werden allerdings nur „einfache" Subtraktionen ausgeführt, es werden keine *Vielfachen* der kleineren Zahl subtrahiert. Die im folgenden angegebene Form des euklidischen Algorithmus tritt auch in FIBONACCIs *Liber abbaci* auf.

Für $a, b \in \mathbb{N}$ bezeichnet man die folgende Kette von Divisionen mit Rest als *euklidischen Algorithmus*:

$$
\begin{aligned}
a &= v_0 \cdot b &&+ r_1 && \text{mit} \quad 0 < r_1 < b \\
b &= v_1 \cdot r_1 &&+ r_2 && \text{mit} \quad 0 < r_2 < r_1 \\
r_1 &= v_2 \cdot r_2 &&+ r_3 && \text{mit} \quad 0 < r_3 < r_2 \\
&\ \ \vdots \\
r_{n-3} &= v_{n-2} \cdot r_{n-2} &&+ r_{n-1} && \text{mit} \quad 0 < r_{n-1} < r_{n-2} \\
r_{n-2} &= v_{n-1} \cdot r_{n-1} &&+ r_n && \text{mit} \quad 0 < r_n < r_{n-1} \\
r_{n-1} &= v_n \cdot r_n
\end{aligned}
$$

Dabei ist n dadurch bestimmt, daß r_n der letzte von 0 verschiedene Rest in dieser Divisionskette ist. Ein solches n existiert, denn die Folge der Reste nimmt streng monoton ab:

$$b > r_1 > r_2 > r_3 > \cdots > r_{n-1} > r_n.$$

Satz 9: Der letzte von 0 verschiedene Rest r_n im euklidischen Algorithmus für $a, b \in \mathbb{N}$ ist der größte gemeinsame Teiler von a und b.

Beweis: Mit den Bezeichnungen im euklidischen Algorithmus gilt

$$T_a \cap T_b = T_b \cap T_{r_1} = T_{r_1} \cap T_{r_2} = \cdots = T_{r_{n-1}} \cap T_{r_n} = T_{r_n},$$

also auch

$$\mathrm{ggT}(a, b) = \mathrm{ggT}(b, r_1) = \mathrm{ggT}(r_1, r_2) = \cdots = \mathrm{ggT}(r_{n-1}, r_n) = r_n. \quad \square$$

Beispiel: Es soll $\mathrm{ggT}(4081, 2585)$ berechnet werden:

$$
\begin{aligned}
4081 &= 1 \cdot 2585 + 1496 \\
2585 &= 1 \cdot 1496 + 1089 \\
1496 &= 1 \cdot 1089 + 407 \\
1089 &= 2 \cdot 407 + 275 \\
407 &= 1 \cdot 275 + 132 \\
275 &= 2 \cdot 132 + 11 \\
132 &= 12 \cdot 11
\end{aligned}
$$

Es ergibt sich also $\mathrm{ggT}(4081, 2585) = 11$.

Den euklidischen Algorithmus bezeichnet man auch manchmal als *Wechselwegnahme*, da abwechselnd ein Vielfaches der einen Zahl von der anderen Zahl weggenommen wird. Mit Hilfe der Wechselwegnahme untersuchte man in der Antike die Frage, wann zwei Größen *kommensurabel* oder *inkommensurabel* sind, d.h., ob sie in einem rationalen Verhältnis zueinander stehen oder nicht.

Die mit dem euklidischen Algorithmus bewiesene Aussage

$$T_a \cap T_b = T_{\mathrm{ggT}(a, b)}$$

kann man auch folgendermaßen ausdrücken: „Genau dann ist $d|a$ und $d|b$, wenn $d|\mathrm{ggT}(a, b)$.“ Daher findet man oft folgende *Definition* des größten gemeinsamen Teilers zweier Zahlen: Die Zahl d ist der größte gemeinsame Teiler von a und b, wenn gilt:

(1) $d|a$ und $d|b$

(2)   aus $t|a$ und $t|b$ folgt $t|d$.

Diese Definition hat gegenüber unserer ursprünglichen Definition den Vorteil, daß auch $\mathrm{ggT}(0, 0)$ definiert ist: Da 0 die einzige durch alle Zahlen aus $\mathbb{N}_0 = \mathbb{N} \cup \{0\}$ teilbare Zahl ist, gilt $\mathrm{ggT}(0, 0) = 0$.

Die Bildung des ggT zweier Zahlen ist eine *assoziative* Verknüpfung, d.h. es gilt $\mathrm{ggT}(\mathrm{ggT}(a, b), c) = \mathrm{ggT}(a, \mathrm{ggT}(b, c))$. Denn

$$T_{\mathrm{ggT}(\mathrm{ggT}(a, b), c)} = T_{\mathrm{ggT}(a, b)} \cap T_c = (T_a \cap T_b) \cap T_c$$

$$= T_a \cap (T_b \cap T_c) = T_a \cap T_{\mathrm{ggT}(b, c)} = T_{\mathrm{ggT}(a, \mathrm{ggT}(b, c))}.$$

Daher ist $\mathrm{ggT}(a, b, c) = \mathrm{ggT}(\mathrm{ggT}(a, b), c) \ (= \mathrm{ggT}(a, \mathrm{ggT}(b, c)))$ und

$$T_a \cap T_b \cap T_c = T_{\mathrm{ggT}(a, b, c)}.$$

Daraus ergibt sich: Genau dann ist $d = \mathrm{ggT}(a, b, c)$, wenn

(1) $d|a$ und $d|b$ und $d|c$;

(2)   aus $t|a$ und $t|b$ und $t|c$ folgt $t|d$.

Satz 10: Für $a_1, a_2, \ldots, a_n \in \mathbb{N}$ ist

$$T_{a_1} \cap T_{a_2} \cap \cdots \cap T_{a_n} = T_{\mathrm{ggT}(a_1, a_2, \ldots, a_n)}.$$

Dieser Satz ergibt sich mit vollständiger Induktion sofort aus den vorangehenden Überlegungen. Wir haben den Satz nur für *natürliche* Zahlen formuliert. Ist eine der Zahlen a_i gleich 0, so läßt man sie im ggT einfach fort, denn $\mathrm{ggT}(a, 0) = a$ für $a \in \mathbb{N}$.

Aus Satz 10 folgt: Genau dann ist $d = \mathrm{ggT}(a_1, a_2, \ldots, a_n)$, wenn gilt:

(1) $d|a_1$ und $d|a_2$ und $\ldots$ und $d|a_n$;

(2)   aus $t|a_1$ und $t|a_2$ und $\ldots$ und $t|a_n$ folgt $t|d$.

Aus dem euklidischen Algorithmus für $a, b \in \mathbb{N}$ folgt, daß

$$\mathrm{ggT}(a, b) = u \cdot a + v \cdot b \quad \text{mit} \quad u, v \in \mathbb{Z}.$$

Denn mit den bei der Darstellung des euklidischen Algorithmus verwendeten Bezeichnungen gilt

$$
\begin{aligned}
r_n &= r_{n-2} + (-v_{n-1})r_{n-1} \\
&= r_{n-2} + (-v_{n-1})(r_{n-3} + (-v_{n-2})r_{n-2}) \\
&= r_{n-4} + (-v_{n-3})r_{n-3} + (-v_{n-1})(r_{n-3} + (-v_{n-2})(r_{n-4} + (-v_{n-3})r_{n-3}))
\end{aligned}
$$

usw., so daß man schließlich die angegebene Darstellung erhält.

Beispiel: Wir haben oben den euklidischen Algorithmus zur Berechnung von $\mathrm{ggT}(4081, 2585)$ angewendet. Daraus ergibt sich

$$
\begin{aligned}
11 &= 275 - 2 \cdot 132 \\
&= 275 - 2(407 - 1 \cdot 275) = 3 \cdot 275 - 2 \cdot 407 \\
&= 3(1089 - 2 \cdot 407) - 2 \cdot 407 = 3 \cdot 1089 - 8 \cdot 407 \\
&= 3 \cdot 1089 - 8(1496 - 1 \cdot 1089) = 11 \cdot 1089 - 8 \cdot 1496 \\
&= 11(2585 - 1 \cdot 1496) - 8 \cdot 1496 = 11 \cdot 2585 - 19 \cdot 1496 \\
&= 11 \cdot 2585 - 19(4081 - 1 \cdot 2585) = 30 \cdot 2585 - 19 \cdot 4081.
\end{aligned}
$$

Man erhält also

$$
\mathrm{ggT}(4081, 2585) = (-19) \cdot 4081 + 30 \cdot 2585.
$$

Die Darstellung $\mathrm{ggT}(a, b) = ua + vb$ $(u, v \in \mathbb{Z})$ heißt *Vielfachensummendarstellung* von $\mathrm{ggT}(a, b)$. Diese Darstellung ist nicht eindeutig, denn man kann u durch $u + kb$ ersetzen, wenn man gleichzeitig v durch $v - ka$ ersetzt. Auch den ggT von mehr als zwei Zahlen kann man als Vielfachensumme dieser Zahlen schreiben. Ist etwa

$$
\mathrm{ggT}(a, b) = ua + vb \quad \text{und} \quad \mathrm{ggT}(\mathrm{ggT}(a, b), c) = x \cdot \mathrm{ggT}(a, b) + yc,
$$

dann ist

$$
\begin{aligned}
\mathrm{ggT}(a, b, c) &= \mathrm{ggT}(\mathrm{ggT}(a, b), c) = x(ua + vb) + yc \\
&= (xu)a + (xv)b + yc.
\end{aligned}
$$

Mit Hilfe vollständiger Induktion kann man allgemein beweisen, daß der ggT von n Zahlen als Vielfachensumme dieser n Zahlen dargestellt werden kann:

Satz 11: Es seien $a_1, a_2, \ldots, a_n$ natürliche Zahlen. Dann existieren ganze Zahlen $v_1, v_2, \ldots, v_n$ so daß

$$
\mathrm{ggT}(a_1, a_2, \ldots, a_n) = v_1 a_1 + v_2 a_2 + \ldots + v_n a_n.
$$

Als unmittelbare Folgerung aus diesem Satz ergibt sich:

Korollar : Es seien $a_1, a_2, \ldots, a_n$ natürliche Zahlen und d ihr größter gemeinsamer Teiler. Dann gilt

$$
\{v_1 a_1 + v_2 a_2 + \cdots + v_n a_n \mid v_1, v_2, \ldots, v_n \in \mathbb{Z}\} = \{vd \mid v \in \mathbb{Z}\},
$$

die Menge aller Vielfachensummen von $a_1, a_2, \ldots, a_n$ besteht also aus allen Vielfachen von $\mathrm{ggT}(a_1, a_2, \ldots, a_n)$.

Man beachte, daß bei den betrachteten Vielfachen bzw. Vielfachensummen die Multiplikatoren aus $\mathbb{Z}$ stammen, also ganze Zahlen sind.

Ist $\mathrm{ggT}(a_1, a_2, \ldots, a_n) = 1$, dann nennt man die Zahlen $a_1, a_2, \ldots, a_n$ *teilerfremd*. Sind je zwei dieser Zahlen teilerfremd, dann nennt man $a_1, a_2, \ldots, a_n$ *paarweise teilerfremd*. In diesem Fall sind sie natürlich auch teilerfremd.

Satz 12: Sind die natürlichen Zahlen $a_1, a_2, \ldots, a_n$ alle zu der ganzen Zahl m teilerfremd, dann ist auch ihr Produkt zu m teilerfremd.

Beweis: Gilt $\mathrm{ggT}(a_1, m) = \mathrm{ggT}(a_2, m) = \ldots = \mathrm{ggT}(a_n, m) = 1$, dann gibt es ganze Zahlen $u_1, u_2, \ldots, u_n$ und $v_1, v_2, \ldots, v_n$ mit

$$
\begin{aligned}
1 &= u_1 a_1 + v_1 m \\
1 &= u_2 a_2 + v_2 m \\
&\cdots\cdots\cdots\cdots \\
1 &= u_n a_n + v_n m.
\end{aligned}
$$

Multipliziert man diese Gleichungen miteinander, so folgt

$$
1 = (u_1 u_2 \ldots u_n)(a_1 a_2 \ldots a_n) + vm \quad \text{mit} \quad v \in \mathbb{Z}.
$$

Ein gemeinsamer Teiler von $a_1 a_2 \ldots a_n$ und m kann also nur 1 sein. □

Den größten gemeinsamen Teiler gegebener Zahlen kann man auch mit Hilfe ihrer Primfaktorzerlegung berechnen. Bei großen Zahlen ist aber die Benutzung des euklidischen Algorithmus meistens vorzuziehen, da die Primfaktorzerlegung großer Zahlen in der Regel sehr mühsam zu bestimmen ist.

Satz 13: Es seien

$$
a = \prod_{i=1}^{\infty} p_i^{\alpha_i} \quad \text{und} \quad b = \prod_{i=1}^{\infty} p_i^{\beta_i}
$$

zwei natürliche Zahlen in ihrer kanonischen Primfaktorzerlegung. Dann gilt

$$
\mathrm{ggT}(a, b) = \prod_{i=1}^{\infty} p_i^{\min(\alpha_i, \beta_i)},
$$

wobei $\min(\alpha_i, \beta_i)$ das Minimum der Zahlen α_i und β_i bedeutet.

Beweis: Für die Zahl

$$
d = \prod_{i=1}^{\infty} p_i^{\min(\alpha_i, \beta_i)}
$$

gilt $d|a$ und $d|b$, denn es ist $\min(\alpha_i, \beta_i) \leq \alpha_i$ und $\min(\alpha_i, \beta_i) \leq \beta_i$ für $i = 1, 2, 3, \ldots$. Ist $t = \prod_{i=1}^{\infty} p_i^{\tau_i}$ und gilt $t|a$ und $t|b$, dann ist $\tau_i \leq \alpha_i$ und $\tau_i \leq \beta_i$ für $i = 1, 2, 3, \ldots$, also $\tau_i \leq \min(\alpha_i, \beta_i)$ für $i = 1, 2, 3, \ldots$ und damit $t|d$. Also ist $d = \mathrm{ggT}(a, b)$. □

Die entsprechende Aussage gilt natürlich auch für den ggT von mehr als zwei Zahlen.

Beispiel:

$$
\begin{array}{rcccccl}
3300 & = & 2^2 & \cdot\ 3 & \cdot\ 5^2 & & \cdot\ 11 \\
315000 & = & 2^3 & \cdot\ 3^2 & \cdot\ 5^4 & \cdot\ 7 & \\
3402000 & = & 2^4 & \cdot\ 3^5 & \cdot\ 5^3 & \cdot\ 7 & \\
\hline
\text{ggT} & = & 2^2 & \cdot\ 3 & \cdot\ 5^2 & & = 300
\end{array}
$$

Mit Hilfe des größten gemeinsamen Teilers kann man nun sehr leicht Satz 5 aus I.3 beweisen, wie dort angekündigt wurde: Es sei $p|ab$ und $p \nmid a$. Dann ist $\text{ggT}(p,a) = 1$, es existieren also ganze Zahlen u, v mit $1 = up + va$. Dann gilt auch $b = upb + vab$. Aus $p|upb$ und $p|vab$ folgt $p|b$.

Nun seien $a_1, a_2, \ldots, a_n$ *ganze* Zahlen. Eine ganze Zahl d heißt ein *größter gemeinsamer Teiler* von $a_1, a_2, \ldots, a_n$, wenn gilt:

(1) $d|a_1$ und $d|a_2$ und   ...   und $d|a_n$;

(2)   aus $t|a_1$ und $t|a_2$ und   ...   und $t|a_n$ folgt $t|d$.

Entsprechend haben wir im Anschluß an Satz 10 den ggT von n natürlichen Zahlen charakterisiert. Ist $d' = \text{ggT}(|a_1|, |a_2|, \ldots, |a_n|)$, dann gilt für einen größten gemeinsamen Teiler d von $a_1, a_2, \ldots, a_n$

$$d|d' \quad \text{und} \quad d'|d, \quad \text{also} \quad d = d' \quad \text{oder} \quad d = -d'.$$

Für ganze Zahlen gibt es also zwei größte gemeinsame Teiler. Um Eindeutigkeit herzustellen, verwenden wir das Symbol ggT künftig nur für den *positiven* größten gemeinsamen Teiler, es ist also

$$\text{ggT}(a_1, a_2, \ldots, a_n) = \text{ggT}(|a_1|, |a_2|, \ldots |a_n|) > 0,$$

falls nicht alle Zahlen $a_1, a_2, \ldots, a_n$ Null sind.

Bei der Berechnung des ggT mit Hilfe der „Wechselwegnahme" kann man nun auch negative Zahlen zulassen, wie folgendes Beispiel zeigt:

$$
\begin{aligned}
\text{ggT}(345, 111, 678) & = & \text{ggT}(345, 111, -12) = \text{ggT}(12, 111, 12) \\
& = & \text{ggT}(12, 111, 0) = \text{ggT}(12, -9) = \text{ggT}(12, 9) \\
& = & \text{ggT}(3, 9) = \text{ggT}(3, 0) = \text{ggT}(3) = 3.
\end{aligned}
$$

I.7 Das kleinste gemeinsame Vielfache

Die Menge aller positiven Vielfachen einer natürlichen Zahl bezeichnen wir mit V_a. Für n natürliche Zahlen $a_1, a_2, \ldots, a_n$ ist

$$V_{a_1} \cap V_{a_2} \cap \cdots \cap V_{a_n}$$

die *Menge aller gemeinsamen Vielfachen* von $a_1, a_2, \ldots, a_n$. Diese Menge ist nicht leer, da sie z.B. das Produkt der Zahlen $a_1, a_2, \ldots, a_n$ enthält. Die kleinste Zahl in dieser Menge nennt man das *kleinste gemeinsame Vielfache* von $a_1, a_2, \ldots, a_n$ und bezeichnet dieses mit $\mathrm{kgV}(a_1, a_2, \ldots, a_n)$. Zunächst beschäftigen wir uns mit dem kgV von nur zwei natürlichen Zahlen a, b.

Satz 14: Für $a, b \in \mathbb{N}$ gilt $\mathrm{kgV}(a,b) = \dfrac{a \cdot b}{\mathrm{ggT}(a,b)}$.

Beweis: Man setze $c := \frac{a \cdot b}{\mathrm{ggT}(a,b)}$. Wegen $\frac{a}{\mathrm{ggT}(a,b)}, \frac{b}{\mathrm{ggT}(a,b)} \in \mathbb{N}$ gilt $a|c$ und $b|c$. Für ein beliebiges $d \in V_a \cap V_b$ gilt $c|d$, denn die Zahl

$$\frac{d}{c} = \frac{d \cdot \mathrm{ggT}(a,b)}{a \cdot b} = \frac{d \cdot (ua + vb)}{a \cdot b} = u \cdot \frac{d}{b} + v \cdot \frac{d}{a} \quad (u, v \in \mathbb{Z})$$

ist ganz. Folglich ist $c \leq d$ und damit c das *kleinste* gemeinsame Vielfache von a und b. $\square$

Im Beweis dieses Satzes haben wir gesehen, daß jedes gemeinsame Vielfache von a und b ein Vielfaches von $\mathrm{kgV}(a,b)$ ist. Da natürlich auch das Umgekehrte gilt, ist

$$V_a \cap V_b = V_{\mathrm{kgV}(a,b)}.$$

Genau dann gilt also $a|w$ und $b|w$, wenn $\mathrm{kgV}(a,b)|w$. Daher findet man oft folgende *Definition* des kleinsten gemeinsamen Vielfachen zweier Zahlen: Die Zahl v ist das kleinste gemeinsame Vielfache von a und b, wenn gilt:

(1) $a|v$ und $b|v$

(2)   aus $a|w$ und $b|w$ folgt $v|w$.

Die Vielfachen von $\mathrm{ggT}(a,b)$, welche Teiler von $\mathrm{kgV}(a,b)$ sind, kann man in einem Teilerdiagramm darstellen. Dieses hat die gleiche Gestalt wie das Teilerdiagramm der Zahl $\frac{\mathrm{kgV}(a,b)}{\mathrm{ggT}(a,b)}$:

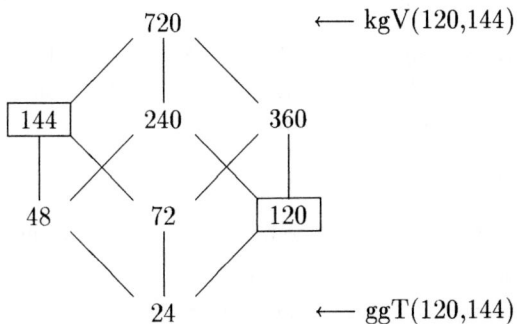

Die Bildung des kgV zweier Zahlen ist eine *assoziative* Verknüpfung, d.h. es gilt $\mathrm{kgV}(\mathrm{kgV}(a,b),c) = \mathrm{kgV}(a,\mathrm{kgV}(b,c))$. Denn

$$V_{\mathrm{kgV}(\mathrm{kgV}(a,b),c)} = V_{\mathrm{kgV}(a,b)} \cap V_c = (V_a \cap V_b) \cap V_c$$

$$= V_a \cap (V_b \cap V_c) = V_a \cap V_{\mathrm{kgV}(b,c)} = V_{\mathrm{kgV}(a,\mathrm{kgV}(b,c))}.$$

Mit vollständiger Induktion beweist man:

Satz 15: Für $a_1, a_2, \ldots, a_n \in \mathbb{N}$ ist

$$V_{a_1} \cap V_{a_2} \cap \cdots \cap V_{a_n} = V_{\mathrm{kgV}(a_1, a_2, \ldots, a_n)}.$$

Also ist genau dann $v = \mathrm{kgV}(a_1, a_2, \ldots, a_n)$, wenn gilt:

(1) $a_1|v$ und $a_2|v$ und ... und $a_n|v$;

(2)   aus $a_1|w$ und $a_2|w$ und ... und $a_n|w$ folgt $v|w$.

Das kleinste gemeinsame Vielfache gegebener Zahlen kann man mit Hilfe ihrer Primfaktorzerlegung berechnen. Analog zu Satz 13 ergibt sich:

Satz 16: Es seien

$$a = \prod_{i=1}^{\infty} p_i^{\alpha_i} \quad \text{und} \quad b = \prod_{i=1}^{\infty} p_i^{\beta_i}$$

zwei natürliche Zahlen in ihrer kanonischen Primfaktorzerlegung. Dann gilt

$$\mathrm{kgV}(a,b) = \prod_{i=1}^{\infty} p_i^{\max(\alpha_i, \beta_i)},$$

wobei $\max(\alpha_i, \beta_i)$ das Maximum der Zahlen α_i und β_i bedeutet.

Die entsprechende Aussage gilt natürlich auch für das kgV von mehr als zwei Zahlen.

Beispiel:

3300	$=$	2^2	$\cdot$	3	$\cdot$	5^2			$\cdot$	11	
315000	$=$	2^3	$\cdot$	3^2	$\cdot$	5^4	$\cdot$	7			
3402000	$=$	2^4	$\cdot$	3^5	$\cdot$	5^3	$\cdot$	7			
kgV	$=$	2^4	$\cdot$	3^5	$\cdot$	5^4	$\cdot$	7	$\cdot$	11	$= 187\,110\,000$

Da die Primfaktorzerlegung großer Zahlen oft schwer zu bestimmen ist, benutzt man zur Berechnung des kgV in der Regel Satz 14, wobei man bei mehr als zwei Zahlen rekursiv vorgehen kann:

$$\mathrm{kgV}(a_1, \ldots, a_n) = \mathrm{kgV}(\mathrm{kgV}(a_1, \ldots, a_{n-1}), a_n).$$

Man kann auch die folgende Verallgemeinerung von Satz 14 verwenden:

Satz 17: Es seien $a_1, a_2, \ldots, a_n$ natürliche Zahlen, ferner sei A das Produkt dieser Zahlen und $A_i = \frac{A}{a_i}$ $(i = 1, 2, \ldots, n)$. Dann gilt

$$\mathrm{kgV}(a_1, a_2, \ldots, a_n) = \frac{A}{\mathrm{ggT}(A_1, A_2, \ldots, A_n)}.$$

Beweis: Der Beweis verläuft ähnlich wie der Beweis von Satz 14. Es sei $v = \frac{A}{\text{ggT}(A_1, A_2, \ldots, A_n)}$, also

$$v = a_i \cdot \frac{A_i}{\text{ggT}(A_1, A_2, \ldots, A_n)} \quad \text{für } i = 1, 2, \ldots, n.$$

Dann ist offensichtlich $a_i | v$ für $i = 1, 2, \ldots, n$. Ist auch w ein gemeinsames Vielfaches von $a_1, a_2, \ldots, a_n$, dann ist $v | w$, denn

$$\frac{w}{v} = \frac{w \cdot \text{ggT}(A_1, A_2, \ldots, A_n)}{A} = \sum_{i=1}^{n} \frac{w \cdot (u_i A_i)}{A} = \sum_{i=1}^{n} u_i \cdot \frac{w}{a_i}$$

ist eine ganze Zahl. □

In I.3 haben wir die *Primärteilermenge* P_a einer natürlichen Zahl a eingeführt: P_a ist die Menge aller Teiler von a, welche Potenzen einer Primzahl sind; als 0-te Potenz einer Primzahl soll auch 1 zu P_a gehören. Für $a, b \in \mathbb{N}$ gilt offensichtlich

$$P_a \cap P_b = P_{\text{ggT}(a, b)} \quad \text{und} \quad P_a \cup P_b = P_{\text{kgV}(a, b)}.$$

Man rechnet also mit Primärteilermengen bezüglich den Schneidens und Vereinigens von Mengen wie mit natürlichen Zahlen bezüglich der Verknüpfungen „ggT" und „kgV". Auf diese Weise erhält man problemlos zahlreiche Regeln für das Rechnen mit ggT und kgV, z.B.

$$\text{ggT}(a, \text{kgV}(b, c)) = \text{kgV}(\text{ggT}(a, b), \text{ggT}(a, c)),$$
$$\text{kgV}(a, \text{ggT}(b, c)) = \text{ggT}(\text{kgV}(a, b), \text{kgV}(a, c)),$$

denn die entsprechenden Regeln gelten für das Rechnen mit Mengen:

$$P_a \cap (P_b \cup P_c) = (P_a \cap P_b) \cup (P_a \cap P_c),$$
$$P_a \cup (P_b \cap P_c) = (P_a \cup P_b) \cap (P_a \cup P_c).$$

Bisher haben wir nur das kgV von natürlichen Zahlen gebildet. Sinnvollerweise setzt man $\text{kgV}(a_1, a_2, \ldots, a_n) = 0$, wenn eine der Zahlen $a_1, a_2, \ldots, a_n$ die Null ist. Denn vereinbarungsgemäß besitzt die Zahl 0 außer 0 kein weiteres Vielfaches. Ein kleinstes gemeinsames Vielfaches von *ganzen* Zahlen $a_1, a_2, \ldots, a_n$ definiert man durch die in Satz 15 angegebene Eigenschaft. Ist $v = \text{kgV}(|a_1|, |a_2|, \ldots, |a_n|) > 0$, dann sind genau die Zahlen v und $-v$ kleinste gemeinsame Vielfache von $a_1, a_2, \ldots, a_n$. Um Eindeutigkeit herzustellen, verwenden wir das Symbol kgV künftig nur für das *positive* kleinste gemeinsame Vielfache ganzer Zahlen.

I.8 Kettenbrüche

Der euklidische Algorithmus (vgl. I.6) kann auch folgendermaßen mit Hilfe von Brüchen geschrieben werden:

$$\frac{a}{b} = v_0 + \frac{r_1}{b} \qquad \text{mit } v_0 \in \mathbb{N}_0 \quad \text{und} \quad 0 < r_1 < b$$

$$\frac{b}{r_1} = v_1 + \frac{r_2}{r_1} \qquad \text{mit } v_1 \in \mathbb{N} \quad \text{und} \quad 0 < r_2 < r_1$$

$$\frac{r_1}{r_2} = v_2 + \frac{r_3}{r_2} \qquad \text{mit } v_2 \in \mathbb{N} \quad \text{und} \quad 0 < r_3 < r_2$$

$$\cdots\cdots\cdots$$

$$\frac{r_{n-3}}{r_{n-2}} = v_{n-2} + \frac{r_{n-1}}{r_{n-2}} \qquad \text{mit } v_{n-2} \in \mathbb{N} \quad \text{und} \quad 0 < r_{n-1} < r_{n-2}$$

$$\frac{r_{n-2}}{r_{n-1}} = v_{n-1} + \frac{r_n}{r_{n-1}} \qquad \text{mit } v_{n-1} \in \mathbb{N} \quad \text{und} \quad 0 < r_n < r_{n-1}$$

$$\frac{r_{n-1}}{r_n} = v_n \qquad \text{mit } v_n \in \mathbb{N}.$$

Wegen $r_n < r_{n-1}$ ist dabei $v_n > 1$. Setzt man diese Bruchterme ineinander ein, so ergibt sich

$$\frac{a}{b} = v_0 + \cfrac{1}{v_1 + \cfrac{1}{v_2 + \cfrac{1}{\ddots + \cfrac{1}{v_{n-2} + \cfrac{1}{v_{n-1} + \cfrac{1}{v_n}}}}}}.$$

Dies nennt man die *Kettenbruchdarstellung* von $\frac{a}{b}$ und schreibt

$$\frac{a}{b} = [v_0, v_1, v_2, ..., v_n].$$

Beispiel 1:

$$\frac{64}{29} = 2 + \frac{6}{29} = 2 + \cfrac{1}{4 + \cfrac{5}{6}} = 2 + \cfrac{1}{4 + \cfrac{1}{1 + \cfrac{1}{5}}} = [2, 4, 1, 5].$$

Wegen $v + 1 = v + \frac{1}{1}$ ist die Kettenbruchdarstellung einer Bruchzahl nicht eindeutig, wenn man als letzte Zahl 1 zuläßt:

$$[v_0, v_1, ..., v_{n-1}, v_n + 1] = [v_0, v_1, ..., v_{n-1}, v_n, 1].$$

Um Eindeutigkeit zu erreichen, schließt man in der Regel 1 als letzte Zahl in einem Kettenbruch aus. (Man beachte, daß im euklidischen Algorithmus in obigen Bezeichnungen nie $v_n = 1$ ist, da in diesem Fall der Algorithmus schon einen Schritt früher abgebrochen wäre.) Es macht nun keine Mühe, den *Identitätssatz für Kettenbrüche* zu beweisen: Ist

$$[v_0, v_1, \ldots, v_k] = [w_0, w_1, \ldots, w_l] \text{ mit } v_k \neq 1 \text{ und } w_l \neq 1,$$

so ist $k = l$ und $v_i = w_i$ für $i = 0, 1, \ldots, k$.

Für $0 \leq k \leq n$ nennt man $[v_0, v_1, \ldots, v_k]$ den k-ten *Näherungsbruch* von $[v_0, v_1, \ldots, v_n]$. Wie „gut" diese Näherung ist, untersuchen wir weiter unten.

Die Theorie der Kettenbrüche entwickelte sich aus dem Bedürfnis, Brüche mit großem Zähler und Nenner durch einfachere Brüche zu approximieren. CHRISTIAN HUYGENS (1629–1695) benutzte sie bei der Aufgabe, ein Zahnradmodell des Sonnensystems zu bauen. Dabei sollte gelten:

$$\frac{\text{Zahnanzahl von Zahnrad 1}}{\text{Zahnanzahl von Zahnrad 2}} = \frac{\text{Umlaufzeit von Planet 1}}{\text{Umlaufzeit von Planet 2}}.$$

Sind die Umlaufzeiten der Planeten recht genau gemessen, dann kann rechts ein Bruch mit sehr großem Zähler und Nenner stehen, so daß sehr große Zahnanzahlen benötigt würden. Man wird sich also mit einer Näherung begnügen. Soll etwa $\frac{1355}{946}$ durch einen Bruch angenähert werden, bei dem Zähler und Nenner aus technischen Gründen kleiner als 100 sein müssen, so betrachtet man die Näherungsbrüche von

$$\frac{1355}{946} = [1, 2, 3, 5, 8, 3].$$

Der vierte Näherungsbruch $[1, 2, 3, 5] = \frac{53}{37}$ erfüllt die genannte Bedingung. Es gilt $|\frac{1355}{946} - \frac{53}{37}| < 10^{-4}$. Für die Approximation mit Hilfe eines Dezimalbruchs hätten wir bei gleicher „Güte" also den Nenner 10 000 benötigt, während wir so mit dem Nenner 37 auskommen. Für die Bewegung des Saturn mußte HUYGENS das Verhältnis $77\,708\,431 : 2\,640\,858$ betrachten. Es ist

$$\frac{77\,708\,431}{2\,640\,858} = [29, 2, 2, 1, 5, 1, 4, 1, 1, 2, 1, 6, 1, 10, 2, 2, 3].$$

HUYGENS wählte den Näherungsbruch $\frac{206}{7} = [29, 2, 2, 1]$; der relative Fehler ist dabei etwa $0,01\%$.

Auch zur Festlegung der Schaltjahre kann man Kettenbruchnäherungen verwenden. Die Umlaufzeit der Erde um die Sonne ist recht genau

$$365\text{d } 5\text{h } 48\text{m } 45,8\text{s} = \left(365 + \frac{104\,629}{432\,000}\right)\text{d}.$$

Es gilt

$$\frac{104\,629}{432\,000} = [0, 4, 7, 1, 3, 6, 2, 1, 170].$$

Wählt man den nullten Näherungsbruch $[0] = 0$, so führt man keine Schalt-jahre ein; dies war im alten Ägypten der Fall, es wurde dafür aber in großen Abständen das Jahr gleich um mehrere Tage verlängert. Wählt man den ersten Näherungsbruch $[0, 4] = \frac{1}{4}$, so führt man alle vier Jahre ein Schaltjahr mit 366 Tagen ein, wie es der von CAESAR im Jahr 46 v. Chr. eingeführte *Julianische Kalender* tat. Dieser Näherungsbruch ist etwas zu groß, so daß die Jahreszeit bereits im 16. Jahrhundert dem Kalender um 10 Tage vorauseilte. Der von Papst GREGOR XIII im Jahr 1582 eingeführte und noch heute gültige *Gregorianische Kalender* berücksichtigt den fünften Näherungsbruch $[0, 4, 7, 1, 3, 6] = \frac{194}{801}$: In 800 Jahren müssen 6 Schaltjahre ausfallen, und zwar wurde dies für die Jahre festgesetzt, deren Jahreszahl durch 100, nicht aber durch 400 teilbar ist. Bei dieser Regelung wird unser Kalender erst im Jahr 4915 der Jahreszeit um einen Tag vorauseilen.

Bei der Einteilung des Jahres in Monate muß man die Zeit $M = 29,53059$ Tage (d) für eine Mondperiode (von Neumond zu Neumond) mit der Länge eines Jahres (einer „Sonnenperiode") $S = 365,24220$ d vergleichen. Die ersten Näherungsbrüche für $\frac{M}{S}$ sind $\frac{1}{12}, \frac{2}{25}, \frac{3}{37}, \frac{8}{99}, \frac{11}{136}, \frac{19}{235}, \frac{334}{4131}, \ldots$. Im alten Ägypten begnügte man sich mit dem ersten Näherungsbruch: Man teilte das Jahr in 12 Monate zu je 30 Tagen ein und fügte dann noch 5 Feiertage hinzu. METON von Athen schlug um 430 v. Chr. vor, 19 Jahre zu insgesamt 235 Monaten zu einer Zeitperiode zusammenzufassen, und zwar 12 Jahre zu 12 Monaten und 7 Jahre zu 13 Monaten. Diese Regelung entspricht dem 6. Näherungsbruch; sie wird noch heute bei der jüdischen Zeitrechnung verwendet.

Interessanter als die Approximation rationaler Zahlen ist die Approximation *irrationaler* Zahlen durch Kettenbrüche. Hierbei handelt es sich natürlich um *nicht-abbrechende* Kettenbrüche, denn ein abbrechender Kettenbruch stellt stets eine rationale Zahl dar.

Es sei α eine positive irrationale Zahl. Wir setzen $a_0 := [\alpha]$, wobei [ ] die Ganzteilfunktion bedeutet. (Es besteht sicher keine Gefahr der Verwechselung, wenn wir eckige Klammern auch zur Bezeichnung von Kettenbrüchen verwenden.) Dann ist

$$\alpha = a_0 + \cfrac{1}{\cfrac{1}{\alpha - a_0}}.$$

Wegen $0 < \alpha - a_0 < 1$ ist $\alpha_1 := \frac{1}{\alpha - a_0} > 1$. Wir bilden $a_1 := [\alpha_1]$ und erhalten

$$\alpha = a_0 + \cfrac{1}{a_1 + \cfrac{1}{\cfrac{1}{\alpha_1 - a_1}}}.$$

So fortfahrend ergibt sich die nicht-abbrechende Kettenbruchentwicklung der irrationalen Zahl α:

$$\alpha = [a_0, a_1, a_2, \ldots].$$

Beispielsweise gilt für die Kreiszahl π

$$\pi = [3, 7, 15, 1, \ldots].$$

Das ergibt der Reihe nach die Näherungsbrüche $3, \frac{22}{7}, \frac{333}{106}, \frac{355}{113}$ mit

$$3 < \frac{333}{106} < \pi < \frac{355}{113} < \frac{22}{7}.$$

Die Näherungsbrüche $\frac{22}{7}$ ($\approx 3,1428571$) und $\frac{355}{113}$ ($\approx 3,1415929$) waren im dritten Jahrhundert n. Chr. dem Chinesen TSU-CHUNG-CHIH bekannt und wurden unter Benutzung dem Kreis ein- und umbeschriebener Polygone ermittelt. Der Näherungsbruch $\frac{333}{106}$ ist bereits von PTOLEMÄUS (etwa 85–165 n. Chr.) benutzt worden. Allerdings hatte schon ARCHIMEDES von Syrakus (287–212 v. Chr.) bessere Näherungen erzielt.

In folgenden Beispielen ergeben sich *periodische* Kettenbruchentwicklungen. Wir werden in I.9 sehen, daß ein Kettenbruch genau dann periodisch ist, wenn er Lösung einer quadratischen Gleichung über $\mathbb{Z}$ ist.

Beispiel 2: Es soll die Kettenbruchentwicklung von $\sqrt{2}$ bestimmt werden.

$$\sqrt{2} = 1 + (\sqrt{2} - 1) = 1 + \cfrac{1}{\sqrt{2} + 1} = 1 + \cfrac{1}{2 + (\sqrt{2} - 1)}$$

$$= 1 + \cfrac{1}{2 + \cfrac{1}{\sqrt{2} + 1}} = 1 + \cfrac{1}{2 + \cfrac{1}{2 + (\sqrt{2} - 1)}}$$

$$= 1 + \cfrac{1}{2 + \cfrac{1}{2 + \cfrac{1}{\sqrt{2} + 1}}} \quad \text{usw.}$$

Es ergibt sich also $\sqrt{2} = [1, 2, 2, 2, \ldots]$. Dafür schreibt man unter Verwendung eines Periodenstrichs abkürzend $\sqrt{2} = [1, \overline{2}]$.

Beispiel 3: Die Zahl $\alpha = \frac{1}{2}(\sqrt{5} - 1)$ genügt der Gleichung $x^2 + x - 1 = 0$, also $x = \frac{1}{1+x}$. Daher gilt

$$\alpha = \cfrac{1}{1 + \cfrac{1}{1 + \cfrac{1}{1 + \cdots}}},$$

also

$$\frac{1}{2}(\sqrt{5} - 1) = [0, 1, 1, 1, \ldots] = [0, \overline{1}].$$

Daraus ergibt sich auch

$$\frac{1}{2}(\sqrt{5} + 1) = [1, 1, 1, 1, \ldots] = [1, \overline{1}].$$

Diesen beiden irrationalen Zahlen mit den „einfachsten" nichtabbrechenden Kettenbruchentwicklungen begegnet man häufig in der Mathematik; wir werden sie in I.11 wiederfinden.

Um Fragen der Approximation rationaler oder irrationaler Zahlen durch Kettenbrüche allgemeiner untersuchen zu können, beschäftigen wir uns nun mit der Folge der Näherungsbrüche eines Kettenbruchs. Dazu sei

$$[x_0, x_1, x_2, x_3, \ldots, x_N]$$

ein Kettenbruch mit $N + 1$ *Variablen* $x_0, x_1, x_2, \ldots, x_N$ und $[x_0, x_1, x_2, \ldots, x_k]$ der k-te Näherungsbruch ($k \leq N$). Man beachte also, daß im folgenden mit Variablen z.B. für reelle Zahlen gerechnet wird, daß man sich also etwa in $[x, y, z]$ für x, y, z reelle Zahlen eingesetzt denken darf.

Satz 18: Definiert man

$$P_0 := x_0, \quad P_1 := x_1 x_0 + 1, \quad P_k := x_k P_{k-1} + P_{k-2},$$
$$Q_0 := 1, \quad Q_1 := x_1, \qquad Q_k := x_k Q_{k-1} + Q_{k-2}$$

($k = 2, 3, \ldots$) bzw. in Matrixschreibweise

$$\binom{P_0}{Q_0} := \binom{x_0}{1}, \quad \binom{P_1}{Q_1} := \begin{pmatrix} x_0 & 1 \\ 1 & 0 \end{pmatrix} \binom{x_1}{1}$$

und

$$\binom{P_k}{Q_k} := \begin{pmatrix} P_{k-1} & P_{k-2} \\ Q_{k-1} & Q_{k-2} \end{pmatrix} \binom{x_k}{1}$$

($k = 2, 3, \ldots$), dann gilt

$$[x_0, x_1, x_2, \ldots, x_k] = \frac{P_k}{Q_k} \quad (k = 0, 1, 2, \ldots, N).$$

Beweis: Wir führen den Beweis mit vollständiger Induktion. Der Induktionsanfang ist einfach einzusehen:

$$[x_0] = \frac{x_0}{1}; \quad [x_0, x_1] = x_0 + \frac{1}{x_1} = \frac{x_1 x_0 + 1}{x_1}.$$

Die behaupteten Beziehungen seien für $k = n < N$ bewiesen; dann gilt

$$[x_0, x_1, x_2, \ldots, x_n, x_{n+1}] = [x_0, x_1, x_2, \ldots, x_n + \frac{1}{x_{n+1}}]$$

$$= \frac{(x_n + \frac{1}{x_{n+1}})P_{n-1} + P_{n-2}}{(x_n + \frac{1}{x_{n+1}})Q_{n-1} + Q_{n-2}} = \frac{x_{n+1}(x_n P_{n-1} + P_{n-2}) + P_{n-1}}{x_{n+1}(x_n Q_{n-1} + Q_{n-2}) + Q_{n-1}}$$

$$= \frac{x_{n+1} P_n + P_{n-1}}{x_{n+1} Q_n + Q_{n-1}} = \frac{P_{n+1}}{Q_{n+1}}. \quad \square$$

Die Berechnung der Folge der Näherungszähler und -nenner führt man zweckmäßigerweise in folgendem Schema durch:

x_k	$\ldots$	x_3	x_2	x_1	x_0
P_k	$\ldots$	$x_3P_2 + P_1$	$x_2P_1 + P_0$	$x_1P_0 + 1$	x_0
Q_k	$\ldots$	$x_3Q_2 + Q_1$	$x_2Q_1 + Q_0$	x_1	1

Beispiel 4: Berechnung der Näherungsbrüche von $[1, 1, 1, 3, 5, 3, 1, 1, 10]$:

10	1	1	3	5	3	1	1	1
4523	428	243	185	58	11	3	2	1
2885	273	155	118	37	7	2	1	1

Insbesondere ergibt sich $[1, 1, 1, 3, 5, 3, 1, 1, 10] = \frac{4523}{2885}$.

Die Definition der Folgen $P_0, P_1, P_2, \ldots$ und $Q_0, Q_1, Q_2, \ldots$ in Satz 18 kann man auch folgendermaßen mit Hilfe von Matrizen schreiben: Es ist

$$\begin{pmatrix} P_1 & P_0 \\ Q_1 & Q_0 \end{pmatrix} := \begin{pmatrix} x_0 & 1 \\ 1 & 0 \end{pmatrix} \begin{pmatrix} x_1 & 1 \\ 1 & 0 \end{pmatrix}$$

und

$$\begin{pmatrix} P_k & P_{k-1} \\ Q_k & Q_{k-1} \end{pmatrix} := \begin{pmatrix} P_{k-1} & P_{k-2} \\ Q_{k-1} & Q_{k-2} \end{pmatrix} \begin{pmatrix} x_k & 1 \\ 1 & 0 \end{pmatrix}$$

für $k \geq 2$. Daraus folgt

$$\begin{pmatrix} P_k & P_{k-1} \\ Q_k & Q_{k-1} \end{pmatrix} = \begin{pmatrix} x_0 & 1 \\ 1 & 0 \end{pmatrix} \begin{pmatrix} x_1 & 1 \\ 1 & 0 \end{pmatrix} \cdots \cdots \begin{pmatrix} x_{k-1} & 1 \\ 1 & 0 \end{pmatrix} \begin{pmatrix} x_k & 1 \\ 1 & 0 \end{pmatrix}.$$

Satz 19: In den Bezeichnungen von Satz 18 gilt

(1) $$\frac{P_k}{Q_k} - \frac{P_{k-1}}{Q_{k-1}} = \frac{(-1)^{k+1}}{Q_kQ_{k-1}} \quad \text{für } k = 1, 2, 3, \ldots ;$$

(2) $$\frac{P_k}{Q_k} - \frac{P_{k-2}}{Q_{k-2}} = \frac{(-1)^k x_k}{Q_{k-2}Q_k} \quad \text{für } k = 2, 3, 4, \ldots .$$

Beweis: Aus Satz 18 folgt für $k \geq 1$

$$P_kQ_{k-1} - P_{k-1}Q_k = \det \begin{pmatrix} P_k & P_{k-1} \\ Q_k & Q_{k-1} \end{pmatrix} = \prod_{i=0}^{k} \det \begin{pmatrix} x_i & 1 \\ 1 & 0 \end{pmatrix} = (-1)^{k+1},$$

woraus sich (1) ergibt. Für $k \geq 2$ ist

$$\begin{pmatrix} P_k \\ Q_k \end{pmatrix} = \begin{pmatrix} P_{k-1} & P_{k-2} \\ Q_{k-1} & Q_{k-2} \end{pmatrix} \begin{pmatrix} x_k \\ 1 \end{pmatrix} \quad \text{und} \quad \begin{pmatrix} P_{k-2} \\ Q_{k-2} \end{pmatrix} = \begin{pmatrix} P_{k-1} & P_{k-2} \\ Q_{k-1} & Q_{k-2} \end{pmatrix} \begin{pmatrix} 0 \\ 1 \end{pmatrix},$$

also

$$P_k Q_{k-2} - P_{k-2} Q_k = \det \begin{pmatrix} P_{k-1} & P_{k-2} \\ Q_{k-1} & Q_{k-2} \end{pmatrix} \cdot \det \begin{pmatrix} x_k & 0 \\ 1 & 1 \end{pmatrix} = (-1)^k x_k,$$

woraus sich (2) ergibt. □

Setzt man in Satz 18 für die Variablen $x_0, x_1, \ldots, x_N$ natürliche Zahlen ein, dann ergeben sich auch für die Näherungszähler P_k und Näherungsnenner Q_k natürliche Zahlen ($k = 0, 1, 2, \ldots, N$). Man beachte, daß man den Fall, daß außer x_0 ein weiteres x_i den Wert 0 hat, ausschließen kann, wie folgendes Beispiel zeigt:

$$2 + \cfrac{1}{0 + \cfrac{1}{3 + \cfrac{1}{4}}} = 2 + 3 + \frac{1}{4} = 5 + \frac{1}{4}.$$

Satz 20: Für $0 \le k \le N$ sei $\beta_k = \frac{P_k}{Q_k}$ der k-te Näherungsbruch des Kettenbruchs $\alpha = [a_0, a_1, a_2, \ldots, a_N]$ mit $a_0 \in \mathbb{N}_0, 1, \ldots, a_N \in \mathbb{N}$. Dann gilt für gerades N

$$\beta_0 < \beta_2 < \beta_4 < \cdots < \beta_N = \alpha < \beta_{N-1} < \cdots < \beta_5 < \beta_3 < \beta_1,$$

für ungerades N

$$\beta_0 < \beta_2 < \beta_4 < \cdots < \beta_{N-1} < \alpha = \beta_N < \cdots < \beta_5 < \beta_3 < \beta_1.$$

Beweis: Für $2 \le k \le N$ hat $\beta_k - \beta_{k-2}$ das Vorzeichen $(-1)^k$, denn a_k ist positiv. Dies folgt aus Satz 19. Ebenfalls aus diesem Satz folgt, daß $\beta_k - \beta_{k-1}$ für $1 \le k \le N$ das Vorzeichen $(-1)^{k-1}$ hat, daß also $\beta_{2m+1} > \beta_{2m}$ für $0 \le m \le [\frac{N-1}{2}]$ gilt. □

Satz 21: Es sei $\alpha = [a_0, a_1, a_2, \ldots, a_N]$ mit $a_0 \in \mathbb{N}_0$ und $a_1, a_2, \ldots, a_N \in \mathbb{N}$, ferner seien P_k, Q_k die gemäß Satz 18 bestimmten Zähler und Nenner der Näherungsbrüche β_k von α ($0 \le k \le N$). Dann gilt:

(1) $Q_k > Q_{k-1}$ für $2 \le k \le N$;

(2) $Q_1 \ge 1$, $Q_2 \ge 2$, $Q_3 \ge 3$ und $Q_k > k$ für $4 \le k \le N$;

(3) $\mathrm{ggT}(P_k, Q_k) = 1$, der Bruch $\frac{P_k}{Q_k}$ ist also reduziert (voll gekürzt).

Beweis: Für $2 \le k \le N$ gilt $Q_k = a_k Q_{k-1} + Q_{k-2} \ge Q_{k-1} + 1$, also $Q_k > Q_{k-1}$ und $Q_k \ge k$. Für $k \ge 4$ ist $Q_k \ge Q_{k-1} + Q_{k-2} > Q_{k-1} + 1 \ge k$ und daher $Q_k > k$. Behauptung (3) ergibt sich aus

$$|P_k Q_{k-1} - P_{k-1} Q_k| = 1 \quad (k = 1, 2, \ldots, N)$$

(vgl. Satz 19), denn diese Gleichung besagt, daß nur 1 als gemeinsamer Teiler von P_k und Q_k in Frage kommt. □

Satz 22: Es sei $\alpha = [a_0, a_1, a_2, \ldots, a_N]$ mit $a_0 \in \mathbb{N}_0$, $a_1, a_2, \ldots, a_N \in \mathbb{N}$ und $a_N \neq 1$; ferner sei $\beta_k = \frac{P_k}{Q_k}$ der k-te Näherungsbruch von α ($0 \leq k \leq N$). Dann gilt für $0 \leq k \leq N-1$

$$|\alpha - \beta_k| \leq \frac{1}{Q_k Q_{k+1}} < \frac{1}{Q_k^2}.$$

Von je zwei aufeinanderfolgenden Näherungsbrüchen genügt sogar mindestens einer der Ungleichung

$$|\alpha - \beta_k| < \frac{1}{2Q_k^2}.$$

Beweis: Wegen $|\alpha - \beta_k| \leq |\beta_{k+1} - \beta_k|$ folgt die erste Behauptung aus den Sätzen 19 und 20. Die zweite Behauptung ergibt sich daraus, daß von zwei aufeinanderfolgenden Näherungsbrüchen einer kleiner und einer größer als α ist. □

In den Sätzen 18 bis 22 handelte es sich stets um *abbrechende* Kettenbrüche; nun wollen wir auch *nicht-abbrechende* Kettenbrüche betrachten. Ist eine Folge $a_0, a_1, a_2, \ldots$ natürlicher Zahlen gegeben (wobei auch $a_0 = 0$ zugelassen ist), dann ist durch

$$\beta_k = [a_0, a_1, a_2, \ldots, a_k] = \frac{P_k}{Q_k}$$

eine Folge $\beta_0, \beta_1, \beta_2, \ldots$ von positiven rationalen Zahlen gegeben, die wegen

$$|\beta_n - \beta_k| < \frac{1}{Q_k^2} \leq \frac{1}{k^2} \quad \text{für } n \geq k$$

eine CAUCHY-Folge ist, also konvergiert. Ist $\alpha := \lim_{k \to \infty} \beta_k$, so folgt aus Satz 22 auch

$$|\alpha - \beta_k| \leq \frac{1}{Q_k Q_{k+1}} < \frac{1}{Q_k^2}.$$

Die Zahl α ist irrational, da eine rationale Zahl eine abbrechende Kettenbruchentwicklung besitzt. Die Approximation von α durch β_k ist in folgendem Sinne bestmöglich: Jede Bruchzahl, die zwischen α und β_k liegt, hat einen größeren Nenner als β_k. Genauer gilt sogar folgender Satz, auf dessen Beweis wir hier aber verzichten wollen: Ist $k > 1$ und $q \leq Q_k$, ferner $\frac{p}{q} \neq \beta_k$, dann ist

$$|P_k - Q_k \alpha| < |p - q\alpha|.$$

(Vgl. hierzu z.B. [Hardy/Wright 1960], [Stark 1970], [Bundschuh 1988]).

Beispiel 5: Für den periodischen Kettenbruch

$$\alpha = \frac{1}{2}(\sqrt{5} - 1) = [0, 1, 1, 1, \ldots]$$

gilt $P_0 = 0$, $P_1 = 1$, $P_k = P_{k-1} + P_{k-2}$ ($k = 2, 3, 4, \ldots$) und $Q_k = P_{k+1}$ ($k = 0, 1, 2, \ldots$), also beginnt die Folge der Näherungsbrüche mit

$$\frac{0}{1}, \frac{1}{1}, \frac{1}{2}, \frac{2}{3}, \frac{3}{5}, \frac{5}{8}, \frac{8}{13}, \frac{13}{21}, \dots .$$

(Die Folge der Zähler bzw. der Nenner ist die Folge der FIBONACCI-Zahlen, auf welche wir in I.11 näher eingehen werden.). Es ist

$$\alpha = \cfrac{1}{1 + \cfrac{1}{\ddots + \cfrac{1}{1 + \cfrac{1}{1 + \alpha}}}} = [0, 1, 1, 1, \dots, 1 + \alpha],$$

also gilt für $k = 1, 2, 3, \dots$

$$|\alpha - \beta_k| \le \frac{1}{Q_k Q_{k+1}} = \frac{1}{Q_k((1+\alpha)Q_k + Q_{k-1})} = \frac{1}{Q_k^2}\left(1 + \alpha + \frac{Q_{k-1}}{Q_k}\right)^{-1}.$$

Wegen $\lim\limits_{k \to \infty} \frac{Q_{k-1}}{Q_k} = \lim\limits_{k \to \infty} \frac{P_k}{Q_k} = \alpha$ ist

$$\lim_{k \to \infty}\left(1 + \alpha + \frac{Q_{k-1}}{Q_k}\right)^{-1} = \frac{1}{1 + 2\alpha} = \frac{1}{\sqrt{5}}.$$

Allgemeiner kann man beweisen, daß *jede* irrationale Zahl α unendlich viele Näherungsbrüche $\frac{p}{q}$ mit

$$\left|\alpha - \frac{p}{q}\right| < \frac{1}{\sqrt{5}q^2}$$

besitzt, und daß man in dieser Aussage $\sqrt{5}$ nicht durch eine größere Zahl ersetzen darf (vgl. I.10).

Man nennt eine reelle Zahl α *approximierbar durch rationale Zahlen von der Ordnung n*, wenn eine nur von α abhängige Konstante K existiert, so daß es unendlich viele Bruchzahlen $\frac{p}{q}$ gibt mit

$$\left|\alpha - \frac{p}{q}\right| < \frac{K}{q^n}.$$

Eine rationale Zahl ist approximierbar von der Ordnung 1 und keiner höheren Ordnung, wie man leicht erkennt. Die Zahl $\alpha = \frac{1}{2}(\sqrt{5} - 1)$ ist approximierbar von der Ordnung 2, wie wir oben gesehen haben. Wir wollen nun zeigen, daß eine reelle algebraische Zahl vom Grad n, also eine reelle Lösung einer Polynomgleichung vom Grad n mit ganzzahligen Koeffizienten, nicht von höherer als n-ter Ordnung approximiert werden kann. Eine Zahl, die von beliebig hoher Ordnung approximierbar ist, ist dann notwendigerweise *transzendent*, d.h. nicht-algebraisch. Mit diesem Zusammenhang kann man Transzendenzbeweise führen. Darauf hat JOSEPH LIOUVILLE (1809–1882) aufmerksam gemacht.

Satz 23: Eine reelle algebraische Zahl vom Grad n ist nicht von höherer als n-ter Ordnung durch rationale Zahlen approximierbar.

Beweis: Die reelle Zahl α sei Lösung von

$$f(x) = a_n x^n + a_{n-1} x^{n-1} + \cdots + a_2 x^2 + a_1 x + a_0 = 0$$

mit $a_0, a_1, a_2, \ldots, a_{n-1}, a_n \in \mathbb{Z}$. Es sei $\frac{p}{q}$ eine rationale Zahl, welche von α verschieden ist und näher bei α als jede andere Nullstelle von f liegt. Nach dem Mittelwertsatz der Differentialrechnung ist

$$f(\frac{p}{q}) = f(\frac{p}{q}) - f(\alpha) = \left(\frac{p}{q} - \alpha\right) \cdot f'(\xi),$$

wobei ξ zwischen α und $\frac{p}{q}$ liegt. Es gilt nun

$$|f(\frac{p}{q})| = \frac{|a_n p^n + a_{n-1} p^{n-1} q + \cdots + a_1 p q^{n-1} + a_0 q^n|}{q^n} \geq \frac{1}{q^n}.$$

Gilt $|f'(x)| < \frac{1}{K}$ für $|\alpha - x| < 1$, dann gilt also für $|\alpha - \frac{p}{q}| < 1$

$$|\alpha - \frac{p}{q}| > K \cdot |f(\frac{p}{q})| \geq \frac{K}{q^n}. \quad \square$$

Beispiel 6: Als Anwendung von Satz 23 soll die Transzendenz der Zahl

$$\alpha = \frac{1}{10^{1!}} + \frac{1}{10^{2!}} + \frac{1}{10^{3!}} + \cdots = 0,11000100\ldots$$

bewiesen werden. Es sei

$$\alpha_n = \frac{p}{10^{n!}} = \frac{p}{q}$$

die Summe der ersten n Glieder dieser Reihe. Dann ist

$$0 < \alpha - \frac{p}{q} = \frac{1}{10^{(n+1)!}} + \frac{1}{10^{(n+2)!}} + \cdots < 2 \cdot \frac{1}{10^{(n+1)!}}.$$

Ist nun $N \in \mathbb{N}$ und $n > N$, dann ist $10^{(n+1)!} = (10^{n!})^{n+1} = q^{n+1} > q^{N+1}$ und damit

$$|\alpha - \frac{p}{q}| < \frac{2}{q^{N+1}}.$$

Also ist α nicht algebraisch vom Grad $\leq N+1$. Da N beliebig war, ist daher α eine transzendente Zahl.

Bemerkung: Die Theorie der transzendenten Zahlen ist eines des faszinierendsten Gebiete der Zahlentheorie. Wir werden dieses Gebiet hier nicht behandeln und verweisen auf [Bundschuh 1988] und die dort angegebene Literatur. Das Standardwerk zur Lehre von den Kettenbrüchen ist [Perron 1913].

I.9 Periodische Kettenbrüche

Die Lösungen einer quadratischen Gleichung mit rationalen Koeffizienten lassen sich stets in der Form $r \pm s\sqrt{d}$ mit $r, s \in \mathbb{Q}$ und $d \in \mathbb{Z}$ schreiben, wobei man d als quadratfrei voraussetzen kann. Ist dabei d positiv, dann sind dies *reelle* Zahlen. Man nennt die Zahlen

$$\alpha = r + s\sqrt{d} \quad \text{und} \quad \alpha' = r - s\sqrt{d}$$

konjugiert. Für zwei Zahlen α, β dieser Form gilt, wie man leicht nachrechnet,

$$(\alpha \pm \beta)' = \alpha' \pm \beta', \quad (\alpha\beta)' = \alpha'\beta', \quad \left(\frac{\alpha}{\beta}\right)' = \frac{\alpha'}{\beta'}.$$

Wir kehren nun zu der Frage zurück, welche reellen Zahlen eine *periodische* Kettenbruchentwicklung besitzen. Vollständige Auskunft gibt der folgende Satz, der auf EULER und LAGRANGE zurückgeht.

Satz 24: Die Kettenbruchentwicklung einer irrationalen Zahl α ist genau dann periodisch, wenn α eine algebraische Zahl vom Grad 2 ist, wenn also α eine Lösung einer quadratischen Gleichung $ax^2 + bx + c = 0$ mit $a, b, c \in \mathbb{Z}$ ist.

Beweis: a) Zunächst betrachten wir einen *reinperiodischen* Kettenbruch

$$\alpha = [\overline{a_0, a_1, \dots, a_n}].$$

Dann ist $\alpha = [a_0, a_1, \dots, a_n, \alpha]$, also nach Satz 18

$$\alpha = \frac{\alpha \cdot P_n + P_{n-1}}{\alpha \cdot Q_n + Q_{n-1}},$$

wobei $P_n, P_{n-1}, Q_n, Q_{n-1}$ ganze Zahlen sind. Dies läßt sich zu einer quadratischen Gleichung mit ganzen Koeffizienten für α umformen. Ist γ ein *gemischtperiodischer* Kettenbruch, also

$$\gamma = [a_0, a_1, \dots, a_n, \overline{b_1, b_2, \dots, b_m}],$$

dann gilt mit $\beta = [\overline{b_1, b_2, \dots, b_m}]$:

$$\gamma = \frac{\beta \cdot P_n + P_{n-1}}{\beta \cdot Q_n + Q_{n-1}}.$$

Nach obiger Überlegung ist β von der Form $p + q\sqrt{d}$ ($p, q \in \mathbb{Q}$, $d \in \mathbb{N}$), also ist auch γ von dieser Form („Nenner rational machen"!).

b) Sei nun α reell-algebraisch vom Grad 2, also $\alpha = \frac{a + \sqrt{b}}{c}$ mit ganzen Zahlen a, b, c, wobei $c \neq 0$, $b > 0$ und b keine Quadratzahl ist. Erweitern mit c liefert

$$\alpha = \frac{ac \pm \sqrt{bc^2}}{c^2} = \frac{k + \sqrt{d}}{m}$$

mit $d, k, m \in \mathbb{Z}$, $m \neq 0$, $d > 0$, d nicht Quadratzahl und $m | d - k^2$. Wir konstruieren nun die Kettenbruchentwicklung $[a_0, a_1, a_2, \ldots]$ von α: Für $i = 0, 1, 2, \ldots$ sei

$$\alpha_i = \frac{k_i + \sqrt{d}}{m_i} \quad \text{und} \quad a_i = [\alpha_i]$$

mit $\alpha_0 = \alpha$, $k_0 = k$, $m_0 = m$ und

$$k_{i+1} = a_i m_i - k_i, \quad m_{i+1} = \frac{d - k_{i+1}^2}{m_i}.$$

Man beachte dabei, daß

$$m_{i+1} = \frac{d - (a_i m_i - k_i)^2}{m_i} = \frac{d - k_i^2}{m_i} + 2a_i k_i - a_i^2 m_i,$$

daß wegen $m_0 | d - k_0^2$ die Zahlen $m_1, m_2, m_3, \ldots$ alle ganz sind und daß wegen $m_i m_{i+1} = d - k_{i+1}^2$ die Beziehung $m_i | d - k_i^2$ für alle $i \in \mathbb{N}$ gilt. Weil d keine Quadratzahl ist, sind die Zahlen m_i alle von 0 verschieden. Nun gilt

$$\alpha_{i+1} = \frac{k_{i+1} + \sqrt{d}}{m_{i+1}} = \frac{m_i (k_{i+1} + \sqrt{d})}{d - k_{i+1}^2} = \frac{m_i}{\sqrt{d} - k_{i+1}}$$

$$= \frac{m_i}{\sqrt{d} + k_i - a_i m_i} = \frac{1}{\alpha_i - a_i},$$

also

$$\alpha_i = a_i + \frac{1}{\alpha_{i+1}}$$

für $i = 0, 1, 2, \ldots$. Daher ist

$$\alpha = a_0 + \cfrac{1}{a_1 + \cfrac{1}{a_2 + \cfrac{1}{a_3 + \cdots}}} = [a_0, a_1, a_2, \ldots]$$

die Kettenbruchentwicklung von α. Nun müssen wir zeigen, daß diese periodisch ist. Dazu zeigen wir, daß für k_i und m_i in obiger Konstruktion nur endlich viele Werte in Frage kommen. Sind P_n und Q_n ($n \in \mathbb{N}$) die Näherungszähler und –nenner von α, dann ist für $n \geq 2$

$$\alpha = \frac{\alpha_n P_{n-1} + P_{n-2}}{\alpha_n Q_{n-1} + Q_{n-2}}.$$

Dann gilt aber auch für die zu α und α_n konjugierten Zahlen $\alpha' = \frac{k - \sqrt{d}}{m}$ und $\alpha'_n = \frac{k_n - \sqrt{d}}{m_n}$

$$\alpha' = \frac{\alpha'_n P_{n-1} + P_{n-2}}{\alpha'_n Q_{n-1} + Q_{n-2}},$$

denn allgemein ist die Konjugierte eines Quotienten der Quotient der Konjugierten. Es folgt

$$\alpha'_n = -\frac{Q_{n-2}}{Q_{n-1}} \cdot \left(\frac{\alpha' - \frac{P_{n-2}}{Q_{n-2}}}{\alpha' - \frac{P_{n-1}}{Q_{n-1}}} \right).$$

Wegen $\lim\limits_{n\to\infty} \frac{P_n}{Q_n} = \alpha$ und $\alpha \neq \alpha'$ strebt der Ausdruck in der Klammer für
$n \to \infty$ gegen 1. Also existiert ein $N \in \mathbb{N}$ so, daß $\alpha'_n < 0$ für $n > N$. Daher
ist $\alpha_n - \alpha'_n = \frac{2\sqrt{d}}{m_n} > 0$ und somit $m_n > 0$ für $n > N$. Es folgt dann aus
$m_n m_{n+1} = d - k^2_{n+1}$ für $n > N$

$$0 < m_n < d \quad \text{und} \quad k^2_{n+1} < d.$$

Also können die Zahlen $k_0, k_1, k_2, \ldots$ und $m_0, m_1, m_2, \ldots$ nur endlich viele verschiedene Werte annehmen. Es existieren also $i, j \in \mathbb{N}$ mit $i < j$ und $\alpha_i = \alpha_j$;
somit ist

$$\alpha = [a_0, a_1, \ldots a_{i-1}, \overline{a_i, \ldots, a_{j-1}}]. \quad \square$$

Beispiel 7: a) Für $a \in \mathbb{N}$ gilt $\alpha = \sqrt{a^2 + 1} = [a, \overline{2a}]$. Denn

$$\alpha - a = \frac{1}{\frac{1}{\alpha - a}} = \frac{1}{\alpha + a} = \frac{1}{2a + (\alpha - a)}.$$

Beispielsweise ist

$$\sqrt{2} = [1, \overline{2}], \quad \sqrt{5} = [2, \overline{4}], \quad \sqrt{10} = [3, \overline{6}].$$

Beispiel 8: Für $a, b, c \in \mathbb{N}$ ist

$$\alpha = [a, \overline{b, c}] = a + x = a + \cfrac{1}{b + \cfrac{1}{c + x}},$$

woraus

$$\alpha = [a, \overline{b, c}] = a - \frac{c}{2} + \sqrt{\left(\frac{c}{2}\right)^2 + \frac{c}{b}}$$

folgt. Setzt man $c = 2a$, so ergibt sich daraus

$$\sqrt{a^2 + 2 \cdot \frac{a}{b}} = [a, \overline{b, 2a}].$$

Für $b = 2a$ ergibt sich der in a) behandelte Fall. Für $b = 1$, $b = 2$ und $b = a$
erhält man der Reihe nach

$$\sqrt{a^2 + 2a} = [a, \overline{1, 2a}], \quad \sqrt{a^2 + a} = [a, \overline{2, 2a}], \quad \sqrt{a^2 + 2} = [a, \overline{a, 2a}].$$

Daraus gewinnt man beispielsweise

$$\sqrt{3} = [1, \overline{1,2}], \quad \sqrt{6} = [2, \overline{2,4}], \quad \sqrt{8} = [2, \overline{1,4}], \quad \sqrt{11} = [3, \overline{3,6}].$$

Die Kettenbruchentwicklungen von Quadratwurzeln aus rationalen Zahlen haben eine besonders symmetrische Bauweise. Um diese zu untersuchen, zeigen wir zunächst, daß für $d \in \mathbb{Q}$ mit $d > 1$ sowie $g = [\sqrt{d}]$ und $\sqrt{d} \neq g$ die Zahl $\varrho = \frac{1}{\sqrt{d}-g}$ eine *rein*periodische Kettenbruchentwicklung besitzt. Gemeinsam mit ϱ betrachten wir die zu ϱ konjugierte Zahl

$$\varrho' = (\frac{1}{\sqrt{d}-g})' = (\frac{g+\sqrt{d}}{d-g^2})' = \frac{g-\sqrt{d}}{d-g^2} = -(\frac{-g+\sqrt{d}}{d-g^2}).$$

Die Kettenbruchentwicklung $[r_0, r_1, r_2, \ldots]$ von ϱ ist definiert durch

$$\varrho_0 = \varrho, \quad r_i = [\varrho_i], \quad \varrho_{i+1} = \frac{1}{\varrho_i - r_i} \quad (i = 0, 1, 2, \ldots).$$

Für die zu $\varrho_0, \varrho_1, \varrho_2, \ldots$ konjugierten Zahlen $\varrho_0', \varrho_1', \varrho_2', \ldots$ gilt dann

$$\varrho_{i+1}' = \frac{1}{\varrho_i' - r_i} \quad \text{bzw.} \quad \frac{1}{\varrho_{i+1}'} = \varrho_i' - r_i.$$

Es gilt $-1 < \varrho_0' < 0$, und aus $-1 < \varrho_i' < 0$ folgt $\frac{1}{\varrho_{i+1}'} < -1$, also $-1 < \varrho_{i+1}' < 0$ und somit per Induktion $-1 < \varrho_i' < 0$ für $i = 0, 1, 2, \ldots$. Aus $\varrho_i' = r_i + \frac{1}{\varrho_{i+1}'}$ ergibt sich daher

$$0 < -\frac{1}{\varrho_{i+1}'} - r_i < 1, \quad \text{also } r_i = \left[-\frac{1}{\varrho_{i+1}'}\right].$$

Da nun die Kettenbruchentwicklung von ϱ periodisch ist, existieren Indizes $j < k$ mit $\varrho_j = \varrho_k$, also auch $\varrho_j' = \varrho_k'$ und somit

$$r_{j-1} = \left[-\frac{1}{\varrho_j'}\right] = \left[-\frac{1}{\varrho_k'}\right] = r_{k-1},$$

woraus

$$\varrho_{j-1} = r_{j-1} + \frac{1}{\varrho_j} = r_{k-1} + \frac{1}{\varrho_k} = \varrho_{k-1}$$

folgt. Soll nun j minimal sein, so kommt nur $j = 1$ in Frage. Dies bedeutet, daß die Kettenbruchentwicklung von ϱ *rein*periodisch ist, d.h.

$$\varrho = [\overline{r_0, r_1, \ldots, r_n}].$$

Mit derselben Argumentation ergibt sich, daß auch die Kettenbruchentwicklung von $-\frac{1}{\varrho'}$ reinperiodisch ist. Es gilt

$$-\frac{1}{\varrho'} = [\overline{r_n, \ldots, r_1, r_0}],$$

wie man folgendermaßen einsieht: Ist

$$\varrho = [\overline{r_0, r_1, \ldots, r_n}] \quad \text{und} \quad \sigma = [\overline{r_n, \ldots, r_1, r_0}],$$

dann gilt

$$\varrho = \frac{\varrho P_n + P_{n-1}}{\varrho Q_n + Q_{n-1}} \quad \text{und} \quad \sigma = \frac{\sigma P_n + Q_n}{\sigma P_{n-1} + Q_{n-1}},$$

denn ist

$$\begin{pmatrix} r_0 & 1 \\ 1 & 0 \end{pmatrix} \begin{pmatrix} r_1 & 1 \\ 1 & 0 \end{pmatrix} \cdots \begin{pmatrix} r_n & 1 \\ 1 & 0 \end{pmatrix} = \begin{pmatrix} P_n & P_{n-1} \\ Q_n & Q_{n-1} \end{pmatrix},$$

dann ist

$$\begin{pmatrix} r_n & 1 \\ 1 & 0 \end{pmatrix} \cdots \begin{pmatrix} r_1 & 1 \\ 1 & 0 \end{pmatrix} \begin{pmatrix} r_0 & 1 \\ 1 & 0 \end{pmatrix} = \begin{pmatrix} P_n & P_{n-1} \\ Q_n & Q_{n-1} \end{pmatrix}^T = \begin{pmatrix} P_n & Q_n \\ P_{n-1} & Q_{n-1} \end{pmatrix}.$$

Man erhält für ϱ und σ die Gleichungen

$$Q_n \varrho^2 + (Q_{n-1} - P_n)\varrho - P_{n-1} = 0 \text{ und } P_{n-1}\sigma^2 + (Q_{n-1} - P_n)\sigma - Q_n = 0,$$

also genügen ϱ und $-\frac{1}{\sigma}$ beide der quadratischen Gleichung

$$Q_n x^2 + (Q_{n-1} - P_n)x - P_{n-1} = 0.$$

Folglich sind ϱ und $-\frac{1}{\sigma}$ konjugiert, es ist also $\varrho' = -\frac{1}{\sigma}$ bzw. $\sigma = -\frac{1}{\varrho'}$.

Nach diesen Vorbereitungen können wir zeigen, daß die Kettenbruchentwicklungen von Quadratwurzeln eine sehr spezielle Form haben:

Satz 25: Ist die natürliche Zahl $d > 1$ und keine Quadratzahl, dann ist

$$\sqrt{d} = [g, \overline{r_0, r_1, \ldots, r_{n-1}, 2g}] = [g, \overline{r_{n-1}, \ldots, r_1, r_0, 2g}].$$

Umgekehrt stellt jeder derart symmetrische Kettenbruch eine Quadratwurzel dar.

Beweis: 1) Wir haben gesehen, daß mit $g = [\sqrt{d}]$

$$\varrho = \frac{1}{\sqrt{d} - g} = [\overline{r_0, r_1, \ldots, r_n}],$$

also

$$\sqrt{d} = g + \frac{1}{\varrho} = [g, \overline{r_0, r_1, \ldots, r_n}]$$

gilt. Ferner ist

$$-\frac{1}{\varrho'} = g + \sqrt{d} = [\overline{r_n, \ldots, r_1, r_0}],$$

wegen $[g + \sqrt{d}] = 2g$ folgt daraus $r_n = 2g$; weiterhin folgt

$$\sqrt{d} = [\overline{2g, r_{n-1}, \dots, r_1, r_0}] - g = [g, \overline{r_{n-1}, \dots, r_1, r_0, 2g}].$$

2) Als quadratische Irrationalität hat α die Gestalt $\alpha = u + v\sqrt{d}$ mit $u, v \in \mathbb{Q}$.
Ist $\alpha = [g, \overline{r_0, r_1, \dots, r_{n-1}, 2g}]$, so ist

$$\varrho = \frac{1}{\alpha - g} = [\overline{r_0, \dots, r_{n-1}, 2g}] \quad \text{und} \quad -\frac{1}{\varrho'} = -\alpha' + g = [\overline{2g, r_{n-1}, \dots, r_0}],$$

also

$$-\alpha' = [g, \overline{r_{n-1}, \dots, r_0, 2g}] = \alpha.$$

Folglich gilt $u = 0$ bzw. $\alpha = v\sqrt{d} = \sqrt{v^2 d}$.   □

Beispiel: Wir wollen die Kettenbruchentwicklung von $\sqrt{23}$ bestimmen.

$$
\begin{aligned}
\sqrt{23} &= 4 + (\sqrt{23} - 4) &= 4 + \frac{7}{\sqrt{23} + 4} \\[2mm]
\frac{\sqrt{23} + 4}{7} &= 1 + \frac{\sqrt{23} - 3}{7} &= 1 + \frac{2}{\sqrt{23} + 3} \\[2mm]
\frac{\sqrt{23} + 3}{2} &= 3 + \frac{\sqrt{23} - 3}{2} &= 3 + \frac{7}{\sqrt{23} + 3} \\[2mm]
\frac{\sqrt{23} + 3}{7} &= 1 + \frac{\sqrt{23} - 4}{7} &= 1 + \frac{1}{\sqrt{23} + 4} \\[2mm]
\sqrt{23} + 4 &= &8 + \frac{7}{\sqrt{23} + 4}
\end{aligned}
$$

Es ergibt sich $\sqrt{23} = [4, \overline{1, 3, 1, 8}]$.

Bemerkung: Ist $\sqrt{d} = [a_0, \overline{a_1, \dots, a_{n-1}, a_n}]$ die Kettenbruchentwicklung von $\sqrt{d}$ für eine natürliche Zahl d, und ist $n > 1$, dann beobachtet man an obigen Beispielen für den Näherungsbruch $\frac{P_{n-1}}{Q_{n-1}} = [a_0, a_1, \dots, a_{n-1}]$ die Beziehung

$$P_{n-1}^2 - d \cdot Q_{n-1}^2 = 1.$$

Für $\sqrt{23} = [4, \overline{1, 3, 1, 8}]$ ist beispielsweise

$$\frac{P_3}{Q_3} = 4 + \cfrac{1}{1 + \cfrac{1}{3 + 1}} = \frac{24}{5}$$

und es gilt $24^2 - 23 \cdot 5^2 = 1$. Diese Beobachtung werden wir in II.5 benutzen, um Lösungen der Gleichung $x^2 - dy^2 = 1$ zu finden.

I.10 Farey-Folgen

Zur Approximation von irrationalen Zahlen durch Brüche mit nicht allzu großen Nennern dienen auch die FAREY-*Folgen*, mit denen wir uns jetzt kurz befassen wollen. Sie sind nach dem Geologen JOHN FAREY (1766–1826) benannt, der sie im Jahr 1816 erwähnte; schon im Jahr 1802 hatte allerdings der französische Gelehrte C.HAROS diese Folgen untersucht und ihre interessanten Eigenschaften aufgewiesen. Auch AUGUSTIN LOUIS CAUCHY (1789–1857) beschäftigte sich mit diesen Folgen.

Die n-te FAREY-Folge $\mathcal{F}_n$ besteht aus allen aufsteigend geordneten Bruchzahlen von $\frac{0}{1}$ bis $\frac{1}{1}$, deren Nenner nicht größer als n ist. Beispielsweise ist

$$\mathcal{F}_5 = \left(\frac{0}{1}, \frac{1}{5}, \frac{1}{4}, \frac{1}{3}, \frac{2}{5}, \frac{1}{2}, \frac{3}{5}, \frac{2}{3}, \frac{3}{4}, \frac{4}{5}, \frac{1}{1}\right).$$

Dabei werden die Bruchzahlen stets als reduzierte (voll gekürzte) Brüche angegeben.

Satz 26: a) Für zwei aufeinanderfolgende Brüche $\frac{a}{b}$ und $\frac{a'}{b'}$ in einer FAREY-Folge gilt

$$|a'b - ab'| = 1.$$

b) Sind $\frac{a}{b}$ und $\frac{a'}{b'}$ zwei aufeinanderfolgende Brüche in einer FAREY-Folge, dann ist $\frac{a+a'}{b+b'}$ der eindeutig bestimmte Bruch zwischen $\frac{a}{b}$ und $\frac{a'}{b'}$ mit dem kleinsten Nenner.

Beweis: a) Es seien $\frac{a}{b}$ und $\frac{a'}{b'}$ aufeinanderfolgende Brüche in der FAREY-Folge $\mathcal{F}_n$, und es sei $\frac{a}{b} < \frac{a'}{b'}$. Wegen $\mathrm{ggT}(a,b) = 1$ ist die Gleichung $bx - ay = 1$ ganzzahlig lösbar; mit jeder Lösung (x_0, y_0) ist auch $(x_0 + ta, y_0 + tb)$ für jedes $t \in \mathbb{Z}$ eine Lösung, so daß also eine Lösung (x, y) mit $0 \le n - b < y \le n$ existiert. Dann ist $\frac{x}{y}$ ein Bruch aus $\mathcal{F}_n$. Es gilt

$$\frac{x}{y} = \frac{bx}{by} = \frac{ay + 1}{by} = \frac{a}{b} + \frac{1}{by} > \frac{a}{b}.$$

Wir wollen zeigen, daß $\frac{x}{y} = \frac{a'}{b'}$ gilt. Wäre $\frac{x}{y} > \frac{a'}{b'}$, so wäre

$$\frac{1}{by} = \frac{x}{y} - \frac{a}{b} = \left(\frac{x}{y} - \frac{a'}{b'}\right) + \left(\frac{a'}{b'} - \frac{a}{b}\right) = \frac{b'x - a'y}{b'y} + \frac{ba' - ab'}{bb'}$$

$$\ge \frac{1}{b'y} + \frac{1}{b'b} = \frac{b+y}{b'by} > \frac{n}{b'by} \ge \frac{1}{by}.$$

Also ist $\frac{x}{y} = \frac{a'}{b'}$ und daher $ba' - ab' = 1$.

b) Es sei $\frac{a}{b} < \frac{a'}{b'}$, und diese Brüche seien Nachbarbrüche in einer FAREY-Folge. Dann ist $\frac{a}{b} < \frac{a+a'}{b+b'} < \frac{a'}{b'}$. Es sei nun auch $\frac{x}{y}$ ein Bruch zwischen $\frac{a}{b}$ und $\frac{a'}{b'}$, also

$\frac{a}{b} < \frac{x}{y} < \frac{a'}{b'}$. Dann ist

$$\frac{a'}{b'} - \frac{a}{b} = \left(\frac{a'}{b'} - \frac{x}{y}\right) + \left(\frac{x}{y} - \frac{a}{b}\right) = \frac{a'y - b'x}{b'y} + \frac{bx - ay}{by} \geq \frac{1}{b'y} + \frac{1}{by} = \frac{b + b'}{bb'y},$$

also nach a)

$$\frac{b + b'}{bb'y} \leq \frac{a'b - ab'}{bb'} = \frac{1}{bb'}, \quad \text{und somit} \quad y \geq b + b'.$$

Ist $y = b + b'$, gilt also hier und damit auch in obiger Ungleichung das Gleichheitszeichen, dann folgt $a'y - b'x = 1$ und $bx - ay = 1$. Lösung dieses linearen Gleichungssystems ist $x = a + a'$, $y = b + b'$. Der Bruch $\frac{a+a'}{b+b'}$ ist voll gekürzt. Es gilt nämlich

$$(a + a')b - (b + b')a = a'b - b'a = 1,$$

da $\frac{a}{b}$ und $\frac{a'}{b'}$ Nachbarbrüche in einer FAREY-Folge sind. $\quad\square$

Man nennt den in Satz 26 b) bestimmten Bruch $\frac{a+a'}{b+b'}$ die *Mediante* von $\frac{a}{b}$ und $\frac{a'}{b'}$. Aus Satz 26 b) folgt dann, daß in jeder FAREY–Folge jeder Bruch außer dem ersten und letzten die Mediante seiner Nachbarbrüche ist.

Der folgende Satz heißt *Approximationssatz von* DIRICHLET.

Satz 27: Ist α eine reelle Zahl und n eine natürliche Zahl, dann existiert ein reduzierter Bruch $\frac{p}{q}$ mit $0 < q \leq n$, so daß

$$|\alpha - \frac{p}{q}| \leq \frac{1}{q(n + 1)}.$$

Beweis: Wir können uns auf $0 < \alpha < 1$ beschränken. Die Zahl α liege zwischen den aufeinanderfolgenden Brüchen $\frac{a}{b}$ und $\frac{a'}{b'}$ der FAREY-Folge $\mathcal{F}_n$. Dann gilt $\frac{a}{b} \leq \alpha \leq \frac{a+a'}{b+b'}$ oder $\frac{a+a'}{b+b'} \leq \alpha \leq \frac{a'}{b'}$. Aus Satz 26 folgt

$$\frac{a + a'}{b + b'} - \frac{a}{b} = \frac{1}{b(b + b')} \quad \text{und} \quad \frac{a'}{b'} - \frac{a + a'}{b + b'} = \frac{1}{b'(b + b')},$$

woraus sich wegen $0 < b, b' \leq n$ und $b + b' \geq n + 1$ die Behauptung ergibt. $\quad\square$

Beispiel: Die Zahl $\alpha = \sqrt{2} - 1 = 0,4142\ldots$ liegt zwischen $\frac{2}{5}$ und $\frac{1}{2}$. Die Mediante dieser Brüche ist $\frac{3}{7}$. Die Zahl α liegt zwischen $\frac{2}{5}$ und $\frac{3}{7}$. Daher liegt $\sqrt{2}$ zwischen $\frac{7}{5}$ und $\frac{10}{7}$. Wegen $\frac{10}{7} - \frac{7}{5} = \frac{1}{35}$ gilt

$$|\sqrt{2} - \frac{7}{5}| \leq \frac{1}{35} \quad \text{und} \quad |\sqrt{2} - \frac{10}{7}| \leq \frac{1}{35}.$$

Der folgende Satz stammt von ADOLF HURWITZ (1859–1919).

Satz 28: Für jede irrationale Zahl α gibt es unendlich viele reduzierte Brüche $\frac{p}{q}$ mit

$$|\alpha - \frac{p}{q}| < \frac{1}{\sqrt{5} \cdot q^2}.$$

Beweis: Wir konstruieren induktiv eine Folge von reduzierten Brüchen $\frac{p_i}{q_i}$ ($i = 1, 2, 3, \ldots$) mit $q_1 < q_2 < q_3 < \cdots$, für welche die genannte Ungleichung gilt.

Für $\alpha - [\alpha] < 0,4$ sei $p_1 = [\alpha]$ und $q_1 = 1$; wegen $0,4 < \frac{1}{\sqrt{5}}$ gilt dann die Ungleichung. Für $0,4 < \alpha - [\alpha] < 0,6$ sei $p_1 = 2[\alpha] + 1$ und $q_1 = 2$; wegen $0,1 < \frac{1}{\sqrt{5}\cdot 4}$ gilt hier die Ungleichung. Für $\alpha - [\alpha] > 0,6$ sei $p_1 = [\alpha] + 1$ und $q_1 = 1$; hier gilt die Ungleichung wieder wegen $0,4 < \frac{1}{\sqrt{5}}$.

Nun sei $k \geq 1$, und für $1 \leq i \leq k$ seien bereits reduzierte Brüche $\frac{p_i}{q_i}$ mit

$$q_1 < q_2 < \cdots < q_k \quad \text{und} \quad |\alpha - \frac{p_i}{q_i}| < \frac{1}{\sqrt{5} \cdot q_i^2}$$

gefunden. Es sei $\varepsilon > 0$ so gewählt, daß in der ε-Umgebung von α kein Bruch aus $\mathcal{F}_{q_k}$ liegt. Ferner sei n die kleinste natürliche Zahl, für welche sowohl zwischen $\alpha - \varepsilon$ und α als auch zwischen α und $\alpha + \varepsilon$ ein Bruch aus $\mathcal{F}_n$ liegt:

$$\alpha - \varepsilon < \frac{a}{b} < \alpha < \frac{c}{d} < \alpha + \varepsilon \quad \text{und} \quad \frac{a}{b}, \frac{c}{d} \in \mathcal{F}_n.$$

Dabei sei $\frac{a}{b}$ größtmöglich und $\frac{c}{d}$ kleinstmöglich gewählt, so daß dies Nach-barbrüche in $\mathcal{F}_n$ sind, daß also $bc - ad = 1$ gilt. Man beachte, daß b und d beide größer als q_k sind. Für mindestens einen der drei Brüche $\frac{a}{b}, \frac{a+c}{b+d}, \frac{c}{d}$ gilt nun

$$|\alpha - \frac{p_{k+1}}{q_{k+1}}| < \frac{1}{\sqrt{5} \cdot q_{k+1}^2} \quad \text{und} \quad q_k < q_{k+1},$$

wenn man ihn für $\frac{p_{k+1}}{q_{k+1}}$ einsetzt. Ist nämlich

$$\alpha - \frac{a}{b} \geq \frac{1}{\sqrt{5} \cdot b^2}, \quad \frac{c}{d} - \alpha \geq \frac{1}{\sqrt{5} \cdot d^2} \quad \text{und} \quad |\alpha - \frac{a+c}{b+d}| \geq \frac{1}{\sqrt{5} \cdot (b+d)^2},$$

so folgt aus der ersten und zweiten Ungleichung

$$\frac{c}{d} - \frac{a}{b} = \frac{bc - ad}{bd} = \frac{1}{bd} \geq \frac{1}{\sqrt{5}} \cdot \left(\frac{1}{b^2} + \frac{1}{d^2}\right),$$

und aus der ersten und dritten Ungleichung im Fall $\alpha < \frac{a+c}{b+d}$ bzw. aus der zweiten und dritten Ungleichung im Fall $\alpha > \frac{a+c}{b+d}$

$$\frac{a+c}{b+d} - \frac{a}{b} = \frac{bc - ad}{b(b+d)} = \frac{1}{b(b+d)} \geq \frac{1}{\sqrt{5}} \cdot \left(\frac{1}{b^2} + \frac{1}{(b+d)^2}\right)$$

bzw.

$$\frac{c}{d} - \frac{a+c}{b+d} = \frac{bc - ad}{d(b+d)} = \frac{1}{d(b+d)} \geq \frac{1}{\sqrt{5}} \cdot \left(\frac{1}{d^2} + \frac{1}{(b+d)^2}\right).$$

Nun gibt es aber keine natürlichen Zahlen x, y mit

$$\frac{1}{xy} \geq \frac{1}{\sqrt{5}} \cdot \left(\frac{1}{x^2} + \frac{1}{y^2}\right) \quad \text{und} \quad \frac{1}{x(x+y)} \geq \frac{1}{\sqrt{5}} \cdot \left(\frac{1}{x^2} + \frac{1}{(x+y)^2}\right);$$

denn aus diesen Ungleichungen folgt

$$x^2 + y^2 - xy\sqrt{5} \leq 0 \quad \text{und} \quad (2 - \sqrt{5})(x^2 + xy) + y^2 \leq 0$$

und hieraus durch Addition und Verdopplung $((\sqrt{5} - 1)x - 2y)^2 \leq 0$, also

$$(\sqrt{5} - 1)x - 2y = 0,$$

was wegen der Irrationalität von $\sqrt{5}$ nicht möglich ist. $\square$

Die Konstante $\sqrt{5}$ in Satz 28 ist nicht zu verbessern, wie man anhand der Zahl $\alpha = \frac{1+\sqrt{5}}{2}$ zeigen kann: Aus $|\alpha - \frac{p}{q}| < \frac{\delta}{q^2}$ folgt

$$p - \frac{q}{2} = \frac{q}{2}\sqrt{5} + \frac{\gamma}{q} \quad \text{mit} \quad |\gamma| < \delta.$$

Quadrieren dieser Gleichung führt auf

$$p^2 - pq - q^2 = \gamma\sqrt{5} + \frac{\gamma^2}{q^2}.$$

Da die quadratische Gleichung $x^2 - x - 1 = 0$ keine rationalen Lösungen besitzt, ist $p^2 - pq - q^2 \neq 0$ und daher $|p^2 - pq - q^2| \geq 1$. Also ist

$$\delta\sqrt{5} + \frac{\delta^2}{q^2} > |\gamma\sqrt{5} + \frac{\gamma^2}{q^2}| \geq 1$$

und damit

$$q^2 < \frac{\delta^2}{1 - \delta\sqrt{5}}.$$

Für jedes δ mit $0 < \delta < \frac{1}{\sqrt{5}}$ gibt es nur endlich viele $q \in \mathbb{N}$, die dieser Ungleichung genügen, also auch nur endlich viele Brüche $\frac{p}{q}$, für welche gilt:

$$|\frac{1 + \sqrt{5}}{2} - \frac{p}{q}| < \frac{\delta}{q^2}$$

Der nun folgende Satz heißt *Approximationssatz von* KRONECKER (nach LEOPOLD KRONECKER, 1823–1891).

Satz 29: Es seien ξ, η, δ reelle Zahlen, wobei ξ irrational ist und $0 < \delta < 1$ gilt. Ferner sei $n \in \mathbb{N}$. Dann existieren $a, b \in \mathbb{N}$ mit $b > n$ und

$$|\xi - \frac{a + \eta}{b}| < \frac{\frac{1}{2} + \frac{1}{\sqrt{5}} + \delta}{b^2}.$$

Beweis: Nach Satz 28 existieren $p, q \in \mathbb{N}$ mit $\text{ggT}(p, q) = 1$ und $q > \frac{2n}{\delta}$, so daß

$$|\xi - \frac{p}{q}| < \frac{1}{\sqrt{5} \cdot q^2}$$

gilt. Man setze $h := [q\eta + \frac{1}{2}]$ und bestimme $x, y \in \mathbb{Z}$ mit $px - qy = h$. Da man dabei x um Vielfache von q abändern kann (und y dann um die entsprechenden Vielfachen von p), kann man $\frac{\delta q}{2} - q < x \leq \frac{\delta q}{2}$ verlangen. Dann ist

$$q \cdot |(q+x)\xi - (p+y) - \eta| = |(q+x)(q\xi - p) + px - qy - q\eta|$$

$$= |(q+x)(q\xi - p) + h - q\eta| \leq (q+x)|q\xi - p| + |h - q\eta|.$$

Mit $a := p + y$ und $b := q + x$ folgt wegen $|h - q\eta| \leq \frac{1}{2}$

$$q \cdot |b\xi - a - \eta| \leq b \cdot |q\xi - p| + \frac{1}{2} < b \cdot \frac{1}{\sqrt{5} \cdot q} + \frac{1}{2}.$$

Nun ist $\frac{b}{q} = 1 + \frac{x}{q} \leq 1 + \frac{\delta}{2}$, also

$$
\begin{aligned}
|b\xi - a - \eta| \;&<\; \frac{1}{b} \cdot (1 + \frac{\delta}{2})^2 \cdot \frac{1}{\sqrt{5}} + \frac{1}{2b} \cdot (1 + \frac{\delta}{2}) \\
&=\; \frac{1}{b} \cdot \left(\frac{1}{2} + \frac{1}{\sqrt{5}} + \delta(\frac{1}{\sqrt{5}} + \frac{\delta}{4\sqrt{5}} + \frac{1}{4}) \right) \\
&<\; \frac{1}{b} \cdot \left(\frac{1}{2} + \frac{1}{\sqrt{5}} + \delta \right). \quad \square
\end{aligned}
$$

Folgerung: Ist ξ irrational, dann ist die Menge

$$M = \{k\xi - [k\xi] \mid k \in \mathbb{N}\}$$

dicht im Intervall $\{x \in \mathbb{R} \mid 0 < x < 1\}$.

Beweis: Es sei $0 < \eta < 1$ und $\varepsilon > 0$ mit $\varepsilon \leq \min(\eta, 1 - \eta)$. Mit $n > \frac{2}{\varepsilon}$ folgt aus Satz 29, daß $a, b \in \mathbb{N}$ existieren mit $b > n$ und

$$|b\xi - a - \eta| < \frac{2}{b} < \frac{2}{n} < \varepsilon.$$

Dann ist $0 < \eta - \varepsilon < b\xi - a < \eta + \varepsilon < 1$, also ist $a = [b\xi]$. Es gilt daher

$$|b\xi - [b\xi] - \eta| < \varepsilon,$$

in jeder ε-Umgebung von η liegt also eine Zahl aus M. $\quad \square$

I.11 Die Folge der Fibonacci-Zahlen

Der euklidische Algorithmus zur Berechnung des ggT zweier natürlicher Zahlen führt schnell zum Ergebnis, wenn man in jedem Schritt ein recht großes Vielfaches des jeweiligen Divisors abspalten kann. Extrem ungünstig ist also der Fall, daß in jedem Schritt nur das 1-fache des jeweiligen Divisors abzuspalten ist, wo also die Zahlen v_i $(0 \leq i \leq n-1)$ in der Darstellung in I.6 alle 1 sind. Für die Reste gilt dann

$$r_i = r_{i+1} + r_{i+2} \quad (i = 1, \ldots, n-2).$$

Dieser ungünstige Fall tritt z.B. beim euklidischen Algorithmus für $a = 21$, $b = 13$ ein:

$$
\begin{aligned}
21 &= 1 \cdot 13 + 8 \\
13 &= 1 \cdot 8 + 5 \\
8 &= 1 \cdot 5 + 3 \\
5 &= 1 \cdot 3 + 2 \\
3 &= 1 \cdot 2 + 1 \\
2 &= 2 \cdot 1
\end{aligned}
$$

Die zugehörige Kettenbruchentwicklung ist

$$\frac{21}{13} = [1,1,1,1,1,2] \quad \text{bzw.} \quad \frac{21}{13} = [1,1,1,1,1,1,1],$$

wobei in der zweiten Darstellung ausnahmsweise die Zahl 1 als letzter Nenner erlaubt sei. Hier ist der Anfang einer Folge natürlicher Zahlen aufgetreten, mit welcher wir uns nun näher beschäftigen wollen.

Die Folge $\{F_n\}$ mit $F_1 = F_2 = 1$ und $F_{n+2} = F_{n+1} + F_n$ für $n \in \mathbb{N}$ heißt FIBONACCI-*Folge*. Sie beginnt mit

$$1, 1, 2, 3, 5, 8, 13, 21, 34, 55, 89, 144, 233, 377, \ldots.$$

Sie geht auf eine Aufgabe zurück, die FIBONACCI im *Liber abbaci* unter der Überschrift *Quot paria coniculorum in uno anno ex uno pario germinentur* gestellt hat; sie lautet sinngemäß: Wie viele Kaninchenpaare stammen am Ende eines Jahres von einem Kaninchenpaar ab, wenn jedes Paar jeden Monat ein neues Paar gebiert, welches selbst vom zweiten Monat an Nachkommen hat ? (Einschließlich des ersten Paares gibt es nach einem Jahr genau 377 Kaninchenpaare.)

Die Definition der FIBONACCI-Zahlen kann man auch mit Hilfe von Matrizen ausdrücken, wodurch sich diese Zahlen als die Zähler und Nenner der Näherungsbrüche des Kettenbruchs $[1, \overline{1}]$ zu erkennen geben (vgl. I.8):

$$\begin{pmatrix} F_{n+2} & F_{n+1} \\ F_{n+1} & F_n \end{pmatrix} = \begin{pmatrix} 1 & 1 \\ 1 & 0 \end{pmatrix} \begin{pmatrix} F_{n+1} & F_n \\ F_n & F_{n-1} \end{pmatrix};$$

setzt man noch $F_0 = 0$, dann ist also für alle $n \in \mathbb{N}_0$

$$\begin{pmatrix} F_{n+2} & F_{n+1} \\ F_{n+1} & F_n \end{pmatrix} = \begin{pmatrix} 1 & 1 \\ 1 & 0 \end{pmatrix}^{n+1}.$$

Der folgende Satz ist der Schlüssel zur Untersuchung der Eigenschaften der FIBONACCI-Zahlen.

Satz 30: Für alle $m, n \in \mathbb{N}$ mit $m > 1$ gilt

$$F_{m+n} = F_{m-1}F_n + F_m F_{n+1}.$$

Beweis:

$$\begin{pmatrix} F_{m+n+2} & F_{m+n+1} \\ F_{m+n+1} & F_{m+n} \end{pmatrix} = \begin{pmatrix} 1 & 1 \\ 1 & 0 \end{pmatrix}^{m+n+1}$$

$$= \begin{pmatrix} 1 & 1 \\ 1 & 0 \end{pmatrix}^m \begin{pmatrix} 1 & 1 \\ 1 & 0 \end{pmatrix}^{n+1}$$

$$= \begin{pmatrix} F_{m+1} & F_m \\ F_m & F_{m-1} \end{pmatrix} \begin{pmatrix} F_{n+2} & F_{n+1} \\ F_{n+1} & F_n \end{pmatrix}. \quad \square$$

Satz 31: Für alle $m, n \in \mathbb{N}$ gilt:

a) F_{mn} ist durch F_m teilbar.

b) $\mathrm{ggT}(F_n, F_{n+1}) = 1$.

c) Ist $\mathrm{ggT}(m, n) = d$, dann ist $\mathrm{ggT}(F_m, F_n) = F_d$.

Beweis: a) Die Behauptung ist für $n = 1$ offensichtlich richtig. Wir schließen induktiv, wobei n die Induktionsvariable sei: Nach Satz 30 gilt

$$F_{m(n+1)} = F_{mn+m} = F_{mn-1}F_m + F_{mn}F_{m+1},$$

wegen $F_m \mid F_{mn}$ (Induktionsvoraussetzung) ergibt sich also $F_m \mid F_{m(n+1)}$.

b) Es gilt $\mathrm{ggT}(F_1, F_2) = 1$. Aus $\mathrm{ggT}(F_n, F_{n+1}) = 1$ folgt

$$\mathrm{ggT}(F_{n+1}, F_{n+2}) = \mathrm{ggT}(F_{n+1}, F_{n+1} + F_n) = \mathrm{ggT}(F_{n+1}, F_n) = 1.$$

c) Ist $n < m$ und $m = vn + r$ mit $0 \leq r < n$ (Divison mit Rest), dann ist nach Satz 30

$$F_m = F_{vn+r} = F_{vn-1}F_r + F_{vn}F_{r+1}.$$

Wegen $F_n \mid F_{vn}$ gilt $\mathrm{ggT}(F_m, F_n) = \mathrm{ggT}(F_{vn-1}F_r, F_n)$. Nach b) gilt ferner $\mathrm{ggT}(F_{vn-1}, F_{vn}) = 1$, daher auch $\mathrm{ggT}(F_{vn-1}, F_n) = 1$ und somit

$$\mathrm{ggT}(F_m, F_n) = \mathrm{ggT}(F_r, F_n).$$

Führt man den euklidischen Algorithmus zur Berechnung von $\mathrm{ggT}(m, n) = d$ durch, dann ergibt sich also

$$\mathrm{ggT}(F_m, F_n) = \mathrm{ggT}(F_d, 0) = F_d. \quad \square$$

Aus Satz 31 erhält man sofort folgende Aussagen:

(1) Genau dann gilt $F_m \mid F_k$, wenn $m|k$ gilt.

(2) Sind m und n teilerfremd, dann gilt $F_m F_n \mid F_{mn}$.

Satz 32: Für alle $n \in \mathbb{N}$ gilt:

a) $\displaystyle\sum_{i=1}^{n} F_i = F_{n+2} - 1$

b) $\displaystyle\sum_{i=1}^{n} F_i^2 = F_n F_{n+1}$

c) $F_n F_{n+2} - F_{n+1}^2 = (-1)^{n+1}$

d) $F_n^2 + F_{n+1}^2 = F_{2n+1}$

e) $F_{n+2}^2 - F_n^2 = F_{2n+2}$

Beweis:

a) $F_1 + F_2 + F_3 + \ldots + F_n$

$\qquad = F_1 + (F_3 - F_1) + (F_4 - F_2) + \ldots + (F_n - F_{n-2}) + (F_{n+1} - F_{n-1})$

$\qquad = -F_2 + F_n + F_{n+1} = F_{n+2} - 1.$

b) Wegen $F_n^2 = F_n(F_{n+1} - F_{n-1}) = F_n F_{n+1} - F_{n-1} F_n$ für $n > 1$ ergibt sich

$\qquad F_1^2 + F_2^2 + F_3^2 + \ldots + F_n^2$

$\qquad = 1 + (F_2 F_3 - F_1 F_2) + (F_3 F_4 - F_2 F_3) + \ldots + (F_n F_{n+1} - F_{n-1} F_n)$

$\qquad = 1 - F_1 F_2 + F_n F_{n+1} = F_n F_{n+1}.$

c) Es gilt

$$F_n F_{n+2} - F_{n+1}^2 = \det \begin{pmatrix} F_{n+2} & F_{n+1} \\ F_{n+1} & F_n \end{pmatrix} = \det \begin{pmatrix} 1 & 1 \\ 1 & 0 \end{pmatrix}^{n+1} = (-1)^{n+1}.$$

d) Aus c) folgt für $n > 1$ mit Hilfe von Satz 30

$$\begin{aligned} F_n^2 + F_{n+1}^2 &= F_{n-1} F_{n+1} + (-1)^n + F_n F_{n+2} + (-1)^{n+1} \\ &= F_{n-1} F_{n+1} + F_n F_{n+2} = F_{n+(n+1)} = F_{2n+1}. \end{aligned}$$

Für $n = 1$ ist die Behauptung offensichtlich auch richtig.

e) Diese Behauptung ergibt sich in gleicher Weise wie d). $\qquad\square$

Die Aussage in Satz 32 b) wird für $n = 6$ durch Fig. 1 veranschaulicht. Für $n = 2k - 1$ liefert Satz 32 c) die Formel

$$F_{2k}^2 = F_{2k-1} F_{2k+1} - 1.$$

Auf dieser Formel beruht der bekannte geometrische Trugschluß, man könne eine Quadrat der Kantenlänge 8 (allgemein F_{2k}) in ein flächeninhaltsgleiches

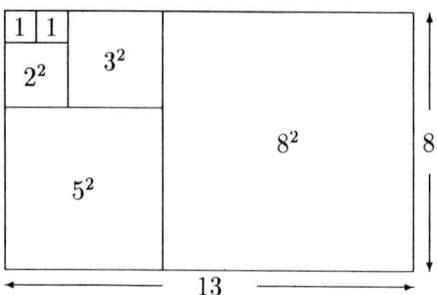

Fig.1

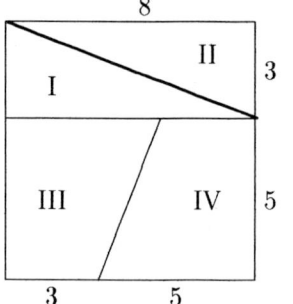
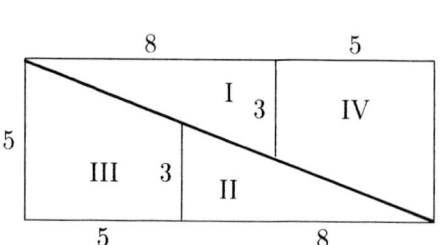

Fig.2

Rechteck mit den Kantenlängen 5 und 13 (allgemein F_{2k-1} und F_{2k+1}) verwandeln (vgl. Fig. 2).

Wir haben die Betrachtung der FIBONACCI-Zahlen zu Anfang dieses Abschnitts mit der Feststellung begonnen, daß der euklidische Algorithmus offenbar besonders lange dauert, wenn er auf benachbarte FIBONACCI-Zahlen angewandt wird. Nun wollen wir untersuchen, wie die Anzahl der Schritte im euklidischen Algorithmus für $a, b \in \mathbb{N}$ abzuschätzen ist. Der folgende Satz geht auf GABRIEL LAMÉ (1795–1870) zurück (vgl. auch [Heaslet/Uspensky 1939], [Lüneburg 1987]).

Satz 33: Für $a, b \in \mathbb{N}$ mit $a > b$ sei $w(a, b)$ die Anzahl der benötigten Divisionen mit Rest im euklidischen Algorithmus, ferner habe b im Zehnersystem $s(b)$ Stellen. Dann gilt

$$w(a, b) \leq 5 \cdot s(b).$$

Beweis: Zunächst zeigen wir, daß für jedes $k \in \mathbb{N}$ mindestens vier und höchstens fünf k-stellige FIBONACCI-Zahlen existieren. Dies ist für $k = 1$ richtig, wenn man die einzige doppelt auftretende FIBONACCI-Zahl 1 nur einfach zählt: 1,2,3,5,8 sind alle einstelligen FIBONACCI-Zahlen. Es sei nun $k \geq 2$ und die Behauptung gelte für $k - 1$. Es sei F_n die kleinste FIBONACCI-Zahl mit mehr als $k - 1$ Stellen. Dann ist

$$\begin{aligned}
F_n &= F_{n-1} &+& F_{n-2} &<& \quad 1 \cdot 10^k + 1 \cdot 10^k = 2 \cdot 10^k, \\
F_{n+1} &= F_n &+& F_{n-1} &<& \quad 2 \cdot 10^k + 1 \cdot 10^k = 3 \cdot 10^k, \\
F_{n+2} &= F_{n+1} &+& F_n &<& \quad 3 \cdot 10^k + 2 \cdot 10^k = 5 \cdot 10^k, \\
F_{n+3} &= F_{n+2} &+& F_{n+1} &<& \quad 5 \cdot 10^k + 3 \cdot 10^k = 8 \cdot 10^k.
\end{aligned}$$

Folglich sind F_n, F_{n+1}, F_{n+2}, F_{n+3} $(k+1)$-stellig, es gibt also mindestens vier $(k+1)$-stellige FIBONACCI-Zahlen. Andererseits gilt wegen $10^k \leq F_n = F_{n-1} + F_{n-2} < 2F_{n-1}$ die Beziehung $F_{n-1} > \frac{1}{2} \cdot 10^k$. Es folgt

$$\begin{aligned}
F_{n+1} &= F_n &+& F_{n-1} &>& \quad 10^k &+& \tfrac{1}{2} \cdot 10^k &=& \tfrac{3}{2} \cdot 10^k, \\
F_{n+2} &= F_{n+1} &+& F_n &>& \tfrac{3}{2} \cdot 10^k &+& 10^k &=& \tfrac{5}{2} \cdot 10^k, \\
F_{n+3} &= F_{n+2} &+& F_{n+1} &>& \tfrac{5}{2} \cdot 10^k &+& \tfrac{3}{2} \cdot 10^k &=& \tfrac{8}{2} \cdot 10^k, \\
F_{n+4} &= F_{n+3} &+& F_{n+2} &>& \tfrac{8}{2} \cdot 10^k &+& \tfrac{5}{2} \cdot 10^k &=& \tfrac{13}{2} \cdot 10^k, \\
F_{n+5} &= F_{n+4} &+& F_{n+3} &>& \tfrac{13}{2} \cdot 10^k &+& \tfrac{8}{2} \cdot 10^k &=& \tfrac{21}{2} \cdot 10^k.
\end{aligned}$$

Also ist $F_{n+5} > 10^{k+1}$, so daß F_{n+5} mindestens $(k+2)$-stellig ist. Damit ist gezeigt, daß es auch mindestens vier und höchstens fünf $(k+1)$-stellige FIBONACCI-Zahlen gibt.

Ist nun F_n k-stellig, dann ist $n \leq 5k + 1$, wie wir jetzt zeigen wollen: Die Aussage ist wahr für $k = 1$, denn $F_6 = 8$ und $F_7 = 13$. Wir nehmen an, die Aussage sei für $k \geq 1$ wahr. Ist F_n nun $(k+1)$-stellig, so ist F_{n-5} höchstens k-stellig, also gilt $n - 5 \leq 5k + 1$. Daraus folgt dann $n \leq 5k + 6 = 5(k+1) + 1$.

Es sei nun $F_n \leq b < F_{n+1}$. Wir zeigen mit Hilfe vollständiger Induktion über b, daß dann $w(a, b) \leq n$ gilt. Für $b = 1$ ist das richtig. Für $b > 1$ sei r der Rest von a bei Division durch b. Dann ist

$$w(a, b) = w(b, r) + 1.$$

Ist $r < F_n$, dann ist nach Induktionsannahme $w(b, r) \leq n - 1$, es ergibt sich in diesem Fall also $w(a, b) \leq n$. Ist $F_n \leq r < b < F_{n+1}$, dann betrachten wir den Rest s, den b bei Division durch r läßt: Es gilt $s < F_{n-1}$, denn wäre $s \geq F_{n-1}$, dann wäre

$$F_{n+1} \geq b = qr + s \geq r + s \geq F_n + F_{n-1} = F_{n+1},$$

also $s = F_{n-1}$, $r = F_n$ und $b = F_{n+1}$. Folglich ist nach Induktionsannahme $w(r, s) \leq n - 2$ und damit

$$w(a, b) = w(r, s) + 2 \leq n.$$

Gilt also $F_n \leq b < F_{n+1}$ und ist F_n k-stellig, dann gilt

$$w(a, b) \leq n \leq 5k \leq 5 \cdot s(b).$$

Damit ist der Beweis von Satz 33 abgeschlossen. $\quad\square$

Eine besonders einfache Gestalt hat die Kettenbruchentwicklung von Quotienten aufeinanderfolgender FIBONACCI-Zahlen:

$$\frac{F_{n+1}}{F_n} = [1, 1, 1, \ldots, 1, 2] = [1, 1, 1, \ldots, 1, 1, 1],$$

wobei in der letzten Darstellung genau n Einsen auftreten. Also ist

$$\lim_{n \to \infty} \frac{F_{n+1}}{F_n} = [1, \bar{1}] = \frac{1 + \sqrt{5}}{2}.$$

Die Konvergenz der Folge der Quotienten aufeinanderfolgender FIBONACCI-Zahlen ergibt sich auch aus

$$\frac{F_{n+1}}{F_n} - \frac{F_{n+2}}{F_{n+1}} = \frac{(-1)^n}{F_n F_{n+1}}$$

(vgl. Satz 32 c)) und der Konvergenz der Reihe $\sum_{n=1}^{\infty} \frac{(-1)^n}{F_n F_{n+1}}$. Den Grenzwert α erhält man wegen

$$\alpha = \lim_{n \to \infty} \frac{F_{n+1}}{F_n} = \lim_{n \to \infty} \frac{F_n + F_{n-1}}{F_n} = 1 + \lim_{n \to \infty} \frac{F_{n-1}}{F_n} = 1 + \frac{1}{\alpha}$$

aus der quadratischen Gleichung

$$\alpha^2 - \alpha - 1 = 0.$$

Die Folge der FIBONACCI-Zahlen ist rekursiv definiert, d.h. zur Berechnung von F_n benötigt man die Werte der vorangehenden Folgenglieder. In folgendem Satz wird eine *explizite* Darstellung der FIBONACCI-Zahlen angegeben; diese Darstellung heißt BINET*sche Formel* (nach JACQUES PHILIPPE BINET, 1786–1856), obwohl sie schon von ABRAHAM DE MOIVRE (1667-1754) entdeckt und von NIKOLAUS BERNOULLI (1687-1759) bewiesen worden sein soll.

Satz 34: Für alle $n \in \mathbb{N}$ gilt

$$F_n = \frac{1}{\sqrt{5}} \left(\left(\frac{1 + \sqrt{5}}{2} \right)^n - \left(\frac{1 - \sqrt{5}}{2} \right)^n \right).$$

Beweis: Es sei $a_n = F_{n+1}$ für $n \in \mathbb{N}_0$. Wir betrachten die Funktion f, dargestellt durch die Potenzreihe

$$f(x) = \sum_{n=0}^{\infty} a_n x^n.$$

Wegen

$$\lim_{n \to \infty} \frac{a_{n+1}}{a_n} = \frac{1 + \sqrt{5}}{2}$$

konvergiert diese Reihe für $|x| < \frac{2}{1+\sqrt{5}}$. Es gilt nun

$$
\begin{aligned}
f(x) &= 1 + x + \sum_{n=0}^{\infty} a_{n+2} x^{n+2} \\
&= 1 + x + \sum_{n=0}^{\infty} (a_{n+1} + a_n) x^{n+2} \\
&= 1 + x + x \sum_{n=1}^{\infty} a_n x^n + x^2 \sum_{n=0}^{\infty} a_n x^n \\
&= 1 + x \cdot \left(1 + \sum_{n=1}^{\infty} a_n x^n \right) + x^2 \sum_{n=0}^{\infty} a_n x^n \\
&= 1 + x f(x) + x^2 f(x).
\end{aligned}
$$

Daraus ergibt sich

$$
f(x) = \frac{1}{1 - x - x^2}.
$$

Nun ist

$$
1 - x - x^2 = (1 - \alpha_1 x)(1 - \alpha_2 x)
$$

mit

$$
\alpha_1 = \frac{1 + \sqrt{5}}{2}, \quad \alpha_2 = \frac{1 - \sqrt{5}}{2},
$$

woraus man

$$
f(x) = \frac{1}{\sqrt{5}} \cdot \left(\frac{\alpha_1}{1 - \alpha_1 x} - \frac{\alpha_2}{1 - \alpha_2 x} \right)
$$

erhält. Nun läßt sich $f(x)$ mit Hilfe der Summenformel für die geometrische Reihe wieder als Potenzreihe schreiben:

$$
f(x) = \sum_{n=0}^{\infty} \frac{1}{\sqrt{5}} \left(\alpha_1^{n+1} - \alpha_2^{n+1} \right) x^n.
$$

Der Identitätssatz für Potenzreihen liefert dann die Behauptung:

$$
F_{n+1} = a_n = \frac{1}{\sqrt{5}} \left(\alpha_1^{n+1} - \alpha_2^{n+1} \right)
$$

für $n \in \mathbb{N}_0$. $\square$

Die Bezeichnung „FIBONACCI-Zahlen" für die Zahlen der Folge $\{F_n\}$ geht auf ÉDOUARD LUCAS (1842-1891) zurück. Er betrachtete im Zusammenhang mit Primzahltests (vgl. IV.4) Folgen $\{a_n\}$ mit

$$
a_{n+2} = a_{n+1} + a_n \quad \text{für} \quad n \geq 1
$$

und gewissen Anfangswerten a_1, a_2. Solche Folgen wollen wir LUCAS-*Folgen* nennen. Die LUCAS-Folge mit $a_1 = a_2 = 1$ ist die FIBONACCI-Folge. Jede LUCAS-Folge läßt sich durch die FIBONACCI-Folge ausdrücken, denn es gilt

$$
\begin{pmatrix} a_{n+2} & a_{n+1} \\ a_{n+1} & a_n \end{pmatrix} = \begin{pmatrix} 1 & 1 \\ 1 & 0 \end{pmatrix}^n \begin{pmatrix} a_2 & a_1 \\ a_1 & a_2 - a_1 \end{pmatrix}
$$

$$= \begin{pmatrix} F_{n+1} & F_n \\ F_n & F_{n-1} \end{pmatrix} \begin{pmatrix} a_2 & a_1 \\ a_1 & a_2 - a_1 \end{pmatrix},$$

also $a_{n+1} = a_1 F_{n-1} + a_2 F_n$.

Eine geometrische Folge $x, x^2, x^3, \ldots$ mit $x \neq 0$ ist genau dann eine LUCAS-Folge, wenn $x^2 = x + 1$, wenn also

$$x = \alpha = \frac{1 + \sqrt{5}}{2} \quad \text{oder} \quad x = -\frac{1}{\alpha} = \frac{1 - \sqrt{5}}{2}.$$

Es gilt dann

$$\alpha^{n+1} = \alpha F_{n-1} + \alpha^2 F_n \quad \text{und} \quad \left(-\frac{1}{\alpha}\right)^{n+1} = \left(-\frac{1}{\alpha}\right) F_{n-1} + \left(-\frac{1}{\alpha}\right)^2 F_n$$

bzw.

$$\alpha F_n + F_{n-1} = \alpha^n \quad \text{und} \quad \frac{1}{\alpha} F_n - F_{n-1} = -\left(-\frac{1}{\alpha}\right)^n.$$

Daraus erhält man

$$F_n = \frac{\alpha^n - \left(-\frac{1}{\alpha}\right)^n}{\alpha + \frac{1}{\alpha}},$$

wegen $\alpha + \frac{1}{\alpha} = \sqrt{5}$ also wieder die BINETsche Formel.

Wegen $\alpha > 1$ ist $\left(-\frac{1}{\alpha}\right)^n$ für große Werte von n gegenüber α^n zu vernachlässigen, so daß

$$F_n \approx \frac{1}{\sqrt{5}} \cdot \alpha^n \quad \text{und} \quad \frac{F_{n+1}}{F_n} \approx \alpha$$

gilt, wie wir oben schon gesehen haben.

Die Zahl α, die auch in I.9 eine Rolle gespielt hat, ist eine der aufregendsten Zahlen der Mathematik. Sie ist bekannt als das Verhältnis des Goldenen Schnitts: Teilt der Punkt X die Strecke AB so, daß $\overline{AB} : \overline{AX} = \overline{AX} : \overline{XB}$ gilt, dann ist für $\overline{AB} = 1$ und $\overline{AX} = x$

$$x^2 = 1 \cdot (1 - x) \quad \text{bzw.} \quad x^2 + x - 1 = 0.$$

Diese quadratische Gleichung hat die positive Lösung $\frac{-1+\sqrt{5}}{2}$, es ist also

$$\overline{AB} : \overline{AX} = \overline{AX} : \overline{XB} = \alpha = \frac{1 + \sqrt{5}}{2} \approx 1,618.$$

Über die Bedeutung des Goldenen Schnitts für Kunst und Wissenschaft informiert das Buch [Beutelspacher/Petri 1988].

I.12 Aufgaben

1. Beweise mit vollständiger Induktion, daß für alle $n \in \mathbb{N}$ gilt:

a) $3 \mid n^3 + 2n$ b) $7 \mid 2^{3n} - 1$ c) $8 \mid 3^{2n} + 7$

d) $9 \mid 10^n + 3 \cdot 4^{n+2} + 5$ e) $24 \mid 5^{2n} - 1$ f) $6 \mid n^3 + 11n$

g) $5 \mid n^5 + 4n$ h) $23 \mid 852^n - 1$ i) $9 \mid 4^n + 15n - 1$

2. Beweise, daß für alle $n \in \mathbb{N}$ gilt:

a) $3 \mid 2^n + (-1)^{n+1}$ b) $27 \mid 2^{5n+1} + 5^{n+2}$

c) $42 \mid (n+1)^7 - n - 1$ d) $61 \mid 891^n - 403^n$

3. Es sei n eine ungerade natürliche Zahl, in d) sei n eine Primzahl. Beweise:

a) $n \mid \sum_{i=1}^{n} i$ b) $n^2 \mid \sum_{i=1}^{n} i^3$ c) $n^2 \mid \sum_{i=1}^{n} i^n$ d) $n^3 \nmid \sum_{i=1}^{n} i^n$

(Hinweis zu c) und d)): Betrachte $i^n + (n-i)^n$ für $i < \frac{n}{2}$ und benutze den binomischen Lehrsatz.)

4. Beweise: a) $6 \mid n(n+1)(2n+1)$ für alle $n \in \mathbb{N}$.

b) $360 \mid n^2(n^2 - 1)(n^2 - 4)$ für alle $n \in \mathbb{N}$.

c) Für jede ungerade Zahl n gilt $24 \mid n(n^2 - 1)$.

d) $24 \mid mn(m+n)(m-n)$ für alle ungeraden $m, n \in \mathbb{Z}$.

5. a) Zeige, daß $3^{n+2} \mid 10^{3^n} - 1$ für alle $n \in \mathbb{N}$.

b) Für welche Zahlen n gilt $5 \mid n^4 - 1$?

c) Zeige, daß $n^4 + 4$ für alle $n \in \mathbb{N}$ mit $n > 1$ zusammengesetzt ist.

6. Bestimme eine Ziffer z so, daß $zzzzz^{2n+1} + 59^{2n+1}$ für jedes $n \in \mathbb{N}$ durch 671 teilbar ist.

7. a) Zeige, daß genau dann $7 \mid 10a + b$ gilt, wenn $7 \mid a - 2b$ gilt.

b) Zeige, daß genau dann $13 \mid 10a + b$ gilt, wenn $13 \mid a + 4b$ gilt.

8. Zeige: Aus $9 \mid a^2 + b^2 + c^2$ folgt, daß 9 eine der Zahlen $a^2 - b^2$, $b^2 - c^2$ oder $c^2 - a^2$ teilt.

9. Beweise folgende Behauptungen:

a) Ist p eine Primzahl > 2, dann gilt $24 \mid p^3 - p$.

b) Ist p eine Primzahl > 5, dann gilt $5 \mid p^4 - 1$.

c) Ist p eine Primzahl > 5, dann gilt $240 \mid p^4 - 1$.

d) Ist p eine Primzahl > 5, dann gilt $1920 \mid p^4 - 10p^2 + 9$.

10. a) Zeige, daß jede sechsstellige Zahl der Form $abcabc$ (also z.B. 371371) durch 7, durch 11 und durch 13 teilbar ist.

b) Zeige, daß jede achtstellige Zahl der Form $abcdabcd$ durch 73 und 137 teilbar ist.

11. Beweise: Das Quadrat einer ungeraden Zahl läßt bei Division durch 8 den Rest 1, und die vierte Potenz einer ungeraden Zahl läßt bei Division durch 16 den Rest 1.

12. a) Zeige, daß $111\ldots111$ (k Ziffern 1 mit $k \geq 2$) keine Quadratzahl ist.

b) Zeige, daß $g^4 + g^3 + g^2 + g + 1$ nur für $g = 3$ eine Quadratzahl ist.

13. a) Bestimme alle natürlichen Zahlen n, für welche $n - 9$ eine Primzahl ist und $n^2 - 1$ durch 10 teilbar ist.

b) Bestimme alle Primzahlen p, für welche $4p + 1$ eine Quadratzahl ist.

c) Bestimme alle Primzahlen p, für welche $2p + 1$ eine Kubikzahl ist.

14. Beweise, daß eine natürliche Zahl, welche sowohl Quadratzahl als auch Kubikzahl ist, bei Division durch 7 den Rest 0 oder den Rest 1 läßt.

15. Zeige, daß die Summe zweier Kubikzahlen i.allg. keine Primzahl ist.

16. Es sei $n! = 1 \cdot 2 \cdot 3 \cdot \ldots \cdot n$ für $n \in \mathbb{N}$.

a) Zeige, daß $a!b! \mid (a + b)!$ für alle $a, b \in \mathbb{N}$.

b) Zeige, daß das Produkt von n aufeinanderfolgenden Zahlen stets durch $n!$ teilbar ist.

c) Zeige, daß $a_1!a_2! \cdot \ldots \cdot a_k! \mid (a_1 + a_2 + \ldots + a_k)!$ für alle $a_1, a_2, \ldots, a_k \in \mathbb{N}$.

17. a) Bestimme alle $n, k \in \mathbb{N}$ mit $(n - 1)! = n^k - 1$.

b) Zeige, daß $n!$ für $n > 1$ nicht k-te Potenz einer natürlichen Zahl ist ($k > 1$).

18. Zeige, daß eine natürliche Zahl $n > 1$ genau dann als Summe von (zwei oder mehr) aufeinanderfolgenden ganzen Zahlen geschrieben werden kann, wenn sie keine Zweierpotenz ist.

19. Zeige, daß $2^n + 1$ ($n \in \mathbb{N}$) nicht fünfte Potenz einer natürlichen Zahl ist.

20. Beweise:

a) Die Summe zweier ungerader Quadratzahlen kann keine Quadratzahl sein.

b) Das Produkt von vier aufeinanderfolgen natürlichen Zahlen ist stets um 1 kleiner als eine Quadratzahl.

c) Ist die ungerade Zahl u ein Quadrat, dann ist die Summe der Teiler von u ungerade.

d) Die Summe von fünf aufeinanderfolgenden Quadraten ist kein Quadrat.

21. Es bedeute $[\ \ ]$ die GAUSS-Klammer, für $x \in \mathbb{R}$ sei also $[x]$ die größte ganze Zahl $\leq x$.

a) Zeige, daß $0 \leq [x] - 2[\frac{x}{2}] \leq 1$ gilt.

b) Gib eine möglichst gute Abschätzung für $[x] - k[\frac{x}{k}]$ ($k \in \mathbb{N}$) an.

c) Zeige, daß $\left[\frac{1}{m}[\frac{n}{k}]\right] = \left[\frac{n}{mk}\right]$ ($k, m, n \in \mathbb{N}$).

d) Zeige, daß $\sum_{k=0}^{n-1}[x + \frac{k}{n}] = [nx]$ ($n \in \mathbb{N}$, $x \in \mathbb{R}$).

22. a) Zeige, daß eine natürliche Zahl mit 10 *verschiedenen* Primfaktoren und insgesamt 20 Primfaktoren mindestens 6144 Teiler besitzt.

b) Bestimme alle Vielfachen von 30 mit genau 30 Teilern.

c) Bestimme alle Vielfachen von 12 mit genau zwei verschiedenen Primteilern und genau 14 Teilern.

d) Die natürliche Zahl a besitze genau zwei verschiedene Primteiler und es sei $\tau(a^2) = 81$. Berechne $\tau(a^3)$.

e) Bestimme alle $a \in \mathbb{N}$ mit $2 \cdot \tau(a) = a$.

23. a) Zeige: Ist $\tau(n)$ die Anzahl der Teiler von n ($n \in \mathbb{N}$), dann ist $\sqrt{n^{\tau(n)}}$ das Produkt der Teiler von n.

b) Bestimme alle natürlichen Zahlen n, die durch das Produkt ihrer echten Teiler teilbar sind. (Ist $d|n$ und $d < n$, dann heißt d *echter* Teiler von n.)

24. a) Es sei $P = p_1 p_2 \ldots p_n$ das Produkt der ersten n Primzahlen. Beweise: Ist $P = d \cdot d'$ mit $1 < d' - d < (p_n + 2)^2$, dann ist $d' - d$ eine Primzahl, die größer als p_n ist.

b) Es seien $p_1, p_2, \ldots, p_n$ verschiedene Primzahlen. Zeige, daß die Anzahl der natürlichen Zahlen $\leq N$, die sich als Produkt von Potenzen dieser Primzahlen schreiben lassen, höchstens gleich

$$\prod_{i=1}^{n} \left(1 + \frac{\log N}{\log p_i} \right)$$

ist. Leite daraus her, daß es unendlich viele Primzahlen gibt.

25. a) Zeige, daß für alle $k \in \mathbb{N}$ mit $k \geq 3$ gilt:

$$\prod_{p \leq 2k+1} p \leq \binom{2k+1}{k} \cdot \prod_{p \leq k} p.$$

b) Leite aus a) die Beziehung $\prod_{p \leq n} p < 4^n$ her.

26. a) Führe das Siebverfahren des ERATOSTHENES mit $N = 100$ für die ungeraden Zahlen durch und führe dann dasselbe Verfahren „rückwärts" durch, d.h., markiere $N - 3$ und streiche rückwärts jede dritte Zahl usw. Lies dann aus dem Sieb alle Darstellungen von 100 als Summe von zwei Primzahlen ab.

b) Stelle die geraden Zahlen von 6 bis 30 als Summe von zwei Primzahlen dar; gib jeweils alle Möglichkeiten an.

Bemerkung: Die GOLDBACHsche Vermutung (nach CHRISTIAN GOLDBACH, 1690–1764) besagt, daß jede gerade Zahl ≥ 6 als Summe von zwei ungeraden Primzahlen darzustellen ist; die Vermutung ist bis heute weder bewiesen noch widerlegt. Die GOLDBACHsche Vermutung weist viele Ähnlichkeiten mit der Primzahlzwillingsvermutung auf; vgl. I.2, VI.5, VII.4 und VIII.4.

27. a) Zeige, daß sich jede ungerade Zahl $n \geq 3$ als Differenz von zwei aufeinanderfolgenden Quadratzahlen darstellen läßt.

b) Bestimme alle Darstellungen der Zahlen 15, 19, 27 als Differenz von zwei (nicht notwendigerweise aufeinanderfolgenden) Quadratzahlen.

c) Zeige, daß jede Kubikzahl als Differenz zweier Quadratzahlen geschrieben werden kann.

d) Zeige, daß eine ungerade Zahl $n \geq 3$ genau dann Primzahl ist, wenn sie *nur eine* Darstellung als Differenz von zwei Quadratzahlen besitzt.

e) Es sei $n \in \mathbb{N}$. Wie viele Paare (a, b) mit $a, b \in \mathbb{N}_0$ und $n = a^2 - b^2$ gibt es ? (Unterscheide die Fälle, daß n ungerade bzw. gerade ist.)

f) Zeige, daß die Anzahl der Paare $(x, y) \in \mathbb{N}^2$ mit $x^2 - a^2 = y(y + 1)$ gleich $\frac{1}{2} \cdot \tau(4a^2 - 1) - 1$ ist, wobei $\tau(n)$ die Anzahl der Teiler von n bedeutet.

28. Es sei $ab = cd$ $(a, b, c, d \in \mathbb{N})$. Zeige, daß $a^k + b^k + c^k + d^k$ für kein $k \in \mathbb{N}$ eine Primzahl ist.

29. Zeige, daß alle Zahlen der Folge $a_1 = 10001$, $a_2 = 100010001$, $a_3 = 1000100010001, \ldots$, allgemein $a_n = 1 + 10^4 + 10^8 + \ldots + 10^{4n}$, zusammengesetzt sind.

30. Zerlege $1\,126\,481$ mit der Methode von FERMAT in Faktoren.

31. Zeige, daß für $n > 1$ die Summe $\sum_{k=1}^{n} \frac{1}{k}$ keine ganze Zahl ist.

32. Beweise die Divergenz der Reihe $\sum_p \frac{1}{p}$ (Summation über alle Primzahlen p) anhand folgender Überlegung: Wäre die Reihe konvergent, so gäbe es ein $k \in \mathbb{N}$ mit $\sum_{i=k+1}^{\infty} \frac{1}{p_i} < \frac{1}{2}$. Setze $P := p_1 p_2 \ldots p_k$ und zeige, daß für alle $r \geq 1$ gilt:

$$\sum_{n=1}^{r} \frac{1}{nP - 1} \leq \sum_{j=1}^{\infty} \left(\sum_{i=k+1}^{\infty} \frac{1}{p_i} \right)^j .$$

Leite daraus unter Beachtung der Divergenz der harmonischen Reihe einen Widerspruch her.

33. a) Auf wie viele Nullen enden die Zahl $a = 1991!$ und $b = \binom{2000}{18}$?

b) Zeige, daß $7 \nmid \binom{82}{12}$ und $7 \mid \binom{82}{36}$.

34. Beweise mit Hilfe der Formel von LEGENDRE (I.4):

a) Gilt $rs = n$ für $r, s \in \mathbb{N}$, dann gilt $(r!)^s \mid n!$.

b) Für kein $n \in \mathbb{N}$ enthält $n!$ den Primfaktor 3 genau 7 mal.

c) Es gibt genau 5 natürliche Zahlen n, für welche $n!$ den Primfaktor 5 genau 31 mal enthält.

d) Für alle $k, n \in \mathbb{N}$ gilt $(n!)^k \mid (kn)!$.

e) Für jedes $n \in \mathbb{N}$ gilt $(n!)^{n+1} \mid (n^2)!$.

f) Für eine natürliche Zahl n und eine Primzahl p enthalten die Zahlen

$$((n-1)!)^p n^{p-1} \quad \text{und} \quad (pn-1)!$$

genau dann gleich oft den Primfaktor p, wenn n eine Potenz von p ist.

g) Für eine natürliche Zahl n und eine Primzahl p gilt genau dann

$$p \nmid \binom{n}{k} \text{ für alle } k \text{ mit } 0 \le k \le n,$$

wenn $n = ap^s + p^s - 1$ mit $0 \le a < p$ und $s \ge 0$.

35. Es sei k eine natürliche Zahl. Zeige: Genau dann besitzen für alle $n \in \mathbb{N}$ mit $k \le n \le 2k$ die Zahlen k und $\binom{n}{k}$ keinen gemeinsamen Primfaktor, wenn k eine Potenz einer ungeraden Primzahl ist.

36. a) Zeige, daß der Binomialkoeffizient $\binom{2k}{k}$ mindestens $\left[\frac{k \log 2}{\log 2k}\right]$ verschiedene Primfaktoren enthält.

b) Beweise mit Hilfe der Aussage aus a)

$$\liminf_{x \to \infty} \frac{\pi(x)}{\frac{x}{\log x}} \ge \frac{\log 2}{2}.$$

37. Zeige, daß für $i = 2, 3, \ldots, n$ die Zahl $(n!)^2 + i$ keine Primzahlpotenz ist.

38. Zeige, daß in $\mathbb{N}$ die folgenden Aussagen äquivalent sind:

(1)   Es gibt ein x mit $\mathrm{ggT}(b, x) = a$.

(2)   Es gibt ein y mit $\mathrm{kgV}(a, y) = b$.

(3) $a | b$.

39. Ist α der Exponent der Primzahl p in der kanonischen Primfaktorzerlegung von $n \in \mathbb{N}$, dann setze man

$$\|n\|_p = \frac{1}{p^\alpha} \quad (\text{„}p\text{-Wert von } n\text{“}).$$

Ferner sei $\|0\|_p = 0$. Offensichtlich ist $\|1\|_p = 1$. Beweise die folgenden Behauptungen für $m, n \in \mathbb{N}_0$:

(1) $\|m \cdot n\|_p = \|m\|_p \cdot \|n\|_p$.

(2) $\|m + n\|_p \le max(\|m\|_p, \|n\|_p)$, wobei $=$ nur im Fall $\|m\|_p = \|n\|_p$ gilt.

(3) Ist $\|m\|_p < 1$, dann ist $\|1 + m\|_p = 1$.

(4) Genau dann gilt $m | n$, wenn $\|m\|_p \ge \|n\|_p$ für alle Primzahlen p.

(5) $\|\mathrm{ggT}(m, n)\|_p = \max(\|m\|_p, \|n\|_p)$.

(6) $\|\mathrm{kgV}(m, n)\|_p = \min(\|m\|_p, \|n\|_p)$.

40. Zeige, daß eine Summe von reduzierten echten Brüchen mit paarweise teilerfremden Nennern keine ganze Zahl ist.

41. Beweise:

a) $\text{ggT}(ac, bc) = c \cdot \text{ggT}(a, b)$ für $c \in \mathbb{N}_0$, $a, b \in \mathbb{Z}$.

b) Ist $d = \text{ggT}(a, b)$, dann sind $\frac{a}{d}$ und $\frac{b}{d}$ teilerfremd.

c) Aus $a|c$ und $b|c$ und $\text{ggT}(a, b) = 1$ folgt $ab|c$.

42. Im folgenden seien $a, b, c, \ldots$ Variable für Zahlen aus $\mathbb{N}$. Zeige:

a) Aus $\text{ggT}(a, b, c) = 1$ und $\text{ggT}(a, b) = d$, $\text{ggT}(a, c) = f$ folgt $\text{ggT}(a, bc) = df$.

b) Ist $ab = cd$ und $\text{ggT}(a, c) = 1$, dann ist $\text{kgV}(b, d) = ab \, (= cd)$.

43. Es sei $m, n \in \mathbb{N}$ und $\text{ggT}(m, n) = 1$. Beweise:

a) $\{uv \mid u \in T_m,\ v \in T_n\} = T_{mn}$.

b) $\text{ggT}(a, m) \cdot \text{ggT}(a, n) = \text{ggT}(a, mn)$ für alle $a \in \mathbb{N}$.

44. Beweise:

a) Ist $a|n$ und $b|n$ $(a, b, n \in \mathbb{N})$, dann gilt $\text{ggT}(a, b) \cdot \text{kgV}(\frac{n}{a}, \frac{n}{b}) = n$.

b) Für alle $a, b, c \in \mathbb{N}$ gilt
$$\text{ggT}(\text{kgV}(a, b),\ \text{kgV}(a, c),\ \text{kgV}(b, c))$$
$$= \text{kgV}(\text{ggT}(a, b),\ \text{ggT}(a, c),\ \text{ggT}(b, c)).$$

c) Für alle $a, b, c, d \in \mathbb{N}$ gilt $\text{kgV}(ac, ad, bc, bd) = \text{kgV}(a, b) \cdot \text{kgV}(c, d)$.

45. Beweise: a) Ist $\text{ggT}(a, b) = 1$, dann gilt $\text{ggT}(a + b, a - b) \in \{1, 2\}$ und $\text{ggT}(a + b, a^2 - ab + b^2) \in \{1, 3\}$.

b) Ist $\text{ggT}(a, b) = 1$ und ist $a^2 - b^2$ ein Quadrat, dann sind $a + b$ und $a - b$ beides Quadrate oder beides das Doppelte von Quadraten.

c) Ist m ungerade, dann gilt $\text{ggT}(2^m - 1, 2^n + 1) = 1$ für alle $n \in \mathbb{N}$.

d) Es gilt $\text{ggT}(n! + 1, (n + 1)! + 1) = 1$ für alle $n \in \mathbb{N}$.

46. Beweise: Gilt $a^k = b^m$ und $\text{ggT}(k, m) = 1$ $(a, b, k, m \in \mathbb{N})$, dann existiert ein $n \in \mathbb{N}$ mit $a = n^m$ und $b = n^k$.

47. a) Zeige, daß für $a, b \in \mathbb{N}$ mit $\text{ggT}(a, b) = 1$ jedes $n \in \mathbb{N}$ mit $n > ab$ in der Form $n = ax + by$ mit $x, y \in \mathbb{N}$ dargestellt werden kann.

b) Zeige, daß für $a_1, a_2, \ldots, a_k \in \mathbb{N}$ mit $\text{ggT}(a_1, a_2, \ldots, a_k) = 1$ jede hinreichend große natürliche Zahl n in der Form $n = \sum_{i=1}^{k} x_i a_i$ mit $x_1, x_2, \ldots, x_n \in \mathbb{N}$ dargestellt werden kann.

48. Es seien m, n und a natürliche Zahlen; dabei sei $a > 1$.

a) Zeige: $\text{ggT}(a^m - 1, a^n - 1) = a^{\text{ggT}(m, n)} - 1$.

b) Zeige: Für $m \neq n$ ist $\text{ggT}(a^{2^m} + 1, a^{2^n} + 1) = 1$ oder 2, je nachdem, ob a gerade oder ungerade ist.

c) Beweise mit b), daß es unendlich viele Primzahlen gibt.

49. Zeige, daß $m + n \leq \text{ggT}(m, n) + \text{kgV}(m, n)$ für alle $m, n \in \mathbb{N}$. Für welche m, n gilt das Gleichheitszeichen?

50. Bestimme alle $m, n \in \mathbb{N}$, für welche $m + n \mid mn$ gilt.

51. Für $a, b \in \mathbb{N}$ heißt a *genauer Teiler* von b, wenn $a \mid b$ und a zum Komplementärteiler $\frac{b}{a}$ teilerfremd ist. Man schreibt dann $a \| b$.

a) Bestimme alle genauen Teiler von 180.

b) Beweise die folgenden Regeln:

   (1) $a \| a$ für alle $a \in \mathbb{N}$

   (2)   aus $a \| b$ und $b \| a$ folgt $a = b$

   (3)   aus $a \| b$ und $b \| c$ folgt $a \| c$

c) Beweise: Gilt $a^2 x - by = a$ und $\mathrm{ggT}(a, y) = 1$, so ist $a \| b$.

d) Es sei $*(a, b)$ der größte Teiler von a, der genauer Teiler von b ist. Zeige, daß i.allg. $*(a, b) \neq *(b, a)$.

52. Es sei p eine feste Primzahl. In $\mathbb{N}_0$ definiere man die Relation „$<_p$" durch

$$a <_p b : \Longleftrightarrow a \le b \text{ und } p \nmid \binom{b}{a}.$$

Zeige, daß dies eine Ordnungsrelation ist, daß also gilt:

(1) $a <_p a$ für alle $a \in \mathbb{N}_0$

(2)   aus $a <_p b$ und $b <_p a$ folgt $a = b$

(3)   aus $a <_p b$ und $b <_p c$ folgt $a <_p c$

53. Beweise, daß folgende Zahlen irrational sind:

a) $\sqrt[3]{2} + \sqrt[4]{7}$ b) $\sqrt{3} + \sqrt[3]{2}$ c) $1 + \sqrt{2 + \sqrt[3]{7}}$

54. Verwandle in einen gewöhnlichen Kettenbruch:

$$1 + \cfrac{1}{2 + \cfrac{3}{5 + \cfrac{2}{7 + \cfrac{5}{8}}}}$$

55. Bestimme Brüche $\frac{p}{q}$ und $\frac{r}{s}$ mit möglichst kleinen Nennern, so daß gilt:

$$\frac{p}{q} < \alpha < \frac{r}{s} \quad \text{und} \quad \left| \frac{r}{s} - \frac{q}{q} \right| < 10^{-3}.$$

a) $\alpha = \frac{1735}{341}$ b) $\alpha = \frac{57313}{112771}$ c) $\alpha = 3 + \sqrt{2}$ d) $\alpha = 2 + 3\sqrt{11}$

56. Gib für folgende Quadratwurzeln die Kettenbruchentwicklungen an:

$$\sqrt{12}, \ \sqrt{15}, \ \sqrt{17}, \ \sqrt{18}, \ \sqrt{20}, \ \sqrt{24}.$$

57. Für $a, b \in \mathbb{N}$ ist $\sqrt{a^2 + b} = a + \cfrac{b}{2a + \cfrac{b}{2a + \cfrac{b}{2a + \cfrac{b}{\ddots}}}}$.

Dies ist ein *verallgemeinerter* Kettenbruch; für $b = 1$ ergibt sich ein *gewöhnlicher* Kettenbruch. Gib für $\sqrt{7}$, $\sqrt{13}$, $\sqrt{14}$, $\sqrt{19}$ verallgemeinerte Kettenbrüche an.

58. Bestimme die Kettenbruchentwicklung von $\sqrt{31}$.

59. Es seien $\frac{a}{b}$ und $\frac{c}{d}$ gekürzte Brüche zwischen 0 und 1, ferner

$$r = \frac{1}{2b^2} \quad \text{und} \quad s = \frac{1}{2d^2}.$$

Mit K_r bzw. K_s bezeichnen wir den Kreis um $(\frac{a}{b}; r)$ mit dem Radius r bzw. um $(\frac{c}{d}; s)$ mit dem Radius s. Zeige, daß sich K_r und K_s genau dann berühren, wenn $\frac{a}{b}$ und $\frac{c}{d}$ benachbarte Brüche einer FAREY-Folge $\mathcal{F}_n$ mit geeignetem n sind. Zeige, daß andernfalls die Kreise keinen gemeinsamen Punkt haben. (Vgl. [Rieger 1976]; folgende Figur verananschaulicht den Sachverhalt für $n = 5$.)

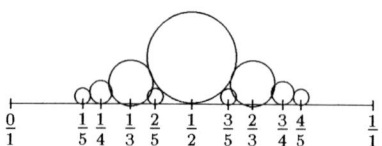

60. Beweise: Eine FIBONACCI-Zahl ist genau dann durch 2, 3, 5, 7 bzw. 8 teilbar, wenn ihr Index durch 3, 4, 5, 8 bzw. 6 teilbar ist.

61. Beweise: a) Keine FIBONACCI-Zahl läßt bei Division durch 8 den Rest 4. b) Keine ungerade FIBONACCI-Zahl ist durch 17 teilbar.

62. Beweise, daß für jedes $n \in \mathbb{N}$ unter den ersten n^2 FIBONACCI-Zahlen mindestens eine existiert, die durch n teilbar ist.

63. Beweise folgenden Zusammenhang zwischen den FIBONACCI-Zahlen und den Binomialkoeffizienten:

$$F_{n+1} = \sum_{i=0}^{n} \binom{n-i}{i}$$

64. Zerschneidet man wie in folgender Figur ein Quadrat mit der Kantenlänge F_{2k} in zwei Dreiecke und zwei Vierecke und versucht, daraus ein Rechteck zusammenzusetzen, dann „fehlt" in diesem Rechteck ein (sehr schmales) Parallelogramm vom Flächeninhalt 1. Zeige, daß dieses Parallelogramm die Höhe

$$\frac{1}{\sqrt{F_{2k}^2 + F_{2k-2}^2}}$$

besitzt. (Vgl. die folgende Figur.)

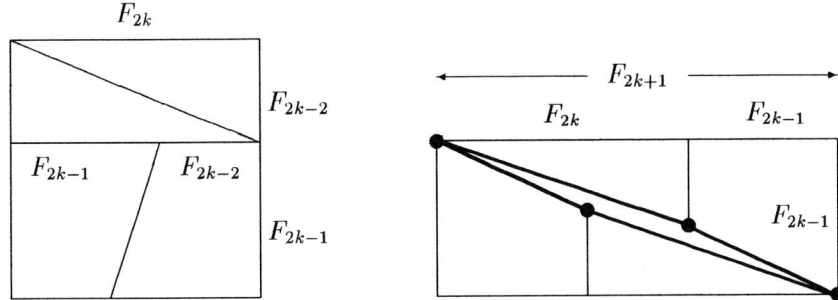

65. Beim *Goldenen Schnitt* wird eine Strecke AB so durch einen Punkt T geteilt, daß $\overline{AB} : \overline{AT} = \overline{AT} : \overline{BT}$ gilt. Setzt man $\overline{AB} = 1$ und $\overline{AT} = x$, so gilt also $\frac{1}{x} = \frac{x}{1-x}$.

Approximiere das Verhältnis

$$\alpha = \frac{x}{1-x} \ (= \frac{1}{x} = \text{große Strecke : kleine Strecke})$$

durch Brüche, deren Nenner der Reihe nach nicht größer als 10, nicht größer als 50 bzw. nicht größer als 100 ist.

66. Die Folge $\{a_n\}$ reeller Zahlen sei definiert durch

$$a_{n+1} = \sqrt{1 + a_n} \quad \text{für } n \in \mathbb{N}_0$$

und einen beliebigen Startwert $a_0 > -1$, ferner sei $\alpha = \frac{1+\sqrt{5}}{2}$ die Verhältniszahl des Goldenen Schnitts. Zeige, daß $\lim_{n \to \infty} a_n = \alpha$. Unterscheide dabei die Fälle $a_0 < \alpha$, $a_0 = \alpha$, $a_0 > \alpha$.

67. Die Folge der LUCAS-Zahlen L_n ist definiert durch

$$\begin{pmatrix} L_{n+2} & L_{n+1} \\ L_{n+1} & L_n \end{pmatrix} = \begin{pmatrix} 1 & 1 \\ 1 & 0 \end{pmatrix}^n \begin{pmatrix} 3 & 1 \\ 1 & 2 \end{pmatrix} \quad (n \in \mathbb{N}).$$

a) Bestimme L_n für $1 \le n \le 10$.

b) Zeige, daß $L_n L_{n+2} - L_{n+1}^2 = (-1)^n \cdot 5$ für alle $n \in \mathbb{N}$.

c) Zeige, daß zwei aufeinanderfolgende LUCAS-Zahlen teilerfremd sind.

d) Zeige, daß

$$L_n = \left(\frac{1+\sqrt{5}}{2} \right)^n + \left(\frac{1-\sqrt{5}}{2} \right)^n.$$

68. Im folgenden sind Zusammenhänge zwischen den FIBONACCI-Zahlen F_n (vgl. I.11) und den LUCAS-Zahlen (Aufgabe 67) zu untersuchen. Zeige, daß für alle $n \in \mathbb{N}$ bzw. alle $m, n \in \mathbb{N}$ gilt:

a) $F_n + F_{n+2} = L_{n+1}$.
b) $2F_{m+n} = F_m L_n + F_n L_m$.
c) $L_n^2 - 5F_n^2 = (-1)^n \cdot 4$.

I.13 Lösungen der Aufgaben

1. Zum Nachweis von $d|a_n$ zeigt man $d|a_1$ und $d|a_{n+1} - a_n$.

2. a) Für $a_n = 2^n + (-1)^{n+1}$ gilt $3|a_1$, $3|a_2$ und $a_{n+1} - a_n = 2a_{n-1}$.

b) Es ist $a_n = 2^{5n+1} + 5^{n+2} = 2 \cdot (27 + 5)^n + 25 \cdot 5^n$ und $27|2 \cdot 5^n + 25 \cdot 5^n$.

c) $a_n = (n + 1)^7 - (n + 1)$; $a_1 = 126 = 42 \cdot 3$; $a_n - a_{n-1} = 7 \cdot ((n^6 + n) + 3 \cdot (n^5 + n^2) + 5 \cdot (n^4 + n^3))$; $n^6 + n$, $n^5 + n^2$, $n^4 + n^3$ sind durch 2 teilbar; ferner ist $(n^6 + n) - (n^4 + n^3) = n(n^2 - 1)(n^3 - 1) = (n - 1)n(n + 1)(n^3 - 1)$ durch 3 teilbar.

d) $891^n - 403^n = (14 \cdot 61 + 37)^n - (6 \cdot 61 + 37)^n$

3. a) Die Summe hat den Wert $n \cdot \frac{n+1}{2}$, und $\frac{n+1}{2}$ ist ganz.

b) Es gilt $2\sum_{i=0}^n i^3 = \sum_{i=0}^n (i^3 + (n - i)^3) = n^2 \sum_{i=0}^n (n - 3i) + 3n \sum_{i=0}^n i^2$; ferner ist $2\sum_{i=0}^n i^2 = \sum_{i=0}^n (i^2 + (n-i)^2) = n \sum_{i=0}^n (n - 2i)$; es gilt also stets $n^2 | 4\sum_{i=0}^n i^3$, woraus für $2 \nmid n$ die Behauptung folgt.

c) Für $j \leq n - 2$ ist jeder Summand in

$$2\sum_{i=0}^n (i^n + (n - i)^n) = \sum_{i=0}^n \sum_{j=0}^{n-1} (-1)^j \binom{n}{j} n^{n-j} i^j$$

durch n^2 teilbar, aber auch jeder Summand mit $j = n - 1$, denn $\binom{n}{n-1} ni^{n-1} = n^2 i^{n-1}$.

d) Ist n eine Primzahl, dann ist $\binom{n}{j}$ für $1 \leq j \leq n - 1$ durch n teilbar, also ist $\binom{n}{j} n^{n-j} i^j$ für $0 \leq j \leq n - 2$ durch n^3, für $j = n - 1$ aber nur durch n^2 teilbar.

4. a) Für $a_n = n(n + 1)(2n + 1)$ gilt $6|a_1$ und $a_{n+1} - a_n = 6n(n + 1)$.

b) Es ist $a_n = n^2(n^2 - 1)(n^2 - 4) = (n - 2)(n - 1)n^2(n + 1)(n + 2)$. Von fünf aufeinanderfolgenden Zahlen ist eine durch 4 und mindestens eine weitere durch 2 teilbar, also $2^3 | a_n$. Ist $3|n$, dann ist $3^2 | a_n$; ist $3 \nmid n$, dann sind zwei der Zahlen $n - 2$, $n - 1$, $n + 1$, $n + 2$ durch 3 teilbar, also ist ebenfalls $3^2 | a_n$. Von fünf aufeinanderfolgenden Zahlen ist genau eine durch 5 teilbar, also gilt $5|a_n$.

c) $n(n^2 - 1) = (n - 1)n(n + 1)$; von drei aufeinanderfolgenden Zahlen ist mindestens eine durch 3 teilbar; da n ungerade ist, sind $n - 1$ und $n + 1$ gerade, und von zwei aufeinanderfolgenden geraden Zahlen ist mindestens eine durch 4 teilbar. Also ist $3|n(n^2 - 1)$ und $8|n(n^2 - 1)$.

d) Das Quadrat einer ungeraden Zahl läßt bei Division durch 8 den Rest 1, also ist $(m+n)(m-n) = m^2 - n^2$ durch 8 teilbar. Ist weder m noch n durch 3 teilbar, dann lassen m^2 und n^2 bei Division durch 3 den Rest 1, also ist $m^2 - n^2$ durch 3 teilbar.

5. a) Vollständige Induktion mit $10^{3^{n+1}} - 1 = (10^{3^n} - 1)(1 + 10^{3^n} + 10^{2 \cdot 3^n})$

b) Für alle n mit $5 \nmid n$.

c) $n^4 + 4 = (n^2 + 2)^2 - (2n)^2 = (n^2 + 2 + 2n)(n^2 + 2 - 2n)$ mit $n^2 + 2 - 2n = (n-1)^2 + 1 > 1$ für $n > 1$.

6. Wegen $671 = 11 \cdot 61$ untersuchen wir die Teilbarkeit durch 11 und 61. Dabei beachten wir, daß aus $d|a - b$ auch $d|a^k - b^k$ folgt Es ist $zzzzz = z \cdot 11111 = z \cdot (11 \cdot 1010 + 1)$, also $11 \mid (zzzzz^{2n+1} - z^{2n+1})$; ferner ist $59 = 11 \cdot 5 + 4$, also $11 \mid (59^{2n+1} - 4^{2n+1})$; daher gilt

$$11 \mid (zzzzz^{2n+1} + 59^{2n+1}) \iff 11 \mid (z^{2n+1} + 4^{2n+1}) \iff 11 \mid ((z-11)^{2n+1} + 4^{2n+1}).$$

Die letzte Bedingung ist z.B. für $z = 7$ erfüllt. Es ist $zzzzz = z \cdot 11111 = z \cdot (61 \cdot 182 + 9)$, also $61 \mid (zzzzz^{2n+1} - (9z)^{2n+1})$. Wegen $59 = 61 - 2$ ist $61 \mid (59^{2n+1} - (-2)^{2n+1})$; also ist

$$61 \mid (zzzzz^{2n+1} + 59^{2n+1}) \iff 61 \mid ((9z)^{2n+1} + (-2)^{2n+1}).$$

Mit $z = 7$ ist die letzte Bedingung erfüllt, denn $9 \cdot 7 = 63 = 61 + 2$ und $61 \mid (63^{2n+1} - 2^{2n+1})$. Es ergibt sich also $z = 7$.

7. a) $(10a + b) + 4(a - 2b) = 7(2a - b)$ b) $(10a + b) + 3(a + 4b) = 13 \cdot (a + b)$

8. Eine Quadratzahl läßt bei Division durch 9 den Rest 0,1,4 oder 7. Abgesehen von der Reihenfolge müssen die Reste von a^2, b^2, c^2 wegen $9 \mid a^2 + b^2 + c^2$ also 0,0,0 oder 1,4,4 oder 1,1,7 oder 4,7,7 sein.

9. a) Beachte $p^3 - p = (p-1)p(p+1)$ und $p = 4k + 1$ oder $p = 4k - 1$.

b) Ist $p > 5$, dann ist p^4 von der Form $5n + 1$.

c) $p^4 - 1 = (p^2 - 1)(p^2 + 1)$; $24|p^2 - 1$ nach a); $2|p^2 + 1$; $5|p^4 - 1$ nach b).

d) $p^4 - 10p^2 + 9 = (p^2 - 1)(p^2 - 9)$; $1920 = 2^6 \cdot 3 \cdot 5$; nach a) gilt $2^3 \cdot 3 \mid p^2 - 1$ und $2^3 \mid p^2 - 9 \,(= p^2 - 1 - 8)$; nach b) gilt $5 \mid (p^2 - 1)(p^2 - 9) \,(= (p^2 - 1)(p^2 + 1 - 10) = p^4 - 1 - 10(p^2 - 1))$.

10. a) $abcabc = abc \cdot 1001$ und $1001 = 7 \cdot 11 \cdot 13$.

b) $abcdabcd = abcd \cdot 10001$ und $10001 = 73 \cdot 137$.

11. $(2n+1)^2 = 4n(n+1) + 1$ und $2|n(n+1)$; $(2n+1)^4 = (8k+1)^2 = 16k(4k+1) + 1$.

12. a) Wäre $111\ldots111 = \frac{10^k - 1}{9}$ eine Quadratzahl, so wäre auch $10^k - 1$ eine solche, also von der Form $4n + 1$. Es wäre $10^k = 4n + 2$, was aber wegen $4|10^k$ nicht möglich ist. (Man kann den Beweis auch durch Betrachtung der Ziffern führen: Keine auf 11 endende Zahl kann ein Quadrat sein.)

b) Aus $(a_2g^2 + a_1g + a_0)^2 = g^4 + g^3 + g^2 + g + 1$ folgt $a_2 = 1$, $a_1 = 0$, mit $a_0 = x$ also $(g^2 + x)^2 = g^4 + g^3 + g^2 + g + 1$. Also ist $2x = x^2 = g + 1$ und somit $x = 2$, also $g = 3$. (Es ist $3^4 + 3^3 + 3^2 + 3 + 1 = 121 = 11^2$.)

13. a) Ist $n - 9 = p$ (Primzahl) und $10 | ((9 + p)^2 - 1)$, so ist 10 ein Teiler von $80 + 18p + p^2$ und damit $10 | (p^2 - 2p)$ bzw. $10 | (p - 1)^2 - 1$. Aus $2 | (p - 1)^2 - 1$ folgt $p = 2$ und damit $n = 11$.

b) Aus $4p + 1 = (2n + 1)^2 = 8 \cdot \frac{n(n+1)}{2} + 1$ folgt $2 | p$, also $p = 2$.

c) Aus $2p + 1 = (2n + 1)^3 = 2 \cdot n \cdot (4n^2 + 6n + 3) + 1$ folgt $n = 1$, also $2p + 1 = 27$ bzw. $p = 13$.

14. Es genügt, die 7er-Reste von r^6 für $r = 1, 2, 3, 4, 5, 6$ zu bestimmen.

15. $a^3 + b^3 = (a + b)(a^2 - ab + b^2)$ ist nur dann eine Primzahl, wenn $a^2 - ab + b^2 = 1$, also wenn $(a - b)^2 = 1 - ab$. Wegen $(a - b)^2 \geq 0$ muß dann $ab = 1$ und damit $a = b = 1$ sein.

16. a) Kennt man die kombinatorische Bedeutung der Binomialkoeffizienten, dann ist nichts zu beweisen. Andernfalls benutze man die Formel von LEGENDRE (I.4); die Behauptung ergibt sich dann aus $s_p(a + b) \leq s_p(a) + s_p(b)$ (Ziffernübertragung beim Addieren!).

b) $(k + 1) \cdot (k + 2) \cdot \ldots \cdot (k + n) = \frac{(k+n)!}{k!}$ ist nach a) durch $n!$ teilbar.

c) Für $n = a_1 + a_2 + \ldots + a_n$ ist

$$\begin{pmatrix} & & n & \\ a_1 & a_2 & \ldots & a_k \end{pmatrix} = \frac{n!}{a_1! a_2! \ldots a_k!}$$

ein Multinomialkoeffizient (und daher ganz). Die zu beweisende Aussage folgt aber auch aus $s_p(n) \leq s_p(a_1) + s_p(a_2) + \ldots + s_p(a_k)$.

17. a) Außer $n = 2$, $k = 1$ gibt es keine Lösung mit geradem n. Für ungerades $n > 5$ gilt $n - 1 | (n - 2)!$, es muß also $(n - 1)^2 | n^k - 1$ gelten; dies ist wegen $n^k - 1 = ((n - 1) + 1)^k - 1$ genau dann der Fall, wenn $n - 1 | k$ gilt. Wegen $n^{n-1} - 1 > (n - 1)!$ ist dies aber nicht möglich. Also muß $n \leq 5$ sein. Es ergeben sich die Lösungen $(n, k) = (2,1)$, $(3,1)$, $(5,2)$.

b) Es gibt eine Primzahl p mit $\frac{n}{2} < p \leq n$ (falls $n \geq 4$; vgl. I.4 Satz 8), also $p | n!$ und $p^2 \nmid n!$.

18. 1) Es sei $n > 1$ keine Zweierpotenz und d ein ungerader Teiler > 1 von n. Dann ist $n - \frac{d(d+1)}{2} = kd$ mit $k \in \mathbb{Z}$, also $n = kd + (1 + 2 + \ldots + d) = (k + 1) + (k + 2) + \ldots + (k + d)$. Ist $k < 0$, dann heben sich dabei die negativen Summanden gegen die entsprechenden ersten positiven Summanden auf; wegen $n > 1$ bleiben dabei aber positive Summanden übrig. Es bleiben mindestens *zwei* positive Summanden übrig, denn aus $n = k + d$ folgt $k + d - \frac{d(d+1)}{2} = kd$ und daraus $2k + d = 0$, was wegen $2 \nmid d$ nicht möglich ist.

2) Ist $kd + \frac{d(d+1)}{2} = 2^r$, dann ist d gerade. Ist d durch 2^s, aber nicht durch 2^{s+1} teilbar, dann ist kd durch 2^s teilbar, $\frac{d(d+1)}{2}$ aber nicht, im Widerspruch zu $2^s | 2^r$.

19. Aus $2^n + 1 = u^5$ mit ungeradem u folgt $2^n = (u-1)(u^4 + u^3 + u^2 + u + 1)$. Beide Faktoren müssen Potenzen von 2 sein, was aber für den zweiten Faktor nicht möglich ist, da er eine Summe von fünf ungeraden Zahlen ist.

20. a) Jede ungerade Quadratzahl hat die Form $4n + 1$, die Summe zweier solcher Quadrate hat also die Form $4n + 2$; eine gerade Quadratzahl hat aber die Form $4n$.

b) $n(n+1)(n+2)(n+3) + 1 = (n^2 + 3n + 1)^2$.

c) Ist u eine Quadratzahl, dann ist die Teileranzahl $\tau(u)$ ungerade (vgl. I.3). Die Teiler von u sind ungerade, und die Summe von ungerade vielen ungeraden Zahlen ist ungerade.

d) Gerade Quadratzahlen sind von der Form $4n$, ungerade von der Form $4n+1$. Eine Summe von fünf aufeinanderfolgenden Quadratzahlen läßt bei Division durch 4 also den Rest 2 oder den Rest 3 und ist daher keine Quadratzahl.

21. a) Ist $\frac{x}{2} = [\frac{x}{2}] + \alpha$ mit $0 \leq \alpha < 1$, dann ist $x = 2[\frac{x}{2}] + 2\alpha$, also $[x] = 2[\frac{x}{2}] + [2\alpha]$ und $0 \leq [2\alpha] \leq 1$.

b) $0 \leq [x] - k[\frac{x}{k}] \leq k - 1$.

c) Es sei $n = vk + r$ und $v = wm + s$ (Division mit Rest). Dann ist

$$[\frac{1}{m}[\frac{n}{k}]] = [\frac{v}{m}] = w \quad \text{und} \quad [\frac{n}{mk}] = w + [\frac{ks+r}{mk}];$$

wegen $ks + r \leq k(m-1) + (k-1) = km - 1$ folgt die Behauptung.

d) Es sei $a \leq nx < a + 1$ und $a = vn + r$ $(0 \leq r < n)$. Dann ist

$$[x + \frac{k}{n}] = [\frac{a}{n} + \frac{k}{n}] = [v + \frac{r+k}{n}] = v \text{ bzw. } = v + 1$$

für $k < n - r$ bzw. $k \geq n - r$. Die Summe ergibt also

$$(n-r)v + r(v+1) = vn + r = a.$$

22. a) Die Exponenten in der kanonischen Primfaktorzerlegung der Zahl seien $\alpha_1, \alpha_2, \ldots, \alpha_{10}$ mit $\alpha_1 + \alpha_2 + \ldots + \alpha_{10} = 20$. Der kleinste Wert, den das Produkt $(\alpha_1 + 1)(\alpha_2 + 1)\ldots(\alpha_{10} + 1)$ dann annehmen kann, ist $2^9 \cdot 12 = 6144$.

b) Aus $d = 2^\alpha 3^\beta 5^\gamma p^\delta q^\varepsilon \ldots$ mit $\alpha, \beta, \gamma \geq 1$, $\delta, \varepsilon, \ldots \geq 0$ sowie $(\alpha+1)(\beta+1)(\gamma+1)(\delta+1)(\varepsilon+1)\ldots = 30$ folgt, daß von den Zahlen $\alpha+1, \beta+1, \gamma+1$ genau eine 2, genau eine 3, genau eine 5 ist, die übrigen Faktoren müssen 1 sein. Die gesuchten Vielfachen von 30 sind

$$2^4 \cdot 3^2 \cdot 5, \ 2^2 \cdot 3^4 \cdot 5, \ 2^4 \cdot 3 \cdot 5^2, \ 2^2 \cdot 3 \cdot 5^4, \ 2 \cdot 3^4 \cdot 5^2, \ 2 \cdot 3^2 \cdot 5^4.$$

c) Man bestimme $2^\alpha 3^\beta$ mit $\alpha \geq 2$, $\beta \geq 1$ und $(\alpha+1)(\beta+1) = 14$, also $\alpha = 6$, $\beta = 1$; einziges Vielfaches ist also $2^6 \cdot 3 = 192$.

d) Es ist $a = p^\alpha q^\beta$ mit $\alpha, \beta \geq 1$ und $(2\alpha+1)(2\beta+1) = 81$. Dann ist $\alpha = 1$, $\beta = 13$ oder $\alpha = 4$, $\beta = 4$ oder $\alpha = 13$, $\beta = 1$. Also ist $\tau(a^3) = 4 \cdot 40 = 160$ bzw. $\tau(a^3) = 13 \cdot 13 = 169$.

e) Wegen $\tau(a) \leq 2\sqrt{a}$ muß $a \leq 4\sqrt{a}$, also $a \leq 16$ gelten. Man findet $a = 8$ und $a = 12$.

23. a) Im Produkt aller Teiler von n fasse man jeden Teiler mit seinem Komplementärteiler zusammen und beachte, ob n Quadratzahl ist oder nicht.

b) Aus $n^{\tau(n)-2}|n^2$ (vgl. a)) folgt $\tau(n) \in \{2,3,4\}$. Daher ist n von der Form p, p^2, p^3 (p Primzahl) oder pq (p, q Primzahlen).

24. a) Es ist $p_j \,/\!\!\!|\, (d' - d)$, weil genau eine der beiden Zahlen d', d durch p_j teilbar ist ($j = 1, 2, \ldots, n$). Also ist $d' - d > p_n$. Ist $d' - d$ zusammengesetzt, dann muß also $d' - d \geq (p_n + 2) \cdot (p_n + 2)$ gelten; dies widerspricht aber der Voraussetzung.

b) Aus $\prod_{i=1}^{n} p_i^{\alpha_i} \leq N$ folgt $\sum_{i=1}^{n} \alpha_i \log p_i \leq \log N$ und daraus $\alpha_i \leq \frac{\log N}{\log p_i}$ ($i = 1, 2, \ldots, n$). Die gesuchte Anzahl ist also höchstens gleich dem Produkt der Zahlen $1 + \frac{\log N}{\log p_i}$ ($i = 1, 2, \ldots, n$). Gäbe es nur die Primzahlen $p_1, p_2, \ldots, p_n$, dann müßte *jede* Zahl als Potenzprodukt dieser Primzahlen darzustellen sein, es müßte also für alle $N \in \mathbb{N}$ gelten:

$$N \leq \prod_{i=1}^{n} (1 + \frac{\log N}{\log p_i}).$$

Dies widerspricht aber der Tatsache, daß $\lim_{N \to \infty} \frac{(\log N)^r}{N} = 0$ für jedes $r \in \mathbb{R}$.

25. a) $\binom{2k+1}{k}$ ist größer als das Produkt aller Primzahlen p mit $k + 1 < p \leq 2k + 1$.

b) Man kann n als ungerade annehmen. Für $n = 2k + 1$ ist also $\prod_{p \leq n} p \leq \binom{n}{k} \prod_{p \leq k} p$. Wegen $\binom{n}{k} < 2^n$ und $\prod_{p \leq k} p < 4^k$ (Induktionsannahme) folgt

$$\prod_{p \leq n} p < 2^n \cdot 4^k = 2^{2k+1} \cdot 2^{2k} < 4^{2k+1} = 4^n.$$

26. a) $100 = 3 + 97 = 11 + 89 = 17 + 83 = 29 + 71 = 41 + 59 = 47 + 53$

27. a) $2n + 1 = (n + 1)^2 - n^2$

b) $15 = 64 - 49 = 16 - 1$; $19 = 100 - 81$; $27 = 196 - 169 = 36 - 9$

c) $n^3 = (\frac{n^2+n}{2})^2 - (\frac{n^2-n}{2})^2$

d) Ist n ungerade Primzahl und $n = x^2 - y^2 = (x - y)(x + y)$, dann ist notwendigerweise $x - y = 1$, es gibt also nur die Darstellung von n als Differenz zweier aufeinanderfolgender Quadrate. Ist n zusammengesetzt, etwa $n = uv$ mit $1 < u, v < n$, dann existiert die weitere Darstellung $n = uv = (\frac{u+v}{2})^2 - (\frac{u-v}{2})^2$; beachte dabei, daß u, v ungerade, also $u + v$ und $u - v$ gerade sind.

e) Ist n ungerade, dann kann man gemäß c) für jeden Teiler u von n eine Darstellung konstruieren, wobei aber jede Darstellung zweimal auftritt; man erhält so $\frac{1}{2}\tau(n)$ Darstellungen (bzw. $\frac{1}{2}(\tau(n)-1)$ Darstellungen, falls n ein Quadrat ist und auch die Darstellung $n = x^2 - 0^2$ mitgezählt wird). Man erhält auf diese Art *alle* Darstellungen, denn aus $n = x^2 - y^2$ folgt, daß $x-y|n$. Ist n gerade und $4 \nmid n$, dann existiert keine Darstellung von n als Differenz von Quadraten, denn sowohl die Differenz von geraden Quadraten wie die Differenz von ungeraden Quadraten ist durch 4 teilbar. Ist $4|n$ und n als Differenz von Quadraten darstellbar, dann gilt dies auch für $\frac{n}{4}$. Daher ist $\frac{n}{4}$ ungerade oder durch 4 teilbar. Insgesamt folgt: Ist $n = 2^r m$ ($r \geq 0$, m ungerade), dann gibt es

 keine Darstellung, falls r ungerade ist,

 $\frac{1}{2}\tau(m)$ Darstellungen, falls r gerade und m kein Quadrat ist,

 $\frac{1}{2}(\tau(m)-1)$ Darstellungen, falls r gerade und m ein Quadrat ist, wobei
     auch die Darstellung $n = x^2 - 0^2$ mitgezählt wird.

f) $x^2 - a^2 = y(y+1) \iff (2x)^2 - (2y+1)^2 = 4a^2 - 1$; beachte, daß $4a^2 - 1$ nur in der Form „gerades Quadrat – ungerades Quadrat" geschrieben werden kann. Die Lösung $x = a$, $y = 0$ entfällt, da $0 \notin \mathbb{N}$, also folgt die Behauptung aus e).

28. Es sei $\frac{x}{y}$ die voll gekürzte Bruchdarstellung von $\frac{a}{c} = \frac{d}{b}$. Mit $a = ux$, $c = uy$ und $d = vx$, $b = vy$ ergibt sich $a^k + b^k + c^k + d^k = (u^k + v^k)(x^k + y^k)$.

29. Es gilt $a_{n+2} = 10^8 a_n + 10^4 + 1 = 10^8 a_n + a_1$, also sind $a_3, a_5, a_7, \ldots$ durch $a_1 = 73 \cdot 137$ teilbar. Ferner gilt

$$a_{2n} = \frac{10^{4(2n+1)} - 1}{10^4 - 1} = \frac{100^{2n+1} - 1}{99} \cdot \frac{100^{2n+1} + 1}{101}.$$

30. $1126481 = 1065^2 - 88^2 = 977 \cdot 1153$.

31. Wäre $\sum_{k=1}^{n} \frac{1}{k} = g \in \mathbb{N}$, also $\sum_{k=1}^{n} \frac{n!}{k} = gn!$, dann wäre wegen $i|\frac{n!}{k}$ für alle i mit $1 \leq i \leq n$ und $i \neq k$ auch $k|\frac{n!}{k}$ für alle k mit $1 \leq k \leq n$. Dies gilt aber nicht, wenn k die größte Primzahl $\leq n$ ist.

32. Wegen $p_i \nmid (nP - 1)$ für $i = 1, 2, \ldots, k$ enthält $\sum_{j=1}^{\infty} (\sum_{i=k+1}^{\infty} \frac{1}{p_i})^j$ jede der Zahlen $\frac{1}{nP-1}$ als Summand. Ferner ist

$$\sum_{n=1}^{r} \frac{1}{nP-1} > \frac{1}{P} \sum_{n=1}^{r} \frac{1}{n}.$$

33. a) $s_5(a) = 11$, $e_5(a) = \frac{1991-11}{5-1} = 495$; $e_5(b) = 3$.
  b) $s_7(12) + s_7(70) - s_7(82) = 6 + 4 - 10 = 0$;
    $s_7(36) + s_7(46) - s_7(82) = 6 + 10 - 10 = 6 > 0$.

34. a) Es gilt $(r!)^s|(rs)!$, denn wegen $s \cdot s_p(r) \geq s_p(rs)$ für jede Primzahl p ist

$$s \cdot \frac{r - s_p(r)}{p-1} \leq \frac{rs - s_p(rs)}{p-1}.$$

b) $e_3(n!)$ wächst monoton mit n; es gilt $e_3(17!) = 6$ und $e_3(18!) = 8$.

c) $e_5(n!) = 31 \iff n - s_5(n) = 124 \iff n \in \{125, 126, 127, 128, 129\}$.

d) Sonderfall von Aufgabe 16 c);   Beweis mit der Formel von LEGENDRE: $k \cdot s_p(n) \geq s_p(kn)$ wegen Ziffernübertragungen.

e) Es ist die Beziehung

$$(n+1) \cdot \frac{n - s_p(n)}{p - 1} \leq \frac{n^2 - s_p(n^2)}{p - 1}$$

nachzuweisen, wobei man auf den Nenner verzichten kann: $n \geq s_p(n) \geq 1 \Rightarrow$ $(n - s_p(n))(s_p(n) - 1) \geq 0 \Rightarrow n^2 - (s_p(n))^2 \geq (n+1)(n - s_p(n))$, wobei im letzten Schritt $(s_p(n))^2 \geq s_p(n^2)$ ausgenutzt wird.

f) Nach der Formel von LEGENDRE ist

$$e_p((pn-1)!) - pe_p((n-1)!) - (p-1)e_p(n) = s_p(n) - 1.$$

Genau dann ergibt sich 0, wenn n eine Potenz von p ist.

g) Genau dann ist $p \nmid \binom{n}{k}$, wenn $s_p(k) + s_p(n-k) = s_p(n)$. Ist nun $n = n_s p^s + \ldots + n_1 p + n_0$ $(0 \leq n_i < p)$ und $k = k_s p^s + \ldots + k_1 p + k_0$ $(0 \leq k_i < p)$, so ist genau dann $s_p(k) + s_p(n-k) = s_p(n)$, wenn $k_i \leq n_i$ für $i = 0, 1, 2, \ldots, s$, wenn also k von n ohne Ziffernübertragung subtrahiert werden kann. Dies gilt genau dann für alle k mit $0 \leq k \leq n$, wenn $n_i = p - 1$ für $i = 0, 1, \ldots, s-1$ ist, wenn also $n = n_s p^s + p^s - 1$.

35. Es ist zu zeigen, daß genau dann

$$(*) \qquad s_p(k) + s_p(n-k) - s_p(n) = 0$$

für alle Primteiler p von k, wenn $k = q^s$ mit einer Primzahl $q > 2$. Ist $k = q^s$ (q Primzahl > 2) und $n = k$ oder $n = 2k$, so ist $(*)$ für $p = q$ offensichtlich erfüllt. Für $n < k < 2n$ ergibt sich aus $n = q^s + (n-k)$ die Beziehung

$$s_q(n) = 1 + s_q(n-k) = s_q(k) + s_q(n-k).$$

Es sei umgekehrt $(*)$ für alle n mit $k \leq n \leq 2k$ und alle Primteiler p von k erfüllt. Für ein solches p sei $k = a_s p^s + a_{s+1} p^{s+1} + \ldots + a_t p^t$ $(a_s \neq 0, a_t \neq 0)$ die p-adische Zifferndarstellung von k. Wäre $s < t$, so wäre für $n = k + (p - a_s)p^s$ einerseits $k \leq n \leq 2k$ und andrerseits

$$s_p(n) \leq s_p(k) - a_s + 1 \leq s_p(k) + (p - a_s) - (p - 1),$$

also $s_p(k) + s_p(n-k) - s_p(n) \geq p - 1$, im Widerspruch zur Voraussetzung. Also ist $s = t$ und somit $k = a_s p^s$ mit $1 \leq a_s < p$. Wählt man p minimal unter den Primteilern von k, so ist $a_s = 1$, also $k = p^s$.

36. a) Für $p^t \leq 2k < p^{t+1}$ ist $2s_p(k) - s_p(2k) \leq t(p-1)$, also

$$e_p = e_p(\binom{2k}{k}) \leq t \leq \frac{\log k}{\log p}.$$

und damit $p^{e_p} \leq 2k$. Ist ω_k die Anzahl der verschiedenen Primfaktoren in $\binom{2k}{k}$, dann ist also

$$(2k)^{\omega_k} \geq \binom{2k}{k} > 2^k = (2k)^{\frac{k \log 2}{\log 2k}}, \quad \text{also} \quad \omega_k \geq \frac{k \log 2}{\log 2k}.$$

b) Für $2k \leq x < 2(k+1)$ gilt

$$\pi(x) \geq \pi(2k) \geq \omega_k \geq \frac{\log 2}{2} \cdot \frac{2k}{\log 2k}.$$

37. Für $2 \leq i \leq n$ gilt $i | ((n!)^2 + i)$; wäre $(n!)^2 + i$ Primzahlpotenz, dann wäre $(n!)^2 + i = i^k$ mit $k \geq 2$. Wegen $i^2 | (n!)^2$ ergäbe sich der Widerspruch $i^2 | i$.

38. $a|b \Rightarrow \mathrm{ggT}(b,a) = a$; $\mathrm{ggT}(b,x) = a \Rightarrow a|b$.
$a|b \Rightarrow \mathrm{kgV}(a,b) = b$; $\mathrm{kgV}(a,y) = b \Rightarrow a|b$.

39. Ist $e_p(n)$ der Exponent der Primzahl p in der kanonischen Primfaktorzerlegung von n, dann gilt:

(1) $e_p(mn) = e_p(m) + e_p(n)$.

(2) $e_p(m+n) \geq \max(e_p(m), e_p(n))$, wobei $=$ nur im Fall $e_p(m) = e_p(n)$.

(3) Ist $e_p(m) > 0$, dann ist $e_p(1+m) = 0$.

(4) Genau dann ist $m|n$, wenn $e_p(m) \leq e_p(n)$ für alle Primzahlen p.

(5) $e_p(\mathrm{ggT}(m,n)) = \min(e_p(m), e_p(n))$.

(6) $e_p(\mathrm{kgV}(m,n)) = \max(e_p(m), e_p(n))$.

40. Mit $B = \prod_{i=1}^{n} b_i$ ist

$$\sum_{i=1}^{n} \frac{a_i}{b_i} = \frac{1}{B} \cdot \sum_{i=1}^{n} a_i \cdot \frac{B}{b_i}.$$

Wegen $b_k \nmid \sum_{i=1}^{n} a_i \cdot \frac{B}{b_i}$ $(k = 1,2,\ldots,n)$ gilt $B \nmid \sum_{i=1}^{n} a_i \cdot \frac{B}{b_i}$.

41. a) Ist $d = \mathrm{ggT}(a,b)$, dann ist $cd|ac$, $cd|bc$, und aus $t|ac$ und $t|bc$ folgt $t|cd$, denn aus $d = ax + by$ folgt $cd = acx + bcy$.

b) Aus $d = ax + by$ folgt $1 = \frac{a}{d}x + \frac{b}{d}y$.

c) Es sei $c = au = bv$ und $1 = ax + by$; dann ist $u = cx + buy$, also $b|u$ und somit $ab|c$.

42. a) Es gilt $\mathrm{ggT}(d,f) = 1$, wegen 41 c) also $df|a$. Wegen $df|bc$ ist df ein gemeinsamer Teiler von a und bc. Jeder gemeinsame Teiler von a und bc ist auch ein Teiler von df, denn aus $ax + by = d$ und $au + cv = f$ folgt $a^2xu + acxv + abyu + bcyv = df$.

b) Es gilt $a|d$ und $c|b$ (vgl. 41 c)), also ist $b = kc$, $d = ka$ mit $k \in \mathbb{N}$ und somit $\mathrm{ggT}(b,d) = k$, woraus $\mathrm{kgV}(b,d) = \frac{bd}{k} = ab$ folgt.

43. a) 1) Die Implikation $u|m$ und $v|n \Rightarrow uv|mn$ gilt auch ohne die Bedingung $\mathrm{ggT}(m,n)=1$. 2) Es sei $d|mn$ und $u = \mathrm{ggT}(d,m)$, $v = \mathrm{ggT}(d,n)$; dann ist

$uv|d$, denn $\mathrm{ggT}(u,v) = 1$. Aus $dx + my = u$ und $dx' + ny' = v$ folgt $d^2xx' + dnxy' + dmyx' + mnyy' = uv$ und damit $d|uv$. Also ist $d = uv$.

b) Es ist auch $\mathrm{ggT}(\mathrm{ggT}(a,m), \mathrm{ggT}(a,n)) = 1$, also gilt

$$\mathrm{ggT}(a, m \cdot n) = \mathrm{ggT}(a, \mathrm{kgV}(m,n))$$
$$= \mathrm{kgV}(\mathrm{ggT}(a,m), \mathrm{ggT}(a,n)) = \mathrm{ggT}(a,m) \cdot \mathrm{ggT}(a,n).$$

44. a) Sind α_i, β_i, ν_i $(i = 1, 2, \ldots)$ die Exponenten in der kanonischen Primfaktorzerlegung von a, b, n, dann folgt die Behauptung aus

$$\min(\alpha_i, \beta_i) + \max(\nu_i - \alpha_i, \nu_i - \beta_i) = \nu_i \ (i = 1, 2, \ldots).$$

b) Sind $\alpha_i, \beta_i, \gamma_i$ $(i = 1, 2, \ldots)$ die Exponenten in der kanonischen Primfaktorzerlegung von a, b, c, dann folgt die Behauptung aus

$$\min(\max(\alpha_i, \beta_i), \max(\alpha_i, \gamma_i), \max(\beta_i, \gamma_i))$$
$$= \max(\min(\alpha_i, \beta_i), \min(\alpha_i, \gamma_i), \min(\beta_i, \gamma_i));$$

diese Gleichung bestätigt man sofort, wenn man $\alpha_i \leq \beta_i \leq \gamma_i$ annimmt, was keine Beschränkung der Allgemeinheit bedeutet.

c) $\mathrm{kgV}(ac, ad, bc, bd) = \mathrm{kgV}(a \cdot \mathrm{kgV}(c,d), \ b \cdot \mathrm{kgV}(c,d)) = \mathrm{kgV}(c,d) \cdot \mathrm{kgV}(a,b)$, denn allgemein gilt $\mathrm{kgV}(ka, kb) = k \cdot \mathrm{kgV}(a,b)$.

45. a) Aus $d|a + b$ und $d|a - b$ folgt $d|2a$ und $d|2b$, wegen $\mathrm{ggT}(a,b) = 1$ also $d|2$. Aus $d|a + b$ und $d|a^2 - ab + b^2$ folgt wegen $a^2 - ab + b^2 = (a+b)^2 - 3ab$ die Beziehung $d|3ab$. Da d zu a und zu b teilerfremd sein muß (anderenfalls wäre $\mathrm{ggT}(a,b) \neq 1$ wegen $d|a + b$), gilt $d|3$.

b) Wegen $\mathrm{ggT}(a + b, a - b) \in \{1, 2\}$ (vgl. a)) und $a^2 - b^2 = (a+b)(a-b)$ bleiben nur die genannten Möglichkeiten.

c) Es sei $d = \mathrm{ggT}(2^m - 1, 2^n + 1)$ und $2^m - 1 = ad$, $2^n + 1 = bd$, also $2^m = ad + 1$ und $2^n = bd - 1$. Dann folgt $2^{mn} = (ad + 1)^n = rd + 1$ und $2^{mn} = (bd - 1)^m = sd - 1$. Aus $rd + 1 = sd - 1$ folgt $d|2$; da d ungerade sein muß, ergibt sich schließlich $d = 1$.

d) Wegen $(n+1)(n! + 1) = (n+1)! + (n+1)$ folgt aus $d|(n! + 1)$ und $d|((n+1)! + 1$, daß auch $d|n$ und damit $d|1$ gilt.

46. Es sei $kx + my = 1$ $(x, y \in \mathbb{Z})$. Aus $a^k = b^m$ folgt $a = a^{kx+my} = a^{kx}a^{my} = b^{mx}a^{my} = (b^x a^y)^m$. Die Zahl a ist also die m-te Potenz der rationalen Zahl $b^x a^y$; weil a aber ganz ist, muß auch $b^x a^y$ ganz sein, etwa $b^x a^y = n$ $(n \in \mathbb{N})$. Dann ist $a = n^m$ und daher $b^m = n^{mk}$, also $b = n^k$.

47. a) Es existieren $u, v \in \mathbb{N}$ mit $1 = au - bv$. Wegen $anu - bnv = n > ab$ ist $\frac{nu}{b} - \frac{nv}{a} > 1$. Es gibt also ein $t \in \mathbb{N}$ mit $\frac{nv}{a} < t < \frac{nu}{b}$. Für $x = nu - bt$ und $y = at - nv$ gilt dann $x, y > 0$ und $ax + by = a(nu - bt) + b(at - nv) = n$.

b) Induktion: Es sei $\mathrm{ggT}(a_1, \ldots, a_k) = 1$, $\mathrm{ggT}(a_1, \ldots, a_{k-1}) = d$, also $\mathrm{ggT}(d, a_k) = 1$ und $\mathrm{ggT}(\frac{a_1}{d}, \ldots, \frac{a_{k-1}}{d}) = 1$. Für jedes $n \geq n_0$ existieren $x, y \in \mathbb{N}$ mit $xd + ya_k = n$ (vgl. a)). Für jedes $n \geq n_1$ existieren $u_1, \ldots, u_{k-1} \in \mathbb{N}$ mit $u_1 \cdot \frac{a_1}{d} + \ldots + u_{k-1} \cdot \frac{a_{k-1}}{d} = n$ (Induktionsvoraussetzung). Für $n \geq dn_1 + ya_k$ ist

$x = \frac{n - y a_k}{d} \geq n_1$, also existieren $v_1, \ldots, v_{k-1} \in \mathbb{N}$ mit $v_1 \cdot \frac{a_1}{d} + \ldots + v_{k-1} \cdot \frac{a_{k-1}}{d} = x$ bzw. $v_1 a_1 + \ldots + v_{k-1} a_{k-1} + y a_k = n$.

48. a) Es sei $d = \mathrm{ggT}(a^m - 1, a^n - 1)$ und $\delta = \mathrm{ggT}(m, n)$. Es gilt $(a^\delta - 1) \mid (a^m - 1)$ und $(a^\delta - 1) \mid (a^n - 1)$, also $(a^\delta - 1) \mid d$. Es sei $\delta = mu - nv$ mit $u, v \in \mathbb{N}$. Dann ist $d \mid (a^{mu} - 1)$ und $d \mid (a^{nv} - 1)$, also $d \mid (a^{mu} - a^{nv})$, wegen $a^{mu} - a^{nv} = a^{nv}(a^\delta - 1)$ und $\mathrm{ggT}(d, a) = 1$ also $d \mid (a^\delta - 1)$. Insgesamt ergibt sich $d = a^\delta - 1$.

b) Für $m < n$ ist $(a^{2^m})^2 - 1$ und damit auch $a^{2^m} + 1$ ein Teiler von $a^{2^n} - 1$. Folglich ist

$$\mathrm{ggT}(a^{2^m} + 1,\, a^{2^n} + 1) = \mathrm{ggT}(a^{2^m} + 1,\, (a^{2^n} - 1) + 2) = \mathrm{ggT}(a^{2^m} + 1,\, 2).$$

c) Jede der Zahlen der Form $a^{2^n} + 1$ enthält einen Primfaktor, den keine andere dieser Zahlen enthält.

49. Mit $d = \mathrm{ggT}(m, n)$ ist zu zeigen: $m + n \leq d + \frac{mn}{d}$ bzw. $d^2 - (m+n)d + mn \geq 0$ bzw. $(d - m)(d - n) \geq 0$. Dies ist wegen $d \leq m$ und $d \leq n$ stets erfüllt. Es gilt das Gleichheitszeichen, wenn $d = m$ bzw. $d = n$, wenn also $m = n$.

50. Mit $d = \mathrm{ggT}(m, n)$ und $u = \frac{m}{d}$, $v = \frac{n}{d}$ ist $\mathrm{ggT}(u, v) = 1$. Genau dann gilt $duv = k(u + v)$ ($k \in \mathbb{N}$), wenn $u \mid k$ und $v \mid k$, also $uv \mid k$ und $d = k'(u + v)$ mit $k' = \frac{k}{uv}$. Wählt man also u, v mit $\mathrm{ggT}(u, v) = 1$ und ferner $k' \in \mathbb{N}$ und setzt $d = k'(u + v)$ sowie $m = du$ und $n = dv$, dann gilt $(m + n) \mid mn$. Das kleinste Beispiel ergibt sich für $k' = 1$, $u = 1$, $v = 1$: $d = 2$, $m = 2$, $n = 2$.

51. a) 1, 4, 5, 9, 20, 36, 45, 180

b) (1) $a \mid a$ und $\mathrm{ggT}(a, 1) = 1$ für alle $a \in \mathbb{N}$.
(2) Schon aus $a \mid b$ und $b \mid a$ folgt $a = b$
(3) Ist $b = a a'$ mit $\mathrm{ggT}(a, a') = 1$ und $c = b b'$ mit $\mathrm{ggT}(b, b') = 1$, dann ist $c = a a' b'$ und $\mathrm{ggT}(a, a' b') = \mathrm{ggT}(a, b') \leq \mathrm{ggT}(b, b') = 1$.

c) $a^2 x - b y = a$ und $\mathrm{ggT}(a, y) = 1 \Rightarrow a \mid b$; $\quad a x - \frac{b}{a} y = 1 \Rightarrow \mathrm{ggT}(a, \frac{b}{a}) = 1$.

d) $*(8, 12) = 4$; $*(12, 8) = 1$.

52. (1),(2) klar; zu (3): für $a \leq b \leq c$ ist $\binom{b}{a}\binom{c}{b} = \binom{c}{a}\binom{c-a}{b-a}$, aus $p \nmid \binom{b}{a}$ und $p \nmid \binom{c}{b}$ folgt also $p \nmid \binom{c}{a}$.

53. a) Für die Zahl u gilt $(u^3 - 2)^4 - 7 = 0$ und $1 < u < 2$.

b) Für die Zahl u gilt $(u^3 + 9u - 2)^2 - 27(u^2 + 1)^2 = 0$ und $2 < u < 3$.

c) Für die Zahl u gilt $((u - 1)^2 - 2)^3 - 7 = 0$ und $2 < u < 3$.

54. [1,2,1,1,3,15]

55. a) $\alpha = [5, 11, 2, 1, 2, 1, 2]$; $\quad \frac{463}{91} < \alpha < \frac{173}{34}$.

b) $\alpha = [0, 1, 1, 29, 1, 8, 1, 1, 1, 20, 1, 2]$; $\quad \frac{31}{61} < \alpha < \frac{30}{59}$

c) $\alpha = [4, \overline{2}]$; $\quad \frac{12}{29} < \alpha - 4 < \frac{29}{70}$

d) $\alpha = [11, \overline{1, 18}]$; $\quad \frac{360}{379} < \alpha - 11 < \frac{19}{20}$

56. $\sqrt{12} = [3, \overline{2, 6}];$ $\sqrt{15} = [3, \overline{1, 6}];$ $\sqrt{17} = [4, \overline{2}];$
$\sqrt{18} = [4, \overline{4, 8}];$ $\sqrt{20} = [4, \overline{2, 8}];$ $\sqrt{24} = [4, \overline{1, 8}]$

57. $\sqrt{7}: a = 2, \ b = 3;$ $\sqrt{13}: a = 3, \ b = 4;$
$\sqrt{14}: a = 3, \ b = 5;$ $\sqrt{19}: a = 4, \ b = 3$

58. $\sqrt{31} = [5, \overline{1, 1, 3, 5, 3, 1, 1, 10}]$

59. Es sei δ der Abstand der Mittelpunkte und σ sie Summe der Radien zweier Kreise. Dann ist

$$\delta^2 - \sigma^2 = \left(\frac{a}{b} - \frac{c}{d}\right)^2 + \left(\frac{1}{2b^2} + \frac{1}{2d^2}\right)^2 - \left(\frac{1}{2b^2} + \frac{1}{2d^2}\right)^2 = \frac{(ad - bc)^2 - 1}{b^2 d^2} \geq 0.$$

1) Sind $\frac{a}{b}$ und $\frac{c}{d}$ Nachbarn in einer FAREY-Folge, dann hat $ad - bc$ den Betrag 1, dann ist also $\delta = \sigma$.

2) Ist $\delta = \sigma$, also $|ad - bc| = 1$, dann sind $\frac{a}{b}$ und $\frac{c}{d}$ Nachbarn in der FAREY-Folge $\mathcal{F}_n$ mit $n = b + d - 1$.

60. $F_3 = 2$ und $F_3 | F_k \iff 3 | k;$ $F_4 = 3$ und $F_4 | F_k \iff 4 | k;$
$F_5 = 5$ und $F_5 | F_k \iff 5 | k;$ $F_6 = 8$ und $F_6 | F_k \iff 6 | k;$
$F_8 = 21$ und $F_8 | F_k \iff 8 | k$ (dann auch $3 | F_k$, s.o.).

61. a) Die Reste der FIBONACCI-Zahlen bei Division durch 8 bilden eine periodische Folge mit der Periodenlänge 12:

k	1	2	3	4	5	6	7	8	9	10	11	12	13	14
Rest von F_k bei Division durch 8	1	1	2	3	5	0	5	5	2	7	1	0	1	1

b) Wegen $F_9 = 34$ gilt $34 | F_k \iff 9 | k$; wegen $3 | k \iff 2 | F_k$ (siehe Aufgabe 60) gilt also: $17 | F_k \Rightarrow 34 | F_k \Rightarrow 2 | F_k$.

62. Es sei f_k der Rest von F_k bei Division durch n, also $0 \leq f_k < n$. Unter den $n^2 + 1$ Paaren (f_1, f_2), (f_2, f_3), (f_3, f_4), $\ldots$, (f_m, f_{m+1}) mit $m = n^2 + 1$ gibt es zwei gleiche, da nur n^2 verschiedene solche Restepaare existieren. Es sei $(f_k, f_{k+1}) = (f_l, f_{l+1})$ mit $k < l$ und kleinstmöglichem k. Wäre $k > 1$, dann wäre auch $(f_{k-1}, f_k) = (f_{l-1}, f_l)$. Wegen der Minimalität von k muß also $k = 1$ sein. Es existiert also ein t mit $1 < t \leq n^2 + 1$ mit $f_t = f_{t+1} = 1$. Also ist $F_{t+1} - F_t = F_{t-1}$ durch n teilbar.

63. Für die Zahlen $A_{n+1} := \sum_{i=0}^{n} \binom{n-i}{i}$ gilt $A_1 = 1$, $A_2 = 1$ und

$$A_{n+3} = \sum_{i=0}^{n+2} \binom{n+2-i}{i} = \sum_{i=0}^{n+2} \left(\binom{n+1-i}{i} + \binom{n+1-i}{i-1}\right),$$

wobei wie schon in der zu beweisenden Formel $\binom{u}{v} = 0$ zu setzen ist, falls nicht $0 \leq v \leq u$ gilt. Es ergibt sich

$$A_{n+3} = \sum_{i=0}^{n+1} \binom{n+1-i}{i} + \sum_{j=0}^{n} \binom{n-j}{j} = A_{n+2} + A_{n+1}.$$

Da die Zahlen A_n der gleichen Rekursionsvorschrift wie die FIBONACCI-Zahlen F_n genügen, ist $A_n = F_n$ für alle $n \in \mathbb{N}$.

64. Der Flächeninhalt ist 1, denn $F_{2k}^2 - F_{2k-1}F_{2k+1} = -1$ (vgl. Satz 32 c)). Die Länge der größeren Seite beträgt $\sqrt{F_{2k}^2 + F_{2k-2}^2}$.

65. Es ist $\alpha = [1, \overline{1}]$, denn $\alpha = 1 + \frac{1}{\alpha}$. Die Zähler und Nenner der Näherungsbrüche von α sind die FIBONACCI-Zahlen. Es gilt

$$\frac{8}{5} < \frac{55}{34} < \frac{144}{89} < \alpha < \frac{89}{55} < \frac{34}{21} < \frac{13}{8}.$$

66. Für $a_0 < \alpha$ ist $\{a_n\}$ monoton wachsend und nach oben beschränkt (z.B. durch 2), für $a_0 = \alpha$ ist $\{a_n\}$ konstant, für $a_0 > \alpha$ ist $\{a_n\}$ monoton fallend und nach unten beschränkt (z.B. durch 0). Die Folge ist also konvergent. Ihr Grenzwert α ergibt sich aus $\alpha > 0$ und $\alpha = \sqrt{1 + \alpha}$.

67. a) 1, 3, 4, 7, 11, 18, 29, 47, 76, 123

b) $\det\left(\begin{pmatrix} 1 & 1 \\ 1 & 0 \end{pmatrix}^n \begin{pmatrix} 3 & 1 \\ 1 & 2 \end{pmatrix} \right) = (-1)^n \cdot 5$.

c) $\mathrm{ggT}(L_{n+1}, L_n) = \mathrm{ggT}(L_n + L_{n-1}, L_n) = \mathrm{ggT}(L_n, L_{n-1}) = \ldots = \mathrm{ggT}(3,1) = 1$.

d) Für $f(x) = \sum_{n=0}^{\infty} b_n x^n$ mit $b_n = L_{n+1}$ gilt

$$f(x) = \frac{1 + 2x}{1 - x - x^2} = \frac{\alpha_1}{1 - \alpha_1 x} + \frac{\alpha_2}{1 - \alpha_2 x}$$

mit $\alpha_1 = \frac{1+\sqrt{5}}{2}$ und $\alpha_2 = \frac{1-\sqrt{5}}{2}$ (vgl. Beweis von Satz 34). Es folgt $f(x) = \sum_{i=0}^{\infty} (\alpha_1^{n+1} + \alpha_2^{n+1}) x^n$, also $L_{n+1} = \alpha_1^{n+1} + \alpha_2^{n+1}$.

68. a) Induktion über n.   b) Induktion über n.

c) Mit α_1, α_2 wie in Aufgabe 67 und in Satz 34 gilt

$$F_n = \frac{1}{\sqrt{5}}(\alpha_1^n - \alpha_2^n) \qquad \text{und} \qquad L_n = (\alpha_1^n + \alpha_2^n),$$

also $L_n^2 - 5F_n^2 = (\alpha_1^n + \alpha_2^n)^2 - (\alpha_1^n - \alpha_2^n)^2 = 4 \cdot \alpha_1^n \cdot \alpha_2^n = 4 \cdot (-1)^n$.

II Integritätsbereiche

II.1 Teilbarkeit in Integritätsbereichen

Die Teilbarkeitslehre in der Menge $\mathbb{Z}$ der ganzen Zahlen beruht auf den algebraischen Eigenschaften von $\mathbb{Z}$ bezüglich der Addition und der Multiplikation. Es liegt nun nahe, eine Teilbarkeitslehre auch in anderen algebraischen Strukturen zu untersuchen, in denen zwei Verknüpfungen, der Addition und der Multiplikation in $\mathbb{Z}$ entsprechend, definiert sind. Diese Verknüpfungen werden wir auch im allgemeinen Fall wieder mit $+$ und $\cdot$ bezeichnen und *Addition* bzw. *Multiplikation* nennen.

Eine nichtleere Menge I, in welcher Verknüpfungen $+$ und $\cdot$ definiert sind, heißt ein *Integritätsbereich*, wenn folgende Regeln gelten:

(1) $(a + b) + c = a + (b + c)$ für alle $a, b, c \in I$
(Assoziativgesetz der Addition).

(2) $a + b = b + a$ für alle $a, b \in I$
(Kommutativgesetz der Addition).

(3) Es gibt ein Element $0 \in I$ mit $a + 0 = a$ für alle $a \in I$
(Existenz des Nullelements).

(4) Für jedes $a \in I$ existiert ein Element $-a \in I$ mit $a + (-a) = 0$
(Existenz des inversen Element bezüglich der Addition).

(5) $(a \cdot b) \cdot c = a \cdot (b \cdot c)$ für alle $a, b, c \in I$
(Assoziativgesetz der Multiplikation).

(6) $a \cdot b = b \cdot a$ für alle $a, b \in I$
(Kommutativgesetz der Multiplikation).

(7) Es gibt ein Element $1 \in I$ mit $a \cdot 1 = a$ für alle $a \in I$
(Existenz des Einselements).

(8) $a \cdot (b + c) = (a \cdot b) + (a \cdot c)$ für alle $a, b, c \in I$
(Distributivgesetz).

(9) Aus $a \cdot b = 0$ folgt stets $a = 0$ oder $b = 0$
(Nullteilerfreiheit).

Die Regeln (1) bis (4) besagen, daß I bezüglich der Addition eine (kommutative) *Gruppe* ist; das neutrale Element ist 0, das zu a inverse Element wird mit $-a$ bezeichnet. Statt $a + (-b)$ schreibt man auch kürzer $a - b$. Man kann leicht zeigen, daß es neben 0 kein zweites neutrales Element geben kann, und daß das zu einem Element a gehörige inverse Element $-a$ eindeutig bestimmt ist.

Bezüglich der Multiplikation liegt nur eine (kommutative) *Halbgruppe* mit dem neutralen Element 1 vor, da wir nicht die Invertierbarkeit verlangt haben.

Verzichtet man auf die Regeln (6), (7) und (9), dann liegt ein *Ring* vor, wenn man noch zusätzlich das „rechtsseitige" Distributivgesetz

$$(a + b) \cdot c = (a \cdot c) + (b \cdot c) \text{ für alle } a, b, c \in I$$

fordert. Ein Integritätsbereich ist also ein kommutativer nullteilerfreier Ring mit Einselement.

Aus der Nullteilerfreiheit (9) ergibt sich die *Kürzungsregel*:

$$\text{Aus } a \cdot b = a \cdot c \text{ und } a \neq 0 \text{ folgt } b = c.$$

Ein bezüglich der Multiplikation invertierbares Element von I nennt man eine *Einheit* des Integritätsbereichs. Zwei Elemente $a, b \in I$, die sich nur um eine Einheit als Faktor unterscheiden, nennt man *assoziiert*; man schreibt dann $a \simeq b$. Dies bedeutet also, daß eine Einheit e existiert mit $a = e \cdot b$.

Nun kommen wir zur entscheidenden Definition: Für $a, b \in I$ nennt man a einen *Teiler* von b und man schreibt $a|b$, wenn ein $c \in I$ existiert mit $b = a \cdot c$. Wie für die Teilbarkeit in $\mathbb{Z}$ gelten für die Teilbarkeit in einem beliebigen Integritätsbereich z.B. folgende Regeln:

(a) $1|a$ und $a|a$ für alle $a \in \mathbb{N}$;

(b) aus $a|b$ und $b|a$ folgt $a \simeq b$;

(c) aus $a|b$ und $b|c$ folgt $a|c$;

(d) aus $a|b$ und $a|c$ folgt $a|u \cdot b + v \cdot c$ für alle $u, v \in I$.

Ferner gilt $a|0$ für alle $a \in I$, insbesondere $0|0$; aus $0|a$ folgt aber stets $a = 0$. Die Einheiten sind die Teiler von 1. Ist jedes von 0 verschiedene Element von I bezüglich der Multiplikation invertierbar, liegt also ein *Körper* vor, dann ist jedes Element von I durch jedes andere (von 0 verschiedene) Elemente von I teilbar. In diesem Fall kann man also keine interessante „Teilbarkeitslehre" erwarten.

Wir betrachten nun drei Beispiele für Integritätsbereiche.

Beispiel 1: $(\mathbb{Z}, +, \cdot)$ ist der Integritätsbereich der ganzen Zahlen, den wir in Kapitel I untersucht haben. Die Einheiten sind die Zahlen 1 und -1.

Beispiel 2: Es sei $\mathbb{Q}[x]$ die Menge aller Polynome über dem Körper $\mathbb{Q}$ der rationalen Zahlen, also die Menge aller Polynome mit rationalen Koeffizienten. Genauer spricht man von Polynomen in *einer* Variablen x. Ist x^n die höchste auftretende Potenz von x in einem Polynom $p(x)$, dann nennt man n den *Grad* von $p(x)$. Polynome kann man bekanntlich addieren und multiplizieren: Ist

$$p(x) = \sum_{i=0}^{m} a_i x^i \quad \text{und} \quad q(x) = \sum_{i=0}^{n} b_i x^i,$$

dann ist

$$p(x) + q(x) = \sum_{i=0}^{k} (a_i + b_i) x^i,$$

wobei k das Maximum von m und n ist und

$$a_{m+1} = \cdots = a_n = 0 \quad \text{bzw.} \quad b_{n+1} = \cdots = b_m = 0$$

gesetzt wird, falls $m < n$ bzw. falls $n < m$ ist. Ferner ist

$$p(x) \cdot q(x) = \sum_{i=0}^{m+n} c_i x^i \text{ mit } c_i = \sum_{j=0}^{i} a_j b_{i-j}.$$

Wir wollen zeigen, daß $(\mathbb{Q}[x], +, \cdot)$ ein Integritätsbereich ist. Dazu ist die Gültigkeit der Regeln (1) bis (9) zu überprüfen. Die Regeln (1) bis (4) sind sofort einsichtig; das Nullelement ist das *Nullpolynom*, also das Polynom, dessen sämtliche Koeffizienten 0 sind. Zur Überprüfung von (5) überzeugt man sich davon, daß

$$\sum_{i=0}^{k} \left(\sum_{j=0}^{i} a_j b_{i-j} \right) c_{k-i} = \sum_{r+s+t=k} a_r b_s c_t = \sum_{i=0}^{k} a_i \left(\sum_{j=0}^{k-i} b_j c_{k-i-j} \right).$$

(6) ist leicht zu bestätigen; (7) gilt ebenfalls, wobei das Polynom 1 ($= 1 + 0x + 0x^2 + \cdots$) das Einselement ist. Das Distributivgesetz ist einfach nachzuprüfen, etwas schwieriger ist nur der Nachweis der Nullteilerfreiheit (9): Es sei $p(x) \neq 0$ und $p(x) \cdot q(x) = 0$. Es sei x^r die kleinste in $p(x)$ auftretende Potenz mit von 0 verschiedenem Koeffizient a_r. Ist $q(x) \neq 0$ und x^s die kleinste in $q(x)$ auftretende Potenz mit von 0 verschiedenem Koeffizient b_s, dann enthält $p(x) \cdot q(x)$ die Potenz x^{r+s} mit dem Koeffizient $a_r b_s$, ist also nicht das Nullpolynom. Es folgt daher

$$q(x) = 0, \text{ falls } p(x) \neq 0 \text{ und } p(x) \cdot q(x) = 0.$$

Die Einheiten des Integritätsbereichs $\mathbb{Q}[x]$ sind die von 0 verschiedenen Polynome vom Grad 0, also die von 0 verschiedenen rationalen Zahlen.

Beispiel 3: Es sei G die Menge der Matrizen $\begin{pmatrix} a & -b \\ b & a \end{pmatrix}$ mit $a, b \in \mathbb{Z}$.

Werden diese Matrizen wie üblich addiert und multipliziert, dann ergibt sich ein Integritätsbereich. Zunächst überzeugt man sich davon, daß die Summe und das Produkt zweier Matrizen aus G wieder zu G gehören. Die Gültigkeit der Regeln (1), (2), (3), (4), (5), (7) und (8) folgen aus den entsprechenden Regeln für das Rechnen mit Matrizen. Regel (6) erkennt man sofort, wenn man das Produkt zweier Matrizen aus G allgemein hinschreibt:

$$A \cdot B = \begin{pmatrix} a & -b \\ b & a \end{pmatrix} \cdot \begin{pmatrix} c & -d \\ d & c \end{pmatrix} = \begin{pmatrix} ac - bd & -(ad + bc) \\ ad + bc & ac - bd \end{pmatrix} = B \cdot A.$$

Es gilt auch Regel (9), denn aus

$$ac - bd = 0 \text{ und } ad + bc = 0 \text{ sowie } a \neq 0 \text{ oder } b \neq 0$$

folgt nach kurzer Rechnung $c = d = 0$. Die Einheiten von G, also die Teiler von $\begin{pmatrix} 1 & 0 \\ 0 & 1 \end{pmatrix}$, sind die Matrizen

$$\begin{pmatrix} a & -b \\ b & a \end{pmatrix} \quad \text{mit} \quad a^2 + b^2 = 1.$$

Denn nur in diesem Fall hat das lineare Gleichungssystem

$$\begin{cases} ax - by & = & 1 \\ bx + ay & = & 0 \end{cases}$$

eine ganzzahlige Lösung. Die Einheiten sind also

$$\begin{pmatrix} 1 & 0 \\ 0 & 1 \end{pmatrix}, \begin{pmatrix} -1 & 0 \\ 0 & -1 \end{pmatrix}, \begin{pmatrix} 0 & -1 \\ 1 & 0 \end{pmatrix}, \begin{pmatrix} 0 & 1 \\ -1 & 0 \end{pmatrix}.$$

In Abschnitt II.3 werden wir uns mit diesem Integritätsbereich G näher befassen.

Die Menge der Einheiten eines Integritätsbereichs bezeichen wir mit E. Bezüglich der Multiplikation bildet E eine (kommutative) Gruppe, denn das Produkt zweier Einheiten und das Inverse einer Einheit sind stets wieder Einheiten.

Wir nennen ein Element $p \in I$ *irreduzibel*, wenn es keine Einheit ist und keine nichttriviale Zerlegung in Faktoren besitzt, wenn also aus $p = a \cdot b$ mit $a, b \in I$ stets $a \in E$ oder $b \in E$ folgt. Besitzt dagegen ein Element aus I eine nichttriviale Zerlegung, dann heißt es *reduzibel*.

Die irreduziblen Elemente von $\mathbb{Z}$ sind die Primzahlen 2,3,5,... und ihre „Gegenzahlen" $-2, -3, -5, \ldots$.

Die Irreduzibilität eines Polynoms (Beispiel 2) ist i. allg. sehr schwer festzustellen. Irreduzibel sind offensichtlich die linearen Polynome $x + a_0$. Das quadratische Polynom $x^2 + a_1 x + a_0$ ist genau dann reduzibel, wenn die quadratische
Gleichung $x^2 + a_1 x + a_0 = 0$ rationale Lösungen hat, wenn also $a_1^2 - 4a_0$ Quadrat einer rationalen Zahl ist. Beispielsweise sind die Polynome $x^2 + 1$, $x^2 - 2$,
$x^2 + x + 1$ alle irreduzibel. Man beachte, daß jedes Polynom assoziiert zu einem
solchen mit dem führenden Koeffizient 1 ist, also zu einem Polynom der Form
$x^n + a_{n-1} x^{n-1} + \cdots + a_0$; bei Irreduzibilitätsuntersuchungen in $\mathbb{Q}[x]$ kann man
sich also auf solche Polynome beschränken.

Ein Element $\begin{pmatrix} a & -b \\ b & a \end{pmatrix}$ aus G (Beispiel 3) ist sicher dann irreduzibel,

wenn $a^2 + b^2$ eine Primzahl ist. Denn aus der Matrizengleichung

$$\begin{pmatrix} a & -b \\ b & a \end{pmatrix} = \begin{pmatrix} r & -s \\ s & r \end{pmatrix} \cdot \begin{pmatrix} u & -v \\ v & u \end{pmatrix}$$

ergibt sich durch Bildung der Determinanten

$$a^2 + b^2 = (r^2 + s^2)(u^2 + v^2).$$

Ist also $a^2 + b^2$ eine Primzahl, so muß einer der Faktoren $r^2 + s^2$ oder $u^2 + v^2$ den
Wert 1 haben, die zugehörige Matrix also eine Einheit sein. Es gilt aber nicht
die Umkehrung: Ist $\begin{pmatrix} a & -b \\ b & a \end{pmatrix}$ irreduzibel, dann muß $a^2 + b^2$ keine Primzahl
sein. Beispielsweise erhält man für $a = 3$, $b = 0$ die zusammengesetzte Zahl
$3^2 + 0^2 = 9$, aber $\begin{pmatrix} 3 & 0 \\ 0 & -3 \end{pmatrix}$ ist irreduzibel. Gäbe es nämlich eine nichttriviale
Zerlegung, so gäbe es auch eine nichttriviale Darstellung von 9 als Produkt
zweier Summen aus zwei Quadraten, also $9 = (r^2 + s^2)(u^2 + v^2)$. Dann müßte
$r^2 + s^2 = u^2 + v^2 = 3$ gelten, die Zahl 3 ist aber offensichtlich nicht als Summe
von zwei Quadratzahlen darzustellen.

Der wichtigste Begriff in Kapitel I für den weiteren Aufbau der Teilbarkeitslehre in $\mathbb{Z}$ war der Begriff der *Division mit Rest*. Diese dient nicht nur zur
konkreten Feststellung einer Teilbarkeitsbeziehung („Rest 0"), sondern auch
als Grundlage zur Berechnung des größten gemeinsamen Teilers zweier Zahlen (euklidischer Algorithmus). Nun soll der Begriff der Division mit Rest auf
Integritätsbereiche verallgemeinert werden, wobei natürlich offen ist, ob ein gegebener Integritätsbereich den dabei geforderten Bedingungen genügt.

Ein Integritätsbereich I heißt *Integritätsbereich mit Division mit Rest* oder
kürzer *euklidischer Integritätsbereich* oder noch kürzer *euklidischer Ring*, wenn
eine Abbildung γ von $I \setminus \{0\}$ in $\mathbb{N}_0$ existiert, welche folgende Eigenschaft hat:
Zu $a, b \in I$ mit $b \neq 0$ existieren $q, r \in I$ mit $r = 0$ oder $\gamma(r) < \gamma(b)$, so daß

$$a = q \cdot b + r.$$

Dabei nennt man γ eine *Gradfunktion* auf I. Die Elemente q und r müssen nicht eindeutig durch a und b bestimmt sein.

Bemerkung: Häufig fordert man für die Gradfunktion noch die Bedingung

$$\gamma(x) \leq \gamma(x \cdot y) \quad \text{für alle} \quad x, y \neq 0.$$

Diese garantiert insbesondere, daß $\gamma(x) < \gamma(x \cdot y)$, falls y keine Einheit ist, und daß genau dann $\gamma(a) = \gamma(1)$ gilt, wenn a eine Einheit ist. Man kann zeigen, daß zu jeder Gradfunktion auf I, für welche diese Bedingung *nicht* erfüllt ist, eine Gradfunktion γ^* auf I zu konstruieren ist, für welche diese Bedingung erfüllt ist; man setze nämlich $\gamma^*(a) = \min \{\gamma(a \cdot e)| \ e \in E\}$.

Auf $\mathbb{Z}$ (Beispiel 1) wird z.B. durch $\gamma(a) = |a|$ eine Gradfunktion definiert, welche der in $\mathbb{Z}$ gebräuchlichen Division mit Rest zugrunde liegt. Aber auch $\gamma(a) = |a|^k$ mit beliebigem $k \in \mathbb{N}$ ist eine Gradfunktion auf $\mathbb{Z}$.

Auf $\mathbb{Q}[x]$ (Beispiel 2) wird durch den Grad der Polynome eine Gradfunktion definiert. Die Division mit Rest (also obige Darstellung $a = qb + r$) erhält man mit dem bekannten Verfahren der *Polynomdivision*.

Auf G (Beispiel 3) ist durch

$$\gamma\left(\begin{pmatrix} a & -b \\ b & a \end{pmatrix}\right) = a^2 + b^2,$$

also durch die Determinante der jeweiligen Matrix, eine Gradfunktion definiert; diese nennt man *Norm* und bezeichnet sie mit N. Daß damit tatsächlich eine Division mit Rest vorliegt, erkennt man folgendermaßen: Für

$$\begin{pmatrix} a & -b \\ b & a \end{pmatrix}, \begin{pmatrix} c & -d \\ d & c \end{pmatrix} \in G \text{ mit } c^2 + d^2 \neq 0$$

berechne man

$$\begin{pmatrix} a & -b \\ b & a \end{pmatrix} \cdot \begin{pmatrix} c & -d \\ d & c \end{pmatrix}^{-1} = \begin{pmatrix} x & -y \\ y & x \end{pmatrix} \quad \text{mit } x, y \in \mathbb{Q}.$$

Nun wähle man Zahlen $s, t \in \mathbb{Z}$ mit $|s - x| \leq \frac{1}{2}$ und $|t - y| \leq \frac{1}{2}$. Dann ist

$$\begin{pmatrix} a & -b \\ b & a \end{pmatrix} = \begin{pmatrix} s & -t \\ t & s \end{pmatrix} \cdot \begin{pmatrix} c & -d \\ d & c \end{pmatrix} + \begin{pmatrix} x - s & -(y - t) \\ y - t & x - s \end{pmatrix} \cdot \begin{pmatrix} c & -d \\ d & c \end{pmatrix}.$$

Die Matrix

$$\begin{pmatrix} x - s & -(y - t) \\ y - t & x - s \end{pmatrix} \cdot \begin{pmatrix} c & -d \\ d & c \end{pmatrix}$$

gehört zu G, auch wenn dies für den ersten Faktor nicht zutrifft; ihre Norm ist

$$\left((x - s)^2 + (y - t)^2\right) \cdot (c^2 + d^2) \leq \frac{1}{2}(c^2 + d^2) < c^2 + d^2.$$

In Abschnitt II.3 werden wir uns weiter mit dem euklidischen Ring G beschäftigen; in Abschnitt II.4 werden wir ähnliche Beispiele untersuchen, u.a. auch solche, in denen keine Division mit Rest existiert. Zunächst behandeln wir aber noch allgemein euklidische Ringe.

II.2 Euklidische Ringe

Im folgenden verzichten wir in Integritätsbereichen meistens auf den Malpunkt, schreiben also ab statt $a \cdot b$.

Satz 1: Es sei I ein euklidischer Ring mit der Gradfunktion γ, ferner seien $a_1, a_2, \ldots, a_n \in I$. Wir setzen

$$A = \{x_1 a_1 + x_1 a_2 + \cdots + x_n a_n \mid x_1, x_2, \ldots x_n \in I\}.$$

Dann existiert ein $d \in I$ mit

$$A = \{xd \mid x \in I\}.$$

Die Menge aller Vielfachensummen von $a_1, a_2, \ldots, a_n \in I$ besteht also aus allen Vielfachen eines einzigen Elements $d \in I$.

Beweis: Unter den Zahlen $\gamma(a)$ für $a \in A$ mit $a \neq 0$ gibt es eine kleinste. Es sei d ein Element aus A mit minimalem γ-Wert. Für $u \in A$ existieren $q, r \in I$ mit $u = qd + r$ und $r = 0$ oder $\gamma(r) < \gamma(d)$. Nun ist aber r als Differenz der beiden Elemente u und qd aus A ebenfalls ein Element von A, so daß wegen der Minimalität von $\gamma(d)$ nur der Fall $r = 0$ möglich ist. Daher ist $u = qd$, also $u \in \{xd \mid x \in I\}$. $\square$

Im Beweis von Satz 1 haben wir nur die folgende Eigenschaft von A benutzt: Jede Vielfachensumme von Elementen aus A gehört wieder zu A. Gleichwertig damit ist die Forderung: Für $a, b \in A$ gilt $a + b \in A$ und $xa \in A$ für alle $x \in I$. Eine Teilmenge A eines kommutativen Ringes mit dieser Eigenschaft nennt man ein *Ideal* von I. Besteht A aus allen Vielfachen eines Elements, so heißt A ein *Hauptideal* von I. Ist I ein Integritätsbereich und ist jedes Ideal von I ein Hauptideal, dann heißt I *Hauptidealring.* Nun kann man Satz 1 folgendermaßen fomulieren:

Satz 1': Ein euklidischer Ring ist ein Hauptidealring.

Satz 1 erinnert an die Vielfachensummendarstellung des größten gemeinsamen Teilers von n Zahlen. Daher wollen wir als nächstes den Begriff des **ggT** auf Integritätsbereiche übertragen: Es seien $a_1, a_2, \ldots, a_n$ Elemente eines Integritätsbereichs I. Ist d ein Teiler von a_1, von $a_2, \ldots$, von a_n (also ein *gemeinsamer* Teiler von $a_1, a_2, \ldots, a_n$), und ist jeder andere gemeinsame Teiler von $a_1, a_2, \ldots, a_n$ ein Teiler von d, dann heißt d *ein größter gemeinsamer Teiler* von $a_1, a_2, \ldots, a_n$. Je zwei größte gemeinsame Teiler von $a_1, a_2, \ldots, a_n$ sind assoziiert, denn aus $d|d'$ und $d'|d$ folgt $d \simeq d'$. Wir benutzen das Symbol GGT nun für die *Menge* der größten gemeinsamen Teiler, schreiben also für einen größten gemeinsamen Teiler d von $a_1, a_2, \ldots, a_n$

$$d \in \mathrm{GGT}(a_1, a_2, \ldots, a_n).$$

Satz 2: In einem Hauptidealring gilt genau dann

(1) $d \in \mathrm{GGT}(a_1, a_2, \ldots, a_n)$,

wenn

(2) $\{x_1 a_1 + x_2 a_2 + \cdots + x_n a_n \mid x_1, x_2, \ldots x_n \in I\} = \{xd \mid x \in I\}$.

Beweis: 1) Es sei zunächst die Gültigkeit von (2) angenommen. Dann ist insbesondere $a_i \in \{xd \mid x \in I\}$, also $d|a_i$ für $i = 1, 2, \ldots, n$. Ist ferner $c|a_i$ für $i = 1, 2, \ldots, n$, dann teilt c jedes xd mit $x \in I$, also auch d. Daher ist $d \in \mathrm{GGT}(a_1, a_2, \ldots, a_n)$.

2) Nun sei die Gültigkeit von (1) angenommen. Aufgrund von Satz 1 gilt (2) mit einem Element d' anstelle von d. Dann gilt $d|d'$ und nach 1) auch $d'|d$, also $d \simeq d'$ und damit $\{xd' \mid x \in I\} = \{xd \mid x \in I\}$.   □

Als Folgerung aus Satz 2 ergibt sich: In einem Hauptidealring läßt sich ein ggT von $a_1, a_2, \ldots, a_n$ stets als Vielfachensumme dieser Elemente darstellen.

Man nennt die Elemente $a_1, a_2, \ldots, a_n$ aus I *teilerfremd*, wenn jeder größte gemeinsame Teiler eine Einheit ist, wenn also

$$1 \in \mathrm{GGT}(a_1, a_2, \ldots, a_n) \quad \text{bzw.} \quad \mathrm{GGT}(a_1, a_2, \ldots, a_n) = E$$

gilt, wobei E die Einheitengruppe bedeutet. In diesem Fall folgt aus Satz 2:

$$\{x_1 a_1 + x_2 a_2 + \ldots + x_n a_n \mid x_1, x_2, \ldots x_n \in I\} = \{x \cdot 1 \mid x \in I\} = I.$$

Offensichtlich gilt in einem Hauptidealring: Genau dann sind $a_1, a_2, \ldots, a_n$ teilerfremd, wenn 1 als Vielfachensumme dieser Elemente darstellbar ist, wenn es also Elemente $r_1, r_2, \ldots, r_n \in I$ gibt mit

$$1 = r_1 a_1 + r_2 a_2 + \cdots + r_n a_n.$$

Daraus ergibt sich wie im Sonderfall des Integritätsbereichs $\mathbb{Z}$ für teilerfremde Elemente $a, b \in I$:

Aus $a|bc$ folgt $a|c$;

aus $a|c$ und $b|c$ folgt $ab|c$.

Zum Beweis betrachte man die Darstellung $1 = ua + vb$ $(u, v \in I)$ bzw. $c = uac + vbc$.

Satz 3: Es sei I ein Hauptidealring, ferner $a, b \in I$ und p ein irreduzibles Element von I. Dann gilt:

a) $p|a$ oder p und a sind teilerfremd.

b) Aus $p|ab$ folgt $p|a$ oder $p|b$.

c) Je zwei irreduzible Elemente sind assoziiert oder teilerfremd.

Beweis: a) Sind a, p nicht teilerfremd, dann existiert ein $d \in I$, das keine Einheit ist und sowohl a als auch p teilt. Da p irreduzibel ist, muß $d \simeq p$ gelten, mit $d|a$ also auch $p|a$.

b) Gilt $p \nmid a$, dann sind p und a teilerfremd (vgl. a)), es gilt also $1 = x_1 p + x_2 a$ mit $x_1, x_2 \in I$. Es folgt $b = b x_1 p + b x_2 a$, wegen $p | ab$ also $p | b$.

c) Diese Behauptung folgt ebenfalls sofort aus a). $\square$

Ein Element p mit der Eigenschaft b) aus Satz 3 heißt ein *Primelement* von I. In einem Hauptidealring ist also jedes irreduzible Element ein Primelement. Umgekehrt ist in jedem Integritätsbereich ein Primelement offensichtlich auch irreduzibel, so daß in einem Hauptidealring die Begriffe „Primelement" und „irreduzibles Element" zusammenfallen.

Nun können wir die Verallgemeinerung des Fundamentalsatzes der elementaren Zahlentheorie (Satz 4 in I.3) auf Hauptidealringe (und damit auf euklidische Ringe) beweisen, wobei die irreduziblen Elemente (bzw. Primelemente) die Rolle der Primzahlen übernehmen.

Satz 4: In einem Hauptidealring läßt sich jedes Element, das nicht 0 und keine Einheit ist, als Produkt von endlich vielen irreduziblen Elementen darstellen. Diese Darstellung ist eindeutig bis auf die Reihenfolge der Faktoren und bis auf Multiplikation der Faktoren mit Einheiten.

Beweis: 1) Zuerst beweisen wir die *Existenz* der Faktorzerlegung. Wir nehmen an, es gäbe ein $a_0 \in I$, welches nicht 0 und keine Einheit ist und nicht als Produkt von endlich vielen irreduziblen Elementen aus I darstellbar ist. Dann ist insbesondere a_0 nicht irreduzibel, sonst wäre a_0 ein solches Produkt (mit *einem* Faktor). Es ist also $a_0 = a_1 b_1$ mit Nichteinheiten a_1, b_1. Mindestens einer dieser Faktoren ist dann nicht als endliches Produkt von irreduziblen Elementen darstellbar; wir nehmen dies für a_1 an. Dann ist $a_1 = a_2 b_2$, wobei ebenfalls einer der Faktoren – dies sei a_2 – nicht als endliches Produkt von irreduziblen Faktoren zu schreiben ist. So fortfahrend erhalten wir eine Folge $a_0, a_1, a_2, \ldots$ von Elementen aus I, wobei a_{i+1} ein *echter* Teiler von a_i ist ($i = 0, 1, 2, \ldots$). Die Menge aller endlichen Vielfachensummen der a_i, also der Summen $\sum_{i=0}^{\infty} x_i a_i$ mit nur endlich vielen von 0 verschiedenen Koeffizienten x_i, ist ein Ideal von I. Nach Voraussetzung ist dies ein Hauptideal, besteht also aus allen Vielfachen eines Elementes $b \in I$. Dann existieren ein $m \in \mathbb{N}_0$ und Elemente $r_0, r_1, \ldots, r_m \in I$ mit $b = r_0 a_0 + r_1 a_1 + \cdots + r_m a_m$. Wegen $a_m | a_i$ für $0 \leq i \leq m$ gilt also $a_m | b$. Wegen $a_{m+1} \in \{xb \mid x \in I\}$ gilt andererseits $b | a_{m+1}$. Es folgt $a_m | a_{m+1}$, wegen $a_{m+1} | a_m$ also $a_{m+1} \simeq a_m$. Dies widerspricht der Tatsache, daß a_{m+1} ein *echter* Teiler von a_m sein soll. Die Annahme, a_0 sei nicht als endliches Produkt von irreduziblen Elementen aus I darstellbar, führt also zu einem Widerspruch.

2) Nun beweisen wir unter Verwendung von Satz 3 die *Eindeutigkeit* der Faktorzerlegung. Angenommen, es sei a nicht 0, keine Einheit und besitze die Zerlegungen

$$a = p_1 p_2 p_3 \ldots p_r = q_1 q_2 q_3 \ldots q_s.$$

Dann ist $p_1 | q_1 q_2 \ldots q_s$, also $p_1 | q_i$ für ein i mit $1 \leq i \leq s$. Bei geeigneter Numerierung ist $p_1 | q_1$, also $p_1 \simeq q_1$ bzw. $q_1 = e p_1$ mit einer Einheit e. Setzt man dies in obige Darstellung von a ein und kürzt den Faktor p_1, dann ergibt sich

$$p_2 p_3 \ldots p_r = (eq_2) q_3 \ldots q_s.$$

Es ist keine Beschränkung der Allgemeinheit, $r \leq s$ anzunehmen. Obige Überlegung führen wir nun noch $(r-1)$-mal durch und erhalten

$$p_i \simeq q_i \ (i = 1, 2, \ldots, r) \text{ und } 1 = f q_{r+1} \ldots q_s$$

mit einer Einheit f. Wäre $s > r$, so ergäbe sich der Widerspruch $q_s | 1$, also ist $s = r$, womit alles bewiesen ist. $\square$

Nun kann man analog zur kanonischen Primfaktorzerlegung in $\mathbb{N}$ (bzw. in $\mathbb{Z}$, wenn man noch ein Vorzeichen zuläßt) die kanonische Faktorzerlegung in einem Hauptidealring definieren. Dazu muß man aber zunächst aus jeder Klasse assoziierter irreduzibler Elemente einen Vertreter auswählen. Die Menge dieser Vertreter bezeichnen wir mit P. Dann hat jedes Element $a \neq 0$ von I, das keine Einheit ist, eine eindeutige Darstellung der Form

$$a = e \prod_{p \in P} p^{\alpha(p)}$$

mit einer Einheit e und Exponenten $\alpha(p) \in \mathbb{N}_0$, von denen nur endlich viele von 0 verschieden sind. Man erkennt nun sofort, wie man einen ggT zweier Elemente erhält, wenn diese in kanonischer Faktorzerlegung gegeben sind: Ist

$$a = e \prod_{p \in P} p^{\alpha(p)} \quad \text{bzw.} \quad b = f \prod_{p \in P} p^{\beta(p)}$$

die kanonische Faktorzerlegung von a bzw. b, dann ist

$$d = \prod_{p \in P} p^{\min\{\alpha(p), \beta(p)\}}$$

ein *größter gemeinsamer Teiler* von a und b. Entsprechendes gilt natürlich auch für einen größten gemeinsamen Teiler von mehr als zwei Elementen. Auch ein *kleinstes gemeinsames Vielfaches* von Elementen aus einem Hauptidealring I, welches analog zum kgV ganzer Zahlen definiert wird, läßt sich wie in $\mathbb{Z}$ mit Hilfe der kanonischen Faktorzerlegung angeben.

In der Regel ist es sehr schwer, die kanonische Faktorzerlegung eines Elementes aus I zu finden, so daß obige Bestimmung eines ggT nur theoretische Bedeutung hat. In euklidischen Ringen steht zur ggT-Berechnung der euklidische Algorithmus zur Verfügung (und daher rührt der Name für diese Integritätsbereiche). Der euklidische Algorithmus funktioniert wie in $\mathbb{Z}$, so daß es genügt, hierfür ein Beispiel vorzurechnen. Man beachte dabei, daß bei der Division mit Rest $a = qb + r$ mit $\gamma(r) < \gamma(b)$ die Elemente q und r durch a und b nicht eindeutig bestimmt sind (wie es bei der Division mit Rest in $\mathbb{N}$ der Fall ist).

Beispiel: In Beispiel 3 in II.1 soll die Menge aller größten gemeinsamen Teiler von

$$A = \begin{pmatrix} 45 & 20 \\ -20 & 45 \end{pmatrix} \quad \text{und} \quad B = \begin{pmatrix} -27 & 4 \\ -4 & -27 \end{pmatrix}$$

bestimmt werden. Es gilt

$$\begin{pmatrix} 45 & 20 \\ -20 & 45 \end{pmatrix} = \begin{pmatrix} -1 & -1 \\ 1 & -1 \end{pmatrix} \begin{pmatrix} -27 & 4 \\ -4 & -27 \end{pmatrix} + \begin{pmatrix} 14 & -3 \\ 3 & 14 \end{pmatrix}$$

$$\begin{pmatrix} -27 & 4 \\ -4 & -27 \end{pmatrix} = \begin{pmatrix} -2 & 0 \\ 0 & -2 \end{pmatrix} \begin{pmatrix} 14 & -3 \\ 3 & 14 \end{pmatrix} + \begin{pmatrix} 1 & -2 \\ 2 & 1 \end{pmatrix}$$

$$\begin{pmatrix} 14 & -3 \\ 3 & 14 \end{pmatrix} = \begin{pmatrix} 4 & 5 \\ -5 & 4 \end{pmatrix} \begin{pmatrix} 1 & -2 \\ 2 & 1 \end{pmatrix}$$

mit

$$\gamma\left(\begin{pmatrix} -27 & 4 \\ -4 & -27 \end{pmatrix}\right) = 745 > \gamma\left(\begin{pmatrix} 14 & -3 \\ 3 & 14 \end{pmatrix}\right) = 205 > \gamma\left(\begin{pmatrix} 1 & -2 \\ 2 & 1 \end{pmatrix}\right) = 5.$$

Der erste Schritt in dieser Rechnung hätte auch

$$\begin{pmatrix} 45 & 20 \\ -20 & 45 \end{pmatrix} = \begin{pmatrix} -1 & 0 \\ 0 & -1 \end{pmatrix} \begin{pmatrix} -27 & 4 \\ -4 & -27 \end{pmatrix} + \begin{pmatrix} 18 & 24 \\ -24 & 18 \end{pmatrix}$$

lauten können. Ein ggT von A und B ist $\begin{pmatrix} 1 & -2 \\ 2 & 1 \end{pmatrix}$. Multipliziert man dieses Element mit allen Einheiten von G, dann ergibt sich

$$\text{GGT}(A, B) = \left\{ \begin{pmatrix} 1 & -2 \\ 2 & 1 \end{pmatrix}, \begin{pmatrix} -1 & 2 \\ -2 & -1 \end{pmatrix}, \begin{pmatrix} -2 & -1 \\ 1 & -2 \end{pmatrix}, \begin{pmatrix} 2 & 1 \\ -1 & 2 \end{pmatrix} \right\}.$$

Einen Integritätsbereich, in dem eine eindeutige Faktorzerlegung in irreduzible Elemente existiert, nennt man einen *ZPE-Ring*. (Die **Z**erlegung in **P**rimfaktoren ist **e**indeutig.). Wir haben folgende Implikationskette bewiesen:

$$I \text{ euklidischer Ring } \Rightarrow I \text{ Hauptidealring } \Rightarrow I \text{ ZPE-Ring}$$

Man kann zeigen, daß von keiner dieser Implikationen die Umkehrung gilt. Beispielsweise ist der Integritätsbereich $\mathbb{Z}[x]$ der Polynome mit *ganzzahligen* Koeffizienten ein ZPE-Ring; diese erstmals von GAUSS bewiesene Tatsache lernt man in der Algebra. Es liegt aber kein euklidischer Ring vor; es gibt z.B. keine Polynome $v(x), r(x) \in \mathbb{Z}[x]$ mit $v(x) \neq 0$ und $x = v(x) \cdot 2 + r(x)$.

In Abschnitt II.4 werden wir Beispiele für Integritätsbereiche kennenlernen, die keine ZPE-Ringe, also erst recht keine euklidischen Ringe sind.

II.3 Die ganzen Gaußschen Zahlen

In II.1 und II.2 haben wir den euklidischen Ring G behandelt, dessen Elemente Matrizen der Form $\begin{pmatrix} a & -b \\ b & a \end{pmatrix}$ mit $a, b \in \mathbb{Z}$ sind. Hätte man $a, b \in \mathbb{R}$ zugelassen, so hätte sich der *Körper $\mathbb{C}$ der komplexen Zahlen* ergeben. Dessen Elemente schreibt man üblicherweise in der Form $a + bi$. Übersetzt man die Rechenregeln für Matrizen in diese neue Schreibweise, so ergeben sich die üblichen Gesetze für das Rechnen in $\mathbb{C}$. Insbesondere rechnet man mit der „imaginären Einheit" i nach den üblichen Regeln der Arithmetik, wobei aber $i^2 = -1$ zu setzen ist. Wir wollen die Elemente aus G künftig ebenfalls in der Form $a + bi$ schreiben. Da GAUSS den Körper der komplexen Zahlen erstmals einwandfrei definiert hat, nennt man ihm zu Ehren die Elemente aus G *ganze GAUSSsche Zahlen*. Für $b = 0$ ergeben sich die reellen Zahlen als spezielle komplexe Zahlen bzw. die ganzen Zahlen als spezielle ganze GAUSSsche Zahlen. Statt „irreduzibles Element von G" sagen wir nun auch kürzer „GAUSSsche Primzahl"; denn in einem Hauptidealring fallen die Begriffe „irreduzibles Element" und „Primelement" zusammen (vgl. II.2). Wir erinnern an die Definition der *Norm N* einer ganzen GAUSSschen Zahl, welche als Gradfunktion im euklidischen Ring G diente:

$$\text{Für } \alpha = a + bi \quad \text{ist} \quad N(\alpha) = a^2 + b^2.$$

Die komplexen Zahlen $\alpha = a + bi$ und $\overline{\alpha} = a - bi$ heißen *konjugiert*. Sie sind die Lösungen der quadratischen Gleichung $x^2 - (\alpha + \overline{\alpha})x + \alpha\overline{\alpha} = 0$ bzw. $x^2 - 2ax + a^2 + b^2 = 0$. Es gilt $N(\alpha) = \alpha \cdot \overline{\alpha}$. Daraus folgt, daß jede ganze GAUSSsche Zahl ihre Norm teilt.

Aus der Tatsache, daß die Determinante des Produktes zweier Matrizen gleich dem Produkt der Determinanten der beiden Matrizen ist, haben wir in II.1 die Beziehung

$$N(\alpha \cdot \beta) = N(\alpha) \cdot N(\beta) \quad \text{für } \alpha, \beta \in G$$

hergeleitet. Dies ergibt sich natürlich auch sofort aus den bekannten Regeln für das Rechnen mit komplexen Zahlen: $\alpha\beta \cdot \overline{\alpha\beta} = \alpha\overline{\alpha} \cdot \beta\overline{\beta}$. Die Einheiten von G, also die Elemente ε mit $N(\varepsilon) = 1$, sind $1, -1, i, -i$.

Aus $\alpha | \beta$ folgt also $N(\alpha) | N(\beta)$, die Umkehrung hiervon gilt aber nicht: Ob $x + yi$ im Fall $(x^2 + y^2) | (a^2 + b^2)$ tatsächlich ein Teiler der ganzen GAUSSschen Zahl $a + bi$ ist, prüft man durch Berechnung des Quotienten

$$\frac{a + bi}{x + yi} = \frac{(a + bi)(x - yi)}{(x + yi)(x - yi)} = \frac{ax + by}{x^2 + y^2} + \frac{bx - ay}{x^2 + y^2}i;$$

also ist $x + yi$ genau dann ein Teiler von $a + bi$, wenn $x^2 + y^2$ ein Teiler von $\mathrm{ggT}(ax + by, bx - ay)$ ist.

Beispiel 1: Die ganze GAUSSsche Zahl $4 + 7i$ hat die Norm 65; die positiven Teiler von 65 und die ganzen GAUSSschen Zahlen mit dieser Norm sind im folgenden aufgelistet:

$$
\begin{array}{rcll llll}
1 &=& 0^2 + 1^2: & 1 & -1 & i & -i \\
5 &=& 1^2 + 2^2: & 1+2i & -1-2i & -2+i & 2-i \\
&&& 2+i & -2-i & -1+2i & 1-2i \\
13 &=& 2^2 + 3^2: & 2+3i & -2-3i & -3+2i & 3-2i \\
&&& 3+2i & -3-2i & -2+3i & 2-3i \\
65 &=& 1^2 + 8^2: & 1+8i & -1-8i & -8+i & 8-i \\
&&& 8+i & -8-i & -1+8i & 1-8i \\
&=& 4^2 + 7^2: & 4+7i & -4-7i & -7+4i & 7-4i \\
&&& 7+4i & -7-4i & -4+7i & 4-7i \\
\end{array}
$$

In jeder Zeile stehen vier zueinander assoziierte Zahlen, also Zahlen, die sich nur um eine Einheit als Faktor unterscheiden. In der ersten Zeile stehen die Einheiten. Es gilt

$$
\begin{aligned}
(1 + 2i) &\nmid (4 + 7i), && \text{denn } 5 \nmid \text{ggT}(18, -1); \\
(2 + i) &\mid (4 + 7i), && \text{denn } 5 \mid \text{ggT}(15, 10).
\end{aligned}
$$

Ferner gilt $(2 + 3i) \nmid (4 + 7i)$, $(3 + 2i) \mid (4 + 7i)$, $(1 + 8i) \nmid (4 + 7i)$, $(8 + i) \nmid (4 + 7i)$ und $(7 + 4i) \nmid (4 + 7i)$. Die Teiler von $4 + 7i$ sind also die Zahlen

$$1, \; 2 + i, \; 3 + 2i \text{ und } 4 + 7i$$

und die jeweils dazu assoziierten Zahlen. Es ist $(2 + i)(3 + 2i) = 4 + 7i$.

Ist $N(\pi)$ eine Primzahl aus $\mathbb{N}$, dann ist π eine GAUSSsche Primzahl, weil aus einer nichttrivialen Zerlegung von π eine solche von $N(\pi)$ folgen würde. Daß die Umkehrung dieser Aussage nicht gilt, haben wir bereits in II.1 am Beispiel der ganzen GAUSSschen Zahl 3 ($= 3 + 0i$) gesehen. Statt „Primzahl aus $\mathbb{N}$" werden wir künftig einfach „Primzahl" sagen, oft spricht man hier auch von „rationalen Primzahlen". Wir wollen nun die Menge der GAUSSschen Primzahlen näher beschreiben.

Satz 5: a) Jede GAUSSsche Primzahl teilt eine Primzahl.

b) Die Norm einer GAUSSschen Primzahl ist entweder eine Primzahl oder das Quadrat einer Primzahl.

c) Ist die Primzahl p als Summe von zwei Quadraten ganzer Zahlen darstellbar, dann ist p das Produkt zweier konjugierter GAUSSscher Primzahlen. Ist p nicht als Summe von zwei Quadraten ganzer Zahlen zu schreiben, dann ist p eine GAUSSsche Primzahl.

Beweis: a) Jede ganze GAUSSsche Zahl teilt ihre Norm. Ist π eine GAUSSsche Primzahl und $N(\pi) = p_1 p_2 \ldots p_r$, wobei $p_1, p_2, \ldots, p_r$ Primzahlen sind, dann gilt also $\pi | p_i$ für eine dieser Primzahlen p_i.

b) Es sei π eine GAUSSsche Primzahl und p eine Primzahl mit $\pi | p$, also $p = \pi \cdot \gamma$ mit $\gamma \in G$. Dann gilt $p^2 = N(p) = N(\pi) \cdot N(\gamma)$. Also ist entweder $N(\pi) = N(\gamma) = p$ oder $N(\pi) = p^2$ und $N(\gamma) = 1$.

c) Ist $p = a^2 + b^2$ $(a, b \in \mathbb{N})$, so ist $p = (a + bi)(a - bi)$, wobei die Faktoren GAUSSsche Primzahlen sind, da sie die Norm p haben. Ist $p = \alpha\beta$ $(\alpha, \beta \in G)$, wobei α, β keine Einheiten sind, dann ist $p^2 = N(p) = N(\alpha)N(\beta)$, also $N(\alpha) = N(\beta) = p$; die Primzahl p ist dann also als Summe von zwei Quadraten darstellbar. $\square$

Ob eine Primzahl p eine GAUSSsche Primzahl ist oder nicht, hängt also davon ab, ob p als Summe von zwei Quadraten darzustellen ist.

Beispiel 2: Die Primzahlen p der Form $4n + 3$ sind GAUSSsche Primzahlen, denn sie sind nicht als Summe von Quadraten darstellbar: Ist p eine ungerade Primzahl und $p = a^2 + b^2$ mit $a, b \in \mathbb{N}$, dann ist von den Zahlen a, b eine gerade und eine ungerade; also läßt $a^2 + b^2$ bei Division durch 4 den Rest 1. Die Primzahlen $3, 7, 11, 19, 23, 31, \ldots$ sind also auch GAUSSsche Primzahlen. Ferner gilt

$$
\begin{aligned}
2 &= 1^2 + 1^2 \quad \text{und} \quad & 2 &= (1 + i)(1 - i); \\
5 &= 1^2 + 2^2 \quad \text{und} \quad & 5 &= (1 + 2i)(1 - 2i); \\
13 &= 2^2 + 3^2 \quad \text{und} \quad & 13 &= (2 + 3i)(2 - 3i); \\
17 &= 1^2 + 4^2 \quad \text{und} \quad & 17 &= (1 + 4i)(1 - 4i); \\
29 &= 2^2 + 5^2 \quad \text{und} \quad & 29 &= (2 + 5i)(2 - 5i)
\end{aligned}
$$

usw. Die Faktoren sind dabei GAUSSsche Primzahlen, denn ihre Norm ist die jeweils dargestellte Primzahl. GAUSSsche Primzahlen sind also

die Zahl $1 + i$;

die Primzahlen der Form $4n + 3$;

die Zahlen $a \pm bi$, wenn $a^2 + b^2$ eine Primzahl ist

und die jeweils dazu assoziierten Zahlen. (Beachte, daß $1 + i$ und $1 - i$ assoziiert sind.) Die GAUSSschen Primzahlen mit der Norm < 100 sind neben 3 und 7

$$1 + i, 1 \pm 2i, 2 \pm 3i, 1 \pm 4i, 2 \pm 5i, 1 \pm 6i, 4 \pm 5i, 2 \pm 7i, 5 \pm 6i, 3 \pm 8i, 5 \pm 8i, 4 \pm 9i$$

und die jeweils dazu assoziierten Zahlen.

Satz 5 c) wirft die Frage auf, welche ungeraden Primzahlen als Summe von zwei Quadraten ganzer Zahlen darstellbar sind. In IV.5 werden wir beweisen, daß dies genau für die Primzahlen der Form $4n + 1$ der Fall ist. Wenn wir dieses Ergebnis voraussetzen, können wir hier nun folgenden Satz beweisen:

Satz 6: Eine natürliche Zahl ist genau dann als Summe von zwei Quadratzahlen darstellbar, wenn in ihrer kanonischen Primfaktorzerlegung die Primzahlen der Form $4n + 3$ jeweils nur mit geradem Exponent vorkommen.

Beweis: Eine natürliche Zahl N ist genau dann als Summe zweier Quadrate darstellbar (wobei ein Summand auch 0^2 sein darf), wenn sie Norm einer ganzen

GAUSSschen Zahl α ist. Nun ist α eindeutig in ein Produkt von GAUSSschen Primzahlen zerlegbar, weil G ein ZPE-Ring ist. Es seien $\sigma_1, \sigma_2, \ldots \sigma_s$ die verschiedenen unter den GAUSSschen Primzahlen in dieser Zerlegung, deren Norm eine Primzahl ist, ferner $\varrho_1, \varrho_2, \ldots, \varrho_t$ die verschiedenen GAUSSschen Primzahlen in dieser Zerlegung, deren Norm das Quadrat einer Primzahl ist. Dann ist $N(\sigma_j) = p_j$ gleich 2 oder eine Primzahl der Form $4n + 1$ $(j = 1, 2, \ldots, s)$, während $N(\varrho_k) = q_k^2$ mit einer Primzahl q_k der Form $4n + 3$ ist $(k = 1, 2, \ldots, t)$. Die Primfaktorzerlegung von α ist dann

$$(1) \qquad \alpha = \sigma_1^{a_1} \sigma_2^{a_2} \ldots \sigma_s^{a_s} \cdot \varrho_1^{b_1} \varrho_2^{b_2} \ldots \varrho_t^{b_t}$$

mit $a_1, a_2, \ldots, a_s, b_1, b_2, \ldots, b_t \in \mathbb{N}$. Daraus folgt

$$(2) \qquad N = N(\alpha) = p_1^{a_1} p_2^{a_2} \ldots p_s^{a_s} \cdot q_1^{2b_1} q_2^{2b_2} \ldots q_t^{2b_t}.$$

Die Primzahlen q_k $(k = 1, 2, \ldots, t)$ kommen also in der Primfaktorzerlegung von N jeweils in gerader Anzahl vor. Sei umgekehrt N von der Gestalt (2), wobei die Primzahlen p_j gleich 2 oder von der Form $4n + 1$ sind $(j = 1, 2, \ldots, s)$ und die Primzahlen q_k von der Form $4n + 3$ sind $(k = 1, 2, \ldots, t)$. Ist $p_j = u_j^2 + v_j^2$, so setze man $\sigma_j = u_j + v_j i$ $(j = 1, 2, \ldots, s)$. Ferner setze man $\varrho_k = q_k$ $(k = 1, 2, \ldots, t)$. Bildet man damit die Zahl α wie in (1), dann ist $N = N(\alpha)$. Also ist N als Summe von zwei Quadraten darstellbar. $\square$

Bemerkung: Die Frage der Darstellbarkeit einer Primzahl als Summe von zwei Quadraten wurde von FERMAT behandelt; man spricht daher vom FER-MAT*schen Zwei-Quadrate-Satz*. Dies ist einer der interessantesten Sätze der Zahlentheorie und wird uns noch öfter beschäftigen. Die schönsten Beweise dieses Satzes findet man in [Flath 1989].

Die Darstellung einer Primzahl p der Form $4n + 1$ als Summe von zwei Quadraten ist eindeutig, wie aus dem folgenden Satz hervorgeht.

Satz 7: Es sei k eine natürliche Zahl > 1, die bei Division durch 4 den Rest 1 läßt. Genau dann ist k eine Primzahl, wenn genau ein Paar (a, b) mit $a, b \in \mathbb{N}_0$, $a > b$ und $k = a^2 + b^2$ existiert, und wenn dabei $\mathrm{ggT}(a, b) = 1$ ist.

Beweis: Wir setzen wieder das erst in IV.5 zu beweisende Ergebnis voraus, daß eine Primzahl der Form $4n + 1$ überhaupt als Summe von zwei Quadraten zu schreiben ist.
1) Es sei $k = p$ eine Primzahl, und es seien $p = a^2 + b^2 = c^2 + d^2$ Darstellungen von p als Summe von zwei Quadraten. Dann ist

$$p = (a + bi)(a - bi) = (c + di)(c - di),$$

wobei nach Satz 5 c) die Zahlen $a \pm bi$ und $c \pm di$ GAUSSsche Primzahlen sind. Dann ist aufgrund der Eindeutigkeit der Primfaktorzerlegung $a + bi$ assoziiert zu $c + id$ oder zu $c - di$, woraus $\{a, b\} = \{c, d\}$ folgt.
2) Es sei $k = a^2 + b^2$ mit $a > b \geq 0$ die einzige Darstellung von k als Summe zweier Quadrate, und es sei $\mathrm{ggT}(a, b) = 1$. Ist $k = e^2 f$ und $f = g^2 + h^2$ (vgl.

Satz 6), also $k = (eg)^2 + (eh)^2$, so ist aufgrund der Eindeutigkeit der Darstellung $e | \mathrm{ggT}(a, b)$ und somit $e = 1$. Die Zahl k ist also *quadratfrei*, d.h. sie ist durch kein Quadrat außer 1 teilbar. Ist $k = r \cdot s$ nun eine nichttriviale Faktorzerlegung von k, dann sind aufgrund von Satz 6 auch r und s als Summe von zwei Quadraten zu schreiben:

$$r = u^2 + v^2 = (u + iv)(u - iv),$$
$$s = x^2 + y^2 = (x + iy)(x - iy)$$

mit $u, v, x, y \in \mathbb{N}$. Es folgt

$$k = N(u+iv)N(x+iy) = N((ux-vy)+i(vx+uy)) = (ux-vy)^2 + (vx+uy)^2,$$

$$k = N(u+iv)N(x-iy) = N((ux+vy)+i(vx-uy)) = (ux+vy)^2 + (vx-uy)^2.$$

Aus der Eindeutigkeit der Darstellung folgt

$$(ux - vy)^2 = (ux + vy)^2 \quad \text{oder} \quad (ux - vy)^2 = (vx - uy)^2.$$

Im ersten Fall folgt $uvxy = 0$, was aber nicht sein kann, weil k quadratfrei ist und $r, s \neq 1$ gilt. Im zweiten Fall folgt

$$u^2x^2 + v^2y^2 = v^2x^2 + u^2y^2, \text{ also } (u^2 - v^2)(x^2 - y^2) = 0.$$

Ist $u = v$, so ist $u = v = 1$ und somit $r = 2$, weil k quadratfrei ist; entsprechend folgt $s = 2$ aus $x = y$. Wegen $2 \nmid k$ ergibt sich aus der Annahme, k sei zusammengesetzt, ein Widerspruch. $\square$

Bemerkungen: Die in obigem Beweis vorgekommene Formel

$$(u^2 + v^2)(x^2 + y^2) = (ux - vy)^2 + (uy + vx)^2,$$

nach der man ein Produkt aus zwei Summen zweier Quadrate wieder als Summe von zwei Quadraten schreiben kann, wird oft *Formel von* FIBONACCI genannt, da sie im *Liber quadratorum* vorkommt. Vermutlich war sie schon DIOPHANT bekannt, da dieser in Buch II,9 seiner *Arithmetica* schreibt: „Es liegt in der Natur der Zahl 65, daß sie auf zwei Arten als Summe von zwei Quadraten geschrieben werden kann, nämlich als $16 + 49$ und als $64 + 1$; das liegt daran, daß sie das Produkt der Zahlen 13 und 5 ist, welche beide Summen von Quadraten sind." Dies kann man folgendermaßen interpretieren:

$$65 = 13 \cdot 5 = (3^2 + 2^2)(2^2 + 1^2) = (6 - 2)^2 + (3 + 4)^2 = 4^2 + 7^2$$
$$= (2^2 + 3^2)(2^2 + 1^2) = (4 - 3)^2 + (2 + 6)^2 = 1^2 + 8^2.$$

In Abschnitt IV.5 werden wir einen weiteren Beweis für Satz 7 darstellen.

Man beachte, daß es in Satz 7 nicht genügt, „genau eine Darstellung als Summe von teilerfremden Quadraten" zu fordern. Diese Eigenschaft hat beispielsweise auch die Zahl 125.

Beispiel 3: Als Anwendung von Satz 7 wollen wir zeigen, daß 44021 eine Primzahl ist (vgl. das Beispiel von FERMAT zur Faktorzerlegung in I.3; bzgl. 44021 vgl. Aufgabe 9). Diese Zahl läßt bei Division durch 4 den Rest 1, so daß Satz 7 anwendbar ist.

1) Wegen $[\sqrt{44021}] = 209$ ist in der Darstellung $44021 = a^2 + b^2$ nur $0 < a, b <$ 210 zu untersuchen. Die Summe der 100er-Reste von a^2 und b^2 muß 21 oder 121 ergeben. Anhand der Tabelle in I.3 erkennt man, daß dies (abgesehen von der Reihenfolge), nur möglich ist, wenn gilt

(i) a^2 hat den 100er-Rest 00 und b^2 den 100er-Rest 21

oder

(ii) a^2 hat den 100er-Rest 25 und b^2 den 100er-Rest 96.

Im Fall (i) endet a auf 0 und b auf 1 oder 9.

Endet b auf $x1$, dann hat b^2 denselben 100er-Rest wie $20x + 1$, so daß b auf 11 oder 61 enden muß. Für b kommen also nur die Zahlen 11, 61, 111, 161 in Frage. Für $44021 - b^2$ ergeben sich dann die Werte 43900, 40300, 31700, 18100. Da keine der Zahlen 439, 403, 317, 181 Quadratzahl ist, ergibt sich keine Darstellung von 44021 als Summe von zwei Quadraten.

Endet b auf $x9$, dann hat b^2 denselben 100er-Rest wie $80x + 81$, so daß b auf 39 oder 89 enden muß. Für b kommen also nur die Zahlen 39, 89, 139, 189 in Frage. Für $44021 - b^2$ ergeben sich dann die Werte 42500, 36100, 24700, 8300. Von diesen ist nur $36100 = 190^2$ ein Quadrat, womit sich folgende Darstellung ergibt:

$$44021 = 190^2 + 89^2$$

Im Fall (ii) endet a auf 5 und b auf 4 oder 6.

Endet b auf $x4$, dann hat b^2 denselben 100er-Rest wie $80x + 16$, so daß b auf 14 oder 64 enden muß. Für b kommen also nur die Zahlen 14, 64, 114, 164 in Frage. Für $44021 - b^2$ ergeben sich dann die Werte 43825, 39925, 31025, 17125. Division durch 25 ergibt die Zahlen 1753, 1597, 1241, 685; dies sind keine Quadrate. Es ergibt sich also keine Darstellung von 44021 als Summe von zwei Quadraten.

Endet b auf $x6$, dann hat b^2 denselben 100er-Rest wie $20x + 36$, so daß b auf 36 oder 86 enden muß. Für b kommen also nur die Zahlen 36, 86, 136, 186 in Frage. Für $44021 - b^2$ ergeben sich dann die Werte 42725, 36625, 25525, 9425. Division durch 25 ergibt die Zahlen 1709, 1465, 1021, 377; dies sind keine Quadrate. Es ergibt sich also keine Darstellung von 44021 als Summe von zwei Quadraten.

Es gibt also (abgesehen von der Reihenfolge der Summanden) nur eine Darstellung von 44021 als Summe von zwei Quadraten, und diese sind teilerfremd. Die Zahl 44021 ist daher eine Primzahl.

II.4 Ganzalgebraische Zahlen zweiten Grades

Eine Nullstelle eines Polynoms mit ganzzahligen Koeffizienten nennt man eine *algebraische Zahl*. Eine solche heißt *ganzalgebraisch*, wenn sie Nullstelle eines Polynoms mit dem führenden Koeffizienten 1 ist, wenn sie also einer Gleichung der Form

$$x^n + a_{n-1}x^{n-1} + \ldots + a_2x^2 + a_1x + a_0 = 0$$

mit $n \in \mathbb{N}$ und $a_0, a_1, a_2, \ldots, a_{n-1} \in \mathbb{Z}$ genügt. Man kann zeigen, daß die algebraischen Zahlen einen Teilkörper des Körpers $\mathbb{C}$ der komplexen Zahlen und daß die ganzalgebraischen Zahlen darin einen Integritätsbereich bilden. Dieser sehr umfassende Integritätsbereich ist für die Teilbarkeitslehre uninteressant, von Interesse sind nur gewisse Teilbereiche wie z.B. der in II.3 betrachtete Integritätsbereich der ganzen GAUSSschen Zahlen. Dies sind Zahlen, welche einer quadratischen Gleichung mit ganzzahligen Koeffizienten genügen. Beispielsweise genügt die ganze GAUSSsche Zahl $a + bi$ der Gleichung $x^2 - 2ax + a^2 + b^2 = 0$.

Wir beschränken uns auch weiterhin auf ganzalgebraische Zahlen vom Grad 2, also auf solche, die Lösung einer quadratischen Gleichung sind. Eine solche Zahl hat die Form

$$a + b\sqrt{d} \quad \text{mit } a, b \in \mathbb{Q} \text{ und } d \in \mathbb{Z} \setminus \{1\},$$

wobei man den Radikand d als *quadratfrei* voraussetzen kann. Letzteres bedeutet, daß er nicht durch eine von 1 verschiedene ganze Quadratzahl teilbar sein soll; man könnte andernfalls $\sqrt{c^2 e}$ durch $c\sqrt{e}$ ersetzen.

Die Zahl $a + b\sqrt{d}$ genügt der quadratischen Gleichung $x^2 - 2ax + a^2 - b^2 d = 0$; sie ist also ganzalgebraisch, wenn $2a \in \mathbb{Z}$ und $a^2 - b^2 d \in \mathbb{Z}$ gilt. Dann muß auch $4(a^2 - b^2 d) = (2a)^2 - (2b)^2 d$ ganz sein; weil das quadratfreie d keinen eventuell vorhandenen Nenner von $(2b)^2$ wegkürzen kann, muß also auch $2b$ ganz sein. Mit $u = 2a$ und $v = 2b$ ist also $u^2 - v^2 d$ eine ganze Zahl, die überdies durch 4 teilbar ist. Ist d von der Form $4n + 2$ oder $4n + 3$, dann müssen u und v beide gerade sein, obige Zahlen a und b müssen also ganz sein. Hat d die Form $4n + 1$, dann müssen die Zahlen u und v beide gerade oder beide ungerade sein. Man erhält also

für $d = 4n + 2$ oder $d = 4n + 3$ die ganzalgebraischen Zahlen

$$a + b\sqrt{d} \quad \text{mit} \quad a, b \in \mathbb{Z},$$

für $d = 4n + 1$ die ganzalgebraischen Zahlen

$$\frac{a}{2} + \frac{b}{2}\sqrt{d} \quad \text{mit} \quad a, b \in \mathbb{Z} \text{ und } 2 \mid a - b.$$

Im letztgenannten Fall kann man wegen

$$\frac{a}{2} + \frac{b}{2}\sqrt{d} = \frac{a - b}{2} + b \cdot \frac{1 + \sqrt{d}}{2}$$

die ganzalgebraischen Zahlen auch in folgender Form schreiben:

$$r + s \cdot \omega \text{ mit } \omega = \frac{1 + \sqrt{d}}{2} \text{ und } r, s \in \mathbb{Z}.$$

Für ein festes quadratfreies $d \in \mathbb{Z} \backslash \{1\}$ bilden die Zahlen $a + b\sqrt{d}$ ($a, b \in \mathbb{Z}$) bzw. $r + s\omega$ ($r, s \in \mathbb{Z}$) einen Integritätsbereich G_d, denn die Summe und das Produkt zweier solcher Zahlen sind wieder von der gleichen Form und die neutralen Elemente 0 und 1 sind von dieser Form. (Die übrigen Forderungen an einen Integritätsbereich ergeben sich aus den entsprechenden Regeln für das Rechnen mit komplexen Zahlen.) Für $d = -1$ ist $\sqrt{d} = i$, es liegt der Integritätsbereich $G = G_{-1}$ der ganzen GAUSSschen Zahlen vor. Dieser ist ein euklidischer Ring, was leider nicht für jedes d der Fall ist. Die Zahlen

$$\alpha = a + b\sqrt{d} \quad \text{und} \quad \alpha' = a - b\sqrt{d}$$

bzw.

$$\alpha = r + s \cdot \omega \quad \text{und} \quad \alpha' = r + s \cdot \omega' \text{ mit } \omega' = \frac{1 - \sqrt{d}}{2}$$

heißen *konjugiert*. Sie sind die Lösungen der quadratischen Gleichung

$$(x - \alpha)(x - \alpha') = x^2 - 2ax + (a^2 - b^2 d) = 0$$

bzw.

$$(x - \alpha)(x - \alpha') = x^2 - (2r + s)x + (r^2 + rs + s^2 \cdot \frac{1 - d}{4}) = 0.$$

Die Zahl

$$N(\alpha) = \alpha\alpha' = \begin{cases} a^2 - b^2 d & \text{für } \alpha = a + b\sqrt{d} \\ r^2 + rs + s^2 \cdot \dfrac{1 - d}{4} & \text{für } \alpha = r + s\omega \end{cases}$$

nennen wir wieder die *Norm* von α. Nur für $\alpha = 0$ hat die Norm den Wert 0. Für alle $\alpha, \beta \in G_d$ gilt, wie man leicht nachrechnen kann, $(\alpha\beta)' = \alpha'\beta'$, also $(\alpha\beta)(\alpha\beta)' = (\alpha\alpha')(\beta\beta')$ und somit

$$N(\alpha \cdot \beta) = N(\alpha) \cdot N(\beta).$$

(Man beachte, daß wir im Fall $d = -1$ die Bezeichnung $\overline{\alpha}$ statt α' verwendet haben.)

Die Einheiten ε im Integritätsbereich G_d sind durch $|N(\varepsilon)| = 1$ gekennzeichnet. Aus $\varepsilon|1$ folgt nämlich $N(\varepsilon)|1$, und aus $\varepsilon\varepsilon' = \pm 1$ folgt $\varepsilon|1$.

Satz 8: Der Integritätsbereich G_d ist für

$$d \in \{-11, -7, -3, -2, -1, 2, 3, 5\}$$

ein euklidischer Ring.

Beweis: Als Gradfunktion wählen wir den Betrag der Norm. Für $\alpha, \beta \in G_d$ bilden wir den Quotient $\frac{\alpha}{\beta} = x + y\sqrt{d}$ mit $x, y \in \mathbb{Q}$.

1. Fall: $d = 4n + 2$ oder $d = 4n + 3$, also $d \in \{-2, -1, 2, 3\}$

Wählt man $u, v \in \mathbb{Z}$ mit $|x - u| \leq \frac{1}{2}$ und $|y - v| \leq \frac{1}{2}$, so ergibt sich $\alpha = \gamma\beta + \delta$ mit $\gamma = u + v\sqrt{d} \in G_d$ und

$$\delta = (\frac{\alpha}{\beta} - \gamma)\beta = ((x - u) + (y - v)\sqrt{d}) \cdot \beta \in G_d.$$

Wegen $N((x - u) + (y - v)\sqrt{d})) \leq \frac{1}{4} \cdot |1 - d| < 1$ für $d \in \{-2, -1, 2, 3\}$ ist $N(\delta) < N(\beta)$.

2. Fall: $d = 4n + 1$, also $d \in \{-11, -7, -3, 5\}$

Wählt man $u, v \in \mathbb{Z}$ mit $|y - \frac{v}{2}| \leq \frac{1}{4}$ und $|x - \frac{v}{2} - u| \leq \frac{1}{2}$, so ergibt sich $\alpha = \gamma\beta + \delta$ mit $\gamma = u + v \cdot \frac{1 + \sqrt{d}}{2} \in G_d$ und

$$\delta = (\frac{\alpha}{\beta} - \gamma)\beta = (x - u + y\sqrt{d} - v \cdot \frac{1 + \sqrt{d}}{2}) \cdot \beta \in G_d.$$

Wegen $N((x - u - \frac{v}{2}) + (y - \frac{v}{2})\sqrt{d}) \leq \frac{1}{4} + \frac{|d|}{16} \leq \frac{15}{16} < 1$ für $d \in \{-11, -7, -3, 5\}$ ist $N(\delta) < N(\beta)$. $\square$

Satz 8 läßt natürlich offen, ob nicht noch für weitere Werte von d ein euklidischer Algorithmus existiert. Das unten folgende Beispiel für $d = -5$ zeigt aber, das dies jedenfalls nicht für *jedes* d der Fall ist, denn dort liegt kein ZPE-Ring und damit erst recht kein euklidischer Ring vor. Man kann beweisen, daß außer für die in Satz 8 genannten Werte nur noch für $d = 6, 7, 11, 13, 17, 19, 21, 29,$ $33, 37, 41, 57, 73$ mit Hilfe der Norm eine Division mit Rest definiert werden kann (vgl. z.B. [Hasse 1950], [Borewicz/Safarevic 1966]).

Ist $d < 0$, dann besitzt G_d nur endlich viele Einheiten:

G_{-1} besitzt genau vier Einheiten, nämlich $\pm 1, \pm i$.

G_{-2} besitzt genau zwei Einheiten, nämlich ± 1.

G_{-3} besitzt genau sechs Einheiten (vgl. Beispiel 1).

Für $d \leq -5$ existieren die beiden Einheiten ± 1.

Ist $d > 0$, dann besitzt G_d unendlich viele Einheiten. Mit der Bestimmung dieser Einheiten werden wir uns im folgenden Abschnitt befassen (vgl. auch Beispiel 2).

Beispiel 1: $G_{-3} = \{r + s\omega \mid r, s \in \mathbb{Z}\}$ mit $\omega = \frac{1 + \sqrt{-3}}{2}$.

Es gilt $N(r + s\omega) = r^2 + rs + s^2$. Für $r + s\omega \neq 0$ ist $N(r + s\omega) > 0$, denn $r^2 + rs + s^2 = (r + \frac{s}{2})^2 + \frac{3}{4}s^2$. Es gibt genau sechs Einheiten, nämlich $\pm 1, \pm \omega,$ $\pm \omega^2$, wobei $\omega^2 = -1 + \omega$. Denn $(r + \frac{s}{2})^2 + \frac{3}{4}s^2 = 1$ gilt nur für $s = 0, r = \pm 1$ oder $s = \pm 1, r = 0$ oder $s = \pm 1, r = \mp 1$.

Die Zahl $\alpha = 1 + 2\omega$ ist eine Primzahl in G_{-3}, denn $N(\alpha) = 7$ ist eine rationale Primzahl. Die Zahl $\beta = 2 + 5\omega$ hat die Norm 39; sie ist durch $1 + \omega$ teilbar, denn die Gleichung

$$(1 + \omega)(x + y\omega) = x + x\omega + y\omega + y(-1 + \omega)$$
$$= (x - y) + (x + 2y)\omega = 2 + 5\omega$$

bzw. das Gleichungssystem $\begin{cases} x - y = 2 \\ x + 2y = 5 \end{cases}$ hat die Lösung $x = 3$, $y = 1$.

Den euklidischen Ring G_{-3} werden wir in IV.6 benutzen, um die Unlösbarkeit der Gleichung $x^3 + y^3 = z^3$ in natürlichen Zahlen zu beweisen.

Beispiel 2: $G_7 = \{a + b\sqrt{7} \mid a, b \in \mathbb{Z}\}$.

Es gilt $N(a + b\sqrt{7}) = a^2 - 7b^2$, wegen der Irrationalität von $\sqrt{7}$ also $N(\alpha) = 0$ nur für $\alpha = 0$. Die Gleichung $x^2 - 7y^2 = 1$ hat die triviale Lösung $x = \pm 1$, $y = 0$; sie hat auch die Lösung $x = \pm 8$, $y = \pm 3$. Mit $\varepsilon = 8 + 3\sqrt{7}$ ist wegen $N(\varepsilon^n) = N(\varepsilon)^n$ für $n \in \mathbb{Z}$ auch $\pm(8 + 3\sqrt{7})^n$ für $n \in \mathbb{Z}$ eine Einheit; da diese paarweise verschieden sind, gibt es unendlich viele Einheiten. Die Gleichung $x^2 - 7y^2 = -1$ bzw. $x^2 + 1 = 7y^2$ ist nicht lösbar, denn $x^2 + 1$ läßt bei Division durch 4 die Reste 1 oder 2, während $7y^2$ den Rest 0 oder 3 läßt.

Die Zahl $\alpha = 3 + \sqrt{7}$ ist eine Primzahl in G_7, denn $N(\alpha) = 2$. Die Zahl $\beta = 5 + \sqrt{7}$ ist keine Primzahl in G_7, denn $\alpha \mid \beta$: Aus

$$(3 + \sqrt{7})(x + y\sqrt{7}) = (3x + 7y) + (x + 3y)\sqrt{7} = 5 + \sqrt{7}$$

folgt $x = 4$, $y = -1$, also ist $\beta = \alpha \cdot (4 - \sqrt{7})$, und wegen $N(\alpha) = 2$ und $N(4 - \sqrt{7}) = 9$ ist keiner der Faktoren eine Einheit.

Beispiel 3: $G_{-5} = \{a + b\sqrt{-5} \mid a, b \in \mathbb{Z}\}$.

G_{-5} ist kein ZPE-Ring. Zum Nachweis dieser Behauptung genügt die Angabe eines Beispiels für eine Zahl mit nicht-eindeutiger Zerlegung in irreduzible Faktoren. Ein solches Beispiel ist

$$6 = 2 \cdot 3 = (1 + \sqrt{-5}) \cdot (1 - \sqrt{-5}).$$

Es gilt $N(2) = 4$, $N(3) = 9$, $N(1 \pm \sqrt{-5}) = 6$. Die Faktoren sind also nicht assoziiert. Sie sind sämtlich irreduzibel in G_{-5}, denn für einen nichttrivialen Teiler $x + y\sqrt{-5}$ einer dieser Zahlen müßte

$$x^2 + 5y^2 = 2 \text{ bzw. } x^2 + 5y^2 = 3$$

gelten; diese Gleichungen sind aber offensichtlich nicht ganzzahlig lösbar.

Da G_{-5} kein ZPE-Ring ist, ist es natürlich auch kein Hauptidealring. Die Begriffe „irreduzibles Element" und „Primelement" fallen hier nicht zusammen, wie folgendes Beispiel belegt: $1 + \sqrt{-5}$ ist irreduzibel, wie wir soeben gesehen haben, es ist aber kein Primelement; denn $1 + \sqrt{-5}$ teilt 6, teilt aber weder 2 noch 3. In G_{-5} existiert auch nicht zu je zwei Elementen ein größter gemeinsamer Teiler (Aufgabe 14). Auf die Tatsache, daß in G_{-5} keine eindeutige Zerlegung in irreduzible Elemente möglich ist, hat erstmals RICHARD DEDEKIND (1831–1916) aufmerksam gemacht.

Ein gewisses Analogon zur Zerlegung von Zahlen in Faktoren ist die Zerlegung von Idealen in Faktoren, was in einem Hauptidealring (vgl. II.2) auf dasselbe hinausläuft. Mit der Betrachtung von Idealen ganzalgebraischer Zahlen beginnt der Zweig der Zahlentheorie, den man Algebraische Zahlentheorie nennt. Eine sehr ausführliche Darstellung der Theorie der algebraischen Zahlen vom Grad 2 gibt z.B. [Bachmann 1907].

II.5 Die Pellsche Gleichung

Es sei d eine quadratfreie natürliche Zahl > 1. Wir wollen die Einheiten des Integritätsbereichs G_d bestimmen.

1.Fall: $d = 4n + 2$ oder $d = 4n + 3$.

Die Zahlen aus G_d haben die Form $x + y\sqrt{d}$ mit $x, y \in \mathbb{Z}$. Genau dann ist $x + y\sqrt{d}$ eine Einheit in G_d, wenn

$$|x^2 - dy^2| = 1$$

gilt. Wir müssen also nach ganzzahligen Lösungen der Gleichungen

$$x^2 - dy^2 = 1 \quad \text{und} \quad x^2 - dy^2 = -1$$

suchen. Wir werden sehen, daß die Gleichung $x^2 - dy^2 = 1$ stets unendlich viele ganzzahlige Lösungen hat. Die Gleichung $x^2 - dy^2 = -1$ ist aber nicht stets ganzzahlig lösbar. Beispielsweise ist $x^2 - 3y^2 = -1$ nicht lösbar: Für eine Lösung (x, y) wäre $3 \nmid x$, also $x = 3k \pm 1$ und somit x^2 von der Form $3n + 1$; in der Gleichung $x^2 + 1 = 3y^2$ stünde links eine Zahl der Form $3n + 2$, rechts aber eine durch 3 teilbare Zahl. Auch für jedes andere d der Form $4n + 3$ ist $x^2 - dy^2 = -1$ nicht lösbar; denn $x^2 - dy^2$ hat dann denselben 4er-Rest wie $x^2 + y^2$, also entweder 0,1 oder 2, während -1 den 4er-Rest 3 hat ($-1 = (-1) \cdot 4 + 3$). Vgl. hierzu auch Aufgabe 17.

2.Fall: $d = 4n + 1$.

Die Zahlen aus G_d haben die Form $x + y\omega$ mit $\omega = \frac{1+\sqrt{d}}{2}$ und $x, y \in \mathbb{Z}$. Genau dann ist $x + y\omega$ eine Einheit in G_d, wenn

$$|x^2 + xy - \frac{d-1}{4}y^2| = 1,$$

also

$$|(2x + y)^2 - dy^2| = 4.$$

Wir müssen also nach ganzzahligen Lösungen der Gleichungen

$$u^2 - dv^2 = 4 \quad \text{und} \quad u^2 - dv^2 = -4$$

suchen, wobei $u - v$ gerade sein muß. Lösungen mit geraden Zahlen u, v entsprechen Lösungen $\frac{u}{2}, \frac{v}{2}$ von $x^2 - dy^2 = \pm 1$. Lösungen mit ungeraden Zahlen u, v können nur existieren, wenn d von der Form $8n + 5$ ist; denn das Quadrat einer ungeraden Zahl ist von der Form $8n + 1$, bei Division durch 8 läßt also in diesem Fall $u^2 - dv^2$ denselben Rest wie $1 - d$, welcher gleich 4 sein muß. Aber auch für $d = 8n + 5$ existieren nicht stets ungerade Lösungen von $u^2 - dv^2 = 4$, beispielsweise für $d = 37$ (was allerdings nicht leicht einzusehen ist). Vgl. hierzu auch die Aufgaben 18 und 19. Eine vollständige Bestimmung der Einheiten von G_d für $d > 0$ findet man z.B. in [Aigner 1974], [Gundlach 1972], [Hasse 1950], [Lüneburg 1978].

Wir wollen uns nun mit der Gleichung

$$x^2 - dy^2 = 1$$

beschäftigen, wobei die natürliche Zahl d keine Quadratzahl sein soll. Diese Gleichung heißt PELLsche Gleichung. JOHN PELL (1610–1685) hat als Gelehrter und auch als Diplomat im Dienste CROMWELLs viel geleistet, die Behandlung dieser Gleichung geht aber nicht auf ihn zurück, wie EULER irrtümlich behauptete. Schon BRAHMAGUPTA (598– nach 665) empfahl die Gleichung

$$x^2 - 92y^2 = 1$$

denjenigen, die sich als Mathematiker profilieren wollten; sie hat die „kleinste" Lösung $x = 1151$, $y = 120$. (BRAHMAGUPTAs „Geheimnis" wird in Aufgabe 22 gelüftet.) Nachdem BERNARD FRÉNICLE DE BESSY (1605–1670) die kleinsten Lösungen der PELLschen Gleichung für $d \leq 150$ gefunden hatte, forderte FERMAT den englischen Mathematiker JOHN WALLIS (1616–1703) auf, die kleinsten Lösungen für $d = 151$ und $d = 313$ zu finden. Bei der umfassenden Behandlung der PELLschen Gleichung hat LAGRANGE, der in vielfacher Hinsicht als „Nachfolger" FERMATs angesehen werden kann (vgl. auch IV.9), die Theorie der Kettenbrüche wesentlich weiterentwickelt.

Wir betrachten zunächst die PELLsche Gleichung für $d = 3$. Um Lösungen von

$$x^2 - 3y^2 = 1$$

zu finden, könnte man folgendermaßen argumentieren: Für eine Lösung (x, y) mit großen Werten x, y gilt

$$\frac{x}{y} = \sqrt{3 + y^{-2}} \approx \sqrt{3}.$$

Also versuche man, $\sqrt{3}$ durch einen Bruch zu approximieren. Dafür eignet sich die Kettenbruchapproximation von $\sqrt{3}$: Es ist $\sqrt{3} = [1, \overline{1,2}]$ (vgl. I.8); die ersten Näherungsbrüche sind

$$[1] = \frac{1}{1}; \ [1,1] = \frac{2}{1}; \ [1,1,2] = \frac{5}{3}; \ [1,1,2,1] = \frac{7}{4}; \ [1,1,2,1,2] = \frac{19}{11}.$$

Für	$(x,y) = (1,1)$	gilt	$x^2 - 3y^2 = -2;$
für	$(x,y) = (2,1)$	gilt	$x^2 - 3y^2 = 1;$
für	$(x,y) = (5,3)$	gilt	$x^2 - 3y^2 = -2;$
für	$(x,y) = (7,4)$	gilt	$x^2 - 3y^2 = 1;$
für	$(x,y) = (19,11)$	gilt	$x^2 - 3y^2 = -2.$

Die Paare $(2,1)$ und $(7,4)$ sind also Lösungen der PELLschen Gleichung, die Zahlen $2 + \sqrt{3}$ und $7 + 4\sqrt{3}$ sind daher Einheiten von G_3. Jede Potenz einer Einheit ist wieder eine Einheit, denn mit $|N(\varepsilon)| = 1$ ist auch $|N(\varepsilon^n)| = |N(\varepsilon)^n| = 1$. Man erhält also aus $2 + \sqrt{3}$ weiter die Einheiten

$$(2 + \sqrt{3})^2 = 7 + 4\sqrt{3}, \ (2 + \sqrt{3})^3 = 26 + 15\sqrt{3}, \ \ldots$$

Die so gewonnenen Einheiten ergeben sich auch, wenn man obige Kettenbruchnäherung weiterführt. Wegen $(2 + \sqrt{3})^{-1} = 2 - \sqrt{3}$ sind dann auch $2 - \sqrt{3}$, $7 - 4\sqrt{3}, 26 - 15\sqrt{3}, \ldots$ Einheiten. Wir werden sehen, daß es außer den Einheiten $\pm(2 + \sqrt{3})^n$ ($n \in \mathbb{Z}$) keine weiteren Einheiten in G_3 gibt. Denn $x^2 - 3y^2 = 1$ hat nur die diesen Einheiten entsprechenden Lösungen, und die Gleichung $x^2 - 3y^2 = -1$ ist nicht lösbar, wie wir oben schon gesehen haben.

Satz 9: Die PELLsche Gleichung $x^2 - dy^2 = 1$ hat unendlich viele Lösungen. Es gibt eine Lösung (ξ, η) mit $\xi, \eta > 0$ derart, daß

$$\{(x_n, y_n) \mid x_n + y_n\sqrt{d} = \pm(\xi + \eta\sqrt{d})^n, \ n \in \mathbb{Z}\}$$

die Menge aller Lösungen ist.

Beweis: Zunächst beweisen wir die Existenz einer Lösung. Ist $\frac{P_k}{Q_k}$ der k-te Näherungsbruch in der Kettenbruchentwicklung von $\sqrt{d}$, dann ist $|P_k - Q_k\sqrt{d}| < \frac{1}{Q_k}$ (vgl. I.8). Es gibt daher eine wachsende Folge $k_1, k_2, k_3, \ldots$ sowie zwei Folgen $x_1, x_2, x_3, \ldots$ und $y_1, y_2, y_3, \ldots$ natürlicher Zahlen mit $y_n \leq k_n$ und

$$\frac{1}{k_1} > |x_1 - y_1\sqrt{d}| > \frac{1}{k_2} > |x_2 - y_2\sqrt{d}| > \frac{1}{k_3} > \ldots.$$

Dabei gilt für alle $n \in \mathbb{N}$

$$|x_n^2 - dy_n^2| = |x_n - y_n\sqrt{d}| \cdot |x_n + y_n\sqrt{d}| < \frac{1}{k_n}\left(\frac{1}{k_n} + 2k_n\sqrt{d}\right) \leq 1 + 2\sqrt{d}.$$

Weil also die Folge der ganzen Zahlen $x_n^2 - dy_n^2$ beschränkt ist, existiert eine natürliche Zahl r, welche unendlich viele verschiedene Darstellungen der Form

$|x^2 - dy^2|$ mit $x, y \in \mathbb{N}$ besitzt. Die zwei Terme $x_i^2 - dy_i^2$ und $x_j^2 - dy_j^2$ heißen äquivalent, wenn x_i und x_j bzw. y_i und y_j den gleichen Rest bei Division durch r lassen, und wenn beide den Wert $+r$ oder beide den Wert $-r$ haben. Dadurch wird eine Äquivalenzrelation in der Menge dieser Terme definiert. Da für x_i und y_j jeweils r Reste möglich sind und der Wert des Terms positiv oder negativ sein kann, gibt es $2r^2$ Äquivalenzklassen. Mindestens eine davon muß also unendlich viele und daher mindestens zwei der obigen Terme enthalten. Es sei also etwa

$$x_1^2 - dy_1^2 = x_2^2 - dy_2^2 = r \ (\text{oder} = -r) \quad \text{mit} \quad r | x_1 - x_2 \text{ und } r | y_1 - y_2.$$

Dabei können wir $0 < x_1 < x_2$ und somit $0 < y_1 < y_2$ annehmen. Wir betrachten nun die Zahl

$$(x_1 + y_1\sqrt{d})(x_2 - y_2\sqrt{d}) = (x_1 x_2 - dy_1 y_2) - (x_1 y_2 - x_2 y_1)\sqrt{d}.$$

Die Zahl $x_1 x_2 - dy_1 y_2$ läßt bei Division durch r denselben Rest wie die Zahl $x_1^2 - dy_1^2$, ist also durch r teilbar. Ferner ist $x_1 y_2 - x_2 y_1$ durch r teilbar, denn $x_1 y_2$ und $x_2 y_1$ lassen bei Division durch r denselben Rest. Also sind die Zahlen

$$u = \frac{x_1 x_2 - dy_1 y_2}{r} \quad \text{und} \quad v = \frac{x_1 y_2 - x_2 y_1}{r}$$

ganz. Nun ist (u, v) eine Lösung der PELLschen Gleichung, denn

$$\begin{aligned}
u^2 - dv^2 &= (u + v\sqrt{d})(u - v\sqrt{d}) \\
&= \frac{1}{r}(x_1 + y_1\sqrt{d})(x_2 - y_2\sqrt{d}) \cdot \frac{1}{r}(x_1 + y_1\sqrt{d})(x_2 - y_2\sqrt{d}) \\
&= \frac{1}{r} \cdot \frac{1}{r} \cdot (x_1^2 - dy_1^2)(x_2^2 - dy_2^2) \\
&= \frac{(\pm r)^2}{r^2} = 1.
\end{aligned}$$

Die Lösung (u, v) ist nicht trivial, denn aus $u = 1$ und $v = 0$ folgt $x_1 = x_2$ und $y_1 = y_2$. Damit ist geklärt, daß die PELLsche Gleichung nichttriviale Lösungen besitzt. Unter allen Lösungen (x, y) mit $x, y > 0$ sei (ξ, η) diejenige, für welche $x + y\sqrt{d}$ den kleinsten Wert hat. (Man beachte, daß mit wachsendem x-Wert zugleich auch der y-Wert wächst.) Wäre nun (x_0, y_0) eine Lösung mit $x_0, y_0 > 0$ und $x_0 + y_0\sqrt{d}$ keine Potenz von $\xi + \eta\sqrt{d}$, dann gäbe es ein $n \in \mathbb{N}$ mit

$$(\xi + \eta\sqrt{d})^n < x_0 + y_0\sqrt{d} < (\xi + \eta\sqrt{d})^{n+1}.$$

Dann wäre

$$1 = (\xi + \eta\sqrt{d})^n(\xi - \eta\sqrt{d})^n < (x_0 + y_0\sqrt{d})(\xi - \eta\sqrt{d})^n < \xi + \eta\sqrt{d}.$$

Da $(x_0 + y_0\sqrt{d})(\xi - \eta\sqrt{d})^n$ als Produkt von Einheiten aus G_d mit der Norm 1 ebenfalls eine Einheit ist, ergibt sich ein Widerspruch zur Minimalität von $\xi + \eta\sqrt{d}$. $\square$

Man nennt die in Satz 9 konstruierte Lösung (ξ, η) eine *Grundlösung* der PELLschen Gleichung $x^2 - dy^2 = 1$. Diese ist eindeutig bestimmt, wenn man $\xi, \eta > 0$ verlangt. Man beachte, daß wegen $(\xi + \eta\sqrt{d})^{-1} = \xi - \eta\sqrt{d}$ die Lösungen auch in der Form $\pm(\xi - \eta\sqrt{d})^n$ $(n \in \mathbb{Z})$ gewonnen werden können.

Satz 9 beinhaltet die Existenz einer Grundlösung, es bleibt aber offen, wie man eine Grundlösung findet.

Prinzipiell läßt sich eine Grundlösung natürlich durch Probieren finden: Für $y = 1, 2, 3, \ldots$ prüfe man, ob $1 + dy^2$ ein Quadrat ist; ist dies erstmals für $y = \eta$ mit $1 + d\eta^2 = \xi^2$ der Fall, dann ist (ξ, η) die Grundlösung mit $\xi, \eta > 0$. Für große Werte von d kann dieses Probierverfahren aber sehr mühsam sein. Beispielsweise ergibt sich für $d = 31$ die Grundlösung $(1520, 273)$. Der Punkt (ξ, η) ist der ganzzahlige Punkt mit positiven Koordinaten auf der Hyperbel mit der Gleichung $x^2 - dy^2 = 1$, dessen Entfernung vom Nullpunkt am kleinsten ist.

Ein allgemeines Verfahren zur Bestimmung der Grundlösung beruht auf der Periodizität der Kettenbruchentwicklung von $\sqrt{d}$:

Satz 10: Sind P_i, Q_i die Näherungszähler und –nenner der Kettenbruchentwicklung von $\sqrt{d}$, hat diese die Periodenlänge p und ist $m = 1$, falls p gerade, $m = 2$, falls p ungerade ist, dann ist (P_{mp-1}, Q_{mp-1}) die Grundlösung von $x^2 - dy^2 = 1$ mit positiven Zahlen.

Beweis: Es sei $\sqrt{d} = [g, \overline{a_1, \ldots, a_p}]$ mit $g = [\sqrt{d}]$ und $\frac{P_h}{Q_h} = [g, a_1, \ldots, a_h]$ mit $a_i = a_{i-p}$ für $i > p$. Ist h ein Vielfaches von p, dann gilt

$$\sqrt{d} = [g, a_1, \ldots, a_h, \frac{1}{\sqrt{d}-y}] = \frac{P_h \cdot \frac{1}{\sqrt{d}-g} + P_{h-1}}{Q_h \cdot \frac{1}{\sqrt{d}-g} + Q_{h-1}} = \frac{P_h + P_{h-1}(\sqrt{d}-g)}{Q_h + Q_{h-1}(\sqrt{d}-g)}.$$

Daraus folgt $(Q_{h-1}d - P_h + P_{h-1}g) + (Q_h - Q_{h-1}g - P_{h-1})\sqrt{d} = 0$, also

$$\begin{cases} Q_{h-1}d = P_h - P_{h-1}g \\ P_{h-1} = Q_h - Q_{h-1}g \end{cases}.$$

Multipliziert man die erste Gleichung mit Q_{h-1}, die zweite mit P_{h-1} und bildet die Differenz dieser Gleichungen, dann ergibt sich

$$P_{h-1}^2 - dQ_{h-1}^2 = -(P_h Q_{h-1} - P_{h-1}Q_h) = (-1)^h.$$

Also ist (P_{h-1}, Q_{h-1}) eine Lösung von $x^2 - dy^2 = (-1)^h$. Ist also p gerade, dann ist (P_{p-1}, Q_{p-1}) eine Lösung von $x^2 - dy^2 = 1$, bei ungeradem p ist (P_{2p-1}, Q_{2p-1}) eine Lösung von $x^2 - dy^2 = 1$.

Als nächstes zeigen wir, daß für *jede* Lösung (ξ, η) von $x^2 - dy^2 = 1$ mit $\xi, \eta > 0$ der Bruch $\frac{\xi}{\eta}$ als ein Näherungsbruch in der Kettenbruchentwicklung von $\sqrt{d}$ vorkommt: es gilt

$$\frac{\xi}{\eta} - \sqrt{d} = \frac{1}{\eta(\xi + \eta\sqrt{d})} < \frac{1}{2\eta^2}.$$

Die Approximationseigenschaft

$$\left| \sqrt{d} - \frac{\xi}{\eta} \right| < \frac{1}{2\eta^2}$$

haben aber nur die Näherungsbrüche der Kettenbruchentwicklung von $\sqrt{d}$ (Aufgabe 20). Wir sind also sicher, daß die Grundlösung durch einen Näherungsbruch geliefert wird.

Nun müssen wir nur noch zeigen, daß (P_n, Q_n) keine Lösung von $x^2 - dy^2 = 1$ sein kann, wenn $n + 1$ kein Vielfaches von p ist. Beim Beweis von Satz 24 in I.9 haben wir die Kettenbruchentwicklung $[a_0, a_1, a_2 \ldots]$ von

$$\alpha = \frac{k + \sqrt{d}}{m} \quad (d > 0, \ d \text{ kein Quadrat}, \ m | d - k^2)$$

folgendermaßen konstruiert: Es sei $\alpha_0 = \alpha$, $k_0 = k$, $m_0 = m$ und

$$a_i = [\alpha_i], \ k_{i+1} = a_i m_i - k_i \text{ und } m_{i+1} = \frac{d - k_{i+1}^2}{m_i}$$

für $i = 0, 1, 2, \ldots$. Es ist dann für $n \geq 2$

$$\alpha = \frac{\alpha_n P_{n-1} + P_{n-2}}{\alpha_n Q_{n-1} + Q_{n-2}} = \frac{(k_n + \sqrt{d})P_{n-1} + m_n P_{n-2}}{(k_n + \sqrt{d})Q_{n-1} + m_n Q_{n-2}}.$$

Mit $k_0 = 0$ und $m_0 = 1$ ist $\alpha = \sqrt{d}$; in diesem Fall ergibt sich

$$dQ_{n-1} + \sqrt{d}(k_n Q_{n-1} + m_n Q_{n-2}) = k_n P_{n-1} + m_n P_{n-2} + \sqrt{d}P_{n-1}.$$

Daraus folgt das Gleichungssystem

$$\begin{cases} dQ_{n-1} &= k_n P_{n-1} + m_n P_{n-2} \\ P_{n-1} &= k_n Q_{n-1} + m_n Q_{n-2} \end{cases}.$$

Multipliziert man die erste Gleichung mit Q_{n-1}, die zweite mit P_{n-1} und bildet die Differenz, dann ergibt sich

$$P_{n-1}^2 - dQ_{n-1}^2 = (-1)^n m_n.$$

Folglich kann (P_{n-1}, Q_{n-1}) nur dann eine Lösung von $x^2 - dy^2 = \pm 1$ sein, wenn $m_n = 1$ ist, was aber nur für $p | n$ gilt. □

Die Aussage von Satz 10 wurde von LAGRANGE gefunden, aber erst von LEGENDRE vollständig bewiesen.

Beispiel: Es ist $\sqrt{23} = [4, \overline{1, 3, 1, 8}]$ (vgl. I.9). Wegen

$$\begin{pmatrix} P_3 & P_2 \\ Q_3 & Q_2 \end{pmatrix} = \begin{pmatrix} 4 & 1 \\ 1 & 0 \end{pmatrix} \begin{pmatrix} 1 & 1 \\ 1 & 0 \end{pmatrix} \begin{pmatrix} 3 & 1 \\ 1 & 0 \end{pmatrix} \begin{pmatrix} 1 & 1 \\ 1 & 0 \end{pmatrix} = \begin{pmatrix} 24 & 19 \\ 5 & 4 \end{pmatrix}$$

ist $(24,5)$ die Grundlösung von $x^2 - 23y^2 = 1$.

Ein spezielles Resultat enthält der folgende Satz.

Satz 11: Ist $d = t^2+1$ mit $t \in \mathbb{N}$, dann hat die PELLsche Gleichung $x^2 - dy^2 = 1$ die Grundlösung $(2t^2 + 1, 2t)$.

Beweis: Wir suchen ein möglichst kleines y, für welches $1 + (t^2+1)y^2$ ein Quadrat ist. Wäre y ungerade, so hätte $1 + (t^2 + 1)y^2$ bei Division durch 4 den Rest 2 oder 3, was aber bei einer Quadratzahl nicht sein darf. Also ist y gerade, etwa $y = 2u$. Für $u = t$ ergibt sich eine Lösung:

$$1 + (t^2 + 1) \cdot 4t^2 = 4t^4 + 4t^2 + 1 = (2t^2 + 1)^2.$$

Für $1 \leq u \leq t$ ist

$$1 + (t^2 + 1) \cdot 4u^2 = 4u^2 t^2 + 4u^2 + 1 = (2ut + \frac{u}{t})^2 + 1 - (\frac{u}{t})^2,$$

also

$$t^2(1 + (t^2 + 1) \cdot 4u^2) = (2ut^2 + u)^2 + t^2 - u^2.$$

Dies ist wegen

$$(2ut^2 + u)^2 \leq (2ut^2 + u)^2 + t^2 - u^2 < (2ut^2 + u + 1)^2$$

nur dann eine Quadratzahl, wenn $u^2 = t^2$ ist. $\square$

Bemerkung: Für $d = t^2 - 1$ mit $t \geq 2$ erkennt man sofort, daß $(t, 1)$ eine Grundlösung ist. Daraus und aus Satz 11 ergibt sich folgende Tabelle:

d	2	3	5	10	15	17	26
Grundlösung	$(3, 2)$	$(2, 1)$	$(9, 4)$	$(19, 6)$	$(4, 1)$	$(33, 8)$	$(51, 10)$

II.6 Aufgaben

1. Zeige, daß

$$I = \left\{ \begin{pmatrix} a & -5b \\ b & a \end{pmatrix} \mid a, b \in \mathbb{Z} \right\}$$

ein Integritätsbereich bezüglich der Matrizenaddition und -multiplikation ist. Zeige, daß die Elemente

$$\begin{pmatrix} 2 & 0 \\ 0 & 2 \end{pmatrix}, \begin{pmatrix} 3 & 0 \\ 0 & 3 \end{pmatrix}, \begin{pmatrix} 1 & -5 \\ 1 & 1 \end{pmatrix}, \begin{pmatrix} 1 & 5 \\ -1 & 1 \end{pmatrix}$$

irreduzibel sind. Zeige schließlich, daß I kein euklidischer Ring ist.

2. Die Menge H der natürlichen Zahlen der Form $4n + 1$ ist bezüglich der Multiplikation abgeschlossen, d.h., das Produkt zweier Zahlen aus H gehört stets wieder zu H. Zeige, daß die Primfaktorzerlegung in H nicht eindeutig ist. (Man kann die Eindeutigkeit der Primfaktorzerlegung auch kaum erwarten, denn im Beweis dieser Eindeutigkeit in $\mathbb{N}$ spielte die Addition eine wesentliche Rolle.)

3. Beweise, daß in $\mathbb{Q}[x]$ folgende Teilbarkeitsbeziehungen gelten:

a) $(x-1)|(x^n-1)$ für alle $n \in \mathbb{N}$.

b) Ist $m|n$, dann ist $(x^m-1)|(x^n-1)$ $(m,n \in \mathbb{N})$.

c) $(x+1)|(x^{2n-1}+1)$ für alle $n \in \mathbb{N}$.

d) Ist u ungerade $(u \in \mathbb{N})$, dann ist $(x^n+1)|(x^{nu}+1)$ für alle $n \in N$.

4. Bestimme einen größten gemeinsamen Teiler der Polynome

a) $2x^4 - x^3 + x + 1$ und $4x^2 + x - 1$

b) $x^5 + x^4 + x^3 + x^2 + x + 1$ und $x^4 + x^3 + 2x^2 + x + 1$

c) $2x^3 + x^2 + 2x + 1$, $x^4 - x^2 - 2$ und $x^5 + x^4 + 2x^3 + 2x^2 + x + 1$

5. Bestimme alle $\alpha, \beta, \gamma \in G$ (Ring der ganzen GAUSSschen Zahlen) mit

$$\alpha + \beta + \gamma = \alpha \cdot \beta \cdot \gamma = 1.$$

6. Beweise: Gilt $N(\alpha) = (r^2 + s^2)^2$ für $\alpha \in G$ mit $r, s \in \mathbb{Z}$, dann ist α keine GAUSSsche Primzahl.

7. Bestimme die Primfaktorzerlegung für die folgenden ganzen GAUSSschen Zahlen:

a) $2 + 4i$ b) $3 - 5i$ c) $22 + 7i$ d) $19 + 17i$

e) $10 + 100i$ f) $-7 + i$ g) 15 h) $7 + 24i$

8. Bestimme in G die Menge GGT(α, β) und ferner Zahlen γ, δ mit

$$\alpha\gamma + \beta\delta \in \text{GGT }(\alpha, \beta).$$

a) $\alpha = 7 + 17i$, $\beta = 15 - 36i$ b) $\alpha = 18 - 4i$, $\beta = 3 + 15i$

9. Zeige, daß 46061 eine Primzahl ist.

10. a) Untersuche, ob der Teilring $\{a + 2bi \mid a, b \in \mathbb{Z}\}$ von G ein euklidischer Ring ist. Bestimme GGT$(4, 4i)$.

b) Untersuche, ob der Teilring $\{a + b\sqrt{-3} \mid a, b \in \mathbb{Z}\}$ von G_{-3} ein euklidischer Ring ist. Bestimme GGT$(6, 3 + 3\sqrt{-3})$.

11. Zeige anhand geeigneter Beispiele, daß für $d = -6$, $d = -10$, $d = -13$ und für $d = 10$ und $d = 14$ der Ring G_d kein ZPE-Ring ist.

12. Zeige in G_{-5}: $a + b\sqrt{-5}$ teilt $c + d\sqrt{-5}$ genau dann, wenn $a^2 + 5b^2$ in $\mathbb{Z}$ ein Teiler von ggT$(ac + 5bd, ad - bc)$ ist.

13. a) Bestimme alle irreduziblen Elemente $\pi \in G_{-5}$ mit $N(\pi) \leq 20$.

b) Bestimme alle wesentlich verschiedenen Zerlegungen von 21 in irreduzible Elemente in G_{-5}.

14. Zeige, daß die Zahlen 9 und $6 + 3\sqrt{-5}$ in G_{-5} keinen größten gemeinsamen Teiler besitzen.

15. Bestimme ohne Benutzung der Kettenbruchentwicklung von $\sqrt{d}$ die Grundlösung der PELLschen Gleichung $x^2 - dy^2 = 1$ für

a) $d = 6, 7, 11$;

b) $d = 35, 37, 63, 65, 82, 101, 122, 143, 145$.

16. a) Zeige, daß die PELLsche Gleichung $x^2 - dy^2 = 1$ für $d = \frac{t^2-1}{4}$ (t ungerade) die Grundlösung $(t, 2)$ besitzt.

b) Bestimme die Grundlösungen der PELLschen Gleichung für $d = 6$, $d = 30$.

17. a) Zeige, daß $x^2 - dy^2 = -1$ keine Lösung hat, wenn $d = 8m + a$ mit $a \in \{3, 6, 7\}$.

b) Ist $d = 8m + b$ mit $b \in \{1, 2, 5\}$, dann kann $x^2 - dy^2 = -1$ lösbar oder unlösbar sein. Untersuche die Fälle $d = 2, 5, 17, 21, 33, 42$.

18. Ist $d = 8m + 5$, dann kann $x^2 - dy^2 = -4$ in ungeraden Zahlen lösbar oder nicht lösbar sein. Gib hierfür Beispiele an.

19. Ist $d = 8m + 5$ und (ξ, η) eine Lösung mit ungeraden Zahlen der Gleichung $x^2 - dy^2 = a$ mit $a \in \{-4, 4\}$, dann ist auch $(\xi x_0 - d\eta y_0, \eta x_0 - \xi y_0)$ eine Lösung mit ungeraden Zahlen, wenn (x_0, y_0) eine Lösung von $x^2 - dy^2 = 1$ ist, und bis auf das Vorzeichen gewinnt man jede Lösung in dieser Form.

20. Beweise: Ist $\alpha > 0$ eine irrationale Zahl und $\frac{a}{b}$ ($a, b \in \mathbb{N}$) eine rationale Zahl mit

$$|\alpha - \frac{a}{b}| < \frac{1}{2b^2},$$

dann ist $\frac{a}{b}$ ein Näherungsbruch in der Kettenbruchentwicklung von α.

21. Bestimme mit Hilfe der Kettenbruchentwicklung von $\sqrt{d}$ die Grundlösung (x_0, y_0) mit $x_0, y_0 > 0$ von $x^2 - dy^2 = 1$ für $d = 13$ und $d = 19$.

22. a) Bestimme die Grundlösung von $x^2 - 23y^2 = 1$ und mit Hilfe dieser die Grundlösung der Gleichung $x^2 - 92y^2 = 1$ von BRAHMAGUPTA.

b) Zeige, daß $(t^2 - 1, t)$ und $(2(t^2 - 1)^2 - 1, 2t(t^2 - 1))$ Lösungen von $x^2 - (t^2 - 2)y^2 = 1$ sind. Zeige damit, daß $x^2 - 4(t^2 - 2)y^2 = 1$ die Lösung $(t^2 - 1, \frac{t}{2})$ hat, wenn t gerade ist, und die Lösung $(2(t^2 - 1)^2 - 1, t(t^2 - 1))$, wenn t ungerade ist. Für $t = 5$ ergibt sich die obige Gleichung von BRAHMAGUPTA. Vermutlich hat er anhand solcher Termumformungen obige Gleichung einschließlich ihrer Lösung konstruiert.

c) Bestimme eine Lösung der Gleichung $x^2 - 188y^2 = 1$ mit der Methode von BRAHMAGUPTA.

23. Man betrachte die PELLsche Gleichung $x^2 - dy^2 = 1$, wobei die natürliche Zahl d kein Quadrat ist.

a) Man zeige, daß eine Lösung $x_0 + y_0\sqrt{d}$ mit $x_0, y_0 \in \mathbb{N}$ und $x_0 > \frac{1}{2}y_0^2 - 1$ eine Grundlösung ist.

b) Für $u, v \in \mathbb{N}$ sei $d = u(uv^2 + 2)$. Man zeige, daß $1 + uv^2 + v\sqrt{d}$ eine Grundlösung ist. Man bestimme durch geeignete Wahl von u, v die Grundlösungen für $d = 3, 6, 11, 15, 35, 42, 87$.

II.7 Lösungen der Aufgaben

1. Abgeschlossenheit bezüglich der Multiplikation:

$$\begin{pmatrix} a & -5b \\ b & a \end{pmatrix} \begin{pmatrix} c & -5d \\ d & c \end{pmatrix} = \begin{pmatrix} ac - 5bd & -5(ad + bc) \\ ad + bc & ac - 5bd \end{pmatrix}$$

Nullteilerfreiheit: $\det \begin{pmatrix} a & -5b \\ b & a \end{pmatrix} = a^2 + 5b^2 \neq 0$ für $(a,b) \neq (0,0)$. Zum Nachweis, daß die angegebenen Elemente irreduzibel sind, zeige man, daß die zugehörigen Determinanten nur auf triviale Weise als Produkt solcher Determinanten zu schreiben sind: Die Determinanten der betrachteten Elemente sind 9, 4 bzw. 6, es gibt aber keine Elemente in I mit der Determinante 2 oder 3. Der Ring I ist kein ZPE-Ring (also erst recht kein euklidischer Ring), wie folgendes Beispiel zeigt:

$$\begin{pmatrix} 2 & 0 \\ 0 & 2 \end{pmatrix} \begin{pmatrix} 3 & 0 \\ 0 & 3 \end{pmatrix} = \begin{pmatrix} 6 & 0 \\ 0 & 6 \end{pmatrix} = \begin{pmatrix} 1 & -5 \\ 1 & 1 \end{pmatrix} \begin{pmatrix} 1 & -5 \\ -1 & 1 \end{pmatrix}.$$

2. Die Zahlen 9, 21 und 49 sind nicht zerlegbar in H (denn 3 und 7 gehören nicht zu H). Es gilt $441 = 21 \cdot 21 = 9 \cdot 49$.

3. a) $(1 + x + x^2 + \cdots + x^{n-1}) \cdot (1 - x) = 1 - x^n$
b) $(y - 1)|(y^d - 1)$ mit $y = x^m$ und $d = \frac{n}{m}$ nach a)
c) $(1 - x + x^2 - + \cdots + x^{2n}) \cdot (1 + x) = 1 - (-x)^{2n+1} = 1 + x^{2n+1}$
d) $(y + 1)|(y^u + 1)$ mit $y = x^n$ nach c)

4. a) 1   b) $x^2 + x + 1$ c) $x^2 + 1$

5. Aus $\alpha \cdot \beta \cdot \gamma = 1$ folgt $\alpha, \beta, \gamma \in \{1, -1, i, -i\}$; für $\alpha = 1$ erhält man $\beta = i$ und $\gamma = -i$ oder $\beta = -i$ und $\gamma = i$. Jede andere Lösung entsteht durch Vertauschung dieser Werte, es gibt also insgesamt 6 verschiedene Lösungen (α, β, γ).

6. Ist $N(\alpha) = p$ (p Primzahl), dann ist $N(\alpha)$ keine Quadratzahl; ist $N(\alpha) = p^2$ (p Primzahl), dann ist p von der Form $4n + 3$, also nicht als Summe von zwei Quadraten zu schreiben.

7. a) $2 + 4i = 2 \cdot (1 + 2i) = (1 + i)(1 - i)(1 + 2i) = -i(1 + i)^2(1 + 2i)$
b) $N(3 - 5i) = 34 = 2 \cdot 17$; $3 - 5i = -(1 + i)(1 + 4i)$
c) $N(22 + 7i) = 533 = 13 \cdot 41$; $22 + 7i = (2 + 3i)(5 - 4i)$
d) $N(19 + 17i) = 650 = 2 \cdot 5^2 \cdot 13$; $19 + 17i = (1 + i)(1 - 2i)^2(-2 + 3i)$
e) $10 + 100i = 10 \cdot (1 + 10i)$;
   $10 = 2 \cdot 5 = (1 + i)(1 - i)(2 + i)(2 - i) = -i(1 + i)^2(2 + i)(2 - i)$;
   $N(1 + 10i) = 101$; $1 + 10i$ ist Primzahl;
   $10 + 100i = -i(1 + i)^2(2 + i)(2 - i)(1 + 10i)$
f) $N(-7 + i) = 50 = 2 \cdot 5^2$; $-7 + i = (1 + i)(1 + 2i)^2$
g) $15 = 3 \cdot 5 = 3(1 + 2i)(1 - 2i)$
h) $N(7 + 24i) = 5^4$; $7 + 24i = -(1 + 2i)^4$

8. a) $N(\alpha) = 338$, $N(\beta) = 1521$; $\frac{\beta}{\alpha} = -\frac{3}{2} - \frac{3}{2}i$;

$$(15 - 36i) = (-1 - i)(7 + 17i) + (5 - 12i)$$
$$(7 + 17i) = (-1 + i)(5 - 12i)$$

$$\mathrm{GGT}(\alpha, \beta) = \{5 - 12i, \ -5 + 12i, \ 12 + 5i, \ -12 - 5i\}$$
$$\alpha \cdot (1 + i) + \beta \cdot 1 = 5 - 12i \in \mathrm{GGT}(\alpha, \beta)$$

b) $N(\alpha) = 340$, $N(\beta) = 234$; $\frac{\alpha}{\beta} = -\frac{6}{234} - \frac{282}{234}i$;

$$(18 - 4i) = (-i)(3 + 15i) + (3 - i)$$
$$(3 + 15i) = (-1 + 5i)(3 - i) + (1 - i)$$
$$(3 - i) = (2 + i)(1 - i)$$

$$\mathrm{GGT}(\alpha, \beta) = \{1 - i, \ -1 + i, \ 1 + i, \ -1 - i\}$$
$$(1 - i) = (1 - 5i)(18 - 4i) + (6 + i)(3 + 15i)$$

9. Es wird gezeigt, daß 46061 nur *eine* Darstellung als Summe zweier Quadrate besitzt. Ist $46061 = a^2 + b^2$, so gilt $0 < a, b < 215$ wegen $[\sqrt{46061}] = 214$. Der 100er-Rest von $a^2 + b^2$ ist 61, wenn a^2 den 100er-Rest 00 und b^2 den 100er-Rest 61 oder a^2 den 100er-Rest 25 und b^2 den 100er-Rest 36 hat. Im ersten Fall findet man für b die Möglichkeiten 31, 81, 131, 181 und 19, 69, 119, 169. Für $46061 - b^2$ ergeben sich dann die Werte 45100, 39500, 28900, 13300 und 45700, 41300, 31900, 17500. Von diesen Zahlen ist nur $28900 = 170^2$ eine Quadratzahl. Im zweiten Fall findet man für b die Möglichkeiten 44, 94, 144, 194 und 6, 56, 106, 156. Für $46061 - b^2$ ergeben sich die Werte 44125, 37225, 25325, 8425 und 46025, 42925, 34825, 21725, nach Division durch 25 also 1765, 1489, 1013, 337 und 1841, 1717, 1393, 869. Dies sind keine Quadrate. Die einzige Darstellung ist also $46061 = 170^2 + 131^2$.

10. a) Es liegt ein Integritätsbereich I vor, der aber kein ZPE-Ring und daher nicht euklidisch ist. Dies erkennt man etwa an folgendem Beispiel: Es gilt $4 = 2 \cdot 2 = 2i \cdot (-2i)$, und die Zahlen 2 und $2i$ sind unzerlegbar in I, weil die Zahlen $1 \pm i$ nicht zu I gehören. Beachte, daß $i \notin I$; die Einheiten von I sind 1 und -1. Es ist $\mathrm{GGT}(4, 4i) = \emptyset$, die Zahlen 4 und $4i$ besitzen also keinen größten gemeinsamen Teiler: Die Teiler von 4 sind $\pm 1, \pm 2, \pm 2i, \pm 4$; die Teiler von $4i$ sind $\pm 1, \pm 2, \pm 2i, \pm 4i$; die gemeinsamen Teiler sind also $\pm 1, \pm 2$ und $\pm 2i$. Es gilt aber weder $2 | 2i$ noch $2i | 2$, so daß ± 2 und $\pm 2i$ nicht zu $\mathrm{GGT}(4, 4i)$ gehören. Ferner gilt weder $2 | 1$ noch $2i | 1$, so daß auch ± 1 nicht zu $\mathrm{GGT}(4, 4i)$ gehören.

b) Die Menge $I = \{a + b\sqrt{-3} \mid a, b \in \mathbb{Z}\}$ ist ein Integritätsbereich mit den Einheiten ± 1, aber kein ZPE-Ring und daher auch nicht euklidisch. Es gilt nämlich z.B. $(1 + \sqrt{-3}) \cdot (1 - \sqrt{-3}) = 2 \cdot 2$, wobei die Faktoren Primzahlen sind. (Es gilt $(x + y\sqrt{-3}) | 2$ genau dann, wenn $(x^2 + 3y^2) | \mathrm{ggT}(2x, 2y)$, also wenn $x^2 = 1$.) Die Teiler von 6 sind $\pm 1, \pm 2, \pm 3, \pm 6, \pm \sqrt{-3}, \pm 2\sqrt{-3}$; die Teiler von $3 + 3\sqrt{-3}$ sind $\pm 1, \pm 3, \pm \sqrt{-3}, \pm(1 + \sqrt{-3}), \pm(3 + 3\sqrt{-3})$; die gemeinsamen Teiler sind also $\pm 1, \pm 3, \pm \sqrt{-3}$. Es ist $\mathrm{ggT}(6, 3 + 3\sqrt{-3}) = \{3, -3\}$, denn $\pm 1 | \pm 3$ und $\pm \sqrt{-3} | \pm 3$.

11. $d = -6:$ $10 = 2 \cdot 5 = (2 + \sqrt{-6}) \cdot (2 - \sqrt{-6})$

Die Faktoren sind irreduzibel: Die Normen der Faktoren sind 4, 10 und 25; wären die Faktoren zerlegbar, so gäbe es Zahlen der Normen 2 oder 5, die Gleichungen $x^2 + 6y^2 = 2$ und $x^2 + 6y^2 = 5$ sind aber nicht lösbar. Wegen der unterschiedlichen Normen sind die Faktoren des einen Produktes nicht zu denen des anderen Produktes assoziiert (vgl. II.1).

$d = -10:$ $14 = 2 \cdot 7 = (2 + \sqrt{-10}) \cdot (2 - \sqrt{-10})$

Normen der Faktoren: 4, 14, 49; die Gleichungen $x^2 + 10y^2 = 2$ und $x^2 + 10y^2 = 7$ sind nicht lösbar.

$d = -13:$ $14 = 2 \cdot 7 = (1 + \sqrt{-13}) \cdot (1 - \sqrt{-13})$

Normen der Faktoren: 4, 14, 49; die Gleichungen $x^2 + 13y^2 = 2$ und $x^2 + 13y^2 = 7$ sind nicht lösbar.

$d = 10:$ $6 = 2 \cdot 3 = (4 + \sqrt{10}) \cdot (4 - \sqrt{10})$

Normen der Faktoren: 4, 6, 9; die Gleichungen $x^2 - 10y^2 = 2$ und $x^2 - 10y^2 = 3$ sind nicht lösbar, weil eine Quadratzahl im Zehnersystem weder auf 2 noch auf 3 enden kann.

$d = 14:$ $169 = 13^2 = (15 + 2\sqrt{14})(15 - 2\sqrt{14})$

Normen der Faktoren: 169; die Gleichung $x^2 - 14y^2 = 13$ ist nicht lösbar, denn die Quadratzahl x^2 kann bei Division durch 14 nur die Reste 0, 1, 2, 4, 7, 8, 9 oder 11 lassen.

12. $(a + b\sqrt{-5})(x + y\sqrt{-5}) = (ax - 5by) + (bx + ay)\sqrt{-5} = c + d\sqrt{-5}$ bzw.

$$\begin{cases} ax & - & 5by & = & c \\ bx & + & ay & = & d \end{cases} \text{ hat die Lösung } \begin{cases} x & = & \frac{1}{D}(ac + 5bd) \\ y & = & \frac{1}{D}(ad - bc) \end{cases}$$

mit $D = a^2 + 5b^2$. Genau dann gilt $x, y \in \mathbb{Z}$, wenn D ein Teiler von $ac + 5bd$ und von $ad - bc$ ist.

13. a) Mögliche Werte von $N(\pi)$ mit $1 < N(\pi) \leq 20$ sind 4,5,6,9,14,16 und 20. Für $N(\pi) \in \{4, 5, 6, 9, 14\}$ ist π irreduzibel, da die nichttrivialen Faktoren der Norm nicht als Norm auftreten. Dies sind die Zahlen
± 2, $\pm\sqrt{-5}$, $\pm(1 \pm \sqrt{-5})$, ± 3, $\pm(2 \pm \sqrt{-5})$, $\pm(3 \pm \sqrt{-5})$.
$N(\pi) = 16$ gilt nur für die reduziblen Zahlen ± 4.
$N(\pi) = 20$ gilt nur für $\pi = \pm 2\sqrt{-5}$, und diese Zahlen sind reduzibel.
b) $21 = 3 \cdot 7 = (1 - 2\sqrt{-5})(1 + 2\sqrt{-5})$;
Zahlen mit den Normen 9, 21 und 49 sind irreduzibel.

14. Die Zahlen $\alpha = 9 = 3 \cdot 3$ und $\beta = 6 + 3\sqrt{-5} = 3 \cdot \eta$ haben beide die Norm 81. Für einen größten gemeinsamen Teiler δ von α und β gilt $3|\delta$ (weil $3|\alpha$ und $3|\beta$) und $\eta|\delta$ (weil $\eta|\alpha$ und $\eta|\beta$). Es gilt $9|N(\delta)$ und $N(\delta)|81$; weil $x^2 + 5y^2$ für $x, y \in \mathbb{Z}$ bei Division durch 4 nicht den Rest 3 lassen kann, kommt $N(\delta) = 27$ nicht in Frage, also ist $N(\delta) = 9$ oder $N(\delta) = 81$. Ist $N(\delta) = 9$, so ist $\delta = \pm 3$ (wegen $3|\delta$) und $\delta = \pm\eta$ (wegen $\eta|\delta$), also $\eta = \pm 3$, was aber offensichtlich falsch ist. Ist $N(\delta) = 81$, so ist $\delta = \pm\alpha$ (wegen $\delta|\alpha$) und $\delta = \pm\beta$ (wegen $\delta|\beta$), was aber auch falsch ist.

15. a) $d = 6$: $(5,2)$; $d = 7$: $(8,3)$; $d = 11$: $(10,3)$.
b) $d = 35$: $(6,1)$; $d = 37$: $(73,12)$; $d = 63$: $(8,1)$;
    $d = 65$: $(129,16)$; $d = 82$: $(163,18)$; $d = 101$: $(201,20)$;
    $d = 122$: $(243,22)$; $d = 143$: $(12,1)$; $d = 145$: $(289,24)$.

16. a) Es gilt $t^2 - \frac{t^2-1}{4}\cdot 2^2 = 1$. Aus $x^2 - \frac{t^2-1}{4} = 1$ bzw. $4x^2 = t^2 + 3$ folgt mit $t = 2n+1$ die Beziehung $x^2 = n^2 + n + 1$. Da aber $n^2 + n + 1$ zwischen n^2 und $(n+1)^2$ liegt und daher selbst kein Quadrat sein kann, hat $x^2 - \frac{t^2-1}{4} = 1$ keine Lösung.   b) $d = 6$: $(5,2)$; $d = 30$: $(11,2)$.

17. a) Im Fall $a \in \{3,7\}$ hat d die Form $4n+3$; für diesen Fall ist die Unlösbarkeit schon im Text dargelegt. Ist $d = 8m + 6$ und $x^2 - dy^2 = -1$, so muß x ungerade, also $dy^2 = x^2 + 1$ von der Form $8n + 2$ sein. Aus $(8m+6)y^2 = 8n + 2$ bzw. $(4m+3)y^2 = 4n + 1$ folgt, daß $3y^2$ von der Form $4n + 1$ sein muß, was aber nicht möglich ist.

b) $x^2 - 2y^2 = -1$ ist lösbar, z.B. mit $(1,1)$;
    $x^2 - 5y^2 = -1$ ist lösbar, z.B. mit $(2,1)$;
    $x^2 - 17y^2 = -1$ ist lösbar, z.B. mit $(4,1)$;
    $x^2 - dy^2 = -1$ ist für $3|d$ nicht lösbar, denn $x^2 + 1$ läßt bei Division durch 3 den Rest 1 (falls $3|x$) oder 2 (falls $3 \nmid x$).

18. Ist $3|d$, dann ist $x^2 - dy^2 = -4$ nicht lösbar, denn $x^2 + 4$ ist für kein x durch 3 teilbar. Also ist die Gleichung unlösbar für $d = 21, 45, 69, 93, \ldots$. Sie ist lösbar für $d = 5$ (z.B. $(1,1)$), $d = 13$ (z.B. $(3,1)$), $d = 29$ (z.B. $(5,1)$), $d = 37$ (z.B. $(12,2)$).

19. Von den Zahlen x_0, y_0 ist genau eine gerade, so daß $\xi x_0 - d\eta y_0$ und $\eta x_0 - \xi y_0$ beide ungerade sind. Es ist $(\xi x_0 - d\eta y_0)^2 - d(\eta x_0 - \xi y_0)^2 = \xi^2(x_0^2 - dy_0^2) - d\eta(x_0^2 - dy_0^2) = \xi^2 - d\eta^2 = a$. Ist (ξ_1, η_1) eine weitere Lösung, dann hat das lineare Gleichungssystem

$$\begin{aligned} \xi x &- d\eta y &= \xi_1 \\ \eta x &- \xi y &= \eta_1 \end{aligned}$$

die Lösung $x_0 = \frac{1}{a}(\xi\xi_1 - d\eta\eta_1)$, $y_0 = \frac{1}{a}(\xi\eta_1 - \eta\xi_1)$ mit $a = \xi^2 - d\eta^2$. Es ergibt sich $x_0^2 - dy_0^2 = 1$.

20. Es sei $\mathrm{ggT}(a,b) = 1$ und $\frac{a}{b}$ keiner der Näherungsbrüche $\frac{P_n}{Q_n}$. Die Zahl m sei durch $Q_m \leq b < Q_{m+1}$ bestimmt. Wir zeigen zunächst, daß

(1) $|\alpha b - a| \geq |\alpha Q_m - P_m|$

gilt. Dazu führen wir die gegenteilige Annahme

(2) $|\alpha b - a| < |\alpha Q_m - P_m|$

zu einem Widerspruch: Das lineare Gleichungssystem

$$Q_m x + Q_{m+1} y = b \qquad \text{und} \qquad P_m x + P_{m+1} y = a$$

hat wegen $|Q_m P_{m+1} - P_m Q_{m+1}| = 1$ eine ganzzahlige Lösung x_0, y_0. Es ist $x_0 \neq 0$, da andernfalls $y_0 > 0$ und $b = Q_{m+1} y_0 \geq Q_{m+1}$ wäre. Es ist auch $y_0 \neq 0$, da andernfalls $x_0 \neq 0$ und

$$|\alpha b - a| = |\alpha Q_m x_0 - P_m x_0| = |x_0||\alpha Q_m - P_m| \geq |\alpha Q_m - P_m|,$$

im Widerspruch zu (2). Die Zahlen x_0, y_0 besitzen verschiedene Vorzeichen. Ist nämlich $y_0 < 0$, dann ist $Q_m x_0 = b - Q_{m+1} y_0 > 0$, also $x_0 > 0$; ist $y_0 > 0$, dann ist $Q_m x_0 < 0$ wegen $b < Q_{m+1} \leq Q_{m+1} y_0$, also $x_0 < 0$. Weil $\alpha Q_m - P_m$ und $\alpha Q_{m+1} - P_{m+1}$ von verschiedenem Vorzeichen sind, haben $x_0(\alpha Q_m - P_m)$ und $y_0(\alpha Q_{m+1} - P_{m+1})$ dasselbe Vorzeichen. Also gilt
$$\begin{aligned}
|\alpha b - a| &= |x_0(\alpha Q_m - P_m) + y_0(\alpha Q_{m+1} - P_{m+1})| \\
&= |x_0(\alpha Q_m - P_m)| + |y_0(\alpha Q_{m+1} - P_{m+1})| \\
&> |x_0(\alpha Q_m - P_m)| = |x_0||\alpha Q_m - P_m| > |\alpha Q_m - P_m|,
\end{aligned}$$
was aber (2) widerspricht. Es gilt also (1) und somit

$$|\alpha Q_m - P_m| \leq |\alpha b - a| < \frac{1}{2b} \quad \text{bzw.} \quad \left|\alpha - \frac{P_m}{Q_m}\right| < \frac{1}{2b Q_m}.$$

Wegen $\dfrac{a}{b} \neq \dfrac{P_m}{Q_m}$ gilt

$$\frac{1}{b Q_m} \leq \frac{|b P_m - a Q_m|}{b Q_m} = \left|\frac{P_m}{Q_m} - \frac{a}{b}\right| \leq \left|\alpha - \frac{P_m}{Q_m}\right| + \left|\alpha - \frac{a}{b}\right| < \frac{1}{2b Q_m} + \frac{1}{2b^2},$$

und daraus ergibt sich der Widerspruch $b < Q_m$.

21. $\sqrt{13} = [3, \overline{1,1,1,1,6}]$; Grundlösung (649,180), denn

$$\begin{pmatrix} P_9 & P_8 \\ Q_9 & Q_8 \end{pmatrix} = \begin{pmatrix} 3 & 1 \\ 1 & 0 \end{pmatrix} \begin{pmatrix} 1 & 1 \\ 1 & 0 \end{pmatrix}^4 \begin{pmatrix} 6 & 1 \\ 1 & 0 \end{pmatrix} \begin{pmatrix} 1 & 1 \\ 1 & 0 \end{pmatrix}^4 = \begin{pmatrix} 649 & 393 \\ 180 & 109 \end{pmatrix}$$

$\sqrt{19} = [4, \overline{2,1,3,1,2,8}]$; Grundlösung (170,39), denn

$$\begin{pmatrix} P_5 & P_4 \\ Q_5 & Q_4 \end{pmatrix} = \begin{pmatrix} 170 & 61 \\ 39 & 14 \end{pmatrix}.$$

22. a) Wegen $92 = 2^2 \cdot 23$ betrachte man $x^2 - 23y^2 = 1$. Diese Gleichung hat die Grundlösung (24,5); wegen $(24 + 5\sqrt{23})^2 = 1151 + 240\sqrt{23}$ ist $1151^2 - 23 \cdot 240^2 = 1$, also $1151^2 - 92 \cdot 120^2 = 1$.

b) $(t^2 - 1)^2 - (t^2 - 2)t^2 = (t^2 - 1)^2 - 4 \cdot (t^2 - 1)(\frac{t}{2})^2 = 1$;

$(2(t^2 - 1)^2 - 1)^2 - (t^2 - 2)(2t(t^2 - 1))^2$
$\qquad = (2(t^2 - 1)^2 - 1)^2 - 4 \cdot (t^2 - 2)(t(t^2 - 1))^2 = 1.$

Mit $t = 5$ ergibt die letzte Gleichung $1151^2 - 92 \cdot 120^2 = 1$.

c) Mit $t = 7$ erhält man wie oben $4607^2 - 188 \cdot 336^2 = 1$.

23. a) Für $y_0 = 1$ ist die Behauptung offensichtlich wahr. Es sei $y_0 > 1$ und $x_1 + y_1\sqrt{d}$ die Grundlösung mit $x_1, y_1 > 0$. Ist $1 \leq y_1 < y_0$, dann ist

$$d = \frac{x_1^2 - 1}{y_1^2} = \frac{x_0^2 - 1}{y_0^2}, \quad \text{also} \quad x_1^2 y_0^2 - y_1^2 x_0^2 = y_0^2 - y_1^2 = d > 0.$$

Daraus folgt $x_1 y_0 + y_1 x_0 + d_1$, $x_1 y_0 - y_1 x_0 = d_2$ mit $d_1, d_2 \in \mathbb{N}$ und $d_1 d_2 = d$. Also ist

$$x_0 = \frac{d_1 - d_2}{2y_1} \leq \frac{d-1}{2y_1} = \frac{y_0^2 - y_1^2 - 1}{2y_1} \leq \frac{1}{2}y_0^2 - 1.$$

Dies widerspricht der Voraussetzung, also ist $y_0 = y_1$.

b) Es gilt $(1 + uv^2)^2 - (u(uv^2 + 2))v^2 = 1$ und $1 + uv^2 > \frac{1}{2}v^2 - 1$.

d	3	6	11	15	35	42	87
u	1	1	1	3	5	3	3
v	1	2	3	1	1	2	3
	$2 + \sqrt{3}$	$5 + 2\sqrt{6}$	$10 + 3\sqrt{11}$	$4 + \sqrt{15}$	$6 + \sqrt{35}$	$13 + 2\sqrt{42}$	$28 + 3\sqrt{87}$

III Restklassen

III.1 Kongruenzen und Restklassen

Es sei m eine natürliche Zahl. Wenn zwei ganze Zahlen a und b bei Division durch m denselben Rest lassen, wenn also

$$a = um + r \quad \text{und} \quad b = vm + r \quad \text{mit} \quad u, v, r \in \mathbb{Z} \quad \text{und} \quad 0 \leq r < m,$$

dann nennt man a und b *kongruent modulo m* und schreibt

$$a \equiv b \bmod m.$$

Es gilt offensichtlich

$$a \equiv b \bmod m \quad \Longleftrightarrow \quad m \,|\, a - b.$$

Statt „n ist von der Form $a + km$ ($k \in \mathbb{Z}$)" sagen wir jetzt kurz „$n \equiv a \bmod m$". Begriff und Schreibweise der Kongruenz wurden von GAUSS eingeführt. Wir werden im folgenden sehen, daß uns damit ein äußerst nützliches Instrument für Teilbarkeitsüberlegungen zur Verfügung steht.

Die Kongruenz modulo m ist eine Äquivalenzrelation in $\mathbb{Z}$, es gilt nämlich

$a \equiv a \bmod m$ für alle $a \in \mathbb{Z}$;

aus $a \equiv b \bmod m$ folgt $b \equiv a \bmod m$;

aus $a \equiv b \bmod m$ und $b \equiv c \bmod m$ folgt $a \equiv c \bmod m$.

Die Kongruenz modulo m induziert also eine Klasseneinteilung von $\mathbb{Z}$ in Äquivalenzklassen, welche man *Restklassen modulo m* nennt. Die Restklasse „a modulo m" oder kurz „$a \bmod m$" besteht aus allen ganzen Zahlen, die bei Division durch m den gleichen Rest wie a lassen, also aus allen zu a modulo m kongruenten Zahlen. Statt „$a \bmod m$" schreiben wir auch kürzer $[a]_m$ bzw. noch kürzer $[a]$, wenn aus dem Zusammenhang klar hervorgeht, bezüglich welchen Moduls die Restklasse zu bilden ist. Es ist also

$$[a]_m = \{x \in \mathbb{Z} \mid x \equiv a \bmod m\}$$

und

$$[a]_m = [b]_m \quad \Longleftrightarrow \quad a \equiv b \bmod m.$$

Man sollte sich nicht darüber aufregen, daß eckige Klammern nunmehr in einer dritten Bedeutung auftreten; sie dienen uns ja schon zur Bezeichnung der Ganzteilfunktion („GAUSS-Klammer") und der Kettenbrüche. Es ist sicher jeweils aus dem Zusammenhang eindeutig ersichtlich, welche Bedeutung die eckigen Klammern haben.

Man beschreibt eine Restklasse durch Angabe eines *Vertreters*, also durch Angabe einer Zahl aus der betreffenden Restklasse. Zum Modul m gibt es genau m verschiedene Restklassen, welche man in der Regel durch ihre kleinsten nichtnegativen Vertreter beschreibt:

$$[0], [1], [2], \ldots, [m-1].$$

Die Menge aller Restklassen modulo m wollen wir mit R_m bezeichnen. In R_m sollen nun ein *Addition* „+" und eine *Multiplikation* „·" eingeführt werden, so daß $(R_m, +, \cdot)$ eine algebraische Struktur ist: Es sei

$$[a] + [b] = [a+b] \quad \text{und} \quad [a] \cdot [b] = [a \cdot b].$$

Man führt also die entsprechenden Operationen mit der Vertretern der Restklassen aus. Bevor wir diese Restklassenoperationen als Verknüpfungen in R_m anerkennen können, müssen wir uns davon überzeugen, daß sie unabhängig von den gewählten Vertretern stets zum gleichen Ergebnis führen: Es sei

$$[a'] = [a] \quad \text{und} \quad [b'] = [b],$$

also

$$a' \equiv a \bmod m \quad \text{und} \quad b' \equiv b \bmod m.$$

Dann gilt $m|a'-a$ und $m|b'-b$. Daher ist m ein Teiler von

$$(a'-a) + (b'-b) = (a'+b') - (a+b)$$

und von

$$(a'-a) \cdot b' + (b'-b) \cdot a = (a' \cdot b') - (a \cdot b).$$

Somit ist

$$a' + b' \equiv a + b \bmod m \quad \text{und} \quad a' \cdot b' \equiv a \cdot b \bmod m$$

und daher

$$[a'+b'] = [a+b] \quad \text{und} \quad [a' \cdot b'] = [a \cdot b]$$

bzw.

$$[a'] + [b'] = [a] + [b] \quad \text{und} \quad [a'] \cdot [b'] = [a] \cdot [b].$$

Man kann nun leicht nachrechnen, daß die Restklassenverknüpfungen beide assoziativ und kommutativ sind, daß neutrale Elemente ([0] bzw. [1]) existieren und daß das Distributivgesetz gilt. Ferner ist jedes Element bezüglich der Addition invertierbar, das „Gegenelement" von $[a]$ ist $-[a] = [-a] = [m-a]$. Damit ergibt sich folgender Satz:

Satz 1: Die Restklassen modulo m bilden bezüglich der Restklassenaddition und der Restklassenmultiplikation einen kommutativen Ring mit Einselement.

Man nennt $(R_m, +, \cdot)$ den *Restklassenring modulo m*. Dem Rechnen in diesem Ring entspricht das Rechnen mit Kongruenzen modulo m: Der Aussage

$$\text{„Aus}\quad [a] = [b] \quad \text{und}\quad [c] = [d] \quad \text{folgt}\quad [a] + [c] = [b] + [d].\text{"}$$

entspricht die Aussage

$$\text{„Aus}\quad a \equiv b \bmod m \quad \text{und}\quad c \equiv d \bmod m \quad \text{folgt}\quad a + c \equiv b + d \bmod m.\text{"}$$

(Analoges gilt für die Multiplikation.)

Als eine erste Anwendung des Rechnens mit Kongruenzen wollen wir zeigen, daß die FERMAT-Zahl $F_5 = 2^{32} + 1 = 4\,294\,967\,297$ durch 641 teilbar ist (vgl. III.10 und IV.4): Es gilt $641 = 5 \cdot 2^7 + 1$, also

$$5 \cdot 2^7 \equiv -1 \bmod 641.$$

Potenzieren mit dem Exponent 4 liefert

$$5^4 \cdot 2^{28} \equiv 1 \bmod 641.$$

Nun ist $641 = 5^4 + 2^4$, also

$$5^4 \equiv -2^4 \bmod 641.$$

Setzt man dies in die vorangehende Kongruenz ein, so ergibt sich $-2^{32} \equiv 1 \bmod 641$ und daraus schließlich

$$2^{32} + 1 \equiv 0 \bmod 641.$$

Bevor wir uns in III.3 weiter mit den algebraischen Eigenschaften des Restklassenrings $\bmod m$ beschäftigen, wollen wir eine elementare Anwendung des Rechnens mit Kongruenzen bzw. Restklassen behandeln.

III.2 Teilbarkeitskriterien

An der dekadischen Zifferndarstellung einer natürlichen Zahl kann man leicht ablesen, ob sie durch 2 oder durch 5 teilbar ist, denn dies hängt nur von der letzten Ziffer ab. Entsprechend leicht ist die Teilbarkeit durch $4 = 2^2$ und durch

$25 = 5^2$ zu erkennen, da diese nur von der aus den beiden letzten Ziffern gebilde-
ten höchstens zweistelligen Zahl abhängt. Allgemein gilt nämlich: Eine natürliche Zahl ist genau dann durch 2^n oder durch 5^n teilbar, wenn ihr Rest bei
Division durch 10^n durch 2^n bzw. durch 5^n teilbar ist. Wir wollen nun Kriterien
für die Teilbarkeit einer im Zehnersystem dargestellten Zahl durch 3, 7, 11, 13
und weitere Primzahlen entwickeln. Dazu definieren wir zuerst den Begriff der
Quersumme: Es sei

$$
\begin{aligned}
n &= (a_k a_{k-1} \ldots a_2 a_1 a_0)_{10} \\
&= a_k 10^k + a_{k-1} 10^{k-1} + \ldots + a_2 10^2 + a_1 10 + a_0
\end{aligned}
$$

eine im Zehnersystem dargestellte natürliche Zahl. Dann heißt

$$
Q_1(n) = a_0 + a_1 + a_2 + \ldots + a_k
$$

Quersumme erster Stufe von n,

$$
Q_1'(n) = a_0 - a_1 + a_2 - + \ldots + (-1)^k a_k
$$

alternierende Quersumme erster Stufe von n,

$$
Q_2(n) = (a_1 a_0)_{10} + (a_3 a_2)_{10} + (a_5 a_4)_{10} + \ldots
$$

Quersumme zweiter Stufe von n,

$$
Q_2'(n) = (a_1 a_0)_{10} - (a_3 a_2)_{10} + (a_5 a_4)_{10} - + \ldots
$$

alternierende Quersumme zweiter Stufe von n,

$$
Q_3(n) = (a_2 a_1 a_0)_{10} + (a_5 a_4 a_3)_{10} + (a_8 a_7 a_6)_{10} + \ldots
$$

Quersumme dritter Stufe von n,

$$
Q_3'(n) = (a_2 a_1 a_0)_{10} - (a_5 a_4 a_3)_{10} + (a_8 a_7 a_6)_{10} - + \ldots
$$

alternierende Quersumme dritter Stufe von n.

Dabei denke man sich die Zehnerdarstellung von n im Bedarfsfall nach links
durch eine Null oder zwei Nullen ergänzt. Man beachte, daß die alternierenden
Quersummen auch negative Werte annehmen können. Allgemein ist

$$
Q_s(n) = \sum_{i=0}^{\infty} (a_{is+s-1} \ldots a_{is+1} a_{is})_{10}
$$

die *Quersumme s-ter Stufe* von n und

$$
Q_s'(n) = \sum_{i=0}^{\infty} (-1)^i (a_{is+s-1} \ldots a_{is+1} a_{is})_{10}
$$

die *alternierende Quersumme s-ter Stufe* von n. Dabei sind die Summen nur *formal* unendlich, da n nur endlich viele von 0 verschiedene Ziffern besitzt.

Satz 2: Für $n \in \mathbb{N}$ und $s \in \mathbb{N}$ gilt

$$n \equiv Q_s(n) \bmod (10^s - 1) \quad \text{und} \quad n \equiv Q'_s(n) \bmod (10^s + 1).$$

Beweis: Es gilt

$$n = \sum_{j=0}^{\infty} a_j 10^j = \sum_{i=0}^{\infty} (a_{is+s-1} \ldots a_{is+1} a_{is})_{10} \cdot 10^{is}.$$

Aus $10^s \equiv 1 \bmod (10^s - 1)$ folgt durch Potenzieren $10^{is} \equiv 1 \bmod (10^s - 1)$ für $i = 0, 1, 2, \ldots$ und daraus $n \equiv Q_s(n) \bmod (10^s - 1)$. Ebenso folgt aus $10^s \equiv -1 \bmod (10^s + 1)$ durch Potenzieren $10^{is} \equiv (-1)^i \bmod (10^s + 1)$ für $i = 0, 1, 2, \ldots$ und daraus $n \equiv Q'_s(n) \bmod (10^s + 1)$. $\square$

Für $s = 1, 2, 3$ erhält man aus Satz 2 der Reihe nach die folgenden Aussagen:

$$
\begin{array}{ll}
n \equiv Q_1(n) \bmod 9 & \qquad n \equiv Q'_1(n) \bmod 11 \\
n \equiv Q_2(n) \bmod 99 & \qquad n \equiv Q'_2(n) \bmod 101 \\
n \equiv Q_3(n) \bmod 999 & \qquad n \equiv Q'_3(n) \bmod 1001
\end{array}
$$

Daraus ergeben sich die folgenden Teilbarkeitskriterien:

$$
\begin{array}{ll}
9 | n \iff 9 | Q_1(n) & \qquad 11 | n \iff 11 | Q'_1(n) \\
99 | n \iff 99 | Q_2(n) & \qquad 101 | n \iff 101 | Q'_2(n) \\
999 | n \iff 999 | Q_3(n) & \qquad 1001 | n \iff 1001 | Q'_3(n)
\end{array}
$$

Da man sich in der Regel nur für Kriterien für die Teilbarkeit durch eine Primzahl interessiert, zerlegen wir die Moduln 9, 99 usw. in Primfaktoren und erhalten daraus Kriterien für die Teilbarkeit durch Primzahlen. Die Moduln 11 und 101 sind Primzahlen; ferner gilt $9 = 3^2$, $99 = 3^2 \cdot 11$, $999 = 3^3 \cdot 37$ und $1001 = 7 \cdot 11 \cdot 13$. Es ergeben sich die folgenden Kriterien:

$$
\begin{array}{ll}
3 | n \iff 3 | Q_1(n) & \quad (\iff 3 | Q_2(n) \iff 3 | Q_3(n)) \\
7 | n \iff 7 | Q'_3(n) & \\
11 | n \iff 11 | Q'_1(n) & \quad (\iff 11 | Q_2(n) \iff 11 | Q'_3(n)) \\
13 | n \iff 13 | Q'_3(n) & \\
37 | n \iff 37 | Q_3(n) & \\
101 | n \iff 101 | Q'_2(n) &
\end{array}
$$

Die in Klammern hinzugefügten Kriterien sind sicher uninteressant, da man die entsprechende Teilbarkeit schon einfacher feststellen kann. Ferner sind die Kriterien für die Teilbarkeit durch die schon relativ großen Primzahlen 37 und 101 sicher auch nicht von übermäßigem Interesse. Eher könnte man fragen, wie man ein Quersummenkriterium für die auf 13 folgenden Primzahlen 17, 19,

... konstruieren könnte. Dazu müßte man ein $s \in \mathbb{N}$ finden, so daß $10^s - 1$ oder $10^s + 1$ durch diese Primzahlen teilbar ist. Man muß z.B. die Frage untersuchen, ob ein $s \in \mathbb{N}$ mit $10^s \equiv 1 \bmod 17$ existiert. Im nächsten Abschnitt werden wir sehen, daß ein solches s existiert und daß dieses ein Teiler von 16 ist.

Rechnungen im Ring der ganzen Zahlen kann man mit Hilfe von *Restproben* überprüfen: Man wählt einen Modul m und prüft, ob der zu berechnende Ausdruck und das gewonnene Ergebnis derselben Restklasse mod m angehören (*m-Restprobe*). Ist dies nicht der Fall, dann ist das Ergebnis falsch; ist dies aber der Fall, dann kann das Ergebnis trotzdem falsch sein, es unterscheidet sich aber von dem richtigen Ergebnis nur um ein Vielfaches von m. Häufig wählt man $m = 9$, $m = 10$ und $m = 11$, weil für diese Moduln die Reste sehr einfach zu berechnen sind.

Beispiel 1: Es soll die Rechnung

$$217^2 \cdot 691 + 35^3 \cdot 1214 = 84\,627\,359$$

überprüft werden. Den Ausdruck $217^2 \cdot 691 + 35^3 \cdot 1214$ kürzen wir mit A ab.

$$\begin{aligned}
\text{9er} - \text{Restprobe}: \quad & A \equiv 1^2 \cdot (-2) + (-1)^3 \cdot (-1) \equiv 8 \bmod 9 \\
& 84\,627\,359 \equiv 44 \equiv 8 \bmod 9; \\
\text{10er} - \text{Restprobe}: \quad & A \equiv (-3)^2 \cdot 1 + 5^3 \cdot 4 \equiv 9 \bmod 10 \\
& 84\,627\,359 \equiv 9 \bmod 10; \\
\text{11er} - \text{Restprobe}: \quad & A \equiv (-3)^2 \cdot (-2) + 2^3 \cdot 4 \equiv 3 \bmod 11 \\
& 84\,627\,359 = -8 \bmod 11 \equiv 3 \bmod 11; \\
\text{13er} - \text{Restprobe}: \quad & A \equiv (-4)^2 \cdot 2 + (-4)^3 \cdot 5 \equiv 11 \bmod 13 \\
& 84\,627\,359 \equiv 11 \bmod 13.
\end{aligned}$$

Keine der Restproben ergibt einen Fehler, das richtige Ergebnis unterscheidet sich von dem angegebenen also nur um ein Vielfaches von kgV(9,10,11,13) = 12870. (Das richtige Ergebnis ist 84 588 749.)

Beispiel 2: In I.3 haben wir die Divisionsaufgabe 67 898:1760 mit Hilfe der Faktorzerlegung $1760 = 2 \cdot 8 \cdot 10 \cdot 11$ des Divisors gelöst, wie es FIBONACCI im *Liber abbaci* gezeigt hat. Es ergab sich

$$38 + \frac{0 \quad 5 \quad ß \quad 6}{2 \quad 8 \quad 10 \quad 11}$$

mit

$$\frac{0 \quad 5 \quad ß \quad 6}{2 \quad 8 \quad 10 \quad 11} = (((0 : 2 + 5) : 8 + 3) : 10 + 6) : 11.$$

Dies bedeutet

$$67\,898 = (((38 \cdot 11 + 6) \cdot 10 + 3) \cdot 8 + 5) \cdot 2 + 0.$$

FIBONACCI führt nun die 13er-Restprobe durch, indem er (in heutiger Schreibweise) feststellt, daß $67898 \equiv 12 \bmod 13$ und

$$
\begin{aligned}
(((38 \cdot 11 + 6) \cdot 10 + 3) \cdot 8 + 5) \cdot 2 + 0 & \\
\equiv (((12 \cdot 11 + 6) \cdot 10 + 3) \cdot 8 + 5) \cdot 2 + 0 & \\
\equiv ((8 \cdot 10 + 3) \cdot 8 + 5) \cdot 2 + 0 & \\
\equiv (5 \cdot 8 + 5) \cdot 2 + 0 & \\
\equiv 6 \cdot 2 + 0 \quad \equiv 12 \bmod 13. &
\end{aligned}
$$

III.3 Der Satz von Fermat

Der Restklassenring mod m ist i.allg. kein Integritätsbereich. Ist m eine zusammengesetzte Zahl und ist etwa $m = ab$ mit $1 < a, b < m$, dann ist $[a] \neq [0]$ und
$[b] \neq [0]$, aber $[a] \cdot [b] = [m] = [0]$. Die Restklassen $[a]$ und $[b]$ sind also Nullteiler in $(R_m, +, \cdot)$. Ist aber der Modul eine Primzahl p, dann kann dies nicht
passieren, denn aus $ab \equiv 0 \bmod p$ folgt $a \equiv 0 \bmod p$ oder $b \equiv 0 \bmod p$. In der
Algebra lernt man, daß ein endlicher Integritätsbereich bereits ein Körper ist.
Der Beweis hierfür verläuft ähnlich wie der Beweis des folgenden Spezialfalls:

Satz 3: Ist p eine Primzahl, dann ist der Restklassenring mod p ein Körper.

Beweis: Es ist lediglich zu zeigen, daß zu jeder von $[0]$ verschiedenen Restklasse
$[a] \in R_p$ eine Restklasse $[a'] \in R_p$ mit $[a] \cdot [a'] = [1]$ existiert. Wegen $\mathrm{ggT}(a, p)$
$= 1$ gibt es ganze Zahlen u, v mit

$$ au + pv = 1. $$

Setzt man $[a'] = [u]$, dann gilt

$$ aa' \equiv au \equiv au + pv \equiv 1 \bmod p, $$

also $[a] \cdot [a'] = [1]$. □

Den Körper R_p bezeichnet man in der Algebra mit $\mathrm{GF}(p)$ und nennt ihn
„GALOIS-*Feld* p" (nach ÉVARISTE GALOIS, 1811–1832).

Im Beweis von Satz 3 haben wir lediglich die Tatsache benutzt, daß a
zum Modul p teilerfremd ist. Also ist auch im allgemeinen Fall $[a]$ in R_m
bezüglich der Multiplikation invertierbar, wenn $\mathrm{ggT}(a, m) = 1$ ist. Ist andererseits $\mathrm{ggT}(a, m) = d > 1$, dann ist $ax \not\equiv 1 \bmod m$ für alle $x \in \mathbb{Z}$, denn aus
$m | ax - 1$ folgt $d | ax - 1$, und dies gilt wegen $d | a$ nur für $d = 1$. Eine Restklasse
$a \bmod m$ mit $\mathrm{ggT}(a, m) = 1$ nennt man eine *prime* Restklasse mod m. (Man
beachte, daß $\mathrm{ggT}(x, m) = \mathrm{ggT}(a, m)$ für alle $x \in [a]$.) Die Menge der primen
Restklassen mod m bezeichnen wir mit R_m^*. Aus obigen Überlegungen folgt:

Satz 4: Die Menge der primen Restklassen mod m bildet eine kommutative
Gruppe bezüglich der Restklassenmultiplikation.

Diese Gruppe nennt man kurz die *prime Restklassengruppe modulo m*. Im Fall $m = p$ (Primzahl) ist R_p^* die multiplikative Gruppe des Körpers R_p.

Ist $\mathrm{ggT}(a, m) = 1$, dann ist also die Kongruenz

$$ax \equiv 1 \bmod m$$

eindeutig lösbar; ihre Lösung ist die zu $[a]$ inverse Restklasse $[a']$, d.h., genau für alle $x \in [a]$ gilt $ax \equiv 1 \bmod m$. Man schreibt die Lösung der obigen Kongruenz auch in der Form

$$x \equiv \frac{1}{a} \bmod m.$$

Man beachte aber, daß man dabei nicht mit Brüchen rechnet, sondern nur eine kurze Schreibweise für die Lösung einer Kongruenz hat. Vgl. Aufgabe 20.

Die Anzahl der primen Restklassen mod m bezeichnet man mit $\varphi(m)$. Die Funktion φ heißt EULERsche *Funktion*. Man kann $\varphi(m)$ auch als die Anzahl der zu m teilerfremden Zahlen x mit $1 \le x \le m$ verstehen. Es gilt $\varphi(1) = 1$ und $\varphi(p) = p - 1$, falls p eine Primzahl ist. Auch für eine Primzahlpotenz p^α kann man den Wert von φ sehr einfach bestimmen: Von den p^α Zahlen $1, 2, 3, \ldots, p^\alpha$ ist genau jede p-te durch p teilbar; die Anzahl der zu p teilerfremden unter diesen Zahlen ist also

$$\varphi(p^\alpha) = p^\alpha - p^{\alpha-1} = p^\alpha \left(1 - \frac{1}{p}\right).$$

Wir wollen nun allgemein untersuchen, wie man $\varphi(n)$ berechnen kann, wenn man die Primfaktorzerlegung von n kennt. Es seien $p_1, p_2, \ldots, p_k$ die *verschiedenen* Primfaktoren von n, ferner M_i für $i = 1, 2, \ldots, k$ die Menge der durch p_i teilbaren Zahlen aus der Menge $M = \{1, 2, \ldots, n\}$. Um die zu m teilerfremden Zahlen aus M zu erhalten, muß man die Vereinigungsmenge $M_1 \cup M_2 \cup \ldots \cup M_k$ aus M entfernen, also die Menge

$$M^* = M \setminus (M_1 \cup M_2 \cup \ldots \cup M_k)$$

bilden. Die Anzahl der Elemente in dieser Menge ist

$$
\begin{aligned}
|M^*| &= |M| - |M_1 \cup M_2 \cup \ldots \cup M_k| \\
&= |M| - \sum_{1 \le j \le k} |M_j| + \sum_{1 \le i < j \le k} |M_i \cap M_j| \\
&\quad - \sum_{1 \le h < i < j \le k} |M_h \cap M_i \cap M_j| + - \ldots \\
&\quad + (-1)^k |M_1 \cap M_2 \cap \ldots \cap M_k|.
\end{aligned}
$$

Wegen

$$
|M| = n, \quad |M_j| = \frac{n}{p_j}, \quad |M_i \cap M_j| = \frac{n}{p_i p_j},
$$
$$
|M_h \cap M_i \cap M_j| = \frac{n}{p_h p_i p_j}, \ldots,
$$
$$
|M_1 \cap M_2 \cap \ldots \cap M_k| = \frac{n}{p_1 p_2 \cdots p_k}
$$

ergibt sich

$$
|M^*| = n - \sum_{1 \le j \le k} \frac{n}{p_j} + \sum_{1 \le i < j \le k} \frac{n}{p_i p_j} - \sum_{1 \le h < i < j \le k} \frac{n}{p_h p_i p_j} + - \dots
$$
$$
+ (-1)^k \cdot \frac{n}{p_1 p_2 \cdots p_k}
$$
$$
= n \cdot \left(1 - \frac{1}{p_1}\right) \cdot \left(1 - \frac{1}{p_2}\right) \cdot \left(1 - \frac{1}{p_3}\right) \cdot \dots \cdot \left(1 - \frac{1}{p_k}\right)
$$

Damit haben wir Teil a) des folgenden Satzes bewiesen.

Satz 5: a) Die EULERsche Funktion hat für $n \in \mathbb{N}$ den Wert

$$
\varphi(n) = n \cdot \prod_{p | n} \left(1 - \frac{1}{p}\right),
$$

wobei sich das Produkt über alle Primteiler von n erstreckt.

b) Gilt $\mathrm{ggT}(m,n) = 1$, dann ist

$$
\varphi(mn) = \varphi(m)\varphi(n).
$$

c) Für $n \in \mathbb{N}$ gilt

$$
\sum_{d | n} \varphi(d) = n,
$$

wobei sich die Summe über alle Teiler d von n erstreckt.

Beweis von b): Diese Beziehung folgt sofort aus a), weil m und n keine gemeinsamen Primfaktoren haben.

Beweis von c): Für $t | n$ sei A_t die Menge aller $x \in \{1, 2, \dots, n\}$ mit

$$
\mathrm{ggT}(x,n) = t, \text{ also } \mathrm{ggT}(\frac{x}{t}, \frac{n}{t}) = 1.
$$

Dann ist

$$
\sum_{t | n} |A_t| = n \text{ und } |A_t| = \varphi(\frac{n}{t}), \text{ also } \sum_{t | n} \varphi(\frac{n}{t}) = n.
$$

Dies ist die behauptete Formel, denn mit t durchläuft auch der Komplementärteiler $\frac{n}{t}$ alle Teiler von n. $\square$

Bemerkung: Aus Teil b) von Satz 5 folgt: Ist

$$
n = \prod_{i=1}^{\infty} p_i^{\alpha_i}
$$

die kanonische Primfaktorzerlegung von n, dann ist

$$
\varphi(n) = \prod_{i=1}^{\infty} \varphi(p_i^{\alpha_i}).
$$

Setzt man hier die Werte von $\varphi(p_i^{\alpha_i})$ ein, so ergibt sich wieder die Formel in Teil a) von Satz 5.

Beispiel 1: Die verschiedenen Primteiler von 360 sind 2, 3, 5. Also ist

$$\varphi(360) = 360 \cdot \frac{1}{2} \cdot \frac{2}{3} \cdot \frac{4}{5} = 96.$$

Es gibt daher genau 96 prime Restklassen mod 360. Man kann auch Teil b) von Satz 5 benutzen: Es ist $360 = 2^3 \cdot 3^2 \cdot 5$, also

$$\varphi(360) = \varphi(2^3) \cdot \varphi(3^2) \cdot \varphi(5) = 4 \cdot 6 \cdot 4 = 96.$$

Außer für $m = 1$ und $m = 2$ ist $\varphi(m)$ stets gerade. Dies erkennt man an der Formel in Teil a) von Satz 5 oder folgendermaßen: Mit x ist auch $m - x$ zu m teilerfremd, da $\mathrm{ggT}(x, m) = \mathrm{ggT}(m - x, m)$. Die zu m teilerfremden Zahlen zwischen 1 und m treten also paarweise auf, wobei der Fall $\mathrm{ggT}(x, m) = 1$ und $x = m - x$ $\left(\text{also } x = \frac{m}{2}\right)$ für $m \geq 3$ nicht vorkommt.

Die prime Restklassengruppe $(R_m^*, \cdot)$ ist eine endliche Gruppe der Ordnung $\varphi(m)$, d.h. eine Gruppe mit genau $\varphi(m)$ Elementen. In der Algebra beweist man, daß für jedes Element a einer Gruppe der Ordung n die n-te Potenz a^n das neutrale Element der Gruppe ergibt. Der folgende Satz ist ein Spezialfall dieses Satzes.

Satz 6 (Satz von EULER-FERMAT): Ist $[a]$ eine prime Restklasse mod m, dann gilt

$$[a]^{\varphi(m)} = [1].$$

Ist also a zu m teilerfremd, dann gilt

$$a^{\varphi(m)} \equiv 1 \mod m.$$

Beweis: Die $\varphi(m)$ Restklassen $[a] \cdot [i]$ mit $[i] \in R_m^*$ sind prim und paarweise verschieden, stellen also wieder alle Restklassen aus R_m^* dar. Denn aus $\mathrm{ggT}(a, m) = \mathrm{ggT}(i, m) = 1$ folgt $\mathrm{ggT}(ai, m) = 1$, und aus $[a] \cdot [i] = [a] \cdot [j]$ folgt durch Multiplikation mit der zu $[a]$ inversen Restklasse $[i] = [j]$. Sind $[b_1], [b_2], \ldots, [b_{\varphi(m)}]$ die primen Restklassen mod m, dann gilt also

$$[a] \cdot [b_1] \cdot [a] \cdot [b_2] \cdot \ldots \cdot [a] \cdot [b_{\varphi(m)}] = [b_1] \cdot [b_2] \cdot \ldots \cdot [b_{\varphi(m)}].$$

Kürzt man aus diesem Produkt die Restklassen $[b_1], [b_2], \ldots, [b_{\varphi(m)}]$, dann ergibt sich $[a]^{\varphi(m)} = [1]$.   □

Satz 6 geht für $m = p$ (also $\varphi(m) = p-1$) auf FERMAT zurück; die allgemeine Form stammt von EULER. Für den Satz von FERMAT ($m = p = $ Primzahl) gab EULER auch einen kurzen Beweis durch vollständige Induktion: Für $a = 1$ ist $a^p \equiv a \mod p$. Gilt $a^p \equiv a \mod p$ für ein $a > 1$, dann gilt auch $(a + 1)^p \equiv a^p + 1 \equiv a + 1 \mod p$. Dabei wird der binomische Lehrsatz benutzt, ferner die Tatsache, daß der Binomialkoeffizient $\binom{p}{k}$ für $1 \leq k \leq p-1$ durch p teilbar ist.

Satz 6 ist einer der wichtigsten Sätze der Zahlentheorie, wie man im Laufe der folgenden Kapitel merken wird.

Nicht für jeden Modul m ist $\varphi(m)$ die kleinste Zahl, für welche $a^{\varphi(m)} \equiv 1 \bmod m$ für alle zu m teilerfremden a gilt. Ist nämlich $m = uv$ mit $u, v \geq 3$ und $\mathrm{ggT}(u, v) = 1$, dann ist

$$a^{\mathrm{kgV}(\varphi(u),\varphi(v))} \equiv 1 \bmod u \quad \text{und} \quad a^{\mathrm{kgV}(\varphi(u),\varphi(v))} \equiv 1 \bmod v,$$

also

$$a^{\mathrm{kgV}(\varphi(u),\varphi(v))} \equiv 1 \bmod m$$

und

$$\mathrm{kgV}(\varphi(u), \varphi(v)) = \frac{\varphi(u)\varphi(v)}{\mathrm{ggT}(\varphi(u), \varphi(v))} \leq \frac{\varphi(m)}{2},$$

da $\varphi(u)$, $\varphi(v)$ gerade sind.

Ist $[a]$ eine prime Restklasse mod m, dann nennt man die kleinste natürliche Zahl k mit $[a]^k = [1]$ die *Ordnung* von $[a]$ und schreibt

$$k = \mathrm{ord}_m[a].$$

Wie in jeder endlichen Gruppe gilt, daß die Ordnung eines Gruppenelementes die Ordnung der Gruppe teilt:

Satz 7: Für alle $[a] \in R_m^*$ gilt $\mathrm{ord}_m[a] \mid \varphi(m)$.

Beweis: Es sei $k = \mathrm{ord}_m[a]$ und $\varphi(m) = vk + r$ mit $v \in \mathbb{N}$ und $0 \leq r < k$. Dann ist

$$[1] = [a]^{\varphi(m)} = [a]^{vk+r} = ([a]^k)^v \cdot [a]^r = [1] \cdot [a]^r = [a]^r.$$

Da aber k die *kleinste natürliche* Zahl mit $[a]^k = [1]$ ist, folgt $r = 0$. Also gilt $k \mid \varphi(m)$. $\square$

Beispiel 2: Wir betrachten den Modul $m = 5$. Es gilt (wie für jeden Modul) $\mathrm{ord}_5[1] = 1$. Ferner ist

$$\mathrm{ord}_5[2] = \mathrm{ord}_5[3] = 4 \quad \text{und} \quad \mathrm{ord}_5[4] = 2.$$

Beispiel 3: Zum Modul 12 gibt es $\varphi(12) = 4$ prime Restklassen, nämlich $[1], [5], [7], [11]$. Die Ordnungen sind der Reihe nach 1,2,2,2. Insbesondere gibt es also keine Restklasse der Ordnung $\varphi(12)$.

Beispiel 4: Es soll $\mathrm{ord}_{31}[7]$ bestimmt werden. Es kommen nur die Teiler von $\varphi(31) = 30$ in Frage. Wir bilden also die Potenzen von 7^d für $d|30$ und reduzieren diese jeweils mod 31 auf die betragskleinsten Reste:

$$
\begin{aligned}
7^2 &\equiv 18 \equiv -13 \bmod 31 \\
7^3 &\equiv 7^2 \cdot 7 \equiv (-13) \cdot 7 \equiv 2 \bmod 31 \\
7^5 &\equiv 7^3 \cdot 7^2 \equiv 2 \cdot (-13) \equiv 5 \bmod 31 \\
7^6 &\equiv 7^3 \cdot 7^3 \equiv 2 \cdot 2 \equiv 4 \bmod 31 \\
7^{10} &\equiv 7^5 \cdot 7^5 \equiv 5 \cdot 5 \equiv -6 \bmod 31 \\
7^{15} &\equiv 7^{10} \cdot 7^5 \equiv (-6) \cdot 5 \equiv 1 \bmod 31
\end{aligned}
$$

Es ergibt sich $\operatorname{ord}_{31}[7] = 15$.

Beispiel 5: Am Ende von III.2 fragten wir nach einer (möglichst kleinen) natürlichen Zahl s mit $17 | 10^s - 1$. Es ist $s = \operatorname{ord}_{17}[10]$. Diese Zahl soll nun berechnet werden, wobei beachtet werden muß, daß nur Teiler von $\varphi(17) = 16$ in Frage kommen:

$$
\begin{aligned}
10 &\equiv -7 \bmod 17 \\
10^2 &\equiv (-7)^2 \equiv -2 \bmod 17 \\
10^4 &\equiv (-2)^2 \equiv 4 \bmod 17 \\
10^8 &\equiv 4^2 \equiv -1 \bmod 17
\end{aligned}
$$

Es ergibt sich $s = 16$. Eine Quersummenprobe für die Teilbarkeit durch 17 ist also mit der Quersumme 16-ter Stufe möglich, was sicher ein sehr unhandliches Kriterium ist. Wegen $10^8 \equiv -1 \bmod 17$ ist $17 | 10^8 + 1$, so daß man ein Teilbarkeitskriterium für 17 mit Hilfe der alternierenden Quersumme 8-ter Stufe aufstellen könnte.

Bemerkung: Um den Rest von a^n modulo m zu berechnen, geht man zweckmäßigerweise folgendermaßen vor: Man stelle n im Zweiersystem dar, schreibe n also als Summe von verschiedenen Zweierpotenzen. Dann bestimme man durch wiederholtes Quadrieren und Reduzieren die Reste r_k der Potenzen a^{2^k}, so weit sie in der Darstellung von n vorkommen, und bestimme dann den Rest des Produktes derjenigen r_k, für welche 2^k in der Darstellung von n vorkommt. Dies soll am Beispiel $7^{39} \bmod 41$ untersucht werden. Es ist $39 = 1+2+4+32$.

7	$\equiv$	$7 \bmod 41$	7	1
7^2	$\equiv$	$8 \bmod 41$	8	2
7^4	$\equiv$	$-18 \bmod 41$	-18	4
7^8	$\equiv$	$-4 \bmod 41$		
7^{16}	$\equiv$	$16 \bmod 41$		
7^{32}	$\equiv$	$10 \bmod 41$	10	32
			Produkt P	Summe 39

$$7 \cdot 8 \equiv 15 \bmod 41; \quad 15 \cdot (-18) \equiv 17 \bmod 41; \quad 17 \cdot 10 \equiv 6 \bmod 41.$$

Es folgt $P \equiv 6 \bmod 41$, also $7^{39} \equiv 6 \bmod 41$. (In diesem speziellen Beispiel kann man natürlich schneller zum Ziel gelangen: Wegen $7^{40} \equiv 1 \bmod 41$ bestimme man ein x mit $7x \equiv 1 \bmod 41$; man findet $x \equiv 6 \bmod 41$.)

Für $m > 2$ gilt stets $\operatorname{ord}_m[m-1] = 2$, denn $[m-1]^2 = [-1]^2 = [1]$. Daraus folgt $2|\varphi(m)$ für $m > 2$, wie wir schon oben gesehen haben.

Ist p eine Primzahl > 2 und $p \nmid a$, dann ist $a^{\frac{p-1}{2}}$ eine Lösung der Kongruenz $x^2 \equiv 1 \bmod p$; diese hat aber nur die Lösungen $1 \bmod p$ und $-1 \bmod p$, denn aus $p|(x-1)(x+1)$ folgt $p|(x-1)$ oder $p|(x+1)$. Folglich gilt

$$a^{\frac{p-1}{2}} \equiv 1 \bmod p \quad \text{oder} \quad a^{\frac{p-1}{2}} \equiv -1 \bmod p.$$

In obigen Beispielen haben wir gesehen, daß für manche Moduln m eine prime Restklasse $[a]$ mit $\text{ord}_m[a] = \varphi(m)$ existiert, während dies für andere Moduln (z.B. $m = 12$) nicht der Fall ist. Im nächsten Abschnitt gehen wir der Frage nach, für welche Moduln es eine prime Restklasse mit der maximalen Ordnung $\varphi(m)$ gibt.

Satz 8: Es sei $[a]$ eine prime Restklasse mod m mit $\text{ord}_m[a] = k$. Ferner sei h eine natürliche Zahl. Dann gilt:

a) $[a]^h = [1] \iff k|h$

b) $[a]^i = [a]^j \iff i \equiv j \bmod k$

c) Die Restklassen $[a], [a]^2, \ldots, [a]^k$ sind paarweise verschieden.

d) $\text{ord}_m([a]^h) = \dfrac{k}{\text{ggT}(h,k)}$

e) $\text{ord}_m([a]^h) = k \iff \text{ggT}(h,k) = 1$

Beweis: a) Der Beweis verläuft analog zum Beweis von Satz 7 mit h anstelle von $\varphi(m)$.

b) Für $i > j$ ist genau dann $[a]^{i-j} = [1]$, wenn $k|i-j$ (vgl. a)).

c) Diese Behauptung ergibt sich sofort aus b).

d) Es sei $d = \text{ggT}(h,k)$, $h = dh_1$, $k = dk_1$, also $\text{ggT}(h_1,k_1) = 1$. Dann ist

$$([a]^h)^{k_1} = ([a]^k)^{h_1} = [1]^{h_1} = [1],$$

also ist $\text{ord}_m([a]^h) \mid k_1$ (vgl. a)). Für $r = \text{ord}_m([a]^h)$ folgt andererseits aus

$$[a]^{hr} = ([a]^h)^r = [1]$$

die Beziehung $k|hr$, also $k_1|h_1r$. Wegen $\text{ggT}(h_1,k_1) = 1$ ergibt sich $k_1|r$, also $k_1 \mid \text{ord}_m([a]^h)$, insgesamt also $\text{ord}_m([a]^h) = k_1$.

e) Diese Behauptung folgt sofort aus d). $\square$

Anwendung: Als eine Anwendung des Satzes von FERMAT wollen wir zeigen, daß zu jeder Primzahl p eine FIBONACCI-Zahl existiert, die durch p teilbar ist. Für $p = 2$ oder $p = 5$ ist dies offensichtlich. Für $p \neq 2$ und $p \neq 5$ zeigen wir dies mit Hilfe der BINETschen Formel (I.11 Satz 34), und zwar zeigen wir: Genau eine der FIBONACCI-Zahlen F_{p-1} oder F_{p+1} ist durch p teilbar ($p \neq 2,5$): Aus der BINETschen Formel folgt für $n \in \mathbb{N}$

$$\sqrt{5} \cdot 2^n \cdot F_n = (1+\sqrt{5})^n - (1-\sqrt{5})^n = 2 \cdot \sum_{i=0}^{[\frac{n-1}{2}]} \binom{n}{2i+1}(\sqrt{5})^{2i+1},$$

also

$$2^{n-1} \cdot F_n = \sum_{i=0}^{[\frac{p-1}{2}]} \binom{n}{2i+1} \cdot 5^i.$$

Ist p eine von 2 und 5 verschiedene Primzahl, dann ergibt sich für $n = p$ wegen

$$p \mid \binom{p}{2i+1} \text{ für } 0 \leq i < \frac{p-1}{2},$$

daß

$$2^{p-1} \cdot F_p \equiv 5^{\frac{p-1}{2}} \bmod p.$$

Wegen

$$2^{p-1} \equiv 1 \bmod p \quad \text{und} \quad 5^{\frac{p-1}{2}} \equiv \pm 1 \bmod p$$

folgt $F_p \equiv \pm 1 \bmod p$ und damit $F_p^2 \equiv 1 \bmod p$. Nun ist $F_p^2 = F_{p-1} \cdot F_{p+1} + 1$ (vgl. I.11 Satz 31 und 32c)), also ist $F_{p-1} \cdot F_{p+1} \equiv 0 \bmod p$. Wegen

$$\mathrm{ggT}(F_{p-1}, F_{p+1}) = F_{\mathrm{ggT}(p-1,p+1)} = F_2 = 1$$

ist genau eine der Zahlen F_{p-1}, F_{p+1} durch p teilbar. (Genauer läßt sich zeigen, daß $p|F_{p-1}$ für $p \equiv \pm 1 \bmod 5$ und $p|F_{p+1}$ für $p \equiv \pm 2 \bmod 5$ gilt.)

III.4 Primitive Restklassen

Eine Restklasse $[a]$ aus R_m^* heißt *primitiv*, wenn sie die maximal mögliche Ordnung $\varphi(m)$ hat. In diesem Fall besteht R_m^* aus allen Potenzen von $[a]$:

$$R_m^* = \{[a], [a]^2, [a]^3, \ldots, [a]^{\varphi(m)}\}$$

mit $[a]^{\varphi(m)} = [1]$. Eine veraltete Bezeichnung für eine ganze Zahl x mit der Eigenschaft $\mathrm{ord}_m[x] = \varphi(m)$ ist *primitive Kongruenzwurzel* $\bmod\, m$. Eine primitive Restklasse $\bmod\, m$ besteht also aus primitiven Kongruenzwurzeln $\bmod\, m$.

Zunächst wollen wir die Existenz primitiver Restklassen für den Fall beweisen, daß der Modul eine Primzahl ist. Dazu beweisen wir zuerst einen Hilfssatz über die Nullstellen von Polynomen in einem Körper K. Man beachte, daß dabei K auch ein endlicher Körper sein darf, denn wir wollen diesen Hilfssatz auf den Körper der primen Restklassen modulo p (p Primzahl) anwenden.

Hilfssatz: Ist K ein Körper und $f(x)$ ein vom Nullpolynom verschiedenes Polynom mit Koeffizienten aus K vom Grad n, dann besitzt $f(x)$ höchstens n Nullstellen in K.

Beweis: Ist $f(x)$ vom Grad 0, also $f(x) = a_0$ ($a_0 \in K, a_0 \neq 0$), dann besitzt $f(x)$ keine Nullstellen. Ist der Grad von $f(x)$ größer als 0 und besitzt $f(x)$ die Nullstelle $k \in K$, dann betrachte man die Division mit Rest für $f(x)$ und $x - k$:

$$f(x) = g(x)(x - k) + r(x),$$

wobei $g(x), r(x)$ Polynome über K sind und $r(x)$ einen kleineren Grad als der Divisor $x - k$ hat. Also ist $r(x) = r_0 \in K$. Nun gilt

$$0 = f(k) = g(k)(k - k) + r_0,$$

also $r_0 = 0$ und somit

$$f(x) = g(x)(x - k).$$

Der Grad von $g(x)$ ist um 1 kleiner als der Grad von $f(x)$, wir können also den Beweis mit Hilfe vollständiger Induktion führen: Hat $g(x)$ höchstens $n - 1$ Nullstellen, dann hat $f(x)$ höchstens n Nullstellen, da mit eventueller Ausnahme von k jede Nullstelle von $f(x)$ auch eine solche von $g(x)$ ist. □

Satz 9: Es sei p eine Primzahl und d ein Teiler von $\varphi(p) = p - 1$. Dann gibt es genau $\varphi(d)$ prime Restklassen mod p mit der Ordnung d.

Beweis: Für $d|p-1$ sei $\psi(d)$ die Anzahl der primen Restklassen mod p mit der Ordnung d. Da jede Restklasse eine Ordnung besitzt, ist

$$\sum_{d|p-1} \psi(d) = p - 1.$$

Ist $\psi(d) > 0$, existiert also eine prime Restklasse $[a]$ mit der Ordnung d, dann sind die Restklassen $[a]^i$ für $i = 1, 2, \ldots, d$ paarweise voneinander verschieden (Satz 8c)) und Nullstellen von $x^d - [1]$:

$$([a]^i)^d = ([a]^d)^i = [1]^i = [1].$$

Da dieses Polynom nach dem Hilfssatz höchstens d Nullstellen besitzt, sind die Restklassen $[a]^i$ $(i = 1, 2, \ldots, d)$ genau *alle* Nullstellen. Nach Satz 8e) hat $[a]^i$ genau dann die Ordnung d, wenn $\mathrm{ggT}(i, d) = 1$. Im Fall $\psi(d) > 0$ ergibt sich also $\psi(d) = \varphi(d)$. Nun zeigen wir, daß der Fall $\psi(d) = 0$ nicht eintreten kann: Es gilt allgemein für $n \in \mathbb{N}$

$$\sum_{d|n} \varphi(d) = n$$

(vgl. Satz 5c)) und somit

$$p - 1 = \sum_{d|p-1} \psi(d) \leq \sum_{d|p-1} \varphi(d) = p - 1,$$

wegen $\psi(d) \leq \varphi(d)$ also $\psi(d) = \varphi(d)$ für alle Teiler d von $p - 1$. □

Aus Satz 9 folgt, daß primitive Restklassen mod p existieren, wenn p eine Primzahl ist, und zwar gibt es $\varphi(p-1)$ solche Restklassen. Nun wollen wir untersuchen, für welche zusammengesetzten Moduln primitive Restklassen existieren.

Wir beginnen unsere Untersuchung mit Moduln der Form $m = 2^k$. Ist $k = 1$, dann ist $[1]$ primitiv; für $k = 2$ ist $[3]$ primitiv, denn es gilt $\mathrm{ord}_4[3] = 2 = \varphi(4)$. Für $k = 3$ gibt es keine primitive Restklasse mod m, denn es ist $\varphi(8) = 4$ und für jede prime Restklasse $[a]$ mod 8 gilt $[a]^2 = [1]$. Für $k > 3$ existiert ebenfalls keine primitive Restklasse mod m, wie man mit vollständiger Induktion zeigen kann. Genauer wollen wir zeigen: Ist $k \geq 3$ und $[a]$ eine prime Restklasse mod 2^k, dann gilt

$$(*) \qquad a^{2^{k-2}} \equiv 1 \bmod 2^k.$$

Wegen $2^{k-2} < 2^{k-1} = \varphi(2^k)$ ist dann obige Behauptung bewiesen. Für $k = 3$ ist $(\ast)$ offensichtlich erfüllt. Gilt $(\ast)$, dann ist

$$a^{2^{k-2}} = 1 + b \cdot 2^k \quad \text{mit} \quad b \in \mathbb{Z}.$$

Durch Quadrieren folgt

$$a^{2^{k-1}} = 1 + 2 \cdot b \cdot 2^k + (b \cdot 2^k)^2 = 1 + (b + b^2 2^{k-1}) \cdot 2^{k+1},$$

also

$$a^{2^{k-1}} \equiv 1 \bmod 2^{k+1}.$$

Damit ist die Gültigkeit von $(\ast)$ für $k \geq 3$ induktiv bewiesen.

Nun beschäftigen wir uns mit Moduln der Form $m = uv$ mit $\mathrm{ggT}(u, v) = 1$ und $u, v > 2$. Da $\varphi(u)$ und $\varphi(v)$ beide gerade sind, ist $\mathrm{ggT}(\varphi(u), \varphi(v)) = d \geq 2$ und daher

$$h = \mathrm{kgV}(\varphi(u), \varphi(v)) = \frac{\varphi(u)\varphi(v)}{d} = \frac{\varphi(uv)}{d} \leq \frac{\varphi(uv)}{2}.$$

Ist nun $[a]$ eine prime Restklasse modulo uv, dann ist auch $\mathrm{ggT}(a, u) = 1$ und $\mathrm{ggT}(a, v) = 1$, also

$$a^h \equiv a^{\frac{\varphi(u)\varphi(v)}{d}} \equiv (a^{\varphi(u)})^{\frac{\varphi(v)}{d}} \equiv 1^{\frac{\varphi(v)}{d}} \equiv 1 \bmod u.$$

Analog ergibt sich $a^h \equiv 1 \bmod v$. Aus $u | a^h - 1$ und $v | a^h - 1$ folgt $uv | a^h - 1$, denn u, v sind teilerfremd. Also gilt $a^h \equiv 1 \bmod uv$. Wegen $h < \varphi(uv)$ ist daher $[a]$ keine primitive Restklasse mod uv.

In den bisher noch nicht ausgeschlossenen Fällen existiert eine primitive Restklasse. Es gilt also:

Satz 10: Genau dann existiert eine primitive Restklasse modulo m, wenn $m = 2$, $m = 4$, $m = p^k$ oder $m = 2p^k$ ist, wobei p eine ungerade Primzahl und k eine natürliche Zahl ist.

Beweis: Es ist bereits oben geklärt, daß außer in den genannten Fällen für keinen Modul eine primitive Restklasse existiert. Auch die Fälle $m = 2$ und $m = 4$ sind schon klar. Existiert mod p^k eine primitive Restklasse mit dem Vertreter r, der wegen $r \equiv r + p^k \bmod p^k$ als ungerade vorausgesetzt werden kann, dann ist r auch ein Vertreter einer primitiven Restklasse mod $2p^k$: Es gilt

$$p^k | r^n - 1 \iff 2p^k | r^n - 1;$$

wäre also $2p^k | r^n - 1$ mit $n < \varphi(2p^k) = \varphi(p^k)$, so wäre $[r]$ keine primitive Restklasse mod p^k. (Die Beziehung $\varphi(2p^k) = \varphi(p^k)$ ergibt sich sofort aus der Berechnungsformel für φ (vgl. Satz 5).) Es bleibt also nur noch der Fall $m = p^k$ zu untersuchen.

Es sei $[s]_p$ eine primitive Restklasse mod p. Dann läßt sich der Vertreter s so wählen, daß

$$s^{p-1} \not\equiv 1 \bmod p^2$$

gilt. Ist nämlich $s^{p-1} \equiv 1 \bmod p^2$, so wähle man $s' = s + p$; dann ergibt sich unter Verwendung des binomischen Lehrsatzes

$$(s')^{p-1} \equiv (s+p)^{p-1} \equiv s^{p-1} + (p-1)s^{p-2}p \equiv 1 - ps^{p-2} \bmod p^2,$$

wegen $p \nmid s^{p-2}$ also $(s')^{p-1} \not\equiv 1 \bmod p^2$.

Ist nun $s^{p-1} \not\equiv 1 \bmod p^2$, dann ist $[s]_{p^2}$ eine primitive Restklasse mod p^2. Denn als Ordnung mod p^2 kommen nur die Teiler von $\varphi(p^2)$ in Frage, also nur die Teiler von $p-1$, die Primzahl p und $\varphi(p^2)$ selbst; die Teiler von $p-1$ entfallen offensichtlich, die Primzahl p wegen $s^p \equiv s \bmod p$ und $s \not\equiv 1 \bmod p$ ebenfalls.

Ist $k \geq 2$, dann gilt allgemeiner

$$s^{p^{k-2}(p-1)} \not\equiv 1 \bmod p^k.$$

Dies beweist man induktiv: Für $k = 2$ ist dies schon bewiesen. Wir schließen nun von k auf $k+1$. Zunächst gilt nach dem Satz von EULER-FERMAT

$$s^{p^{k-2}(p-1)} \equiv s^{\varphi(p^{k-1})} \equiv 1 \bmod p^{k-1},$$

also

$$s^{p^{k-2}(p-1)} = 1 + bp^{k-1} \quad \text{mit} \quad b \in \mathbb{Z}.$$

Aufgrund der Induktionsannahme ist dabei $p \nmid b$. Potenzieren dieser Gleichung mit dem Exponent p liefert

$$s^{p^{k-1}(p-1)} \equiv (1 + bp^{k-1})^p \equiv 1 + bp^k \bmod p^{k+1}.$$

Wegen $p \nmid b$ gilt also

$$s^{p^{k-1}(p-1)} \not\equiv 1 \bmod p^{k+1},$$

womit der Induktionsbeweis abgeschlossen ist.

Nun zeigen wir, daß für $k \geq 2$ die Restklasse $[s]_{p^k}$ primitiv ist. Die Ordnung n dieser Restklasse mod p^k muß ein Teiler von $\varphi(p^k) = p^{k-1}(p-1)$ sein. Andererseits muß n durch $p-1$ teilbar sein, denn aus $s^n \equiv 1 \bmod p^k$ folgt auch $s^n \equiv 1 \bmod p$. Daher ist $n = p^t(p-1)$ mit $0 \leq t \leq k-1$. Wäre aber $t < k-1$, so wäre

$$s^{p^{k-2}(p-1)} \equiv 1 \bmod p^k,$$

was unseren obigen Erkenntnissen widerspricht. Also ist $t = k - 1$ und somit $n = \varphi(p^k)$. $\square$

Im Beweis von Satz 10 haben wir auch gesehen, wie man eine primitive Restklasse mod p^k (und damit auch mod $2p^k$) findet, wenn man eine solche mod p kennt: Ist r Vertreter einer primitiven Restklasse mod p mit $r^{p-1} \not\equiv 1 \bmod p^2$, wobei man eventuell statt r den Vertreter $r+p$ wählen muß, dann ist r Vertreter einer primitiven Restklasse mod p^k und einer solchen mod $2p^k$.

Wenn man *eine* primitive Restklasse mod m kennt (wobei für m natürlich nur die in Satz 10 genannten Moduln in Frage kommen), dann kann man alle anderen primitiven Restklassen bestimmen:

Satz 11: Ist $[r]$ eine primitive Restklasse mod m, dann ist

$$\{[r]^i \mid 1 \leq i \leq \varphi(m), \ \mathrm{ggT}(i, \varphi(m)) = 1\}$$

die Menge *aller* primitiven Restklassen mod m.

Beweis: Alle primen Restklassen haben die Form $[r]^i$ mit $1 \leq i \leq \varphi(m)$. Nach Satz 8e) ist $[r]^i$ genau dann primitiv, wenn $\mathrm{ggT}(i, \varphi(m)) = 1$. $\square$

Existiert eine primitive Restklasse mod m, dann ist $(R_m^*, \cdot)$ eine *zyklische Gruppe*, d.h. die Elemente dieser Gruppe lassen sich als Potenzen eines einzigen Elements darstellen. Als ein solches *erzeugendes Element* kommen im Fall einer endlichen zyklischen Gruppe der Ordnung n genau $\varphi(n)$ Elemente in Frage. Satz 11 ist also ein Spezialfall eines allgemeineren Satzes über endliche zyklische Gruppen.

Es ergibt sich nun die Frage, wie man eine primitive Restklasse mod p (p Primzahl) findet; die Bestimmung *aller* primitiven Restklassen, auch bezüglich der Moduln p^k und $2p^k$, ist nach Obigem dann kein Problem mehr. Leider gibt es kein elegantes Verfahren zur Bestimmung einer primitiven Restklasse, man ist auf Probieren angewiesen. Auf GAUSS geht folgende Methode zur Bestimmung einer primitiven Restklasse mod p zurück (vgl. z.B. [Lüneburg 1987]):

(1) Wähle a mit $1 < a < p$ und berechne die Potenzen von a mod p:

$$a, a^2, \ldots, a^t \quad \text{und} \quad a^t \equiv 1 \bmod p \quad \text{mit} \quad t = \mathrm{ord}_p[a].$$

Ist $t = p - 1$, dann ist $[a]$ primitiv; andernfalls fahre folgendermaßen fort:

(2) Wähle b mit $1 < b < p$ und $b \not\equiv a^i \bmod p$ für $i = 1, 2, \ldots, t$ und berechne die Potenzen von b mod p:

$$b, b^2, \ldots, b^u \quad \text{und} \quad b^u \equiv 1 \bmod p \quad \text{mit} \quad u = \mathrm{ord}_p[b].$$

Dabei ist u kein Teiler von t, denn sonst wäre $b^t \equiv 1 \bmod p$, also b mod p eine Lösung von $x^t \equiv 1 \bmod p$ und damit $b \equiv a^i \bmod p$ für ein geeignetes i. Ist nun $u = p - 1$, dann ist $[b]$ primitiv. Ist $u < p - 1$, dann setze man

$$v = \mathrm{kgV}(t, u) = mn \quad \text{mit} \quad m|t, \ n|u \text{ und } \mathrm{ggT}(m, n) = 1.$$

Beachte, daß $v > t$ wegen $u \nmid t$. Die Restklasse $[c]$ mit

$$c \equiv a^{\frac{t}{m}} \cdot b^{\frac{u}{n}} \bmod p$$

hat die Ordnung v. Ist $v = p - 1$, dann ist $[c]$ primitiv. Ist $v < p - 1$, dann wiederhole man Schritt (2).

Dieses Verfahren beginnt man sinnvollerweise mit $a = 2$.

Beispiel: Es soll eine primitive Restklasse mod 73 bestimmt werden. Man wähle $a = 2$. Die Reste von a^i mod 73 für $i = 1, 2, 3, \ldots$ sind

$$2, 4, 8, 16, 32, 64, 55, 37, 1,$$

also ist $t = 9$. Man wähle $b = 3$. Die Reste von b^i mod 73 für $i = 1, 2, 3, \ldots$ sind

$$3, 9, 27, 8, 24, 72, 70, 64, 46, 65, 49, 1,$$

also ist $u = 12$. Es sei $v = \mathrm{kgV}(9,12) = 36 = 9 \cdot 4$ und $c \equiv 2^1 \cdot 3^3$ mod 73, also $c = 54$ (oder $c = -19$). Die Reste von c^i mod 73 für $i = 1,2,3,\ldots$ sind

54,	69,	3,	16,	61,	9,	48,	37,	27,	71,	38,	8,
67,	41,	24,	55,	50,	72,	19,	4,	70,	57,	12,	64,
25,	36,	46,	2,	35,	65,	6,	32,	49,	18,	23,	1.

Die kleinste hier nicht vorkommende Zahl zwischen 1 und 72 ist 5. Da $\mathrm{ord}_{73}[5]$ kein Teiler von $\mathrm{ord}_{73}[54] = 36$ ist, kann $\mathrm{ord}_{73}[5]$ nur die Werte 8, 24 oder 72 haben. Es ist

$$5^8 \equiv 2 \text{ mod } 73 \quad \text{und} \quad 5^{24} \equiv 8 \text{ mod } 73,$$

also $\mathrm{ord}_{73}[5] = 72$ und somit $[5]$ primitiv. Hätten wir uns für 7 statt 5 entschieden, dann wären wir noch nicht so schnell am Ziel gewesen, denn $\mathrm{ord}_{73}[7] = 24$. Man setzt dann $v = \mathrm{kgV}(36,24) = 72 = 9 \cdot 8$ und

$$d \equiv 54^4 \cdot 7^3 \equiv 16 \cdot 51 \equiv 13 \text{ mod } 73;$$

man erhält in diesem Fall die primitive Restklasse $[13]$.

Der folgenden Liste kann man für die ungeraden Primzahlen p unterhalb 200 die kleinste Zahl r entnehmen, für welche $[r]_p$ primitiv ist; $[r]_p$ ist also die „kleinste" primitive Restklasse mod p.

r	Modul p
2	3, 5, 11, 13, 19, 29, 37, 53, 59, 61, 67, 83, 101, 107, 131, 139, 149, 163, 173, 179, 181, 197
3	7, 17, 31, 43, 79, 89, 113, 127, 137, 199
5	23, 47, 73, 97, 103, 157, 167, 193
6	41, 109, 151
7	71
19	191

Eine entsprechende Tabelle für alle Primzahlen bis 3613 findet man in [Schwarz 1987]. Die Liste zeigt, daß man „meistens" schon mit $r = 2$ Glück hat, daß

die „kleinste" primitive Restklasse aber auch oft schon sehr „groß" ist, wie dies
etwa für $p = 191$ mit $r = 19$ der Fall ist. Die Liste legt die Vermutung nahe, daß
$[2]_p$ für unendlich viele Primzahlen p primitiv ist, dies konnte aber bisher nicht
bewiesen werden. GAUSS vermutete, daß $[10]_p$ für unendliche viele Primzahlen
p primitiv ist. Beispielsweise ist $[10]_p$ primitiv für

$$p = 7, 17, 19, 23, 29, 47, 59, 61, 97, 109, 113, 131, 149, 167, 179, 181, 193.$$

Warum sich GAUSS gerade für den Wert 10 interessierte, wird im nächsten
Abschnitt klar werden. Natürlich ist auch die Vermutung von GAUSS bisher
unbewiesen. Eine noch weitergehende Vermutung von EMIL ARTIN (1898–1962)
besagt, daß für *jede* ganze Zahl a, die keine Quadratzahl und von -1 verschieden
ist, unendlich viele Primzahlen p derart existieren, daß $[a]_p$ primitiv ist.

III.5 Dezimalbrüche

Die *Dezimalbruchentwicklung* einer positiven reellen Zahl α, also die Darstellung

$$\alpha = a_0 + \sum_{i=1}^{\infty} a_i 10^{-i} = a_0, a_1 a_2 a_3 \ldots$$

mit $a_0 \in \mathbb{N}_0$ und $a_i \in \{0, 1, 2, 3, 4, 5, 6, 7, 8, 9\}$, ist mit Hilfe der GAUSS-Klammer
$[\;]$ folgendermaßen definiert:

$$
\begin{aligned}
\alpha_0 &= \alpha, & a_0 &= [\alpha], \\
\alpha_1 &= \alpha_0 - a_0, & a_1 &= [10\alpha_1], \\
\alpha_{i+1} &= 10\alpha_i - a_i, & a_{i+1} &= [10\alpha_{i+1}] \quad (i = 1, 2, 3, \ldots).
\end{aligned}
$$

Die Dezimalbruchentwicklung von α heißt *abbrechend*, wenn ein $i_0 \in \mathbb{N}$ existiert mit $a_i = 0$ für $i \geq i_0$; andernfalls heißt die Dezimalbruchentwicklung
nicht-abbrechend. Die Zahl a_0 und die *Ziffern* $a_1, a_2, a_3, \ldots$ sind eindeutig durch
α bestimmt, wie obiger Algorithmus zeigt. (Dieser Algorithmus liefert inbe-
sondere keine Entwicklung, bei welcher ab einer gewissen Stelle nur die Ziffer 9
erscheint.) Wiederholt sich ab einer gewissen Stelle immer wieder die gleiche Ziffernfolge, dann heißt die Dezimalbruchentwicklung *periodisch*. Wiederholt sich
die Ziffernfolge $a_{s+1} a_{s+2} \ldots a_{s+t}$, so schreiben wir

$$\alpha = a_0, a_1 a_2 \ldots a_s \overline{a_{s+1} a_{s+2} \ldots a_{s+t}}$$

(lies „a_0 Komma $a_1 a_2 \ldots a_s$ Periode $a_{s+1} a_{s+2} \ldots a_{s+t}$"). Dabei wollen wir vereinbaren, daß s und t möglichst klein sein sollen. Dann nennt man die Ziffernfolge
$a_1 a_2 \ldots a_s$ die *Vorperiode* und die Ziffernfolge $a_{s+1} a_{s+2} \ldots a_{s+t}$ die *Periode* der
Dezimalbruchentwicklung von α. Im Fall $s = 0$ entfällt die Vorperiode.

Satz 12: Eine reelle Zahl ist genau dann rational, wenn ihre Dezimalbruchentwicklung abbrechend oder periodisch ist.

Beweis: Wir beschränken uns auf *positive* reelle bzw. rationale Zahlen.

1) Die Dezimalbruchentwicklung der reellen Zahl α sei abbrechend oder periodisch. Ist sie abbrechend, etwa $\alpha = a_0, a_1 a_2 \ldots a_s$, dann ist

$$\alpha = a_0 + a_1 10^{-1} + a_2 10^{-2} + \ldots + a_s 10^{-s}$$

offensichtlich eine rationale Zahl. Nun sei die Dezimalbruchentwicklung von α periodisch, etwa

$$\alpha = a_0, a_1 a_2 \ldots a_s \overline{a_{s+1} a_{s+2} \ldots a_{s+t}}.$$

Dann ist

$$\alpha = a_0, a_1 a_2 \ldots a_s + 10^{-s} \cdot 0, \overline{a_{s+1} a_{s+2} \ldots a_{s+t}}.$$

Daher müssen wir lediglich zeigen, daß $0, \overline{a_{s+1} a_{s+2} \ldots a_{s+t}}$ rational ist. Mit n bezeichnen wir die (höchstens t-stellige) natürliche Zahl $a_{s+1} a_{s+2} \ldots a_{s+t}$. Dann ist

$$10^t \cdot 0, \overline{a_{s+1} a_{s+2} \ldots a_{s+t}} = n + 0, \overline{a_{s+1} a_{s+2} \ldots a_{s+t}},$$

also

$$0, \overline{a_{s+1} a_{s+2} \ldots a_{s+t}} = \frac{n}{10^t - 1},$$

und dies ist eine rationale Zahl.

2) Sei $\alpha = \frac{a}{b} \in \mathbb{Q}$ mit $a, b \in \mathbb{N}$ und $\mathrm{ggT}(a, b) = 1$. Enthält b genau u-mal den Primfaktor 2 und v-mal den Primfaktor 5, dann erweitere man den Bruch mit $c = 2^{v-u}$, falls $v > u$ bzw. mit $c = 5^{u-v}$, falls $u > v$. Ist s das Maximum von u und v, dann ergibt sich

$$\alpha = 10^{-s} \cdot \frac{ac}{d} \quad \text{mit} \quad d = 10^{-s} bc \text{ und } \mathrm{ggT}(10, d) = 1.$$

Ist $d = 1$, dann hat α eine abbrechende Dezimalbruchentwicklung. Es sei nun $d > 1$ und $t = \mathrm{ord}_d[10]$. Dann ist t die kleinste natürliche Zahl mit $10^t \equiv 1 \bmod d$, also $10^t - 1 = e \cdot d$ mit $e \in \mathbb{N}$. Erweitern wir nun den Bruch mit e, dann ergibt sich

$$\alpha = 10^{-s} \cdot \frac{ace}{10^t - 1}.$$

Es sei

$$a_0 = [\alpha],$$
$$a_1 a_2 \ldots a_s = [10^s (\alpha - a_0)],$$
$$a_{s+1} a_{s+2} \ldots a_{s+t} = 10^s (10^t - 1) \cdot (\alpha - a_0, a_1 a_2 \ldots a_s).$$

Dabei haben wir die Darstellung der Zahlen im Zehnersystem benutzt. Dann ist

$$\begin{aligned}
\alpha &= a_0, a_1 a_2 \ldots a_s + \frac{a_{s+1} a_{s+2} \ldots a_{s+t}}{10^s (10^t - 1)} \\
&= a_0, a_1 a_2 \ldots a_s + 10^{-s} \cdot a_{s+1} a_{s+2} \ldots a_{s+t} \cdot \left(10^{-t} + 10^{-2t} + \ldots \right) \\
&= a_0, a_1 a_2 \ldots a_s \overline{a_{s+1} a_{s+2} \ldots a_{s+t}}.
\end{aligned}$$

Die rationale Zahl α hat also eine periodische Dezimalbruchentwicklung mit einer Vorperiode der Länge s und einer Periode der Länge t. □

Dem Beweis von Satz 12 entnimmt man, daß bei der Dezimalbruchentwicklung der rationalen Zahl $\frac{a}{b}$ mit $a, b \in \mathbb{N}$ und $\mathrm{ggT}(a, b) = 1$ die Länge s der Vorperiode der größere der Exponenten von 2 und 5 in der Primfaktorzerlegung von b ist. Ferner ist die Länge t der Periode die Ordnung von 10 modulo d, wobei d aus b durch Herausstreichen aller Faktoren 2 und 5 entsteht. Es gilt also folgender Satz:

Satz 13: Es sei $a, b \in \mathbb{N}$, $\mathrm{ggT}(a, b) = 1$ und $b = 2^u 5^v d$ mit $\mathrm{ggT}(10, d) = 1$, ferner $s = \max(u, v)$ und $t = \mathrm{ord}_d[10]$. Dann hat die Dezimalbruchentwicklung von $\frac{a}{b}$ eine Vorperiode der Länge s und eine Periode der Länge t.

Ist $s = 0$, besitzt die Dezimalbruchentwicklung also keine Vorperiode, dann nennt man sie *reinperiodisch*.

Beispiel 1: Wir wollen die Dezimalbruchentwicklung von $\frac{27}{52}$ bestimmen und dabei die Überlegungen im Beweis von Satz 12 nachvollziehen: Es ist

$$\frac{27}{52} = \frac{27}{4 \cdot 13} = \frac{25 \cdot 27}{100 \cdot 13} = \frac{1}{100} \cdot \frac{675}{13} = \frac{1}{100} \cdot \left(51 + \frac{12}{13}\right).$$

Nun berechnen wir die Ordnung von 10 modulo 13, welche ein Teiler von $\varphi(13) = 12$ sein muß:

$$10^2 \equiv -4 \bmod 13$$
$$10^3 \equiv -40 \equiv -1 \bmod 13$$
$$10^6 \equiv (-1)^2 \equiv 1 \bmod 13$$

Die Periodenlänge ist also 6. Es gilt $10^6 - 1 = 999999 = 13 \cdot 76923$. Wegen $12 \cdot 76923 = 923076$ ergibt sich

$$\frac{27}{52} = \frac{1}{100} \cdot \left(51 + \frac{923076}{999999}\right) = 0,51\overline{923076}.$$

Die reinperiodischen Dezimalbruchentwicklungen von $\frac{a}{7}$ für $a = 1, 2, 3, 4, 5, 6$ zeigen eine merkwürdige Verwandtschaft. Die Perioden gehen durch eine zyklische Vertauschung auseinander hervor:

$$\frac{1}{7} = 0,\overline{142857}; \quad \frac{3}{7} = 0,\overline{428571}; \quad \frac{2}{7} = 0,\overline{285714};$$

$$\frac{6}{7} = 0,\overline{857142}; \quad \frac{4}{7} = 0,\overline{571428}; \quad \frac{5}{7} = 0,\overline{714285}$$

Dieses Phänomen wollen wir jetzt allgemein untersuchen. Für einen Nenner $m > 1$ mit $\mathrm{ggT}(10, m) = 1$ betrachten wir die $\varphi(m)$ reduzierten Brüche

$$\frac{a}{m} \quad \text{mit} \quad 1 \le a < m \quad \text{und} \quad \mathrm{ggT}(a, m) = 1.$$

Es sei $t = \text{ord}_m[10]$; die Dezimalbruchentwicklungen dieser Brüche haben also alle die Periodenlänge t. Ist

$$10^t - 1 = m \cdot k,$$

dann ist $a \cdot k$ die natürliche Zahl, deren Ziffernfolge die Ziffernfolge der Periode ist. Ist

$$k = a_1 a_2 \ldots a_t$$

die Darstellung von k im Zehnersystem, dann ist

$$\frac{1}{m} = 0, \overline{a_1 a_2 \ldots a_t}.$$

Daraus folgt

$$0, \overline{a_2 a_3 \ldots a_t a_1} = 10 \cdot \frac{1}{m} - a_1 = \frac{10 - a_1 m}{m}.$$

Dabei gilt $0 < 10 - a_1 m < m$ und $\text{ggT}(10 - a_1 m, m) = \text{ggT}(10, m) = 1$. Folglich ist auch die durch zyklische Vertauschung entstandene Dezimalzahl einer der betrachteten Brüche $\frac{a}{m}$. Ist $10 \equiv a' \bmod m$, dann ist $0, \overline{a_2 a_3 \ldots a_t a_1} = \frac{a'}{m}$. Allgemein gilt

$$\begin{aligned} 0, \overline{a_{i+1} a_{i+2} \ldots a_t a_1 \ldots a_i} &= 10^i \cdot \frac{1}{m} - (a_1 a_2 \ldots a_i) \\ &= \frac{10^i - (a_1 a_2 \ldots a_i) \cdot m}{m}. \end{aligned}$$

Ist $10^i \equiv a^{(i)} \bmod m$ mit $1 \leq i < m$, dann ist also

$$0, \overline{a_{i+1} a_{i+2} \ldots a_t a_1 \ldots a_i} = \frac{a^{(i)}}{m}.$$

Durch zyklische Vertauschung der Ziffern in der Periode der Entwicklung von $\frac{1}{m}$ ergeben sich also t der betrachteten Brüche $\frac{a}{m}$. Ist $t = \varphi(m)$, ist $[10]_m$ also primitiv, dann ergeben sich so *alle* diese Brüche, wie es bei $m = 7$ der Fall war (s.o.). Andernfalls ergeben sich $\frac{\varphi(m)}{t}$ Klassen von Brüchen, deren Entwicklung jeweils durch zyklische Vertauschung der Ziffern in der Periode auseinander hervorgehen. Denn statt obige Betrachtung mit der Entwicklung von $\frac{1}{m}$ zu beginnen, hätte man sie mit jedem anderen der Brüche $\frac{a}{m}$ anfangen können.

Damit ist auch das Interesse erklärt, das GAUSS an der Frage gehabt haben könnte, ob unendlich viele Primzahlen p mit

$$\text{ord}_p[10] = p - 1$$

existieren: Genau für diese Primzahlen p hat die Entwicklung von $\frac{1}{p}$ die größtmögliche Periodenlänge $p - 1$, und für genau diese Primzahlen p gehen die Perioden der Entwicklungen von $\frac{a}{p}$ $(a = 1, 2, \ldots, p - 1)$ durch zyklische Vertauschung der Ziffern auseinander hervor.

Beispiel 2: Die Ordnung von 10 modulo 13 ist 6. Wir wollen für $a = 1, 2, \ldots, 12$ die Entwicklungen von $\frac{a}{13}$ bestimmen. Diese bilden zwei Klassen:

$$10^0 \equiv 1 \Rightarrow \frac{1}{13} = 0,\overline{076923} \qquad 10^0 \cdot 2 \equiv 2 \Rightarrow \frac{2}{13} = 0,\overline{153846}$$
$$10^1 \equiv 10 \Rightarrow \frac{10}{13} = 0,\overline{769230} \qquad 10^1 \cdot 2 \equiv 7 \Rightarrow \frac{7}{13} = 0,\overline{538461}$$
$$10^2 \equiv 9 \Rightarrow \frac{9}{13} = 0,\overline{692307} \qquad 10^2 \cdot 2 \equiv 5 \Rightarrow \frac{5}{13} = 0,\overline{384615}$$
$$10^3 \equiv 12 \Rightarrow \frac{12}{13} = 0,\overline{923076} \qquad 10^3 \cdot 2 \equiv 11 \Rightarrow \frac{11}{13} = 0,\overline{846153}$$
$$10^4 \equiv 3 \Rightarrow \frac{3}{13} = 0,\overline{230769} \qquad 10^4 \cdot 2 \equiv 6 \Rightarrow \frac{6}{13} = 0,\overline{461538}$$
$$10^5 \equiv 4 \Rightarrow \frac{4}{13} = 0,\overline{307692} \qquad 10^5 \cdot 2 \equiv 8 \Rightarrow \frac{8}{13} = 0,\overline{615384}$$

Beispiel 3: Die Ordnung von 10 modulo 63 ist 6; denn es gilt

$$63 \mid 10^k - 1 \quad \Longleftrightarrow \quad 7 \mid 10^k - 1 \quad \text{und} \quad 9 \mid 10^k - 1$$

und $\mathrm{ord}_7[10] = 6$, $\mathrm{ord}_9[10] = 1$. Die $\varphi(63) = 36$ Brüche $\frac{a}{63}$ mit $1 \le a < 63$ bilden $\frac{36}{6} = 6$ Klassen mit je 6 Elementen, so daß in jeder Klasse die Perioden der Dezimalbruchentwicklung durch zyklische Vertauschung der Ziffern auseinander hervorgehen. Im folgenden sind diese Klassen durch die Zähler a der zugehörigen Brüche angegeben:

10^0	1	2	4	8	16	32
10^1	10	20	40	17	34	5
10^2	37	11	22	44	25	50
10^3	55	47	31	62	61	59
10^4	46	29	58	53	43	23
10^5	19	38	13	26	52	41

Mit Hilfe der Entwicklungen

$$\frac{1}{63} = 0,\overline{015873}; \qquad \frac{2}{63} = 0,\overline{031746}; \qquad \frac{4}{63} = 0,\overline{063492};$$

$$\frac{8}{63} = 0,\overline{126984}; \qquad \frac{16}{63} = 0,\overline{253968}; \qquad \frac{32}{63} = 0,\overline{507936}$$

kann man mit obiger Tabelle alle weiteren Entwicklungen bestimmen. Beispielsweise entsteht die Entwicklung von $\frac{25}{63}$ aus der von $\frac{16}{63}$ durch zyklische Vertauschung der Ziffern in der Periode um zwei Stellen: $\frac{25}{63} = 0,\overline{396825}$.

Statt der Basis 10 hätte man auch eine andere Basis $g > 1$ zur Darstellung von Bruchzahlen verwenden können, z.B. 12, 20 oder 60. Mathematisch interessant ist aber nur die Basis 2. Eine maximale Periodenlänge erhält man hier für $\frac{a}{p}$ (p Primzahl), wenn $[2]_p$ eine primitive Restklasse ist. Ob dies für unendlich viele Primzahlen zutrifft, ist, wie am Ende von III.4 schon erwähnt, z.Zt. noch nicht bekannt.

III.6 Ewiger Kalender

Ein *Ewiger Kalender* ist eine Formel, nach der man aus dem Datum bezüglich des Gregorianischen Kalenders (vgl. I.8) den Wochentag bestimmen kann. Zunächst einigen wir uns darauf, das Jahr am 1. März beginnen zu lassen, so daß ein Schalttag *am Ende* des Jahres, also Ende Februar angehängt wird. (Dies entspricht den Monatsnamen September = 7. Monat, Oktober = 8. Monat usw.) Dann haben der 1., 3., 5., 6., 8., 10., 11. Monat je 31 Tage, der 2., 4., 7., 9. Monat je 30 Tage, und der 12. Monat hat 28 oder 29 Tage.

Die Gregorianische Kalenderreform fand 1582 statt. Es wurde festgesetzt, daß das Jahr 1600 ein Schaltjahr ist. Dann sollte jedes vierte Jahr ein Schaltjahr sein, in jedem 100. Jahr sollte aber der Schalttag ausfallen (also in den Jahren 1700, 1800, 1900), in jedem 400. Jahr sollte er aber nicht ausfallen (so daß das Jahr 2000 ein Schaltjahr ist).

Wir erteilen nun den Wochentagen So, Mo, Di, Mi, Do, Fr, Sa Nummern 0, 1, 2, 3, 4, 5, 6 und nehmen an, der 1. März 1600 habe die Nummer a_0. Wegen $365 \equiv 1 \bmod 7$ gilt für die Nummer a_t des 1.März des Jahres $1600 + t$

$$a_t \equiv a_0 + t + \left[\frac{t}{4}\right] - \left[\frac{t}{100}\right] + \left[\frac{t}{400}\right] \bmod 7.$$

Der 1. März 1990 war ein Donnerstag, wie man einem aktuellen Kalender entnehmen kann. Aus $4 \equiv a_0 + 390 + 97 - 3 + 0 \bmod 7$ folgt $a_0 \equiv 3 \bmod 7$, der 1. März 1600 war also ein Mittwoch. Schreiben wir die Jahreszahl in der Form $100c + d$ mit $0 \le d < 100$, dann ist $t = 100(c - 16) + d$ und

$$
\begin{aligned}
a_t &\equiv 3 + 100(c - 16) + d + 25(c - 16) + \left[\frac{d}{4}\right] - (c - 16) + \left[\frac{c - 16}{4}\right] \\
&\equiv -1985 + 124c + d + \left[\frac{d}{4}\right] + \left[\frac{c}{4}\right] \\
&\equiv 3 + 5c + d + \left[\frac{d}{4}\right] + \left[\frac{c}{4}\right] \bmod 7.
\end{aligned}
$$

Dabei haben wir zu beachten, daß

$$\left[\frac{100(c - 16) + d}{400}\right] = \left[\frac{c - 16}{4}\right]$$

gilt, denn $\frac{d}{400} < \frac{1}{4}$. Wir führen jetzt statt a_t die Bezeichnung $(1.\text{März})_t$ ein und schreiben entsprechend z.B. $(6.\text{Mai})_{1939} (= (6.3.)_{1939})$ für die Nummer des Wochentags, auf den der 6.Mai 1939 gefallen ist. Dabei muß man nur beachten, daß Januar und Februar — anders als heute üblich — als 11. und 12. Monat zum Vorjahr zählen. Um nun für jedes beliebige Datum den Wochentag zu bestimmen, müssen wir die unterschiedliche Länge der Monate berücksichtigen.

Es ist

$$
\begin{array}{lll}
(1.\text{April})_t & & \equiv (1.\text{März})_t + 3 \bmod 7 \\
(1.\text{Mai})_t & \equiv (1.\text{April})_t + 2 & \equiv (1.\text{März})_t + 5 \bmod 7 \\
(1.\text{Juni})_t & \equiv (1.\text{Mai})_t + 3 & \equiv (1.\text{März})_t + 1 \bmod 7 \\
(1.\text{Juli})_t & \equiv (1.\text{Juni})_t + 2 & \equiv (1.\text{März})_t + 3 \bmod 7 \\
(1.\text{August})_t & \equiv (1.\text{Juli})_t + 3 & \equiv (1.\text{März})_t + 6 \bmod 7 \\
(1.\text{September})_t & \equiv (1.\text{August})_t + 3 & \equiv (1.\text{März})_t + 2 \bmod 7 \\
(1.\text{Oktober})_t & \equiv (1.\text{September})_t + 2 & \equiv (1.\text{März})_t + 4 \bmod 7 \\
(1.\text{November})_t & \equiv (1.\text{Oktober})_t + 3 & \equiv (1.\text{März})_t + 0 \bmod 7 \\
(1.\text{Dezember})_t & \equiv (1.\text{November})_t + 2 & \equiv (1.\text{März})_t + 2 \bmod 7 \\
(1.\text{Januar})_t & \equiv (1.\text{Dezember})_t + 3 & \equiv (1.\text{März})_t + 5 \bmod 7 \\
(1.\text{Februar})_t & \equiv (1.\text{Januar})_t + 3 & \equiv (1.\text{März})_t + 1 \bmod 7
\end{array}
$$

Wir können nun das Datum des $n.m.$ im Jahre $100c + d$ bestimmen, wobei n von 1 bis 28, 29, 30 oder 31 läuft und m die Nummern der Monate sind (also $m = 1$ für März,..., $m = 12$ für Februar):

$$
(n.m.)_{100c+d} \equiv n + r_m + 5c + d + \left[\frac{d}{4}\right] + \left[\frac{c}{4}\right] \bmod 7,
$$

wobei die Zahlen r_m um 2 größer als die oben gefundenen Zahlen für $(1.m.)_t$ sind, um den Summand 3 zu berücksichtigen. Man kann diese Zahlen folgender Tabelle entnehmen:

m	1	2	3	4	5	6	7	8	9	10	11	12
r_m	2	5	0	3	5	1	4	6	2	4	0	3

Merkwürdigerweise gilt $r_m \equiv \left[\frac{13m-1}{5}\right] \bmod 7$ (vgl. [Shockley 1967], vgl. auch Aufgabe 53); damit ergibt sich schließlich die Formel

$$
(n.m.)_{100c+d} \equiv n + 5c + d + \left[\frac{13m - 1}{5}\right] + \left[\frac{d}{4}\right] + \left[\frac{c}{4}\right] \bmod 7.
$$

Beispiel 1: Die Schlacht bei Waterloo fand am 18. 6. 1815 statt. Die Nummer des Wochentags ist

$$
(18.4.)_{1815} \equiv 18 + 90 + 15 + 10 + 3 + 4 \equiv 0 \bmod 7.
$$

Die Schlacht fand also an einem Sonntag statt.

Beispiel 2: Der 9. Januar im Jahr 2435 wird auf einen Dienstag fallen, denn

$$
(9.11.)_{2434} \equiv 9 + 120 + 34 + 70 + 8 + 6 \equiv 2 \bmod 7.
$$

III.7 Codierung

Zur Codierung (Verschlüsselung) und Decodierung (Entschlüsselung) geheimer Nachrichten können unterschiedliche zahlentheoretische Methoden verwendet werden. Wir beschränken uns hier auf zwei solche Methoden, von denen die erste auf dem Rechnen mit linearen Kongruenzen beruht, die zweite auf dem Satz von EULER-FERMAT.

Wir vereinbaren zunächst eine eindeutige Zuordnung von Buchstaben und sonstigen Zeichen zu Zahlen $0, 1, 2, \ldots, p-1$, wobei p eine Primzahl ist, die mindestens so groß wie die Anzahl der Buchstaben und sonstigen Zeichen sein muß. Dann wählen wir ein $n \in \mathbb{N}$ und teilen die zu verschlüsselnde Nachricht in n-Tupel ein. Es geht nun also um die Codierung eines n-Tupels $(x_1, x_2, \ldots, x_n)$ von Zahlen aus $\{0, 1, 2, \ldots, p-1\}$. Dazu wählen wir eine feste n,n-Matrix A, deren Elemente Restklassen mod p sind, also $A \equiv (a_{ij})$ mod p $(i, j = 1, \ldots, n)$. Dann berechnen wir für $i = 1, \ldots, n$

$$y_i \equiv \sum_{j=1}^{n} a_{ij} x_j \bmod p \quad \text{mit} \quad y_i \in \{0, 1, \ldots, p-1\}$$

und erhalten das codierte n-Tupel $(y_1, y_2, \ldots, y_n)$. Um nun dieses wieder zu decodieren, müssen wir obiges Kongruenzensystem nach $x_1, x_2, \ldots, x_n$ auflösen. Dies ist natürlich nur dann eindeutig möglich, wenn die Matrix A mod p eine Inverse B mod p besitzt, wobei die Definition und die Berechnung der Inversen im Körper der Restklassen mod p wie in jedem anderen Körper zu verstehen ist. Man nennt A mod p die Codierungsmatrix und B mod p die Decodierungsmatrix. Ist $B \equiv (b_{ij})$ mod p $(i, j = 1, \ldots, n)$, so ergibt sich für $i = 1, \ldots, n$

$$x_i \equiv \sum_{j=1}^{n} b_{ij} y_j \bmod p.$$

Ein Unbefugter darf zwar die Zuordnung von Buchstaben und Zahlen, die Primzahl p und die Blocklänge n kennen, ohne die Matrix B mod p bzw. die Matrix A mod p kann er keine Nachricht decodieren. Ist n nicht zu klein, dann ist es in der Regel sehr schwer, diese Matrizen aus den codierten Nachrichten zu gewinnen.

Beispiel 1: Wir wählen $p = 31, n = 3$ und

$$A \equiv \begin{pmatrix} 2 & 3 & 5 \\ 1 & 0 & 7 \\ 5 & 2 & 3 \end{pmatrix} \bmod 31.$$

Es ergibt sich

$$B \equiv \begin{pmatrix} 3 & 2 & 11 \\ 2 & 24 & 13 \\ 4 & 22 & 25 \end{pmatrix} \bmod 31.$$

Sendet man die Nachricht $(x_1, x_2, x_3) = (13, 17, 20)$, so ensteht daraus

$$\begin{pmatrix} y_1 \\ y_2 \\ y_3 \end{pmatrix} \equiv A \begin{pmatrix} 13 \\ 17 \\ 20 \end{pmatrix} \equiv \begin{pmatrix} 22 \\ 29 \\ 4 \end{pmatrix} \bmod 31.$$

Die Decodierung lautet dann

$$\begin{pmatrix} x_1 \\ x_2 \\ x_3 \end{pmatrix} \equiv B \begin{pmatrix} 22 \\ 29 \\ 4 \end{pmatrix} \equiv \begin{pmatrix} 13 \\ 17 \\ 20 \end{pmatrix} \bmod 31.$$

Der Satz von EULER-FERMAT (Satz 6) ist der Ausgangspunkt für die Konstruktion eines Codierungsverfahrens für geheime Nachrichten, das auf [Rivest/Shamir/Adleman 1978] zurückgeht. Man spricht dabei von einem *Public-Key-Code*; die Bezeichnung wird im folgenden verständlich werden. Wir denken uns zwei (sehr große) Primzahlen p und q gegeben und bilden ihr Produkt

$$m = p \cdot q.$$

Die zu übermittelnde Nachricht denken wir uns als eine natürliche Zahl N, welche kleiner als m ist. (Eine lange Nachricht besteht dann aus einer Folge solcher Zahlen N.) Im folgenden nehmen wir an, daß N zu m teilerfremd ist, also weder durch p noch durch q teilbar ist. Da p und q „sehr groß" sein sollen, wäre es ein großer Zufall, wenn eine beliebig gewählte Zahl *nicht* zu m teilerfremd wäre. Nun wählen wir eine natürliche Zahl r mit

$$1 < r < \varphi(m) = (p-1)(q-1) \quad \text{und} \quad \mathrm{ggT}(r, \varphi(m)) = 1$$

und berechnen den Rest R von N^r bei Division durch m:

$$N^r \equiv R \bmod m \quad \text{mit} \quad 1 \le R < m.$$

Kennt man nun R, dann kann man daraus die Nachricht N rekonstruieren: Man bestimme die Zahl s mit

$$rs \equiv 1 \bmod \varphi(m) \quad \text{und} \quad 1 < s < \varphi(m);$$

Dann ist

$$R^s \equiv N^{rs} \equiv N \bmod m,$$

die Nachricht N ist also der Rest von R^s bei Division durch m.

Damit nun eine Nachricht nur vom dazu befugten Empfänger verstanden werden kann, geht man folgendermaßen vor: Der Empfänger gibt seine Zahlen m und r *öffentlich bekannt* (wie Telefonnummern in einem Telefonbuch), hält aber die Primfaktoren p und q *geheim*. Dann kann jedermann ihm eine

Nachricht senden, denn dazu benötigt man nur die Zahlen m und r. Zur Entschlüsselung aber muß man die Zahl s kennen, und diese kann man nur dann einfach bestimmen, wenn man $\varphi(m) = (p-1)(q-1)$ kennt, wenn man also die Primfaktoren p und q kennt. Selbst der Absender einer Nachricht kann diese, hat er sie einmal verschlüsselt, nicht wieder entschlüsseln.

Die Einbruchsicherheit dieses Codierungsverfahrens hängt davon ab, wie schwer es ist, die Primfaktorzerlegung von m zu finden. Durch die ständige Weiterentwicklung der elektronischen Rechner werden hier die Grenzen immer weiter nach oben verschoben; schon heute benötigt man für einen Public-Key-Code Primzahlen, deren Stellenzahl deutlich über 50 liegt. Die Zahl r wählt man meistens als eine Primzahl, die größer als p und q ist; jedenfalls sollte $2^r > m$ sein, damit für kein N in obiger Bezeichnung $N^r = R$ gilt.

Das Auffinden zweier Primzahlen mit 50 oder gar 100 Ziffern ist kein großes Problem, wenn man sich damit zufrieden gibt, daß diese Zahlen „mit einer großen Wahrscheinlichkeit" (etwa $1 - 10^{-50}$) Primzahlen sind. Die dabei verwendeten Primzahltests sind „Indizienbeweise", d.h., man prüft notwendige Primzahleigenschaften wie z.B das Bestehen der Kongruenz $2^p \equiv 2 \bmod p$ (vgl. III.9).

Der glückliche „Besitzer" zweier großer Primzahlen p und q muß natürlich die Primfaktoren von $\varphi(pq) = (p-1)(q-1)$ kennen, weil er eine zu $\varphi(pq)$ teilerfremde Zahl r wählen muß. In der Regel ist die Primfaktorzerlegung von $(p-1)(q-1)$ aber kein Problem; man kann zeigen, daß im Mittel die Hälfte aller Primfaktoren einer Zahl der Größenordnung 10^{50} kleiner als 600 sind.

Das folgende Beispiel verdeutlicht das dargestellte Codierungsverfahren, ist jedoch praktisch unbedeutend, weil die Primzahlen p und q zu klein sind.

Beispiel 2: Es sei $p = 23, q = 29$, also $m = 667$ und $\varphi(m) = 616$; ferner sei $r = 15$. Es ist $\mathrm{ggT}(12,667) = 1$ und $\mathrm{ggT}(15,616) = 1$. Es soll die Nachricht $N = 12$ gesendet werden. Der Absender kennt m und r; er berechnet $12^{15} \equiv 220 \bmod 667$ und sendet die verschlüsselte Nachricht $R = 220$. Der Empfänger hat zuvor die Zahl s mit $15s \equiv 1 \bmod 616$ berechnet, z.B. mit dem euklidischen Algorithmus: $\mathrm{ggT}(15,616) = 1 = 575 \cdot 15 - 14 \cdot 616$, also $s = 575$. Nun berechnet er $220^{575} \equiv 12 \bmod 667$ und erhält damit die Nachricht $N = 12$.

Man beachte, daß Potenzieren und Reduzieren mit einem gegebenen Modul m für einen Computer keine schwere Arbeit ist.

Bzgl. weiterer Anwendungen der Zahlentheorie in der Kryptographie vgl. [Kranakis 1986], [Schroeder 1986].

III.8 Magische Quadrate

Ein quadratisches Zahlenschema aus den Zahlen $1, 2, \ldots, n^2$ heißt ein *Zauberquadrat* oder ein *magisches Quadrat der Ordnung n*, wenn die Zahlen in jeder Zeile, in jeder Spalte und in jeder der beiden Diagonalen die gleiche Summe ergeben. Beispielsweise handelt es sich im folgenden um magische Quadrate der Ordnung 3, 4 bzw. 5:

4	9	2
3	5	7
8	1	6

16	3	2	13
5	10	11	8
9	6	7	12
4	15	14	1

7	18	4	15	21
14	25	6	17	3
16	2	13	24	10
23	9	20	1	12
5	11	22	8	19

Das angegebene magische Quadrat der Ordnung 3 kannte man schon in China um 2200 v.Chr.; der Sage nach entdeckte Kaiser Yu dieses auf dem Rücken einer göttlichen Schildkröte. Die Römer nannten dieses magische Quadrat *Saturnsiegel*. Das angegebene magische Quadrat der Ordnung 4 findet sich auf dem Kupferstich „Melencolia I" von ALBRECHT DÜRER; es zeigt in der untersten Zeile die Jahreszahl 1514 der Entstehung dieses Werks.

Für $n = 1$ gibt es nur das triviale $\boxed{1}$, für $n = 2$ gibt es überhaupt kein magisches Quadrat. Aus einem magischen Quadrat entsteht wieder ein solches, wenn man eine Deckabbildung des Quadrats auf es anwendet. Einschließlich der Identität gibt es 8 solche Deckabbildungen (Diedergruppe D_4). Magische Quadrate, die durch eine Deckabbildung des Quadrats auseinander hervorgehen, nennt man *äquivalent*.

Die Zeilen- und Spaltensummen sowie die beiden Diagonalensummen in einem magischen Quadrat der Ordnung n betragen offensichtlich

$$S = \frac{1 + 2 + 3 + \ldots + n^2}{n} = \frac{n(n^2 + 1)}{2}.$$

Für $n = 3, 4, 5$ ergibt sich der Reihe nach als „magische Summe" 15, 34, 65.

Wir wollen uns nun mit der Frage beschäftigen, wie man magische Quadrate findet. Wir untersuchen zunächst magische Quadrate der Ordnung 3:

a	b	c
d	e	f
g	h	i

Aus den Gleichungen $d + e + f = b + e + h = a + e + i = c + e + g = 15$ folgt unter Beachtung der Gleichung $a + b + c + d + e + f + g + h + i = 45$ durch Addition $3e = 15$, also $e = 5$. Bis auf Äquivalenz ist $a = 1$ oder $b = 1$. Der Fall $a = 1$ führt zu Widersprüchen, also ist $b = 1$ und damit $h = 9$. Die Zahl 8 darf nicht in der gleichen Zeile oder Spalte wie 9 stehen, also kann zunächst bis auf Äquivalenz $a = 8$ oder $d = 8$ sein. Der Fall $d = 8$ führt wieder zu Widersprüchen, also muß $a = 8$ sein. Daraus folgt nun zwingend der Reihe nach $i = 2$, $g = 4$, $d = 3$, $f = 7$, $c = 6$. Es ergibt sich also bis auf Äquivalenz nur ein einziges Quadrat der Ordnung 3.

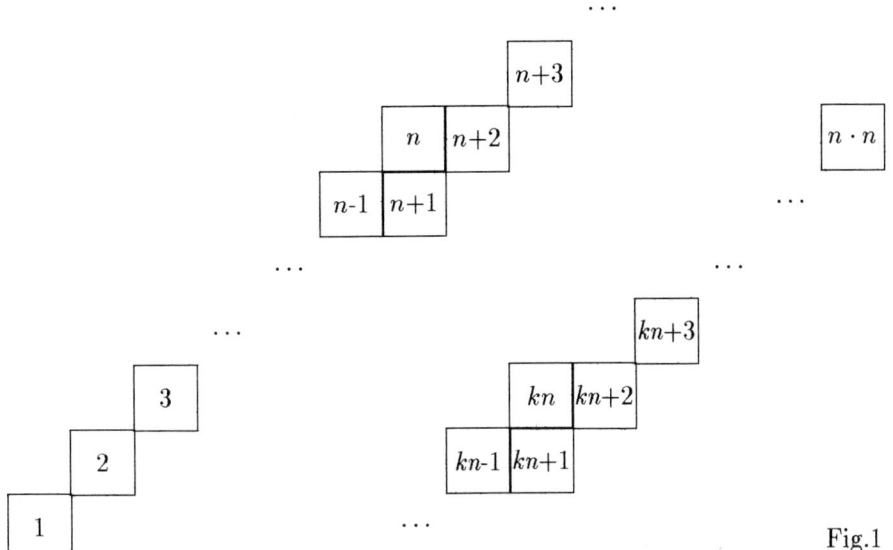

Fig.1

Es wäre nun mühsam, auf die gleiche elementare Weise magische Quadrate höherer Ordnung zu konstruieren. Bevor wir tragfähigere Verfahren zur Konstruktion magischer Quadrate untersuchen, wollen wir den Begriff des magischen Quadrats dahingehend verallgemeinern, daß wir nur für die Zeilen und Spalten gleiche Summen fordern, also nicht für die Diagonalen. Solche Zahlenquadrate nennen wir *pseudo-magisch*. Ein elegantes Verfahren zu Konstruktion von pseudo-magischen Quadraten *ungerader* Ordnung n wurde im Jahr 1693 von SIMON DE LA LOUBÈRE (1642–1729) angegeben, der in den Jahren 1687–1688 französischer Gesandter in Siam war und dort diese fernöstliche Zahlenspielerei kennengelernt haben soll; man findet dieses Verfahren jedoch schon bei BACHET in *Problemes plaisans et delectables, qui se font par les nombres* (Lyon 1624): Man denke sich die Zahlen von 1 bis n^2 in einem Karoraster in Gruppen zu je n Zahlen wie in Fig.1 angeordnet. Man wähle dann in einem $n \times n$-Feld einen Platz für die 1, füge dort das Zahlenschema aus Fig.1 an und reduziere dann die „Platzkoordinaten" der Zahlen modulo n, so daß die Zahlen in das gewählte $n \times n$-Feld fallen. Hat man für 1 den Platz (a, b) $(1 \leq a, b \leq n)$ gewählt, dann gilt für den Platz (x_i, y_i) der Zahl i

$$1 \leq x_i, y_i \leq n \quad \text{und} \quad \begin{cases} x_i \equiv a - 1 + i - \left[\frac{i-1}{n}\right] \bmod n, \\ y_i \equiv b - 1 + i - 2\left[\frac{i-1}{n}\right] \bmod n. \end{cases}$$

Dabei sei x_i die „Zeilenkoordinate" (Nummer der Spalte) und y_i die „Spaltenkordinate" (Nummer der Zeile).

Für $n = 3$ ergeben sich auf diese Art (bis auf Äquivalenz) drei pseudomagische Quadrate, darunter das uns schon bekannte magische Quadrat (Fig.2).

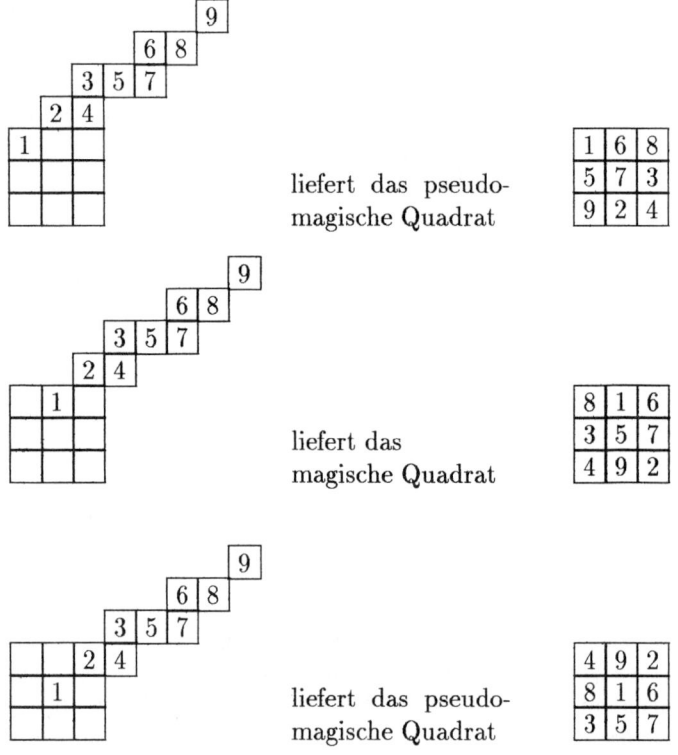

liefert das pseudo-
magische Quadrat

1	6	8
5	7	3
9	2	4

liefert das
magische Quadrat

8	1	6
3	5	7
4	9	2

liefert das pseudo-
magische Quadrat

4	9	2
8	1	6
3	5	7

Fig.2

Zum Beweis, daß die Methode von DE LA LOUBÈRE tatsächlich ein pseudo-magisches Quadrat liefert, muß man zeigen, daß für $r = 1, 2, \ldots, n$ die Summe aller Zahlen $k \in \{1, 2, \ldots, n^2\}$ mit $k - \left[\frac{k-1}{n}\right] \equiv r \bmod n$ bzw. $k - 2\left[\frac{k-1}{n}\right] \equiv r \bmod n$ stets den gleichen Wert hat, nämlich $\frac{1}{2}n(n^2 + 1)$. Dabei benötigt man nur bei den Summen der zweiten Art die Voraussetzung, daß n ungerade ist. Auf den Nachweis dieser Tatsache wollen wir hier verzichten, da die Methode von DE LA LOUBÈRE durch die weiter unten diskutierte Methode von LEHMER verallgemeinert wird.

5	6	23	24	7
22	12	17	10	4
18	11	13	15	8
1	16	9	14	25
19	20	3	2	21

Fig.3

Man erhält mit der Methode von DE LA LOUBÈRE $\frac{(n+1)(n+3)}{8}$ nichtäquiva-
lente pseudo-magische Quadrate. Dies sind nicht alle; beispielsweise erhält man
nicht das magische Quadrat der Ordnung 5, das von MICHAEL STIFEL (1487–
1567) im Jahr 1544 angegeben wurde (Fig. 3). Man erhält ebenfalls nicht das
bereits eingangs angegebene magische Quadrat der Ordnung 5.

Wir stellen nun ein allgemeineres Verfahren zur Konstruktion von pseudo-
magischen und magischen Quadraten vor, das auf DERRICK NORMAN LEHMER
zurückgeht [Lehmer 1929]; vgl. auch [Stark 1970]. Dabei ist es bequem, statt der
Zahlen von 1 bis n^2 die Zahlen von 0 bis $n^2 - 1$ in einem magischen Quadrat der
Ordnung n anzuordnen. Addition der Zahl 1 liefert dann wieder ein magisches
Quadrat im ursprünglichen Sinn. Wir wollen auch die Platzkoordinaten statt
von 1 bis n von 0 bis $n - 1$ laufen lassen, wobei es gleichgültig ist, von welcher
Ecke aus die Koordinaten zählen. Die bei der Methode von DE LA LOUBÈRE
benutzten Kongruenzen lauten dann

$$x_i \equiv a + i - \left[\frac{i}{n}\right] \bmod n \quad \text{und} \quad y_i \equiv b + i - 2\left[\frac{i}{n}\right] \bmod n$$

$(0 \leq i \leq n^2 - 1;\ 0 \leq x_i, y_i \leq n - 1)$. LEHMERs Verfahren besteht nun darin,
insgesamt sechs Koeffizienten a, b, c, d, e, f einzuführen und die Kongruenzen

$$x_i \equiv a + ci + e\left[\frac{i}{n}\right] \bmod n \quad \text{und} \quad y_i \equiv b + di + f\left[\frac{i}{n}\right] \bmod n$$

zu betrachten. Die Methode von DE LA LOUBÈRE ergibt sich für

$$\begin{pmatrix} a & c & e \\ b & d & f \end{pmatrix} = \begin{pmatrix} a & 1 & -1 \\ b & 1 & -2 \end{pmatrix}.$$

Nun kann man nicht erwarten, daß für jede Wahl der Parameter c, d, e, f
ein magisches oder auch nur ein pseudo-magisches Quadrat entsteht. Es kann
sogar vorkommen, daß einige Plätze im Quadrat unbesetzt bleiben und andere
dafür mehrfach besetzt sind. In folgendem Satz garantiert Bedingung (1), daß
jeder Platz im Quadrat besetzt ist, Bedingung (2), daß jede Spalte die gleiche
Summe hat, Bedingung (3), daß jede Zeile die gleiche Summe hat.

Satz 14: Die Methode von LEHMER liefert ein pseudo-magisches Quadrat, wenn
die folgenden Bedingungen für die Koeffizienten c, d, e, f erfüllt sind:

(1) $\gcd(cf - de, n) = 1$

(2) $\gcd(c, n) = \gcd(e, n) = 1$

(3) $\gcd(d, n) = \gcd(f, n) = 1$

Beweis: Es sei (1) erfüllt. Dann ist i durch Vorgabe von x_i, y_i eindeutig bestimmt:
Aus

$$ci + e\left[\frac{i}{n}\right] \equiv x_i - a \bmod n \quad \text{und} \quad di + f\left[\frac{i}{n}\right] \equiv y_i - b \bmod n$$

folgt durch Addition des f-fachen der ersten zum $(-e)$-fachen der zweiten Kongruenz

$$(cf - de)i \equiv f(x_i - a) - e(y_i - b) \bmod n.$$

Wegen (1) existiert dann genau eine Restklasse k mod n mit

$$i \equiv k \cdot (f(x_i - a) - e(y_i - b)) \bmod n,$$

also ist i modulo n eindeutig bestimmt. In gleicher Weise ergibt sich, daß $\left[\frac{i}{n}\right]$ mod n eindeutig bestimmt ist. Wegen $0 \le \left[\frac{i}{n}\right] < n$ für $0 \le i \le n^2 - 1$ ist daher $\left[\frac{i}{n}\right]$ eindeutig bestimmt. Aus $\left[\frac{i+rn}{n}\right] = r + \left[\frac{i}{n}\right]$ $(r \in \mathbb{Z})$ ergibt sich, daß dann auch i eindeutig bestimmt ist. In dem Quadrat ist also kein Platz mehrfach und damit jeder Platz genau einmal besetzt.

Es sei nun (2) erfüllt. Wir wollen zeigen, daß dann die Summe der Zahlen in der k-ten Spalte $(0 \le k \le n - 1)$ den Wert $\frac{1}{2}n(n^2 - 1)$ hat. Wir schreiben dazu $i = vn + u$ mit $0 \le u, v \le n - 1$, wobei u und v eindeutig durch i bestimmt sind (Division mit Rest). Durchlaufen u und v unabhängig voneinander den Bereich von 0 bis $n - 1$, dann durchläuft i den Bereich von 0 bis $n^2 - 1$. Aus der Kongruenz

$$a + ci + e\left[\frac{i}{n}\right] \equiv k \bmod n$$

wird dann

$$cu + ev \equiv k - a \bmod n.$$

Wegen (2) ist zu jedem Wert von v der Wert von u eindeutig bestimmt und umgekehrt. Zu verschiedenen Werten von v gehören auch verschiedene Werte von u, da andernfalls zu einem Wert von u kein solcher für v zu finden wäre. Durchläuft also u die Werte von 0 bis $n - 1$, dann durchläuft v ebenfalls diese Werte, nur in einer anderen Reihenfolge. Sind also $i_t = v_t n \mid u_t$ $(0 \le t \le n - 1)$ die Zahlen in der k-ten Spalte, dann ist ihre Summe

$$\sum_{t=0}^{n-1} i_t = n \cdot \sum_{t=0}^{n-1} v_t + \sum_{t=0}^{n-1} u_t = n \cdot \frac{(n-1)n}{2} + \frac{(n-1)n}{2} = \frac{n(n^2-1)}{2}.$$

In völlig gleicher Weise folgert man aus (3), daß die Summen der Zahlen in den Zeilen stets den Wert $\frac{n(n^2-1)}{2}$ haben. □

Für die Methode von DE LA LOUBÈRE sind die Bedingungen (1) und (2) stets erfüllt, Bedingung (3) wegen $f = -2$ aber nur für ungerade n.

Nun wollen wir nach der Konstruktion von *magischen* Quadraten fragen, also auch die Summen in den beiden Diagonalen betrachten. In der einen Diagonalen stehen die Zahlen i mit $x_i + y_i = n - 1$, also

$$1 + a + ci + e\left[\frac{i}{n}\right] \equiv -(b + di + f\left[\frac{i}{n}\right]) \bmod n,$$

bzw.

(∗) $(1 + a + b) + (c + d)i + (e + f)\left[\frac{i}{n}\right] \equiv 0 \bmod n.$

positive
Nebendiagonalen

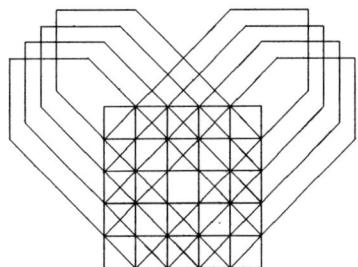

negative
Nebendiagonalen

Fig.4

Nach den Überlegungen im Beweis von Satz 14 ergibt die Summe dieser Zahlen $\frac{n(n^2-1)}{2}$, wenn $\mathrm{ggT}(c+d,n) = \mathrm{ggT}(e+f,n) = 1$ gilt. In der anderen Diagonalen stehen die Zahlen i mit $x_i = y_i$, also

$$a + ci + e\left[\frac{i}{n}\right] \equiv b + di + f\left[\frac{i}{n}\right] \bmod n$$

bzw.

(*) $\qquad (a-b) + (c-d)i + (e-f)\left[\frac{i}{n}\right] \equiv 0 \bmod n.$

(Da es offen ist, von welcher Ecke aus die Koordinaten zählen, ist es auch offen, welches die „eine" und welches die „andere" Diagonale ist; zur besseren Orientierung kann man wie in Fig.4 von der „positiven" und der „negativen" Diagonalen sprechen.) Die Summe dieser Zahlen ergibt $\frac{n(n^2-1)}{2}$, wenn die Bedingungen $\mathrm{ggT}(c-d,n) = \mathrm{ggT}(e-f,n) = 1$ gelten. Sind diese erfüllt, dann haben aber auch die Summen in allen Nebendiagonalen den Wert $\frac{n(n^2-1)}{2}$, wobei die Nebendiagonalen durch Fig.4 erklärt sind. Man muß dann nämlich in obigen Kongruenzen (*) auf der rechten Seite nur 0 durch einen anderen Wert zwischen 0 und $n-1$ ersetzen.

Ein magisches Quadrat, bei dem *alle* Diagonalen (also alle Haupt- und Nebendiagonalen) die gleiche Summe ergeben, heißt *diabolisch*. Das bis auf Äquivalenz einzige magische Quadrat der Ordnung 3 ist nicht diabolisch, in den Nebendiagonalen ergeben sich nämlich die Summen 6, 12, 18, 24.

Damit ist folgender Satz bewiesen:

Satz 15: Die Methode von LEHMER liefert ein diabolisches (und damit auch magisches) Quadrat, wenn neben den Bedingungen (1) bis (3) aus Satz 14 noch folgenden Bedingungen erfüllt sind:

(4) $\mathrm{ggT}(c+d,n) = \mathrm{ggT}(e+f,n) = 1$
(5) $\mathrm{ggT}(c-d,n) = \mathrm{ggT}(e-f,n) = 1$

Um mit der Methode von LEHMER ein diabolisches Quadrat der Ordnung n zu konstruieren, muß man zu n teilerfremde Zahlen c, d, e, f bestimmen, für welche auch die Zahlen $cf - de$, $c+d$, $c-d$, $e+f$, $e-f$ zu n teilerfremd sind. Dabei kann man sich auf $c, d, e, f \in \{1, 2, \ldots, n-1\}$ beschränken.

Für $n = 3$ stehen für c, d, e, f nur die Zahlen 1 und 2 zu Verfügung. Es muß $c \neq d$ und $e \neq f$ sein; dann ist aber $e + f = 3$, also nicht zu 3 teilerfremd. Es läßt sich also mit der Methode von LEHMER kein diabolisches Quadrat der Ordnung 3 finden. (Ein solches existiert auch nicht, wie wir schon längst wissen.)

Für $n = 4$ stehen für c, d, e, f nur die Zahlen 1,2,3 zur Verfügung. Damit kann man die Bedingungen (1) bis (5) nicht erfüllen. Also läßt sich kein diabolisches Quadrat der Ordnung 4 mit der Methode von LEHMER konstruieren. Trotzdem existiert ein solches:

1	15	4	14
12	6	9	7
13	3	16	2
8	10	5	11

Das zu Anfang dieses Abschnitts angegebene DÜRERsche Quadrat ist zwar magisch, nicht aber diabolisch.

Für $n = 5$ gibt es verschiedene Möglichkeiten, etwa $c = 1$, $d = 2$, $e = 2$, $f = 1$. Die zugehörigen Kongruenzen sind für $(a, b) = (0, 0)$

$$x_i \equiv i + 2 \left[\frac{i}{5}\right] \bmod 5, \quad y_i \equiv 2i + \left[\frac{i}{5}\right] \bmod 5.$$

Man plaziert also die Zahlen von 0 bis 24 (bzw. von 1 bis 25) folgendermaßen von (0,0) ausgehend: Ein Schritt nach rechts, zwei Schritte nach oben gehen, dann mod 5 reduzieren; trifft man auf einen schon besetzten Platz, dann zusätzlich zwei Schritte nach rechts und einen Schritt nach oben gehen. Das so entstandene diabolische Quadrat lautet:

12	10	3	21	19
23	16	14	7	5
9	2	25	18	11
20	13	6	4	22
1	24	17	15	8

III.9 Primzahlkriterien und Pseudoprimzahlen

Um zu zeigen, daß eine natürliche Zahl n eine Primzahl ist, kann man zeigen, daß sie durch keine Primzahl $\leq \sqrt{n}$ teilbar ist. Dies ist ein sehr mühsames Verfahren und für sehr große Zahlen n auch mit einer Großrechenanlage kaum durchführbar.

In I.3 haben wir gesehen, daß eine ungerade Zahl $2k + 1$ genau dann eine Primzahl ist, wenn sie außer der Darstellung $(k + 1)^2 - k^2$ keine weitere Darstellung als Differenz zweier Quadrate besitzt. In II.3 (Satz 7) haben wir festgestellt, daß eine Zahl der Restklasse 1 mod 4 genau dann eine Primzahl ist, wenn sie genau eine Darstellung $a^2 + b^2$ mit $a > b \geq 1$ und $\mathrm{ggT}(a, b) = 1$ besitzt. Für sehr große Zahlen sind dies natürlich auch keine praktikablen Kriterien.

Wir wollen uns jetzt mit weiteren Primzahlkriterien beschäftigen, wobei aber die praktische Durchführung eines Primzahltests zunächst keine Rolle spielt.

Satz 16: Genau dann ist p eine Primzahl, wenn $(p - 1)! \equiv -1 \bmod p$.

Beweis: Es sei $p|(p - 1)! + 1$. Ist $1 \leq d < p$ und $d|p$, dann folgt $d|(p - 1)!$ und damit auch $d|1$, also $d = 1$. Daher ist p eine Primzahl. Ist nun p eine Primzahl > 2, so existiert eine primitive Restklasse $[a]$ modulo p. Dann gilt

$$(p - 1)! \equiv a \cdot a^2 \cdot \ldots \cdot a^{p-1} \equiv (a^p)^{\frac{p-1}{2}} \equiv a^{\frac{p-1}{2}} \bmod p.$$

Für $x = a^{\frac{p-1}{2}}$ ist $x^2 \equiv 1 \bmod p$, also $p|(x - 1)(x + 1)$. Da $[a]$ primitiv ist, gilt $x \not\equiv 1 \bmod p$, es muß also $x \equiv -1 \bmod p$ gelten. $\square$

Die Aussage, daß für eine Primzahl p die Kongruenz $(p - 1)! \equiv -1 \bmod p$ gilt, heißt *Satz von* WILSON. (EDWARD WARING (1734–1798) erwähnte diesen Satz erstmals, schrieb ihn aber dem Jurist SIR JOHN WILSON (1741–1793) zu. Ein erster Beweis stammt von LAGRANGE.) Den Satz von WILSON kann man auch folgendermaßen einsehen: Aufgrund des Satzes von FERMAT hat das Polynom $[x]^{p-1} - [1]$ in R_p^* die Nullstellen $[1], [2], [3], \ldots, [p - 1]$, es ist also

$$[x]^{p-1} - [1] = ([x] - [1]) \cdot ([x] - [2]) \cdot ([x] - [3]) \cdot \ldots \cdot ([x] - [p - 1]).$$

Für $[x] = [0]$ folgt wegen $[-1]^{p-1} = [1]$

$$-[1] = [1] \cdot [2] \cdot [3] \cdot \ldots \cdot [p - 1].$$

Satz 16 ist als Primzahlkriterium nur für nicht allzu große Zahlen nützlich, für sehr große Zahlen ist er weniger geeignet.

Auf GOTTFRIED WILHELM LEIBNIZ (1646–1716) geht folgende Formulierung von Satz 16 zurück: Genau dann ist p eine Primzahl, wenn $(p - 2)! \equiv 1 \bmod p$. Wegen $p - 1 \equiv -1 \bmod p$ erkennt man sofort die Äquivalenz zur Aussage in Satz 16.

Aus dem Satz von FERMAT ergibt sich ein *notwendiges* Kriterium für die Primzahleigenschaft: Ist p eine Primzahl, dann ist $a^{p-1} \equiv 1 \bmod p$ für jede ganze Zahl a mit $p \nmid a$. Insbesondere gilt $p|2^{p-1} - 1$ für jede ungerade Primzahl p bzw. $p|2^p - 2$ für jede Primzahl p. Man sagt, chinesische Gelehrte hätten vor etwa 2500 Jahren vermutet, daß auch die Umkehrung gilt, daß nämlich aus $n|2^n - 2$ folgt, daß n eine Primzahl ist. Auch Leibniz äußerte um 1680 diese Vermutung. Sie ist aber falsch. Das kleinste Gegenbeispiel ist $n = 341 = 11 \cdot 31$: Aus

$$2^{10} \equiv 1 \bmod 11 \quad \text{und} \quad 2^{10} \equiv 1 \bmod 31$$

(beachte $2^{10} = 1024 = 3 \cdot 11 \cdot 31 + 1$) folgt

$$2^{341} \equiv 2 \cdot 2^{340} \equiv 2 \bmod 11 \quad \text{und} \quad 2^{341} \equiv 2 \cdot 2^{340} \equiv 2 \bmod 31,$$

also $2^{341} \equiv 2 \bmod 341$. Die weiteren Gegenbeispiele unterhalb von 2000 sind

561	=	$3 \cdot 11 \cdot 17$,	645	=	$3 \cdot 5 \cdot 43$,
1387	=	$19 \cdot 73$,	1729	=	$7 \cdot 13 \cdot 19$,

1105 = $5 \cdot 13 \cdot 17$,
1905 = $3 \cdot 5 \cdot 127$.

Eine zusammengesetzte natürliche Zahl n mit $n|2^n - 2$ nennt man eine *Pseudoprimzahl* oder auch eine *chinesische Primzahl*.

Satz 17: Ist n eine ungerade Pseudoprimzahl, dann ist auch $2^n - 1$ eine ungerade Pseudoprimzahl.

Beweis: Es sei n eine ungerade Pseudoprimzahl, also $2^{n-1} - 1 = kn$ mit $k \in \mathbb{N}$. Dann ist $2^{2^n-2} = 2^{2kn}$ und somit $2^{2^n-2} - 1 = (2^n)^{2k} - 1$. Daraus folgt $2^n - 1|2^{2^n-2} - 1$, also auch $2^n - 1|2^{2^n-1} - 2$. Ist nun $d|n$ mit $1 < d < n$, dann ist auch $2^d - 1|2^n - 1$ und $1 < 2^d - 1 < 2^n - 1$. Also ist auch $2^n - 1$ eine Pseudoprimzahl. $\square$

Da die Pseudoprimzahl 341 ungerade ist, folgt aus Satz 17 die Existenz von unendlich vielen ungeraden Pseudoprimzahlen. Die kleinste bisher bekannte *gerade* Pseudoprimzahl ist $161038 = 2 \cdot 73 \cdot 1103$. Es ist bewiesen worden, daß auch unendlich viele gerade Pseudoprimzahlen existieren. (Vgl. hierzu z.B. [Sierpinski 1988].) Alle FERMAT-Zahlen und alle MERSENNE-Zahlen (vgl. III.10) sind Primzahlen oder Pseudoprimzahlen (Aufgabe 55).

Eine zusammengesetzte Zahl n, für welche $n|a^n - a$ für *alle* a mit $\mathrm{ggT}(a, n) = 1$ gilt, heißt *absolute Pseudoprimzahl* oder CARMICHAEL-*Zahl* (nach ROBERT D. CARMICHAEL, der im Jahr 1909 eine Arbeit über diese Zahlen schrieb). Die kleinste solche Zahl ist $561 = 3 \cdot 11 \cdot 17$.

Satz 18: Genau dann ist n eine CARMICHAEL-Zahl, wenn $n = q_1 q_2 \ldots q_k$ mit $k \geq 3$, wobei $q_1, q_2, \ldots, q_k$ verschiedene ungerade Primzahlen mit $q_i - 1|n - 1$ ($i = 1, 2, \ldots, k$) sind.

Beweis: 1) Es sei n von der angegebenen Form und a zu n teilerfremd. Aus

$$a^{q_i - 1} \equiv 1 \bmod q_i$$

folgt dann $a^{n-1} \equiv 1 \bmod q_i$ ($i = 1, 2, \ldots, k$) und damit $a^{n-1} \equiv 1 \bmod n$.

2) Es sei n zusammengesetzt und $a^{n-1} \equiv 1 \bmod n$ für jedes zu n teilerfremde a. Wir zeigen, daß dann gelten muß:

     a) n ist ungerade;
     b) n ist quadratfrei;
     c) n besitzt mindestens drei Primfaktoren;
     d)   für jeden Primfaktor p von n gilt $p - 1|n - 1$.

Zu a): Aus $(-1)^{n-1} \equiv 1 \bmod n$ folgt $n|2$, falls n gerade ist.

Zu b): Es sei p ein Primteiler von n und $p^\alpha | n$. Dann ist $a^{n-1} \equiv 1 \bmod p^\alpha$ und damit, da mod p^α primitive Restklassen existieren, $\varphi(p^\alpha) | n - 1$. Aus $p | n$ und $p^{\alpha-1}(p-1) | n - 1$ folgt $\alpha = 1$.

Zu c): Ist $n = pq$ mit Primzahlen p, q, so gilt $p - 1 | n - 1$ und $q - 1 | n - 1$, weil modulo p und modulo q primitive Restklassen existieren. Wegen $n - 1 = pq - 1 = p(q-1) + p - 1$ folgt $p - 1 | q - 1$ und $q - 1 | p - 1$, also $p = q$. Nach b) muß aber $p \neq q$ sein.

Zu d): Ist $n = q_1 q_2 \ldots q_k$ mit verschiedenen Primzahlen $q_1, q_2, \ldots, q_k$, dann gilt $q_i - 1 | n - 1$, weil modulo q_i primitive Restklassen existieren ($i = 1, 2, \ldots, k$). $\square$

Es gibt unendlich viele CARMICHAEL-Zahlen. Dies konnte im Jahr 1992 von ALFORD, GRANVILLE und POMERANCE bewiesen werden [Granville 1992]. Unterhalb von 10^{15} hat man $105\,212$ CARMICHAEL-Zahlen gefunden. Vermutlich gibt es sogar unendlich viele CARMICHAEL-Zahlen mit genau drei Primfaktoren. Beispiele hierfür sind

$3 \cdot 11 \cdot 17$	$5 \cdot 13 \cdot 17$	$7 \cdot 13 \cdot 19$	$13 \cdot 37 \cdot 61$
	$5 \cdot 17 \cdot 29$	$7 \cdot 13 \cdot 31$	$13 \cdot 37 \cdot 97$
	$5 \cdot 29 \cdot 73$	$7 \cdot 19 \cdot 67$	$13 \cdot 37 \cdot 241$
		$7 \cdot 23 \cdot 41$	$13 \cdot 61 \cdot 397$
		$7 \cdot 31 \cdot 73$	$13 \cdot 97 \cdot 421$
		$7 \cdot 73 \cdot 103$	

Man hat sogar Grund zu der Annahme, daß für jede Primzahl p unendlich viele CARMICHAEL-Zahlen $q_1 q_2 q_3$ mit

$$q_1 \equiv q_2 \equiv q_3 \equiv 1 \bmod p - 1$$

existieren. Für $p = 11$ findet man (mit einem elektronischen Rechner) sehr schnell die folgenden Beispiele:

$31 \cdot 61 \cdot 211$	$41 \cdot 61 \cdot 101$	$61 \cdot 181 \cdot 1381$	$71 \cdot 271 \cdot 521$
$31 \cdot 61 \cdot 271$	$41 \cdot 101 \cdot 461$	$61 \cdot 241 \cdot 421$	$71 \cdot 421 \cdot 491$
$31 \cdot 61 \cdot 631$	$41 \cdot 241 \cdot 521$	$61 \cdot 271 \cdot 571$	$71 \cdot 631 \cdot 701$
$31 \cdot 151 \cdot 1171$	$41 \cdot 241 \cdot 761$	$61 \cdot 661 \cdot 2521$	
$31 \cdot 181 \cdot 331$			
$31 \cdot 271 \cdot 601$			

Die Umkehrung des Satzes von FERMAT gilt also nicht, man kann aus $a^{n-1} \equiv 1 \bmod n$ für alle a mit $\mathrm{ggT}(a, n) = 1$ nicht schließen, daß n eine Primzahl ist. Gilt aber außerdem

$$a^k \not\equiv 1 \bmod n \quad \text{für alle } k \text{ mit } 1 \leq k \leq n - 2$$

für alle zu n teilerfremden a, dann ist n eine Primzahl. Es gilt dann nämlich $\mathrm{ord}_n[a] = n - 1$, die Zahlen $a, a^2, a^3, \ldots, a^{n-1}$ sind also paarweise inkongruent mod n und teilerfremd zu n; daher ist $\varphi(n) = n - 1$, so daß jede der Zahlen $1, 2, \ldots, n - 1$ zu n teilerfremd sein muß, n also eine Primzahl ist. Im Jahr 1891 wies LUCAS darauf hin, daß man dabei die Bedingung $a^k \not\equiv 1 \bmod n$ nur für $k | n - 1$ fordern muß. Eine weitere Abschwächung der Bedingungen geht auf DERRICK HENRY LEHMER (1927) zurück (vgl. [Brillhart/Lehmer/Selfridge 1975]):

Satz 19: Es sei $n > 1$. Wenn für jeden Primteiler p von $n - 1$ eine ganze Zahl $a = a(p)$ existiert mit

$$a^{n-1} \equiv 1 \bmod n \quad \text{und} \quad a^{\frac{n-1}{p}} \not\equiv 1 \bmod n,$$

dann ist n eine Primzahl.

Beweis: Wir zeigen, daß $\varphi(n) = n - 1$ ist. Wegen $\varphi(n) \leq n - 1$ genügt dazu der Nachweis, daß $n - 1 | \varphi(n)$. Wäre dies falsch, dann gäbe es eine Primzahl p und ein $r \in \mathbb{N}$ mit

$$p^r | n - 1 \quad \text{und} \quad p^r \nmid \varphi(n).$$

Mit $a = a(p)$ und $e = \operatorname{ord}_n[a]$ gilt $e | (n - 1)$ und $e \nmid \frac{n-1}{p}$, also $p^r | e$. Aus $e | \varphi(n)$ folgt dann $p^r | \varphi(n)$, es ergibt sich also ein Widerspruch. $\square$

Der Primzahltest in Satz 19 ist nicht allzu effektiv, weil man die Primfaktorzerlegung der u.U. sehr großen Zahl $n - 1$ kennen muß. Wir werden aber sehen, daß er in gewissen sehr interessanten Spezialfällen schon recht hilfreich sein kann.

Beispiel: Wir wollen zeigen, daß die Zahl $n = 2^{16} + 1 = 65537$ eine Primzahl ist. Dazu genügt es, ein a mit

$$a^{2^{16}} \equiv 1 \bmod (2^{16} + 1) \quad \text{und} \quad a^{2^{15}} \not\equiv 1 \bmod (2^{16} + 1)$$

zu finden. Die folgende Tabelle zeigt, daß man $a = 3$ wählen kann. Gleichzeitig zeigt sich, daß die Restklasse [3] mod $2^{16} + 1$ primitiv ist.

i	0	1	2	3	4	5	6	7
$3^{2^i} \bmod (2^{16} + 1)$	3	9	81	6561	−11088	−3668	19139	15028

8	9	10	11	12	13	14	15	16
282	13987	8224	−8	64	4096	−256	−1(!)	1(!)

Bemerkung: Primzahltests sind oft von stochastischer Natur, d.h. sie belegen nur mit einer gewissen (sehr kleinen) Fehlerwahrscheinlichkeit, daß eine vorgelegte Zahl eine Primzahl ist. Eines dieser Verfahren ist der RABIN-*Test* [Rabin 1980]: Ist p eine (ungerade) Primzahl und

$$\varphi(p) = p - 1 = 2^t u \quad (u \text{ ungerade}),$$

dann gilt zunächst $a^{p-1} \equiv 1 \bmod p$ für jedes $a \in \{2, 3, \ldots, p-1\}$. Es folgt

$$\left(a^{\frac{p-1}{2}}\right)^2 \equiv 1 \bmod p,$$

also

$$a^{\frac{p-1}{2}} \equiv 1 \bmod p \quad \text{oder} \quad a^{\frac{p-1}{2}} \equiv -1 \bmod p.$$

Ist $t > 1$, so folgt im ersten Fall

$$a^{\frac{p-1}{4}} \equiv 1 \bmod p \quad \text{oder} \quad a^{\frac{p-1}{4}} \equiv -1 \bmod p.$$

So fortfahrend findet man, daß

$$a^u \equiv 1 \bmod p \quad \text{oder} \quad a^{2^s u} \equiv 1 \bmod p$$

für ein s mit $0 \le s < t$ gilt. Nun nennt man eine Zahl n eine *starke Pseudo-primzahl zur Basis* a, wenn mit $n = 2^t u$ (u ungerade)

$$a^u \equiv 1 \bmod n \quad \text{oder} \quad a^{2^s u} \equiv -1 \bmod n$$

für ein s mit $0 \le s < t$ gilt. Wählt man nun k Zahlen a aus $\{2, 3, \ldots, n-1\}$ beliebig aus und erweist sich dabei n stets als starke Pseudoprimzahl zur Basis a, dann ist n „sehr wahrscheinlich" eine Primzahl; die Wahrscheinlichkeit, daß p *keine* Primzahl ist, ist nämlich kleiner als $\left(\frac{1}{4}\right)^k$. RABIN hat dieses Verfahren mit $k = 100$ auf $n = 2^{400} - 593$ angewendet und gefunden, daß n mit einer Fehlerwahrscheinlichkeit $< \left(\frac{1}{4}\right)^{100} < 10^{-60}$ eine Primzahl ist. Es konnte mit „exakten" Tests gezeigt werden, daß dies tatsächlich eine Primzahl ist.

Primzahltests werden ausführlich in [Kranakis 1986], [Ribenboim 1988], [Riesel 1987], [Wolfart 1981] diskutiert. Eine Übersicht über Primzahltests und Pseudoprimzahlen gibt [Guthmann 1986].

III.10 Mersennesche und Fermatsche Primzahlen (1)

Es wäre schön, wenn man an der Zifferndarstellung einer Zahl ablesen könnte, ob sie eine Primzahl ist oder nicht. Sicher würde man es vor allem mit der Zifferndarstellung im Zweiersystem versuchen und hier besonders regelmäßig gebaute Zahlen ins Auge fassen. Naheliegend sind Zahlen von einer der Formen

(A) $\quad 111 \ldots 111 = 2^k - 1 \qquad$ (B) $\quad 100 \ldots 001 = 2^k + 1$.

Natürlich kann man hier nicht für jedes $k \in \mathbb{N}$ eine Primzahl erwarten.

Satz 20: 1) Ist $2^k - 1$ eine Primzahl, dann ist k eine Primzahl.

2) Ist $2^k + 1$ eine Primzahl, dann ist k eine Zweierpotenz.

Beweis: 1) Ist $k = uv$ mit $1 < u, v < k$, so ist

$$2^k - 1 = (2^u)^v - 1.$$

Wegen $(x - 1)|(x^v - 1)$ für jedes $x \in \mathbb{Z}$ gilt also

$$2^u - 1 | 2^k - 1.$$

2) Ist $k = 2^r u$ mit ungeraden $u > 1$, dann ist

$$2^k + 1 = (2^{2^r})^u + 1.$$

Wegen $(x-1)|(x^u - 1)$ gilt auch $(-x-1)|((-x)^u - 1)$ und damit $(x+1)|(x^u+1)$ für jedes $x \in \mathbb{Z}$. Es folgt also

$$2^{2^r} + 1 \mid 2^k + 1. \quad \square$$

Um in (A) eine Primzahl zu erhalten, muß also k eine Primzahl sein. Die Zahlen

$$M_p = 2^p - 1 \quad (p \text{ Primzahl})$$

heißen MERSENNE-*Zahlen* (nach MARIN MERSENNE (1588–1648)). Warum die Frage, für welche p die Zahl M_p eine Primzahl ist, von großem Interesse ist, werden wir in Kapitel V erfahren. Bis heute (1993) sind 32 MERSENNE*sche Primzahlen* bekannt, und zwar für folgende Werte von p:

$$2, 3, 5, 7, 13, 17, 19, 31, 61, 89, 107, 127, 521, 607, 1279, 2203$$
$$2281, 3217, 4253, 4423, 9689, 9941, 11213, 19937, 21701,$$
$$23209, 44497, 86243, 110503, 132049, 216091, 756839.$$

Die MERSENNEschen Primzahlen M_2, M_3, M_5, M_7 kannte man schon im Altertum. Man sieht leicht, daß M_{11} keine Primzahl ist:

$$M_{11} = 2^{11} - 1 = 23 \cdot 89.$$

MERSENNE behauptete, daß man für $p = 13, 17, 19, 31, 67, 127, 257$ Primzahlen erhielte, irrte sich aber mit $p = 67$ und $p = 257$; von den Primzahlen unterhalb von 257 fehlten andererseits in seiner Aufzählung $p = 61, 89$ und 107. Daß M_{31} tatsächlich eine Primzahl ist, wurde erstmals von EULER (1738) bewiesen. Er formulierte 1750 folgenden Satz, dessen einwandfreier Beweis aber erst 1775 von LAGRANGE geliefert wurde:

Satz 21: Ist p ein Primzahl mit $p \equiv 3 \bmod 4$, dann ist $2p + 1$ genau dann ein Teiler von M_p, wenn $2p + 1$ eine Primzahl ist. Ist dabei $p > 3$, dann ist M_p zusammengesetzt.

Diesen Satz können wir hier noch nicht beweisen, wenn wir nicht einenVorgriff auf ein späteres Thema (IV.3) wagen. Wir benötigen nämlich die Tatsache, daß für eine Primzahl q mit $q \equiv 7 \bmod 8$ die quadratische Kongruenz $x^2 \equiv 2 \bmod q$ lösbar ist. Beispielsweise ist

$$3^2 \equiv 2 \bmod 7, \quad 5^2 \equiv 2 \bmod 23, \quad 7^2 \equiv 2 \bmod 47, \quad 12^2 \equiv 2 \bmod 71.$$

Beweis von Satz 21: 1) Es sei $q = 2p + 1$ eine Primzahl; wegen $p \equiv 3 \bmod 4$ ist dann $q \equiv 7 \bmod 8$. Es sei nun x eine Zahl mit $x^2 \equiv 2 \bmod q$; dann gilt

$$2^p \equiv x^{2p} \equiv x^{q-1} \equiv 1 \bmod q,$$

also $q | M_p$.

2) Es sei $n = 2p + 1$ ein Teiler von M_p. Wegen $2^p \equiv 1 \bmod n$ und $2 \nmid p$ gilt $(-2)^p \not\equiv 1 \bmod n$. Ferner ist

$$(\pm 2)^{2p} - 1 = (2^p + 1)(2^p - 1) = (2^p + 1)M_p,$$

wegen $n | M_p$ also $(\pm 2)^{n-1} \equiv 1 \bmod n$. Mit $p = 2$ und $a(p) = -2$ folgt daher aus III.9 Satz 19, daß n eine Primzahl ist. $\square$

Aus Satz 21 folgt z.B.:

M_{11} ist zusammengesetzt, denn die Primzahl $2 \cdot 11 + 1 = 23$ teilt M_{11};

M_{23} ist zusammengesetzt, denn die Primzahl $2 \cdot 23 + 1 = 47$ teilt M_{23};

M_{83} ist zusammengesetzt, denn die Primzahl $2 \cdot 83 + 1 = 167$ teilt M_{83}.

Ebenso folgt

$$263 | M_{131}; \quad 359 | M_{179}; \quad 383 | M_{191}; \quad 479 | M_{239}; \quad 503 | M_{251}.$$

Auch für die anderen oben nicht aufgeführten Primzahlen $p < 2300$ weiß man, daß die MERSENNE-Zahlen zusammengesetzt sind, und für $p < 1200$ kennt man auch Faktorzerlegungen [Brillhart et al. 1983]. Im Jahr 1876 bewies LUCAS, daß M_{67} zusammengesetzt ist, aber erst 1903 konnte FRANK NELSON COLE eine Faktorzerlegung angeben:

$$M_{67} = 2^{67} - 1 = 193\,707\,721 \cdot 761\,838\,257\,287.$$

LUCAS entdeckte im Jahr 1876 auch die MERSENNEsche Primzahl M_{127}. Dies ist die größte ohne Hilfe eines Computers gefundene MERSENNEsche Primzahl. M_{137} ist das Produkt zweier großer Primzahlen:

$$M_{137} = 2^{137} - 1 = 3\,203\,215\,596\,496\,435\,569 \cdot 5\,439\,042\,183\,600\,204\,290\,159.$$

Die Zahl M_{251} enthält fünf Primfaktoren; der kleinste ist 503 (Aufgabe 33). Zur Zeit (1993) sind M_{110503}, M_{216091} und M_{756839} die drei größten bekannten Primzahlen überhaupt.

Um in (B) eine Primzahl zu erhalten, muß k eine Zweierpotenz sein (vgl. Satz 20). Die Zahlen

$$F_n = 2^{2^n} + 1 \quad (n \in \mathbb{N}_0)$$

heißen FERMAT-*Zahlen*, weil FERMAT 1640 in einem Brief an FRÉNICLE DE BESSY die Vermutung aussprach, daß jede der Zahlen F_n eine Primzahl sei. Für $n \leq 4$ ist dies in der Tat richtig, wie auch FERMAT wußte:

$$F_0 = 3, \ F_1 = 5, \ F_2 = 17, \ F_3 = 257, \ F_4 = 65537$$

sind Primzahlen. F_5 ist aber keine Primzahl, wie EULER 1732 bewiesen hat: Es gilt $641 | F_5$; das haben wir schon in III.1 als Anwendung des Rechnens mit Kongruenzen gezeigt. Man sieht dies auch sehr einfach folgendermaßen ein: Aus $641 = 5^4 + 2^4 = 5 \cdot 2^7 + 1$ folgt, daß 641 ein Teiler von

$$
\begin{aligned}
2^{32} + 1 &= (5^4 \cdot 2^{28} + 2^{32}) - (5^4 \cdot 2^{28} - 1) \\
&= 2^{28}(5^4 + 2^4) - (5 \cdot 2^7 + 1)(5 \cdot 2^7 - 1)(5^2 2^{14} + 1)
\end{aligned}
$$

ist. Wie man den Teiler 641 findet, ergibt sich aus dem Satz von FERMAT: Für eine Primzahl p mit $p | 2^{32} + 1$ gilt

$$2^{32} \equiv -1 \bmod p, \quad \text{also} \quad 2^{64} \equiv 1 \bmod p.$$

Wegen $\operatorname{ord}_p[2] \mid 64$ gilt $\operatorname{ord}_p[2] = 2^k$ mit $k \leq 6$. Wäre $k < 6$, so wäre schon $2^{32} \equiv 1 \bmod p$, also ist $\operatorname{ord}_p[2] = 64$. Es folgt $64 | p - 1$ bzw.

$$p \equiv 1 \bmod 64.$$

Die Primzahl p ist also unter den Zahlen

$$65, 129, 193, 257, 321, 385, 449, 513, 577, 641, \ldots$$

zu suchen. Nur die *Primzahlen* $193, 257, 449, 577, 641, \ldots$ in dieser Folge sind von Interesse. Die ersten vier dieser Primzahlen sind keine Teiler von $2^{32} + 1$, aber 641 erweist sich als Teiler. In IV.4 werden wir sehen, daß wir uns auch gleich auf Primzahlen p mit $p \equiv 1 \bmod 128$ beschränken können, wenn wir einen Teiler von F_5 suchen. Dort werden wir auch einen Primzahltest für FERMAT-Zahlen angeben können.

FERMATs Vermutung ist also widerlegt. Es hat sich sogar bisher noch keine weitere FERMATsche Primzahl gefunden, so daß man heute vermutet, daß es keine weitere mehr gibt. Man weiß, daß die FERMATschen Zahlen F_n für $n \leq 21$ zusammengesetzt sind; F_{22}, F_{24} und F_{28} sind die drei kleinsten solchen Zahlen, von denen man heute (1993) noch nicht weiß, ob sie zusammengesetzt sind, für viele weitere Werte von n ist dies aber schon bekannt. Beispielsweise ist die Zahl F_{23471} keine Primzahl, ihr kleinster Primteiler ist $10 \cdot 2^{23472} + 1$. Nur F_5, F_6, F_7 und F_8 sind z.Zt. (1993) vollständig faktorisiert, von F_{14} kennt man noch nicht einmal einen Faktor, obwohl man weiß, daß es keine Primzahl ist [Ribenboim 1988]

Jede FERMAT-Zahl ist zu allen vorangehenden teilerfremd; denn

$$F_0 \cdot F_1 \cdot F_2 \cdot \ldots \cdot F_{n-1} = \frac{2^{2^1} - 1}{2^{2^0} - 1} \cdot \frac{2^{2^2} - 1}{2^{2^1} - 1} \cdot \frac{2^{2^3} - 1}{2^{2^2} - 1} \cdot \ldots \cdot \frac{2^{2^n} - 1}{2^{2^{n-1}} - 1}$$
$$= 2^{2^n} - 1$$
$$= F_n - 2.$$

Daraus kann man wieder auf die Existenz von unendlich vielen Primzahlen schließen, denn jede FERMATsche Zahl enthält Primfaktoren, die in den vorangehenden FERMATschen Zahlen noch nicht vorgekommen sind.

GAUSS hat bewiesen, daß ein regelmäßiges n-Eck genau dann mit Zirkel und Lineal konstruiert werden kann, wenn n die Form

$$n = 2^r \cdot p_1 \cdot p_2 \cdot \ldots \cdot p_k$$

hat, wobei $p_1, p_2, \ldots, p_k$ verschiedene FERMATsche Primzahlen sind. (Den Beweis dieser Behauptung findet man heute in jedem Lehrbuch der Algebra.) Beispielsweise ist ein regelmäßiges 1028-Eck mit Zirkel und Lineal zu konstruieren, denn $1028 = 4 \cdot 257$, und 257 ist eine FERMATsche Primzahl. Die Konstruktion des regelmäßigen 65537-Ecks wurde 1879 von J. HERMES aus Königsberg im Mathematischen Institut der Universität Göttingen in einem Handkoffer hinterlegt, wo sie noch heute ruht.

Mit MERSENNEschen und FERMATschen Zahlen werden wir uns in IV.4 nochmals beschäftigen; dort werden uns bessere Hilfsmittel zur Verfügung stehen.

Ein Grund für das aktuelle Interesse an großen Primzahlen bzw. der Faktorisierung großer Zahlen ist in III.7 dargelegt worden. Dabei konzentriert man sich vor allem auf Zahlen der Form $b^n \pm 1$ (vgl. [Brillhart et al. 1983]) und auf solche der Form $k \cdot 2^n \pm 1$ oder $k \cdot 10^n \pm 1$. Beispielsweise ist der größte z.Zt. bekannte Primzahlzwilling

$$107\,570\,463 \cdot 10^{2250} \pm 1.$$

Auch die Faktorisierung von Zahlen der Form $a^n \pm b^n$ ist von Interesse ([Riesel 1987]).

III.11 Aufgaben

1. Zeige: Unter n ganzen Zahlen, von denen keine durch n teilbar ist, gibt es stets zwei oder mehr, deren Summe durch n teilbar ist.

2. Zeige, daß die Lösungen von $ax^2 + bx + c = 0$ irrational sind, falls a, b, c ungerade ganze Zahlen sind.

3. Aus den Ziffern 1,2,3,4,5,6,7 kann man $7! = 5040$ verschiedene siebenstellige

Zahlen mit lauter verschiedenen Ziffern bilden. Zeige, daß keine dieser Zahlen eine andere dieser Zahlen teilt. (Beachte, daß alle diese Zahlen den gleichen Neunerrest haben.)

4. Zeige, daß $n^2 + 3n + 5$ für kein $n \in \mathbb{Z}$ durch 121 teilbar ist.
(Bestimme zunächst $a, b \in \mathbb{Z}$ mit $(n - a) \cdot (n - b) \equiv n^2 + 3n + 5 \bmod 11$.)

5. Bestimme den Siebenerrest von

$$\sum_{i=1}^{10} 10^{10^i}.$$

6. Beweise: a) Ist n zu 10 teilerfremd, dann existiert ein $k \leq n$, so daß die k-stellige Zahl $111\ldots111$ (alle Ziffern 1) durch n teilbar ist.
b) Jede natürliche Zahl ist Teiler einer Zahl der Form $999\ldots999000\ldots000$.
c) Zeige, daß zu jeder natürlichen Zahl n ein Vielfaches der Form

$$11\ldots100\ldots0 = \left(\sum_{i=0}^{a} 10^i \right) \cdot 10^b \quad \text{mit} \quad a, b \in \mathbb{N}_0$$

existiert, wobei $b = 0$, falls n zu 10 teilerfremd ist.

7. Es gibt nur eine vierstellige Quadratzahl, bei welcher die beiden ersten Ziffern gleich und die beiden letzten Ziffern gleich sind. Man suche diese Zahl.
(Hinweis: Die Teilbarkeit durch 11 spielt bei dieser Aufgabe eine Rolle.)

8. Zeige, daß die Folge der Einerziffern der Folge $\{n^n\}$ periodisch ist; gib eine volle Periode an.

9. Es sei d_n die letzte von 0 verschiedene Ziffer in der Zehnerdarstellung von $n!$. Zeige, daß die Folge $\{d_n\}$ nicht periodisch ist.

10. Zeige, daß genau dann $n^{4k+1} \equiv n \bmod m$ für alle $k, n \in \mathbb{N}$ gilt, wenn $m = 30$ ist.

11. Zeige: a) Ist $a^2 + b^2$ ($a, b \in \mathbb{N}$) eine Quadratzahl, dann gilt $12 | ab$.
b) Ist $a^2 + b^2 = c^2$ ($a, b, c \in \mathbb{N}$), dann gilt $60 | abc$.

12. a) Zeige, daß 4147 ein Teiler von $12^{512} - 1$ ist.
b) Zeige, daß $2730 | (n^{13} - n)$ für alle $n \in \mathbb{N}$ gilt.
c) Zeige, daß $6^{30} - 6^{18} - 6^{12} + 1$ durch 247 teilbar ist.
d) Zeige, daß $2^{2n+1} \equiv 9n^2 - 3n + 2 \bmod 54$ für alle $n \in \mathbb{N}$.

13. Bestimme den 1000er-Rest von 7^{9999}, 11^{9999} und 13^{9999}.

14. Zeige: Ist $10 \leq n < 1000$ und $Q(n)$ die Quersumme (erster Stufe) von n, dann ist die Quersumme von $n - Q(n)$ stets 9 oder 18.

15. Zeige, daß $m^p - n^p$ ($m, n \in \mathbb{N}$, p Primzahl) zu p teilerfremd oder durch p^2 teilbar ist.

16. Es seien e, f, n natürliche Zahlen mit $e \cdot f > n > 1$ und $e > 1$, $n \geq f$;

ferner sei $a \in \mathbb{Z}$ mit $\mathrm{ggT}(a, n) = 1$. Zeige, daß dann natürliche Zahlen x, y mit $x < e$, $y < f$ existieren, für welche $ay \equiv x \bmod n$ oder $ay \equiv -x \bmod n$ gilt. Diese Aussage heißt im Fall $e = f$ *Satz von* Thue (Axel Thue, 1863–1922). Hinweis zur Lösung: Betrachte die Zahlen $av + u$ mit $u = 0, 1, \ldots, e - 1$ und $v = 0, 1, \ldots, f - 1$.)

17. Beweise, daß $\varphi(mn) = \varphi(m)\varphi(n)$ für $\mathrm{ggT}(m, n) = 1$. Bestimme dazu die Anzahl der zu mn teilerfremden Zahlen in folgender Matrix:

1	2	$\ldots$	r	$\ldots$	m
$m + 1$	$m + 2$	$\ldots$	$m + r$	$\ldots$	$2m$
$2m + 1$	$2m + 2$	$\ldots$	$2m + r$	$\ldots$	$3m$
$\vdots$	$\vdots$		$\vdots$		$\vdots$
$(n-1)m + 1$	$(n-1)m + 2$	$\ldots$	$(n-1)m + r$	$\ldots$	nm

Leite dann die in Satz 5 angegebene Formel für die Eulersche Funktion her.

18. Bestimme für $n \in \mathbb{N}$ die Anzahl der zu n teilerfremden Zahlen in der Menge $\{i(i + 1) \mid 1 \leq i \leq n\}$.

19. Bestimme alle primitiven Restklassen $\bmod\, 7$, $\bmod\, 23$ und $\bmod\, 41$.

20. Für $\mathrm{ggT}(b, m) = 1$ sei $bb' \equiv 1 \bmod m$. Wir schreiben $\frac{a}{b}$ statt ab', also $\frac{a}{b} \equiv ab' \bmod m$. Bestätige die üblichen Bruchrechenregeln.

21. Bestimme für $p \in \{3, 5, 7, 11, 13, 17\}$ jeweils eine Carmichael–Zahl der Form $q_1 q_2 q_3$ mit Primzahlen q_1, q_2, q_3, welche zur Restklasse $1 \bmod (p - 1)$ gehören.

22. Zeige, daß die folgenden im Zweiersystem geschriebenen $(3k + 1)$-stelligen Zahlen $1\,001$, $1\,001\,001$, $1\,001\,001\,001$, $1\,001\,001\,001\,001$, … zusammengesetzt sind, falls $k \not\equiv 2 \bmod 3$.

23. a) Zeige: Ist $n > 1$ und $F_n = 2^{2^n} + 1$ eine Primzahl, dann ist die Restklasse $[2]$ nicht primitiv modulo F_n.

b) Zeige: Ist p ein ungerader Primteiler von $a^{2^n} + 1$, dann ist $p \equiv 1 \bmod 2^{n+1}$.

c) Folgere aus b): Ist F_n die n-te Fermat-Zahl und p ein Primteiler von F_n, dann ist $p \equiv 1 \bmod 2^{n+1}$.

24. Zeige, daß $\varphi(a^n - 1)$ für $a > 1$ durch n teilbar ist.

25. Beweise, daß für alle $a, b \in \mathbb{N}$ gilt:

$$\varphi(ab) \cdot \varphi(\mathrm{ggT}(a, b)) = \varphi(a)\varphi(b) \cdot \mathrm{ggT}(a, b).$$

26. Zeige, daß aus $d \mid n$ auch $\varphi(d) \mid \varphi(n)$ folgt.

27. Beweise, daß für $n \geq 2$ die Summe aller $d \in \mathbb{N}$ mit $d \leq n$, die zu n teilerfremd sind, den Wert $\frac{n}{2} \cdot \varphi(n)$ hat.

28. a) Zeige: Aus $\varphi(n) \equiv 2 \bmod 4$ und $n \neq 4$ folgt $n = p^\alpha$ oder $n = 2p^\alpha$, wobei

p eine Primzahl mit $p \equiv 3 \bmod 4$ ist.

b) Zeige, daß kein n mit $\varphi(n) = 14$ existiert.

29. a) Es sei p eine Primzahl ≥ 7. Zeige: Ist $\mathrm{ord}_p[a] = 3$, dann ist $\mathrm{ord}_p[a+1] = 6$. (Hinweis: Zeige zunächst, daß $(a+1)^2 \equiv a \bmod p$.)

b) Es sei p eine Primzahl und $k = \mathrm{ord}_p[a]$. Zeige, daß $\mathrm{ord}_{p^2}[a] = k$ oder $\mathrm{ord}_{p^2}[a] = kp$.

30. Beweise folgende Aussagen:

a) Die ungeraden Primteiler von $n^2 + 1$ sind von der Form $4k + 1$.

b) Die ungeraden Primteiler von $n^4 + 1$ sind von der Form $8k + 1$.

c) Die ungeraden Primteiler von $n^2 + n + 1$ sind von der Form $6k + 1$.

31. Beweise mit Hilfe der Aussagen in Aufgabe 30, daß unendlich viele Primzahlen von jeder der Formen $4k + 1$, $6k + 1$ und $8k + 1$ existieren.

32. Sind p, q ungerade Primzahlen und gilt $p | (1 + a + a^2 + \ldots + a^{q-1})$, dann gilt $a \equiv 1 \bmod p$ und $p = q$ oder $a \not\equiv 1 \bmod p$ und $p \equiv 1 \bmod 2q$. Zeige dies und beweise dann, daß alle Primteiler von $2^q - 1$ von der Form $2kq + 1$ sind. Bestimme dann den kleinsten Primteiler der MERSENNEschen Zahlen M_{11}, M_{23}, M_{29}.

33. Die MERSENNEsche Zahl $M_{251} = 2^{251} - 1$ ist zusammengesetzt. Für einen Primteiler p muß $251 | (p - 1)$, also $p \equiv 1 \bmod 251$ gelten. Die kleinste Primzahl dieser Art ist $p = 503$. Zeige, daß in der Tat 503 ein Teiler von M_{251} ist.

34. a) Zeige, daß $2^{13} - 1$ eine Primzahl ist.

b) Zerlege $3^{11} - 1$ in Primfaktoren.

c) Zerlege $5^6 + 5^3 + 1$ in Primfaktoren.

35. a) Zeige, daß $4 \cdot 14^k + 1$ für kein $k \in \mathbb{N}$ eine Primzahl ist.

b) Zeige, daß $521 \cdot 12^k + 1$ für kein $k \in \mathbb{N}$ eine Primzahl ist.

36. Es sei p eine Primzahl > 2 und ferner $[r]$ eine primitive Restklasse $\bmod\, p$. Beweise:

a) Ist $p \equiv 1 \bmod 4$, dann ist auch $[-r]$ primitiv.

b) Ist $p \equiv 3 \bmod 4$, dann ist $\mathrm{ord}_p[-r] = \frac{p-1}{2}$.

37. Es sei p eine Primzahl und $[r]$ eine primitive Restklasse $\bmod\, p$. Zeige, daß

$$(p-1)! \equiv r^{1+2+\ldots+(p-1)} \equiv -1 \bmod p.$$

38. Es sei p eine Primzahl. Zeige:

a) Ist $\mathrm{ord}_p[a] = 6$, dann ist $\sum_{i=0}^{5} a^{i^2} \equiv 0 \bmod p$.

b) Ist $\mathrm{ord}_p[a] = 10$, dann ist $\sum_{i=0}^{9} a^{i^2} \equiv 0 \bmod p$.

39. Es sei p eine ungerade Primzahl. Für $a \not\equiv 0 \bmod p$ sei $\frac{1}{a} \bmod p$ die Lösung von $ax \equiv 1 \bmod p$. Zeige, daß

$$1 + \frac{1}{2} + \frac{1}{3} + \ldots + \frac{1}{p-1} \equiv 0 \bmod p.$$

40. Es sei $n \in \mathbb{N}$ und p eine ungerade Primzahl. Beweise:

$$\sum_{i=1}^{p-1} i^n \equiv \begin{cases} 0 \bmod p, & \text{wenn } p-1 \nmid n, \\ -1 \bmod p, & \text{wenn } p-1 \mid n. \end{cases}$$

41. Es sei $\operatorname{ord}_m[a] = r$ und $\operatorname{ord}_n[a] = s$. Zeige, daß dann

$$\operatorname{ord}_{mn}[a] = \operatorname{kgV}(r, s).$$

42. Es sei p eine Primzahl, ferner sei $a \equiv b \bmod p$. Zeige, daß für alle $n \in \mathbb{N}$ gilt:

$$a^{p^n} \equiv b^{p^n} \bmod p^{n+1}.$$

43. Berechne $\operatorname{ggT}(z^n - z \mid z \in \mathbb{Z})$ für $n \geq 2$.
(Beachte, daß man den ggT auch von *unendlich vielen* Zahlen bilden kann.)

44. a) Bestimme die Periodenlänge der Dezimalbruchentwicklung von $\frac{1}{323}$.
b) Bestimme alle Primzahlen p, für welche die Dezimalbruchentwicklung von $\frac{1}{p}$ die Periodenlänge 8 hat.

45. Bestimme alle Brüche α, für deren Dezimalbruchentwicklung gilt:

$$\alpha = 0, \overline{a_n a_{n-1} \ldots a_1 a_0} \quad \text{und} \quad a_0 \cdot \alpha = 0, \overline{a_0 a_n a_{n-1} \ldots a_1}.$$

46. Zeige, daß die LEHMERsche Methode für $n = 5$ und

$$\begin{pmatrix} a & c & e \\ b & d & f \end{pmatrix} = \begin{pmatrix} 3 & 1 & 3 \\ 4 & 2 & 4 \end{pmatrix}$$

ein diabolisches Quadrat liefert und gib dieses an (vgl. III.8).

47. a) Zeige, daß Satz 14 in III.8 (LEHMERsche Methode) nicht die Existenz eines pseudomagischen Quadrats der Ordnung 6 garantiert.
b) Zeige, daß die Sätze 14 und 15 in III.8 (LEHMERsche Methode) nicht die Existenz eines diabolischen Quadrats von gerader Ordnung garantieren.
c) Zeige, daß sich mit der LEHMERschen Methode für $n = 9$ zwar pseudomagische Quadrate konstruieren lassen, aber kein diabolisches Quadrat.
d) Konstruiere mit der LEHMERschen Methode ein diabolisches Quadrat der Ordnung 7.
e) Gib für $n = 11$ mehrere Beispiele für LEHMER-Methoden

$$\begin{pmatrix} 0 & c & e \\ 0 & d & f \end{pmatrix}$$

an, welche zu einem diabolischen Quadrat führen.

48. Zeige, daß für jede Primzahl $p > 2$ gilt:

$$(1!2!3! \cdot \ldots \cdot (p-1)!)^2 \equiv (-1)^{\frac{p+1}{2}} \bmod p.$$

49. Zeige, daß $(n, n+2)$ mit $(n \geq 2)$ genau dann ein Primzahlzwilling ist, wenn

$$4((n-1)! + 1) + n \equiv 0 \bmod n(n+2).$$

50. Es sei

$$\varrho(n) \equiv (n-1)! \bmod \frac{n(n-1)}{2} \quad \text{und} \quad 0 \leq \varrho(n) < \frac{n(n-1)}{2}$$

für $n \geq 3$. Beweise, daß $\{\varrho(n)+1 \mid \varrho(n) > 0,\ n \geq 3\}$ die Menge aller ungeraden Primzahlen ist.

51. Es sei $n = a_k p^k + \ldots + a_2 p^2 + a_1 p + a_0$ die p-adische Zifferndarstellung von $n \in \mathbb{N}$ und $r_p(n) = a_0! a_1! a_2! \cdot \ldots \cdot a_k!$, ferner sei e_p der Exponent von p in der Primfaktorzerlegung von $n!$. Zeige, daß

$$\frac{n!}{p^{e_p}} \equiv \pm r_p(n) \bmod p.$$

52. In der Kryptographie benutzt man auch folgende Codierung, welche aber nicht sehr einbruchsicher ist: Man verwendet statt der Buchstaben, Ziffern und sonstigen Zeichen beispielsweise die Zahlen $1, 2, \ldots, m$ in zuvor vereinbarter Weise, wählt eine zu m teilerfremde Zahl a sowie eine Zahl b $(1 \leq a, b < m)$ und codiert dann die Zahl N als $C = aN + b \bmod m$ mit $1 \leq C \leq m$ (*lineare Codierung*).

a) Wie viele solcher Codes gibt es zu gegebenem m ?

b) Wie wird ein codierter Text decodiert, wenn man a und b kennt ?

c) Es sei $m = 50$. Aufgrund von Häufigkeitsanalysen hat man festgestellt, daß die codierten Zahlen 12 und 31 im Klartext 5 $(=e)$ und 14 $(=n)$ bedeuten. Man berechne daraus die Codierungszahlen a, b.

53. Die Formel

$$r_m \equiv \left[\frac{13m - 1}{5}\right] \bmod 7$$

in III.6 (Kalenderrechnung) ist nicht vom Himmel gefallen, sie hat vielmehr etwas mit Kettenbruchapproximation zu tun. Erkläre diesen Zusammenhang.

54. Auf LUCAS geht folgender Satz zurück: Es sei p eine Primzahl, und

$$m = a_0 + a_1 p + a_2 p^2 + \ldots, \qquad r = b_0 + b_1 p + b_2 p^2 + \ldots$$

seien die p-adischen Zifferndarstellungen der natürlichen Zahlen m und r. Dann gilt

$$\binom{m}{r} \equiv \binom{a_0}{b_0} \binom{a_1}{b_1} \binom{a_2}{b_2} \cdot \ldots \bmod p.$$

Beweise diesen Satz und folgere daraus: Für festes $m \in \mathbb{N}$ ist die Anzahl der $r \in \mathbb{N}$ mit $p \nmid \binom{m}{r}$ gleich $\prod_{i=1}^{\infty}(1 + a_i)$.

55. Beweise, daß alle FERMAT-Zahlen und alle MERSENNE-Zahlen Primzahlen oder Pseudoprimzahlen sind.

III.12 Lösungen der Aufgaben

1. Es seien $a_1, a_2, \ldots, a_n$ ganze Zahlen und $s_k = \sum_{i=1}^{k} a_i$ $(k = 1, 2, \ldots, n)$. Unter den n Zahlen $s_1, s_2, \ldots, s_n$ gibt es zwei zueinander $\bmod n$ kongruente, etwa $s_k \equiv s_j \bmod n$ mit $k < j$. Dann ist $s_j - s_k = a_{k+1} + \ldots + a_j \equiv 0 \bmod n$.

2. Wäre $x = \frac{u}{v}$ eine Lösung mit $u, v \in \mathbb{Z}$ und $\mathrm{ggT}(u, v) = 1$, so wäre $au^2 + buv + cv^2 = 0$. Wegen $\mathrm{ggT}(u, v) = 1$ können u und v nicht beide gerade sein; aus $au^2 + buv + cv^2 \equiv u^2 + uv + v^2 \equiv 0 \bmod 2$ ergibt sich ein Widerspruch.

3. Wäre $a|b$ für zwei Zahlen der beschriebenen Art, dann müßte $\frac{b}{a} < 10$ sein. Aus $b \equiv a \bmod 9$ und $\mathrm{ggT}(a, 9) = 1$ (wegen $a \equiv 1 \bmod 9$) folgt $\frac{b}{a} \equiv 1 \bmod 9$, also insgesamt $\frac{b}{a} = 1$ und damit $a = b$.

4. Es ist $n^2 + 3n + 5 \equiv (n - 4)^2 \bmod 11$. Also ist genau dann 11 ein Teiler von $n^2 + 3n + 5$, wenn $n \equiv 4 \bmod 11$. Setzt man $n = 4 + 11k$, so ist $n^2 + 3n + 5 \equiv 33 + 121k + 121k^2 \equiv 33 \not\equiv 0 \bmod 121$.

5. Es gilt $10^{(10^i)} \equiv 3^{(4^i)} \equiv (-4)^{(4^i)} \equiv 4^{(4^i)} \bmod 7$. Für $a_i = 10^{(10^i)}$ gilt also $a_1 \equiv 4^4 \equiv 4 \bmod 7$ und daher $a_i \equiv 4 \bmod 7$ für $i = 1, 2, \ldots, 10$. Es folgt $\sum_{i=1}^{10} a_i \equiv 40 \equiv 5 \bmod 7$.

6. a) Es sei $N_k = 111\ldots 111 = \frac{1}{9}(10^k - 1)$, also $10^k - 1 = 9 \cdot N_k$. Ist $k = \mathrm{ord}_n[10]$, dann ist $n|(10^k - 1)$. Ist n zu 9 teilerfremd, dann folgt $n|N_k$. Ist $n = 3m$ und $3 \nmid m$, ferner $r = \mathrm{ord}_m[10]$, dann ist $m|N_r$ und daher $n|(1 + 10^r + 10^{2r}) \cdot N_r$, also $n|N_{3r}$. Ist $n = 9m$ und $r = \mathrm{ord}_m[10]$, dann ist $m|N_r$ und daher $n|(1 + 10^r + \ldots + 10^{8r}) \cdot N_r$, also $n|N_{9r}$.

b) $999\ldots 999000\ldots 000 = 10^r \cdot (10^s - 1)$. Ist $n = 2^\alpha 5^\beta m$ mit $\mathrm{ggT}(m, 10) = 1$, so setze man $r = \max(\alpha, \beta)$ und $s = \mathrm{ord}_m[10]$.

c) Es sei $n = 2^\alpha 5^\beta m$ mit $\mathrm{ggT}(m, 10) = 1$. Setze $b = \max(\alpha, \beta)$ und $a + 1 = \mathrm{ord}_m[10]$.

7. Die gesuchte Zahl hat die Form $aabb = a \cdot 10^3 + a \cdot 10^2 + b \cdot 10 + b$. Die alternierende Quersumme (erster Stufe) ist 0, die gesuchte Zahl ist also durch 11 teilbar; in der Tat ist $aabb = 11 \cdot (a0b)$. Die Zahl $a0b = 100a + b$ ist genau dann durch 11 teilbar, wenn ihre alternierende Quersumme $a + b$ durch 11 teilbar ist, also $= 11$ ist. Folglich ist $aabb = 11 \cdot (100a + b) = 11 \cdot (99a + 11) = 11^2 \cdot (9a + 1)$. Die Zahl $9a + 1$ mit $2 \le a \le 9$ ist nur für $a = 7$ eine Quadratzahl. Es ergibt sich also die Zahl $11^2 \cdot 8^2 = 7744$.

8. Wir zeigen, daß $(n + 20)^{n+20} \equiv n^n \bmod 10$ für alle $n \in \mathbb{N}$. Man beachte, daß $(n + 20)^{n+20} \equiv n^n \cdot n^{20} \bmod 10$.

1) $\ggT(n,10) = 1$: $n^{20} \equiv 1 \bmod 10$ (Satz von EULER-FERMAT).

2) $\ggT(n,10) = 10$: $n^n \equiv 0 \bmod 10$.

3) $\ggT(n,10) = 5$: $n^n \equiv 5 \bmod 10$.

4) $\ggT(n,10) = 2$: Wegen $2^4 \equiv 4^4 \equiv 6^4 \equiv 8^4 \equiv 6$ und $6^5 \equiv 6 \bmod 10$ ist $n^{20} \equiv 6 \bmod 10$, also $(n + 20)^{n+20} \equiv 6n^n \bmod 10$ für alle betrachteten n. Ist $n \equiv 0 \bmod 4$, so ist $(n + 20)^{n+20} \equiv 6 \bmod 10$; im Fall $n \equiv 2 \bmod 4$ folgt $(n + 20)^{n+20} \equiv 6n^2 \bmod 10$ ($\equiv 4$ oder $\equiv 6 \bmod 10$). Die Periode hat die Länge 20 und lautet: 1 4 7 6 5 6 3 6 9 0 1 6 3 6 5 6 7 4 9 0.

9. Es genügt der Nachweis, daß die Folge der $d_n \bmod 5$ nicht periodisch ist. Es sei a_n die letzte von 0 verschiedene Ziffer in der Darstellung von $n!$ im 5er-System, b_n die letzte von 0 verschiedene Ziffer von n im 5er-System. Ist die Folge der a_n periodisch, dann ist auch die Folge der b_n periodisch. Ist nämlich λ die Periodenlänge von $\{a_n\}$, dann gilt allgemein $a_n \equiv a_{n-1}b_n \bmod 5$ und $a_{n+\lambda} \equiv a_{n+\lambda-1}b_{n+\lambda} \bmod 5$, wegen $a_{n+\lambda} = a_n$ und $a_{n+\lambda-1} = a_{n-1}$ ergibt sich also $a_{n-1}b_{n+\lambda} \equiv a_{n-1}b_n \bmod 5$. Wegen $5 \nmid a_{n-1}$ und $1 \leq b_n, b_{n+\lambda} \leq 4$ folgt $b_{n+\lambda} = b_n$. Nun kann man andrerseits zeigen, daß die Folge $\{b_n\}$ *nicht* periodisch ist: Wäre diese Folge periodisch mit der Periodenlänge $\lambda = 5^t u$ mit $5 \nmid u$, so wäre für alle $a \in \mathbb{N}$ und $k > t$: $\quad 1 = b_{5^k} = b_{5^k + a\lambda} = b_{5^t(5^{k-t} + au)} = b_{5^{k-t} + au}$. Nun bestimme man a so, daß $au \equiv 2 \bmod 5$; dann ist die letzte Zahl in obiger Gleichungskette 2, womit ein Widerspruch vorliegt.

10. Der kleinste nichttriviale Fall $n = 2$, $k = 1$ führt auf $30|m$. Andererseits gilt $30|n(n^k - 1)(n^k + 1)(n^{2k} + 1)$ für alle $n, k \in \mathbb{N}$; denn gilt $2 \nmid n$, dann gilt $2|n^k + 1$; gilt $3 \nmid n$, dann $3|n^k - 1$ oder $3|n^k + 1$; gilt $5 \nmid n$, dann $n \equiv \pm 1, \pm 2 \bmod 5$, also $n^2 \equiv \pm 1 \bmod 5$ und somit $n^{2k} \equiv \pm 1 \bmod 5$, so daß $5|n^{2k} - 1$ oder $5|n^{2k} + 1$ gilt.

11. a) Für jede Quadratzahl x^2 gilt $x^2 \equiv 0 \bmod 3$ oder $x^2 \equiv 1 \bmod 3$ und $x^2 \equiv 0 \bmod 4$ oder $x^2 \equiv 1 \bmod 8$. Ist $a^2 + b^2 = c^2$, so kann nicht $a^2 \equiv b^2 \equiv 1 \bmod 3$ gelten, also ist eine der Zahlen a, b durch 3 teilbar. Es kann auch nicht $a^2 \equiv b^2 \equiv 1 \bmod 8$ gelten, vielmehr muß einer der Zahlen a, b gerade sein. Sind sie beide gerade, dann ist ab durch 4 teilbar. Ist nur a gerade, dann ist $1 \equiv (a + b)^2 \equiv c^2 + 2ab \equiv 1 + 2ab \bmod 8$ und daher $4|ab$.

b) Aus a) folgt bereits $12|abc$. Gilt weder $5|a$ noch $5|b$, dann ist $a^2 \equiv \pm 1 \bmod 5$ und $b^2 \equiv \pm 1 \bmod 5$, wegen $c^2 \not\equiv \pm 2 \bmod 5$ also $a^2 + b^2 \equiv 0 \bmod 5$ und daher $c^2 \equiv 0 \bmod 5$. Also gilt in jedem Fall $5|abc$.

12. a) Es ist $4147 = 11 \cdot 13 \cdot 29$ und $12^{512} - 1 \equiv 0 \bmod 11$, $12^{512} - 1 \equiv 0 \bmod 13$ und $12^{512} - 1 \equiv 12^8 - 1 \equiv 144^4 - 1 \equiv (-1)^4 - 1 \equiv 0 \bmod 29$.

b) Es ist $2730 = 2 \cdot 3 \cdot 5 \cdot 7 \cdot 13$, und $1,2,4,6,12$ sind Teiler von $\varphi(13) = 12$.

c) Es ist $247 = 13 \cdot 19$ und $6^{30} - 6^{18} - 6^{12} + 1 \equiv 6^6 - 6^6 - 1 + 1 \equiv 0 \bmod 13$ bzw. $\equiv 6^{12} - 1 - 6^{12} + 1 \equiv 0 \bmod 19$.

d) Beweis durch vollständige Induktion:

$$2^3 \equiv 9 - 3 + 2 \equiv 8 \bmod 54; \quad 2^{2n+3} \equiv 4 \cdot (9n^2 - 3n + 2) \bmod 54;$$

$9(n+1)^2 - 3(n+1) + 2 \equiv (9n^2 - 3n + 2) + (18n + 6) \bmod 54;$

$27n^2 - 9n + 6 \equiv 18n + 6 \iff 27n^2 - 27n \equiv 0 \iff 27n(n-1) \equiv 0 \bmod 54;$

die letzte Aussage ist wegen $2|n(n-1)$ offensichtlich richtig.

13. $7^{9999} \equiv 7^{-1} \bmod 1000; \ 7x \equiv 1 \bmod 1000 \ \Rightarrow \ x \equiv 11 \cdot 13 \equiv 143 \bmod 1000.$

$11^{9999} \equiv 11^{-1} \bmod 1000; \ 11x \equiv 1 \bmod 1000 \ \Rightarrow \ x \equiv 7 \cdot 13 \equiv 91 \bmod 1000.$

$13^{9999} \equiv 13^{-1} \bmod 1000; \ 13x \equiv 1 \bmod 1000 \ \Rightarrow \ x \equiv 7 \cdot 11 \equiv 77 \bmod 1000.$

(Verwende die „Märchenzahl" $1001 = 7 \cdot 11 \cdot 13$.)

14. Es gilt $n - Q(n) \equiv 0 \bmod 9$ und $n - Q(n) > 0$ wegen $n \geq 10$, also $n - Q(n) \in \{9, 18, 27, \ldots\}$. Wegen $n < 1000$ ist $Q(n - Q(n)) < Q(999) = 27$, wegen $9|Q(n - Q(n))$ ist $Q(n - Q(n)) = 9$ oder $Q(n - Q(n)) = 18$.

15. Ist $p|m$ und $p|n$, so ist $p^p|(m^p - n^p)$. Ist $p|m$ und $p \nmid n$, so ist $p \nmid (m^p - n^p)$. Ist $p \nmid m$ und $p \nmid n$, so ist $m^p - n^p \equiv m - n \bmod p$; ist dann $p|m - n$, dann ist $m^p - n^p \equiv (m - n)(m^{p-1} + m^{p-2}n + \ldots + n^{p-1}) \equiv (m - n)pm^{p-1} \equiv 0 \bmod p^2$.

16. Unter den $ef > n$ Termen $av + u$ gibt es zwei, welche $\equiv \bmod n$ sind, etwa $av_1 + u_1 \equiv av_2 + u_2 \bmod n$ mit $(u_1, v_1) \neq (u_2, v_2)$. Wegen $\mathrm{ggT}(a, n) = 1$ ist dabei $u_1 \neq u_2$ und $v_1 \neq v_2$. Mit $x = |u_1 - u_2|$ und $y = |v_1 - v_2|$ folgt die Behauptung.

17. Genau $\varphi(m)$ der Spalten bestehen aus lauter zu m teilerfremden Zahlen; jede Spalte ist ein vollständiges Vertretersystem der n Restklassen $\bmod\, n$, denn aus $im + r \equiv jm + r \bmod n$ folgt wegen $\mathrm{ggT}(m, n) = 1$ auch $i \equiv j \bmod n$. In jeder Spalte stehen also genau $\varphi(n)$ zu n teilerfremde Zahlen. Insgesamt enthält die Matrix also $\varphi(m)\varphi(n)$ zu m und zu n teilerfremde Zahlen. Wegen $\mathrm{ggT}(m, n) = 1$ ist dies gleich der Anzahl $\varphi(mn)$ der zu mn teilerfremden Zahlen.

18. Die gesuchte Anzahl ist $n \prod_{p|n}(1 - \frac{2}{p})$.

(Vgl. Berechnung von φ im Text.)

19. 7: [3], [5];   23: [5], [7], [10], [11], [14], [15], [17], [19], [20], [21]; 41: [6], [11], [12], [13], [14], [15], [19], [20], [22], [26], [29], [30], [34] [35], [37], [38]

20. Es gelten die üblichen Regeln der Bruchrechnung.

21. $p = 3: \ 7 \cdot 13 \cdot 19 \qquad p = 5: \ 5 \cdot 13 \cdot 17 \qquad p = 7: \ 7 \cdot 13 \cdot 19$

$p = 11: \ 41 \cdot 61 \cdot 101 \qquad p = 13: \ 13 \cdot 37 \cdot 61 \qquad p = 17: \ 113 \cdot 337 \cdot 449$

(Es gibt vermutlich jeweils unendlich viele Beispiele.)

22. Man betrachte die Zahl

$$\frac{(2^3)^{k+1} - 1}{2^3 - 1} = \frac{(2^{k+1})^3 - 1}{2^3 - 1} = \frac{(2^{k+1} - 1)((2^{k+1})^2) + 2^{k+1} + 1}{2^3 - 1};$$

ist $2^{k+1} \not\equiv 1 \bmod 7$, also $k + 1 \not\equiv 0 \bmod 3$, dann ist sie durch $2^{k+1} - 1$ teilbar.

23. a) Aus $2^{(2^n)} \equiv -1 \bmod F_n$ folgt $2^{(2^{n+1})} \equiv 1 \bmod F_n$, und für $n > 1$ ist $n + 1 < 2^n$, also $2^{n+1} < 2^{(2^n)} = \varphi(F_n)$.

b) Wegen $a^{(2^n)} \equiv -1 \bmod p$ ist $\mathrm{ord}_p[a] = 2^{n+1}$, also $2^{n+1}|(p - 1)$.

c) Verwende b) mit $a = 2$.

24. Es ist $a^n \equiv 1 \bmod (a^n - 1)$, und aus $a^k \equiv 1 \bmod (a^n - 1)$ folgt $k \geq n$.

25. Die Behauptung folgt aus

$$\prod_{p|ab} \left(1 - \frac{1}{p}\right) \cdot \prod_{\substack{p|a \\ p|b}} \left(1 - \frac{1}{p}\right) = \prod_{p|a} \left(1 - \frac{1}{p}\right) \cdot \prod_{p|b} \left(1 - \frac{1}{p}\right).$$

26. Es seien δ_i und ν_i die Exponenten von p_i in der kanonischen Primfaktorzerlegungen von d bzw. n. Aus $d|n$ folgt $\delta_i \leq \nu_i$ und daraus

$$p_i^{\delta_i-1}(p_i - 1) \mid p_i^{\nu_i-1}(p_i - 1),$$

falls $\delta_i \geq 1$ $(i = 1, 2, \ldots)$, also $\varphi(d)|\varphi(n)$.

27. Die Summe über alle d mit $d \leq n$ und $\mathrm{ggT}(d, n) = 1$ erhält man auch, wenn man über die Zahlen $\frac{1}{2}(d + (n - d))$ summiert, was $\frac{n}{2}\varphi(n)$ ergibt.

28. a) Ist $p \equiv 1 \bmod 4$, dann ist $\varphi(p^\alpha) \equiv 0 \bmod 4$ für $\alpha \geq 1$; aus $\varphi(n) \equiv 2 \bmod 4$ folgt also, daß n nicht durch eine Primzahl $p \equiv 1 \bmod 4$ teilbar ist. Ist $p \equiv q \equiv 3 \bmod 4$ für zwei verschiedene Primzahlen p, q, dann ist $\varphi(p^\alpha q^\beta) \equiv (-1)^{\alpha+\beta-2}(p - 1)(q - 1) \equiv 0 \bmod 4$; also kann n nicht durch zwei verschiedene ungerade Primzahlen teilbar sein. Ferner ist $\varphi(2^\alpha) \equiv 2^{\alpha-1} \equiv 0 \bmod 4$ für $\alpha \geq 3$, so daß n nicht durch 8 teilbar sein kann. Auch darf n nicht durch 4 teilbar sein, denn für $p \equiv 3 \bmod 4$ ist $\varphi(4p^\alpha) = 2p^{\alpha-1}(p - 1)$ durch 4 teilbar. Es bleiben also nur die Fälle $n = p^\alpha$ und $n = 2p^\alpha$ mit $p \equiv 3 \bmod 4$ übrig.
b) Ist $\varphi(n) = 14$, dann muß n wegen $14 \equiv 2 \bmod 4$ nach a) die Form p^α oder $2p^\alpha$ mit einer Primzahl $p \equiv 3 \bmod 4$ haben. Wegen $\varphi(p^\alpha) = \varphi(2p^\alpha)$ ist nur die erste Form zu untersuchen. Für keine Primzahl p ist aber $\varphi(p) = p - 1 = 14$ oder $\varphi(p^\alpha) = p^{\alpha-1}(p - 1) = 14$.

29. a) Es ist $(a + 1)^2 \equiv a^2 + 2a + 1 \equiv a + (a^2 + a + 1) \equiv a \bmod p$, denn $(a^2 + a + 1) \cdot (a - 1) \equiv a^3 - 1 \equiv 0 \bmod p$ und $a - 1 \not\equiv 0 \bmod p$. Es folgt $(a+1)^6 \equiv 1 \bmod p$, also $\mathrm{ord}_p[a+1]|6$; die Werte 1,2,3 kommen aber für $\mathrm{ord}_p[a+1]$ nicht in Frage.
b) Aus $m = \mathrm{ord}_{p^2}[a]$ folgt $k|m$, etwa $m = kn$ $(n \in \mathbb{N})$. Wegen $(a^k - 1)^p \equiv a^{kp} - 1 \equiv 0 \bmod p$ folgt $kn|kp$, also $n|p$.

30. a) Aus $n^2 \equiv -1 \bmod p$ folgt $4|\varphi(p)$, also $4|(p - 1)$.
b) Aus $n^4 \equiv -1 \bmod p$ folgt $8|\varphi(p)$, also $8|(p - 1)$.
c) Aus $n^2 + n + 1 \equiv 0 \bmod p$ folgt wegen $(n^2 + n + 1) \cdot (n - 1) = n^3 - 1$ die Beziehung $n^3 \equiv 1 \bmod p$, also $3|\varphi(p)$. Wegen $2|\varphi(p)$ (für alle $p \geq 3$) folgt $6|\varphi(p)$, also $6|(p - 1)$.

31. a) Sind $p_1, p_2, \ldots, p_r$ von der Form $4k + 1$, dann enthält die Zahl $(p_1 p_2 \ldots p_r)^2 + 1$ eine weitere Primzahl dieser Form als Teiler.
b) Sind $p_1, p_2, \ldots, p_r$ von der Form $8k+1$, dann enthält die Zahl $(p_1 p_2 \ldots p_r)^4 + 1$ eine weitere Primzahl dieser Form als Teiler.
c) Sind $p_1, p_2, \ldots, p_r$ von der Form $6k + 1$, dann enthält die Zahl $(p_1 p_2 \ldots p_r)^2 + (p_1 p_2 \ldots p_r) + 1$ eine weitere Primzahl dieser Form als Teiler.

32. Ist $a \equiv 1 \bmod p$, dann ist $1 + a + \ldots + a^{q-1} \equiv q \equiv 0 \bmod p$, also $p = q$. Ist $a \not\equiv 1 \bmod p$, dann folgt aus $a^q - 1 \equiv (a-1) \cdot (1 + a + \ldots + a^{q-1}) \equiv 0 \bmod p$ die Beziehung $a^q \equiv 1 \bmod p$. Weil q eine Primzahl ist, gilt $\mathrm{ord}_p[a] = q$ und damit $q|(p-1)$. Wegen $2|(p-1)$ und $2 \nmid q$ folgt $2q|(p-1)$ bzw. $p \equiv 1 \bmod 2q$. Aus $2 \not\equiv 1 \bmod p$ folgt, daß jeder Primteiler p von $2^q - 1$ von der Form $2qk + 1$ ist. Ein Primteiler von $2^{11} - 1$ ist von der Form $22k + 1$; in der Tat gilt $23|2^{11} - 1$. Ein Primteiler von $2^{23} - 1$ ist von der Form $46k + 1$; in der Tat gilt $47|2^{23} - 1$. Ein Primteiler von $2^{29} - 1$ ist von der Form $58k + 1$; für $k = 4$ ergibt sich ein Teiler: 233 ist Primzahl und $233|2^{29} - 1$.

33. Es muß $2^{251} \equiv 1 \bmod 503$ gezeigt werden. Zum Modul 503 gilt der Reihe nach: $2^9 \equiv 9$; $2^{18} \equiv 81$; $2^{36} \equiv 22$; $2^{72} \equiv -19$; $2^{144} \equiv -142$; $2^{216} \equiv (-19)(-142) \equiv 183$; $2^{252} \equiv 22 \cdot 183 \equiv 2$, woraus schließlich die Behauptung folgt. (Es ist $M_{251} = 503 \cdot 54\,217 \cdot (21\text{-stellig}) \cdot (23\text{-stellig}) \cdot (26\text{-stellig})$.)

34. a) Aus $2^{13} - 1 \equiv 0 \bmod p$ (p Primzahl) folgt $p - 1 \equiv 0 \bmod 13$, mögliche Primteiler sind also von der Form $26k + 1$ ($k = 1, 2, 3, \ldots$). Wegen $[\sqrt{2^{13} - 1}] = 90$ muß man nur zeigen, daß keine der Primzahlen 53 und 79 ein Teiler von $2^{13} - 1$ ist. Es ergibt sich $2^{13} \equiv 30 \not\equiv 1 \bmod 53$ und $2^{13} \equiv -24 \not\equiv 1 \bmod 79$.

b) Ist p ein ungerader Primfaktor von $3^{11} - 1$, dann ist $p \equiv 1 \bmod 22$. Wegen $[\sqrt{\frac{1}{2}(3^{11} - 1)}] = 297$ kommen als ungerade Primteiler nur 23, 67, 89, 199 in Frage, falls $\frac{1}{2}(3^{11} - 1) = 88573$ keine Primzahl ist. Es ergibt sich $3^{11} \equiv 1 \bmod 23$ und $3^{11} - 1 = 2 \cdot 23 \cdot 3851$. Die Zahl 3851 ist eine Primzahl, denn $23 \nmid 3851$ und $67 > \sqrt{3851}$.

c) $5^9 - 1 = (5^3 - 1)(5^6 + 5^3 + 1)$ und $5^3 - 1 = 2^2 \cdot 31$. Ist p ein ungerader Primteiler von $5^9 - 1$, dann ist $3|p - 1$, also $p \equiv 1 \bmod 6$. Ist $5^3 \equiv 1 \bmod p$, dann ist $5^6 + 5^3 + 1 \equiv 3 \not\equiv 0 \bmod p$. Man muß daher nur $p \equiv 1 \bmod 18$ untersuchen, also $p \in \{19, 37, 73, 91, 109\}$; man beachte $[\sqrt{5^6 + 5^3 + 1}] = 125$. Es ist $5^9 \equiv 1 \bmod 19$, also 19 ein Teiler von $5^9 - 1$ und damit von $5^6 + 5^3 + 1$. Es ergibt sich $5^6 + 5^3 + 1 = 19 \cdot 829$, und 829 ist eine Primzahl.

35. a) Es gilt $4 \cdot 14^k + 1 \equiv 0 \bmod 3$, falls k ungerade ist, und $4 \cdot 14^k + 1 \equiv 0 \bmod 5$, falls k gerade ist.

b) $521 \cdot 12^k + 1 \equiv 0 \bmod 13$, falls k ungerade, $521 \cdot 12^k + 1 \equiv 0 \bmod 5$, falls $k \equiv 2 \bmod 4$. Im Fall $k \equiv 0 \bmod 4$ untersuche man $a_n = 521 \cdot (12^4)^n + 1$ ($n = 1, 2, 3, \ldots$). Es gilt $a_{n+1} \equiv a_n \bmod (12^4 - 1)$. Man suche einen gemeinsamen Teiler von $a_1 = 521 \cdot 12^4 + 1$ und $12^4 - 1$; wegen $a_1 = 521 \cdot (12^4 - 1) + 522$ muß dies ein Teiler von $522 = 2 \cdot 9 \cdot 29$ sein. Da 2 und 3 keine Teiler von $12^4 - 1$ sind, versuche man es mit 29. In der Tat ist $12^4 \equiv 144^2 \equiv (-1)^2 \equiv 1 \bmod 29$.

36. Aus $r^{\frac{p-1}{2}} \equiv -1 \bmod p$ folgt $(-r)^{\frac{p-1}{2}} \equiv (-1)^{\frac{p+1}{2}} \bmod p$; dies ist

a) $\equiv -1 \bmod p$, falls $p \equiv 1 \bmod 4$ b) $\equiv 1 \bmod p$, falls $p \equiv 3 \bmod 4$

Beachte in b), daß $\frac{p-1}{2}$ ungerade ist und $\mathrm{ord}_p[-r]$ daher kein echter Teiler von $\frac{p-1}{2}$ sein kann.

37. $\{[r], [r]^2, [r]^3, \ldots, [r]^{p-1}\}$ ist die Menge aller primen Restklassen mod p; also ist ihr Produkt

$$[(p-1)!] = [r]^{1+2+\ldots+(p-1)} = \left([r]^{\frac{p-1}{2}}\right)^p = [-1]^p = [-1].$$

38. a) Wegen $a^3 \equiv -1 \bmod p$ ist

$$\sum_{i=0}^{5} a^{i^2} \equiv a^0 + a^1 + a^4 + a^3 + a^4 + a^1 \equiv 0 \bmod p.$$

b) Wegen $a^5 \equiv -1 \bmod p$ ist

$$\sum_{i=0}^{9} a^{i^2} \equiv a^0 + a^1 + a^4 + \ldots + a^4 + a^1 \equiv 0 \bmod p.$$

39. Ist $i \not\equiv j \bmod p$, dann ist $\frac{1}{i} \not\equiv \frac{1}{j} \bmod p$, also ist

$$1 + \frac{1}{2} + \frac{1}{3} + \ldots + \frac{1}{p-1} \equiv 1 + 2 + 3 + \ldots + (p-1) \equiv p \cdot \frac{p-1}{2} \equiv 0 \bmod p.$$

40. Ist $(p-1)|n$, dann ist $i^n \equiv 1 \bmod p$ für $1 \leq i \leq p-1$, also

$$\sum_{i=1}^{p-1} i^n \equiv p - 1 \equiv -1 \bmod p.$$

Ist $(p-1) \nmid n$, dann sei $[r]$ primitiv $\bmod p$ und $i \equiv r^{a_i} \bmod p$, also

$$\sum_{i=1}^{p-1} i^n \equiv \sum_{i=1}^{p-1} r^{n a_i} \equiv \sum_{k=1}^{p-1} (r^n)^k \bmod p.$$

Andererseits ist

$$(r^n - 1) \cdot \sum_{k=1}^{p-1} (r^n)^k = r^n \cdot ((r^n)^{p-1} - 1),$$

wegen $r^n \not\equiv 1 \bmod p$ und $(r^n)^{p-1} \equiv 1 \bmod p$ ist also

$$\sum_{i=1}^{p-1} i^n \equiv 0 \bmod p.$$

41. Aus $a^r \equiv 1 \bmod m$ und $a^s \equiv 1 \bmod n$ folgt $a^{\mathrm{kgV}(r,s)} \equiv 1 \bmod mn$. Ist $a^k \equiv 1 \bmod mn$, dann ist auch $a^k \equiv 1 \bmod m$ und $a^k \equiv 1 \bmod n$, also $r|k$ und $s|k$ und damit $\mathrm{kgV}(r,s)|k$.

42. Ist $a^{p^n} = b^{p^n} + k p^{n+1}$, dann ist

$$a^{p^{n+1}} \equiv \left(b^{p^n} + k p^{n+1}\right)^p \equiv \left(b^{p^n}\right)^p \equiv b^{p^{n+1}} \bmod p^{n+2},$$

denn

$$p^{n+2} \mid \binom{p}{i} \left(b^{p^n}\right)^i \left(k p^{n+1}\right)^{p-i} \quad \text{für} \quad i \leq p - 1.$$

43. Es sei $M_n = \mathrm{ggT}(z^n - z \mid z \in \mathbb{Z})$. Wegen $n \geq 2$ gilt $p^2 \nmid p^n - p$ für jede Primzahl p, folglich ist M_n quadratfrei. Ist p eine Primzahl mit $p - 1 \mid n - 1$, dann gilt $z^n \equiv z \bmod p$ für alle $z \in \mathbb{Z}$, also $p \mid M_n$. Ist $p \mid M_n$, also $z^n \equiv z \bmod p$ für alle $z \in \mathbb{Z}$, dann gilt auch $g^n \equiv g \bmod p$ bzw. $g^{n-1} \equiv 1 \bmod p$ für jede Primitivwurzel $g \bmod p$, also $p - 1 \mid n - 1$. Folglich ist M_n das Produkt aller Primzahlen p mit $p - 1 \mid n - 1$.

44. a) $323 = 17 \cdot 19$; $\mathrm{ord}_{17}[10] = 16$, $\mathrm{ord}_{19}[10] = 18$, also $\mathrm{ord}_{323}[10] = \mathrm{kgV}(16,18) = 144$.

b) $\mathrm{ord}_p[10] = 8 \iff 10^4 \equiv -1 \bmod p \iff p \mid 10001$. Wegen $10001 = 73 \cdot 137$ ergibt sich $p = 73$ und $p = 137$.

45. Es ist $a_0 \alpha = \frac{1}{10}(a_0 + \alpha)$, also $\alpha = \frac{a_0}{10a_0 - 1}$. Es handelt sich also um die Dezimalbruchentwicklungen von $\frac{1}{9}$, $\frac{2}{19}$, $\frac{3}{29}$, $\ldots$, $\frac{9}{89}$.

46. Die Bedingungen (1) bis (5) sind erfüllt. Man erhält das folgende diabolische Quadrat, wenn man die Platzkoordinaten von links unten aus zählt:

4	7	15	18	21
20	23	1	9	12
6	14	17	25	3
22	5	8	11	19
13	16	24	2	10

47. a) Mit $c, d, e, f \in \{1, 5\}$ gilt stets $2 \mid cf - de$, also $\mathrm{ggT}(cf - de, 6) \neq 1$.

b) Weil c, d, e, f ungerade sein müssen, sind $c \pm d$, $e \pm f$ gerade, also nicht teilerfremd zu n.

c) Für $c, d, e, f \in \{1, 2, 4, 5, 7, 8\}$ läßt sich Bedingung (1) z.B. mit $c = 1$, $d = 2$, $e = 1$, $f = 4$ realisieren. Bedingungen (4), (5) sind nicht erfüllbar, denn für je zwei zu 3 teilerfremde Zahlen ist entweder ihre Summe oder ihre Differenz durch 3 teilbar.

d) Für $n = 7$ kann man $\begin{pmatrix} 0 & 2 & 3 \\ 0 & 1 & 1 \end{pmatrix}$ wählen und erhält:

19	25	31	37	43	7	13
30	36	49	6	12	18	24
48	5	11	17	23	29	42
10	16	22	35	41	47	4
28	34	40	46	3	9	15
39	45	2	8	21	27	33
1	14	20	26	32	38	44

e) Man wähle $c, d, e, f \in \{1, 2, 3, 4, 5, 6, 7, 8, 9, 1\}$, wobei $c \pm d$, $e \pm f$, und $cf - de$ nicht durch 11 teilbar sind, also z.B. die Werte $c = e = 1$, $d = 2$ und $f = 3, 4, 5, 6, 7, 8, 9, 10$ oder $c = e = 1$, $d = 3$ und $f = 2, 4, 5, 6, 7, 8, 9, 10$ usw.

48. Zum Modul p gilt

$$((p-1)!)^{p-1} \equiv (1!2!3! \ldots (p-1)!)((p-2)!(p-3)! \ldots 1!)(-1)^{\frac{(p-1)(p-2)}{2}},$$

also

$$(1!2!3!\ldots(p-1)!)^2 \equiv (-1)^{\frac{p-1}{2}}((p-1)!)^p \equiv -(-1)^{\frac{p-1}{2}} \equiv (-1)^{\frac{p+1}{2}}.$$

49. 1) Ist $4((n-1)!+1)+n \equiv 0 \bmod n(n+2)$, dann ist $n \ne 2$ und $n \ne 4$ sowie $(n-1)!+1 \equiv 0 \bmod n$, nach dem Satz von WILSON ist also n eine Primzahl. Ferner gilt $4(n-1)!+2 \equiv 0 \bmod n+2$. Multiplikation mit $n(n+1)$ ergibt

$$4((n+1)!+1) + 2n^2 + 2n - 4 \equiv 4((n+1)!+1) \equiv 0 \bmod m+2.$$

Also ist nach dem Satz von WILSON auch $n+2$ eine Primzahl.

2) Sind n und $n+2$ Primzahlen, dann ist $n \ne 2$, und es gilt

$$(n-1)!+1 \equiv 0 \bmod n \quad \text{und} \quad (n+1)!+1 \equiv 0 \bmod n+2.$$

Wegen $n(n+1) \equiv 2 \bmod n+2$ ist $2(n-1)!+1 \equiv 0 \bmod n+2$, woraus

$$4((n-1)!+1) + n \equiv 2(2(n-1)!+1) + (n+2) \equiv 0 \bmod n+2$$

folgt. Wegen $(n-1)!+1 \equiv 0 \bmod n$ gilt auch $4((n-1)!+1)+n \equiv 0 \bmod n$, so daß sich $4((n-1)!+1)+n \equiv 0 \bmod n(n+2)$ ergibt.

50. Ist n zusammengesetzt, so ist nach dem Satz von WILSON $\varrho(n) = 0$. Ist $n = p$ eine Primzahl ≥ 3, so folgt aus $(p-1)!+1 \equiv 0 \bmod p$ (Satz von WILSON) und $(p-1)! - \varrho(p) \equiv 0 \bmod p$, daß $\varrho(p) \equiv -1 \bmod p$. Ferner gilt $(p-1)! \equiv 0 \bmod \frac{p-1}{2}$, also $\varrho(p) \equiv 0 \bmod \frac{p-1}{2}$. Das Kongruenzensystem

$$x \equiv -1 \bmod p \quad \text{und} \quad x \equiv 0 \bmod \frac{p-1}{2}$$

ist nach dem Chinesischen Restsatz eindeutig mod $\frac{p(p-1)}{2}$ lösbar. Weil

$$p - 1 \bmod \frac{p(p-1)}{2}$$

eine Lösung ist, gilt $\varrho(p) = p - 1$ bzw. $p = \varrho(p) + 1$.

51. Beweis durch vollständige Induktion: 1) Es sei $p \nmid n+1$. Dann ist

$$r_p(n+1) = (a_0+1)r_p(n) \equiv (n+1)r_p(n) \bmod p$$

und

$$\frac{(n+1)!}{p^{e_p((n+1)!)}} \equiv (n+1)\frac{n!}{p^{e_p(n!)}} \equiv (n+1)r_p(n) \bmod p.$$

2) Es sei $p \mid n+1$ und $n = a_k p^k + \ldots + a_t p^t$ mit $k \ge t \ge 0$ und $a_t \ne 0$. Dann ist

$$r_p(n+1) = \frac{a_t}{((p-1)!)^t} r_p(n) \equiv (-1)^t a_t r_p(n) \bmod p$$

und

$$\frac{(n+1)!}{p^{e_p((n+1)!)}} \equiv \frac{n+1}{p^t} \cdot \frac{n!}{p^{e_p(n!)}} \equiv a_t r_p(n) \bmod p.$$

52. a) $(m-1)\varphi(m)$

b) Bestimme a' aus $aa' \equiv 1 \bmod m$ und berechne $N \equiv a'(C-b) \bmod m$.

c) Aus $5a + b \equiv 12 \bmod 50$ und $14a + b \equiv 31 \bmod 50$ folgt $9a \equiv 19 \bmod 50$ und daraus $a = 41$. Es folgt dann $b = 7$.

53. $(1.\text{Februar})_t \equiv (1.\text{März})_t + 2 + 365 \equiv (1.\text{März})_t + 48 \cdot 7 + 31 \bmod 7$
$\frac{31}{12} = [2,1,1,2,2] \approx [2,1,1,2] = \frac{13}{5}; \quad r_m \equiv \left[\frac{13}{5}m + \frac{a}{5}\right] \equiv \left[\frac{13m+a}{5}\right] \bmod 7$
$r_1 = 2 \Rightarrow -3 \le a \le 1; \ldots; r_5 = 5 \Rightarrow a = -1.$

54. Man beachte im folgenden die Beziehung

$$r\binom{m}{r} = m\binom{m-1}{r-1} \quad \text{für} \quad m, r \in \mathbb{N}.$$

1.Fall: $a_0, b_0 \neq 0$. Ist

$$\binom{m-1}{r-1} \equiv \binom{a_0 - 1}{b_0 - 1}\binom{a_1}{b_1}\binom{a_2}{b_2} \cdot \ldots \bmod p$$

(Induktionsvoraussetzung), dann folgt $\bmod p$

$$r\binom{m}{r} \equiv b_0\binom{m}{r} \equiv m\binom{m-1}{r-1} \equiv a_0\binom{a_0-1}{b_0-1}\binom{a_1}{b_1} \cdot \ldots \equiv b_0\binom{a_0}{b_0}\binom{a_1}{b_1} \cdot \ldots;$$

kürzt man b_0 ($\not\equiv 0 \bmod p$) heraus, dann ergibt sich die Behauptung.

2.Fall: $a_0 = 0$, $b_0 \neq 0$. Es ist einerseits $\binom{a_0}{b_0} = 0$ und andererseits $\binom{m}{r} \equiv 0 \bmod p$ (wegen $m \equiv 0 \bmod p$ und der eingangs angegebenen Identität).

3.Fall: $a_0 = b_0 = 0$. Es sei $m = pn$, $r = ps$. Es gilt $m! = (pn)! = p^n n! A_n$ mit $A_n \equiv ((p-1)!)^n \equiv (-1)^n \bmod p$. Daraus folgt

$$\binom{m}{r} = \frac{m!}{r!(m-r)!} = \frac{(pn)!}{(ps)!(p(n-s))!} = \frac{p^n n! A_n}{p^s s! A_s p^{n-s}(n-s)! A_{n-s}} = \binom{n}{s}\frac{A_n}{A_s A_{n-s}}$$

und daraus $\binom{m}{r} \equiv \binom{n}{s} \bmod p$. Die Behauptung folgt nun per Induktion.

4.Fall: $a_0 \neq 0$, $b_0 = 0$. Es gilt

$$(m-r)(m-r-1)\ldots(m-r-a_0+1)\binom{m}{r} = m(m-1)\ldots(m-a_0+1)\binom{m-a_0}{r};$$

wegen $r \equiv 0 \bmod p$ und $m(m-1)\ldots(m-a_0+1) \not\equiv 0 \bmod p$ sowie $\binom{a_0}{b_0} = 1$ folgt die Behauptung aus dem 3.Fall. Damit ist der Satz von LUCAS bewiesen. Die weitere Behauptung folgt aus $\binom{a_i}{x} \not\equiv 0 \bmod p$ für alle x mit $0 \le x \le a_i$.

55. a) Für $F_k = 2^{2^k} + 1$ gilt $2^{2^k} \equiv -1 \bmod F_k$, wegen $2^k \mid F_k - 1$ und $2 \mid \frac{F_k - 1}{2^k}$ also auch $2^{F_k - 1} \equiv 1 \bmod F_k$.

b) Wegen $2^p \equiv 2 \bmod p$ ist $k := \frac{2^p - 2}{p} \in \mathbb{N}$; also folgt aus $2^p \equiv 1 \bmod M_p$ sofort $2^{2^p - 2} \equiv 1 \bmod M_p$.

IV Kongruenzen und diophantische Gleichungen

IV.1 Lineare diophantische Gleichungen und Kongruenzen

In vielen Gebieten der Mathematik stößt man auf Aufgaben, in denen nach *ganzzahligen* Lösungen von Gleichungen oder Gleichungssystemen gesucht wird, wofür wir einige Beispiele nennen wollen.

In einem mittelalterlichen Text (vermutlich von ALCUIN von York (735 – 804), dem Lehrer Karls des Großen) findet man folgende Aufgabe: „Hundert Maß Korn werden unter hundert Leute so verteilt, daß jeder Mann drei Maß, jede Frau zwei Maß und jedes Kind ein halbes Maß erhält. Wie viele Männer, Frauen und Kinder sind es ?" Man muß also das Gleichungssystem

$$\begin{array}{rcrcrcl} x & + & y & + & z & = & 100 \\ 3x & + & 2y & + & \tfrac{1}{2}z & = & 100 \end{array}$$

mit natürlichen Zahlen lösen. (Es gibt 6 verschiedene Lösungen.)

Möchte man in der chemischen Reaktionsgleichung

$$w C_2H_6O + x O_2 \longrightarrow y C_2H_4O_2 + z H_2O$$

die Koeffizienten w, x, y, z bestimmen, dann muß man eine Lösung des Gleichungssystems

$$\begin{array}{rcrcrcrcl} 2w & & & - & 2y & & & = & 0 \\ 6w & & & - & 4y & - & 2z & = & 0 \\ w & + & 2x & - & 2y & - & z & = & 0 \end{array}$$

mit *natürlichen* (teilerfremden) Zahlen finden.

Möchte man einen Vektor aus $\mathbb{R}^3$ mit ganzzahligen Koordinaten x, y, z und ganzzahligem Betrag konstruieren, dann sucht man eine ganzzahlige Lösung (x, y, z, w) der Gleichung

$$x^2 + y^2 + z^2 = w^2.$$

Um die Einheiten im Ring G_7 der Zahlen $x + y\sqrt{7}$ $(x, y \in \mathbb{Z})$ zu bestimmen, muß man die ganzzahligen Lösungen der Gleichungen $x^2 - 7y^2 = \pm 1$ berechnen (vgl. II.5).

Eine Gleichung über der Grundmenge $\mathbb{Z}$ oder $\mathbb{Z} \times \mathbb{Z}$ oder allgemein $\mathbb{Z}^i$, also eine Gleichung, für welche man ganzzahlige Lösungen sucht, heißt eine *diophantische Gleichung*. Diese sind so benannt nach DIOPHANTOS von Alexandria, obwohl dessen Interesse in diesem Zusammenhang nur den rationalen Lösungen quadratischer Gleichungen galt. Allerdings läßt sich die Frage nach ganzzahligen Lösungen einer Gleichung oft sehr einfach auf die Frage nach rationalen Lösungen einer geeigneten anderen Gleichung zurückführen. Im dritten der obigen Beispiele könnte man mit

$$\xi = \frac{x}{w}, \quad \eta = \frac{y}{w}, \quad \zeta = \frac{z}{w}$$

auch nach den rationalen Punkten auf der Einheitskugel

$$\xi^2 + \eta^2 + \zeta^2 = 1$$

fragen.

Diophantische Gleichungen werden ausführlich u.a. in [Dickson 1939], [Carmichael 1915], [Nagell 1964], [Mordell 1969], [Niven/Zuckerman 1980], [Sierpinski 1988] behandelt.

Zunächst beschäftigen wir uns mit *linearen* diophantischen Gleichungen.

Satz 1: Die lineare diophantische Gleichung

$$ax + by = c \qquad (a, b, c \in \mathbb{Z})$$

ist genau dann lösbar, wenn $\mathrm{ggT}(a, b) | c$. Ist in diesem Fall (x_0, y_0) eine spezielle Lösung, dann ist

$$\left\{ \left(x_0 + t \cdot \frac{b}{d}, \ y_0 - t \cdot \frac{a}{d} \right) \mid t \in \mathbb{Z} \right\} \quad \text{mit} \quad d = \mathrm{ggT}(a, b)$$

die Menge aller Lösungen.

Beweis: Es sei $d = \mathrm{ggT}(a, b)$. Existiert eine Lösung (x_0, y_0), dann gilt $d | c$, denn $d | (ax_0 + by_0)$. Ist umgekehrt $d | c$ und $d = au + bv$ $(u, v \in \mathbb{Z})$ eine Vielfachensummendarstellung von d, dann ist

$$c = a \cdot \frac{uc}{d} + b \cdot \frac{vc}{d},$$

die diophantische Gleichung hat also eine Lösung. Offensichtlich ist mit (x_0, y_0) auch

$$\left(x_0 + t \cdot \frac{b}{d}, \ y_0 - t \cdot \frac{a}{d} \right)$$

für jedes $t \in \mathbb{Z}$ eine Lösung. *Jede* Lösung hat auch diese Form; denn die homogene Gleichung $ax + by = 0$ ist äquivalent zu $\frac{a}{d}x + \frac{b}{d}y = 0$, wegen $\text{ggT}(\frac{a}{d}, \frac{b}{d}) = 1$ gilt für eine Lösung (x, y) dieser Gleichung also $\frac{a}{d}|y$ bzw. $\frac{b}{d}|x$. $\qquad$ □

Beispiel 1: Die diophantische Gleichung $122x + 74y = 112$ ist lösbar, denn $\text{ggT}(122, 74) = 2$ und $2|112$. Kürzen durch 2 ergibt

$$61x + 37y = 56.$$

Zur Bestimmung einer speziellen Lösung beschaffen wir uns zunächst mit Hilfe des euklidischen Algorithmus eine Lösung von $61u + 37v = 1$ und multiplizieren diese dann mit 56:

$$
\begin{aligned}
61 &= 1 \cdot 37 \;+\; 24 & 1 &= 11 - 5 \cdot 2 \\
37 &= 1 \cdot 24 \;+\; 13 & &= (-5) \cdot 13 + 6 \cdot 11 \\
24 &= 1 \cdot 13 \;+\; 11 & &= 6 \cdot 24 + (-11) \cdot 13 \\
13 &= 1 \cdot 11 \;+\; 2 & &= (-11) \cdot 37 + 17 \cdot 24 \\
11 &= 5 \cdot 2 \;+\; 1 & &= 17 \cdot 61 + (-28) \cdot 37 \\
2 &= 2 \cdot 1
\end{aligned}
$$

Es ergibt sich $x_0 = 17 \cdot 56 = 952$, $y_0 = -28 \cdot 56 = -1568$. Die allgemeine Lösung ist dann $x = x_0 - 37t$, $y = y_0 + 61t$ ($t \in \mathbb{Z}$). Für $t = 25$ ergibt sich die Lösung $x_1 = 27$, $y_1 = -43$; für $t = 26$ erhält man $x_2 = -10$, $y_2 = 18$. Der euklidische Algorithmus liefert keineswegs eine Lösung mit möglichst kleinen Beträgen, wie dieses Beispiel zeigt.

Das Lösungsverfahren einer linearen diophantischen Gleichung $ax + by = 1$ läßt sich auch mit Kettenbrüchen (vgl. I.8) beschreiben, wie wir am Beispiel $61x + 37y = 1$ zeigen wollen: Es gilt $\frac{61}{37} = [1, 1, 1, 1, 5, 2]$ und $[1, 1, 1, 1, 5] = \frac{28}{17}$, also ist $61 \cdot 17 - 37 \cdot 28 = (-1)^6 = 1$ (vgl. I.8 Satz 19).

Wir wollen die diophantische Gleichung aus Beispiel 1 nun mit einer anderen Methode lösen, welche auf EULER zurückgeht: Wir lösen die Gleichung nach der Variablen mit dem betragskleinsten Koeffizient auf:

$$y = \frac{-61x + 56}{37} = -x + \frac{-24x + 56}{37}.$$

Wir setzen $t = \frac{-24x+56}{37}$ und lösen nun $24x + 37t = 56$:

$$x = \frac{-37t + 56}{24} = -t + \frac{-13t + 56}{24}.$$

Wir setzen $u = \frac{-13t+56}{24}$ und lösen dann $13t + 24u = 56$:

$$t = \frac{-24u + 56}{13} = -2u + \frac{2u + 56}{13}.$$

Mit $v = \frac{2u+56}{13}$ ergibt sich dann $-2u + 13v = 56$ und daraus

$$u = \frac{13v - 56}{2} = 6v + \frac{v - 56}{2}.$$

Die Gleichung $w = \frac{v-56}{2}$ bzw. $v - 2w = 56$ hat z.B. die Lösung $v_0 = 0, w_0 = -28$. Aus $v_0 = 0$ ergibt sich der Reihe nach $u_0 = -28$, $t_0 = 56$, $x_0 = -84$. Daraus erhält man dann $y_0 = 140$. Auch bei diesem Verfahren ergibt sich in der Regel keine Lösung mit möglichst kleinen Beträgen.

Bemerkung: Die allgemeine lineare diophantische Gleichung

$$a_1 x_1 + a_2 x_2 + \cdots + a_n x_n = a$$

ist genau dann lösbar, wenn $\operatorname{ggT}(a_1, a_2, \ldots, a_n) | a$; dies beweist man ähnlich wie die speziellere Aussage in Satz 1. Es ist hier jedoch etwas mühsamer, die Lösungsmenge anzugeben, was wir an einem Beispiel zeigen wollen.

Beispiel 2: Die diophantische Gleichung

$$33x_1 + 6x_2 + 12x_3 - 15x_4 = 21$$

ist lösbar, denn 21 ist durch $\operatorname{ggT}(33,6,12,15) = 3$ teilbar. Kürzt man mit 3, dann erhält man die äquivalente Gleichung

$$11x_1 + 2x_2 + 4x_3 - 5x_4 = 7.$$

Wir benutzen das EULERsche Verfahren aus Beispiel 1:

$$x_2 = \frac{1}{2}(-11x_1 - 4x_3 + 5x_4 + 7) = -6x_1 - 2x_3 + 2x_4 + \frac{1}{2}(x_1 + x_4 + 7).$$

Wir setzen $y = \frac{1}{2}(x_1 + x_4 + 7)$, also $2y - x_1 - x_4 = 7$ und erhalten

$$x_1 = 2y - x_4 - 7.$$

Daraus folgt

$$x_2 = -6(2y - x_4 - 7) - 2x_3 + 2x_4 + y = -11y - 2x_3 + 8x_4 + 42.$$

Die Lösungsmenge der diophantischen Gleichung ist

$$\{(2r - t - 7, \; -11r - 2s + 8t + 42, \; s, \; t) \mid r, s, t \in \mathbb{Z}\}$$

oder übersichtlicher geschrieben

$$\left\{ \begin{pmatrix} -7 \\ 42 \\ 0 \\ 0 \end{pmatrix} + r \begin{pmatrix} 2 \\ -11 \\ 0 \\ 0 \end{pmatrix} + s \begin{pmatrix} 0 \\ -2 \\ 1 \\ 0 \end{pmatrix} + t \begin{pmatrix} -1 \\ 8 \\ 0 \\ 1 \end{pmatrix} \;\middle|\; r, s, t \in \mathbb{Z} \right\}.$$

Die diophantische Gleichung $ax + by = c$ ist genau dann lösbar, wenn die Kongruenz $ax \equiv c \bmod b$ lösbar ist, und dies ist genau dann der Fall, wenn die Kongruenz $by \equiv c \bmod a$ lösbar ist. Das Problem, eine diophantische Gleichung zu lösen, ist also eng verbunden mit dem Problem, eine Kongruenz (genauer „Bestimmungskongruenz") zu lösen. Eine Lösung einer Kongruenz mit *einer* Variablen ist eine Restklasse zum betrachteten Modul.

Satz 2: Die lineare Kongruenz

$$ax \equiv b \bmod m$$

ist genau dann lösbar, wenn $\operatorname{ggT}(a,m)|b$ gilt. Die Anzahl der Lösungen ist $\operatorname{ggT}(a,m)$.

Beweis: Das Lösbarkeitskriterium ergibt sich sofort aus dem entsprechenden Kriterium in Satz 1. Ist $d = \operatorname{ggT}(a,m)$ und $d|b$, dann gilt für ein $x \in \mathbb{Z}$ genau dann $ax \equiv b \bmod m$, wenn

$$\frac{a}{d} \cdot x \equiv \frac{b}{d} \bmod \frac{m}{d}.$$

Wegen $\operatorname{ggT}(\frac{a}{d}, \frac{m}{d}) = 1$ ist diese Kongruenz *eindeutig* lösbar, d.h., es gibt genau eine Restklasse $x_0 \bmod \frac{m}{d}$, welche diese Kongruenz löst. Diese Restklasse zerfällt in genau d Restklassen $\bmod\, m$, welche die ursprünglich gegebene Kongruenz lösen, nämlich $(x_0 + i \cdot \frac{m}{d}) \bmod m$ für $i = 0, 1, \cdots, d-1$. $\square$

Gemäß Satz 2 reduziert sich das Problem, die Kongruenz $ax \equiv b \bmod m$ zu lösen, auf den Fall $\operatorname{ggT}(a,m) = 1$. Mit Hilfe des Satzes von EULER-FERMAT kann man die Lösung sofort „formal" angeben: Wegen $a^{\varphi(m)} \equiv 1 \bmod m$ erhält man durch Multiplikation der Kongruenz mit $a^{\varphi(m)-1}$

$$x \equiv a^{\varphi(m)-1}b \bmod m.$$

Ist dabei der Modul m sehr groß, dann kann das Berechnen der Potenzen a^i modulo m sehr mühsam werden. In solchen Fällen ist folgendes Verfahren nützlich: Man zerlege m in paarweise teilerfremde Faktoren (etwa in die in m aufgehenden Primzahlpotenzen)

$$m = m_1 \cdot m_2 \cdot \ldots \cdot m_k$$

und betrachte die k Kongruenzen

$$ax \equiv b \bmod m_i \qquad (i = 1, 2, ..., k),$$

welche sich aus der Kongruenz $ax \equiv b \bmod m$ ergeben. Gilt $\operatorname{ggT}(a,m) = 1$, dann gilt auch $\operatorname{ggT}(a,m_i) = 1$ $(i = 1, 2, ..., k)$, diese k Kongruenzen sind also eindeutig lösbar:

$$x \equiv c_i \bmod m_i \qquad (i = 1, 2, ..., k).$$

Nun muß man ein Verfahren finden, aus diesen Lösungen die gesuchte Lösung von $ax \equiv b \bmod m$ zu ermitteln. Daß eine solche existiert, garantiert der folgende Satz, der den Namen *Chinesischer Restsatz* trägt. In seinem Beweis wird gleichzeitig ein Verfahren zur Konstruktion der Lösung angegeben, welches aber i.allg. nicht sehr gut zu handhaben ist. Im anschließenden Beispiel wird ein günstigeres Verfahren benutzt.

Satz 3: Sind $m_1, m_2, ..., m_k$ paarweise teilerfremde natürliche Zahlen und $c_1, c_2, ..., c_k$ ganze Zahlen, dann existiert genau eine Restklasse $[x]$ zum Modul $m = m_1 \cdot m_2 \cdot ... \cdot m_k$, für welche gilt:

$$x \equiv c_i \bmod m_i \quad (i = 1, 2, ..., k).$$

Beweis: Es sei $M_i = \frac{m}{m_i}$ und $N_i M_i \equiv 1 \bmod m_i$, wobei die Existenz von N_i mod m_i wegen $\mathrm{ggT}(M_i, m_i) = 1$ gesichert ist. Für die ganze Zahl

$$x = c_1 N_1 M_1 + c_2 N_2 M_2 + ... + c_k N_k M_k$$

gilt dann $x \equiv c_i \bmod m_i$, weil $M_j \equiv 0 \bmod m_i$ für $j \neq i$ $(i = 1, 2, ..., k)$. Ist y eine weitere Zahl mit $y \equiv c_i \bmod m_i$ für $i = 1, 2, ..., k$, dann ist $x \equiv y \bmod m_i$ für $i = 1, 2, ..., k$ und damit $x \equiv y \bmod m$. $\quad \square$

Beispiel 3: Es soll die Kongruenz $1193x \equiv 367 \bmod 31500$ gelöst werden; wegen $\mathrm{ggT}(1193{,}31500) = 1$ ist sie eindeutig lösbar. Wegen

$$31500 = 4 \cdot 7 \cdot 9 \cdot 125$$

betrachten wir das Kongruenzensystem

$1193x \equiv 367 \bmod 4$	$x \equiv 3 \bmod 4$	$x \equiv 3 \bmod 4$
$1193x \equiv 367 \bmod 7$	$3x \equiv 3 \bmod 7$	$x \equiv 1 \bmod 7$
$1193x \equiv 367 \bmod 9$	$5x \equiv 7 \bmod 9$	$x \equiv 5 \bmod 9$
$1193x \equiv 367 \bmod 125$	$68x \equiv 117 \bmod 125$	$x = 44 \bmod 125$

(mit "bzw." zwischen den Spalten)

Etwas Mühe bereitet dabei nur die Lösung der vierten Kongruenz, welche man zunächst in $68x \equiv -8 \bmod 125$ und dann in $17x \equiv -2 \bmod 125$ umformt. Aus $25 \mid (17x + 2)$ kann man auf $25 \mid (-8x + 2)$ und daraus auf $25 \mid (4x - 1)$ schließen. Die Kongruenz $4x \equiv 1 \bmod 25$ hat die Lösung $x \equiv 19 \bmod 25$. Für x kommen also die Zahlen 19,44,69,94,119 in Frage; mit 44 hat man Glück.

   Nun berechnen wir die nach Satz 3 eindeutig bestimmte Lösung des zuletzt hingeschriebenen Kongruenzensystems. Aus der ersten Kongruenz folgt $x = 3 + 4t$ mit $t \in \mathbb{Z}$. Eingesetzt in die zweite Kongruenz ergibt dies $4t \equiv 5 \bmod 7$ bzw. $t \equiv 3 \bmod 7$. Mit $t = 3 + 7u$ ist $x = 15 + 28u$ $(u \in \mathbb{Z})$. Eingesetzt in die dritte Kongruenz ergibt dies $u \equiv 8 \bmod 9$, mit $u = 8 + 9v$ ist also $x = 239 + 252v$ $(v \in \mathbb{Z})$. Damit folgt aus der vierten Kongruenz $2v \equiv 55 \bmod 125$, also $v \equiv 90 \bmod 125$. Mit $v = 90 + 125w$ $(w \in \mathbb{Z})$ ist dann $x = 22919 + 31500w$. Wir erhalten also das Resultat:

$$1193x \equiv 367 \bmod 31500 \quad \text{hat die Lösung} \quad x \equiv 22919 \bmod 31500.$$

   Der Chinesische Restsatz tritt in vielen Mathematikbüchern vergangener Epochen auf; der Name dieses Satzes rührt daher, daß im *Handbuch der Arithmetik* (Suan-ching) des Chinesen SUN-TSU (oder SUN-TSE), der vor etwa 2000

Jahren lebte, folgende Aufgabe steht: „Es soll eine Anzahl von Dingen gezählt werden. Zählt man sie zu je drei, dann bleiben zwei übrig. Zählt man sie zu je fünf, dann bleiben drei übrig. Zählt man sie zu je sieben, dann bleiben zwei übrig. Wie viele sind es ?" Hier muß also das System

$$x \equiv 2 \bmod 3$$
$$x \equiv 3 \bmod 5$$
$$x \equiv 2 \bmod 7$$

gelöst werden; die Lösung ist 23 mod 105, die kleinste positive Lösung ist also 23. Um 100 n. Chr. gab der griechische Neuplatoniker und Mathematiker NI-KOMACHUS von Gerasa dasselbe Beispiel an. Auch BRAHMAGUPTA behandelte in einem im Jahr 628 n. Chr. verfaßten Lehrbuch der Astronomie und Mathematik den Chinesischen Restsatz. Auf ihn geht die Aufgabe zurück, eine Zahl zu bestimmen, die bei Division durch 3,4,5 und 6 die Reste 2,3,4 bzw. 5 läßt. Dies bedeutet, das System

$$x \equiv -1 \bmod 3$$
$$x \equiv -1 \bmod 4$$
$$x \equiv -1 \bmod 5$$
$$x \equiv -1 \bmod 6$$

zu lösen. Man beachte, daß hier die Moduln nicht teilerfremd sind. Die Lösung ist

$$x \equiv -1 \bmod \mathrm{kgV}(3,4,5,6),$$

die kleinste positive Zahl darin ist 59. Selbstverständlich enthält auch FIBO-NACCIs *Liber abbaci* Beispiele zum Chinesischen Restsatz. Dort wird z. B. nach einer Zahl gefragt, die bei Division durch 2,3,4,5,6 jeweils den Rest 1 läßt und durch 7 teilbar ist. Dies gilt für alle x mit $x \equiv 301 \bmod 420$, die kleinste positive Lösung des Problems ist also 301.

Den im Beweis des Chinesischen Restsatzes verwendeten Gedankengang kann man zur *Multiplikation großer Zahlen* ausnutzen. Um das Produkt der Zahlen x, y zu berechnen, wähle man $m > xy$, zerlege m in paarweise teilerfremde Faktoren $m_1, m_2, ..., m_k$ und bestimme zu den teilerfremden Zahlen $M_i = \frac{m}{m_i}$ ganze Zahlen e_i $(i = 1, 2, ..., k)$ mit

$$1 = e_1 M_1 + e_2 M_2 + \ldots + e_k M_k.$$

Es sei nun $x \equiv x_i \bmod m_i$, $y \equiv y_i \bmod m_i$ mit $0 \le x_i, y_i < m$ und $x_i y_i \equiv z_i \bmod m_i$ mit $0 \le z_i < m$ $(i = 1, 2, ..., k)$. Dann ist

$$xy \equiv e_1 M_1 z_1 + e_2 M_2 z_2 + \ldots + e_k M_k z_k \bmod m.$$

Ist dann

$$e_1 M_1 z_1 + e_2 M_2 z_2 + \ldots + e_k M_k z_k \equiv z \bmod m \quad \text{und} \quad 0 < z < m,$$

dann ist $xy = z$. Dieses Verfahren eignet sich bei Rechnungen mit einem Computer, wenn die Teilmoduln m_i „computergerecht" gewählt werden, etwa wenn m_i um 1 kleiner als eine Zweierpotenz ist.

Beispiel 4: Wir betrachten ein Zahlenbeispiel, welches zwar das Prinzip dieser Multiplikation demonstriert, aber aufgrund der geringen Stellenzahl der Faktoren nicht den Vorteil dieses Verfahrens zeigt. Wir wählen zwei Zahlen, deren Produkt kleiner als $m = 990 = 9 \cdot 10 \cdot 11$ ist. Zunächst bestimmen wir $e_i M_i$ $(i = 1, 2, 3)$:

$$1 = (-4) \cdot 110 + 9 \cdot 99 + (-5) \cdot 90 = (-440) + 891 + (-450)$$

Nun wollen wir das Produkt $23 \cdot 41$ (< 990) berechnen. Es ist

$$23 \cdot 41 \equiv 5 \cdot 5 \equiv 7 \bmod 9;$$
$$23 \cdot 41 \equiv 3 \cdot 1 \equiv 3 \bmod 10;$$
$$23 \cdot 41 \equiv 1 \cdot 8 \equiv 8 \bmod 11.$$

Also gilt

$$23 \cdot 41 \equiv (-440) \cdot 7 + 891 \cdot 3 + (-450) \cdot 8 \equiv -4007 \equiv 943 \bmod 990$$

und daher $23 \cdot 41 = 943$.

IV.2 Quadratische diophantische Gleichungen und Kongruenzen

In IV.1 Satz 1 haben wir die Linearform $ax + by$ $(a, b \in \mathbb{Z})$ untersucht, insbesondere haben wir nach ganzzahligen Lösungen (x, y) der Gleichung $ax + by = c$ für ein $c \in \mathbb{Z}$ gefragt. Nun wollen wir *quadratische Formen* in zwei Variablen untersuchen, also etwa $ax^2 + by^2$ $(a, b \in \mathbb{Z})$ oder etwas allgemeiner $ax^2 + bxy + cy^2$ $(a, b, c \in \mathbb{Z})$. Solchen sind wir schon in II.4 begegnet: Sucht man in G_d alle ganzen Zahlen $x + y\sqrt{d}$ mit $d \equiv 2$ oder $d \equiv 3 \bmod 4$, welche die Norm n haben, dann muß man die diophantische Gleichung $x^2 - dy^2 = n$ lösen. Sucht man alle ganzen Zahlen $x + y \cdot \frac{1+\sqrt{d}}{2}$ mit $d \equiv 1 \bmod 4$, welche die Norm n haben, dann muß man die diophantische Gleichung $x^2 + xy + \frac{1-d}{4} \cdot y^2 = n$ lösen. (Vgl. hierzu auch IV.8.)

Ist die Gleichung

$$ax^2 + by^2 = k$$

für ein $k \in \mathbb{Z}$ lösbar, dann sind auch die quadratischen Kongruenzen

$$ax^2 \equiv k \bmod b \quad \text{und} \quad by^2 \equiv k \bmod a$$

lösbar. Dabei kann man $\mathrm{ggT}(a, b) | k$ voraussetzen, da es andernfalls sicher keine Lösungen gibt. Nach Division durch $\mathrm{ggT}(a, b)$ kann man dann $\mathrm{ggT}(a, b) = 1$

annehmen. Beispielsweise ist die diophantische Gleichung $x^2 - 7y^2 = -1$ nicht lösbar, denn die Kongruenz $x^2 \equiv -1 \bmod 7$ ist nicht lösbar; als Rest einer Quadratzahl mod 7 können nämlich nur 0,1,2,4 auftreten.

Die quadratische Kongruenz $ax^2 \equiv k \bmod m$ mit $\mathrm{ggT}(a, m) = 1$ kann man durch Multiplikation mit $\frac{1}{a} \bmod m$ auf die Form $x^2 \equiv r \bmod m$ bringen, so daß sich die Frage ergibt, welche m-Restklassen $[r]$ als Quadrat zu schreiben sind. Denn obige Kongruenz entspricht der Gleichung

$$[x]^2 = [r].$$

Mit dieser Frage beschäftigen wir uns im nächsten Abschnitt.

Auch bei einer quadratischen Kongruenz zerlegt man den Modul zunächst in paarweise teilerfremde Faktoren (in der Regel Primzahlpotenzen), bestimmt die Lösungen der entsprechenden Kongruenzen nach diesen Teilern des Moduls und wendet dann wieder den Chinesischen Restsatz an (IV.1 Satz 3).

Beispiel 1: Es soll die quadratische Kongruenz

$$2x^2 + 25x + 12 \equiv 0 \bmod 35$$

gelöst werden. Man zerlegt diese in eine Kongruenz mod 5 und eine solche mod 7:

$$2x^2 + 2 \equiv 0 \bmod 5 \qquad \text{und} \qquad 2x^2 + 4x + 5 \equiv 0 \bmod 7.$$

Wegen $3 \cdot 2 \equiv 1 \bmod 5$ und $4 \cdot 2 \equiv 1 \bmod 7$ sind diese Kongruenzen gleichwertig mit

$$x^2 + 1 \equiv 0 \bmod 5 \qquad \text{und} \qquad x^2 + 2x + 6 \equiv 0 \bmod 7$$

bzw.

$$x^2 \equiv 4 \bmod 5 \qquad \text{und} \qquad (x + 1)^2 \equiv 2 \bmod 7.$$

Beide Kongruenzen sind lösbar (man beachte $3^2 \equiv 2 \bmod 7$):

$$x \equiv \pm 2 \bmod 5 \qquad \text{und} \qquad x \equiv -1 \pm 3 \bmod 7.$$

$$\begin{cases} x \equiv +2 \bmod 5 \\ x \equiv +2 \bmod 7 \end{cases} \quad \text{hat die Lösung} \quad x \equiv 2 \bmod 35;$$

$$\begin{cases} x \equiv -2 \bmod 5 \\ x \equiv +2 \bmod 7 \end{cases} \quad \text{hat die Lösung} \quad x \equiv 23 \bmod 35;$$

$$\begin{cases} x \equiv +2 \bmod 5 \\ x \equiv -4 \bmod 7 \end{cases} \quad \text{hat die Lösung} \quad x \equiv 17 \bmod 35;$$

$$\begin{cases} x \equiv -2 \bmod 5 \\ x \equiv -4 \bmod 7 \end{cases} \quad \text{hat die Lösung} \quad x \equiv 3 \bmod 35.$$

Die gegebene quadratische Kongruenz besitzt also vier Lösungen.

Beispiel 2: Um festzustellen, für welche von $0 \bmod 13$ verschiedenen Restklassen $a \bmod 13$ die Kongruenz

$$x^2 \equiv a \bmod 13$$

lösbar ist, berechnen wir $i^2 \bmod 13$ für $i = 1, 2, \ldots, 12$:

i	1	2	3	4	5	6	7	8	9	10	11	12
$i^2 \bmod 13$	1	4	9	3	12	10	10	12	3	9	4	1

Nur für $a \equiv 1, 3, 4, 9, 10, 12$ ist obige Kongruenz lösbar. Sie besitzt dann jeweils zwei verschiedene Lösungen, denn $x^2 \equiv i^2 \bmod 13$ ist äquivalent mit $x \equiv i \bmod 13$ oder $x \equiv -i \bmod 13$, und es gilt $i \not\equiv -i \bmod 13$ für $i \not\equiv 0 \bmod 13$. Die Restklassen $a \bmod 13$, für welche $x^2 \equiv a \bmod 13$ lösbar ist, findet man auch mit Hilfe einer primitiven Restklasse $\bmod 13$. Eine solche ist $[2]$, also sind

$$[2]^2 = [4], \quad [2]^4 = [3], \quad [2]^6 = [12], \quad [2]^8 = [9], \quad [2]^{10} = [10], \quad [2]^{12} = [1]$$

die Quadrate in R_{13}^*. Es gilt für eine Primzahl $p \geq 3$ allgemein, daß die Hälfte aller Elemente von R_p^* Quadrate sind, die andere Hälfte nicht. Aber auch für einen Primzahlmodul p ist die Frage nach den Quadraten in R_p^* noch weiterhin von Interesse, zumal das Auffinden einer primitiven Restklasse $\bmod p$ in der Regel große Schwierigkeiten bereitet.

IV.3 Quadratische Reste

Ist die m-Restklasse $[r]$ ein Quadrat, ist also die Kongruenz

$$x^2 \equiv r \bmod m$$

lösbar, dann nennt man r einen *quadratischen Rest* modulo m, andernfalls einen *quadratischen Nichtrest* modulo m. Ist

$$m = \prod_{i=1}^{\infty} p_i^{\alpha_i}$$

die kanonische Primfaktorzerlegung von m, dann ist r genau dann quadratischer Rest modulo m, wenn r quadratischer Rest modulo $p_i^{\alpha_i}$ für $i = 1, 2, 3, \ldots$ ist. Daher interessieren wir uns nur noch für den Fall, daß der Modul eine Primzahlpotenz ist. Dabei kann man r als teilerfremd zum Modul voraussetzen, wie folgende Überlegung zeigt: Es sei $r = p^{\varrho}s$ mit $p \nmid s$. Die Kongruenz $x^2 \equiv r \bmod p^{\alpha}$ hat für $\varrho \geq \alpha$ die Lösungen $x \equiv p^{\xi}u \bmod p^{\alpha}$ mit $\xi \geq \frac{\alpha}{2}$ und $u \in \mathbb{Z}$; für $0 \leq \varrho < \alpha$ ist sie genau dann lösbar, wenn ϱ gerade ist und die Kongruenz $y^2 \equiv s \bmod p^{\alpha-\varrho}$ lösbar ist.

Satz 4: a) Es sei $2 \nmid r$. Genau dann ist r ein quadratischer Rest mod 2^{α}, wenn $r \equiv 1 \bmod 2^{\mu}$ mit $\mu = \min(\alpha, 3)$.

b) Es sei p eine ungerade Primzahl und $p \nmid r$. Genau dann ist r ein quadratischer Rest mod p^{α}, wenn r quadratischer Rest mod p ist.

Beweis: a) 1) Existiert ein x mit $x^2 \equiv r \bmod 2^{\alpha}$, dann ist dieses ungerade, weil r ungerade ist. Also ist $x^2 \equiv 1 \bmod 8$ und daher $r \equiv 1 \bmod 8$.

2) Ist $r \equiv 1 \bmod 2^{\alpha}$, dann ist r offensichtlich quadratischer Rest mod 2^{α}. Ist $r \equiv 1 \bmod 8$, dann ist $x^2 \equiv r \bmod 2^{\alpha}$ für $\alpha = 3$ lösbar. Ist x_0 eine Lösung dieser Kongruenz für ein $\alpha \geq 3$, dann ist t so zu bestimmen, daß $x_0 + 2^{\alpha-1}t$ eine Lösung von $x^2 \equiv r \bmod 2^{\alpha+1}$ ist: Wegen $\alpha \geq 3$ ist $2\alpha - 2 \geq \alpha + 1$, also

$$(x_0 + 2^{\alpha-1}t)^2 \equiv x_0^2 + 2^{\alpha}x_0 t + 2^{2\alpha-2}t^2 \equiv x_0^2 + 2^{\alpha}x_0 t \bmod 2^{\alpha+1}.$$

Mit

$$x_0 t \equiv \frac{r - x_0^2}{2^{\alpha}} \bmod 2$$

(also t = 0 oder t = 1) gilt dann

$$x_0^2 + 2^{\alpha}x_0 t \equiv r \bmod 2^{\alpha+1}.$$

b) 1) Ist r quadratischer Rest zum Modul p^{α} mit $\alpha \geq 1$, dann offensichtlich auch zum Modul p.

2) Es sei r quadratischer Rest mod p^{α}, etwa $x_0^2 \equiv r \bmod p^{\alpha}$. In der Kongruenz

$$(x_0 + p^{\alpha}t)^2 \equiv x_0^2 + 2p^{\alpha}x_0 t \bmod p^{\alpha+1}$$

wählen wir t so groß, daß

$$2x_0 t \equiv \frac{r - x_0^2}{p^{\alpha}} \bmod p.$$

Dann ist $(x_0^2 + p^{\alpha}t)^2 \equiv r \bmod p^{\alpha+1}$. Ist also r ein quadratischer Rest zum Modul p^{α}, dann auch zum Modul $p^{\alpha+1}$. □

Aufgrund von Satz 4 können wir uns nun auf die Untersuchung quadratischer Reste zu einem Primzahlmodul $p > 2$ beschränken. Die $\frac{p-1}{2}$ Zahlen

$$1^2, 2^2, 3^2, \ldots, (\frac{p-1}{2})^2$$

sind inkongruent mod p und offensichtlich quadratische Reste mod p. Daß keine weiteren quadratischen Reste existieren, daß es also genau $\frac{p-1}{2}$ quadratische Rest und $\frac{p-1}{2}$ quadratische Nichtreste mod p gibt, erkennt man mit Hilfe einer primitiven Restklasse $[g]$: Genau dann ist die Kongruenz

$$g^{2\xi} \equiv g^{\varrho} \bmod p$$

lösbar, wenn die Kongruenz

$$2\xi \equiv \varrho \bmod p - 1$$

lösbar ist, und dies ist genau dann der Fall, wenn ϱ gerade ist. Folglich sind $g^2, g^4, \ldots, g^{p-1}$ quadratische Reste und $g^1, g^3, \ldots, g^{p-2}$ quadratische Nichtreste. Insbesondere ist also eine primitive Restklasse kein Quadrat.

Für $\mathrm{ggT}(r, p) = 1$ definiert man das LEGENDRE-*Symbol* $\left(\frac{r}{p}\right)$ folgendermaßen:

$$\left(\frac{r}{p}\right) = \begin{cases} +1, \text{wenn } r \text{ quadratischer Rest mod } p \text{ ist,} \\ -1, \text{wenn } r \text{ quadratischer Nichtrest mod } p \text{ ist.} \end{cases}$$

Die folgenden Eigenschaften des LEGENDRE-Symbols sind unmittelbar klar:

Ist $p \nmid ab$ und $a \equiv b \bmod p$, dann ist $\left(\dfrac{a}{p}\right) = \left(\dfrac{b}{p}\right)$.

Ist $p \nmid a$, dann ist $\left(\dfrac{a^2}{p}\right) = 1$; insbesondere ist $\left(\dfrac{1}{p}\right) = 1$.

Ist $[g]$ eine *primitive* Restklasse mod p, dann ist $\left(\dfrac{g}{p}\right) = -1$.

Der folgende Satz geht auf EULER und LEGENDRE zurück und wird oft EULER-*Kriterium* genannt.

Satz 5: Ist p eine ungerade Primzahl und $p \nmid a$, dann gilt

$$\left(\frac{a}{p}\right) \equiv a^{\frac{p-1}{2}} \bmod p.$$

Beweis: Es sei $[g]$ eine primitive Restklasse mod p und $a \equiv g^\alpha \bmod p$. Ist a quadratischer Rest, dann ist α gerade, etwa $\alpha = 2\beta$; in diesem Fall gilt

$$a^{\frac{p-1}{2}} \equiv (g^{p-1})^\beta \equiv 1 \bmod p.$$

Ist a quadratischer Nichtrest, dann ist α ungerade, etwa $\alpha = 2\beta + 1$; in diesem Fall gilt

$$a^{\frac{p-1}{2}} \equiv (g^{p-1})^\beta \cdot g^{\frac{p-1}{2}} \equiv g^{\frac{p-1}{2}} \equiv -1 \bmod p. \quad \square$$

Als Folgerung aus diesem Satz erhalten wir:

$$\left(\frac{a}{p}\right) \cdot \left(\frac{b}{p}\right) = \left(\frac{ab}{p}\right)$$

für alle a, b mit $p \nmid ab$, denn

$$a^{\frac{p-1}{2}} \cdot b^{\frac{p-1}{2}} \equiv (ab)^{\frac{p-1}{2}} \bmod p.$$

Ferner ergibt sich

$$\left(\frac{-1}{p}\right) = (-1)^{\frac{p-1}{2}} = \begin{cases} +1, \text{wenn } p \equiv 1 \bmod 4 \\ -1, \text{wenn } p \equiv 3 \bmod 4 \end{cases}.$$

Der folgende Satz heißt GAUSS*sches Lemma*.

Satz 6: Ist p eine ungerade Primzahl und $p \nmid a$, ferner μ die Anzahl der Zahlen j mit $1 \leq j \leq \frac{p-1}{2}$, für welche der betragsmäßig kleinste Rest von $aj \bmod p$ negativ ist, dann gilt

$$\left(\frac{a}{p}\right) = (-1)^{\mu}.$$

Beweis: Den betragsmäßig kleinsten Rest von $aj \bmod p$ bezeichne man mit $r(aj)$; es ist also

$$-\frac{p-1}{2} \leq r(aj) \leq \frac{p-1}{2}.$$

Ist $|r(ai)| = |r(aj)|$ für i, j mit $1 \leq i, \ j \leq \frac{p-1}{2}$ und $i \neq j$, dann ist $ai \equiv aj \bmod p$, denn $ai \equiv -aj \bmod p$ bzw. $a(i+j) \equiv 0 \bmod p$ ist wegen $0 < i+j < p$ nicht möglich. Folglich ist

$$\{|r(aj)| \ | \ 1 \leq j \leq \frac{p-1}{2}\} = \{1, 2, \dots, \frac{p-1}{2}\}.$$

Genau dann ist $r(aj) < 0$, wenn $r(aj) = -|r(aj)|$ ist, also gilt

$$\prod_{j=1}^{\frac{p-1}{2}} r(aj) = (-1)^{\mu}(\frac{p-1}{2})!.$$

Andererseits ist

$$\prod_{j=1}^{\frac{p-1}{2}} r(aj) \equiv \prod_{j=1}^{\frac{p-1}{2}} aj \equiv a^{\frac{p-1}{2}}(\frac{p-1}{2})! \bmod p,$$

also gilt

$$a^{\frac{p-1}{2}} \equiv (-1)^{\mu} \bmod p.$$

Aus Satz 5 folgt $\left(\frac{a}{p}\right) \equiv (-1)^{\mu} \bmod p$ und daher $\left(\frac{a}{p}\right) = (-1)^{\mu}$. $\square$

Anwendung: Es gilt

$$\left(\frac{2}{p}\right) = (-1)^{\frac{p^2-1}{8}}.$$

Es ist also genau dann 2 quadratischer Rest mod p, wenn $p \equiv 1 \bmod 8$ oder $p \equiv 7 \bmod 8$. Denn für die Zahlen $r(2j)$ mit $1 \leq j \leq \frac{p-1}{2}$ gilt $r(2j) < 0$ genau dann, wenn $\frac{p-1}{2} < 2j \leq p-1$ bzw.

$$\frac{p-1}{4} < j \leq \frac{p-1}{2}.$$

Ist also $p \equiv 1 \bmod 4$, dann ist $\mu = \frac{p-1}{4}$, und ist $p \equiv 3 \bmod 4$, dann ist $\mu = \frac{p+1}{4}$. Also ist μ genau dann gerade, wenn $p - 1 \equiv 0 \bmod 8$ oder $p + 1 \equiv 0 \bmod 8$. $\quad\square$

Es folgt nun der zentrale Satz der Theorie der quadratischen Reste, nämlich das *quadratische Reziprozitätsgesetz*. Wegen $\left(\frac{ab}{p}\right) = \left(\frac{a}{p}\right)\left(\frac{b}{p}\right)$ genügt die Berechnung des Legendre-Symbols $\left(\frac{a}{p}\right)$ für den Fall, daß a eine Primzahl ist, wobei der Fall $a = 2$ oben schon erledigt worden ist. Sind p und q ungerade Primzahlen mit $p < q$, dann kann man mit Hilfe des Reziprozitätsgesetzes die Berechnung von $\left(\frac{p}{q}\right)$ auf die Berechnung von $\left(\frac{a}{p}\right)$ mit $a \equiv q \bmod p$ zurückführen und so den „Nenner" des Legendre-Symbols sukzessiv verkleinern.

Satz 7 (*Reziprozitätsgesetz*): Sind p und q verschiedene ungerade Primzahlen, dann gilt

$$\left(\frac{p}{q}\right) \cdot \left(\frac{q}{p}\right) = (-1)^{\frac{p-1}{2} \cdot \frac{q-1}{2}}.$$

Es gilt also

$$\left(\frac{p}{q}\right) = +\left(\frac{q}{p}\right), \text{ wenn } p \equiv 1 \bmod 4 \text{ } oder \text{ } q \equiv 1 \bmod 4,$$

$$\left(\frac{p}{q}\right) = -\left(\frac{q}{p}\right), \text{ wenn } p \equiv 3 \bmod 4 \text{ } und \text{ } q \equiv 3 \bmod 4,$$

Beweis: Zum Beweis soll das Gausssche Lemma (Satz 6) benutzt werden. Dazu sei

μ die Anzahl der i mit $1 \leq i \leq \frac{q-1}{2}$, für welche der betragskleinste Rest modulo q von pi negativ ist,

λ die Anzahl der j mit $1 \leq j \leq \frac{p-1}{2}$, für welche der betragskleinste Rest modulo p von qj negativ ist.

Es muß gezeigt werden: Genau dann ist $\mu + \lambda$ ungerade, wenn $p \equiv q \equiv 3 \bmod 4$. Nach einer Idee von Ferdinand Gotthold Eisenstein (1823–1852) zählen wir dazu die Gitterpunkte (x, y) mit

$$0 < x < \frac{p+1}{2} \quad \text{und} \quad 0 < y < \frac{q+1}{2},$$

für welche

$$y < \frac{q}{p} \cdot x + \frac{1}{2} \quad \text{und} \quad x < \frac{p}{q} \cdot y + \frac{1}{2}$$

gilt. Diese liegen in einem Streifen um die Gerade g mit der Gleichung

$$qx - py = 0.$$

Die Menge dieser Gitterpunkte bezeichnen wir mit Γ. (Vgl. folgende Figur.)

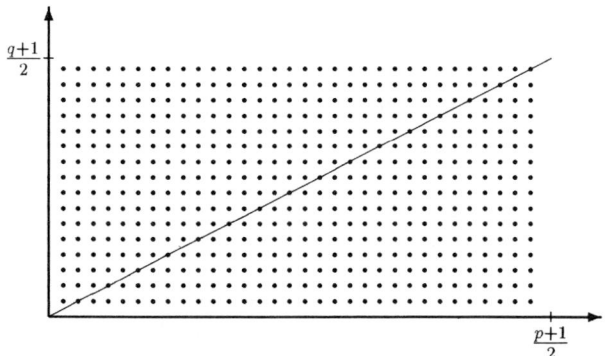

Gilt $(x, y) \in \Gamma$, dann gilt auch $(\frac{p+1}{2} - x, \frac{q+1}{2} - y) \in \Gamma$, denn

$$\frac{p}{q} \cdot (\frac{q+1}{2} - y) + \frac{1}{2} = \frac{p+1}{2} - \frac{p}{q} \cdot (y - \frac{1}{2}) > \frac{p+1}{2} - \frac{p}{q} \cdot \frac{q}{p} \cdot x = \frac{p+1}{2} - x,$$

$$\frac{q}{p} \cdot (\frac{p+1}{2} - x) + \frac{1}{2} = \frac{q+1}{2} - \frac{q}{p} \cdot (x - \frac{1}{2}) > \frac{q+1}{2} - \frac{q}{p} \cdot \frac{p}{q} \cdot y = \frac{q+1}{2} - y.$$

Die Gitterpunkte aus Γ treten also paarweise auf, so daß ihre Anzahl genau dann ungerade ist, wenn der Fall

$$(x, y) = (\frac{p+1}{2} - x, \frac{q+1}{2} - y)$$

auftritt, wenn also $(\frac{p+1}{4}, \frac{q+1}{4})$ ein Gitterpunkt ist. Dies wiederum ist genau dann der Fall, wenn $p \equiv q \equiv 3 \bmod 4$ gilt. (Man beachte, daß dann dieser Gitterpunkt auch zu Γ gehört.)

Nun wollen wir zeigen, daß Γ genau $\mu + \lambda$ Punkte enthält. Auf der Geraden g mit der Gleichung $qx - py = 0$ liegt kein Gitterpunkt aus Γ, denn dies hätte $p \mid q$ zur Folge. Genau dann liegt (x, y) oberhalb der Geraden g und gehört zu Γ, wenn

$$1 \leq x \leq \frac{p-1}{2} \quad \text{und} \quad -\frac{p-1}{2} \leq qx - py < 0$$

gilt. Oberhalb von g liegen also genau λ Punkte von Γ. Entsprechend zeigt man, daß unterhalb von g genau μ Punkte von Γ liegen. $\square$

Bemerkung: Die schon oben bewiesenen Aussagen

$$\left(\frac{-1}{p}\right) = (-1)^{\frac{p-1}{2}} \quad \text{und} \quad \left(\frac{2}{p}\right) = (-1)^{\frac{p^2-1}{8}}$$

nennt man auch den *ersten* bzw. *zweiten Ergänzungssatz* zum quadratischen Reziprozitätsgesetz.

Beispiel 1: Es sollen die quadratischen Reste und Nichtreste mod 31 bestimmt werden. Dazu schreibt man die Zahlen von 1 bis 30 in zwei Reihen so auf, daß die Summe untereinanderstehender Zahlen 31 ist. Darin kennzeichnen wir die quadratischen Reste mit $+$ und die Nichtreste mit $-$. Als erstes kennzeichnen wir alle Quadratzahlen a^2 mit $+$, denn $\left(\frac{a^2}{31}\right) = 1$. Dann kennzeichnen wir die Zahlen $31 - a^2$ mit $-$, denn

$$\left(\frac{31 - a^2}{31}\right) = \left(\frac{-1}{31}\right) \cdot \left(\frac{a^2}{31}\right) = (-1)^{15} = -1.$$

$+$	$+$	$-$	$+$	$+$	$-$	$+$	$+$	$+$	$+$	$-$	$-$	$-$	$+$	$-$
1	2	3	4	5	6	7	8	9	10	11	12	13	14	15
30	29	28	27	26	25	24	23	22	21	20	19	18	17	16
$-$	$-$	$+$	$-$	$-$	$+$	$-$	$-$	$-$	$-$	$+$	$+$	$+$	$-$	$+$

Wegen $31 \equiv 7 \bmod 8$ ist $\left(\frac{2}{31}\right) = 1$ und damit $\left(\frac{29}{31}\right) = -1$. Wegen $\left(\frac{ab}{31}\right) = \left(\frac{a}{31}\right) \cdot \left(\frac{b}{31}\right)$ ergeben sich dann der Reihe nach die noch fehlenden Werte. Man beachte, daß man hier das quadratische Reziprozitätsgesetz nicht benötigt, daß man vielmehr mit den Ergänzungssätzen auskommt.

Beispiel 2:

a) $\left(\dfrac{67}{139}\right) = -\left(\dfrac{139}{67}\right) = -\left(\dfrac{72}{67}\right) = -\left(\dfrac{36}{67}\right) \cdot \left(\dfrac{2}{67}\right)$

$= -\left(\dfrac{2}{67}\right) = -(-1) = 1.$

b) $\left(\dfrac{701}{997}\right) = \left(\dfrac{997}{701}\right) = \left(\dfrac{296}{701}\right) = \left(\dfrac{8}{701}\right) \cdot \left(\dfrac{37}{701}\right)$

$= \left(\dfrac{2}{701}\right) \cdot \left(\dfrac{37}{701}\right) = -\left(\dfrac{37}{701}\right) = -\left(\dfrac{701}{37}\right) = -\left(\dfrac{35}{37}\right)$

$= -\left(\dfrac{5}{37}\right) \cdot \left(\dfrac{7}{37}\right) = -\left(\dfrac{37}{5}\right) \cdot \left(\dfrac{37}{7}\right)$

$= -\left(\dfrac{2}{5}\right) \cdot \left(\dfrac{2}{7}\right) = -(-1) \cdot 1 = 1.$

Anwendung: EULER hat entdeckt, daß der Term

$$x^2 - x + 41$$

für $x = 0, 1, 2, \ldots, 40$ stets eine Primzahl liefert. Wir wollen nun untersuchen, unter welcher Bedingung für die Primzahl p der Term

$$x^2 - x + p$$

für $x = 0, 1, 2, \ldots, p-1$ stets eine Primzahl ergibt. (Man beachte, daß für $x = p$ keine Primzahl vorliegt, da $p^2 - p + p = p^2$.) Ist für ein x mit $1 \le x \le p-1$ die

Zahl $x^2 - x + p$ zusammengesetzt und q der kleinste Primteiler von $x^2 - x + p$, dann ist $q > 2$ und $q^2 \leq (p-1)^2 - (p-1) + p < p^2$, also $q < p$. Es gilt dann

$$4x^2 - 4x + 4p \equiv (2x-1)^2 + (4p-1) \equiv 0 \bmod q$$

und somit

$$-(4p-1) \equiv (2x-1)^2 \bmod q.$$

Dies bedeutet, daß $-(4p-1)$ quadratischer Rest mod q ist. Gilt aber

$$\left(\frac{-(4p-1)}{q} \right) = -1 \quad \text{für alle } q < p,$$

dann liefert der Term $x^2 - x + p$ für alle x mit $0 \leq x \leq p - 1$ eine Primzahl. Die genannte Bedingung ist für $p = 41$ erfüllt:

$$\left(\frac{-163}{3} \right) = \left(\frac{-163}{5} \right) = \left(\frac{-163}{7} \right) = \left(\frac{-163}{11} \right) = \left(\frac{-163}{13} \right) = \left(\frac{-163}{17} \right) =$$

$$= \left(\frac{-163}{19} \right) = \left(\frac{-163}{23} \right) = \left(\frac{-163}{29} \right) = \left(\frac{-163}{31} \right) = \left(\frac{-163}{37} \right) = -1.$$

Außer für $p = 41$ liegt dieses Phänomen noch für $p = 3$, $p = 5$, $p = 11$ und $p = 17$ vor (Aufgabe 21). Weitere Fälle gibt es nicht ([Stark 1967]). Wegen

$$x^2 + x + p = (x+1)^2 - (x+1) + p$$

kann man statt

$$x^2 - x + p \quad \text{für} \quad 0 \leq x \leq p - 1$$

auch

$$x^2 + x + p \quad \text{für} \quad -1 \leq x \leq p - 2$$

betrachten. Das Polynom $x^2 - x + p$ liefert für $p \in \{3, 5, 11, 17, 41\}$ offensichtlich für alle ganzen Zahlen x mit $-(p-2) \leq x \leq p - 1$ eine Primzahl, wobei aber jede auftretende Primzahl doppelt vorkommt. Folglich liefert das Polynom

$$(x - (p-2))^2 - (x - (p-2)) + p = x^2 - (2p-3)x + (p^2 - 2p + 2)$$

für $x = 0, 1, 2, \ldots, 2p - 3$ eine Primzahl. Es folgt also aus den obengenannten Ergebnissen für $p = 3, 5, 11, 17, 41$:

$x^2 - 3x + 5$ ist für $0 \leq x \leq 3$ eine Primzahl;
$x^2 - 7x + 17$ ist für $0 \leq x \leq 7$ eine Primzahl;
$x^2 - 19x + 101$ ist für $0 \leq x \leq 19$ eine Primzahl;
$x^2 - 31x + 257$ ist für $0 \leq x \leq 31$ eine Primzahl;
$x^2 - 79x + 1601$ ist für $0 \leq x \leq 79$ eine Primzahl.

Dabei kommt jeweils jede auftretende Primzahl doppelt vor.

Man beachte, daß es kein Polynom $f(x) = a_0 + a_1 x + a_2 x^2 + \ldots + a_n x^n$ mit $n \geq 1$ und $a_0, a_1, \ldots, a_n \in \mathbb{Z}$, $a_n > 0$ gibt, so daß $|f(x)|$ für alle $x \in \mathbb{Z}$ eine

Primzahl ist. Denn es gibt eine Zahl x_0 , so daß die Funktion $x \mapsto f(x)$ für $x > x_0$ monoton wachsend ist; ist also $p = f(x_1)$ für $x_1 > x_0$ eine Primzahl, dann ist $f(x_1 + p) > p$ und $p \mid f(x_1 + p)$ wegen $f(x + p) \equiv f(x) \bmod p$. Vgl. hierzu auch Aufgabe 54.

Das LEGENDRE-Symbol $\left(\frac{n}{p}\right)$ ist nur definiert, wenn der „Nenner" p eine Primzahl ist. Die folgende Verallgemeinerung erweist sich als nützlich (vgl. z.B. IV.9): Für $m = p_1^{r_1} p_2^{r_2} p_3^{r_3} \ldots$ mit $2 \nmid m$ und $n \in \mathbb{Z}$ mit $\ggT(m,n) = 1$ sei

$$\left(\frac{n}{m}\right) := \left(\frac{n}{p_1}\right)^{r_1} \left(\frac{n}{p_2}\right)^{r_2} \left(\frac{n}{p_3}\right)^{r_3} \ldots,$$

wobei auf der rechten Seite LEGENDRE-Symbole stehen. Dabei sei $\left(\frac{n}{1}\right) = 1$. Dieses Symbol heißt JACOBI-*Symbol* (nach CARL GUSTAV JACOBI, 1804–1851). Ist n quadratischer Rest mod m, dann ist n quadratischer Rest modulo eines jeden Teilers von m; also ist dann $\left(\frac{n}{m}\right) = 1$. Wenn aber $\left(\frac{n}{m}\right) = 1$ ist, dann muß n kein quadratischer Rest mod m sein. Bezüglich obiger Primfaktorzerlegung von n gilt:

$$\left(\frac{n}{m}\right) = 1 \quad \Longleftrightarrow \quad \sum_{n \text{ Nichtrest mod} p_i} r_i \equiv 0 \bmod 2.$$

Die wichtigsten Regeln für das Rechnen mit LEGENDRE-Symbolen übertragen sich auf JACOBI-Symbole:

Satz 8: Im folgenden seien m, m' ungerade natürliche Zahlen, und die ganzen Zahlen n, n' seien teilerfremd zu m bzw. m'. In (6) soll auch n eine ungerade natürliche Zahl sein. Es gilt

(1)   Ist $n \equiv n' \bmod m$, dann ist $\left(\frac{n}{m}\right) = \left(\frac{n'}{m}\right)$.

(2) $\left(\frac{n}{m}\right)\left(\frac{n}{m'}\right) = \left(\frac{n}{mm'}\right)$.

(3) $\left(\frac{n}{m}\right)\left(\frac{n'}{m}\right) = \left(\frac{nn'}{m}\right)$.

(4) $\left(\frac{-1}{m}\right) = (-1)^{\frac{m-1}{2}}$.

(5) $\left(\frac{2}{m}\right) = (-1)^{\frac{m^2-1}{8}}$.

(6) $\left(\frac{n}{m}\right)\left(\frac{m}{n}\right) = (-1)^{\frac{n-1}{2} \cdot \frac{m-1}{2}}$.

Beweis: (1), (2), (3) kann man unmittelbar der Definition des JACOBI-Symbols entnehmen. (4) ist für $m = 1$ richtig; für $m > 1$ folgt (4) aus der leicht induktiv zu beweisenden Beziehung

$$(*) \qquad u_1 u_2 \ldots u_t - 1 \equiv (u_1 - 1) + (u_2 - 1) + \ldots + (u_t - 1) \bmod 4$$

für ungerade natürliche Zahlen $u_1, u_2, \ldots, u_t$. Die Aussage (5) ist für $m = 1$ offensichtlich richtig, und für $m > 1$ folgt sie aus der ebenfalls leicht induktiv zu beweisenden Beziehung

$$u_1^2 u_2^2 \ldots u_t^2 - 1 \equiv (u_1^2 - 1) + (u_2^2 - 1) + \ldots + (u_t^2 - 1) \bmod 16$$

für ungerade natürliche Zahlen $u_1, u_2, \ldots, u_t$. Die Aussage (6) ergibt sich schließlich mit Hilfe von (1), (2) und $(*)$ aus dem Reziprozitätsgesetz für das LEGENDRE-Symbol. $\square$

Eine erste Anwendung des JACOBI-Symbols besteht in der schnellen Berechnung von LEGENDRE-Symbolen.

Beispiel:

$$\left(\frac{383}{443}\right) = -\left(\frac{443}{383}\right) = -\left(\frac{60}{383}\right) = -\left(\frac{2^2}{383}\right)\left(\frac{15}{383}\right) = -\left(\frac{15}{383}\right)$$

$$= \left(\frac{383}{15}\right) = \left(\frac{8}{15}\right) = \left(\frac{2^2}{15}\right)\left(\frac{2}{15}\right) = \left(\frac{2}{15}\right) = 1.$$

IV.4 Mersennesche und Fermatsche Primzahlen (2)

In III.10 haben wir uns mit den FERMAT-Zahlen $F_n = 2^{(2^n)} + 1$ ($n \in \mathbb{N}_0$) befaßt, wobei die Frage interessierte, welche dieser Zahlen Primzahlen sind. Für $n = 0,1,2,3,4$ ist F_n eine Primzahl, für $n = 5$ aber nicht; wir haben in III.1 nämlich gezeigt, daß 641 ein Primteiler von F_5 ist.

Satz 9: Ist $n \geq 2$ und p ein Primteiler von F_n, dann gilt

$$p \equiv 1 \bmod 2^{n+2}.$$

Beweis: Gilt $p | F_n$, dann ist $2^{(2^n)} \equiv -1 \bmod p$ und $2^{(2^{n+1})} \equiv 1 \bmod p$, also $\mathrm{ord}_p[2] = 2^{n+1}$. Daraus folgt $2^{n+1} | p - 1$, also $p \equiv 1 \bmod 2^{n+1}$. Nun existiert eine Zahl x mit $x^2 \equiv 2 \bmod p$, denn wegen $n \geq 2$ gilt $p \equiv 1 \bmod 8$, also $\left(\frac{2}{p}\right) = 1$. Es folgt $x^{(2^{n+1})} \equiv 2^{(2^n)} \equiv -1 \bmod p$ und $x^{(2^{n+2})} \equiv 2^{(2^{n+1})} \equiv 1 \bmod p$, also $\mathrm{ord}_p[x] = 2^{n+2}$. Daraus folgt $2^{n+2} | p - 1$, also $p \equiv 1 \bmod 2^{n+2}$. $\square$

Beispiel 1: Wir wollen zeigen, daß $F_4 = 2^{16} + 1 = 65537$ eine Primzahl ist. Als Primteiler von F_4 kommen nur Zahlen der Form $2^6 k + 1$ mit $k \geq 1$ in Frage, also Primzahlen aus der Folge 65, 129, 193, 257, 321, 385, 449, ... Ist F_4

zusammengesetzt, so muß der kleinste Primteiler kleiner als $2^8 = 256$ sein. Da 65 und 129 keine Primzahlen sind, kommt nur 193 als kleinster Primteiler in Frage. Wegen $F_3 = 257$ und $\mathrm{ggT}(F_3, F_4) = 1$ (vgl. III.10) ist als weiterer Primteiler zunächst 449 möglich. Aus $193 \cdot 499 > F_4$ ergibt sich nun ein Widerspruch zu der Annahme, F_4 sei zusammengesetzt.

Beispiel 2: Wir haben in III.1 gezeigt, daß F_5 den Primteiler 641 besitzt. Diesen Primteiler p findet man mit Hilfe von Satz 9 folgendermaßen: Es gilt $p \equiv 1 \bmod 2^7$, also $p \in \{129, 257, 385, 513, 641, 769, \ldots\}$. Streichen wir aus dieser Menge die zusammengesetzten Zahlen, so folgt $p \in \{257, 641, 769, \ldots\}$. Wegen $F_3 = 257$ und $\mathrm{ggT}(F_3, F_5) = 1$ folgt daraus $p \in \{641, 769, \ldots\}$. In der Tat gilt $641 | F_5$, wie wir früher gesehen haben. Es gilt $F_5 = (2^7 \cdot 5 + 1) \cdot (2^7 \cdot 52347 + 1)$, wobei auch der zweite Faktor eine Primzahl ist.

Beispiel 3: Wir wollen einen Primfaktor p von $F_{12} = 2^{4096} + 1$ suchen. Nach Satz 9 gilt $p \equiv 1 \bmod 2^{14}$. Für $a_k = 2^{14}k + 1$ gilt:

(1) $a_4 = 2^{16} + 1 = F_4$, wegen $\mathrm{ggT}(F_4, F_{12}) = 1$ kommt a_4 nicht als Primteiler von F_{12} in Frage.

(2) Wegen $2^{14} \equiv 1 \bmod 3$ ist $a_k \equiv k + 1 \bmod 3$ und daher $3 | a_k$ für $k \equiv 2 \bmod 3$; es entfallen also die Zahlen $a_2, a_5, a_8, \ldots$.

(3) Wegen $2^{14} \equiv 4 \bmod 5$ ist $a_k \equiv 4k + 1 \bmod 5$ und daher $5 | a_k$ für $k \equiv 1 \bmod 5$; es entfallen also die Zahlen $a_1, a_6, a_{11}, \ldots$.

(4) Wegen $2^{14} \equiv 4 \bmod 7$ ist $a_k \equiv 4k + 1 \bmod 7$ und daher $7 | a_k$ für $k \equiv 5 \bmod 7$; es entfallen also die Zahlen $a_5, a_{12}, a_{19}, \ldots$.

(5) Wegen $2^{14} \equiv 5 \bmod 11$ ist $a_k \equiv 5k + 1 \bmod 11$ und daher $11 | a_k$ für $k \equiv 2 \bmod 11$; es entfallen also die Zahlen $a_2, a_{13}, a_{24}, \ldots$.

(6) Wegen $2^{14} \equiv 4 \bmod 13$ ist $a_k \equiv 4k + 1 \bmod 13$ und daher $13 | a_k$ für $k \equiv 3 \bmod 13$; es entfallen also die Zahlen $a_3, a_{16}, a_{29}, \ldots$.

Die kleinste bisher verbliebene Zahl ist $a_7 = 2^{14} \cdot 7 + 1$. Man kann zeigen, daß tatsächlich a_7 ein Teiler von F_{12} ist.

Satz 10: Für $n \geq 1$ ist F_n genau dann eine Primzahl, wenn

$$3^{\frac{1}{2}(F_n - 1)} \equiv -1 \bmod F_n.$$

Beweis: 1) Es sei $n \geq 1$ und F_n eine Primzahl. Dann gilt

$$\left(\frac{3}{F_n}\right) = \left(\frac{F_n}{3}\right) = \left(\frac{2}{3}\right) = -1,$$

denn $F_n \equiv 1 \bmod 4$ und $F_n \equiv 2 \bmod 3$. Also ist $3^{\frac{1}{2}(F_n - 1)} \equiv -1 \bmod F_n$ (vgl. IV.3 Satz 5 (EULER-Kriterium)).

2) Gilt

$$3^{\frac{1}{2}(F_n - 1)} \equiv -1 \bmod F_n,$$

dann sind die Bedingungen aus III.9 Satz 19 erfüllt, denn 2 ist der einzige Primteiler von $F_n - 1$. Also ist F_n eine Primzahl. □

Bemerkung: Für jede FERMATsche Primzahl F_n mit $n \geq 1$ ist [3] eine primitive Restklasse modulo F_n. Könnte man zeigen, daß [3] nur für endlich viele Primzahlmoduln primitiv ist, dann wäre bewiesen, daß es nur endlich viele FERMATsche Primzahlen gibt. Die ARTIN*sche Vermutung* (vgl. III.4) besagt aber, daß für jede Zahl g, die keine Quadratzahl und von -1 verschieden ist, die Restklasse $[g]$ für unendlich viele Primzahlmoduln primitiv ist.

In III.10 haben wir uns auch mit den MERSENNE-Zahlen $M_p = 2^p - 1$ beschäftigt, wobei p eine Primzahl ist. Dort wurde gezeigt: Ist p eine Primzahl mit $p > 3$ und $p \equiv 3 \bmod 4$ und ist auch $q = 2p + 1$ eine Primzahl, dann ist q ein Teiler von M_p (III.10 Satz 21). Dabei haben wir die Tatsache benutzt, daß $\left(\frac{2}{q}\right) = 1$, falls $q \equiv 7 \bmod 8$. Bei der Suche nach MERSENNEschen Primzahlen benutzt man den folgenden Satz 11, der auf LUCAS zurückgeht. Zu seinem Beweis benötigen wir:

Hilfssatz: Für $n \in \mathbb{N}$ seien die ganzen Zahlen u_n, v_n definiert durch

$$u_n = \frac{(1 + \sqrt{3})^n - (1 - \sqrt{3})^n}{2\sqrt{3}}, \quad v_n = (1 + \sqrt{3})^n + (1 - \sqrt{3})^n.$$

a) Ist p eine Primzahl mit $p > 3$, dann gilt

$$u_p \equiv \left(\frac{3}{p}\right) \bmod p \quad \text{und} \quad v_p \equiv 2 \bmod p.$$

b) Für $m, n \in \mathbb{N}$ gelten die folgenden Beziehungen:

(1) $2u_{m+n} = u_m v_n + v_m u_n$

(2) $-(-2)^{n+1} u_{m-n} = u_m v_n - v_m u_n$, falls $n < m$

(3) $2v_{m+n} = v_m v_n + 12 u_m u_n$

(4) $u_{2n} = u_n v_n$

(5) $v_{2n} = v_n^2 + (-2)^{n+1}$

(6) $v_n^2 - 12 u_n^2 = (-2)^{n+2}$

c) Ist p eine Primzahl mit $p > 3$, dann existiert ein Index r mit $p|u_r$. Ist r minimal, dann ist $r \leq p + 1$ und es gilt für alle $n \in \mathbb{N}$

$$p|u_n \iff r|n.$$

Beweis: a) Nach dem binomischen Lehrsatz gilt

$$u_p \equiv \sum_{k=0}^{\frac{p-1}{2}} \binom{p}{2k+1} 3^k \equiv 3^{\frac{p-1}{2}} \equiv \left(\frac{3}{p}\right) \bmod p$$

und

$$v_p \equiv 2 \sum_{k=0}^{\frac{p-1}{2}} \binom{p}{2k} 3^k \equiv 2 \bmod p.$$

b) Wir setzen $\alpha = 1 + \sqrt{3}$ und $\beta = 1 - \sqrt{3}$.

(1) $(\alpha^m - \beta^m)(\alpha^n + \beta^n) + (\alpha^m + \beta^m)(\alpha^n - \beta^n) = 2(\alpha^{m+n} - \beta^{m+n})$.

(2) $(\alpha^m - \beta^m)(\alpha^n + \beta^n) - (\alpha^m + \beta^m)(\alpha^n - \beta^n) = 2(\alpha^m \beta^n - \beta^m \alpha^n)$
$$= 2((\alpha\beta)^n \alpha^{m-n} - (\alpha\beta)^n \beta^{m-n}) = 2 \cdot (-2)^n (\alpha^{m-n} - \beta^{m-n})$$
$$= -(-2)^{n+1}(\alpha^{m-n} - \beta^{m-n}) \text{ wegen } \alpha\beta = -2.$$

(3) $(\alpha^m + \beta^m)(\alpha^n + \beta^n) + (\alpha^m - \beta^m)(\alpha^n - \beta^n) = 2(\alpha^{m+n} + \beta^{m+n})$.

(4)   folgt aus (1) mit $m = n$.

(5) $2v_{2n} = v_n^2 + 12u_n^2$ (vgl. (3)) $= v_n^2 + (\alpha^n - \beta^n)^2$
$$= v_n^2 + (\alpha^n + \beta^n)^2 - 4(\alpha\beta)^n = 2v_n^2 - 4 \cdot (-2)^n.$$

(6) $v_n^2 + 12u_n^2 = 2v_{2n} = 2v_n^2 + 2 \cdot (-2)^{n+1}$ (vgl. (3),(5)).

c) Wegen (1) und (2) enthält die Menge M der $n \in \mathbb{N}$ mit $p|u_n$ mit zwei Elementen k und m auch deren Summe $k + m$ und deren Differenz $k - m$ (falls $m < k$). Daher enthält die Menge M, wenn sie nicht leer ist, ein kleinstes Element r, das alle übrigen Elemente von M teilt. Die Menge M ist nicht leer, denn p teilt u_{p-1} oder u_{p+1}: Aus (1) und (2) folgt wegen $u_1 = 1$ und $v_1 = 2$

$$2u_{p+1} = 2u_p + v_p \quad \text{und} \quad -4u_{p-1} = 2u_p - v_p,$$

also gilt nach a)

$$-8u_{p-1}u_{p+1} = 4u_p^2 - v_p^2 \equiv 4 - 4 \equiv 0 \bmod p.$$

Damit ergibt sich auch $r \leq p + 1$. $\square$

Satz 11 (LUCAS-Test): Für eine Primzahl $p \geq 3$ ist M_p genau dann eine Primzahl, wenn M_p das $(p-1)$-te Glied der rekursiven Folge $\{s_i\}$ mit

$$s_1 = 4, \quad s_{i+1} = s_i^2 - 2$$

teilt.

Beweis (nach [Lehmer 1935]): 1) Es sei $p \geq 3$ und M_p Primzahl. Es muß

$$s_{p-1} \equiv 0 \bmod M_p$$

gezeigt werden. Gleichwertig damit ist

$$2^{(2^{p-2})} s_{p-1} \equiv 0 \bmod M_p.$$

Definiert man $\sigma_i = 2^{(2^{i-1})} s_i$, also

$$\sigma_1 = 8, \quad \sigma_{i+1} = \sigma_i^2 - 2^{(2^i+1)},$$

dann muß
$$\sigma_{p-1} \equiv 0 \bmod M_p$$
nachgewiesen werden. Es gilt $\sigma_p = \sigma_{p-1}^2 - 4 \cdot 2^{(2^{p-1}-1)}$. Wegen $\left(\frac{2}{M_p}\right) = 1$ ist nach Satz 5
$$2^{2^{p-1}-1} \equiv 2^{\frac{1}{2}(M_p-1)} \equiv \left(\frac{2}{M_p}\right) \equiv 1 \bmod M_p.$$

Es muß also nur noch $\sigma_p \equiv -4 \bmod M_p$ gezeigt werden. Nun beachten wir, daß für die Folgen $\{\sigma_i\}$ und $\{v_{2^i}\}$ dieselbe Rekursion gilt (vgl. insbesondere (5) aus obigem Hilfssatz), daß also $\sigma_i = v_{2^i}$ für $i \in \mathbb{N}$. Nach (3) aus obigem Hilfssatz folgt
$$2\sigma_p = 2v_{M_p+1} = v_{M_p}v_1 + 12u_{M_p}u_1 = 2v_{M_p} + 12u_{M_p}.$$

Nun ist nach Teil a) des Hilfssatzes wegen $M_p \equiv 1 \bmod 3$ und $M_p \equiv 3 \bmod 4$
$$u_{M_p} \equiv \left(\frac{3}{M_p}\right) \equiv -\left(\frac{M_p}{3}\right) \equiv -\left(\frac{1}{3}\right) \equiv -1 \bmod M_p \quad \text{und} \quad v_{M_p} \equiv 2 \bmod M_p,$$

so daß sich $\sigma_p \equiv v_{M_p} + 6u_{M_p} \equiv 2 - 6 \equiv -4 \bmod M_p$ ergibt.

2) Sei nun s_{n-1} teilbar durch $2^n - 1$, also auch σ_{n-1} teilbar durch $2^n - 1$. Ferner sei p ein Primteiler von $2^n - 1$ und r der nach Teil c) des obigen Hilfssatzes bestimmte Index bezüglich dieser Primzahl p. Nach (4) aus obigem Hilfssatz gilt
$$u_{2^n} = u_{2^{n-1}}v_{2^{n-1}} = u_{2^{n-1}}\sigma_{n-1}.$$

Also ist u_{2^n} teilbar durch $2^n - 1$ und damit durch p, weshalb $r | 2^n$ gilt (vgl. Teil c) des Hilfssatzes). Wäre $r | 2^{n-1}$, dann wäre neben $p | v_{2^{n-1}}(= \sigma_{n-1})$ auch $p | u_{2^{n-1}}$ (vgl. Teil c) des Hilfssatzes); dies widerspricht der Formel (6) aus obigem Hilfssatz, denn eine Zweierpotenz ist nicht durch p teilbar. Also ist $r = 2^n$. Wegen $r \leq p + 1 \leq 2^n$ folgt $p = 2^n - 1$. $\square$

Beispiel 4: Wir wollen zeigen, daß $M_7 = 127$ eine Primzahl ist. Dazu betrachten wir gemäß Satz 11 die Folge $s_1, s_2, s_3, \ldots$ modulo 127:
$$s_1 \equiv 4; \quad s_2 \equiv 14; \quad s_3 \equiv 67; \quad s_4 \equiv 42; \quad s_5 \equiv 111; \quad s_6 \equiv 0 \bmod 127.$$

Beispiel 5: Um zu zeigen, daß $M_{11} = 2047$ keine Primzahl ist, untersucht man gemäß Satz 11 die Folge $s_1, s_2, s_3, \ldots$ modulo 2047:
$$s_1 \equiv 4; \quad s_2 \equiv 14; \quad s_3 \equiv 194; \quad s_4 \equiv 788; \quad s_5 \equiv 701;$$
$$s_6 \equiv 119; \quad s_7 \equiv 1877; \quad s_8 \equiv 240; \quad s_9 \equiv 282; \quad s_{10} \equiv 1736 \quad \bmod 2047.$$

Die Rechnungen bei Anwendung von Satz 11 wird man zweckmäßigerweise nicht wie in diesen Beispielen im Zehnersystem, sondern im Zweiersystem durchführen, da hier das Reduzieren mod M_p einfach die Ersetzung von 2^p durch 1 bedeutet.

Beispiel 6: Möchte man zeigen, daß M_{13} eine Primzahl ist und dabei im Zweiersystem rechnen, so beginnt die Rechnung folgendermaßen:

$s_1 = 100$

$s_2 = 100^2 - 10 = 10000 - 10 = 1110$

$s_3 = 1110^2 - 10 = 11000100 - 10 = 11000010$

$s_4 = 11000010^2 - 10 = 1001001100000100 - 10 = 1001001100000010$

Jetzt muß erstmals mod M_{13} reduziert werden:

$$\overbrace{100}\overbrace{1001100000010} \equiv 1001100000010 + 100 \equiv 1001100000110 \bmod M_{13}$$

$s_4 \equiv 1001100000110 \bmod M_{13}$

$s_5 \equiv 1001100000110^2 - 10 \equiv 1011010011110010000100010$
$$\equiv 10000100010 + 101101001111 \equiv 111101110001 \bmod M_{13}$$

usw. Es wird sich dann $s_{12} \equiv 0 \bmod M_{13}$ ergeben (Aufgabe 27).

IV.5 Darstellung von Zahlen als Quadratsummen

Die ganze GAUSSsche Zahl $x+yi$ hat die Norm $N(x+yi) = x^2+y^2$. In II.3 tauchte bei der Untersuchung ganzer GAUSSscher Zahlen immer wieder die Frage auf, ob eine solche Zahl mit vorgegebener Norm existiert, ob also die diophantische Gleichung

$$x^2 + y^2 = n$$

für ein gegebenes $n \in \mathbb{N}$ lösbar ist. Wir sagen dann, die Zahl n sei *als Summe zweier Quadrate darstellbar*. Sind zwei Zahlen als Summe zweier Quadrate darstellbar, dann gilt dies auch für ihr Produkt:

$$
\begin{aligned}
(a^2 + b^2) \cdot (c^2 + d^2) &= N(a+bi) \cdot N(c+di) \\
&= N((a+bi) \cdot (c+di)) \\
&= N((ac-bd) + (ad+bc)i) \\
&= (ac-bd)^2 + (ad+bc)^2
\end{aligned}
$$

Die Beziehung $(a^2+b^2) \cdot (c^2+d^2) = (ac-bd)^2 + (ad+bc)^2$ kann man natürlich auch ohne Zuhilfenahme des Begriffs der GAUSSschen Zahl überprüfen, indem man die Klammern ausmultipliziert. Eleganter gestaltet sich der Nachweis dieser Beziehung, wenn man in der Matrizengleichung

$$
\begin{pmatrix} a & -b \\ b & a \end{pmatrix}
\begin{pmatrix} c & -d \\ d & c \end{pmatrix}
=
\begin{pmatrix} ac-bd & -(ad+bc) \\ ad+bc & ac-bd \end{pmatrix}
$$

die Determinanten bildet. Aufgrund dieser Beziehung ist es naheliegend, zunächst die Darstellbarkeit von *Primzahlen* als Summe zweier Quadrate zu untersuchen. Wegen $2 = 1^2 + 1^2$ sind dabei nur die ungeraden Primzahlen von

Interesse. Wegen $u^2 \equiv 0 \bmod 4$ oder $u^2 \equiv 1 \bmod 4$ für jede Quadratzahl u^2 gilt für alle ganzen Zahlen x, y

$$x^2 + y^2 \not\equiv 3 \bmod 4,$$

eine Primzahl p mit $p \equiv 3 \bmod 4$ ist also *nicht* als Summe von zwei Quadraten darstellbar. Gilt für die Primzahl p jedoch $p \equiv 1 \bmod 4$, dann ist p als Summe zweier Quadrate darzustellen, und zwar bis auf die Reihenfolge der Summanden eindeutig. Diese Behauptung wollen wir nun beweisen:

Ist p eine Primzahl mit $p \equiv 1 \bmod 4$, dann ist $\left(\frac{-1}{p}\right) = 1$, die quadratische Kongruenz $u^2 \equiv -1 \bmod p$ besitzt also eine Lösung $u_0 \bmod p$. Wegen $p \nmid u_0$ hat die Kongruenz $u_0 x \equiv y \bmod p$ für jedes $y \in \mathbb{N}$ eine Lösung $x_0 \bmod p$. Damit gilt $(u_0 x_0)^2 \equiv -x_0^2 \equiv y_0^2 \bmod p$, also

$$x_0^2 + y_0^2 \equiv 0 \bmod p.$$

Nun zeigen wir, daß man x_0, y_0 so konstruieren kann, daß

$$0 < x_0^2 + y_0^2 < 2p$$

gilt, woraus dann $p = x_0^2 + y_0^2$ folgt. Dazu betrachte man alle Terme

$$u_0 x - y \quad \text{mit} \quad 0 \le x \le [\sqrt{p}],\ 0 \le y \le [\sqrt{p}].$$

Unter diesen $([\sqrt{p}] + 1)^2 > p$ Termen sind zwei mod p kongruente:

$$u_0 x_1 - y_1 \equiv u_0 x_2 - y_2 \bmod p \quad \text{bzw.} \quad u_0(x_1 - x_2) \equiv y_1 - y_2 \bmod p.$$

Für $x_0 = x_1 - x_2$ und $y_0 = y_1 - y_2$ gilt dann wegen $(x_1, y_1) \ne (x_2, y_2)$

$$0 < |x_0| < \sqrt{p} \quad \text{und} \quad 0 < |y_0| < \sqrt{p},$$

also $0 < x_0^2 + y_0^2 < 2p$. Damit haben wir folgenden Satz bewiesen:

Satz 12: Eine ungerade Primzahl p ist genau dann als Summe zweier Quadrate darstellbar, wenn $p \equiv 1 \bmod 4$.

Dieser Satz ist im Jahr 1640 von FERMAT in einem Brief an MERSENNE ausgesprochen worden, er war allerdings schon ALBERT GIRARD (1595–1632) bekannt und heißt daher auch manchmal „Satz von GIRARD". Als erster publizierte EULER im Jahr 1754 einen Beweis; auf ihn geht auch der folgende Nachweis der *Eindeutigkeit* der Darstellung zurück:

Es sei $x^2 + y^2 = u^2 + v^2 = p$, wobei man $0 < x < y < \sqrt{p}$ und $0 < u < v < \sqrt{p}$ annehmen darf, ohne die Allgemeinheit zu beschränken. Ferner ist klar, daß p keine der Zahlen x, y, u, v teilt und daß $\mathrm{ggT}(x, y) = \mathrm{ggT}(u, v) = 1$ gilt. Die zu beweisende Aussage „$x = u$ und $y = v$" ist unter obigen Annahmen gleichwertig mit „$xv - yu = 0$" und dies wiederum mit „$p \mid (xv - yu)$". Nun gilt

$$\begin{aligned}
(xv - yu) \cdot (xv + yu) &= x^2 v^2 - y^2 u^2 = (p - y^2)v^2 - y^2 u^2 \\
&= pv^2 - y^2(u^2 + v^2) = p(v^2 - y^2).
\end{aligned}$$

Die Annahme $p|(xv+yu)$ führt wegen $0 < xv+yu < 2p$ auf $xv+yu = p$. Wegen $(x^2 + y^2) \cdot (u^2 + v^2) = (xu - yv)^2 + (xv + yu)^2$ folgt daraus $xu - yv = 0$, was aber wegen $xu < yv$ nicht möglich ist. Also gilt $p|(xv - yu)$. $\square$

Man kann Satz 12 auch mit Hilfe von Kettenbrüchen beweisen und dabei sogar einen Algorithmus für die Bestimmung der Darstellung $p = a^2 + b^2$ gewinnen (vgl. z. B. [Lüneburg 1987]).

In II.3 Satz 7 haben wir schon gesehen, daß eine natürliche Zahl > 1 aus der Restklasse 1 mod 4 genau dann eine Primzahl ist, wenn sie *genau eine* Darstellung als Summe von zwei Quadraten besitzt und wenn diese teilerfremd sind. Auch der folgende Satz ist schon in II.3 (Satz 6) auf andere Art bewiesen worden.

Satz 13: Eine natürliche Zahl n ist genau dann als Summe von zwei Quadraten darstellbar, wenn für jede Primzahl p mit $p \equiv 3$ mod 4 der Exponent in der kanonischen Primfaktorzerlegung von n gerade ist.

Beweis: Es sei $n = a \cdot b$, wobei a aus allen Primfaktoren p von n mit $p \equiv 3$ mod 4 besteht, b also keinen solchen Primfaktor enthält. Da also b aus Faktoren besteht, die als Summe von zwei Quadraten darstellbar sind, ist b selbst als Summe von zwei Quadraten darstellbar:

$$b = u^2 + v^2.$$

1) Ist a eine Quadratzahl, etwa $a = c^2$, sind also die Exponenten der Primzahlen p mit $p \equiv 3$ mod 4 in n gerade, dann ist

$$n = a \cdot b = c^2(u^2 + v^2) = (cu)^2 + (cv)^2,$$

die Zahl n ist dann also als Summe zweier Quadrate zu schreiben.

2) Gilt umgekehrt $n = x^2 + y^2$ und ist $d = \text{ggT}(x, y)$, dann ist $d^2|n$ und

$$n_1 = x_1^2 + y_1^2 \quad \text{mit} \quad n_1 = \frac{n}{d^2} \quad \text{und} \quad x_1 = \frac{x}{d}, \; y_1 = \frac{y}{d}.$$

Für einen Primteiler p von n_1 gilt $p \nmid x_1 y_1$. Ist $y_1 u \equiv 1$ mod p, dann ist

$$(x_1 u)^2 + 1 \equiv 0 \text{ mod } p,$$

also -1 quadratischer Rest mod p. Dies ist aber nicht möglich, wenn $p \equiv 3$ mod 4. Also stecken alle Primteiler von n dieser Form in der Quadratzahl d^2. $\square$

Ist n eine zusammengesetzte Zahl, die den Bedingungen von Satz 13 genügt und mindestens zwei verschiedenen Primteiler p der Form $p \equiv 1$ mod 4 enthält, dann besitzt n wesentlich verschiedene Darstellungen als Summe zweier Quadrate. Beispielsweise ist

$$65 = 1^2 + 8^2 = 4^2 + 7^2.$$

Bei einer Primzahl dagegen ist die Darstellung eindeutig, wie wir oben gezeigt haben. Es gilt sogar allgemeiner:

Satz 14: Die Darstellung einer Primzahl p in der Form $ax^2 + by^2$ mit $a, b \in \mathbb{N}$ ist eindeutig.

Beweis: Wäre $p = au^2 + bv^2 = ax^2 + by^2$ mit $\mathrm{ggT}(u,v) = \mathrm{ggT}(x,y) = 1$, so wäre

$$
\begin{aligned}
p^2 &= (au^2 + bv^2)(ax^2 + by^2) \\
&= a^2u^2x^2 + b^2v^2y^2 + ab(u^2y^2 + v^2x^2) \\
&= (aux + bvy)^2 + ab(uy - vx)^2 \\
&= (aux - bvy)^2 + ab(uy + vx)^2.
\end{aligned}
$$

Ist $uy = vx$, dann ist $u|x$ und $x|u$ wegen $\mathrm{ggT}(u,v) = \mathrm{ggT}(x,y) = 1$, also $u = x$ und damit auch $v = y$; obige Darstellungen sind dann also gleich. Ist $uy \neq vx$, dann ist $uy \equiv \pm vx \bmod p$; das folgt aus $p > a$ und

$$
\begin{aligned}
a(v^2x^2 - u^2y^2) &= (p - by^2)v^2 - au^2y^2 \\
&= pv^2 - (au^2 + bv^2)y^2 \\
&= pv^2 - py^2 \\
&= p \cdot (v^2 - y^2).
\end{aligned}
$$

Daraus ergibt sich wegen $p^2 \geq ab(uy \pm vx)^2$

$$|uy \pm vx| = p, \quad a = b = 1 \quad \text{und} \quad aux \pm bvy = 0.$$

Insbesondere ergibt sich die Eindeutigkeit der Darstellung für $(a, b) \neq (1, 1)$. Für $(a, b) = (1, 1)$ folgt $ux = \pm vy = 0$, also $x = \pm v$, $y = \pm u$, und damit auch die Eindeutigkeit der Darstellung in diesem Fall. □

EULER hat sich insbesondere für die Darstellung von Primzahlen in der Form $x^2 + dy^2$ mit $d \in \mathbb{N}$ und $\mathrm{ggT}(x, dy) = 1$ interessiert. Nach Satz 14 besitzt eine Primzahl bei gegebenem d *höchstens eine* Darstellung der Form $x^2 + dy^2$. Durch diese Eigenschaft sind aber die Primzahlen keineswegs gekennzeichnet, nur für gewisse Werte von d gilt dies. Die Zahlen d mit der Eigenschaft, daß jede *eindeutig* in der Form $x^2 + dy^2$ mit $\mathrm{ggT}(x, dy) = 1$ darstellbare ungerade Zahl eine Primzahl ist, nannte EULER *numeri idonei* („taugliche Zahlen"). Mit Hilfe dieser Zahlen kann man untersuchen, ob gewisse vorgelegte Zahlen Primzahlen sind; in diesem Sinne sind die *numeri idonei* tauglich für Primzahltests. EULER kannte genau 65 *numeri idonei* (vgl. folgende Tabelle), und es sind bisher auch keine weiteren gefunden worden.

Numeri idonei

$1, 2, 3, 4, 5, 6, 7, 8, 9, 10, 12, 13, 15, 16, 18, 21, 22, 24, 25, 28, 30, 33, 37,$
$40, 42, 45, 48, 57, 58, 60, 70, 72, 78, 85, 88, 93, 102, 105, 112, 120, 130,$
$133, 165, 168, 177, 190, 210, 232, 240, 253, 273, 280, 312, 330, 345,$
$357, 385, 408, 462, 520, 760, 840, 1320, 1365, 1848$

Wir wollen zeigen, daß 7 eine „taugliche" Zahl ist: Es sei n ungerade und $n = x^2 + 7y^2$ mit $\mathrm{ggT}(x, 7y) = 1$, ferner sei p ein Primteiler von n. Dann ist $x^2 + 7y^2 \equiv 0 \bmod p$, mit $z \equiv xy^{p-2} \bmod p$ also $z^2 \equiv -7 \bmod p$. Es muß daher $\left(\frac{-7}{p}\right) = +1$ sein. Wegen

$$\left(\frac{-7}{p}\right) = \left(\frac{-1}{p}\right)\left(\frac{7}{p}\right) = (-1)^{\frac{p-1}{2}}(-1)^{\frac{7-1}{2} \cdot \frac{p-1}{2}}\left(\frac{p}{7}\right) = \left(\frac{p}{7}\right)$$

muß $p \equiv 1,2,4 \bmod 7$ gelten; da p ungerade ist, gilt also

$$p \equiv 1, 9, 11 \bmod 14.$$

Ist nun $x_1 \pm zy_1 \equiv 0 \bmod p$ mit $0 < x_1, y_1 < \sqrt{p}$ (vgl. Beweis von Satz 12), dann gilt $y_1^2(z^2 + 7) \equiv x_1^2 + 7y_1^2 \equiv 0 \bmod p$, also

$$x_1^2 + 7y_1^2 = mp \quad \text{mit} \quad 1 \le m \le 7.$$

Dabei dürfen x_1, y_1 nicht beide ungerade sein, denn dann wäre 8 ein Teiler von $x_1^2 + 7y_1^2$ und damit auch von mp. Daraus folgt sofort $m \ne 2$ und $m \ne 6$. Ist $m = 4$, dann sind x_1, y_1 beide gerade und es ergibt sich durch Kürzen der 4 eine Darstellung $x_2^2 + 7y_2^2 = p$. Ist $m = 3$, dann ist $3 \nmid y_1$, denn $p \ne 3$; es ergibt sich ein Widerspruch zu $\left(\frac{-7}{3}\right) = \left(\frac{-1}{3}\right) = -1$. Ist $m = 5$, dann ist $5 \nmid y_1$, denn $p \ne 5$; es ergibt sich ein Widerspruch zu $\left(\frac{-7}{5}\right) = \left(\frac{-2}{5}\right) = -1$. Ist $m = 7$, so setzen wir $x_1 = 7x_2$ und erhalten $y_1^2 + 7x_2^2 = p$. Insgesamt ergibt sich, daß jeder Primfaktor von n in der Form $x^2 + 7y^2$ mit $\mathrm{ggT}(x, 7y) = 1$ darstellbar ist. Enthält nun n die (gleichen oder verschiedenen) Primfaktoren $p_1, p_2, \ldots$, und gilt $p_i = x_i^2 + 7y_i^2$ für $i = 1, 2, \ldots$, dann gewinnt man durch mehrfaches Anwenden der Identität

$$(x_1^2 + 7y_1^2)(x_2^2 + 7y_2^2) = (x_1 x_2 \mp 7y_1 y_2)^2 + 7(x_1 y_2 \pm y_1 x_2)^2$$

verschiedene Darstellungen von n. Ist also die Darstellung von n eindeutig, dann ist n eine Primzahl.

Beispiel 1: Wir wollen zeigen, daß 977 eine Primzahl ist. Wegen $977 \equiv 11 \bmod 14$ dürfen wir dazu den Test mit der „tauglichen" Zahl 7 benutzen. Wir suchen ein $y \in \mathbb{N}$ so, daß $977 - 7y^2$ ein Quadrat ist. Dabei muß $1 \le y \le 11$ sein, da dieser Ausdruck für $y \ge 12$ negativ wird. Es ergeben sich die Zahlen 970, 949, 914, 865, 802, 725, 634, 529, 410, 277, 130; von diesen ist nur $529 = 23^2$ ein Quadrat, also ist 977 eine Primzahl. Die (eindeutige) Darstellung lautet

$$977 = 23^2 + 7 \cdot 8^2.$$

Beispiel 2: EULER hat mit Hilfe des *numerus idoneus* 1848 gezeigt, daß 18 518 809 eine Primzahl ist: Aus dem Ansatz $18\,518\,809 = x^2 + 1848y^2$ ergibt sich zunächst

$$1 \le y \le \left[\sqrt{\frac{18\,518\,809}{1848}}\right] = 100.$$

Nun betrachtet man obigen Ansatz nach verschiedenen Primzahlmoduln, welche keine Teiler von $1848 = 2^3 \cdot 3 \cdot 7 \cdot 11$ sind:

$x^2 + 3y^2 \equiv 4 \bmod 5$ ist nicht lösbar für $y \equiv \pm 2 \bmod 5$;
$x^2 + 2y^2 \equiv 10 \bmod 13$ ist nicht lösbar für $y \equiv \pm 1, \pm 2, \pm 3 \bmod 13$;
$x^2 - 5y^2 \equiv 12 \bmod 17$ ist nicht lösbar für $y \equiv 0, \pm 3, \pm 4, \pm 6 \bmod 17$;
$x^2 + 5y^2 \equiv 3 \bmod 19$ ist nicht lösbar für $y \equiv 0, \pm 2, \pm 3, \pm 4, \pm 6 \bmod 19$.

Jetzt verbleiben für y nur noch zehn Werte, nämlich

$$5, 9, 26, 39, 46, 56, 69, 84, 86, 100.$$

Keine der Zahlen

$$
\begin{aligned}
18\,518\,809 - 1848 \cdot 5^2 &= 18\,427\,609, \\
18\,518\,809 - 1848 \cdot 9^2 &= 18\,369\,121, \\
18\,518\,809 - 1848 \cdot 26^2 &= 17\,269\,561, \\
18\,518\,809 - 1848 \cdot 39^2 &= 15\,708\,001, \\
18\,518\,809 - 1848 \cdot 46^2 &= 14\,608\,441, \\
18\,518\,809 - 1848 \cdot 56^2 &= 12\,723\,481, \\
18\,518\,809 - 1848 \cdot 69^2 &= 9\,720\,481, \\
18\,518\,809 - 1848 \cdot 84^2 &= 5\,479\,321, \\
18\,518\,809 - 1848 \cdot 86^2 &= 4\,851\,001
\end{aligned}
$$

ist eine Quadratzahl, dies trifft nur für

$$18\,518\,809 - 1848 \cdot 100^2 = 38\,809 = 197^2$$

zu. Es gilt $18\,518\,809 = 197^2 + 1848 \cdot 100^2$. Da dies die einzige Darstellung von $18\,518\,809$ in der Form $x^2 + 1848y^2$ ist, handelt es sich um eine Primzahl.

Die Zahl 3 läßt sich als Summe von drei Quadraten darstellen (nämlich $3 = 1^2 + 1^2 + 1^2$), zur Darstellung der Zahl 7 benötigt man vier Quadrate: $7 = 1^2 + 1^2 + 1^2 + 2^2$. Der folgende *Satz von* LAGRANGE besagt, daß man zur Darstellung einer natürlichen Zahl als Quadratsumme mit vier Quadraten auskommt. BACHET (vgl. IV.6) glaubte, daß schon DIOPHANT diesen *Vier-Quadrate-Satz* kannte; FERMAT scheint einen Beweis für diesen Satz gehabt zu haben, hat ihn aber nie mitgeteilt. Nachdem es EULER nicht gelungen war, einen Beweis zu finden, hatte LAGRANGE Erfolg, weshalb der Satz nach ihm benannt ist. (In [Nagell 1964] heißt dieser Satz aber *Satz von* BACHET.)

Satz 15: Jede natürliche Zahl läßt sich als Summe von höchstens vier Quadraten darstellen.

Beweis: Sind zwei natürliche Zahlen als Summe von vier Quadraten darstellbar, dann gilt das auch für ihr Produkt. Dies folgt aus der Matrizengleichung

$$
\begin{pmatrix} \alpha & -\overline{\beta} \\ \beta & \overline{\alpha} \end{pmatrix}
\begin{pmatrix} \gamma & -\overline{\delta} \\ \delta & \overline{\gamma} \end{pmatrix}
=
\begin{pmatrix} \varrho & -\overline{\sigma} \\ \sigma & \overline{\varrho} \end{pmatrix}
\quad \text{mit} \quad
\begin{cases} \varrho = \alpha\gamma - \overline{\beta}\delta \\ \sigma = \beta\gamma + \overline{\alpha}\delta \end{cases}
$$

für komplexe Zahlen $\alpha, \beta, \gamma, \delta$, wenn man die zugehörigen Determinanten bildet:
$(\alpha\overline{\alpha} + \beta\overline{\beta})(\gamma\overline{\gamma} + \delta\overline{\delta}) = \varrho\overline{\varrho} + \sigma\overline{\sigma}$ bzw.

$$(N(\alpha) + N(\beta))(N(\gamma) + N(\delta)) = N(\varrho) + N(\sigma).$$

Denn die Norm einer komplexen Zahl ist die Summe von zwei Quadraten. Daher muß man nur zeigen, daß jede Primzahl als Summe von höchstens vier Quadraten darstellbar ist. Dies ist für die Primzahl 2 klar; für eine Primzahl p mit $p \equiv 1 \bmod 4$ ist dies auch klar, denn diese ist nach Satz 2 sogar schon als Summe von zwei Quadraten darstellbar. Im folgenden sind also nur noch Primzahlen p mit $p \equiv 3 \bmod 4$ zu betrachten. Es sei also p eine Primzahl mit $p \equiv 3 \bmod 4$ und c die kleinste natürliche Zahl, die quadratischer Nichtrest mod p ist. Dann gilt

$$2 \le c \le p - 1, \quad \left(\frac{c-1}{p}\right) = 1 \quad \text{und} \quad \left(\frac{-c}{p}\right) = \left(\frac{-1}{p}\right)\left(\frac{c}{p}\right) = (-1)^2 = 1.$$

Es existieren also ganze Zahlen x, y mit

$$x^2 \equiv c - 1 \bmod p \quad \text{und} \quad y^2 \equiv -c \bmod p.$$

Es folgt $x^2 + y^2 + 1 \equiv 0 \bmod p$. Die ganzen Zahlen x, y kann man dabei so wählen, daß $0 \le x, y \le \frac{p-1}{2}$ gilt. Daraus folgt, daß eine natürliche Zahl $h < p$ so existiert, daß die diophantische Gleichung

$$x_1^2 + x_2^2 + x_3^2 + x_4^2 = hp$$

lösbar ist. Wir nehmen an, h sei die kleinstmögliche solche Zahl und wollen zeigen, daß $h = 1$ ist. Ist h gerade, dann ist die Anzahl der ungeraden unter den Zahlen x_i gerade, bei geeigneter Numerierung sind also $x_1 \pm x_2$ und $x_3 \pm x_4$ gerade. Dann gilt

$$\left(\frac{x_1 + x_2}{2}\right)^2 + \left(\frac{x_1 - x_2}{2}\right)^2 + \left(\frac{x_3 + x_4}{2}\right)^2 + \left(\frac{x_3 - x_4}{2}\right)^2 = \frac{h}{2} \cdot p,$$

was der Minimalität von h widerspricht. Also ist h ungerade. Es sei $h \ge 3$ und $y_i \equiv x_i \bmod h$ mit $|y_i| \le \frac{h-1}{2}$ $(i = 1, 2, 3, 4)$. Es gilt $(y_1, y_2, y_3, y_4) \ne (0, 0, 0, 0)$, andernfalls wäre $h | p$. Daher ist

$$0 < y_1^2 + y_2^2 + y_3^2 + y_4^2 < h^2 \quad \text{und} \quad y_1^2 + y_2^2 + y_3^2 + y_4^2 \equiv 0 \bmod h,$$

also $y_1^2 + y_2^2 + y_3^2 + y_4^2 = h'h$ mit $h' < h$. Nun benutzen wir die eingangs hergeleitete Identität mit

$$\alpha = x_1 + x_2 i, \quad \beta = x_3 + x_4 i, \quad \gamma = y_1 - y_2 i, \quad \delta = -y_3 - y_4 i.$$

Dann ist

$$\varrho = (+x_1 y_1 + x_2 y_2 + x_3 y_3 + x_4 y_4) + (-x_1 y_2 + x_2 y_1 + x_3 y_4 - x_4 y_3)i,$$

$$\sigma = (-x_1y_3 - x_2y_4 + x_3y_1 + x_4y_2) + (-x_1y_4 + x_2y_3 - x_3y_2 + x_4y_1)i.$$

Die Real- und Imaginärteile von ϱ und σ sind alle durch h teilbar, also ist jeder Summand von $N(\varrho) + N(\sigma)$ durch h^2 teilbar. Es ist daher

$$hp \cdot h'h = (x_1^2 + x_2^2 + x_3^2 + x_4^2)(y_1^2 + y_2^2 + y_3^2 + y_4^2) = h^2(u_1^2 + u_2^2 + u_3^2 + u_4^2)$$

also

$$h'p = u_1^2 + u_2^2 + u_3^2 + u_4^2$$

mit $u_1, u_2, u_3, u_4 \in \mathbb{Z}$. Dies liefert einen Widerspruch zur Minimalität von h. Also ist $h = 1$. $\square$

Bemerkungen: 1) Die natürlichen Zahlen, zu deren Darstellung man nicht mit weniger als vier Quadraten auskommt, haben die Form $4^k(8m + 7)$; die kleinsten solchen Zahlen sind also 7,15,23,28,31,39. (Daß diese Zahlen nicht als Summe von drei Quadraten zu schreiben sind, liegt im wesentlichen daran, daß eine Summe von drei Quadratzahlen modulo 8 nur die Werte 0,1,2,3,4,5,6 annehmen kann.) Dieser *Drei-Quadrate-Satz* wird in IV.9 bewiesen. Erste Beweise stammen von LEGENDRE und von GAUSS, weshalb man diese Aussage auch *Satz von GAUSS* nennt; vereinfachte Beweise stammen von DIRICHLET und LANDAU [Landau 1927]. Einer der Gründe, warum dieser Beweis so schwierig ist, liegt darin, daß das Produkt von zwei Summen dreier Quadrate i. allg. nicht wieder als Summe von drei Quadraten geschrieben werden kann: Ist nämlich

$$a^2 + b^2 + c^2 \equiv 3 \bmod 8 \quad \text{und} \quad d^2 + e^2 + f^2 \equiv 5 \bmod 8,$$

so ist

$$(a^2 + b^2 + c^2)(d^2 + e^2 + f^2) \equiv 7 \bmod 8.$$

Hat man bewiesen, daß jede Zahl, die nicht von der Form $4^k(8m + 7)$ ist, als Summe von drei Quadraten zu schreiben ist, dann ist damit auch erneut der Satz von LAGRANGE bewiesen. Denn

$$4^k(8m + 7) = 4^k(8m + 6) + 4^k = a^2 + b^2 + c^2 + (2^k)^2.$$

2) Mit Hilfe des Satzes von GAUSS kann man einige interessante Aussagen über die Darstellung natürlicher Zahlen als Quadratsummen beweisen; z. B. kann man zeigen, daß jede natürliche Zahl, die nicht Summe von drei Quadraten ist, in der Form $a^2 + b^2 + 2c^2$ geschrieben werden kann (Aufgabe 34).

3) Einen weiteren Beweis des Satzes von LAGRANGE werden wir in VII.4 erbringen, indem wir die Anzahl der Darstellungen einer natürlichen Zahl n als Summe von 4 Quadraten berechnen, welche sich als positiv erweisen wird.

EDWARD WARING (1734–1798) hat im Jahr 1770 in seinem Buch *Meditationes Algebraicae* behauptet, daß jede natürliche Zahl als Summe von höchstens neun dritten Potenzen, als Summe von höchstens 19 vierten Potenzen „usw."

darstellbar sei. Er hatte für diese Behauptungen aber keinerlei Beweis. Das *Waringsche Problem* besteht in der Frage, ob zu jeder natürlichen Zahl k eine Zahl $g(k)$ derart existiert, daß jede natürliche Zahl als Summe von höchstens $g(k)$ k-ten Potenzen dargestellt werden kann, wobei der Fall $k = 1$ nicht sonderlich interessant ist. Die Zahl $g(k)$ soll natürlich möglichst klein sein. Den Satz von LAGRANGE (Satz 15) kann man dann folgendermaßen aussprechen: $g(2) = 4$. Die Existenz einer solchen Zahl $g(k)$ für jedes $k \in \mathbb{N}$ wurde im Jahr 1909 von DAVID HILBERT (1862–1943) bewiesen. Wir werden einen Beweis dieses Satzes von WARING-HILBERT in VII.7 vorstellen. Eine Abschätzung der Zahl $g(k)$ nach unten ergibt sich sehr einfach:

Satz 16: Für jede natürliche Zahl $k \geq 2$ gilt

$$g(k) \geq 2^k + \left[\left(\frac{3}{2}\right)^k\right] - 2.$$

Beweis: Wir wollen zeigen, daß man zur Darstellung der Zahl

$$n = 2^k \left[\left(\frac{3}{2}\right)^k\right] - 1$$

als Summe von k-ten Potenzen mindestens $2^k + [\left(\frac{3}{2}\right)^k] - 2$ Summanden benötigt. Wegen $n < 3^k$ kommen als Summanden nur 2^k und 1^k in Frage. Benötigt man dabei a Summanden 2^k und b Summanden 1 , wobei $b < 2^k$, ist also $n = a \cdot 2^k + b$, dann ist

$$g(k) \geq a + b = a + (n - a \cdot 2^k) = n - a \cdot (2^k - 1),$$

wegen $a < [\left(\frac{3}{2}\right)^k]$ also

$$g(k) \geq n - \left(\left[\left(\frac{3}{2}\right)^k\right] - 1\right)(2^k - 1) = 2^k + \left[\left(\frac{3}{2}\right)^k\right] - 2. \quad \square$$

Bezeichnen wir die in Satz 16 angegebene untere Schranke von $g(k)$ mit $s(k)$, dann ergibt sich folgende Tabelle:

k	2	3	4	5	6	7	8	9	10	...
$s(k)$	4	9	19	37	73	143	279	548	1079	...

Es ist $g(2) = s(2)$. Man hat beweisen können, daß auch $g(k) = s(k)$ für alle $k \in \mathbb{N}$ mit $k \leq 200\,000$ gilt, wobei der Fall $k = 4$ erst in jüngster Zeit erledigt werden konnte. Es ist zu vermuten, daß für *alle* $n \in \mathbb{N}$ die Gleichung $g(k) = s(k)$ gilt. Man hat sogar gezeigt, daß $g(k) > s(k)$ nur für endlich viele k gelten kann (vgl. [Sierpinski 1988]).

IV.6 Pythagoreische Zahlentripel; die Fermatsche Vermutung

Kennt man eine Lösung (x_0, y_0, z_0) der Gleichung

$$x^2 + y^2 = z^2$$

mit natürlichen Zahlen x_0, y_0, z_0, dann kann man ein rechtwinkliges Dreieck mit den ganzzahligen Seitenlängen x_0, y_0, z_0 konstruieren. Man nennt dann (x_0, y_0, z_0) ein *pythagoreisches Zahlentripel*. Schon PYTHAGORAS hat unendlich viele solche Tripel angegeben, nämlich $(2n + 1, 2n^2 + 2n, 2n^2 + 2n + 1)$ für $n = 1, 2, 3, \ldots$, also die Tripel (3,4,5), (5,12,13), (7,24,25), $\ldots$. Daß auf diese Art pythagoreische Tripel entstehen, ist leicht nachzurechnen:

$$\begin{aligned}
(2n + 1)^2 + (2n^2 + 2n)^2 &= (2n + 1)^2 + 4n^4 + 8n^3 + 4n^2 \\
&= (2n^2)^2 + 2 \cdot 2n^2 \cdot (2n + 1) + (2n + 1)^2 \\
&= (2n^2 + 2n + 1)^2.
\end{aligned}$$

Aber nicht jedes pythagoreische Tripel kann man auf diese Art erhalten; beispielsweise ist $8^2 + 15^2 = 17^2$, aber (8,15,17) ist nicht durch obige Formel darstellbar. Pythagoreische Zahlentripel ergeben sich auch in der Form $(n^2 - m^2, 2mn, n^2 + m^2)$ mit $m, n \in \mathbb{N}$ und $m < n$, denn

$$(n^2 - m^2)^2 + (2mn)^2 = n^4 + 2n^2m^2 + m^4 = (n^2 + m^2)^2.$$

Für $m = 1$ und $n = 4$ ergibt sich beispielsweise (15,8,17), also bis auf die Reihenfolge das oben schon erwähnte Tripel. Für $n = m + 1$ erhält man wieder die von Pythagoras angegebenen Tripel. Diesen Ansatz für pythagoreische Zahlentripel nennt man auch die *indischen Formeln*, da diese von BRAHMAGUPTA explizit angegeben worden sind. Man erhält diese Formeln sofort aus der altbabylonischen Multiplikationsformel

$$a \cdot b = \left(\frac{a + b}{2}\right)^2 - \left(\frac{a - b}{2}\right)^2,$$

wenn man $a = m^2$ und $b = n^2$ einsetzt. Die indischen Formeln ergeben sich auch folgendermaßen: Man schneide den Einheitskreis $u^2 + v^2 = 1$ mit der Geraden $v = \lambda u - 1$ mit $\lambda > 0$. Der (nichttriviale) Schnittpunkt ist

$$S\left(\frac{2\lambda}{\lambda^2 + 1} \mid \frac{\lambda^2 - 1}{\lambda^2 + 1}\right).$$

Dieser Punkt hat genau dann rationale Koordinaten, wenn λ rational ist, also $\lambda = \frac{m}{n}$ mit $m, n \in \mathbb{N}$. Dann lautet er

$$S\left(\frac{2mn}{m^2 + n^2} \mid \frac{m^2 - n^2}{m^2 + n^2}\right).$$

Weil dies ein Punkt des Einheitskreises ist, folgt

$$(2mn)^2 + (m^2 - n^2) = (m^2 + n^2)^2.$$

Wir wollen nun *alle* Lösungen von $x^2 + y^2 = z^2$ bestimmen. Den trivialen Fall, daß eine der Zahlen x, y, z Null ist, schließen wir dabei aus; ferner suchen wir nur nach positiven Lösungen, da das Vorzeichen wegen der Quadratbildung keine Rolle spielt. Außerdem suchen wir nur Lösungen (x, y, z) mit $\mathrm{ggT}(x, y, z) = 1$, denn mit (x, y, z) ist selbstverständlich auch (dx, dy, dz) mit $d \in \mathbb{N}$ eine Lösung. Ist $\mathrm{ggT}(x, y, z) = 1$, dann ist auch $\mathrm{ggT}(x, y) = \mathrm{ggT}(x, z) = \mathrm{ggT}(y, z) = 1$, denn ein gemeinsamer Teiler von zwei der Zahlen x, y, z teilt wegen $x^2 + y^2 = z^2$ auch die dritte Zahl. Ein pythagoreisches Tripel (x, y, z) mit $x, y, z \in \mathbb{N}$ und $\mathrm{ggT}(x, y, z) = 1$ nennen wir ein *primitives* pythagoreisches Tripel. In einem solchen Tripel ist genau eine der beiden Zahlen x, y gerade, denn wegen $\mathrm{ggT}(x, y, z) = 1$ können x, y nicht beide gerade sein, wegen $z^2 \not\equiv 2 \bmod 4$ können nicht beide ungerade sein.

Der folgende Satz befindet sich bereits in EUKLIDs *Elementen*:

Satz 17: Alle primitiven pythagoreischen Zahlentripel (x, y, z) mit geradem y sind folgendermaßen darstellbar:

$$x = a^2 - b^2, \quad y = 2ab, \quad z = a^2 + b^2$$

mit $a, b \in \mathbb{N}$, $\mathrm{ggT}(a, b) = 1$, $a > b$ und $a \not\equiv b \bmod 2$.

Beweis: Mit $x^2 + y^2 = z^2$ und $x = 2u + 1, y = 2v, z = 2w + 1$ gilt

$$y^2 = z^2 - x^2 = (z + x)(z - x) = (2w + 2u + 2)(2w - 2u) = 4rs,$$

wobei $r = w + u + 1$ und $s = w - u$ gesetzt ist. Es gilt $\mathrm{ggT}(r, s) = 1$, denn $\mathrm{ggT}(z + x, z - x) = 2$. Die Zahlen r, s müssen daher beides Quadrate sein, also $r = a^2$ und $s = b^2$ mit $a, b \in \mathbb{N}$ und $\mathrm{ggT}(a, b) = 1$. Es folgt

$$z = r + s = a^2 + b^2, \quad x = r - s = a^2 - b^2, \quad y = 2ab$$

mit $\mathrm{ggT}(a, b) = 1$. Weil z ungerade ist, können a, b nicht beide ungerade sein, es muß also $a \not\equiv b \bmod 2$ gelten. Umgekehrt erkennt man, daß die angegebenen Bedingungen in der Tat *primitive* pythagoreische Tripel liefern: Gäbe es eine Primzahl p mit $p|x$ und $p|z$, dann wäre $p \neq 2$ sowie $p \mid 2a^2$ und $p|2b^2$, also $p \mid a$ und $p \mid b$. Dies widerspricht der Teilerfremdheit von a und b. $\square$

Bemerkung: Alle primitiven pythagoreischen Tripel und nur solche erhält man, wenn man auf ein gegebenes Tripel dieser Art (etwa $(3,4,5)$) die linearen Transformationen der von

$$\begin{pmatrix} 2 & 1 & 2 \\ 1 & 2 & 2 \\ 2 & 2 & 3 \end{pmatrix}, \quad \begin{pmatrix} -1 & 0 & 0 \\ 0 & 1 & 0 \\ 0 & 0 & 1 \end{pmatrix}, \quad \begin{pmatrix} 1 & 0 & 0 \\ 0 & -1 & 0 \\ 0 & 0 & 1 \end{pmatrix}, \quad \begin{pmatrix} 1 & 0 & 0 \\ 0 & 1 & 0 \\ 0 & 0 & -1 \end{pmatrix}$$

erzeugten Gruppe anwendet und jeweils die Beträge der Koordinaten des Tripels betrachtet. Dabei ergeben sich auch die Tripel $(0,1,1)$ und $(1,0,1)$; aus jedem dieser „trivialen" Tripel kann man also alle primitiven pythagoreischen mit Hilfe obiger Gruppe erzeugen (Aufgabe 55).

Für verschiedene Werte von a, b in Satz 17 ergeben sich auch verschiedene Tripel, wie man leicht nachrechnet. Zu gegebenem z^2 können verschiedene Werte x, y gehören, für welche (x, y, z) ein primitives pythagoreisches Tripel ist; Beispiele hierfür sind

$$16^2 + 63^2 = 65^2 = 33^2 + 56^2,$$
$$13^2 + 84^2 = 85^2 = 36^2 + 77^2.$$

Hier existieren jeweils auch noch nicht-primitive Tripel:

$$25^2 + 60^2 = 65^2 = 39^2 + 52^2,$$
$$40^2 + 75^2 = 85^2 = 51^2 + 68^2.$$

Die folgende Tabelle enthält einige primitive pythagoreische Tripel.

a	b	(x, y, z)	a	b	(x, y, z)	a	b	(x, y, z)
2	1	$(3, 4, 5)$	7	2	$(45, 28, 53)$	9	4	$(65, 72, 97)$
3	2	$(5, 12, 13)$	7	4	$(33, 56, 65)$	9	8	$(17, 144, 145)$
4	1	$(15, 8, 17)$	7	6	$(13, 84, 85)$	10	1	$(99, 20, 101)$
4	3	$(7, 24, 25)$	8	1	$(83, 16, 65)$	10	3	$(91, 60, 109)$
5	2	$(21, 20, 29)$	8	3	$(55, 48, 73)$	10	7	$(51, 140, 149)$
5	4	$(9, 40, 41)$	8	5	$(39, 80, 89)$	10	9	$(19, 180, 181)$
6	1	$(35, 12, 37)$	8	7	$(15, 112, 113)$	11	2	$(117, 44, 125)$
6	5	$(11, 60, 61)$	9	2	$(77, 36, 85)$	11	4	$(105, 88, 137)$

Die Keilschrifttafel *Plimpton 322*, die um 1600 v. Chr. in Babylon entstanden ist, enthält eine Liste von 15 pythagoreischen Zahlentripeln. Weil man in Babylon im 60er-System rechnete, interessierte man sich besonders für solche Tripel, deren Zahlen nur die Primfaktoren 2, 3 und 5 enthalten. Das einzige primitive Tripel dieser Art ist $(3,4,5)$.

Wir wollen nun der Frage nachgehen, wie viele verschiedene pythagoreische Tripel (a, b, c) mit $a < b < c$ und gegebener „Hypotenuse" c existieren, falls c ein Produkt von verschiedenen Primzahlen der Restklasse 1 mod 4 ist. In diesem Fall ist man sicher, daß c als Summe zweier Quadrate darzustellen ist. Ist c eine Primzahl der Restklasse 1 mod 4, dann besitzt c genau eine Darstellung als Quadratsumme, wenn man von der Reihenfolge der Summanden absieht (vgl. IV.5): $c = u^2 + v^2$ mit $u < v$. Dann ist das pythagoreische Tripel (a, b, c), in welchem a und b die Zahlen $v^2 - u^2$ und $2uv$ sind, das einzige mit der Hypotenuse c. Die obigen Beispiele $c = 65 = 5 \cdot 13$ und $85 = 5 \cdot 17$ zeigen, daß man bei einem c mit zwei Primfaktoren aber schon vier pythagoreische Tripel finden kann.

Satz 18: Ist c das Produkt von k verschiedenen Primzahlen der Restklasse

1 mod 4, dann existieren genau $\frac{1}{2}(3^k - 1)$ pythagoreische Tripel (a, b, c) mit $a < b < c$; von diesen sind genau 2^{k-1} primitiv.

Beweis: Es sei $c = p_1 p_2 \ldots p_k$, wobei $p_1, p_2, \ldots, p_k$ verschiedene Primzahlen der Restklasse 1 mod 4 sind. Dann ist $p_j = \pi_j \overline{\pi}_j$ die Zerlegung von p_j in GAUSSsche Primzahlen (vgl. II.3), also $c = \pi_1 \overline{\pi}_1 \pi_2 \overline{\pi}_2 \ldots \pi_k \overline{\pi}_k$ die Primfaktorzerlegung von c im Ring der ganzen GAUSSschen Zahlen. Diese ist bis auf die Reihenfolge und bis auf Einheitsfaktoren $\pm 1, \pm i$ eindeutig. Genau dann ist $c = u^2 + v^2$, also $c = (u + vi)(u - vi)$, wenn $u + iv$ von jedem der Konjugiertenpaare $\pi_j, \overline{\pi}_j$ genau eines als Faktor enthält, denn $N(u + vi) = p_1 p_2 \ldots p_k$. Man kann $u + vi$ daher auf genau 2^k Arten bilden. Also existieren genau 2^{k-1} Darstellungen $c = u^2 + v^2$ mit $u < v$. Damit ergeben sich genau 2^{k-1} primitive pythagoreische Tripel (a, b, c) mit $a < b < c$, indem man a gleich der kleineren und b gleich der größeren der beiden Zahlen $v^2 - u^2$ und $2uv$ setzt. Ein beliebiges (nicht notwendig primitives) Tripel (a, b, c) mit $\mathrm{ggT}(a, b) = d$, wobei d ein Teiler von c sein muß, entsteht aus einem primitiven Tripel $\left(\frac{a}{d}, \frac{b}{d}, \frac{c}{d}\right)$. Besteht $\frac{c}{d}$ aus r Primfaktoren, dann gibt es 2^{r-1} primitive Tripel dieser Art. Für $\frac{c}{d}$ gibt es $\binom{k}{r}$ Möglichkeiten, also ist die Anzahl aller pythagoreischen Tripel mit der Hypotenuse c

$$\sum_{r=1}^{k} \binom{k}{r} \cdot 2^{r-1} = \frac{1}{2}\left(\sum_{r=0}^{k} \binom{k}{r} \cdot 2^r - 1\right) = \frac{1}{2}(3^k - 1). \quad \square$$

Beispiel: Es sollen alle pythagoreischen Tripel (a, b, c) mit $a < b < c$ und der Hypotenuse $c = 7373 = 73 \cdot 101$ bestimmt werden. Mit $73 = 3^2 + 8^2$ ergibt sich $(8^2 - 3^2)^2 + (2 \cdot 3 \cdot 8)^2 = (3^2 + 8^2)^2$, also $48^2 + 55^2 = 73^2$, durch Multiplikation mit 101^2 also

$$4848^2 + 5555^2 = 7373^2.$$

Mit $101 = 1^2 + 10^2$ ergibt sich $(10^2 - 1^2) + (2 \cdot 1 \cdot 10)^2 = (1^2 + 10^2)^2$, also $20^2 + 99^2 = 101^2$, durch Multiplikation mit 73^2 also

$$146^2 + 7227^2 = 7373^2.$$

Aus $73 = 3^2 + 8^2$ und $101 = 1^2 + 10^2$ ergibt sich mit der Formel von FIBONACCI

$$7373 = (3 \cdot 10 - 8 \cdot 1)^2 + (3 \cdot 1 + 8 \cdot 10)^2 = 22^2 + 83^2$$

und

$$7373 = (3 \cdot 10 + 8 \cdot 1)^2 + (3 \cdot 1 - 8 \cdot 10)^2 = 38^2 + 77^2.$$

Aus der ersten Darstellung erhält man $(83^2 - 22^2)^2 + (2 \cdot 22 \cdot 83)^2 = (22^2 + 83^2)^2$, also

$$3652^2 + 6405^2 = 7373^2,$$

aus der zweiten Darstellung ergibt sich $(77^2 - 38^2)^2 + (2 \cdot 38 \cdot 77)^2 = (38^2 + 77^2)^2$, also

$$4485^2 + 5852^2 = 7373^2.$$

Der oben ausgesprochene Satz 17 befindet sich auch in DIOPHANTs *Arithme-tika*. Im Jahr 1621 besorgte CLAUDE GASPARD BACHET DE MÉZIRIAC (1581 – 1638) eine Neuausgabe dieses Buchs, welches den griechischen Originaltext, eine lateinische Übersetzung und eine ausführliche Kommentierung enthielt. Beim Studium dieses Werks kam FERMAT zu der Überzeugung, daß die diophantische Gleichung

$$x^n + y^n = z^n$$

für $n \geq 3$ keine nichttriviale Lösung besitzt. FERMAT notierte auf dem Rand sei-ner DIOPHANT-Ausgabe, daß er dies beweisen könne, einen solchen Beweis hat er aber nie publiziert. Bis heute scheint die FERMAT*sche Vermutung*, daß obige Gleichung für $n \geq 3$ keine nichttriviale Lösung besitzt, unbewiesen zu sein; der im Juni 1993 von A. MILES vorgestellte Beweis ist offenbar noch lückenhaft. Im Jahr 1908 setzte der wohlhabende Darmstädter Mathematiker P. WOLFSKEHL einen Preis von 100000 Goldmark für die Lösung des FERMATschen Problems aus; nach Inflation und Währungsreform betrug der Preis noch etwa 7000 DM.

Man beachte, daß es zum Beweis der FERMATschen Vermutung genügen würde, diese für Primzahlexponenten und den Exponent 4 zu beweisen, denn

- ist $x^p + y^p = z^p$ nicht lösbar, dann ist auch $x^{kp} + y^{kp} = z^{kp}$ nicht lösbar (p ungerade Primzahl, $k \in \mathbb{N}$);

- ist $x^4 + y^4 = z^4$ nicht lösbar, dann ist auch $x^{2^k} + y^{2^k} = z^{2^k}$ nicht lösbar ($k \in \mathbb{N}, \ k \geq 2$).

Die Unlösbarkeit von $x^4 + y^4 = z^4$ kann man glücklicherweise leicht zeigen. Wir beweisen dies sogar für die allgemeinere Gleichung, bei welcher rechts statt z^4 der Term z^2 steht.

Satz 19: Die diophantische Gleichung $x^4 + y^4 = z^2$ besitzt keine nicht-triviale Lösung.

Beweis: Existiert eine Lösung (x_0, y_0, z_0) mit $x_0, y_0, z_0 \in \mathbb{N}$, dann gibt es auch eine solche mit minimalem z_0. Für diese gilt $\mathrm{ggT}(x_0, y_0, z_0) = 1$; denn wäre p ein Primteiler von $\mathrm{ggT}(x_0, y_0, z_0)$, dann wäre $p^2 | z_0$ und

$$\left(\frac{x_0}{p}, \frac{y_0}{p}, \frac{z_0}{p^2} \right)$$

eine Lösung mit einem kleineren Wert von z. Es gilt dann auch $\mathrm{ggT}(x_0^2, y_0^2, z_0) = 1$, so daß (x_0^2, y_0^2, z_0) ein primitives pythagoreisches Zahlentripel ist. Nach Satz 17 existieren dann $a, b \in \mathbb{N}$ mit $\mathrm{ggT}(a, b) = 1$, $a > b$ und $a \not\equiv b \bmod 2$, so daß

$$x_0^2 = a^2 - b^2, \quad y_0^2 = 2ab, \quad z_0 = a^2 + b^2.$$

Die Zahl a kann nicht gerade sein, weil sonst $x_0^2 \equiv -1 \bmod 4$ wäre; also ist a ungerade und b gerade. Wegen $x_0^2 + b^2 = a^2$ ist dann (x_0, b, a) ein primitives pythagoreisches Tripel, es existieren also $c, d \in \mathbb{N}$ mit $\mathrm{ggT}(c, d) = 1$, $c > d$ und $c \not\equiv d \bmod 2$, so daß

$$x_0 = c^2 - d^2, \quad b = 2cd, \quad a = c^2 + d^2.$$

Es gilt nun

$$\left(\frac{1}{2}y_0\right)^2 = \frac{ab}{2} = cd(c^2 + d^2),$$

wobei die drei Faktoren c, d und $c^2 + d^2$ paarweise teilerfremd sind. Es existieren also paarweise teilerfremde natürliche Zahlen x_1, y_1, z_1 mit

$$c = x_1^2, \quad d = y_1^2, \quad c^2 + d^2 = z_1^2.$$

Es gilt damit $x_1^4 + y_1^4 = z_1^2$ und

$$z_1 \leq z_1^2 = c^2 + d^2 = a < a^2 < z_0.$$

Dies widerspricht der Minimalität von z_0. $\square$

Die Beweisidee des Satzes 19 stammt von FERMAT. Er sprach dabei von der „Methode des unendlichen Abstiegs" (*descente infinie*), und zwar aus folgendem Grund: Aus der Annahme der Lösbarkeit der Gleichung leitet man die Existenz von unendlich vielen Tripeln (x, y, z) natürlicher Zahlen mit ständig abnehmenden Werten von z her. So etwas ist aber in der Menge der natürlichen Zahlen nicht möglich. FERMAT hat diese Methode an einem anderen Beispiel ausführlich erläutert, welches wir nun behandeln wollen:

Satz 20: Der Flächeninhalt eines rechtwinkligen Dreiecks mit ganzzahligen Seitenlängen ist keine Quadratzahl.

Beweis: Es wird behauptet, daß aus $x, y, z \in \mathbb{N}$ und $x^2 + y^2 = z^2$ folgt, daß $\frac{1}{2}xy$ keine Quadratzahl ist. Dabei können wir (x, y, z) als ein primitives pythagoreisches Tripel annehmen, also

$$(x, y, z) = (a^2 - b^2, 2ab, a^2 + b^2)$$

mit $a > b$, $\mathrm{ggT}(a, b) = 1$ und $a \not\equiv b \bmod 2$. Wäre $\frac{1}{2}xy = ab(a^2 - b^2)$ ein Quadrat, so müßte wegen der Teilerfremdheit der Faktoren jeder Faktor ein Quadrat sein, also

$$a = u^2, \quad b = v^2, \quad a^2 - b^2 = w^2.$$

Wegen $a^2 - b^2 = (a + b)(a - b)$ und $\mathrm{ggT}(a + b, a - b) = 1$ müssen auch $a + b$ und $a - b$ Quadrate sein:

$$a + b = u^2 + v^2 = p^2, \quad a - b = u^2 - v^2 = q^2.$$

Es folgt

$$p^2 = q^2 + 2v^2 \quad \text{und} \quad q^2 + v^2 = u^2.$$

Aus der ersten dieser Gleichungen folgt $2v^2 = (p+q)(p-q)$ und $\mathrm{ggT}(p+q, p-q)$
$= 2$. Also ist

$$p + q = 2r^2 \quad \text{und} \quad p - q = 4s^2$$

oder

$$p + q = 4s^2 \quad \text{und} \quad p - q = 2r^2,$$

wobei r ungerade ist. In jedem Falle folgt $p = r^2 + 2s^2$ und $q = \pm(r^2 - 2s^2)$.
Insgesamt folgt

$$u^2 = \frac{p^2 + q^2}{2} = (r^2)^2 + (2s^2)^2.$$

Damit haben wir ein pythagoreisches Zahlentripel $(r^2, 2s^2, u)$ bzw. ein ganzzahliges rechtwinkliges Dreieck konstruiert, dessen Flächeninhalt ein Quadrat
(nämlich $(rs)^2$) ist, welcher aber *kleiner* als der des ursprünglich gegebenen
Dreiecks ist; denn

$$(rs)^2 \leq \frac{u^2}{2} \leq \frac{xy}{4} < \frac{xy}{2}.$$

Damit ist der Satz mit der Methode des unendlichen Abstiegs bewiesen. □

EULER stellt in seinem Buch *Vollständige Anleitung zur Algebra*, welches
1770 erschienen ist, einen Beweis der FERMATschen Vermutung für den Exponenten 3 dar, wobei er die Eindeutigkeit der Primfaktorzerlegung im Ring G_{-3}
der ganzen Zahlen $c + d\omega$ ($c, d \in \mathbb{Z}$, $\omega = \frac{1+i\sqrt{3}}{2}$) benutzt (vgl. II.4). Dabei verwendet EULER die FERMATsche Methode des unendlichen Abstiegs. Der Beweis
des folgenden Satzes benutzt den EULERschen Gedankengang.

Satz 21: Die diophantische Gleichung $x^3 + y^3 = z^3$ besitzt keine nicht-triviale
Lösung.

Beweis: Die Behauptung ist gleichwertig mit der, daß $x^3 - y^3 = z^3$ oder daß
$x^2 + y^3 + z^3 = 0$ keine nichttriviale ganzzahlige Lösung besitzt. Wir nehmen nun
an, (x, y, z) sei eine nicht-triviale Lösung von $x^3 + y^3 = z^3$ oder von $x^3 - y^3 = z^3$.
Dabei kann man sich auf Lösungen (x, y, z) mit $\mathrm{ggT}(x, y, z) = 1$ beschränken,
woraus sofort die paarweise Teilerfremdheit von x, y, z folgt. Von den Zahlen
x, y, z ist dann genau eine gerade; wir nehmen z als gerade an, andernfalls gehen wir von der einen der beiden Gleichungen $x^3 + y^3 = z^3$ und $x^3 - y^3 = z^3$
zur anderen über. Die Zahlen x, y seien also ungerade. Mit

$$p := \frac{x + y}{2} \quad \text{und} \quad q := \frac{x - y}{2}$$

ist dann

$$x = p + q \quad \text{und} \quad y = p - q.$$

Wegen $\mathrm{ggT}(x, y) = \mathrm{ggT}(p+q, p-q) = \mathrm{ggT}(p+q, 2p) = \mathrm{ggT}(p+q, p) = \mathrm{ggT}(p, q)$
ist $\mathrm{ggT}(p, q) = 1$. Es folgt

$$\begin{aligned}
x^3 + y^3 &= 2p^3 + 6pq^2 = 2p(p^2 + 3q^2), \\
x^3 - y^3 &= 6qp^2 + 2q^3 = 2q(q^2 + 3p^2).
\end{aligned}$$

Es ergibt sich also die Frage, ob $2p(p^2 + 3q^2)$ eine Kubikzahl sein kann, wenn weder p noch q den Wert 0 hat, wenn also weder $x = -y$ noch $x = y$ gilt.

Da x ungerade ist, gilt $p \not\equiv q \bmod 2$, so daß $p^2 + 3q^2$ ungerade ist. Ist also $2p(p^2 + 3q^2)$ eine Kubikzahl, dann gilt $4|p$, insbesondere ist p gerade und q ungerade. Dann ist auch $\frac{p}{4} \cdot (p^2 + 3q^2)$ eine Kubikzahl. Wegen

$$\mathrm{ggT}(\frac{p}{4}, p^2 + 3q^2) = \mathrm{ggT}(p, p^2 + 3q^2) = \mathrm{ggT}(p, 3q^2) = \mathrm{ggT}(p, 3)$$

unterscheiden wir nun zwei Fälle, nämlich $3 \not| p$ oder $3|p$.

1. Fall: $3 \not| p$. In diesem Fall müssen $\frac{p}{4}$ und $p^2 + 3q^2$ beides Kubikzahlen sein.

2. Fall: $3|p$. Mit $p = 3r$ folgt, daß

$$\frac{3r}{4}(9r^2 + 3q^2) = \frac{9r}{4} \cdot (3r^2 + q^2)$$

eine Kubikzahl sein muß. Wegen $3|p$ und $\mathrm{ggT}(p, q) = 1$ ist $3 \not| q$, also ist

$$\mathrm{ggT}(\frac{9r}{4}, 3r^2 + q^2) = \mathrm{ggT}(3r, 3r^2 + q^2) = \mathrm{ggT}(3r, q^2) = \mathrm{ggT}(p, q^2) = 1.$$

Daher müssen in diesem Fall $\frac{9r}{4}$ und $3r^2 + q^2$ beides Kubikzahlen sein.

In jedem der beiden Fälle ist zunächst zu untersuchen, ob $a^2 + 3b^2$ für $a, b \in \mathbb{N}$ mit $\mathrm{ggT}(a, b) = 1$ sowie $2 \not| a^2 + 3b^2$ und $3 \not| a$ eine Kubikzahl sein kann. Es gilt

$$a^2 + 3b^2 = (a + b\sqrt{-3})(a - b\sqrt{-3}).$$

Die Faktoren gehören zu dem euklidischen Ring G_{-3} (vgl. II.4 Beispiel 1). Wegen $\mathrm{ggT}(a, b) = 1$ sowie $2 \not| a^2 + 3b^2$ und $3 \not| a$ gilt

$$\mathrm{GGT}(a + b\sqrt{-3}, a - b\sqrt{-3}) = \mathrm{GGT}(a + b\sqrt{-3}, 2a)$$
$$= \mathrm{GGT}(a + b\sqrt{-3}, a) = \mathrm{GGT}(b\sqrt{-3}, a) = \mathrm{GGT}(\sqrt{-3}, a) = E,$$

wobei E die Menge der Einheiten in G_{-3} ist. Man beachte dabei, daß 2 und $\sqrt{-3}$ Primzahlen in G_{-3} sind und daß $\sqrt{-3} \not| a$ wegen $3 \not| a$.

Ist nun $a^2 + 3b^2$ eine Kubikzahl in $\mathbb{N}$, dann sind auch die teilerfremden Faktoren $a + b\sqrt{-3}$ und $a - b\sqrt{-3}$ Kubikzahlen in G_{-3} (und zwar die dritten Potenzen von zueinander konjugierten Elementen); das folgt daraus, daß G_{-3} ein Ring mit eindeutiger Primfaktorzerlegung ist. Es ist also

$$a + b\sqrt{-3} = \left(\frac{t + u\sqrt{-3}}{2}\right)^3 \quad \text{und} \quad a - b\sqrt{-3} = \left(\frac{t - u\sqrt{-3}}{2}\right)^3$$

mit $t, u \in \mathbb{Z}$ und $t \equiv u \bmod 2$ (vgl. II.4). Daraus erhält man durch Vergleich der Real- und Imaginärteile

$$a = \frac{1}{8}(t^3 - 9tu^2) \quad \text{und} \quad b = \frac{1}{8}(3t^2u - 3u^3).$$

Wegen $\mathrm{ggT}(a, b) = 1$ ist $\mathrm{ggT}(t, u) = 1$ oder $\mathrm{ggT}(t, u) = 2$. Mit $d = \mathrm{ggT}(t, u)$ und $s = \frac{t}{d}$, $v = \frac{u}{d}$ ist $\mathrm{ggT}(s, v) = 1$ und

$$a = \frac{d^3}{8}(s^3 - 9sv^2) \quad \text{und} \quad b = \frac{d^3}{8}(3s^2v - 3v^3).$$

Nun beachten wir wieder obige Fallunterscheidung.

1. Fall: $p = \frac{1}{8}d^3(s^3 - 9sv^2)$ und $\frac{p}{4}$ ist eine Kubikzahl.

Dann ist auch $8 \cdot \frac{p}{4} = 2p$ und damit $\frac{s^3 - 9sv^2}{4}$ eine Kubikzahl. Man beachte, daß s und v beide ungerade sind, denn aus $t \equiv u \bmod 2$ folgt $s \equiv v \bmod 2$. Also sind die Faktoren in

$$\frac{s^3 - 9sv^2}{4} = s \cdot \frac{s + 3v}{2} \cdot \frac{s - 3v}{2}$$

ganze Zahlen. Diese sind paarweise teilerfremd, denn aus $3 \nmid p$ folgt $3 \nmid s$, ein gemeinsamer Teiler von je zwei dieser Faktoren müßte also auch ein gemeinsamer Teiler von s und v sein. Daher sind die drei Faktoren selbst Kubikzahlen, also etwa

$$s = \zeta^3, \quad s + 3v = 2\xi^3, \quad s - 3v = 2\eta^3.$$

Es folgt $2s = 2\zeta^3 = 2\xi^3 + 2\eta^3$ bzw.

$$\xi^3 + \eta^3 = \zeta^3.$$

Sind nun x, y, z natürliche Zahlen mit $x^3 + y^3 = z^3$, dann findet man also auch natürliche Zahlen ξ, η, ζ mit $\xi^3 + \eta^3 = \zeta^3$, wobei $\zeta < z$ gilt. Dies widerspricht der Tatsache, daß im Fall der Lösbarkeit von $x^3 + y^3 = z^3$ in natürlichen Zahlen auch eine Lösung mit kleinstmöglichem z existieren müßte. Die Ungleichung $\zeta < z$ erhält man folgendermaßen:

$$\zeta^3 = s \leq t \leq \frac{t}{8}(t^2 - 9u^2) = p = \frac{x + y}{2} < x^3 + y^3 = z^3.$$

2. Fall: $r = \frac{1}{8}d^3(3s^2v - 3v^3)$ und $\frac{9r}{4}$ ist eine Kubikzahl.

Dann ist auch $\frac{8}{27} \cdot \frac{9r}{4} = \frac{2r}{3}$ und damit $\frac{1}{4}(s^2v - v^3)$ eine Kubikzahl. Wie oben folgt, daß die Faktoren in

$$\frac{1}{4}(s^2v - v^3) = v \cdot \frac{s + v}{2} \cdot \frac{s - v}{2}$$

ganz und paarweise teilerfremd sind. Jeder Faktor muß also selbst Kubikzahl sein. Aus $u = \zeta^3$, $t + u = 2\xi^3$ und $t - u = 2\eta^3$ ergibt sich wieder wie oben $\xi^3 + \eta^3 = \zeta^3$ und damit schließlich wieder ein Widerspruch. $\square$

In EULERs Beweis zu Satz 21 ist ein kleiner Fehler enthalten. EULER geht nämlich davon aus, daß die ganzen Zahlen in G_{-3} von der Form $a + b\sqrt{-3}$ mit $a, b \in \mathbb{Z}$ sind, während diese aber doch die Gestalt $\frac{1}{2}(a + b\sqrt{-3})$ mit $a, b \in \mathbb{Z}$

und $a \equiv b$ mod 2 haben. Nur in der Menge der *so* definierten Zahlen ist die Primfaktorzerlegung eindeutig.

Außer für den Exponenten $p = 3$ ist die FERMATsche Vermutung für unendlich viele weitere Exponenten p bewiesen; vgl. z.B. [Grosswald 1966].

In der *Vollständigen Anleitung zur Algebra* zeigt EULER im Zusammenhang mit der Unlösbarkeit der diophantischen Gleichung $x^3 + y^3 = z^3$, daß die diophantische Gleichung

$$w^3 + x^3 + y^3 = z^3$$

lösbar ist und konstruierte die Lösungen (3,4,5,6) und (1,6,8,9). Er vermutete allgemein, daß für jedes $k \in \mathbb{N}$ die diophantische Gleichung

$$x_1^k + x_2^k + \ldots + x_k^k = z^k$$

lösbar ist, daß aber keine k-te Potenz als Summe von *weniger* als k k-ten Potenzen dargestellt werden kann. Für $k = 2$ und $k = 3$ ist dies richtig, wie wir gesehen haben. Für $k = 4$ zeigt das Beispiel

$$30^4 + 120^4 + 272^4 + 315^4 = 353^4,$$

daß die diophantische Gleichung lösbar ist; bisher unbeantwortet ist die Frage, ob eine vierte Potenz als Summe von nur drei vierten Potenzen geschrieben werden kann. Das Beispiel

$$27^5 + 84^5 + 110^5 + 133^5 = 144^5$$

zeigt, daß der zweite Teil der EULERschen Vermutung zumindest für $k = 5$ falsch ist. (Vgl. hierzu [Sierpinski 1988].)

IV.7 Rationale Punkte auf algebraischen Kurven

Die Aufgabe, ganzzahlige Lösungen der Gleichung $x^n + y^n = z^n$ zu finden, entspricht der Aufgabe, rationale Lösungen von $u^n + v^n = 1$ zu finden, wie man anhand der Substitution $u = \frac{x}{z}, v = \frac{y}{z}$ erkennt. In einem u, v-Koordinatensystem ist $u^n + v^n = 1$ die Gleichung einer (algebraischen) Kurve, auf welcher man also Punkte mit rationalen Koordinaten sucht, welche von den „trivialen" Punkten (1,0) und (0,1) verschieden sind. Allgemeiner kann man nach den rationalen Punkten auf der Kurve mit der Gleichung $f(u, v) = 0$ fragen, wo $f(u, v)$ ein Polynom in den beiden Variablen u, v mit ganzzahligen Koeffizienten ist. Den einfachen Fall $f(u, v) = u^2 + v^2 - 1$ haben wir mit der Bestimmung der pythagoreischen Tripel bereits vollständig gelöst. Dabei handelt es sich um die Bestimmung der rationalen Punkte auf dem Einheitskreis. Etwas allgemeiner kann man nach den rationalen Punkten auf einem Kegelschnitt (also auf einer Ellipse, einer Parabel oder einer Hyperbel) fragen. Sicher gibt es Kegelschnitte, die keinen einzigen rationalen Punkt enthalten, z.B. der Kreis $u^2 + v^2 = 3$. Existiert aber mindestens ein rationaler Punkt, dann findet man auch, abgesehen von gewissen Entartungsfällen, unendlich viele solche auf dem Kegelschnitt. Wir wollen dies an einem sehr einfachen Beispiel vorführen.

Beispiel: Die Gleichung

$$25u^2 + 9v^2 - 225 = 0 \quad \text{bzw.} \quad \frac{u^2}{9} + \frac{v^2}{25} = 1$$

beschreibt eine achsenparallele Ellipse mit dem Mittelpunkt O. Ein rationaler Punkt auf der Ellipse ist $(0, -5)$. Die Gerade durch diesen Punkt mit der Steigung λ hat die Gleichung $v = \lambda u - 5$. Sie schneidet die Ellipse im Punkt

$$\left(\frac{90\lambda}{25 + 9\lambda^2}, \frac{45\lambda^2 - 225}{25 + 9\lambda^2} \right).$$

Wählt man nun λ rational, so ergibt sich ein rationaler Punkt der Ellipse. Auf diese Weise ergibt sich außer $(0, -5)$ auch jeder andere rationale Ellipsenpunkt, denn die Verbindungsgerade eines solchen mit $(0, -5)$ hat die Gleichung $v = \lambda u - 5$ mit einem rationalen λ. Damit haben wir auch die Lösungstripel der diophantischen Gleichung

$$25x^2 + 9y^2 = 225z^2$$

gefunden, indem wir $\lambda = \frac{5m}{3n}$ mit $m, n \in \mathbb{N}$ setzen, nämlich

$$(6mn, 5(m^2 - n^2), m^2 + n^2).$$

Dies entspricht den indischen Formeln für die pythagoreischen Zahlentripel (vgl. Satz 17).

BACHET hat im Kommentar zu DIOPHANTs *Arithmetica* zwei Methoden zur Bestimmung rationaler Punkte auf der Kurve mit der Gleichung

$$u^3 - v^2 - 2 = 0$$

angegeben, welche implizit schon von DIOPHANT benutzt worden sind, die *Tangentenmethode* und die *Sekantenmethode*.

Bei der *Tangentenmethode* geht man von einem bekannten rationalen Punkt der Kurve aus, bestimmt die Gleichung der Tangente in diesem Punkt und berechnet den Schnittpunkt (also einen zweiten gemeinsamen Punkt) der Tangente und der Kurve. Ein rationaler Punkt auf der Kurve ist $(3,5)$, denn $3^3 - 5^2 - 2 = 27 - 25 - 2 = 0$. Die Tangentensteigung in $(3,5)$ erhält man durch implizites Differenzieren nach u zu $v' = \frac{3u^2}{2v} = \frac{27}{10}$. Die Tangente in $(3,5)$ hat also die Gleichung

$$v = \frac{27}{10}(u - 3) + 5.$$

Nun gilt $v^2 - 5^2 = u^3 - 3^3$ für alle Kurvenpunkte (u, v), also

$$(v + 5)(v - 5) = (u - 3)(u^2 + 3u + 9),$$

woraus sich mit Hilfe der Tangentengleichung für $u \neq 3$

$$\frac{27}{10} \cdot \left(\frac{27}{10}(u - 3) + 10 \right) = u^2 + 3u + 9$$

bzw.

$$u^2 - \frac{429}{100}u + \frac{387}{100} = 0$$

ergibt. Eine Lösung ist $u = 3$, die andere Lösung ist also nach den VIETAschen Formeln $u = \frac{387}{100} : 3 = \frac{129}{100}$. Damit hat man den rationalen Kurvenpunkt $\left(\frac{129}{100}, \frac{383}{1000} \right)$ gefunden. Nennt man diesen (α, β), dann kann man mit dem gleichen Verfahren einen weiteren rationalen Kurvenpunkt (u, v) gewinnen: Aus

$$v - \beta = \frac{3\alpha^2}{2\beta} \cdot (u - \alpha) \quad \text{und} \quad v^2 - \beta^2 = u^3 - \alpha^3$$

ergibt sich für $u \neq \alpha$

$$\frac{3\alpha^2}{2\beta} \cdot \left(\frac{3\alpha^2}{2\beta} \cdot (u - \alpha) + 2\beta \right) = u^2 + \alpha u + \alpha^2$$

und daraus für u die Gleichung

$$u^2 + \left(\alpha - \frac{9\alpha^4}{4\beta^2} \right) \cdot u + \left(\frac{9\alpha^5}{4\beta^2} - 2\alpha^2 \right) = 0.$$

Eine Lösung ist offensichtlich $u = \alpha$, die andere Lösung ist also

$$u = \frac{9\alpha^4}{4\beta^2} - 2\alpha,$$

und dies ist eine rationale Zahl. Sie ist verschieden von α, denn wäre sie gleich α, dann wäre $3\alpha^3 = 4\beta^2$ bzw. $3(\beta^2 + 2) = 4\beta^2$ und somit $\beta^2 = 6$, was aber wegen der Irrationalität von $\sqrt{6}$ nicht möglich ist. Man kann auch leicht nachrechnen, daß $u \neq 3$ ist. Auf der Kurve mit der Gleichung $u^3 - v^2 - 2 = 0$ liegen unendlich viele rationale Punkte, was aber nicht einfach zu zeigen ist.

Bei der *Sekantenmethode* geht man von zwei rationalen Kurvenpunkten (u_1, v_1), (u_2, v_2) aus und schneidet die Sekante durch diese Punkte mit der Kurve, wobei man hofft, auf einen weiteren rationalen Punkt zu stoßen. Wir betrachten allgemeiner als oben die Kurve mit der Gleichung

$$u^3 - v^2 + k = 0$$

mit $k \in \mathbb{Z}$. Die Sekante hat die Gleichung

$$v = ru + s \quad \text{mit} \quad r = \frac{v_2 - v_1}{u_2 - u_1} \quad \text{und} \quad s = \frac{u_2 v_1 - u_1 v_2}{u_2 - u_1}.$$

Die u-Koordinaten der Schnittpunkte der Kurve mit der Sekante ergeben sich aus der Gleichung

$$u^3 - (ru + s)^2 + k = 0.$$

Da u_1, u_2 rationale Lösungen sind, existiert eine weitere rationale Lösung u_3, wobei nach den VIETAschen Formeln $u_1 + u_2 + u_3 = r^2$ ist.

Um nun für $u^3 - v^2 - 2 = 0$ mit Hilfe der Punkte $(3,5)$ und $\left(\frac{129}{100}, \frac{383}{1000}\right)$ einen neuen rationalen Punkt zu finden, kann man nicht die Sekantenmethode verwenden, diese würde wieder $(3,5)$ (als „doppelten Schnittpunkt") liefern. Die Sekantenmethode ist nur verwendbar, wenn die Sekante keine Tangente in einem der beiden gegebenen Punkte ist.

Wir wollen die Sekantenmethode auf den Fall $k = 1$, also auf die Kurve mit der Gleichung $u^3 - v^2 + 1 = 0$ anwenden. Hier erkennt man sofort die rationalen Punkte $(-1,0)$, $(0,1)$ und $(0,-1)$. Die Sekante durch $(-1,0)$ und $(0,1)$ hat die Gleichung $v = u + 1$. Die Gleichung

$$u^3 - (u+1)^2 + 1 = 0$$

hat die Lösungen -1, 0 und 2. Es ergibt sich der Punkt $(2,3)$. Mit der Sekante durch $(-1,0)$ und $(0,-1)$ erhält man entsprechend den Punkt $(2,-3)$. Weder mit der Sekantenmethode noch mit der Tangentenmethode erhält man einen weiteren rationalen Punkt (vgl. folgende Figur). EULER hat mit der FERMATschen Methode des unendlichen Abstiegs bewiesen, daß in der Tat außer den genannten fünf Punkten kein weiterer rationaler Punkt auf dieser Kurve existiert.

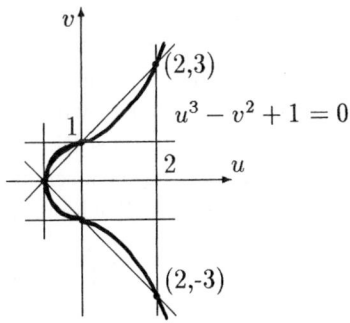

Die Methoden von BACHET führen bei der Kurve mit der Gleichung $u^3 - v^2 + k = 0$ natürlich nur dann zu weiteren rationalen Punkten, wenn mindestens ein solcher gegeben ist. Für $k = 7$ existiert beispielsweise kein solcher Punkt. Die von BACHET behandelte Kurve ist eine sog. *elliptische Kurve*. Einen Einstieg in die Theorie dieser Kurven und damit in die *algebraische Geometrie* findet man z.B. in [Rose 1988].

Möchte man die FERMATsche Vermutung für den Exponent p (ungerade Primzahl) beweisen, so muß man nachweisen, daß auf der Kurve mit der Gleichung $u^p + v^p = 1$ außer den Punkten $(1,0)$ und $(0,1)$ kein weiterer rationaler

Punkt liegt. Die folgende Figur zeigt, daß die BACHETschen Methoden hier nicht anwendbar sind.

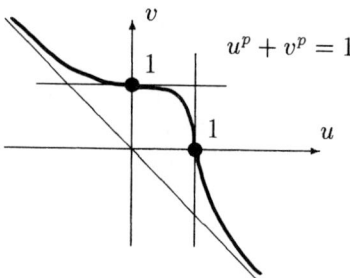

Mit sehr viel tiefliegenderen Methoden der algebraischen Geometrie kann man aber auch über die rationalen Punkte auf diesen FERMAT-Kurven Aussagen machen: Aus einem von GERD FALTINGS [Faltings 1983] bewiesenen Resultat folgt, daß auf den FERMAT-Kurven höchstens endlich viele rationale Punkte liegen, daß also die Gleichung $x^p + y^p = z^p$ für $p > 2$ (im Gegensatz zur Gleichung $x^2 + y^2 = z^2$) auch nur endlich viele ganzzahlige Lösungen mit $\text{ggT}(x, y, z) = 1$ haben kann. (Durch einen Beweis der FERMATschen Vermutung wäre gesichert, daß *kein* nicht-trivialer rationaler Punkt auf den FERMAT-Kurven ($p > 2$) liegt.)

IV.8 Binäre quadratische Formen

Möchte man im Ring G_d der ganzalgebraischen Zahlen $x + y\sqrt{d}$ (falls $d \not\equiv 1$ mod 4) bzw. $x + y\omega$ mit $\omega = \frac{1}{2}(1 + \sqrt{d})$ (falls $d \equiv 1$ mod 4) alle Zahlen mit der Norm N bestimmen, dann muß man die diophantische Gleichung $x^2 - dy^2 = N$ bzw. $x^2 + xy + \frac{1-d}{4} \cdot y^2 = N$ lösen. In II.5 haben wir die diophantische Gleichung $x^2 - dy^2 = 1$ untersucht, um den Einheiten des Ringes G_d auf die Spur zu kommen. Für diese sog. PELLsche Gleichung hat sich schon FERMAT interessiert, weshalb man sie zuweilen auch FERMATsche Gleichung nennt. In IV.5 stand die Frage im Mittelpunkt, welche Zahlen sich – möglicherweise eindeutig – in der Form $x^2 + y^2$ oder allgemeiner in der Form $ax^2 + by^2$ darstellen lassen. Für $a = 1$ und $b = 1,2,3$ geht diese Frage ebenfalls auf FERMAT zurück. Wir wollen nun als Anwendung des Satzes von FERMAT und der Theorie der quadratischen Reste die Frage der Darstellbarkeit natürlicher Zahlen in der Form

$$ax^2 + 2bxy + cy^2$$

untersuchen, wobei a, b, c ganze Zahlen und x, y Variable für ganze Zahlen sind. Dies war übrigens die Fragestellung, welche LEGENDRE veranlaßte, sich mit quadratischen Resten zu beschäftigen. Wir werden uns im folgenden auf die Anfänge der sehr ausgedehnten Theorie der binären quadratischen Formen beschränken und dabei im wesentlichen Resultate von LAGRANGE und LEGENDRE vorstellen. Vgl. hierzu [Scharlau/Opolka 1980].

Für $a, b, c \in \mathbb{Z}$ nennen wir den Term

$$ax^2 + 2bxy + cy^2 = (x \quad y) \begin{pmatrix} a & b \\ b & c \end{pmatrix} \begin{pmatrix} x \\ y \end{pmatrix}$$

eine *binäre quadratische Form*. Die Zahl

$$\Delta = \det \begin{pmatrix} a & b \\ b & c \end{pmatrix} = ac - b^2$$

nennt man die *Determinante* der quadratischen Form. Wegen

$$a(ax^2 + 2bxy + cy^2) = (ax + by)^2 + \Delta y^2$$

hat die quadratische Form für $\Delta > 0$ nur Werte ≥ 0 (falls $a > 0$) bzw. ≤ 0 (falls $a < 0$); die Form heißt dann *definit*, und zwar *positiv* oder *negativ* definit. Ist $\Delta < 0$, dann kann die Form sowohl positive als auch negative Werte annehmen und heißt *indefinit*. Der Fall $\Delta = 0$ ist offensichtlich uninteressant und wird daher künftig ausgeschlossen.

Gilt

$$m = ax_0^2 + 2bx_0y_0 + cy_0^2$$

für $m, x_0, y_0 \in \mathbb{Z}$, so sagt man, die Zahl m werde durch die quadratische Form *dargestellt*. Ist dabei $\mathrm{ggT}(x_0, y_0) = 1$, so sagt man, m werde durch die Form *eigentlich* dargestellt.

Satz 22 (LAGRANGE): Wird m durch eine binäre quadratische Form mit der Determinante Δ eigentlich dargestellt, dann wird auch jeder Teiler von m durch eine binäre quadratische Form mit der gleichen Determinante Δ eigentlich dargestellt.

Beweis: Es sei

$$m = ax^2 + 2bxy + cy^2$$

mit $x, y \in \mathbb{N}$, $\mathrm{ggT}(x, y) = 1$ und $m = r \cdot s$. Ist $\mathrm{ggT}(s, y) = t$ und $s = tu, y = t\xi$, also $\mathrm{ggT}(u, \xi) = 1$, so folgt

$$rtu = ax^2 + 2btx\xi + ct^2\xi^2,$$

also $t | ax^2$. Wegen $\mathrm{ggT}(x, y) = 1$ ist auch $\mathrm{ggT}(x, t) = 1$, so daß $t | a$ gilt. Mit $a = et$ ergibt sich

$$ru = ex^2 + 2bx\xi + ct\xi^2.$$

Wegen $\mathrm{ggT}(u, \xi) = 1$ existieren $v, \eta \in \mathbb{Z}$ mit $x = u\eta + v\xi$. Aus der letzten Gleichung erhält man damit

$$
\begin{aligned}
ru &= e(u\eta + v\xi)^2 + 2b(u\eta + v\xi)\xi + ct\xi^2 \\
&= (ev^2 + 2bv + ct)\xi^2 + 2(euv + bu)\xi\eta + eu^2\eta^2.
\end{aligned}
$$

Wegen $\text{ggT}(u, \xi) = 1$ ist der Koeffizient bei ξ^2 durch u teilbar, und mit

$$A := \frac{ev^2 + 2bv + ct}{u}, \quad B := ev + b, \quad C := eu$$

ergibt sich

$$r = A\xi^2 + 2B\xi\eta + C\eta^2.$$

Dabei ist $\text{ggT}(\xi, \eta) = 1$, denn wegen $x = u\eta + v\xi$ ist ein gemeinsamer Teiler von ξ und η auch ein Teiler von x, aber ξ ist als Teiler von y zu x teilerfremd. Ferner gilt

$$\begin{aligned} AC - B^2 &= e^2v^2 + 2bev + cet - (ev + b)^2 \\ &= cet - b^2 = ac - b^2. \quad \square \end{aligned}$$

Ist $M = \begin{pmatrix} \alpha & \beta \\ \gamma & \delta \end{pmatrix}$ eine ganzzahlige Matrix (also $\alpha, \beta, \gamma, \delta \in \mathbb{Z}$) mit det M $= \pm 1$, dann ist auch M^{-1} eine solche und die lineare Abbildung

$$\begin{pmatrix} u \\ v \end{pmatrix} = M \begin{pmatrix} x \\ y \end{pmatrix} \text{ bzw. } \begin{pmatrix} x \\ y \end{pmatrix} = M^{-1} \begin{pmatrix} u \\ v \end{pmatrix}$$

bildet $\mathbb{Z}^2$ bijektiv auf sich selbst ab. Eine solche Matrix bzw. lineare Abbildung heißt *unimodular*. Die Menge der unimodularen Matrizen bzw. unimodularen linearen Abbildungen bildet offensichtlich eine Gruppe bezüglich der Multiplikation bzw. Verkettung, die man in der Algebra mit $\text{SL}(2, \mathbb{Z})$ bezeichnet.

Zwei quadratische Formen mit den Matrizen A und A' heißen *äquivalent*, wenn eine unimodulare Matrix M existiert, so daß

$$A = M^T A' M;$$

dabei bedeutet M^T die Transponierte von M, also

$$M^T = \begin{pmatrix} \alpha & \gamma \\ \beta & \delta \end{pmatrix}.$$

Satz 23: Äquivalente Formen stellen dieselben Zahlen dar und haben dieselbe Determinante.

Beweis: Mit den oben eingeführten Bezeichnungen sowie

$$\vec{x} = \begin{pmatrix} x \\ y \end{pmatrix}, \vec{u} = \begin{pmatrix} u \\ v \end{pmatrix}$$

gilt

$$\begin{aligned} \vec{x}^T A \vec{x} &= \vec{x}^T (M^T A' M) \vec{x} \\ &= (\vec{x}^T M^T) A' (M \vec{x}) \\ &= (M \vec{x})^T A' (M \vec{x}) = \vec{u}^T A' \vec{u} \end{aligned}$$

und

$$\begin{aligned}
\det A' &= \det(M^T A M) \\
&= \det M^T \cdot \det A \cdot \det M \\
&= \det A \cdot (\det M)^2 = \det A. \quad \square
\end{aligned}$$

Nach diesem Satz ist eine zu einer (positiv oder negativ) definiten bzw. indefiniten Form äquivalente Form jeweils wieder von derselben Beschaffenheit.

Wir beschäftigen uns zuerst mit definiten Formen $ax^2 + 2bxy + cy^2$ und wollen dabei $a > 0$ und $\Delta > 0$ (und damit $c > 0$) voraussetzen, was keine Beschränkung der Allgemeinheit bedeutet. Eine solche positiv definite Form heißt *reduziert*, wenn

$$a < c \text{ und } -a < 2b \le a \quad \text{oder} \quad a = c \text{ und } 0 \le 2b \le a$$

gilt. Es ist dann

$$\Delta = ac - b^2 \ge a^2 - (\frac{a}{2})^2 = \frac{3}{4}a^2,$$

also

$$a \le 2\sqrt{\frac{\Delta}{3}}.$$

Satz 24 (LAGRANGE): Jede positiv definite Form ist äquivalent zu genau einer reduzierten Form.

Beweis: Es sei eine positiv definite quadratische Form mit der Matrix

$$A = \begin{pmatrix} a & b \\ b & c \end{pmatrix}$$

gegeben, und es sei m die kleinste von der Form dargestellte positive Zahl, etwa

$$m = ax_0^2 + 2bx_0y_0 + cy_0^2 \quad \text{mit} \quad \text{ggT}(x_0, y_0) = 1.$$

(Es gilt $m \le c$, da c von der Form dargestellt wird, und zwar mit $x = 0$, $y = 1$.) Dann existieren ganze Zahlen α, β mit $\alpha x_0 + \beta y_0 = 1$. Die ganzzahlige Matrix

$$U = \begin{pmatrix} x_0 & -\beta \\ y_0 & \alpha \end{pmatrix}$$

ist unimodular, und es ist

$$U^T A U = \begin{pmatrix} m & b' \\ b' & c' \end{pmatrix}$$

mit $b', c' \in \mathbb{Z}$. In der unimodularen Matrix

$$V = \begin{pmatrix} 1 & k \\ 0 & 1 \end{pmatrix}$$

wählen wir k so, daß $-m < 2(b' + km) \leq m$ gilt. Dann ist

$$V^T(U^T A U)V = \begin{pmatrix} m & b'' \\ b'' & c'' \end{pmatrix}$$

mit $b'' = b' + km$ und $c'' \in \mathbb{Z}$. Da mit A auch $V^T(U^T A U)V$ die Matrix einer positiv definiten Form ist, gilt $mc'' > 0$ und damit $c'' > 0$. Da m die kleinste dargestellte positive Zahl ist, gilt $m \leq c''$. Ist $m = c''$ und $b'' < 0$, so transformiere man noch mit der Matrix

$$W = \begin{pmatrix} 0 & 1 \\ -1 & 0 \end{pmatrix},$$

was auf

$$W^T(V^T(U^T A U)V)W = \begin{pmatrix} c'' & -b'' \\ -b'' & m \end{pmatrix}$$

führt. Wir haben also eine reduzierte Form erhalten.

Nun muß noch die Eindeutigkeit der reduzierten Form gezeigt werden. Ist $ax^2 + 2bxy + cy^2$ reduziert, dann gilt wegen $0 < a \leq c$ und $2b > -a$

$$ax^2 + 2bxy + cy^2 \geq a(x^2 + y^2 - |xy|) \geq \begin{cases} ax^2 \geq a \text{ für } 0 < |x| \leq |y| \\ ay^2 \geq a \text{ für } 0 < |y| \leq |x| \end{cases}$$

und natürlich $ax^2 + 2bxy + cy^2 \geq a$ für $xy = 0$. Da die Form den Wert a darstellt, ist also a als das Minimum der dargestellten Zahlen eindeutig bestimmt.

Für $a < c$ wird das Minimum a für $x = \pm 1, y = 0$ und keine anderen Werte angenommen: Für $x = 0, y \neq 0$ und für $|x| > 1, y = 0$ wird offensichtlich ein größerer Wert angenommen, und für $xy \neq 0$ ist

$$ax^2 + 2bxy + cy^2 > a(x^2 + y^2 - |xy|) \geq a.$$

Ist nun

$$\begin{pmatrix} a & b \\ b & c \end{pmatrix} \quad \text{äquivalent zur reduzierten Form} \quad \begin{pmatrix} a & b' \\ b' & c' \end{pmatrix},$$

etwa

$$\begin{pmatrix} a & b' \\ b' & c' \end{pmatrix} = \begin{pmatrix} \alpha & \gamma \\ \beta & \delta \end{pmatrix} \begin{pmatrix} a & b \\ b & c \end{pmatrix} \begin{pmatrix} \alpha & \beta \\ \gamma & \delta \end{pmatrix}$$

$$= \begin{pmatrix} a\alpha^2 + 2b\alpha\gamma + c\gamma^2 & * \\ * & * \end{pmatrix},$$

dann gilt für die Zahlen in der Transformationsmatrix

$$a = a\alpha^2 + 2b\alpha\gamma + c\gamma^2,$$

also $\gamma = 0$, $\alpha = \pm 1$. Damit ergibt sich

$$\begin{pmatrix} a & b' \\ b' & c' \end{pmatrix} = \begin{pmatrix} \pm 1 & 0 \\ \beta & \delta \end{pmatrix} \begin{pmatrix} a & b \\ b & c \end{pmatrix} \begin{pmatrix} \pm 1 & \beta \\ 0 & \delta \end{pmatrix}$$
$$= \begin{pmatrix} a & b \pm \beta a \\ b \pm \beta a & * \end{pmatrix},$$

also $b' = b \pm \beta a$; wegen $-a < 2b$ und $2b' \leq a$ muß daher $b = 0$ sein. Es folgt $b' = b$, und schließlich $c' = c$, weil sich die Determinante nicht ändern darf.

Für $a = c$ und $0 \leq 2b < a$ wird das Minimum für $x = \pm 1$, $y = 0$ und für $x = 0$, $y = \pm 1$ angenommen, aber für keinen weiteren Wert. Daraus ergibt sich wie oben die Eindeutigkeit der reduzierten Form. Auch der noch verbleibende Fall $a = c = 2b$ wird auf diesem Wege behandelt. $\quad\square$

Bemerkung: Es gibt nur endlich viele Äquivalenzklassen positiv definiter binärer quadratischer Formen mit derselben Determinante Δ, weil jede Klasse eine reduzierte Form enthält und für eine reduzierte Form $ax^2 + 2bxy + cy^2$ die folgenden Bedingungen gelten:

$$|2b| \leq a \leq 2\sqrt{\frac{\Delta}{3}} \quad \text{und} \quad c = \frac{1}{a}(\Delta + b^2).$$

Die reduzierten Formen mit gegebener positiver Determinante $\Delta \leq 8$ sind in der unten folgenden Tabelle zusammengestellt. Insbesondere existiert genau eine reduzierte Form und zur Determinante 1 damit auch genau eine Äquivalenzklasse zur Determinante 1.

Eine ungerade Primzahl p ist genau dann als Summe von zwei Quadraten zu schreiben, wenn $p \equiv 1 \bmod 4$ gilt (IV.5 Satz 12). Wir beweisen nun als Anwendung der obigen Sätze eine Verallgemeinerung dieser Aussage.

Satz 25: Eine positiv definite binäre quadratische Form mit der Determinante 1 stellt genau dann die ungerade Primzahl p dar, wenn $p \equiv 1 \bmod 4$ gilt.

Beweis: Ist $p \equiv 1 \bmod 4$, dann ist -1 quadratischer Rest mod p. Es existiert also ein $m \in \mathbb{N}$ mit $m^2 \equiv -1 \bmod p$ bzw. $m^2 = -1 + np$ mit $n \in \mathbb{N}$. Dann ist

$$px^2 + 2 \cdot m \cdot xy + ny^2$$

eine Form mit der Determinante 1, welche p darstellt (für $x = 1$, $y = 0$). Da nur eine Äquivalenzklasse von Formen mit der Determinante 1 existiert, stellt *jede* Form mit der Determinante 1 die Primzahl p dar. Wird umgekehrt die ungerade Primzahl p von der Form dargestellt, dann wird p auch von $x^2 + y^2$ dargestellt, woraus $p \equiv 1 \bmod 4$ folgt. $\quad\square$

Bemerkung: Der zu Satz 24 analoge Satz für indefinite binäre quadratische Formen besagt, daß jede solche Form äquivalent zu einer Form ist, deren Matrix $\begin{pmatrix} a & b \\ b & c \end{pmatrix}$ folgende Bedingungen erfüllt:

$$|a| \leq |c| \quad \text{und} \quad |2b| \leq |a|.$$

Die in diesem Sinn definierte *reduzierte* Form zu einer gegebenen Form ist aber i.allg. nicht eindeutig bestimmt. Wegen $\Delta = ac - b^2 < 0$ ist $ac < 0$, denn $|ac| \geq a^2 \geq 4b^2$. Es ist also $|\Delta| \geq 5b^2$ bzw.

$$|b| \leq \sqrt{\frac{|\Delta|}{5}}.$$

In der folgenden Tabelle sind die reduzierten Formen für $|\Delta| \leq 8$ zusammengestellt; für $\Delta < 0$ sind diese nicht notwendigerweise inäquivalent.

Δ	(a,b,c)			Δ	(a,b,c)		
1	$(1,0,1)$			-1	$(1,0,-1)$		
2	$(1,0,2)$			-2	$(\pm1,0,\mp2)$		
3	$(1,0,3)$	$(2,1,2)$		-3	$(\pm1,0,\mp3)$		
4	$(1,0,4)$	$(2,0,2)$		-4	$(\pm1,0,\mp4)$		
5	$(1,0,5)$	$(2,1,3)$		-5	$(\pm1,0,\mp5)$	$(\pm2,1,\mp2)$
6	$(1,0,6)$	$(2,0,3)$		-6	$(\pm1,0,\mp6)$	$(\pm2,0,\mp3)$
7	$(1,0,7)$	$(2,1,4)$		-7	$(\pm1,0,\mp7)$	$(\pm2,1,\mp3)$
8	$(1,0,8)$	$(2,0,4)$	$(3,1,3)$	-8	$(\pm1,0,\mp8)$	$(\pm2,0,\mp4)$

Wird eine Zahl von einer Form eigentlich dargestellt, dann nennt man jeden Teiler dieser Zahl einen *Teiler der quadratischen Form*.

Satz 26 (LAGRANGE): Es sei $a \neq 0$. Eine Primzahl p der Form $p = 4n + 3$ mit $p \nmid a$ ist genau dann ein Teiler von $x^2 - ay^2$, wenn sie kein Teiler von $x^2 + ay^2$ ist.

Beweis: 1) Es sei $p = 4n + 3$ ein Teiler von $x^2 - ay^2$. Dann ist ist die Kongruenz $x^2 - ay^2 \equiv 0 \bmod p$ lösbar, also $\left(\frac{a}{p}\right) = 1$. Wäre p auch ein Teiler von $x^2 + ay^2$, dann wäre auch $\left(\frac{-a}{p}\right) = 1$ und damit $\left(\frac{-1}{p}\right) = 1$. Für $p \equiv 3 \bmod 4$ gilt aber $\left(\frac{-1}{p}\right) = -1$.

2) Es sei $p = 4n + 3$ *kein* Teiler von $x^2 - ay^2$. Es gilt

$$a^{p-1} - 1 \equiv \left(a^{\frac{p-1}{2}} - 1\right)\left(a^{\frac{p-1}{2}} + 1\right) \equiv 0 \bmod p.$$

Wäre

$$a^{\frac{p-1}{2}} - 1 \equiv 0 \bmod p,$$

dann wäre für alle $r \in \mathbb{Z}$ mit $p \nmid r$

$$0 \equiv r^{p-1} - 1 \equiv \left(r^2\right)^{\frac{p-1}{2}} - a^{\frac{p-1}{2}} \equiv (r^2 - a)q(r) \bmod p,$$

wobei $q(x)$ ein Polynom über dem Körper der Restklassen mod p ist. Das Polynom $q(x)$ ist vom Grad $p - 3$, kann also höchstens $p - 3$ Nullstellen haben. Da das Polynom $x^{p-1} - 1$ aber $p - 1$ Nullstellen hat, müßte $x^2 - a$ eine Nullstelle besitzen. Dann wäre $\left(\frac{a}{p}\right) = 1$, also $a \equiv x_0^2 \bmod p$ mit einem geeigneten

x_0. Es wäre also p ein Teiler von $x_0^2 - a \cdot 1^2$ und somit von $x^2 - ay^2$. Da dies ausgeschlossen war, muß also

$$a^{\frac{p-1}{2}} + 1 \equiv 0 \bmod p$$

gelten. Dies bedeutet

$$p \mid \left(1^2 + a \cdot \left(a^{\frac{p-3}{4}}\right)^2\right),$$

p ist also ein Teiler von $x^2 + ay^2$. $\square$

Beispiel 1: Ist p eine Primzahl mit $p \equiv 3 \bmod 8$, dann wird p von $x^2 + 2y^2$ dargestellt: Wäre p ein Teiler von $x^2 - 2y^2$, so würde p nach Satz 22 von einer Form mit der Determinante -2 dargestellt. Die einzigen Formen (bis auf Äquivalenz) mit der Determinante -2 sind aber $x^2 - 2y^2$ und $-x^2 + 2y^2$. Beide Formen ergeben aber nur Werte $\not\equiv 3 \bmod 8$. Also muß p nach Satz 26 ein Teiler von $x^2 + 2y^2$ sein. Da dies (bis auf Äquivalenz) die einzige Form mit der Determinante 2 ist, wird p, wiederum nach Satz 22, von $x^2 + 2y^2$ dargestellt.

Beispiel 2: Ist p eine Primzahl mit $p \equiv 7 \bmod 12$, dann wird p von $x^2 + 3y^2$ dargestellt: Wäre p ein Teiler von $x^2 - 3y^2$, so würde p nach Satz 22 von einer Form mit der Determinante -3 dargestellt. Die einzigen Formen (bis auf Äquivalenz) mit der Determinante -3 sind aber $x^2 - 3y^2$ und $-x^2 + 3y^2$. Beide Formen ergeben nur Werte $\not\equiv 7 \bmod 12$. Also muß p nach Satz 26 ein Teiler von $x^2 + 3y^2$ sein. Außer dieser gibt es (bis auf Äquivalenz) nur eine weitere Form mit der Determinante 3, nämlich $2x^2 + 2xy + 2y^2$, welche aber nur gerade Zahlen darstellt. Also wird p von $x^2 + 3y^2$ dargestellt.

Beispiel 3: Ist p eine Primzahl mit $p \equiv 7 \bmod 24$, dann wird p von $x^2 + 6y^2$ dargestellt: Wäre p ein Teiler von $x^2 - 6y^2$, so würde p durch eine Form mit der Determinante -6 dargestellt. Die einzigen Formen (bis auf Äquivalenz) mit der Determinante -6 sind $\pm(x^2 - 6y^2)$ und $\pm(2x^2 - 3y^2)$. Alle vier Formen ergeben aber nur Werte $\not\equiv 7 \bmod 24$. Also muß p ein Teiler von $x^2 + 6y^2$ sein. Außer dieser gibt es (bis auf Äquivalenz) nur eine weitere Form mit der Determinante 6, nämlich $2x^2 + 3y^2$, welche aber nur Werte $\not\equiv 7 \bmod 24$ annimmt. Also wird p von $x^2 + 6y^2$ dargestellt.

Für Primzahlen der Form $p \equiv 1 \bmod 4$ gilt wegen $\left(\frac{-1}{p}\right) = 1$ anders als in Satz 26: Genau dann ist p Teiler von $x^2 + ay^2$, wenn p Teiler von $x^2 - ay^2$ ist.

Wir untersuchen nun, ob die Primzahl $p = 4an + 1$ von $x^2 + ay^2$ mit $a > 1$ dargestellt wird. Es sei $[g]$ eine primitive Restklasse mod p; dann ist

$$g^{2an} + 1 \equiv 0 \bmod p \quad \text{und} \quad g^{2n} + 1 \not\equiv 0 \bmod p.$$

Für $a = 2$ gilt

$$0 \equiv g^{4n} + 1 \equiv (g^{2n} + 1)^2 - 2(g^n)^2 \bmod p,$$

also ist $p = 8n + 1$ ein Teiler von $x^2 - 2y^2$ und damit auch von $x^2 + 2y^2$. Da letzteres die einzige reduzierte Form mit der Determinante 2 ist, wird p von ihr dargestellt. (Beachte Satz 22!)

Für $a = 3$ gilt

$$
\begin{aligned}
0 \equiv g^{6n} + 1 \; &\equiv \; (g^{2n} + 1)^3 - 3(g^{2n} + 1)g^{2n} \\
&\equiv \; (g^{2n} + 1)((g^{2n} + 1)^2 - 3(g^n)^2) \bmod p,
\end{aligned}
$$

wegen $g^{2n} + 1 \not\equiv 0 \bmod p$ also

$$
(g^{2n} + 1)^2 - 3(g^n)^2 \equiv 0 \bmod p.
$$

Daher ist $p = 12n + 1$ ein Teiler von $x^2 - 3y^2$ und damit auch von $x^2 + 3y^2$. Außer dieser existiert nur die reduzierte Form $2x^2 + 2xy + 2y^2$ mit der Determinante 3, welche aber nur gerade Werte liefert. Also wird p von $x^2 + 3y^2$ dargestellt.

Für $a = 5$ gilt

$$
\begin{aligned}
0 \; &\equiv \; g^{10n} + 1 \equiv (g^{2n} + 1)^5 - 5g^{8n} - 10g^{6n} - 10g^{4n} - 5g^{2n} \\
&\equiv \; (g^{2n} + 1)^5 - 5(g^{2n} + 1)^3 g^{2n} + 5(g^{2n} + 1)g^{4n} \\
&\equiv \; (g^{2n} + 1)((g^{2n} + 1)^4 - 5(g^{2n} + 1)^2 g^{2n} + 5g^{4n}) \bmod p,
\end{aligned}
$$

also auch

$$
\begin{aligned}
4 \cdot \Big((g^{2n} + 1)^4 &- 5(g^{2n} + 1)^2 g^{2n} + 5g^{4n} \Big) \\
&\equiv \Big(2(g^{2n} + 1)^2 - 5g^{2n} \Big)^2 - 5 \Big(g^{2n} \Big)^2 \equiv 0 \bmod p.
\end{aligned}
$$

Daher teilt die Primzahl $p = 20n + 1$ die Form $x^2 - 5y^2$ und damit auch die Form $x^2 + 5y^2$. Die einzige weitere reduzierte Form mit der Determinante 5 ist $2x^2 + 2xy + 3y^2$, deren Werte sind aber $\not\equiv 1 \bmod 20$. Also wird p von $x^2 + 5y^2$ dargestellt.

Satz 27 (LEGENDRE): Wird die natürliche Zahl m durch die Form

$$
q(x, y) = ax^2 + 2bxy + cy^2
$$

eigentlich dargestellt, dann ist $-\Delta = b^2 - ac$ ein quadratischer Rest mod m.

Beweis: Es sei $q(x_0, y_0) = m$, $\mathrm{ggT}(x_0, y_0) = 1$ und $uy_0 - vx_0 = 1$ mit $u, v \in \mathbb{Z}$. Dann ist mit $\vec{x}_0 = \begin{pmatrix} x_0 \\ y_0 \end{pmatrix}$ und $\vec{u} = \begin{pmatrix} u \\ v \end{pmatrix}$

$$
\begin{aligned}
m \cdot q(u, v) \; &= \; q(x_0, y_0) \cdot q(u, v) \\
&= \; \vec{x}_0^T A \vec{x}_0 \cdot \vec{u}^T A \vec{u} \\
&= \; \vec{x}_0^T A \vec{u} \cdot \vec{x}_0^T A \vec{u} + \vec{x}_0^T A (\vec{x}_0 \vec{u}^T - \vec{u} \vec{x}_0^T) A \vec{u}.
\end{aligned}
$$

Nun ist

$$
\begin{aligned}
A(\vec{x}_0 \vec{u}^T - \vec{u}\vec{x}_0^T)A &= \begin{pmatrix} a & b \\ b & c \end{pmatrix} \begin{pmatrix} 0 & vx_0 - uy_0 \\ uy_0 - vx_0 & 0 \end{pmatrix} \begin{pmatrix} a & b \\ b & c \end{pmatrix} \\
&= \begin{pmatrix} a & b \\ b & c \end{pmatrix} \begin{pmatrix} 0 & -1 \\ 1 & 0 \end{pmatrix} \begin{pmatrix} a & b \\ b & c \end{pmatrix} \\
&= \begin{pmatrix} b & -a \\ c & -b \end{pmatrix} \begin{pmatrix} a & b \\ b & c \end{pmatrix} = \begin{pmatrix} 0 & -\Delta \\ \Delta & 0 \end{pmatrix}.
\end{aligned}
$$

Es folgt

$$
\begin{aligned}
m \cdot q(u,v) &= (\vec{x}_0^T A \vec{u})^2 + \vec{x}_0^T \begin{pmatrix} 0 & -\Delta \\ \Delta & 0 \end{pmatrix} \vec{u} \\
&= (\vec{x}_0^T A \vec{u}) + \Delta(uy_0 - vx_0)^2 \\
&= (\vec{x}_0^T A \vec{u})^2 + \Delta,
\end{aligned}
$$

mit $s = \vec{x}_0^T A \vec{u}$ gilt also $s^2 \equiv -\Delta \bmod m$. $\quad\square$

Die Determinante der Form $x^2 + ay^2$ ist a. Satz 27 besagt also in Verbindung mit Satz 26 und Satz 22 für eine Primzahl p der Form $4n+3$:

$$
p \text{ wird von } x^2 + ay^2 \text{ dargestellt} \quad\Longleftrightarrow\quad \left(\frac{a}{p}\right) = -1.
$$

Man beachte dabei, daß

$$
-\Delta = -a \quad \text{und} \quad \left(\frac{-a}{p}\right) = -\left(\frac{a}{p}\right)
$$

für $p \equiv 3 \bmod 4$.

Unter den Primzahlen $p = 4n+3$ betrachten wir in den folgenden Beispielen solche der Gestalt $ka + b$ und prüfen, ob

$$
\left(\frac{a}{p}\right) = \left(\frac{a}{ka+b}\right) = -1
$$

gilt. Bei dieser Fragestellung wurde LEGENDRE zum quadratischen Reziprozitätsgesetz geführt, da er die Berechnung von $\left(\frac{a}{p}\right)$ auf diejenige von

$$
\left(\frac{ka+b}{a}\right) = \left(\frac{b}{a}\right)
$$

zurückführen wollte, falls a eine Primzahl ist.

Beispiel 4: Es sei $a = 3$ und $b = 1$, also $p \equiv 1 \bmod 3$, zusammen mit $p \equiv 3 \bmod 4$ somit $p \equiv 7 \bmod 12$. Es ist

$$
\left(\frac{3}{p}\right) = -\left(\frac{p}{3}\right) = -\left(\frac{1}{3}\right) = -1.
$$

Also ist p ein Teiler von $x^2 + 3y^2$. Außer dieser Form hat (bis auf Äquivalenz) nur die Form $2x^2 + 2xy + 2y^2$ die Determinante 3, so daß p von $x^2 + 3y^2$ dargestellt wird. (Dieses Resultat haben wir schon oben erhalten.)

Beispiel 5: Es sei $a = 5$. Wegen

$$\left(\frac{5}{p}\right) = \left(\frac{p}{5}\right) = \left(\frac{b}{5}\right)$$

ergibt sich $\left(\frac{5}{p}\right) = -1$ nur für $b \in \{2, 3\}$. Jede Primzahl p mit $p \equiv 3 \bmod 20$ oder $p \equiv 7 \bmod 20$ ist also ein Teiler von $x^2 + 5y^2$ und wird daher von $x^2 + 5y^2$ oder von $2x^2 + 2xy + 3y^2$ dargestellt. Weil aber die Werte von $x^2 + 5y^2$ nicht $\equiv 3 \bmod 4$ sind, werden die obigen Primzahlen von $2x^2 + 2xy + 3y^2$ dargestellt.

Beispiel 6: Es sei $a = 7$. Wegen

$$\left(\frac{7}{p}\right) = -\left(\frac{p}{7}\right) = -\left(\frac{b}{7}\right)$$

ergibt sich $\left(\frac{7}{p}\right) = -1$ nur für $b \in \{1, 2, 4\}$. Jede Primzahl p mit $p \equiv 11, 15, 23 \bmod 28$ ist also ein Teiler von $x^2 + 7y^2$ und wird daher von einer der Formen $x^2 + 7y^2$ oder $2x^2 + 2xy + 4y^2$ dargestellt. Da die zweite Form nur gerade Zahlen darstellt, wird p von $x^2 + 7y^2$ dargestellt.

Wir fassen die Ergebnisse in den Beispielen in folgendem Satz zusammen:

Satz 28 (LAGRANGE/LEGENDRE): Eine Primzahl p mit

$p \equiv 1, 3 \bmod 8$	wird von $x^2 + 2y^2$ dargestellt;
$p \equiv 1 \bmod 6$	wird von $x^2 + 3y^2$ dargestellt;
$p \equiv 1 \bmod 20$	wird von $x^2 + 5y^2$ dargestellt;
$p \equiv 7 \bmod 24$	wird von $x^2 + 6y^2$ dargestellt;
$p \equiv 11, 15, 23 \bmod 28$	wird von $x^2 + 7y^2$ dargestellt.

Beispiel 7: Für die Primzahl $p = 241$ gilt

$$p \equiv 1 \bmod 6, \quad p \equiv 1 \bmod 8 \quad \text{und} \quad p \equiv 1 \bmod 20;$$

also wird sie von jeder der Formen

$$x^2 + 2y^2, \quad x^2 + 3y^2 \quad \text{und} \quad x^2 + 5y^2$$

dargestellt. $241 - 2x^2$ ergibt für $x = 6$ die Quadratzahl $169 = 13^2$; also ist

$$241 = 13^2 + 2 \cdot 6^2.$$

$241 - 3x^2$ ergibt für $x = 8$ die Quadratzahl $49 = 7^2$; also ist

$$241 = 7^2 + 3 \cdot 8^2.$$

$241 - 5x^2$ ergibt für $x = 3$ die Quadratzahl $196 = 14^2$; also ist

$$241 = 14^2 + 5 \cdot 3^2.$$

Bemerkungen: 1) Die Darstellung einer Primzahl durch $x^2 + ay^2$ ist eindeutig (Satz 14 in IV.5).

2) Lassen sich zwei Zahlen durch $x^2 + ay^2$ darstellen, dann gilt dies auch für ihr Produkt. Denn

$$
\begin{aligned}
(x^2 + ay^2)(u^2 + av^2) &= \det\begin{pmatrix} x & -ay \\ y & x \end{pmatrix} \cdot \det\begin{pmatrix} u & -av \\ v & u \end{pmatrix} \\
&= \det\begin{pmatrix} x & -ay \\ y & x \end{pmatrix}\begin{pmatrix} u & -av \\ v & u \end{pmatrix} \\
&= \det\begin{pmatrix} xu - ayv & -a(xv + yu) \\ xv + yu & xu - ayv \end{pmatrix} \\
&= (xu - ayv)^2 + a(xv + yu)^2.
\end{aligned}
$$

IV.9 Ternäre quadratische Formen; der Drei-Quadrate-Satz

Wir behandeln *ternäre quadratische Formen*

$$\vec{x}^T A \vec{x} = a_{11}x_1^2 + a_{22}x_2^2 + a_{33}x_3^2 + 2a_{12}x_1x_2 + 2a_{13}x_1x_3 + 2a_{23}x_2x_3$$

mit

$$\vec{x} = \begin{pmatrix} x_1 \\ x_2 \\ x_3 \end{pmatrix} \quad \text{und} \quad A = \begin{pmatrix} a_{11} & a_{12} & a_{13} \\ a_{12} & a_{22} & a_{23} \\ a_{13} & a_{23} & a_{33} \end{pmatrix},$$

wobei A eine symmetrische Matrix mit ganzzahligen Koeffizienten ist, mit dem Ziel, die Darstellbarkeit natürlicher Zahlen als Summe von drei Quadraten zu untersuchen. Es gilt

$$a_{11}(\vec{x}^T A \vec{x}) = (a_{11}x_1 + a_{12}x_2 + a_{13}x_3)^2 + F(x_2, x_3)$$

wobei $F(x_2, x_3)$ die binäre quadratische Form

$$(a_{11}a_{22} - a_{12}^2)x_2^2 + 2(a_{11}a_{23} - a_{12}a_{13})x_2x_3 + (a_{11}a_{33} - a_{13}^2)x_3^2$$

ist. Die Determinante von $F(x_2, x_3)$ ist

$$
\begin{aligned}
&(a_{11}a_{22} - a_{12}^2)(a_{11}a_{33} - a_{13}^2) - (a_{11}a_{23} - a_{12}a_{13})^2 \\
&= a_{11}(a_{11}a_{22}a_{33} - a_{11}a_{23}^2 + 2a_{12}a_{13}a_{23} - a_{12}^2a_{33} - a_{13}^2a_{22}) \\
&= a_{11} \cdot \det A.
\end{aligned}
$$

Ist $a_{11} \leq 0$, dann ist $\vec{x}^T A \vec{x}$ nicht positiv definit, weil man für $x_1 = 1$ und $x_2 = x_3 = 0$ den Wert a_{11} erhält. Ist $a_{11} > 0$, dann ist $\vec{x}^T A \vec{x}$ genau dann positiv definit, wenn dies für $F(x_2, x_3)$ zutrifft. Denn bei jeder Wahl von x_2, x_3 kann man x_1 so bestimmen, daß $a_{11}x_1 + a_{12}x_2 + a_{13}x_3 = 0$ gilt. Genau dann ist also $\vec{x}^T A \vec{x}$ positiv definit, wenn gilt (vgl. IV.8):

$$a_{11} > 0, \quad \det \begin{pmatrix} a_{11} & a_{12} \\ a_{12} & a_{22} \end{pmatrix} > 0, \quad \det \begin{pmatrix} a_{11} & a_{12} & a_{13} \\ a_{12} & a_{22} & a_{23} \\ a_{13} & a_{23} & a_{33} \end{pmatrix} > 0.$$

Die Äquivalenz ternärer quadratischer Formen ist nun wie die binärer quadratischer Formen (vgl. IV.8) definiert, wobei äquivalente Formen die gleiche Determinante haben und alle zu einer positiv definiten Form äquivalenten Formen wieder positiv definit sind.

Im folgenden ist es hilfreich, die Form und ihre Matrix mit demselben Buchstaben zu bezeichnen: $A(x_1, x_2, x_3) = \vec{x}^T A \vec{x}$; dann erübrigen sich lange Erklärungen, welche Matrix zu welcher Form gehört.

Satz 29: Jede Klasse äquivalenter positiv definiter ternärer quadratischer Formen mit der Determinante Δ enthält mindestens eine Form, für deren Matrix $M = (m_{ij})$ gilt:

$$2 \cdot \max(|m_{12}|, |m_{13}|) \leq m_{11} \leq \frac{4}{3} \cdot \sqrt[3]{\Delta}.$$

Beweis: Ist eine Form

$$A(x_1, x_2, x_3) = \vec{x}^T A \vec{x}$$

aus der Klasse gegeben, dann sei m_{11} die kleinste von A dargestellte natürliche Zahl, also

$$m_{11} = A(c_{11}, c_{21}, c_{31}) \quad \text{mit} \quad \mathrm{ggT}(c_{11}, c_{21}, c_{31}) = 1.$$

(Wäre $\mathrm{ggT}(c_{11}, c_{21}, c_{31}) > 1$, so wäre m_{11} nicht minimal.) Nun sei

$$\mathrm{ggT}(c_{11}, c_{21}) = d$$

(und damit $\mathrm{ggT}(d, c_{31}) = 1$). Dann existieren $c_{12}, c_{22}, \alpha, \beta \in \mathbb{Z}$ mit

$$c_{11}c_{22} - c_{12}c_{21} = d \quad \text{und} \quad d\alpha - c_{31}\beta = 1.$$

Die Matrix

$$C = \begin{pmatrix} c_{11} & c_{12} & \dfrac{c_{11}}{d} \cdot \beta \\ c_{21} & c_{22} & \dfrac{c_{21}}{d} \cdot \beta \\ c_{31} & 0 & \alpha \end{pmatrix}$$

hat dann die Determinante 1, wie man leicht nachrechnet. Für die zu A äquivalente Form

$$B(x_1, x_2, x_3) = \vec{x}^T B \vec{x} = \vec{x}^T (C^T A C) \vec{x}$$

mit der Matrix $B = (b_{ij})$ gilt dann

$$b_{11} = B(1,0,0) = A(c_{11}, c_{21}, c_{31}) = m_{11}.$$

Nun konstruieren wir eine ganzzahlige Matrix

$$D = \begin{pmatrix} 1 & r & s \\ 0 & t & u \\ 0 & v & w \end{pmatrix}$$

so, daß $\det D = tw - uv = 1$ gilt und

$$M(y_1, y_2, y_3) = \vec{y}^T M \vec{y} = \vec{y}^T D^T B D \vec{y}$$

die im Satz behauptete Eigenschaft hat. In M steht auf dem Platz $(1,1)$ das oben eingeführte Element $m_{11} = b_{11}$; ferner ist

$$m_{12} = r m_{11} + t b_{12} + v b_{13}, \quad m_{13} = s m_{11} + u b_{12} + w b_{13}.$$

Wir wählen r, s so, daß

$$|m_{12}| \leq \frac{1}{2} m_{11} \quad \text{und} \quad |m_{13}| \leq \frac{1}{2} m_{11}$$

gilt. Setzt man nun $\vec{x} = D \vec{y}$, dann gilt

$$
\begin{aligned}
b_{11} x_1 + b_{12} x_2 + b_{13} x_3 &= \begin{pmatrix} b_{11} & b_{12} & b_{13} \end{pmatrix} \begin{pmatrix} y_1 + r y_2 + s y_3 \\ t y_2 + u y_3 \\ v y_2 + w y_3 \end{pmatrix} \\
&= b_{11} y_1 + (r b_{11} + t b_{12} + v b_{13}) y_2 + (s b_{11} + u b_{12} + w b_{13}) y_3 \\
&= m_{11} y_1 + m_{12} y_2 + m_{13} y_3.
\end{aligned}
$$

Setzt man $\vec{x} = D\vec{y}$ in

$$b_{11} B(x_1, x_2, x_3) = (b_{11} x_1 + b_{12} x_2 + b_{13} x_3)^2 + B'(x_2, x_3)$$

ein, dann entsteht

$$m_{11} M(y_1, y_2, y_3) = (m_{11} y_1 + m_{12} y_2 + m_{13} y_3)^2 + M'(y_2, y_3).$$

Die positiv definiten binären quadratischen Formen B' und M' werden durch die unimodulare Transformation $\begin{pmatrix} t & u \\ v & w \end{pmatrix}$ ineinander übergeführt, sind also äquivalent. Dann kann man nach IV.8 Satz 24 eine weitere unimodulare Transformation so ausführen, daß M' in eine reduzierte quadratische Form übergeht. Wir können daher M' als reduziert annehmen. Es gilt $\det M = \det A = \Delta$ und $\det M' = m_{11} \Delta$, und der Koeffizient von y_2^2 in $M'(y_2, y_3)$ ist $m_{11} m_{22} - m_{12}^2$; also gilt

$$m_{11} m_{22} - m_{12}^2 \leq \frac{2}{\sqrt{3}} \cdot \sqrt{m_{11} \Delta}.$$

Da m_{22} eine durch M und daher auch durch A darstellbare natürliche Zahl ist, gilt $m_{22} \geq m_{11}$; es folgt

$$m_{11}^2 \leq m_{11}m_{22} = (m_{11}m_{22} - m_{12}^2) + m_{12}^2 \leq \frac{2}{\sqrt{3}} \cdot \sqrt{m_{11}\Delta} + \left(\frac{m_{11}}{2}\right)^2$$

und daraus schließlich

$$m_{11} \leq \frac{4}{3} \cdot \sqrt[3]{\Delta}. \quad \square$$

Satz 30: Jede positiv definite ternäre quadratische Form mit der Determinante 1 ist äquivalent zu $x_1^2 + x_2^2 + x_3^2$.

Beweis: Die Form ist äquivalent zu einer solchen mit der Matrix $M = (m_{ij})$, wobei aus den Bedingungen in Satz 29 folgt: $m_{11} = 1$ und $m_{12}, m_{13} = 0$. Also erhält man

$$M = \begin{pmatrix} 1 & 0 & 0 \\ 0 & m_{22} & m_{23} \\ 0 & m_{23} & m_{33} \end{pmatrix}.$$

Wegen $\det M = 1$ existiert eine ganzzahlige Matrix

$$U = (u_{ij}) \quad \text{mit} \quad \det U = 1$$

und

$$U \begin{pmatrix} m_{22} & m_{23} \\ m_{23} & m_{33} \end{pmatrix} = \begin{pmatrix} 1 & 0 \\ 0 & 1 \end{pmatrix}.$$

Dann ist auch

$$\begin{pmatrix} 1 & 0 & 0 \\ 0 & u_{11} & u_{12} \\ 0 & u_{21} & u_{22} \end{pmatrix} M = \begin{pmatrix} 1 & 0 & 0 \\ 0 & 1 & 0 \\ 0 & 0 & 1 \end{pmatrix}. \quad \square$$

Nun soll der *Drei-Quadrate-Satz* (*Satz von* GAUSS) bewiesen werden. Der Beweis wird nach [Landau 1927] besonders einfach, wenn wir den Satz von DIRICHLET aus VI.5 benutzen, welcher besagt, daß jede prime Restklasse mod m unendlich viele Primzahlen enthält.

Satz 31: Eine natürliche Zahl n ist genau dann als Summe von drei Quadraten zu schreiben, wenn sie nicht von der Form $n = 4^a(8b + 7)$ ist ($a, b \in \mathbb{N}_0$).

Beweis: 1) Eine Quadratzahl ist $\equiv 0,1$ oder $4 \bmod 8$; also ist eine Summe von drei Quadratzahlen $\equiv 0,1,2,3,4,5$ oder $6 \bmod 8$ und $\not\equiv 7 \bmod 8$. Daher ist $8b+7$ nicht Summe von drei Quadratzahlen. Wäre

$$4^a(8b + 7) = x_1^2 + x_2^2 + x_3^2$$

mit $a > 0$, dann wären die Zahlen x_1, x_2, x_3 alle gerade und es wäre

$$4^{a-1}(8b + 7) = \left(\frac{x_1}{2}\right)^2 + \left(\frac{x_2}{2}\right)^2 + \left(\frac{x_3}{2}\right)^2.$$

Damit folgt induktiv gezeigt, daß eine Zahl der Form $4^a(8b+7)$ nicht Summe von drei Quadraten ist.

2) Nun muß gezeigt werden, daß jede Zahl n, die nicht von der Form $4^a(8b+7)$ ist, durch die Form $x_1^2 + x_2^2 + x_3^2$ darstellbar ist. Dabei können wir annehmen, daß n nicht durch 4 teilbar ist, denn aus $n = x_1^2 + x_2^2 + x_3^2$ folgt $4n = (2x_1)^2 + (2x_2)^2 + (2x_3)^2$. Es sei also $n \equiv 1,2,3,5$ oder $6 \bmod 8$. Wir konstruieren nun eine positiv definite ternäre quadratische Form mit der Determinante 1, welche n darstellt; nach Satz 30 ist dann unser Satz bewiesen. Wir werden sehen, daß es gelingt, $a,b,c \in \mathbb{Z}$ so zu konstruieren, daß

$$A = \begin{pmatrix} a & b & 1 \\ b & c & 0 \\ 1 & 0 & n \end{pmatrix}$$

positiv definit ist und die Determinante 1 hat. Diese Form stellt n dar, denn offensichtlich ist $A(0,0,1) = n$. Es muß nun gelten:

$$a > 0 \quad \text{und} \quad ac - b^2 > 0$$

und

$$\det A = (ac - b^2)n - c = 1.$$

Der Fall $n = 1$ ist trivial und kann ausgeschlossen werden. Dann folgt $a > 0$ aus den übrigen Bedigungen, da dann $c > ac - b^2 - 1 \geq 0$ und $ac = b^2 + (ac - b^2) > 0$. Setzen wir $d = ac - b^2$, so muß also gelten:

$$d > 0 \quad \text{und} \quad c = dn - 1.$$

Aufgrund der Definition von d gilt $-d \equiv b^2 \bmod c$, also muß $-d$ ein quadratischer Rest mod $dn - 1$ sein. Haben wir ein $d > 0$ mit dieser Eigenschaft konstruiert, dann erhält man der Reihe nach c, b, a aus obigen Zusammenhängen.

   a) Es sei $n \equiv 2$ oder $\equiv 6 \bmod 8$. Dann ist $\mathrm{ggT}(4n, n - 1) = 1$. Nach dem Satz von DIRICHLET existiert eine Primzahl p mit

$$p = 4nv + n - 1 = (4v + 1)n - 1.$$

Setzen wir $d = 4v + 1$, dann ist $d > 0$ und es ist $p = dn - 1$. Wegen $p \equiv 1 \bmod 4$ gilt

$$\left(\frac{-d}{p}\right) = \left(\frac{d}{p}\right) = \left(\frac{p}{d}\right) = \left(\frac{dn - 1}{d}\right) = \left(\frac{-1}{d}\right) = 1.$$

(Man beachte, daß hier JACOBI-Symbole stehen, vgl. IV.3 Satz 8.) Man setze also $c = p$, bestimme b aus $b^2 \equiv -d \bmod p$ und a aus $ap - b^2 = d$.

   b) Es sei $n \equiv 1,3$ oder $5 \bmod 8$. Man setze

$$e = \begin{cases} 1, & \text{falls } n \equiv 3 \bmod 8, \\ 3, & \text{falls } n \equiv 1 \text{ oder } \equiv 5 \bmod 8. \end{cases}$$

Dann ist $\frac{en-1}{2}$ ungerade, also $\mathrm{ggT}(4n, \frac{en-1}{2}) = 1$. Nach dem Satz von DIRICHLET existiert also eine Primzahl p mit

$$p = 4nv + \frac{en-1}{2} = \frac{1}{2}((8v+e)n - 1).$$

Mit $d = 8v + e$ gilt $d > 0$ und $2p = dn - 1$. Nun ist

$$\begin{array}{lll}
\text{für } n \equiv 1 \bmod 8: & d \equiv 3 \bmod 8 \text{ und } p \equiv 1 \bmod 4; \\
\text{für } n \equiv 3 \bmod 8: & d \equiv 1 \bmod 8 \text{ und } p \equiv 1 \bmod 4; \\
\text{für } n \equiv 5 \bmod 8: & d \equiv 3 \bmod 8 \text{ und } p \equiv 3 \bmod 4.
\end{array}$$

In jedem dieser Fälle hat das JACOBI-Symbol $\left(\frac{-2}{d}\right)$ den Wert 1. Daher gilt

$$\begin{aligned}
\left(\frac{-d}{p}\right) &= \left(\frac{-1}{p}\right)(-1)^{\frac{d-1}{2} \cdot \frac{p-1}{2}}\left(\frac{p}{d}\right) = \left(\frac{p}{d}\right) \\
&= \left(\frac{p}{d}\right)\left(\frac{-2}{d}\right) = \left(\frac{-2p}{d}\right) \\
&= \left(\frac{1-dn}{d}\right) = \left(\frac{1}{d}\right) = 1.
\end{aligned}$$

Also ist $-d$ quadratischer Rest mod p. Wegen $-d \equiv 1^2 \bmod 2p$ ist dann $-b$ auch quadratischer Rest mod $2p$. Man setze also $c = 2p$, bestimme b aus $b^2 \equiv -d \bmod 2p$ und a aus $a \cdot 2p - b^2 = d$. $\square$

Bemerkung: Aus Satz 31 ergibt sich ein weiterer Beweis für den Vier-Quadrate-Satz von LAGRANGE (IV.5 Satz 15): Ist $n = 4^a(8b+7)$, ferner $8b + 7 = 1 + 8b + 6 = 1^2 + x^2 + y^2 + z^2$, dann ist

$$n = (2^a)^2 + (2^a x)^2 + (2^a y)^2 + (2^a z)^2.$$

IV.10 Figurierte Zahlen

Schon in der Antike interessierte man sich für Zahlen, die sich durch besonders symmetrische Punktmuster darstellen lassen. Dieses Interesse ist sicher verständlich, wenn man Zahlen mit Hilfe von Steinchen auf einem Rechenbrett angibt. Über die im folgenden beschriebenen Polygonalzahlen hat DIOPHANT eine Schrift verfaßt, welche ebenfalls von BACHET ins Lateinische übersetzt und kommentiert worden ist.

Die Zahlen 1, 3, 6, 10, ... heißen *Dreieckszahlen*:

usw.

Die n-te Dreieckszahl ist

$$D_n = \sum_{i=1}^{n} i = \frac{n(n+1)}{2}.$$

Die Zahlen 1, 4, 9, 16, ... heißen *Viereckszahlen* bzw. *Quadratzahlen*:

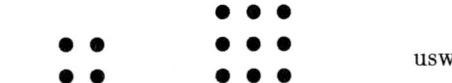

usw.

Die n-te Viereckszahl ist

$$Q_n = \sum_{i=1}^{n}(2i-1) = n^2.$$

Die Zahlen 1, 5, 12, 22, ... heißen *Fünfeckszahlen*:

usw.

Die n-te Fünfeckszahl ist

$$F_n = \sum_{i=1}^{n}(3i-2) = \frac{n(3n-1)}{2}.$$

Man definiert die n-te k-Ecks-Zahl durch

$$P_n^{(k)} = \sum_{i=1}^{n}((k-2)i - (k-3)).$$

Die k-Ecks-Zahlen lassen sich allgemein durch Punktmuster wie in Fig. 1 darstellen.

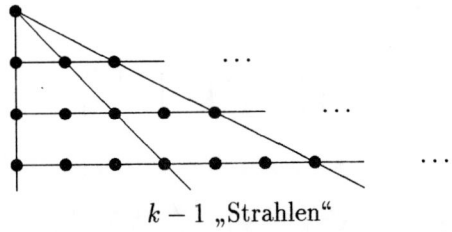

$k-1$ „Strahlen"

Fig. 1

Für diese *Polygonalzahlen* kann man einfache Berechungsformeln angeben:

$$P_n^{(k)} = (k-2)D_n - (k-3)n = \frac{n}{2} \cdot ((k-2)n - k - 4) = \frac{k-2}{2}(n^2 - n) + n.$$

Die k-Ecks-Zahlen bilden eine arithmetische Folge zweiter Ordnung, d.h., ihre zweite Differenzenfolge ist konstant:

$$d_n^{(k)} := P_n^{(k)} - P_{n-1}^{(k)} = (k-2)n - (k-3) \quad \text{und} \quad d_n^{(k)} - d_{n-1}^{(k)} = k - 2.$$

Bemerkung: Möchte man feststellen, welche Dreieckszahlen auch Viereckszahlen (Quadratzahlen) sind, dann muß man die Gleichung $n(n+1) = 2m^2$ bzw. $(2n+1)^2 - 2(2m)^2 = 1$ untersuchen. Man wird also auf die PELLsche Gleichung $x^2 - 2y^2 = 1$ geführt (vgl. II.5). Diese hat die Grundlösung $(3,2)$, aus welcher sich die weiteren Lösungen $(17,12), \ldots$ ergeben. Also ist

$$D_1 = 1^2, \quad D_8 = 6^2, \ldots \ .$$

Die Summenfolge der Folge $\{P_n^{(k)}\}$ ist die Folge der k-ten *Pyramidalzahlen*. Ihre Glieder veranschaulicht man durch räumliche Punktmuster. Von den römischen Geometern EPAPHRODITUS und VITRIUS RUFUS (etwa um 150 n.Chr.), die Schüler von HERON von Alexandria waren, stammt die Pyramidalzahlenformel

$$\sum_{i=1}^{n} P_i^{(k)} = \frac{n+1}{6} \cdot (2P_n^{(k)} + n).$$

Dies ist eine Verallgemeinerung der bekannten Formel

$$\sum_{i=1}^{n} i^2 = \frac{n(n+1)(2n+1)}{6}.$$

Die Pyramidalzahlen bilden arithmetische Folgen dritter Ordnung, d.h., ihre Differenzenfolge ist eine arithmetische Folge zweiter Ordnung. Allgemein nennt man die Glieder einer arithmetischen Folge r-ter Ordnung *figurierte Zahlen* der Dimension r.

Zuweilen bezeichnet man als figurierte Zahlen auch nur die Zahlen der Folgen, die aus der Folge der Dreieckszahlen durch fortgesetzte Bildung der Summenfolge entstehen. Diese Zahlen $\Delta_n^{(r)}$ lassen sich als Binomialkoeffizienten ausdrücken: Es gilt

$$\Delta_n^{(0)} = D_n = \binom{n+1}{2},$$

$$\Delta_n^{(1)} = \sum_{i=1}^{n} D_i = \sum_{i=1}^{n} \binom{i+1}{2} = \binom{n+2}{3}$$

und allgemein

$$\Delta_n^{(r)} = \sum_{i=1}^{n} \Delta_i^{(r-1)} = \sum_{i=1}^{n} \binom{i+r}{r+1} = \binom{n+r+1}{r+2}.$$

Das Interesse der Zahlentheoretiker an Polygonalzahlen begründet sich u.a. durch folgenden Satz, welcher eine Verallgemeinerung des Satzes von LAGRANGE (IV.5 Satz 15) ist:

Satz 32: Für $k \geq 3$ ist jedes $n \in \mathbb{N}$ als Summe von höchstens k k-Ecks-Zahlen darstellbar.

FERMAT behauptete, einen Beweis für diesen Satz zu haben, wie er u.a. in Briefen an MERSENNE und PASCAL schrieb. Beweise dieses Satzes wurden aber erst im 19. Jahrhundert publiziert, und zwar von LEGENDRE und von CAUCHY. Einen Beweis findet man u.a. in [Dickson 1939], ein sehr kurzer Beweis findet sich bei [Nathanson 1987].

Für $k = 3$ ist zu zeigen, daß die Gleichung

$$x(x+1) + y(y+1) + z(z+1) = 2n$$

für jedes $n \in \mathbb{N}$ eine Lösung mit nichtnegativen ganzen Zahlen besitzt. Diese Gleichung läßt sich umformen zu

$$(2x+1)^2 + (2y+1)^2 + (2z+1)^2 = 8n+3.$$

Daß $8n + 3$ als Summe von drei (notwendigerweise ungeraden) Quadraten zu schreiben ist, folgt aus dem Drei-Quadrate-Satz (IV.9 Satz 31).

Beispiel 1: Aus
$$17^2 + 25^2 + 39^2 = 2435 = 8 \cdot 304 + 3$$

folgt
$$304 = D_8 + D_{12} + D_{19}.$$

Für $k = 5$ wird die Lösbarkeit von

$$\frac{v(3v-1)}{2} + \frac{w(3w-1)}{2} + \frac{x(3x-1)}{2} + \frac{y(3y-1)}{2} + \frac{z(3z-1)}{2} = n$$

in nichtnegativen ganzen Zahlen für jedes $n \in \mathbb{N}$ behauptet. Diese Gleichung läßt sich umformen zu

$$(6v-1)^2 + (6w-1)^2 + (6x-1)^2 + (6y-1)^2 + (6z-1)^2 = 24n+5.$$

Beispiel 2: Aus

$$1^2 + 5^2 + 11^2 + 11^2 + 17^2 = 24 \cdot 23 + 5$$

folgt

$$23 = F_1 + F_2 + F_2 + F_3 = 1 + 5 + 5 + 12.$$

IV.11 Der Gitterpunktsatz von Minkowski

Im Vektorraum $\mathbb{R}^n$ seien

$$\vec{z_1}, \ \vec{z_2}, \ \ldots, \ \vec{z_n}$$

linear unabhängige Vektoren mit ganzzahligen Koordinaten. Die Menge aller Punkte des Punktraumes $\mathbb{R}^n$, deren Ortsvektoren ganzzahlige Linearkombinationen von $\vec{z_1}, \ \vec{z_2}, \ \ldots, \ \vec{z_n}$ sind, nennt man *das von $\vec{z_1}, \ \vec{z_2}, \ \ldots, \ \vec{z_n}$ aufgespannte Gitter* und bezeichnet dieses mit $L(\vec{z_1}, \ \vec{z_2}, \ \ldots, \ \vec{z_n})$ oder kurz mit L. Das Parallelotop mit den Kantenvektoren $\vec{z_1}, \ \vec{z_2}, \ \ldots, \ \vec{z_n}$ nennt man die *Fundamentalzelle* des Gitters. Unter dem *Volumen* $V(L)$ der Fundamentalzelle versteht man den Betrag der Determinante der Matrix aus den Vektoren $\vec{z_1}, \ \vec{z_2}, \ \ldots, \vec{z_n}$, also

$$V(L) = |\det(\vec{z_1}, \ \vec{z_2}, \ \ldots, \ \vec{z_n})|.$$

Für $n = 2$ und $n = 3$ ist dies die aus der analytischen Geometrie bekannte Formel zur Berechnung des Flächeninhalts eines Parallelogramms bzw. des Volumens eines Parallelepipeds.

Wir betrachten nun eine beschränkte Teilmenge K des Punktraumes $\mathbb{R}^n$, die folgende Eigenschaften hat:

(1) K ist *punktsymmetrisch zum Ursprung*, d.h., gehört der Punkt mit dem Ortsvektor $\vec{x}$ zu K, dann auch der Punkt mit dem Ortsvektor $-\vec{x}$.

(2) K ist *konvex*, d.h., gehören zwei Punkte X, Y (mit den Ortsvektoren $\vec{x}$, $\vec{y}$) zu K, dann gehört auch der Mittelpunkt der Strecke XY (mit dem Ortsvektor $\frac{1}{2}(\vec{x} + \vec{y})$) zu K.

Die Menge K besitzt aufgrund dieser Eigenschaften ein Volumen $V(K)$, das man in einfachen Fällen elementar berechnen kann (nur solche Fälle werden uns später interessieren) oder durch ein mehrfaches Integral ausdrücken kann. Wir interessieren uns nun dafür, wie groß $V(K)$ sein kann, ohne daß K außer dem Ursprung O noch einen weiteren Gitterpunkt enthält, bzw. dafür, aus welchen Werten von $V(K)$ man darauf schließen kann, daß K mindestens einen von O verschiedenen Gitterpunkt enthält.

Das Parallelotop, dessen Ecken die Ortsvektoren

$$\varepsilon_1 \vec{z_1} + \varepsilon_2 \vec{z_2} + \ldots + \varepsilon_n \vec{z_n} \quad \text{mit} \quad \varepsilon_i \in \{-1, 1\} \ \text{für} \ i = 1, 2, \ldots, n$$

haben, hat das Volumen $2^n V(L)$; betrachtet man dieses Parallelotop als offen, d.h., nimmt man seine „Begrenzungsflächen" nicht hinzu, dann enthält es außer O keinen weiteren Gitterpunkt. In Fig. 1 ist dies für $n = 2$ verdeutlicht. Setzen wir dagegen obiges Parallelotop als abgeschlossen voraus, dann enthält es von O verschiedene Gitterpunkte.

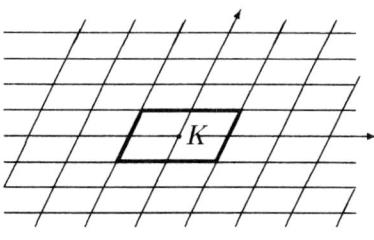

Fig. 1

Der folgende Satz geht auf HERMANN MINKOWSKI (1864–1909) zurück und heißt *Gitterpunktsatz von* MINKOWSKI.

Satz 33: Es sei L ein Gitter im Punktraum $\mathbb{R}^n$ und K eine beschränkte und offene, zum Ursprung punktsymmetrische und konvexe Teilmenge von $\mathbb{R}^n$. Ist $V(K) > 2^n V(L)$, dann enthält K einen von O verschiedenen Gitterpunkt.

Beweis: Für einen Gitterpunkt X mit dem Ortsvektor $\vec{x}$ sei K_X die Punktmenge, die aus K durch Verschiebung mit dem Vektor $\vec{x}$ entsteht. Ist K_X für alle $X \in L$ mit $X \neq O$ zu K disjunkt, dann ist $V(K) \leq V(L)$, wie man sich anhand von Fig. 2 überlegen kann. Ist nun $V(K) > 2^n V(L)$, also $V(\frac{1}{2}K) > V(L)$, wobei die Ortsvektoren der Punkte von $\frac{1}{2}K$ aus denen von K durch Halbieren hervorgehen, dann können die Mengen $(\frac{1}{2}K)_X$ mit $X \neq O$ nicht alle zu $\frac{1}{2}K$ disjunkt sein. Es existieren also Punkte in $\frac{1}{2}K$ mit Ortsvektoren $\frac{1}{2}\vec{a}$, $\frac{1}{2}\vec{b}$ sowie ein Gitterpunkt $X \neq O$ mit dem Ortsvektor $\vec{x}$, so daß $\frac{1}{2}\vec{a} = \frac{1}{2}\vec{b} + \vec{x}$ (Fig. 3). Dann ist $\vec{x} = \frac{1}{2}(\vec{a} - \vec{b})$, aufgrund der Eigenschaften (1) und (2) gehört also X zu K. $\square$

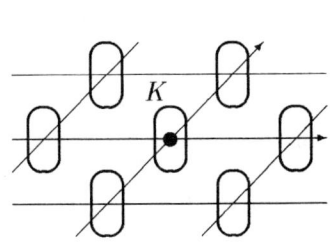

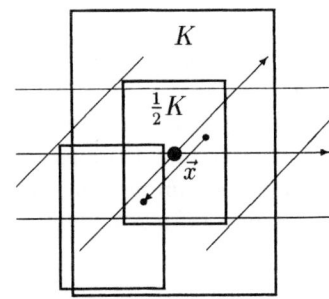

Fig. 2   Fig. 3

Bemerkung: Die anschauliche Argumentation anhand von Fig. 2 und Fig. 3 kann durch eine „strenge" ersetzt werden, wenn man sich zuvor ausführlich mit den Eigenschaften meßbarer Mengen in $\mathbb{R}^n$ beschäftigt. Ersetzt man in Satz 33

„offen" durch „abgeschlossen" und „$V(K) > 2^n V(L)$" durch „$V(K) \geq 2^n V(L)$",
dann gilt dieselbe Behauptung.

Anwendung 1: Wir wollen einen weiteren Beweis für die Darstellbarkeit einer
Primzahl p mit $p \equiv 1 \bmod 4$ durch $x^2 + y^2$ angeben (IV.5 Satz 12). Wegen
$\left(\frac{-1}{p}\right) = 1$ existiert ein $u \in \mathbb{N}$ mit $u^2 \equiv -1 \bmod p$ und $u < p$. Im Punktraum
$\mathbb{R}^2$ ist

$$L = \{(x,y) \mid x \in \mathbb{Z},\ y \equiv ux \bmod p\}$$

ein Gitter, das von den Vektoren $\binom{1}{u}$ und $\binom{0}{p}$ aufgespannt wird (Fig. 4).

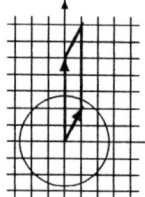

Fig. 4

Der Flächeninhalt der Fundamentalzelle ist

$$V(L) = \det \begin{pmatrix} 1 & 0 \\ u & p \end{pmatrix} = p.$$

Es sei K der Kreis um O mit dem Radius $2\sqrt{\frac{p}{3}}$. Sein Flächeninhalt ist $V(K) =$
$\pi \cdot 4 \cdot \frac{p}{3} > 4p$, so daß damit $V(K) > 2^2 V(L)$. Also enthält K einen von O
verschiedenen Gitterpunkt (x,y), d.h., es existieren ganze Zahlen x, y mit

$$0 < x^2 + y^2 \leq \frac{4p}{3} < 2p.$$

Aus $y \equiv ux \bmod p$ folgt $y^2 \equiv u^2 x^2 \equiv -x^2 \bmod p$, also $x^2 + y^2 \equiv 0 \bmod p$.
Damit ergibt sich $x^2 + y^2 = p$.

Anwendung 2: Es soll ein weiterer Beweis für den Vierquadratesatz von LA-
GRANGE (IV.5 Satz 15) angegeben werden. Es genügt der Nachweis, daß jede
Primzahl p als Summe von höchstens vier Quadraten dargestellt werden kann,
wobei wir uns auf $p > 2$ beschränken können. Wir wählen $u, v \in \mathbb{N}_0$ mit

$$u^2 + v^2 + 1 \equiv 0 \bmod p \quad \text{und} \quad u, v < p.$$

Solche Zahlen u, v existieren, denn $u^2 \bmod p$ und $-(v^2 + 1) \bmod p$ nehmen
jeweils $\frac{p+1}{2}$ Werte an, wenn u und v die Restklassen mod p durchlaufen; wegen
$2 \cdot \frac{p+1}{2} > p$ wird also mindestens einmal von $u^2 \bmod p$ und $-(v^2 + 1) \bmod p$
derselbe Wert angenommen. Nun betrachten wir im Punktraum $\mathbb{R}^4$ das Gitter

$$L = \{(a,b,c,d) \mid a, b \in \mathbb{Z},\ c \equiv ua + vb \bmod p,\ d \equiv ub - va \bmod p\}.$$

Dieses wird von den Vektoren

$$\begin{pmatrix} 1 \\ 0 \\ u \\ -v \end{pmatrix}, \quad \begin{pmatrix} 0 \\ 1 \\ v \\ u \end{pmatrix}, \quad \begin{pmatrix} 0 \\ 0 \\ p \\ 0 \end{pmatrix}, \quad \begin{pmatrix} 0 \\ 0 \\ 0 \\ p \end{pmatrix}$$

aufgespannt. Das Volumen der Fundamentalzelle ist

$$V(L) = \det \begin{pmatrix} 1 & 0 & 0 & 0 \\ 0 & 1 & 0 & 0 \\ u & v & p & 0 \\ -v & u & 0 & p \end{pmatrix} = p^2.$$

Es sei K die vierdimensionale Kugel um O mit dem Radius r; sie hat das Volumen $V(K) = \frac{\pi^2}{2} \cdot r^4$, wie man in der Analysis lernt (vgl. z.B. [Lüneburg 1981]; vgl. auch Aufgabe 53). Man erreicht $V(K) > 2^4 V(L) = 16p^2$ mit $r = \sqrt[4]{32} \cdot \sqrt{\frac{p}{3}}$. Dann existiert ein von O verschiedener Gitterpunkt in K, es gibt also ganze Zahlen a, b, c, d mit

$$0 < a^2 + b^2 + c^2 + d^2 \leq r^2 = \frac{4}{3}\sqrt{2} \cdot p < 2p.$$

Wegen

$$a^2 + b^2 + c^2 + d^2 \;\equiv\; a^2 + b^2 + (ua + vb)^2 + (ub - va)^2$$
$$\equiv\; (a^2 + b^2)(u^2 + v^2 + 1) \equiv 0 \bmod p$$

folgt daraus

$$a^2 + b^2 + c^2 + d^2 = p.$$

Anwendung 3: LEGENDRE hat folgenden Satz bewiesen: Sind a, b, c paarweise teilerfremde und quadratfreie ganze Zahlen, die nicht alle dasselbe Vorzeichen haben, dann ist die diophantische Gleichung

$$ax^2 + by^2 + cz^2 = 0$$

genau dann lösbar, wenn gilt:

$$-bc \text{ ist quadratischer Rest } \bmod a,$$
$$-ac \text{ ist quadratischer Rest } \bmod b,$$
$$-ab \text{ ist quadratischer Rest } \bmod c.$$

Da eine quadratfreie Zahl eine solche ist, die außer durch 1 durch keine Quadratzahl teilbar ist, gilt $abc \neq 0$. Es ist keine Beschränkung der Allgemeinheit, $a, b > 0$ und $c < 0$ anzunehmen. (Statt „mod a" usw. müßten wir eigentlich „mod $|a|$" schreiben, da wir die Moduln in Kongruenzen stets als positiv angenommen haben.)

Diesen Satz von LEGENDRE wollen wir mit Hilfe des MINKOWSKIschen Gitterpunktsatzes beweisen.

Zunächst zeigen wir die *Notwendigkeit* der Bedingungen: Aus $ax^2 + by^2 + cz^2 = 0$ folgt $by^2 + cz^2 \equiv 0 \bmod a$, also $(cz)^2 \equiv -bcy^2 \bmod a$. Man darf
$\mathrm{ggT}(x,y,z) = 1$ voraussetzen, da man andernfalls ein Quadrat aus der Glei-
chung kürzen könnte. Dann ist auch $\mathrm{ggT}(y,z) = 1$, da für einen gemeinsamen
Teiler d von y,z mit $d^2|ax^2$ auch $d^2|a$ gilt, a aber quadratfrei sein soll. Fer-
ner ist $\mathrm{ggT}(y,a)=1$, denn ein gemeinsamer Teiler von y und a teilt auch cz^2.
Folglich existiert ein η mit $y\eta \equiv 1 \bmod a$, so daß aus der letzten Kongruenz
$(\eta cz)^2 \equiv -bc \bmod a$ folgt. Dies bedeutet, daß $-bc$ quadratischer Rest $\bmod\, a$
ist. Ebenso folgt, daß $-ac$ bzw. $-ab$ quadratischer Rest $\bmod\, b$ bzw. $\bmod\, c$ ist.

Nun wird gezeigt, daß die Bedingungen auch *hinreichend* für die Lösbarkeit
von $ax^2 + by^2 + cz^2 = 0$ sind. Es sei also

$$u^2 \equiv -bc \bmod\ a, \quad v^2 \equiv -ac \bmod\ b, \quad w^2 \equiv -ab \bmod\ c$$

mit $|u| < |a|$, $|v| < |b|$, $|w| < |c|$, wobei $\mathrm{ggT}(u,a) = \mathrm{ggT}(v,b) = \mathrm{ggT}(w,c) = 1$
gilt. Dann betrachten wir in $\mathrm{I\!R}^3$ das Gitter

$$L = \{(x,y,z) \mid x \in \mathbb{Z},\ by \equiv wx \bmod c, \left\{ \begin{array}{l} cz \equiv uy \bmod a \\ vz \equiv ax \bmod b \end{array} \right\} \}.$$

Das Gitter wird von drei Vektoren der Form

$$\begin{pmatrix} 1 \\ * \\ * \end{pmatrix}, \begin{pmatrix} 0 \\ c \\ * \end{pmatrix}, \begin{pmatrix} 0 \\ 0 \\ ab \end{pmatrix}$$

aufgespannt, denn y ist durch x modulo c eindeutig bestimmt, und z ist nach
dem Chinesischen Restsatz durch x,y modulo a,b eindeutig bestimmt. Die Fun-
damentalzelle hat das Volumen $V(L) = |abc|$. Für die Gitterpunkte (x,y,z)
gelten die Kongruenzen

$$\begin{array}{rcl} uy &\equiv& cz \bmod a \\ vz &\equiv& ax \bmod b \\ wx &\equiv& by \bmod c \end{array}$$

Aus diesen folgt

$$ax^2 + by^2 + cz^2 \equiv 0 \bmod\ abc.$$

Denn es gilt $ax^2 \equiv 0 \bmod\ a$ und

$$c(by^2 + cz^2) \equiv cby^2 + (cz)^2 \equiv (cb + u^2)y^2 \equiv 0 \bmod\ a,$$

also $ax^2 + by^2 + cz^2 \equiv 0 \bmod\ a$, und Entsprechendes gilt für b und c. Das
Ellipsoid

$$K = \{(x,y,z) \mid |a|x^2 + |b|y^2 + |c|z^2 \le r^2\}$$

hat das Volumen

$$V(K) = \frac{4}{3}\pi \cdot \frac{r}{\sqrt{|a|}} \cdot \frac{r}{\sqrt{|b|}} \cdot \frac{r}{\sqrt{|c|}} = \frac{4\pi r^3}{3\sqrt{V(L)}}.$$

Für $r > k \cdot \sqrt{V(L)}$ mit $k = \sqrt[3]{\frac{6}{\pi}}$ ist $V(K) > 2^3 V(L)$, so daß K einen von O verschiedenen Gitterpunkt (x, y, z) enthält; wegen $\sqrt[3]{\frac{6}{\pi}} < \sqrt{2}$ kann dabei

$$|ax^2 + by^2 + cz^2| \le |a|x^2 + |b|y^2 + |c|z^2 \le r^2 < 2|abc|$$

angenommen werden. Wegen $ax^2 + by^2 + cz^2 \equiv 0 \bmod abc$ ist also entweder $ax^2 + by^2 + cz^2 = 0$ oder $ax^2 + by^2 + cz^2 = \pm abc$. Ist $ax^2 + by^2 + cz^2 = -abc$, dann ist

$$a(xz + by)^2 + b(yz - ax)^2 + c(z^2 + ab)^2 =$$
$$(ax^2 + by^2 + cz^2 + abc)(z^2 + ab) = 0$$

und somit die betrachtete Gleichung ebenfalls nicht-trivial lösbar. (Man beachte, daß $z^2 + ab > 0$, weil $ab > 0$.) Ist $ax^2 + by^2 + cz^2 = abc$, dann setzen wir $d = -c$ und erhalten dann mit $a, b, d > 0$

$$ax^2 + by^2 - dz^2 = -abd.$$

Dieser Fall kann vermieden werden, wie in Aufgabe 50 gezeigt werden soll; diese Aufgabe zeigt auch einen Weg, auf dem der Satz von LEGENDRE ohne den MINKOWSKIschen Gitterpunktsatz bewiesen werden kann.

Zum MINKOWSKIschen Gitterpunktsatz vgl. auch [Chandrasekharan 1966], [Flath 1989], [Gioia 1970], [Hua 1982], [Narkiewicz 1983], [Scharlau/Opolka 1980].

IV.12 Aufgaben

1. Bestimme für $p = 13, 17, 19, 23, 29, 31$ jeweils eine ganze Zahl x mit möglichst kleinem Betrag, so daß für alle $a, b \in \mathbb{Z}$ gilt:

$$p \,|\, 10a + b \iff p \,|\, a + xb.$$

2. Aus einem chinesischen Rechenbuch: Eine Bande von 17 Räubern stahl einen Sack mit Goldstücken. Als sie ihre Beute in gleiche Teile teilen wollten, blieben 3 Goldstücke übrig. Beim Streit darüber, wer ein Goldstück mehr erhalten sollte, wurde ein Räuber erschlagen. Jetzt blieben bei der Verteilung 10 Goldstücke übrig. Erneut kam es zum Streit, und wieder verlor ein Räuber sein Leben. Jetzt ließ sich endlich die Beute gleichmäßig verteilen. Wie viele Goldstücke waren mindestens im Sack ?

3. a) Bestimme eine ganze Zahl, die bei Division durch 2,3,6 und 12 die Reste 1,2,5 bzw. 5 läßt. (YIH-HING, um 700 n.Chr.)

b) Bestimme eine ganze Zahl, die bei Division durch 10,13 und 17 die Reste 3,11 bzw. 15 läßt. (REGIOMONTANUS, 1436–1473.)

c) Sinngemäß aus einem indischen Rechenbuch (MAHAVIRACARYA, um 850 n.Chr.): Aus Früchten werden 63 gleich große Haufen gelegt, 7 Stück bleiben übrig. Es kommen 23 Reisende, unter denen die Früchte gleichmäßig verteilt werden, so daß keine übrigbleibt. Wie viele waren es ?

4. a) Bestimme die kleinste natürliche Zahl $n > 3$ mit

$$3|n, \ 5|n+2 \text{ und } 7|n+4.$$

b) Bestimme die kleinste natürliche Zahl $n > 2$ mit

$$2|n, \ 3|n+1, \ 4|n+2, \ 5|n+3 \text{ und } 6|n+4.$$

5. Bestimme drei aufeinanderfolgende positive Zahlen in der Restklasse 7 mod 11, die durch 2 bzw. durch 3 bzw. durch 5 teilbar sind.

6. a) Bestimme die Lösung des Systems

$$5x \equiv 2 \text{ mod } 3$$
$$4x \equiv 7 \text{ mod } 9$$
$$2x \equiv 4 \text{ mod } 10$$

b) Für welche Werte von c existiert eine Lösung von

$$\begin{aligned} 5x &\equiv 2 \text{ mod } 12 \\ 7x &\equiv c \text{ mod } 15 \end{aligned} \text{ ?}$$

7. a) Es sei $f(x)$ ein Polynom mit ganzzahligen Koeffizienten, ferner $d \in \mathbb{N}$. Zeige: Gilt $f(x) \equiv 0 \text{ mod } d$ für d aufeinanderfolgende Werte von x, dann gilt $f(x) \equiv 0 \text{ mod } d$ für *alle* $x \in \mathbb{Z}$.

b) Das ganzzahlige Polynom $f(x)$ sei vom Grad n und es gelte $f(x) \equiv 0 \text{ mod } p$ für $n + 1$ aufeinanderfolgende Zahlen, wobei p eine Primzahl sein soll. Zeige, daß dann $f(x) \equiv 0 \text{ mod } p$ für alle $x \in \mathbb{Z}$ gilt. (Verwende Hilfssatz aus III.4.)

8. Beweise: Für alle $a, b, k \in \mathbb{N}$ existiert ein $m \in \mathbb{N}$, so daß $am + b$ mindestens k verschiedene Primteiler besitzt.

9. Beweise: Sind k verschiedene Primzahlen p_1, p_2, ..., p_k gegeben, dann existiert ein $m \in \mathbb{N}$, so daß $p_i|m + i$ $(i = 1, 2, \ldots, k)$.

10. Es seien m_1, m_2, ..., m_n natürliche Zahlen und b_1, b_2, ..., b_n ganze Zahlen mit $b_i \equiv b_j \text{ mod } \text{ggT}(m_i, m_j)$ für $1 \leq i, j \leq n$. Zeige, daß das System

$$x \equiv b_i \text{ mod } m_i \quad (i = 1, 2, \ldots, n)$$

eine Lösung $x \equiv a \bmod \mathrm{kgV}(m_1, m_2, \ldots, m_n)$ besitzt.

11. a) Beweise: Ist $\frac{a}{m}$ eine rationale Zahl und $m = m_1 m_2 \cdot \ldots \cdot m_n$ eine Zerlegung von m in paarweise teilerfremde Faktoren, dann läßt sich $\frac{a}{m}$ auf genau eine Weise in der Form

$$\frac{a}{m} = z + \frac{a_1}{m_1} + \frac{a_2}{m_2} + \ldots + \frac{a_n}{m_n}$$

mit $z, a_1, a_2, \ldots, a_n \in \mathbb{Z}$ und $0 \leq a_i < m_i$ $(i = 1, 2, \ldots, n)$ darstellen. (Man nennt diese Darstellung die *Partialbruchzerlegung* von $\frac{a}{m}$.)

b) Bestimme die Partialbruchzerlegung von $\frac{151}{60}$ für die Zerlegung $60 = 5 \cdot 12$ und für die Zerlegung $60 = 3 \cdot 4 \cdot 5$.

12. Löse das folgende System linearer Kongruenzen:

$$\begin{aligned} 3x + 7y &\equiv 10 \bmod 14 \\ 11x - 8y &\equiv 6 \bmod 14 \end{aligned}$$

13. Bestimme alle Lösungen der folgenden Kongruenz:

a) $x^2 \equiv 2 \bmod 77$ b) $x^2 \equiv 2 \bmod 391$ c) $x^2 \equiv 2 \bmod 2737$
d) $x^2 \equiv 3 \bmod 143$ e) $x^2 \equiv 3 \bmod 385$ f) $x^2 \equiv 5 \bmod 23$

14. Konstruiere a so, daß $x^2 \equiv a \bmod 385$ genau 8 Lösungen besitzt.

15. Es seien p, q zwei verschiedene Primzahlen. Bestimme r, s so, daß für alle $x, y \in \mathbb{Z}$ gilt:

$$\begin{aligned} rx + sy &\equiv r \bmod p \\ rx + sy &\equiv s \bmod q \end{aligned}$$

16. Beweise: Ist p eine Primzahl mit $p \equiv 3 \bmod 4$, dann besitzt die diophantische Gleichung $x^2 - py^2 = -1$ keine Lösung.

17. Bestimme alle natürlichen Zahlen x, y, z mit $x + y + z = x \cdot y \cdot z$.

18. a) Bestimme alle Lösungen (x, y, z) der diophantischen Gleichung

$$(x + y + z)^3 = x^3 + y^3 + z^3.$$

b) Bestimme alle Lösungen (x, y, z, t) des folgenden Systems diophantischer Gleichungen:

$$\begin{aligned} x + y + z &= t \\ x^2 + y^2 + z^2 &= t^2 \\ x^3 + y^3 + z^3 &= t^3 \end{aligned}$$

19. a) Bestimme alle $x, y, z \in \mathbb{N}$ mit $\frac{1}{x} + \frac{1}{z} = \frac{1}{y}$.

b) Bestimme alle $x, y, z \in \mathbb{Z}$ mit $(x + y + z)^2 = x^2 + y^2 + z^2$.

20. Eine Lösung (x, y, z, r) der diophantischen Gleichung

$$x^2 + y^2 + z^2 = r^2$$

kann als Punkt mit ganzzahligen Koordinaten auf einer Kugel mit ganzzahligem Radius interpretiert werden.

a) Zeige, daß in einer Lösung mindestens zwei der Zahlen x, y, z gerade sind.

b) Zeige, daß für alle $a, b, c \in \mathbb{N}$

$$(2ac, \; 2bc, \; c^2 - a^2 - b^2, \; a^2 + b^2 + c^2)$$

eine Lösung der diophantischen Gleichung ist.

c) Schneide die Einheitskugel $(u^2 + v^2 + w^2 = 1)$ mit der Geraden durch den Punkt $(0, 0, -1)$ und einem Richtungsvektor mit natürlichzahligen Koordinaten. Leite damit die Darstellung der Lösungen in b) her.

21. Beweise: Ist $p \in \{3, 5, 11, 17\}$, dann ist $x^2 + x + p$ für $0 \leq x \leq p - 2$ eine Primzahl.

22. Bestimme ohne Zuhilfenahme des Reziprozitätsgesetzes oder einer primitiven Restklasse die quadratischen Reste mod 67.

23. Es sei p eine Primzahl > 2. Zeige: Ist q die kleinste natürliche Zahl mit $\left(\frac{q}{p}\right) = -1$, dann ist q eine Primzahl, und es gilt $q < \sqrt{p} + 1$.

24. a) Zeige, daß 3 quadratischer Rest mod p ist, wenn p eine Primzahl mit $p \equiv 1 \bmod 12$ ist.

b) Zeige, daß $\left(\frac{a}{p}\right) = \left(\frac{a}{q}\right)$ für alle $a \neq 0$, für welche $p \equiv q \bmod 4|a|$ gilt.

c) Zeige: Ist p ein Primteiler von $a^2 + 3$ und $p > 3$, dann ist $p \equiv 1 \bmod 3$.

25. Es sei p eine ungerade Primzahl und f eine Funktion auf der Menge der nicht durch p teilbaren ganzen Zahlen mit Werten in $\{-1, 1\}$ mit den Eigenschaften $f(ab) = f(a)f(b)$ für alle $a, b \in \mathbb{Z}$ und $f(a) = f(b)$ für $a \equiv b \bmod p$. Zeige, daß entweder $f(a) = 1$ für alle a oder $f(a) = \left(\frac{a}{p}\right)$ für alle a gilt.

26. a) Es gilt $6119 = 82^2 - 5 \cdot 11^2$; eine Primzahl p teilt also 6119 höchstens dann, wenn $\left(\frac{5}{p}\right) = 1$ gilt. Bestimme damit die Primfaktorzerlegung von 6119.

b) Zeige, daß 4751 eine Primzahl ist. $(4751 = 69^2 - 10)$

c) Bestimme die Primfaktorzerlegung von $43993 = 211^2 - 16 \cdot 33$.

27. Zeige mit Hilfe des LUCAS-Tests, daß die MERSENNE-Zahl M_{13} eine Primzahl ist. Rechne dabei im Zweiersystem.

28. a) Schreibe die Zahlen 2425, 4437 und 8840 jeweils als Summe von zwei Quadratzahlen.

b) Zeige, daß n und $2n$ $(n \in \mathbb{N})$ gleich viele Darstellungen als Summe von zwei Quadratzahlen besitzen.

29. a) Begründe, daß das Quadrat einer Primzahl auf höchstens eine Weise (abgesehen von der Reihenfolge) als Summe zweier positiver Quadrate geschrieben werden kann.

b) In FIBONACCIs *Liber quadratorum* werden 13^2 und 17^2 auf wesentlich verschiedene Weisen als Summen zweier Quadrate geschrieben. Dabei sind dann aber rationale, nicht nowendig ganzzahlige Quadrate gemeint. Zeige, daß es unendlich viele solche Darstellungen gibt.

30. Aus $a^2 + b^2 = c^2$ folgt $(a \mp b)^2 \pm 2ab = c^2$.

a) Bestimme eine ganzzahlige Lösung des Gleichungssystems
$$x^2 + 720 = y^2 = z^2 - 720.$$

b) Die Anregung, den *Liber quadratorum* zu schreiben, erhielt FIBONACCI durch folgende Aufgabe, welche ihm von einem Gelehrten am Hofe Friedrichs II vorgelegt wurde: Bestimme eine Quadratzahl, aus welcher durch Addition und Subtraktion von 5 jeweils wieder eine Quadratzahl wird. Das Gleichungssystem

$$x^2 + 5 = y^2 = z^2 - 5$$

ist nicht ganzzahlig lösbar, denn die einzigen ganzen Quadrate mit dem Abstand 5 sind 2^2 und 3^2. Es kann sich also bei obiger Aufgabe nur um eine rationale Lösung handeln. Bestimme eine solche.

31. a) Zeige, daß 1,2,3,4 zu den *numeri idonei* gehören.

b) Zeige mit Hilfe des *numerus idoneus* 7, daß 991 eine Primzahl ist.

c) Zeige mit Hilfe geeigneter *numeri idonei*, daß 401, 409 und 1021 Primzahlen sind.

32. Bestimme eine Darstellung von 3003 als Summe von vier Quadraten.

33. Zeige, daß 130 die kleinste natürliche Zahl der Form $2 \cdot (8n + 1)$ ist, die nicht als Summe von genau drei Quadraten > 0 geschrieben werden kann.

34. Beweise mit Hilfe des Drei-Quadrate-Satzes:

a) Jede ungerade natürliche Zahl läßt sich in der Form $a^2 + b^2 + 2c^2$ schreiben.

b) Jede natürliche Zahl läßt sich in der Form $a^2 + b^2 + c^2$ oder in der Form $a^2 + b^2 + 2c^2$ schreiben.

c) Jede ungerade natürliche Zahl ist die Summe von vier Quadraten, von denen zwei *aufeinanderfolgende* Quadrate sind.

d) Es gibt unendlich viele Primzahlen der Form $a^2 + b^2 + c^2 + 1$. (Benutze die Tatsache, daß unendlich viele Primzahlen in 7 mod 8 existieren.)

e) Jede natürliche Zahl ist als Summe von höchstens zehn *ungeraden* Quadraten zu schreiben.

35. a) Zeige: Ist (a, b, c) ein primitives pythagoreisches Tripel, dann ist $c \equiv 1 \bmod 12$ oder $c \equiv 5 \bmod 12$.

b) Bestimme die drei kleinsten natürlichen Zahlen c mit $c \equiv 1$ oder $c \equiv 5 \bmod 12$, die nicht als „Hypotenuse" in einem pythagoreischen Tripel (a, b, c) vorkommen können.

c) Nicht-primitive pythagoreische Tripel sind i. allg. nicht in der Form

$$(a, b, c) = (2uv, u^2 - v^2, u^2 + v^2) \quad \text{oder} \quad = (u^2 - v^2, 2uv, u^2 + v^2)$$

darstellbar. Zeige, daß genau dann eine solche *babylonische Darstellung* existiert, wenn $\mathrm{ggT}(a, b, c)$ ein Quadrat oder das Doppelte eines Quadrats ist.

36. FIBONACCI konstruiert im *Liber quadratorum* pythagoreische Tripel, indem er für ungerade u die Formel

$$u^2 + \left(\frac{u^2 - 1}{2}\right)^2 = \left(\frac{u^2 + 1}{2}\right)^2$$

verwendet, für gerade g dagegen die Formel

$$g^2 + \left(\frac{g^2}{4} - 1\right)^2 = \left(\frac{g^2}{4} + 1\right)^2 .$$

(FIBONACCI argumentiert dabei stets mit der Formel $1 + 3 + 5 + \ldots + (2n - 1) = n^2$.) Erhält FIBONACCI auf diese Art alle pythagoreischen Tripel ?

37. Es gibt genau 13 (nicht notwendig primitive) pythagoreische Tripel (a, b, c) mit $a < b < c = 1105$. Bestimme diese. (Bestimme zuerst für die von 1 verschiedenen Teiler von 1105 die Darstellungen als Quadratsumme; benutze dabei die Formel von FIBONACCI.)

38. Beweise: Ist $a^3 + b^3 = c^3$ mit $a, b, c \in \mathbb{N}$, dann ist $21 | abc$. (Es gibt natürlich kein Tripel (a, b, c) mit $a^3 + b^3 = c^3$, das soll hier aber außer Betracht bleiben.)

39. a) Zeige, daß auf der Kurve mit der Gleichung $u^3 - 2u^2 - v^2 + u = 0$ unendlich viele rationale Punkte liegen.

b) Zeige, daß auf der Kurve mit der Gleichung $u^2 - v^2 - u = 0$ unendlich viele rationale Punkte liegen.

40. a) Beweise, daß die diophantische Gleichung $x^4 - y^4 = z^2$ keine nichttriviale Lösung besitzt.

b) Zeige, daß auf der Kurve mit der Gleichung

$$v = \frac{u}{\sqrt[4]{|1 - a^2 u^4|}}$$

außer $(0,0)$ kein weitere rationaler Punkt liegt.

41. a) Berechne mit der Tangentenmethode von BACHET mit Hilfe des Punktes $(5,11)$ der Kurve mit der Gleichung $u^3 - v^2 - 4 = 0$ einen weiteren rationalen Kurvenpunkt.

b) Berechne mit der Sekantenmethode von BACHET mit Hilfe der Punkte $(0,3)$ und $(3,6)$ der Kurve mit der Gleichung $u^3 - v^2 + 9 = 0$ einen weiteren rationalen

Kurvenpunkt.

42. a) Zeige, daß 21, 2211, 222111, 22221111, ... Dreieckszahlen sind.

b) Zeige, daß keine Dreieckszahl > 1 eine vierte Potenz ist.

43. Zeige, daß unendlich viele Dreieckszahlen existieren, welche zugleich Fünf-eckszahlen sind.

44. BACHET DE MÉZIRIAC schrieb eine Ergänzung zu DIOPHANTs Buch über die Polygonalzahlen. Beweise die folgenden Aussagen aus diesem Buch:

(1) $\quad P_{k+r}^{(m)} = P_k^{(m)} + P_r^{(m)} + kr(m-2)$

(2) $\quad P_r^{(m)} = D_r + (m-3)D_{r-1}$

(3) $\quad P_r^{(m)} + P_{2r}^{(m)} + \ldots + P_{nr}^{(m)} = P_r^{(m)} D_n + r^2(m-2)(D_1 + D_2 + \ldots + D_{n-1})$

(4) $\quad 1^3 + 2^3 + \ldots + n^3 = D_n^2$

(5) $\quad n^3 + 6D_n + 1 = (n+1)^3$

(6) $\quad k^3 + (2k)^3 + \ldots + (nk)^3 = k^3 D_n^2 = k(k+2k+\ldots+nk)^2$

45. Zwei Spieler A,B vereinbaren folgendes Spiel:

(1) A wählt zwei sehr große Primzahlen p, q, berechnet $m = pq$ und teilt dem Spieler B die Zahl m mit. Das Ziel des Spiels für B besteht darin, die Primzahlen p und q herauszubekommen.

(2) B wählt eine natürliche Zahl b mit $b < m$, $2b + 1 \neq m$ und $\text{ggT}(b, m) = 1$. (Man beachte, daß man zur Berechnung von $\text{ggT}(b, m)$ nicht die Primteiler von m kennen muß.) Dann bestimmt er a mit $a \equiv b \bmod m$ und $1 \leq a < m$ und nennt dem Spieler A die Zahl a.

(3) A löst das Kongruenzsystem

$$x^2 \equiv a \bmod p$$
$$x^2 \equiv a \bmod q$$

und erhält alle vier Lösungen $x \equiv \pm b \bmod m$ und $x \equiv \pm c \bmod m$ mit $1 \leq b, c < m$. Er wählt nun willkürlich (z.B. per Münzwurf) eine der beiden Zahlen b, c aus (in der Hoffnung, dabei nicht die von B gewählte Zahl „b" zu erwischen). Die ausgewählte Zahl z nennt er dem Spieler B.

(4) Ist $z = b$, dann hat B keine weitere Information und muß sich geschlagen geben. Ist aber $z = c$, dann kann B die Primzahlen p, q berechnen und gewinnt somit das Spiel.

a) Zeige, daß $\{p, q\} = \{ggT(m, c-b), ggT(m, c+b)\}$.

b) A wähle $m = 667$, B wähle $b = 120$ und erhalte $z \neq b$. Wie lauten die Primfaktoren von m?

(Mit derart kleinen Primfaktoren ist das Spiel natürlich nicht reizvoll.)

46. Drei aufeinanderfolgende natürliche Zahlen, die ein Dreieck mit ganzzahli-gem Flächeninhalt bilden, heißen HERONsches *Zahlentripel*; $(a-1, a, a+1)$ ist also ein HERONsches Zahlentripel, wenn

$$A = \sqrt{\frac{3a}{2} \cdot \frac{a+2}{2} \cdot \frac{a}{2} \cdot \frac{a-2}{2}} = \frac{a}{4} \cdot \sqrt{3(a^2 - 4)}$$

ganz ist. Offensichtlich muß dann a gerade sein, etwa $a = 2x$ und damit $A = x \cdot \sqrt{3(x^2 - 1)}$. Mit $y^2 = \frac{x^2-1}{3}$ ist $A = xy$. Man muß also $x, y \in \mathbb{N}$ mit $x^2 - 3y^2 = 1$ bestimmen. Berechne Lösungen x (und damit a) mit Hilfe der Näherungsbrüche der Kettenbruchentwicklung von $\sqrt{3}$.

47. Löse die diophantische Gleichung $10x^2 + 14xy + 5y^2 = 97$.

48. Bestimme alle $a \in \mathbb{N}$, für welche 61 durch $x^2 + ay^2$ dargestellt wird. Gib jeweils die Darstellung an.

49. a) Bestimme alle reduzierten positiv definiten binären quadratischen Formen mit der Determinante 11.

b) Bestimme alle primen Restklassen $r \bmod 44$ derart, daß jede Primzahl p mit $p \equiv 3 \bmod 4$ und $p \equiv r \bmod 44$ ein Teiler von $x^2 + 11y^2$ ist.

c) Zeige, daß jede Primzahl aus den in b) gefundenen Restklassen $r \bmod 44$ durch $3x^2 + 2xy + 4y^2$ darstellbar ist.

50. a) Es seien u, v, w positive reelle Zahlen mit $uvw = m$ mit $m \in \mathbb{N}$. Zeige, daß jede Kongruenz $ax + by + cz \equiv 0 \bmod m$ eine Lösung $(x, y, z) \neq (0, 0, 0)$ besitzt, für welche $|x| \leq u$, $|y| \leq v$, $|z| \leq w$ gilt.

b) Es seien a, b, c paarweise teilerfremde quadratfreie ganze Zahlen (insbesondere also $abc \neq 0$), und $-bc, -ac, -ab$ seien quadratische Reste $\bmod\, a$, $\bmod\, b$ bzw. $\bmod\, c$. Zeige, daß die quadratische Form $ax^2 + by^2 + cz^2 \bmod a$, $\bmod\, b$ und $\bmod\, c$ jeweils in Linearfaktoren zerfällt.

c) Beweise, daß die quadratische Form aus b) auch $\bmod\, abc$ in Linearfaktoren zerfällt.

d) In der Form $ax^2 + by^2 + cz^2$ aus b) sei $a > 0$ und $b, c < 0$, ferner sei $(b, c) \neq (-1, -1)$. Zeige, daß ein Tripel $(x, y, z) \neq (0, 0, 0)$ mit $ax^2 + by^2 + cz^2 < abc$ existiert.

e) Bestimme eine von $(0, 0, 0)$ verschiedene Lösung von $ax^2 - y^2 - z^2 = 0$, wenn -1 quadratischer Rest $\bmod\, a$ ist.

51. Beweise mit Hilfe des Gitterpunktsatzes von MINKOWSKI folgende Behauptungen, die wir schon in IV.9 auf anderem Wege gewonnen haben:

a) Jede Primzahl p mit $p \equiv 1 \bmod 6$ ist durch $x^2 + 3y^2$ darstellbar.

b) Jede Primzahl p mit $p \equiv 1 \bmod 8$ ist durch $x^2 + 2y^2$ darstellbar.

52. Zeige, daß für alle $n \in \mathbb{N}$ gilt:
(1) $(n + 1)^2 - (n + 2)^2 - (n + 3)^2 + (n + 4)^2 = 4$;
(2) $(n + 1)^2 - (n + 2)^2 - (n + 3)^2 + (n + 4)^2$
$\qquad - (n + 5)^2 + (n + 6)^2 + (n + 7)^2 - (n + 8)^2 = 0$.

Beweise damit, daß jede ganze Zahl k in der Form $\pm 1^2 \pm 2^2 \pm \ldots \pm m^2$ mit geignetem $m \in \mathbb{N}$ und geigneten Vorzeichen geschrieben werden kann.

53. Das Volumen der n-dimensionalen Kugel mit dem Radius r ist definiert als das Integral

$$V_n(r) = \int_{x_1^2 + x_2^2 + \ldots + x_n^2 \leq r^2} 1 \, dx_1 dx_2 \ldots dx_n,$$

ihr Oberflächeninhalt durch

$$O_n(r) = \frac{d}{dr} V_n(r).$$

a) Beweise für $n > 1$:

$$V_n(r) = \int_{-r}^{r} V_{n-1}(\sqrt{r^2 - t^2}) \, dt = 2r \cdot \int_0^{\frac{\pi}{2}} V_{n-1}(r \cos \varphi) \cdot \cos \varphi \, d\varphi.$$

b) Berechne $V_n(r)$ und $O_n(r)$ für $n = 1, 2, 3$.

c) Berechne $V_4(r)$ und $O_4(r)$.

d) Gib für $V_n(r)$ eine Rekursionsformel an.

54. Mit Hilfe *aller* Primzahlen kann man einen Term angeben, der *alle* Primzahlen der Reihe nach liefert. Es ist klar, daß ein solcher Term nicht von praktischem Nutzen ist. Beweise: Ist $p_1, p_2, \ldots$ die Folge der Primzahlen und

$$a = \sum_{i=1}^{\infty} p_i 10^{-2^i},$$

dann ist

$$p_n = \left[10^{2^n} a\right] - 10^{2^{n-1}} \left[10^{2^{n-1}} a\right]$$

für $n \in \mathbb{N}$. Dabei ist die Abschätzung $p_n \leq 2^{2^{n-1}}$ nützlich, welche man leicht induktiv beweisen kann.

55. Beweise die Behauptung über die Erzeugung der primitiven pythagoreischen Tripel in der Bemerkung auf Seite 226.

IV.13 Lösungen der Aufgaben

1. Aus $10a + b \equiv 0 \bmod p$ folgt $a + xb \equiv -a(10x - 1) \bmod p$ für alle x. Man bestimme x aus $10x \equiv 1 \bmod p$. Dann gilt auch: Aus $a + xb \equiv 0 \bmod p$ folgt $10a + b \equiv 0 \bmod p$. Für $p = 13, 17, 19, 23, 29, 31$ ergibt sich der Reihe nach $x = 4, -5, 2, 7, -3, 3$.

2. $x \equiv 3930 \bmod 4080$

3. a) $x \equiv 5 \bmod 12$ \qquad b) $x \equiv 1103 \bmod 2210$

c) $63x + 7 \equiv 0 \bmod 23$ hat die Lösung $x \equiv 5 \bmod 23$. Da mehr als 7 Früchte in einem Haufen liegen, und da kein Reisender mehr als 100 Früchte verträgt (Zusatzannahme), liegen 28 Früchte in einem Haufen; insgesamt sind es also $63 \cdot 28 + 7 = 1781$.

4. a) $n = 108$ b) $n = 62$

5. 238, 249, 260

6. a) $x \equiv 22 \bmod 45$ b) $c \equiv 1 \bmod 3$

7. a) Es sei $f(u) \equiv 0 \bmod d$ für alle $u \in \{a, a+1, \ldots, a+(d-1)\}$. Für jedes $x \in \mathbb{Z}$ existiert ein $u \in \{a, a+1, \ldots, a+(d-1)\}$ mit $x \equiv u \bmod d$; wegen $f(x) \equiv f(u) \bmod d$ gilt dann $f(x) \equiv 0 \bmod d$.
b) Ist $f(x)$ vom Grad n und gilt $f(u) \equiv 0 \bmod p$ für $u \in \{a, a+1, \ldots, a+n\}$, dann existieren i, j mit $0 \leq i < j \leq n$ und $a + i \equiv a + j \bmod p$, da nach dem Hilfssatz aus III.4 die Kongruenz $f(x) \equiv 0 \bmod p$ höchstens n Lösungen mod p besitzt. Aus $p \mid j - i$ folgt $p \leq n$, so daß Teil a) anwendbar ist.

8. Man wähle k verschiedene Primzahlen $p_1, p_2, \ldots, p_k$ mit $p_i \nmid a$, bestimme a_i aus $aa_i + b \equiv 0 \bmod p_i$ und löse das System $m \equiv a_i \bmod p_i$ $(i = 1, 2, \ldots, k)$.

9. Man löse das System $m \equiv -i \bmod p_i$ $(i = 1, 2, \ldots, k)$.

10. Beweis durch vollständige Induktion: Das System $x \equiv b_i \bmod m_i$ $(i = 1, 2, \ldots, k)$ habe die Lösung $x \equiv a_k \bmod \mathrm{kgV}(m_1, m_2, \ldots, m_k)$. Dann ist $b_{k+1} \equiv a_k \bmod \mathrm{ggT}(m_{k+1}, \mathrm{kgV}(m_1, m_2, \ldots, m_k))$, denn $b_{k+1} \equiv b_i \equiv a_k \bmod \mathrm{ggT}(m_{k+1}, m_i)$ $(i = 1, 2, \ldots, k)$. Es genügt also, die Behauptung für $n = 2$ zu beweisen. Ist $d = \mathrm{ggT}(m_1, m_2)$, dann ist das System

$$x \equiv b_1 \bmod m_1, \qquad x \equiv b_2 \bmod m_2$$

lösbar, falls $b_1 \equiv b_2 \bmod d$, denn $b_1 + m_1 y \equiv b_2 \bmod m_2$ ist genau in diesem Fall lösbar.

11. a) Die Zahlen $\frac{m}{m_i}$ $(i = 1, 2, \ldots, n)$ sind teilerfremd, also existieren $c_i \in \mathbb{Z}$ mit $1 = c_1 \cdot \frac{m}{m_1} + c_2 \cdot \frac{m}{m_2} + \ldots + c_n \cdot \frac{m}{m_n}$. Mit $ac_i = d_i$ ist

$$\frac{a}{m} = \frac{d_1}{m_1} + \frac{d_2}{m_2} + \ldots + \frac{d_n}{m_n}.$$

Ist nun $d_i = v_i m_i + a_i$ mit $0 \leq a_i < m_i$ $(i = 1, 2, \ldots, n)$ und $z = v_1 + v_2 + \ldots + v_n$, so ergibt sich die Partialbruchzerlegung in der angegebenen Form. Gäbe es noch eine weitere Darstellung mit dem Ganzteil z' und den Nennern a_i', dann wäre

$$m(z - z') + (a_1 - a_1')\frac{m}{m_1} + (a_2 - a_2')\frac{m}{m_2} + \ldots + (a_n - a_m')\frac{m}{m_n} = 0,$$

woraus $a_i \equiv a_i' \bmod m_i$ und damit $a_i = a_i'$ $(i = 1, 2, \ldots, n)$ folgt.
b) $\frac{151}{60} = 1 + \frac{3}{5} + \frac{11}{12}$ (beachte $a_1 \equiv 3 \bmod 5$, $a_2 \equiv 11 \bmod 12$);
$\frac{151}{60} = 1 + \frac{2}{3} + \frac{1}{4} + \frac{3}{5}$ ($a_1 \equiv 2 \bmod 3$, $a_2 \equiv 1 \bmod 4$, $a_3 \equiv 3 \bmod 5$).

12. Das System ist äquivalent mit $x \equiv 7y + 8 \bmod 14$ und $x \equiv 2y - 2 \bmod 14$ und hat die Lösung $x \equiv 8 \bmod 14$ und $y \equiv 12 \bmod 14$.

13. a) Keine Lösung, weil $x^2 \equiv 2 \bmod 11$ keine Lösung hat.
b) $x \equiv \pm 28, \pm 74 \bmod 391$.
c) $x \equiv \pm 74, \pm 465, \pm 1145, \pm 1201 \bmod 2737$. (Beachte b).)
d) $x \equiv \pm 17, \pm 61 \bmod 143$.
e) Keine Lösung.
f) $[5] \bmod 23$ ist primitiv, also hat $x^2 \equiv 5 \bmod 23$ keine Lösung.

14. $385 = 5 \cdot 7 \cdot 11$; Quadrate mod 5 sind 0,1,4; Quadrate mod 7 sind 0,1,2,4; Quadrate mod 11 sind 0,1,3,4,5,9. Man wähle z.B. ein a mit $a \equiv 1 \bmod 5$, $a \equiv 2 \bmod 7$, $a \equiv 3 \bmod 11$, also $a \equiv 91 \bmod 395$.

15. $r \equiv s \equiv 0 \bmod pq$; denn für $x = 1$, $y = 0$ folgt $r \equiv s \bmod q$, für $x = 0$, $y = 1$ folgt $r \equiv s \bmod p$, für $x = y = 1$ folgt $s \equiv 0 \bmod p$ und $r \equiv 0 \bmod q$.

16. Gäbe es eine Lösung, dann wäre p quadratischer Rest mod p.

17. Es sei $x \leq y \leq z$. Aus

$$\frac{1}{xy} + \frac{1}{xz} + \frac{1}{yz} = 1$$

folgt dann $\frac{1}{xy} \geq \frac{1}{3}$, also $xy \leq 3$. Also ist $x = 1$. Mit $y = 1$ ergibt sich $2 + z = z$, also keine Lösung. Mit $y = 2$ ergibt sich $z = 3$, mit $y = 3$ ergibt sich $z = 2$. Die einzige Lösung mit $x \leq y \leq z$ ist $(1,2,3)$. Alle Lösungen ergeben sich dann durch Vertauschung der Reihenfolge.

18. a) Wegen $(x + y + z)^3 - (x^3 + y^3 + z^3) = 3(x + y)(y + z)(z + x)$ ist die gegebene Gleichung äquivalent mit $(x + y)(y + z)(z + x) = 0$. Hier kann man zu zwei vorgegebenen der Zahlen x, y, z die dritte stets so bestimmen, daß eine Lösung der Gleichung vorliegt.
b) Aus $(x + y + z)^2 = x^2 + y^2 + z^2$ folgt $xy + yz + zx = 0$; aus $(x + y + z)^3 = x^3 + y^3 + z^3$ folgt $(x + y)(y + z)(z + x) = 0$ (vgl. a)). Ist $x + y = 0$, dann folgt aus der ersten Gleichung $xy = 0$, also $x = y = 0$. Das Gleichungssystem hat also nur die trivialen Lösungen $(t, 0, 0)$, $(0, t, 0)$, $(0, 0, t)$.

19. a) Genau für die Zahlen $x = n(a + b)a$ und $y = n(a + b)b$ mit $a, b, n \in \mathbb{N}$ und $\mathrm{ggT}(a, b) = 1$ gilt $(x + y)|xy$.
b) Alle Lösungen sind $(x, y, z) = (n(a + b)a, n(a + b)b, nab)$ mit $a, b, n \in \mathbb{N}$ und $\mathrm{ggT}(a, b) = 1$.
c) Die gegebene Gleichung ist äquivalent mit $xy + yz + zx = 0$. Hat eine der Zahlen x, y, z den Wert 0, dann ergibt sich eine triviale Lösung. Andernfalls ergibt sich nach Division durch xyz die Gleichung $\frac{1}{x} + \frac{1}{z} + \frac{1}{y} = 0$; vgl. b).

20. a) Quadrate sind $\equiv 0 \bmod 4$ oder $\equiv 1 \bmod 4$.
b) Verifikation durch Einsetzen.
c) Aus

$$(\lambda u)^2 + (\lambda v)^2 + (\lambda w - 1)^2 = 1$$

folgt

$$\lambda = \frac{2w}{u^2 + v^2 + w^2};$$

Es ergibt sich also auf der Einheitskugel der rationale Schnittpunkt

$$\left(\frac{2uw}{u^2 + v^2 + w^2}, \frac{2vw}{u^2 + v^2 + w^2}, \frac{-u^2 - v^2 + w^2}{u^2 + v^2 + w^2} \right).$$

21. Für $p = 3$ und $p = 5$ ist die Behauptung sofort einzusehen, für $p = 11$ und $p = 17$ zeige man durch Berechnen des LEGENDREsymbols, daß $1 - 4p$ quadratischer Nichtrest mod 3,5,7 bzw. mod 3,5,7,11,13 ist.

22. Es ist $\left(\frac{-1}{67} \right) = -1$ und $\left(\frac{2}{67} \right) = -1$. Mit $\left(\frac{a^2}{67} \right) = 1$ und $\left(\frac{2a^2}{67} \right) = -1$ sowie $\left(\frac{67-a^2}{67} \right) = -1$ erhält man alle Reste und Nichtreste aus $\left(\frac{ab}{67} \right) = \left(\frac{a}{67} \right) \left(\frac{b}{67} \right)$. Reste sind 1, 4, 6, 9, 10, 14, 15, 16, 17, 19, 21, 22, 23, 24, 25, 26, 29, 33, 35, 36, 37, 39, 40, 47, 49, 54, 55, 56, 59, 60, 62, 64, 65.

23. Ist $\left(\frac{q}{p} \right) = -1$ und $q = ab$, dann kann nicht $\left(\frac{a}{p} \right) = \left(\frac{b}{p} \right) = 1$ gelten. Es gilt $\left(\frac{kq}{p} \right) = -1$ für $k = 1, 2, \ldots, q-1$. Ist $(k-1)q < p < kq$, also $kq < q + p$, dann ist kq quadratischer Rest mod p; dieser Widerspruch liefert $(q-1)q < p$ und damit $q < \sqrt{p} + 1$.

24. a) Für $p \equiv 1 \bmod 12$ ist $\left(\frac{3}{p} \right) = \left(\frac{p}{3} \right)(-1)^{\frac{p-1}{2}} = 1$.

b) Die Zahl a kann als quadratfrei angenommen werden. Es gilt $\left(\frac{-1}{p} \right) = \left(\frac{-1}{q} \right)$ wegen $\frac{p-1}{2} \equiv \frac{q-1}{2} \bmod 2$; ferner ist $\left(\frac{2}{p} \right) = \left(\frac{2}{q} \right)$ wegen $\frac{p^2-1}{8} \equiv \frac{q^2-1}{8} \bmod 2$. Für einen ungeraden Primteiler u von a gilt

$$\left(\frac{u}{p} \right) = \left(\frac{p}{u} \right)(-1)^{\frac{p-1}{2} \cdot \frac{u-1}{2}} = \left(\frac{q}{u} \right)(-1)^{\frac{q-1}{2} \cdot \frac{u-1}{2}} = \left(\frac{u}{q} \right)$$

wegen $p \equiv q \bmod u$ und $\frac{p-1}{2} \equiv \frac{q-1}{2} \bmod 2$.

c) Genau im Fall $p \equiv 1 \bmod 3$ gilt

$$\left(\frac{-3}{p} \right) = (-1)^{\frac{p-1}{2}}(-1)^{\frac{p-1}{2} \cdot \frac{3-1}{2}} \left(\frac{p}{3} \right) = \left(\frac{p}{3} \right) = 1.$$

25. Ist g eine Primitivwurzel mod p, so ist $f(g) = 1$ oder $f(g) = -1$. Es sei $a \equiv g^r \bmod p$. Im ersten Fall ist $f(a) = f(g^r) = f(g)^r = 1$, im zweiten Fall ist $f(a) = (-1)^r = +1$ oder -1, je nachdem, ob r gerade (also a quadratischer Rest) oder r ungerade (also a quadratischer Nichtrest) ist.

26. a) Aus $82^2 \equiv 5 \cdot 11^2 \bmod p$ sowie $p \nmid 11$ folgt $\left(\frac{5}{p} \right) = 1$, also $\left(\frac{p}{5} \right) = 1$. Es kommen nur Primzahlen p mit $p \equiv \pm 1 \bmod 5$ in Frage, wegen $p \nmid 11$ und $p \nmid 82$ sowie $[\sqrt{6119}] = 78$ untersuche man also $p = 19, 29, 31, 59, 61, 71$. Es ergibt sich $6119 = 29 \cdot 211$.

b) Aus $69^2 \equiv 10 \bmod p$ folgt $\left(\frac{10}{p}\right) = 1$. Man untersuche die Primzahlen $p \neq$ 2,3,5,23 mit $p \leq 67$ (15 Fälle). Es ergibt sich stets $\left(\frac{10}{p}\right) = -1$.

c) Für $p|43993$ muß $\left(\frac{33}{p}\right) = 1$ und $p \neq 2,3,11$ gelten. Es ist $\left(\frac{33}{p}\right) = (-1)^{\frac{p-1}{2}} \left(\frac{p}{3}\right)\left(\frac{p}{11}\right) = 1$ für $p \equiv \pm 1 \bmod 12$ und $p \equiv 1, 3, 4, 5, 9 \bmod 11$ sowie $p \equiv \pm 5 \bmod 12$ und $p \equiv 2, 6, 7, 8, 10 \bmod 11$. Man findet $43993 = 29 \cdot 37 \cdot 41$.

27. Im letzten Beispiel in IV.4 haben wir $s \equiv 111101110001 \bmod M_{13}$ gefunden. Damit bestimme man $s_6, s_7, \ldots, s_{11}$. Es ergibt sich $s_{11} \equiv 2^7 \bmod M_{13}$ und damit $s_{12} \equiv 0 \bmod M_{13}$.

28. a) 1) $2425 = 5^2 \cdot 97$ und $97 = 4^2 + 9^2$, also $2425 = 20^2 + 45^2$.
Weitere Darstellungen: $2425 = 11^2 + 48^2 = 24^2 + 43^2$.
2) $4437 = 3^2 \cdot 17 \cdot 29$ und $17 = 1^2 + 4^2$, $29 = 2^2 + 5^2$; wegen $(1+4i)(2+5i) = -18 + 13i$ ist $17 \cdot 29 = 13^2 + 18^2$, also $4437 = 39^2 + 54^2$.
Weitere Darstellung: $4437 = 9^2 + 66^2$.
3) $8840 = 2^2 \cdot 2 \cdot 5 \cdot 13 \cdot 17$ und $2 = 1^2 + 1^2$, $5 = 1^2 + 2^2$, $13 = 2^2 + 3^2$, $17 = 1^2 + 4^2$; $(1+i)(1+2i)(2+3i)(1+4i) = -23 - 41i$; $8840 = 46^2 + 82^2$.
Weitere Darstellungen: $8840 = 2^2 + 94^2 = 38^2 + 86^2 = 58^2 + 74^2$.
b) Ist $n = x^2 + y^2$, so ist $2n = (x-y)^2 + (x+y)^2$; ist $2n = u^2 + v^2$, so ist $n = (\frac{u-v}{2})^2 + (\frac{u+v}{2})^2$. Dabei liefern verschiedene Darstellungen von n auch verschiedene Darstellungen von $2n$ und umgekehrt.

29. a) Ist $p \equiv 3 \bmod 4$, dann ist p^2 nur in der Form $0^2 + p^2$ als Summe zweier Quadrate zu schreiben, da p nicht als Summe von Quadraten zu schreiben ist (vgl. indische Formeln). Ist $p \equiv 1 \bmod 4$, dann ist $p = u^2 + v^2$ ($u,v \in \mathbb{N}$), also $p^2 = (u^2 + v^2)^2 = (u^2 - v^2)^2 + (2uv)^2$. Dies ist bis auf die Reihenfolge der Summanden die einzige Darstellung von p^2 als Summe zweier ganzer Quadrate: Es gibt eine GAUSSsche Primzahl π mit $p = \pi\bar\pi$, also $p^2 = \pi^2\bar\pi^2$, und diese Primfaktorzerlegung ist im wesentlichen eindeutig.
b) $n^2 = \left(\frac{na}{c}\right)^2 + \left(\frac{nb}{c}\right)^2$, wenn $a^2 + b^2 = c^2$.

30. a) Es muß $2ab = 720$ bzw. $ab = 360$ gelten, wobei (a,b,c) ein pythagoreisches Tripel ist. Eine Lösung ist $a = 9$, $b = 40$.
Es ergibt sich $31^2 + 720 = 41^2 = 49^2 - 720$.
b) Aus der Lösung in a) folgt $\left(\frac{31}{12}\right)^2 + 5 = \left(\frac{41}{12}\right)^2 = \left(\frac{49}{12}\right)^2 - 5$.

31. a) Man vergleiche den Beweis im Text dafür, daß 7 ein *numerus idoneus* ist. Die Darstellung $x^2 + dy^2 = n$ der Zahl n sei eindeutig, ferner sei p ein Primteiler von n, also $x^2 + dy^2 \equiv 0 \bmod p$. (Es muß dann $\left(\frac{-d}{p}\right) = 1$ gelten.) Dann gibt es Zahlen x_1, y_1 mit $x_1^2 + dy_1^2 = mp$ und $1 \leq m \leq d$.
$d = 1: \quad m = 1$
$d = 2: \quad$ Ist $m = 2$, so ist x_1 gerade, also $x_1 = 2x_2$ und damit $y_1^2 + 2x_2^2 = p$.
$d = 3: \quad m = 2$ ist nicht möglich, da dann x_1, y_1 wegen $p \neq 2$ ungerade sein müssen, in diesem Fall aber $x_1^2 + 3y_1^2 \equiv 0 \bmod 4$ gelten müßte, was ebenfalls wegen $p \neq$ nicht möglich ist. Ist $m = 3$, dann ist $3|x_1$, mit $x_1 = 3x_2$ ergibt sich also $y_1^2 + 3x_2^2 = p$.

$d = 4$:   Beachte $x^2 + 4y^2 = x^2 + (2y)^2$ und den Fall $d = 1$.

b) $991 - 7y^2$ ergibt für $0 \leq y \leq 11$ nur für $y = 11$ ein Quadrat: $991 = 12^2 + 7 \cdot 11^2$.

c) Es bietet sich für alle drei Zahlen der *numerus idoneus* 25 an:
$401 = 1^2 + 25 \cdot 4^2$, $901 = 1^2 + 25 \cdot 6^2$, $1021 = 11^2 + 25 \cdot 6^2$ sind die einzigen Darstellungen mit $d = 25$. Man hätte auch $d = 1$ wählen können, hätte dann aber mehr Quadratproben durchführen müssen. Man wählt d also geschickterweise möglichst groß.

32. $3003 = 3 \cdot 7 \cdot 11 \cdot 13 = 39 \cdot 77$;
$39 = 6^2 + 1^2 + 1^2 + 1^2$; $77 = 6^2 + 6^2 + 2^2 + 1^2$;
$\alpha = 6 + i$; $\beta = 1 + i$; $\gamma = 6 + 6i$; $\delta = 2 + i$;
$\varrho = \alpha\gamma - \beta\delta = 27 + 43i$; $\sigma = \alpha\delta + \beta\gamma = 13 + 16i$;
$3003 = N(\varrho) + N(\sigma) = 43^2 + 27^2 + 16^2 + 11^2$.
(Die Darstellung ist nicht eindeutig.)

33. $18 = 1^2 + 1^2 + 4^2$; $34 = 3^2 + 3^2 + 4^2$; $50 = 3^2 + 4^2 + 5^2$;
$66 = 1^2 + 4^2 + 7^2$; $82 = 3^2 + 3^2 + 8^2$; $98 = 1^2 + 4^2 + 9^2$;
$114 = 5^2 + 5^2 + 8^2$.
Sei $130 = a^2 + b^2 + c^2$ mit $1 \leq a \leq b \leq c$. Dann ist $1 + 1 + c^2 \leq 130 \leq 3c^2$, also $43 < c^2 \leq 128$ und somit $7 \leq c \leq 11$. Nun ist $130 - 7^2 = 81$, $130 - 8^2 = 66$, $130 - 9^2 = 49$, $130 - 10^2 = 30$, $130 - 11^2 = 9$, und keine der Zahlen 9, 30, 49, 66, 81 ist als Summe von genau zwei positiven Quadraten zu schreiben.

34. a) Es soll $2t+1$ dargestellt werden. Es gibt eine Darstellung $4t+2 = x^2 + y^2 + z^2$, wobei x, y ungerade sind und z gerade ist. Mit $x+y = 2a$, $x-y = 2b$, $z = 2c$ erhält man $4t + 2 = (a + b)^2 + (a - b)^2 + 4c^2 = 2(a^2 + b^2 + 2c^2)$.

b) $4^k(8m + 7) = 4^k(a^2 + b^2 + 2c^2) = (2^k a)^2 + (2^k b)^2 + 2(2^k c)^2$ (vgl. a)).

c) Die ungerade Zahl $2t + 1$ soll dargestellt werden. Es gilt $4t + 1 = x^2 + y^2 + z^2$ mit $x = 2a$, $y = 2b$, $z = 2c + 1$, also $4t + 2 = 4a^2 + 4b^2 + 4c^2 + 4c + 2 = 2((a + b)^2 + (a - b)^2 + c^2 + (c + 1)^2)$.

d) Ist $p \equiv 7 \bmod 8$, dann ist $p - 1 = a^2 + b^2 + c^2$, also $p = a^2 + b^2 + c^2 + 1$.

e) Es sei $n \geq 3$ und $n = 8k + 3 + r$ mit $r \in \{0, 1, 2, 3, 4, 5, 6, 7\}$. Dann ist $n = a^2 + b^2 + c^2 + r$ mit ungeraden Zahlen a, b, c.

35. a) Es ist $c = u^2 + v^2$ mit $\text{ggT}(u, v) = 1$ und $u \not\equiv v \bmod 2$. Also ist $c = (2r)^2 + (2s + 1)^2$ und daher $c \equiv 1 \bmod 4$, also $c \equiv 1, 5$ oder $9 \bmod 12$. Der Fall $c \equiv 9 \bmod 12$ ist nicht möglich, da sonst $c \equiv 0 \bmod 3$ wäre, was aber einen Widerspruch zu $u^2 + v^2 \equiv 2 \bmod 3$ ergibt.

b) 49, 77, 121; allgemein Zahlen, die nicht als Summe von zwei von 0 verschiedenen Quadraten darstellbar sind und den Restklassen 1 mod 12 bzw. 5 mod 12 angehören.

c) 1) Ist (a, b, c) babylonisch darstellbar, dann auch $(2a, 2b, 2c)$:

$$\begin{aligned}
2 \cdot 2uv &= (u + v)^2 - (u - v)^2 \\
2 \cdot (u^2 - v^2) &= 2 \cdot (u + v)(u - v)
\end{aligned}$$

$$2 \cdot (u^2 + v^2) \; = \; (u + v)^2 + (u - v)^2$$

2) Aus $(a, b, c) = (2uv, u^2 - v^2, u^2 + v^2)$ und $(ra, rb, rc) = (2xy, x^2 - y^2, x^2 + y^2)$ (bzw. mit vertauschten Darstellungen von ra und rb folgt

$$\begin{array}{ll} r(u^2 - v^2) & = \; x^2 - y^2 \\ r(u^2 + v^2) & = \; x^2 + y^2 \end{array} \quad \text{oder} \quad \begin{array}{ll} r(u^2 - v^2) & = \; 2xy \\ r(u^2 + v^2) & = \; x^2 + y^2 \end{array}$$

Aus dem ersten Gleichungssystem folgt $ru^2 = x^2$, also ist r ein Quadrat; aus dem zweiten Gleichungssystem folgt $2ru^2 = (x + y)^2$, also ist $2r$ ein Quadrat.

36. FIBONACCI erhält nur Tripel (a, b, c) mit $c - b = 1$ und $c - b = 2$. Er erhält z.B. nicht (20,21,29), (28,45,53), (33,56,65), ...

37. $1105 = 5 \cdot 13 \cdot 17$. Stelle 5, 13, 17, 65, 85, 221, 1105 als Summe von zwei Quadraten dar, bestimme dann pythagoreische Tripel mit diesen Zahlen als Hypotenusen und damit die gesuchten Tripel. Deren Kathetenpaare lauten: (663,884), (425,1020), (520,975), (272,1071), (561,952), (468,1001), (169,1092), (700,855), (105,1100), (264,1075), (576,943), (744,817), (47,1104).

38. Aus $7 \nmid abc$ folgt $a^6 \equiv b^6 \equiv c^6 \equiv 1 \bmod 7$, also $a^3, b^3, c^3 \equiv \pm 1 \bmod 7$ und damit $a^3 + b^3 \not\equiv c^3 \bmod 7$. Aus $3 \nmid abc$ folgt $a^6 \equiv b^6 \equiv c^6 \equiv 1 \bmod 9$, also $a^3 \equiv \pm 1 \bmod 9$, $b^3 \equiv \pm 1 \bmod 9$, $c^3 \equiv \pm 1 \bmod 9$ und damit $a^3 + b^3 \not\equiv c^3 \bmod 9$.

39. a) $v^2 = u(u - 1)^2$; ist $u = q^2$ mit $q \in \mathbb{Q}$, dann sind $(q^2, \pm q(q^2 - 1))$ rationale Kurvenpunkte.

b) $v^2 = u(u - 1)$. Für $u = (\frac{a}{b})^2$ ist $v^2 = \dfrac{a^2(a^2 - b^2)}{b^2}$ $(a, b \in \mathbb{N})$. Wählt man a, b so, daß $a^2 - b^2 = c^2$ mit $c \in \mathbb{N}$, daß also (b, c, a) ein pythagoreisches Tripel ist, dann ist v^2 ein rationales Quadrat.

40. a) Existiert eine nichttriviale Lösung von $x^4 - y^4 = z^2$, dann können wir $\text{ggT}(x, y) = 1$ annehmen, x, y sind also nicht beide gerade. Wäre x gerade und y ungerade, dann wäre $x^4 - y^4 \equiv -1 \bmod 4$, während doch $z^2 \equiv 1 \bmod 4$. Also ist x ungerade. Aus $\text{ggT}(x, y) = 1$ folgt $\text{ggT}(x^2 + y^2, x^2 - y^2) = 1$, aus $(x^2 + y^2)(x^2 - y^2) = z^2$ folgt also, daß $x^2 + y^2 = u^2$ und $x^2 - y^2 = v^2$ $(u, v \in \mathbb{N})$. Wäre y ungerade, so wäre u gerade und es ergäbe sich der Widerspruch $2 \equiv x^2 + y^2 \equiv u^2 \equiv 0 \bmod 4$. Also ist y gerade. Aus $(x^2)^2 = (y^2)^2 + z^2$ folgt dann $x^2 = p^2 + q^2$ und $y^2 = 2pq$ mit ungeradem p und geradem q. Wir finden also ein rechtwinkliges Dreieck mit den Katheten p und q, dessen Inhalt $\frac{pq}{2}$ ein Quadrat ist. Ein solches Dreieck existiert aber nicht (Satz 20).

b) Aus der Funktionsgleichung folgt $u^{-4} \pm v^{-4} = a^2$, falls $uv \neq 0$; hätte diese Gleichung eine rationale Lösung, dann hätte auch $x^4 \pm y^4 = z^2$ eine ganze Lösung.

41. a) Tangente: $v - 11 = \frac{75}{22} \cdot (u - 5)$. Zu lösen ist die Gleichung $22^2(u^2 + 5u + 25) = 75^2(u - 5) + 484 \cdot 75$; neben 5 ergibt sich die Lösung $\frac{785}{484}$. Ein weiterer rationaler Punkt ist daher $(\frac{785}{484}, -\frac{5497}{10648})$.

b) Sekante: $v = u + 3$. Es ergibt sich der Punkt $(-2, 1)$.

42. a) $n(n+1) = 2 \cdot (222\ldots111\ldots) = 2 \cdot (2 \cdot 10^k + 1) \cdot \frac{10^k - 1}{9}$

$$= \tfrac{2}{3}(10^k - 1) \cdot (\tfrac{2}{3}(10^k - 1) + 1) = 66\ldots66 \cdot 66\ldots67.$$

b) Wir nehmen an, er wäre $\frac{n(n+1)}{2} = m^4$, also $n(n+1) = 2m^4$. Ist n gerade, also $n = 2k$, dann folgt $k(2k+1) = m^4$, wegen $\mathrm{ggT}(k, 2k+1) = 1$ also $k = x^4$ und $2k + 1 = y^4$ mit $x, y \in \mathbb{N}$. Damit gilt $2x^4 - y^4 = -1$. Ist n ungerade, also $n = 2k - 1$, dann folgt $k(2k-1) = m^2$ und wieder $k = x^4$ und $2k - 1 = y^4$, also $2x^4 - y^4 = 1$. Die diophantische Gleichung $2x^4 - y^4 = \pm 1$ besitzt aber keine nichttriviale Lösung: Ist $2x^4 - y^4 = -1$, dann ist $(x^4 + 1)^2 = (x^2)^4 + 2x^4 + 1 = (x^2)^4 + y^4$. Die diophantische Gleichung $u^4 + v^4 = w^2$ ist aber nicht lösbar. Ist $2x^4 - y^4 = 1$, dann ist $(x^4 - 1)^2 = (x^2)^4 - 2x^4 + 1 = (x^2)^4 - y^4$. Die diophantische Gleichung $u^4 - v^4 = w^2$ ist aber ebenfalls nicht lösbar (Aufgabe 40).

43. $D_1 = F_1$. Man kann $a, b, c, d, e, f \in \mathbb{N}$ so bestimmen, daß

$$(ax+by+c)(ax+by+c+1) - (dx+ey+f)(3dx+3ey+3f-1) = x(x+1) - y(3y-1)$$

gilt: Mit $c = f = 1$ ist $c(c+1) - f(3f-1) = 0$; mit $a = 7$, $d = 4$ ist $a^2 - 3d^2 = 1$; mit $b = 12$, $e = 7$ ist $b^2 - 3e^2 = -3$. Dann ist auch $2ab - 6de = 0$, $2ac + a - 6df - d = 1$, $2bc + b - 6ef - e = 1$. Ist also (x, y) eine Lösung von $D_x = F_y$, dann gilt dies auch für $(7x + 12y + 1,\ 4x + 7y + 1)$.

44. (1) $P_{k+r}^{(m)} = (m-2)D_{k+r} - (m-3)(k+r)$

$\qquad = (m-2)(D_k + D_r + kr) - (m-3)(k+r)$

$\qquad = ((m-2)D_k - (m-3)k) + ((m-2)D_r - (m-3)r) + (m-2)kr$

$\qquad = P_k^{(m)} + P_r^{(m)} + kr(m-2)$

(2) $P_r^{(m)} = (m-2)D_r - (m-3)r = D_r + (m-3)(D_r - r) = D_r + (m-3)D_{r-1}$

(3) $P_r^{(m)} + P_{3r}^{(m)} + \ldots + P_{nr}^{(m)} = P_r^{(m)} + (2P_r^{(m)} + r^2(m-2)D_1) +$

$\qquad (3P_r^{(m)} + r^2(m-2)D_2) + \ldots + (nP_r^{(m)} + r^2(m-2)D_{n-1})$

$\qquad = P_r^{(m)}D_n + r^2(m-2)(D_1 + D_2 + \ldots + D_{n-1})$,

$\qquad$ denn $P_{kr}^{(m)} = kP_r^{(m)} + r^2(m-2)(1 + 2 + \ldots + (k-1))$.

(4) $1^4 + 2^4 + \ldots + (n+1)^4 = 1^4 + (1+1)^4 + (2+1)^4 + \ldots + (n+1)^4$

$\qquad = 1^4 + 2^4 + \ldots + n^4 + 4 \cdot (1^3 + 2^3 + \ldots + n^3)$

$\qquad + 6(1^2 + 2^2 + \ldots + n^2) + 4(1 + 2 + \ldots + n) + n + 1$,

$\qquad$ also $4 \cdot (1^3 + 2^3 + \ldots + n^3) = (n+1)^4 - n(n+1)(2n+1)$

$\qquad - 2n(n+1) - (n+1) = (n+1)(n^3 + n^2) = n^2(n+1)^2$.

(5) $n^3 + 3n(n+1) + 1 = (n+1)^3$

(6) vgl. (4)

45. a) Es sei $c > b$. Aus $b^2 \equiv c^2 \bmod m$ folgt $m \mid (c-b)(c+b)$. Der Fall $c - b = 1$ ist wegen $2b + 1 \neq m$ ausgeschlossen. Wegen $1 < c - b < c + b < 2pq$ verteilen sich die Primfaktoren p, q auf die beiden Faktoren $c - b$ und $c + b$.

b) Wegen $120^2 \equiv 393 \bmod 667$ löst Spieler A das System

$$\begin{matrix} x^2 \equiv 393 \bmod 23 \\ x^2 \equiv 393 \bmod 29 \end{matrix} \quad \text{zu} \quad \begin{matrix} x \equiv \pm 5 \bmod 23 \\ x \equiv \pm 4 \bmod 29 \end{matrix}$$

und erhält $x \equiv \pm 120 \bmod 667$ und $x \equiv \pm 373 \bmod 667$. Es ist $\mathrm{ggT}(667,253) = 23$ und $\mathrm{ggT}(667,493) = 29$, also $667 = 23 \cdot 29$.

46. $\sqrt{3} = [1,\overline{1,2}]$; Näherungsbrüche $\frac{2}{1}, \frac{5}{3}, \frac{7}{4}, \frac{19}{11}, \frac{26}{15}, \dots$ (vgl.I.8), also $a = 4, 14, 52, \dots$; Tripel $(3,4,5)$, $(13,14,15)$, $(51,52,53)$, $\dots$.

47. Ansatz:

$$\begin{pmatrix} \alpha & \gamma \\ \beta & \delta \end{pmatrix}\begin{pmatrix} 1 & 0 \\ 0 & 1 \end{pmatrix}\begin{pmatrix} \alpha & \beta \\ \gamma & \delta \end{pmatrix} = \begin{pmatrix} \alpha^2 + \gamma^2 & \alpha\beta + \gamma\delta \\ \alpha\beta + \gamma\delta & \beta^2 + \delta^2 \end{pmatrix} = \begin{pmatrix} 10 & 7 \\ 7 & 5 \end{pmatrix}$$

Da $5 = 1^2 + 2^2$ und $10 = 1^2 + 3^2$ die einzigen Darstellungen dieser Zahlen als Quadratsummen sind, muß man nur endlich viele Fälle durchprobieren, wobei auf $\alpha\delta - \beta\gamma = 1$ zu achten ist. Man findet z.B.

$$\begin{pmatrix} \alpha & \beta \\ \gamma & \delta \end{pmatrix} = \begin{pmatrix} 1 & 1 \\ -3 & -2 \end{pmatrix}.$$

Die Gleichung $x^2 + y^2 = 97$ hat die Lösungen

$$(\pm 4, \pm 9), \ (\pm 4, \mp 9), \ (\pm 9, \pm 4), \ (\pm 9, \mp 4).$$ Die Lösungen von $10x^2 + 14xy + 5y^2 = 97$ ergeben sich durch Anwenden der Matrix

$$\begin{pmatrix} \alpha & \beta \\ \gamma & \delta \end{pmatrix}^{-1} = \begin{pmatrix} -2 & -1 \\ 3 & 1 \end{pmatrix}$$

zu $(\pm 1, \pm 3)$, $(\pm 14, \mp 23)$, $(\pm 17, \mp 21)$, $(\pm 22, \mp 31)$.

48. $a \in \left\{ \frac{61 - x^2}{d^2} \mid x = 1,2,3,4,5,6,7; \ d^2 | 61 - x^2 \right\}$
$= \{1, 3, 4, 5, 9, 12, 13, 25, 36, 45, 52, 57, 60\}$; $61 = x^2 + \left(\frac{61 - x^2}{d^2} \right) \cdot d^2$.

49. a) $(1,0,11)$, $(2,1,6)$, $(3,1,4)$, $(3,-1,4)$

b) $p \equiv 3 \bmod 4$ und $p \equiv b \bmod 11$ mit $\left(\frac{11}{p} \right) = -1$ für $b \in \{1,3,4,5,9\}$; aus dem Chinesischen Restsatz folgt $p \equiv 3, 15, 23, 27, 31 \bmod 44$.

c) Die Form $2x^2 + 2xy + 6y^2$ stellt keine der Primzahlen mit $p \equiv r \bmod 44$ dar, da sie nur gerade Werte hat. Die Form $x^2 + 11y^2$ kommt ebenfalls nicht in Frage, da sie die jeweils kleinsten Primzahlen $3, 37, 23, 71, 31$ der obigen Restklassen nicht darstellt. Die Formen $3x^2 + 2xy + 4y^2$ und $3x^2 - 2xy + 4y^2$ stellen dieselben Zahlen dar, wenn x, y die Menge $\mathbb{Z}$ durchlaufen (man ersetze x durch $-x$). Also stellt $3x^2 + 2xy + 4y^2$ alle Primzahlen mit $p \equiv 3, 15, 23, 27, 31 \bmod 44$ dar. Es ist $3x^2 + 2xy + 4y^2 = 3, 37, 23, 71, 31$ für

$$(x,y) = (1,0), (3,1), (1,2), (5,-2), (3,-2).$$

50. a) Für $x \in \{0, 1, .., [u]\}$, $y \in \{0, 1, \ldots [v]\}$, $z \in \{0, 1, \ldots, [w]\}$ erhält man $(1+[u])(1+[v])(1+[w]) > uvw = m$ Tripel, für zwei davon muß gelten $ax_1 + by_1 + cz_1 \equiv ax_2 + by_2 + cz_2 \bmod m$, also $a(x_1 - x_2) + b(y_1 - y_2) + c(z_1 - z_2) \equiv 0 \bmod m$. Dabei ist $|x_1 - x_2| \le u$, $|y_1 - y_2| \le v$, $|z_1 - z_2| \le w$.

b) $ax^2 + by^2 + cz^2 \equiv ax^2 + by^2 \equiv a^{-1}(a^2x^2 + aby^2) \equiv a^{-1}(a^2x^2 - r^2y^2)$
$\equiv a^{-1}(ax + ry)(ax - ry) \equiv (x + a^{-1}ry)(ax - ry) \bmod c$;
dabei haben wir $-ab \equiv r^2 \bmod c$ verwendet. Entsprechend verfährt man bezüglich der Moduln a und b.

c) Sind m, n teilerfremd und gilt
$$ax^2 + by^2 + cz^2 \equiv (r_1x + s_1y + t_1z)(r_2x + s_2y + t_2z) \bmod m,$$
$$ax^2 + by^2 + cz^2 \equiv (r_3x + s_3y + t_3z)(r_4x + s_4y + t_4z) \bmod m,$$
dann bestimme man r, s, t und r', s', t' aus

$$\begin{cases} r \equiv r_1 \bmod m \\ r \equiv r_3 \bmod n \end{cases} , \quad \begin{cases} s \equiv s_1 \bmod m \\ s \equiv s_3 \bmod n \end{cases} \cdots , \quad \begin{cases} t' \equiv t_2 \bmod m \\ t' \equiv t_4 \bmod n \end{cases} .$$

Dann gilt $ax^2 + by^2 + cz^2 \equiv (rx + sy + tz)(r'x + s'y + t'z) \bmod m$.
Aus b) folgt nun die Behauptung.

d) Ist $ax^2 + by^2 + cz^2 \equiv (rx + sy + tz)(r'x + s'y + t'z) \bmod abc$, und (x, y, z) eine Lösung von $rx + sy + tz \equiv 0 \bmod abc$ mit $|x| \le \sqrt{|bc|}$, $|y| \le \sqrt{|ac|}$, $|z| \le \sqrt{|ab|}$, dann ist $x^2 < bc$, $y^2 < -ac$ und $z^2 < -ab$, also $ax^2 + by^2 + cz^2 < ax^2 < abc$.

e) $y^2 + z^2 = a$ hat eine Lösung, weil a quadratfrei ist und -1 quadratischer Rest mod a ist, also nur Primteiler der Form $4n + 1$ enthält. Ist (y, z) eine Lösung dieser Gleichung, dann ist $(1, y, z)$ eine Lösung von $ax^2 - y^2 - z^2 = 0$.

51. a) Aus $p \equiv 1 \bmod 6$ folgt $\left(\frac{-3}{p}\right) = 1$. Es sei $v^2 \equiv -3 \bmod p$ und $u \equiv v^{-1} \bmod p$. Für das von den Vektoren $\binom{1}{u}$, $\binom{0}{p}$ aufgespannte Gitter gilt $V(L) = p$. Die Ellipse $K : x^2 + 3y^2 \le r^2$ hat den Inhalt $V(K) = \pi \cdot r \cdot \frac{r}{\sqrt{3}}$; es gilt $V(K) > 4V(L)$ für $r > \frac{3}{2}\sqrt{p}$. Daher existiert ein Gitterpunkt $(x, y) \ne (0, 0)$ mit $0 < x^2 + 3y^2 < 3p$. Wegen $y \equiv ux \bmod p$ bzw. $x \equiv vy \bmod p$ gilt $x^2 + 3y^2 \equiv (vy)^2 + 3y^2 \equiv 0 \bmod p$. Der Fall $x^2 + 3y^2 = 2p$ entfällt, da $x^2 + 3y^2 \not\equiv 2 \bmod p$.

b) Aus $p \equiv 1 \bmod 8$ folgt $\left(\frac{-2}{p}\right) = 1$; es sei $v^2 \equiv -2 \bmod p$ und $u \equiv v^{-1} \bmod p$. Für das von den Vektoren $\binom{1}{u}$, $\binom{0}{p}$ aufgespannte Gitter gilt $V(L) = p$. Die Ellipse $K : x^2 + 2y^2 \le r^2$ hat den Inhalt $V(K) = \pi \cdot r \cdot \frac{r}{\sqrt{2}}$; es gilt $V(K) > 4V(L)$ für $r > 1,4 \cdot \sqrt{p}$. Daher existiert ein Gitterpunkt $(x, y) \ne (0, 0)$ mit $0 < x^2 + 2y^2 < 2p$. Es gilt $x^2 + 3y^2 \equiv 0 \bmod p$, also $x^2 + 2y^2 = p$.

52. (1) klar. (2) Benutze (1) mit n und $n + 4$.
Zunächst zeigen wir die Existenz einer Darstellung:

$$1 = 1^2, \quad 2 = -1^2 - 2^2 - 3^2 + 4^2, \quad 3 = -1^2 + 2^2, \quad 4 = -1^2 - 2^2 + 3^2.$$

Ist $k = \pm 1^2 \pm 2^2 \pm \ldots \pm m^2$, dann ist

$$k + 4 = \pm 1^2 \pm 2^2 \pm \ldots \pm m^2 + ((m+1)^2 - (m+2)^2 - (m+3)^2 + (m+4)^2).$$

Die Unendlichkeit der Anzahl der Darstellungen folgt aus (2): Man kann m durch $m + 8$ ersetzen, wenn man die Vorzeichen geeignet wählt.

53. a) Einmal integrieren und geeignet substituieren.
b) Es ergeben sich die bekannten Formeln.
c) $V_4(r) = \frac{1}{2}\pi^2 r^4$; $O_4(r) = 2\pi^2 r^3$
d) Es sei $n \geq 3$, und $K_n = V_n(1)$, also $V_n(r) = K_n r^n$. Es gilt

$$K_n = 2K_{n-1}I_n \quad \text{mit} \quad I_n = \int_0^{\frac{\pi}{2}} \cos^n \varphi \, d\varphi.$$

Mit zweimaliger Produktintegration findet man die Rekursion $I_n = \frac{n-1}{n}I_{n-2}$ und damit

$$K_n = 4K_{n-2} \cdot \frac{n-2}{n} I_{n-2} I_{n-3}.$$

Für gerades n, etwa $n = 2m$, ergibt sich

$$K_{2m} = K_{2m-2} \cdot \left(4 \cdot \frac{2m-2}{2m} \cdot \frac{2m-4}{2m-2} \cdot \ldots \cdot \frac{2}{4} \cdot I_2 \cdot I_1\right) = \frac{\pi}{m} \cdot K_{2m-2},$$

für ungerades n, etwa $n = 2m + 1$,

$$K_{2m+1} = K_{2m-1} \cdot \left(4 \cdot \frac{2m-1}{2m+1} \cdot \frac{2m-3}{2m-1} \cdot \ldots \cdot \frac{1}{3} \cdot I_1 \cdot I_0\right) = \frac{2\pi}{2m+1} \cdot K_{2m-1}.$$

Wegen $K_1 = 2$ und $K_2 = \pi$ erhält man die Formeln

$$K_{2m} = \frac{\pi^m}{m!} \quad \text{und} \quad K_{2m+1} = \frac{2^{m+1}\pi^m}{1 \cdot 3 \cdot \ldots \cdot (2m+1)}.$$

Die entsprechenden Formeln für $V_n(r)$ ergeben sich durch Multiplikation mit r^n. Mit Hilfe der Γ–Funktion kann man schließlich schreiben:

$$V_n(r) = \frac{\pi^{\frac{n}{2}}}{\Gamma(\frac{n}{2}+1)} \cdot r^n.$$

54. Wegen $p_i \leq 2^{2^{i-1}}$ ist

$$10^{2^n} \sum_{i=n+1}^{\infty} p_i 10^{-2^i} \leq 10^{2^n} \sum_{i=n+1}^{\infty} 2^{2^{i-1}} 10^{-2^{i-1}} 10^{-2^{i-1}} \leq \sum_{i=n+1}^{\infty} \left(\frac{1}{5}\right)^{2^{i-1}} < 1.$$

Also ist

$$\left[10^{2^n} a\right] = \sum_{i=1}^{n} p_i 10^{2^n - 2^i}.$$

Ferner ist

$$10^{2^{n-1}} \left[10^{2^{n-1}} a\right] = 10^{2^{n-1}} \sum_{i=1}^{n-1} p_i 10^{2^{n-1} - 2^i} = \sum_{i=1}^{n-1} p_i 10^{2^n - 2^i},$$

also

$$\left[10^{2^n} a\right] - 10^{2^{n-1}} \left[10^{2^{n-1}} a\right] = p_n.$$

55. Wir bezeichnen die angegebenen Transformationen der Reihe nach mit mit A, B, C, D. Jedes pythagoreische Tripel *ganzer* Zahlen wird bei jeder der Transformationen und ihren Inversen (beachte $A^{-1} = DAD$) wieder auf ein pythagoreisches Tripel abgebildet, denn aus $a^2 + b^2 = c^2$ folgt

$$(2a + b + 2c)^2 + (a + 2b + 2c)^2 = (2a + 2b + 3c)^2.$$

Wegen der Unimodularität der Matrizen vererbt sich dabei die Teilerfremdheit der Tripel. Ist (u, v, w) ein primitives pythagoreisches Tripel, dann liefert Anwenden von A^{-1} das Tripel

$$(2u + v - 2w, \ u + 2v - 2w, \ -2u - 2v + 3w).$$

Dabei gilt $0 < -2u - 2v + 3w$ bzw. $w < u + v < \frac{3}{2}w$, denn dies ist wegen $u^2 + v^2 = w^2$ äquivalent mit

$$0 < 2uv < \frac{5}{4}(u^2 + v^2),$$

was wegen $u^2 + v^2 - 2uv = (u - v)^2 \geq 0$ offensichtlich richtig ist. Ist die erste oder die zweite Koordinate des neuen Tripels negativ, so wenden wir noch eine der Transformationen B oder C an. Wir erhalten also ein Tripel mit nichtnegativen Koordinaten und kleinerer dritter Koordinate. Daher können wir bis zum kleinsten Wert 1 der dritten Koordinate absteigen und gelangen so zu $(0,1,1)$ oder $(1,0,1)$. Wendet man CA^{-1} auf $(1,0,1)$ an, so erhält man $(0,1,1)$.

V Zahlentheoretische Funktionen

V.1 Das Dirichlet-Produkt

Eine *zahlentheoretische Funktion* oder *arithmetische Funktion* ist eine Funktion mit der Definitionsmenge $\mathbb{N}$ und Werten in $\mathbb{C}$. Es handelt sich also einfach um eine *Folge komplexer Zahlen.* Bei vielen dieser Funktionen, die in der Zahlentheorie von Interesse sind, liegen die Werte der zahlentheoretischen Funktion in $\mathbb{Z}$ oder sogar in $\mathbb{N}$. Beispiele dafür sind die folgenden Funktionen τ, σ und φ :

$$\tau(n) \quad = \quad \text{Anzahl der Teiler von } n, \text{ also } \quad \tau(n) = \textstyle\sum_{d|n} 1;$$

$$\sigma(n) \quad = \quad \text{Summe der Teiler von } n, \text{ also } \quad \sigma(n) = \textstyle\sum_{d|n} d;$$

$$\varphi(n) \quad = \quad \text{Anzahl der primen Restklassen mod } n;$$

$$\text{es gilt} \quad \textstyle\sum_{d|n} \varphi(d) = n \quad \text{(III.3 Satz 5).}$$

Die angegebenen Summenformeln für τ, σ und φ legen es nahe, die folgende Verknüpfung für zahlentheoretische Funktionen α, β zu definieren:

$$(\alpha \star \beta)(n) := \sum_{d|n} \alpha(d)\beta(\frac{n}{d}).$$

Die Summation erfolgt dabei über alle Teiler von n. Dies kann man auch folgendermaßen schreiben:

$$(\alpha \star \beta)(n) = \sum_{xy=n} \alpha(x)\beta(y);$$

die Summation erfolgt dabei über alle Paare (x, y) natürlicher Zahlen, deren Produkt n ergibt. Wir nennen $\alpha \star \beta$ das DIRICHLET-*Produkt* von α und β; diese Bezeichnung wird in V.3 gerechtfertigt. Das DIRICHLET-Produkt ist offensichtlich kommutativ; es ist auch assoziativ, denn für zahlentheoretische Funktionen α, β, γ gilt für alle $n \in \mathbb{N}$

$$((\alpha \star \beta) \star \gamma)(n) \quad = \quad \sum_{uz=n} (\alpha \star \beta)(u)\gamma(z)$$

$$= \sum_{uz=n} \left(\sum_{xy=u} \alpha(x)\beta(y) \right) \gamma(z)$$

$$= \sum_{xyz=n} \alpha(x)\beta(y)\gamma(z)$$

$$= \sum_{xv=n} \alpha(x) \left(\sum_{yz=v} \beta(y)\gamma(z) \right)$$

$$= \sum_{xv=n} \alpha(x)(\beta \star \gamma)(v) = (\alpha \star (\beta \star \gamma))(n).$$

Die Funktion ε mit

$$\varepsilon(n) = \begin{cases} 1 \text{ für } n = 1 \\ 0 \text{ für } n > 1 \end{cases}$$

ist neutral bezüglich des DIRICHLET-Produktes, es gilt also $\alpha \star \varepsilon = \alpha$ für jede zahlentheoretische Funktion α.

Betrachtet man nun noch die (übliche) Addition „+" von Funktionen in der Menge der zahlentheoretischen Funktionen, dann bildet diese Menge einen Ring bezüglich + und $\star$, den *Ring der zahlentheoretischen Funktionen*. Dieser ist kommutativ und besitzt ein Einselement (nämlich ε); das Nullelement ist die Funktion o mit

$$o(n) = 0 \text{ für alle } n \in \mathbb{N}.$$

Der Ring Φ der zahlentheoretischen Funktionen ist sogar ein Integritätsbereich, was sich aus Teil a) des folgenden Satzes ergibt.

Satz 1: a) Der Ring Φ der zahlentheoretischen Funktionen ist nullteilerfrei, aus $\alpha \star \beta = o$ folgt also $\alpha = o$ oder $\beta = o$.

b) In Φ ist α genau dann eine Einheit, wenn $\alpha(1) \neq 0$ ist.

Beweis: a) Es sei $\alpha \neq o$ und $\beta \neq o$, und es sei r die kleinste Zahl mit $\alpha(r) \neq 0$, ferner s die kleinste Zahl mit $\beta(s) \neq 0$. Dann ist

$$(\alpha \star \beta)(rs) = \sum_{xy=rs} \alpha(x)\beta(y) = \alpha(r)\beta(s) \neq 0,$$

also $\alpha \star \beta \neq o$.

b) Genau dann existiert zu $\alpha \in \Phi$ ein $\beta \in \Phi$ mit $\alpha \star \beta = \varepsilon$, wenn die Gleichungen

$$\begin{aligned} \alpha(1)\beta(1) &= 1 \\ \alpha(1)\beta(2) + \alpha(2)\beta(1) &= 0 \\ \alpha(1)\beta(3) + \alpha(3)\beta(1) &= 0 \\ \alpha(1)\beta(4) + \alpha(2)\beta(2) + \alpha(4)\beta(1) &= 0 \end{aligned}$$

usw., also allgemein für $n > 1$

$$\alpha(1)\beta(n) + \sum_{\substack{xy=n \\ x>1}} \alpha(x)\beta(y) = 0$$

eindeutig nach $\beta(1)$, $\beta(2)$, $\beta(3)$, ... auflösbar sind. Dafür ist aber offensichtlich die Bedingung $\alpha(1) \neq 0$ notwendig und hinreichend. $\quad\square$

Ist $\alpha(1) \neq 0$, dann bezeichnen wir die zu α inverse Funktion mit α^{-1}. Die invertierbaren Funktionen, also die Einheiten des Rings Φ, bilden eine Gruppe bezüglich der DIRICHLET-Multiplikation $\star$.

Mit den Funktionen ι und ν, definiert durch

$$\iota(n) = 1 \text{ für alle } n \in \mathbb{N} \quad \text{bzw.} \quad \nu(n) = n \text{ für alle } n \in \mathbb{N},$$

lassen sich die oben angegeben Summenformeln folgendermaßen ausdrücken:

$$\tau = \iota \star \iota, \quad \sigma = \nu \star \iota, \quad \nu = \varphi \star \iota.$$

Die bisher betrachteten Funktionen ε, ι, ν, τ, σ, φ sind alle invertierbar. Die Inverse von ι, also die Funktion $\mu := \iota^{-1}$, spielt eine besondere Rolle in der Zahlentheorie und heißt MÖBIUS-*Funktion* (nach AUGUST FERDINAND MÖBIUS, 1790–1868). Ist $\omega(n)$ die Anzahl der verschiedenen Primfaktoren von n, dann gilt

$$\mu(n) = \begin{cases} 1, \text{ falls } n = 1, \\ (-1)^{\omega(n)}, \text{ falls } n \text{ quadratfrei ist,} \\ 0, \text{ falls } n \text{ nicht quadratfrei ist.} \end{cases}$$

Denn für $n = p_1^{r_1} \cdot p_2^{r_2} \cdot \ldots \cdot p_k^{r_k}$ gilt dann

$$\begin{aligned} (\iota \star \mu)(n) &= \sum_{d|n} \mu(d) \\ &= 1 - \binom{k}{1} + \binom{k}{2} - \binom{k}{3} + \ldots + (-1)^k \binom{k}{k} \\ &= (1-1)^k = 0. \end{aligned}$$

(Man beachte dabei, daß in einer Gruppe das Inverse eines Elementes eindeutig bestimmt ist.) Mit Hilfe der MÖBIUS-Funktion erhält man aus obigen Summenformeln wieder derartige Formeln:

(1) Aus $\tau = \iota \star \iota$ folgt $\tau \star \mu = \iota$, also

$$\sum_{d|n} \tau(d) \mu(\tfrac{n}{d}) = 1.$$

(2) Aus $\sigma = \nu \star \iota$ folgt $\sigma \star \mu = \nu$, also

$$\sum_{d|n} \sigma(d) \mu(\tfrac{n}{d}) = n.$$

(3) Aus $\nu = \varphi \star \iota$ folgt $\nu \star \mu = \varphi$, also

$$\sum_{d|n} d\mu(\tfrac{n}{d}) = \varphi(n).$$

Die Summenformel in (3) kann man wegen $\nu \star \mu = \mu \star \nu$ umformen zu

$$\frac{\varphi(n)}{n} = \sum_{d|n} \frac{\mu(d)}{d}.$$

Ist $n = \prod_{i=1}^{k} p_i^{r_i}$ mit $r_i > 0$ $(i = 1, \ldots, k)$, dann ergibt sich

$$\sum_{d|n} \frac{\mu(d)}{d} = \prod_{i=1}^{k} \left(1 - \frac{1}{p_i}\right);$$

man erhält also die schon aus III.3 bekannte Berechnungformel für die Werte der EULER-Funktion.

Die Äquivalenz $\alpha \star \iota = \beta \iff \alpha = \beta \star \mu$ bzw.

$$\sum_{d|n} \alpha(d) = \beta(n) \iff \alpha(n) = \sum_{d|n} \beta(d)\mu(\frac{n}{d}) \qquad (n \in \mathbb{N})$$

bezeichnet man als die MÖBIUS*schen Umkehrformeln.*

Schreibt man für $\alpha, \beta \in \Phi$, falls β invertierbar ist,

$$\alpha \star \beta^{-1} = \frac{\alpha}{\beta}$$

und definiert die *Ableitung* α' von $\alpha \in \Phi$ durch

$$\alpha'(n) = \alpha(n) \cdot \log n,$$

dann kann man leicht die folgenden „Ableitungsregeln" nachrechnen:

$$(\alpha \star \beta)' = \alpha' \star \beta + \alpha \star \beta' \quad \text{(Produktregel)},$$

$$\left(\frac{\alpha}{\beta}\right)' = \frac{\alpha' \star \beta + \alpha \star \beta'}{\beta \star \beta} \quad \text{(Quotientenregel)}.$$

Die Funktion $\Lambda = \frac{\iota'}{\iota} = \mu \star \iota'$ heißt MANGOLDT*sche Funktion* (nach HANS VON MANGOLDT, 1854–1925). Sie spielt eine wichtige Rolle beim Beweis des Primzahlsatzes in Kapitel VI. Es ist

$$\Lambda(n) = \begin{cases} \log p, \text{ falls } n \text{ Potenz einer Primzahl } p \text{ ist,} \\ 0 \text{ sonst;} \end{cases}$$

denn mit dieser Definition von Λ gilt für $n = \prod_{i=1}^{\infty} p_i^{r_i}$

$$\sum_{d|n} \Lambda(d) = \sum_{i=1}^{\infty} r_i \log p_i = \log \prod_{i=1}^{\infty} p_i^{r_i} = \log n = (\iota')(n).$$

Die Formeln in folgendem Satz werden wir beim Beweis des Primzahlsatzes benötigen, hier dienen sie nur als Beispiele für das Rechnen mit zahlentheoretischen Funktionen.

Satz 2: Es gilt

$$(1) \qquad \mu' \star \iota = -\Lambda \qquad\qquad (2) \qquad \mu'' \star \iota = -\Lambda' + \Lambda \star \Lambda$$

Beweis: (1) Es gilt wegen $\varepsilon' = o$ aufgrund der Quotientenregel

$$\mu' \star \iota = \left(\frac{\varepsilon}{\iota}\right)' \star \iota = -\frac{\iota'}{\iota \star \iota} \star \iota = -\frac{\iota'}{\iota} = -\Lambda.$$

(2) Aus (1) folgt $\mu' = -\Lambda \star \mu$; also ist aufgrund der Produktregel

$$\begin{aligned} \mu'' \star \iota &= (-\Lambda \star \mu)' \star \iota = (-\Lambda' \star \mu - \Lambda \star \mu') \star \iota \\ &= -\Lambda' \star \mu \star \iota - \Lambda \star (-\Lambda) = -\Lambda' + \Lambda \star \Lambda. \qquad \square \end{aligned}$$

Bemerkung: Unsere Definition von Λ lautet

$$\Lambda(n) := \sum_{d|n} \mu(d) \log \frac{n}{d}.$$

Obige Formel (1) besagt

$$\Lambda(n) = -\sum_{d|n} \mu(d) \log d.$$

Daß die eine Formel aus der anderen folgt, liegt an

$$\sum_{d|n} (\mu(d) \log n) = \left(\sum_{d|n} \mu(d)\right) \cdot \log n = \varepsilon(n) \cdot \log n = \varepsilon'(n) = o(n).$$

Zuweilen benötigt man in Φ auch die Multiplikation mit komplexen Zahlen, definiert also für $c \in \mathbb{C}$ und $\alpha \in \Phi$

$$(c\alpha)(n) = c \cdot \alpha(n).$$

Aus dem Ring Φ wird damit eine (kommutative) $\mathbb{C}$-Algebra. Ferner kann man neben der DIRICHLET-Multiplikation noch eine „gewöhnliche" Multiplikation durch

$$(\alpha\beta)(n) = \alpha(n)\beta(n)$$

erklären. Definiert man λ durch $\lambda = \iota'$, also

$$\lambda(n) = \log n,$$

dann ist also $\alpha' = \alpha\lambda$. Die Regeln in Satz 2 für $\Lambda = \mu \star \lambda$ kann man dann folgendermaßen ausdrücken:

(1) $\mu\lambda \star \iota = -\Lambda$

(2) $\mu\lambda^2 \star \iota = -\Lambda\lambda + \Lambda \star \Lambda$

Dies sind Sonderfälle der folgenden Regeln für $\alpha \in \Phi$:

(3) $\alpha\lambda \star \iota = (\alpha \star \iota)\lambda - \alpha \star \lambda$

(4) $\alpha\lambda^2 \star \iota = (\alpha\lambda \star \iota)\lambda - (\alpha\lambda \star \lambda)$

Diese beweist man z.B. mit obigem Ableitungskalkül:

Zu (3): $(\alpha \star \iota)' = \alpha' \star \iota + \alpha \star \iota'$ und $\iota' = \lambda$.

Zu (4): $(\alpha' \star \iota)' = \alpha'' \star \iota + \alpha' \star \iota'$ und $\iota' = \lambda$.

Um (2) aus (4) zu gewinnen, beachte man, daß

$$\mu\lambda \star \lambda = \mu\lambda \star \iota \star \mu \star \lambda = (\mu' \star \iota) \star (\mu \star \iota')$$

und

$$(\mu' \star \iota) + (\mu \star \iota') = (\mu \star \iota)' = \varepsilon' = o,$$

wegen $\mu \star \iota' = \Lambda$ also

$$\mu\lambda \star \lambda = (-\Lambda) \star \Lambda = -\Lambda \star \Lambda.$$

Bemerkung: Der Ring $(\Phi, +, \star)$ wird in [Cashwell/Everett 1959] ausführlich untersucht; insbesondere wird dort gezeigt, daß es sich um einen ZPE-Ring handelt.

V.2 Multiplikative Funktionen

Eine von der Nullfunktion o verschiedene zahlentheoretische Funktion α heißt *multiplikativ*, wenn

$$\alpha(mn) = \alpha(m)\alpha(n) \text{ für alle } m, n \in \mathbb{N} \text{ mit } \mathrm{ggT}(m, n) = 1$$

gilt. Ist dies auch ohne die Bedingung $\mathrm{ggT}(m, n) = 1$ stets erfüllt, dann heißt α *vollständig multiplikativ*. Ist α multiplikativ und $\alpha(m) \neq 0$ für ein $m \in \mathbb{N}$, dann gilt $\alpha(m) = \alpha(m)\alpha(1)$, also $\alpha(1) = 1$. Für jede multiplikative Funktion α gilt also $\alpha(1) = 1$. Insbesondere ist eine multiplikative Funktion eine Einheit im Ring Φ der zahlentheoretischen Funktionen.

Die Werte einer multiplikativen Funktion α sind vollständig durch ihre Werte für Primzahlpotenzen bestimmt: Ist

$$n = \prod_{i=1}^{\infty} p_i^{r_i}$$

die kanonische Primfaktorzerlegung von n, dann gilt

$$\alpha(n) = \prod_{i=1}^{\infty} \alpha(p_i^{r_i}).$$

Satz 3: Die multiplikativen zahlentheoretischen Funktionen bilden bezüglich der DIRICHLET-Multiplikation eine kommutative Gruppe.

Beweis: Nach den vorangegangenen Überlegungen ist nur zu zeigen, daß das DIRICHLET-Produkt zweier multiplikativer Funktionen wieder multiplikativ ist, und daß die zu einer multiplikativen Funktion inverse Funktion wieder multiplikativ ist. Es seien α, β multiplikativ und $m, n \in \mathbb{N}$ mit $\mathrm{ggT}(m,n) = 1$. Dann ist

$$(\alpha \star \beta)(mn) = \sum_{xy=mn} \alpha(x)\beta(y) = \sum_{\substack{x_1 y_1 = m \\ x_2 y_2 = n}} \alpha(x_1 x_2)\beta(y_1 y_2).$$

Denn jeder Teiler x von mn läßt sich eindeutig in ein Produkt $x_1 x_2$ mit $x_1 | m$ und $x_2 | n$ zerlegen, weil m und n teilerfremd sind:

$$x_1 = \mathrm{ggT}(x,m), \quad x_2 = \mathrm{ggT}(x,n).$$

Entsprechend ist

$$y_1 = \mathrm{ggT}(y,m), \quad y_2 = \mathrm{ggT}(y,n).$$

Aufgrund der Multiplikativität von α und β folgt

$$
\begin{aligned}
(\alpha \star \beta)(mn) &= \sum_{\substack{x_1 y_1 = m \\ x_2 y_2 = n}} \alpha(x_1)\beta(y_1)\alpha(x_2)\beta(y_2) \\
&= \left(\sum_{x_1 y_1 = m} \alpha(x_1)\beta(y_1) \right) \cdot \left(\sum_{x_2 y_2 = n} \alpha(x_2)\beta(y_2) \right) \\
&= (\alpha \star \beta)(m)(\alpha \star \beta)(n).
\end{aligned}
$$

Ist α multiplikativ, dann ist $\alpha(1) = 1 \neq 0$, also ist α invertierbar bezüglich der DIRICHLET-Multiplikation. Es sei nun β definiert durch folgende Eigenschaften:

(1) β ist multiplikativ;

(2) $(\beta \star \alpha)(p^r) = 0$ für jede Primzahlpotenz p^r $(r > 0)$.

Weil nach a) die Funktion $\beta \star \alpha$ multiplikativ ist, gilt dann $\beta \star \alpha = \varepsilon$. Da in einer assoziativen algebraischen Struktur ein Element höchstens *ein* inverses Element besitzt, ist β *das* zu α inverse Element. Damit ist die zu α inverse Funktion $\alpha^{-1} = \beta$ multiplikativ. □

Beispiel 1: Die Funktion ι mit $\iota(n) = 1$ für alle $n \in \mathbb{N}$ ist offensichtlich multiplikativ. Also ist auch die Funktion $\tau = \iota \star \iota$ multiplikativ. Wegen $\tau(p^r) = r + 1$ ergibt sich also die schon früher hergeleitete Formel für die Teileranzahl:

$$\tau\left(\prod_{i=1}^{\infty} p_i^{r_i} \right) = \prod_{i=1}^{\infty} \tau\left(p_i^{r_i}\right) = \prod_{i=1}^{\infty} (r_i + 1).$$

Beispiel 2: Die Funktion ν mit $\nu(n) = n$ für alle $n \in \mathbb{N}$ ist multiplikativ, also gilt dies auch für $\sigma = \nu \star \iota$. Wegen

$$\sigma(p^r) = 1 + p + \ldots + p^r = \frac{p^{r+1} - 1}{p - 1}$$

ergibt sich also die Formel für die Teilersumme:

$$\sigma\left(\prod_{i=1}^{\infty} p_i^{r_i}\right) = \prod_{i=1}^{\infty} \sigma(p_i^{r_i}) = \prod_{i=1}^{\infty} \frac{p_i^{r_i+1} - 1}{p_i - 1}.$$

Beispiel 3: Aus $\nu = \varphi \star \iota$ folgt $\varphi = \nu \star \mu$, wobei μ die MÖBIUS-Funktion ist; da ν und $\iota^{-1} = \mu$ multiplikativ sind, gilt dies auch für φ. Wegen

$$\varphi(p^r) = p^r (1 - \frac{1}{p})$$

ergibt sich wieder die schon früher hergeleitete Formel für die EULERsche Funktion:

$$\varphi\left(\prod_{i=1}^{\infty} p_i^{r_i}\right) = \prod_{i=1}^{\infty} \varphi(p_i^{r_i}) = \prod_{i=1}^{\infty} p_i^{r_i} \cdot \prod_{\substack{i=1 \\ r_i > 0}}^{\infty} \left(1 - \frac{1}{p_i}\right).$$

Beispiel 4: Die MANGOLDTsche Funktion Λ ist *nicht* multiplikativ, denn die Funktion ι' mit $\iota'(n) = \log n$ ist nicht multiplikativ und es gilt $\iota' = \Lambda \star \iota$. Die Ableitung einer multiplikativen Funktion ist nicht multiplikativ, denn ihr Wert an der Stelle 1 ist 0.

Beispiel 5: Ist $f(x)$ ein Polynom mit ganzzahligen Koeffizienten, und ist $\varrho(n)$ die Anzahl der Lösungen der Kongruenz $f(x) \equiv 0 \bmod n$, dann ist ϱ multiplikativ. Denn ist $\mathrm{ggT}(m_1, m_2) = 1$ und

$$f(x_1) \equiv 0 \bmod m_1, \quad f(x_2) \equiv 0 \bmod m_2,$$

dann ist die nach dem chinesischen Restsatz eindeutig bestimmte Lösung $x_0 \bmod m_1 m_2$ von

$$x \equiv x_1 \bmod m_1, \quad x \equiv x_2 \bmod m_2$$

eine Lösung von $f(x) \equiv 0 \bmod m_1 m_2$. Und ist $x_0 \bmod m_1 m_2$ eine Lösung von $f(x) \equiv 0 \bmod m_1 m_2$ und ist

$$x_1 \equiv x_0 \bmod m_1, \quad x_2 \equiv x_0 \bmod m_2,$$

dann ist

$$f(x_1) \equiv 0 \bmod m_1, \quad f(x_2) \equiv 0 \bmod m_2.$$

Beispiel 6: Wir wollen die Anzahl $\varrho(n)$ der Lösungen von

$$x^2 + 1 \equiv 0 \bmod n$$

berechnen. Offensichtlich gilt $\varrho(2) = 1$. Für $r > 1$ ist $\varrho(2^r) = 0$, denn für gerade x ist $x^2 + 1 \equiv 1 \bmod 4$, für ungerade x gilt $x^2 + 1 \equiv 2 \bmod 4$. Ist p eine Primzahl mit $p \equiv 3 \bmod 4$, dann ist $\varrho(p^r) = 0$ für alle $r \in \mathbb{N}$, denn dann ist $\left(\frac{-1}{p}\right) = -1$. Ist p eine Primzahl mit $p \equiv 1 \bmod 4$, dann ist $\varrho(p) = 2$, wie wir in IV.3 gesehen haben. Induktiv zeigt man, daß dann auch $\varrho(p^r) = 2$ für $r > 1$ gilt: Ist $x_0^2 + 1 \equiv 0 \bmod p^r$, so hat eine Lösung von $x^2 + 1 \equiv 0 \bmod p^{r+1}$ die Form $x = x_0 + tp^r$. Die Kongruenz

$$(x_0 + tp^r)^2 + 1 \equiv x_0^2 + 2tx_0 p^r + 1 \bmod p^{r+1}$$

ist äquivalent mit

$$\frac{x_0^2 + 1}{p^r} + 2tx_0 \equiv 0 \bmod p,$$

ist also eindeutig lösbar. Somit führt jede Lösung von $x^2 + 1 \equiv 0 \bmod p$ zu genau einer Lösung von $x^2 + 1 \bmod p^r$ für jedes $r \in \mathbb{N}$. Aufgrund der Multiplikativität von ϱ (vgl. Beispiel 5) ergibt sich also:

Ist n durch 4 oder durch eine Primzahl p mit $p \equiv 3 \bmod 4$ teilbar, dann ist $\varrho(n) = 0$. Andernfalls ist $\varrho(n) = 2^s$, wenn s die Anzahl der verschiedenen Primteiler p von n mit $p \equiv 1 \bmod 4$ ist.

Beispielsweise erhält man die vier Lösungen der quadratischen Kongruenz $x^2 + 1 \equiv 0 \bmod 65$ aus den Lösungen $x \equiv \pm 2 \bmod 5$ und $x \equiv \pm 5 \bmod 13$ von $x^2 + 1 \equiv 0 \bmod 5$ bzw. $x^2 + 1 \equiv 0 \bmod 13$ mit Hilfe des chinesichen Restsatzes zu $x \equiv \pm 8, \pm 18 \bmod 65$.

Die Funktionen ι und ν sind vollständig multiplikativ. Allgemeiner ist für $r \in \mathbb{R}$ die Funktion ν_r mit $\nu_r(n) = n^r$ vollständig multiplikativ. An den Beispielen $\tau = \iota \star \iota$ und $\mu = \iota^{-1}$ erkennt man, daß das DIRICHLET-Produkt zweier vollständig multiplikativer Funktionen und die DIRICHLET-Inverse einer vollständig multiplikativen Funktion i. allg. nicht wieder vollständig multiplikativ sind.

Ist α vollständig multiplikativ, dann gilt für alle $\beta, \gamma \in \Phi$

$$\alpha(\beta \star \gamma) = \alpha\beta \star \alpha\gamma,$$

wie man leicht nachrechnet; insbesondere gilt dann (vgl. Aufgabe 2)

$$\alpha^{-1} = \alpha\mu.$$

V.3 Dirichlet-Reihen

Von EULER stammt ein Beweis für die Unendlichkeit der Menge der Primzahlen, der zunächst sehr umständlich aussieht und sogar von der Eindeutigkeit der Primfaktorzerlegung Gebrauch macht. Man erhält dabei aber einen Hinweis darauf, wie man genauere Aussagen über die Primzahlverteilung, also über die Anzahl $\pi(x)$ der Primzahlen unterhalb der Schranke x erhalten könnte. Der EULERsche Beweis verläuft folgendermaßen: Angenommen, es gäbe nur die endlich vielen Primzahlen p_1, p_2, p_3 ,..., p_k. Man bilde das Produkt

$$\prod_{i=1}^{k} \frac{1}{1 - \frac{1}{p_i}} = \prod_{i=1}^{k} \left(1 + \frac{1}{p_i} + \left(\frac{1}{p_i}\right)^2 + \left(\frac{1}{p_i}\right)^3 + \ldots \right)$$

und multipliziere die Klammern aus. Aufgrund der Eindeutigkeit der Primfaktorzerlegung der natürlichen Zahlen ergibt sich dann für jedes $n \in \mathbb{N}$ der Summand $\frac{1}{n}$ genau einmal. Es ist also

$$\prod_{i=1}^{k} \frac{1}{1 - \frac{1}{p_i}} = \sum_{n=1}^{\infty} \frac{1}{n}.$$

Dies ist aber nicht möglich, da die harmonische Reihe divergiert. Die Annahme, es gäbe nur endlich viele Primzahlen, führt also zu einem Widerspruch.

Mit obiger Argumentation erhält man für $s > 1$ aufgrund der absoluten Konvergenz des auftretenden Produktes bzw. der auftretenden Reihe (vgl. Exkurs über unendliche Produkte am Ende dieses Abschnitts) die Beziehung

$$\prod_{i=1}^{\infty} \frac{1}{1 - \frac{1}{p_i^s}} = \prod_{i=1}^{\infty} \left(1 + \frac{1}{p_i^s} + \left(\frac{1}{p_i^s}\right)^2 + \left(\frac{1}{p_i^s}\right)^3 + \ldots \right) = \sum_{n=1}^{\infty} \frac{1}{n^s}.$$

Also ist es nicht erstaunlich, daß die für $s > 1$ definierte Funktion ζ mit

$$\zeta(s) = \sum_{n=1}^{\infty} \frac{1}{n^s}$$

eine wichtige Rolle in der Zahlentheorie spielt. Sie heißt (reelle) RIEMANN*sche Zetafunktion* (nach BERNHARD RIEMANN, 1826–1866). Den Wert von ζ an der Stelle 2 benötigt man sehr häufig: Es gilt

$$\zeta(2) = \sum_{n=1}^{\infty} \frac{1}{n^2} = \frac{\pi^2}{6},$$

wie man in der Analysis z.B. mit Hilfe von FOURIER-Reihen zeigt; vgl. auch Aufgabe 25.

Beispiel 1: Wählt man willkürlich zwei natürliche Zahlen a, b, dann ist die Wahrscheinlichkeit, daß ggT$(a, b) = 1$ gilt, gleich $\zeta(2)^{-1}$. Denn die Wahrscheinlichkeit, daß mindestens eine der beiden Zahlen a, b durch die Primzahl p teilbar ist, beträgt $1 - \frac{1}{p^2}$; die Wahrscheinlichkeit dafür, daß a und b keinen gemeinsamen Primfaktor besitzen, ist also

$$\prod_p \left(1 - \frac{1}{p^2}\right) = \left(\sum_{n=1}^{\infty} \frac{1}{n^2}\right)^{-1} = \zeta(2)^{-1}.$$

Wegen der Divergenz der harmonischen Reihe wächst $\zeta(s)$ für den rechtsseitigen Grenzübergang $s \to 1^+$ unbeschränkt. Für $s > 1$ gilt

$$\zeta(s) = \frac{1}{s-1} + r(s),$$

wobei der rechtsseitige Grenzwert $\lim_{x \to 1^+} r(s)$ existiert. Für $s > 1$ gilt nämlich

$$\zeta(s) = \int_1^{\infty} \frac{\mathrm{d}x}{x^s} + \sum_{n=1}^{\infty} \int_n^{n+1} \left(\frac{1}{n^s} - \frac{1}{x^s}\right) \, \mathrm{d}x$$

und

$$0 < \int_n^{n+1} \left(\frac{1}{n^s} - \frac{1}{x^s}\right) \, \mathrm{d}x < \frac{s}{n^2}.$$

Mit Hilfe der ζ-Reihe kann man zeigen, daß $\sum_p \frac{1}{p}$ divergiert: Für $s > 1$ gilt

$$\log \zeta(s) - \sum_p \frac{1}{p^s} = \log \prod_p \frac{1}{1 - \frac{1}{p^s}} - \sum_p \frac{1}{p^s} = \sum_p \sum_{i=2}^{\infty} \frac{1}{i} \left(\frac{1}{p^s}\right)^i,$$

wobei wir von der TAYLOR-Entwicklung

$$\log\left(\frac{1}{1-x}\right) = \sum_{i=1}^{\infty} \frac{1}{i} x^i \quad \text{für } |x| < 1$$

Gebrauch gemacht haben. Es ergibt sich weiter

$$\log \zeta(s) - \sum_p \frac{1}{p^s} < \sum_p \frac{1}{2} \left(\frac{1}{p^s}\right)^2 \cdot \frac{1}{1 - \frac{1}{p^s}}$$

$$= \frac{1}{2} \sum_p \frac{1}{p^s(p^s - 1)} < \frac{1}{2} \sum_{n=2}^{\infty} \frac{1}{n(n-1)} = \frac{1}{2}.$$

Weil $\zeta(s)$ für $s \to 1^+$ unbeschränkt wächst, gilt dasselbe für $\sum_p \frac{1}{p^s}$, die Reihe $\sum_p \frac{1}{p}$ ist also divergent.

In Verallgemeinerung der Reihe, welche die Zetafunktion definiert, betrachten wir Reihen der Form

$$\sum_{n=1}^{\infty} \frac{\alpha(n)}{n^s}$$

mit einer zahlentheoretischen Funktion α. Reihen dieser Art heißen DIRICHLET-*Reihen*. Falls diese Reihe überhaupt für einen Wert von s konvergiert, dann existiert auch eine Zahl s_0 derart, daß die Reihe für $s > s_0$ konvergiert und für $s < s_0$ divergiert. Diese Zahl s_0 heißt dann die *Konvergenzabszisse* der Reihe. Es existiert dann auch eine Zahl s_1, so daß die Reihe für $s > s_1$ absolut konvergiert, für $s < s_1$ aber nicht. Man nennt s_1 die *Abszisse der absoluten Konvergenz*. Es gilt $0 \leq s_1 - s_0 \leq 1$. Diese Aussagen kann man mit den Mitteln der Analysis alle leicht beweisen, worauf wir hier nicht eingehen wollen.

Das Produkt zweier absolut konvergenter DIRICHLET-Reihen läßt sich wieder als DIRICHLET-Reihe schreiben:

$$\sum_{k=1}^{\infty} \frac{\alpha(k)}{k^s} \cdot \sum_{m=1}^{\infty} \frac{\beta(m)}{m^s} = \sum_{n=1}^{\infty} \left(\sum_{km=n} \alpha(k)\beta(m) \right) \cdot \frac{1}{n^s} = \sum_{n=1}^{\infty} \frac{(\alpha \star \beta)(n)}{n^s}.$$

Diese Formel für das Produkt von DIRICHLET-Reihen erklärt den Namen „Dirichlet-Produkt" für die Verknüpfung $\star$ zahlentheoretischer Funktionen.

Beispiel 2: Wegen $\mu \star \iota = \varepsilon$ gilt für $s > 1$

$$\sum_{n=1}^{\infty} \frac{\mu(n)}{n^s} \cdot \sum_{n=1}^{\infty} \frac{1}{n^s} = \sum_{n=1}^{\infty} \frac{\varepsilon(n)}{n^s} = 1,$$

also

$$\sum_{n=1}^{\infty} \frac{\mu(n)}{n^s} = \frac{1}{\zeta(s)}.$$

Beispiel 3: Wegen $\tau = \iota \star \iota$ gilt für $s > 1$

$$\sum_{n-1}^{\infty} \frac{\tau(n)}{n^s} = \zeta^2(s).$$

Beispiel 4: Wegen $\sigma = \iota \star \nu$ gilt für $s > 2$

$$\sum_{n=1}^{\infty} \frac{\sigma(n)}{n^s} = \zeta(s) \cdot \zeta(s-1).$$

Beispiel 5: Wegen $\varphi = \mu \star \nu$ gilt für $s > 2$

$$\sum_{n=1}^{\infty} \frac{\varphi(n)}{n^s} = \frac{\zeta(s-1)}{\zeta(s)}.$$

Allgemein gilt für eine invertierbare zahlentheoretische Funktion α

$$\sum_{n=1}^{\infty} \frac{\alpha^{-1}(n)}{n^s} = \left(\sum_{n=1}^{\infty} \frac{\alpha(n)}{n^s} \right)^{-1}$$

für $s > s_1$, wenn s_1 die Abszisse der absoluten Konvergenz ist.

Die Funktion

$$f : s \mapsto \sum_{n=1}^{\infty} \frac{\alpha(n)}{n^s}$$

ist für $s > s_1$ differenzierbar und es gilt

$$f'(s) = -\sum_{n=1}^{\infty} \frac{\alpha(n)\ \log n}{n^s}.$$

Dies erklärt, warum wir $\alpha\lambda$ als Ableitung von α bezeichnet haben.

Beispiel 6: Es gilt wegen $\Lambda = \frac{\iota'}{\iota} = \iota' \star \mu$ für $s > 1$

$$\frac{\zeta'(s)}{\zeta(s)} = -\sum_{n=1}^{\infty} \frac{\iota'(n)}{n^s} \cdot \sum_{n=1}^{\infty} \frac{\mu(n)}{n^s} = -\sum_{n=1}^{\infty} \frac{\Lambda(n)}{n^s}.$$

Wir haben oben ein *unendliches Produkt* betrachtet und werden in Kapitel VI diesen Begriff noch häufiger verwenden müssen. Da unendliche Produkte in Analysis-Vorlesungen meist nicht oder nur sehr stiefmütterlich behandelt werden, soll hier ein

Exkurs über unendliche Produkte

eingeschoben werden.

Ist u_1, u_2, u_3, ... eine Folge von reellen Zahlen, dann nennt man die Folge u_1, u_1u_2, $u_1u_2u_3$, ... die zugehörige *Produktfolge* und bezeichnet ihr n-tes Glied mit

$$\prod_{k=1}^{n} u_k.$$

Hat einer der Faktoren u_k den Wert 0, dann haben alle Glieder der Produktfolge ab einer gewissen Stelle den Wert 0. Existiert ein $\delta \in \mathbb{R}$ mit $0 < \delta < 1$ und $|u_k| \le \delta$ für alle k ab einer gewissen Stelle k_0, dann konvergiert die Produktfolge offensichtlich gegen 0. Die genannten Fälle schließen wir aus, da sie für die Frage der Konvergenz der Produktfolge nicht interessant sind. Wir nennen die Produktfolge nun *konvergent*, wenn der Grenzwert der Produktfolge existiert *und von 0 verschieden ist*. Den Grenzwert bezeichnen wir dann mit

$$\prod_{k=1}^{\infty} u_k.$$

Diese Bezeichnung wählt man aber zuweilen auch für die Produktfolge selbst. (Beachte, daß man mit $\sum_{k=1}^{\infty} a_k$ ebenfalls sowohl die Folge der Summen $\sum_{k=1}^{n} a_k$ als auch deren eventuell vorhandenen Grenzwert bezeichnet.) Ist

$$\prod_{k=1}^{\infty} u_k \quad \text{konvergent zum Grenzwert } u,$$

dann ist

$$\prod_{k=1}^{\infty} \frac{1}{u_k} \quad \text{konvergent zum Grenzwert } \frac{1}{u}.$$

Dabei ist wesentlich, daß für u und u_k der Wert 0 nicht auftreten kann.

Ist das unendliche Produkt $\prod_{k=1}^{\infty} u_k$ konvergent, dann konvergiert der Quotient zweier aufeinanderfolgender Glieder der Produktfolge gegen 1, es gilt also

$$\lim_{k \to \infty} u_k = 1.$$

Daher ist es zweckmäßig, die Faktoren in der Form $u_k = 1 + a_k$ zu schreiben, wobei im Falle der Konvergenz die a_k eine Nullfolge bilden müssen.

Ist $a_k \geq 0$ für alle k, dann ist

$$\prod_{k=1}^{\infty} (1 + a_k)$$

genau dann konvergent, wenn $\sum_{k=1}^{\infty} a_k$ konvergiert; denn

$$1 \leq 1 + \sum_{k=1}^{n} a_k \leq \prod_{k=1}^{n} (1 + a_k) \leq \prod_{k=1}^{n} e^{a_k} = e^{s_n}$$

mit

$$s_n = \sum_{k=1}^{n} a_k.$$

Genau in diesem Falle ist dann auch

$$\prod_{k=1}^{\infty} (1 - a_k)$$

konvergent, denn für $0 \leq a_k \leq \frac{1}{2}$ ist

$$1 \geq 1 - a_k \geq \frac{1}{1 + 2a_k} \geq e^{-2a_k}.$$

Im allgemeinen Fall, daß die Werte von a_k komplexe Zahlen vom Betrag < 1 sein dürfen, heißt das Produkt $\prod_{k=1}^{\infty} (1 + a_k)$ *absolut* konvergent, wenn $\prod_{k=1}^{\infty} (1 + |a_k|)$ konvergiert. Dies ist natürlich genau dann der Fall, wenn die Reihe $\sum_{k=1}^{\infty} a_k$ absolut konvergent ist. Wie bei Reihen folgt aus der absoluten Konvergenz stets die Konvergenz.

Weitere Informationen über unendliche Produkte findet man in [Knopp 1947] und in vielen Lehrbüchern der Analysis.

V.4 Mittelwerte zahlentheoretischer Funktionen

Um das asymptotische Verhalten gewisser Funktionen für $x \to \infty$ zu beschreiben, benutzen wir im folgenden eine von EDMUND LANDAU (1877–1938) eingeführte Symbolik: Ist g eine auf der Menge $\mathbb{R}^+$ der positiven reellen Zahlen definierte Funktion mit positiven Werten und f eine weitere auf $\mathbb{R}^+$ definierte Funktion, dann schreibt man

$$f(x) = O(g(x)), \quad \text{wenn} \quad \left| \frac{f(x)}{g(x)} \right| \text{ für } x \to \infty \text{ beschränkt ist,}$$

$$f(x) = o(g(x)), \quad \text{wenn} \quad \lim_{x \to \infty} \left| \frac{f(x)}{g(x)} \right| = 0 \text{ gilt.}$$

Man spricht von „Groß-O von $g(x)$" bzw. „Klein-o von $g(x)$". Natürlich ist ein $o(g(x))$ auch stets ein $O(g(x))$, nicht aber umgekehrt. Das Gleichheitszeichen zwischen O-Gliedern kann zu Verwirrung führen: „Ein $O(x^2)$ ist ein $O(x^3)$, ein $O(x^3)$ ist aber in der Regel kein $O(x^2)$."

O-Glieder und o-Glieder treten in der Regel in Aussagen der Form $f(x) = h(x) + O(g(x))$ auf, wo $O(g(x))$ die Bedeutung einer Abweichung oder eines Fehler- bzw. Restgliedes hat. Mit Hilfe dieser Notation wollen wir uns nun mit der mittleren Ordnung zahlentheoretischer Funktionen beschäftigen: Für $\alpha \in \Phi$ suchen wir eine „einfachere" Funktion $\varrho \in \Phi$ mit

$$\lim_{t \to \infty} \frac{\sum_{n \leq x} \alpha(n)}{\sum_{n \leq x} \varrho(n)} = 1 \quad \text{bzw.} \quad \lim_{t \to \infty} \frac{\sum_{n \leq x} \alpha(n)}{R(x)}$$

mit $R(x) = \sum_{n \leq x} \varrho(n)$. Wir wollen also Summen der Form $\sum_{n \leq x} \alpha(n)$ untersuchen. Zunächst betrachten wir zwei vorbereitende Beispiele.

Beispiel 1: Wir zeigen, daß

$$\sum_{n \leq x} \frac{1}{n} = \log x + C + O(\frac{1}{x}),$$

wobei C eine positive Konstante ist: Für $n \geq 2$ gilt

$$\frac{1}{n} = \int_{n-1}^{n} \frac{n-1}{t^2} \, \mathrm{d}t = \int_{n-1}^{n} \frac{[t]}{t^2} \, \mathrm{d}t,$$

also ist

$$
\begin{aligned}
\sum_{n \leq x} \frac{1}{n} &= 1 + \int_1^x \frac{[t]}{t^2} \, \mathrm{d}t - \int_{[x]}^x \frac{[t]}{t^2} \, \mathrm{d}t \\
&= 1 + \int_1^x \frac{1}{t} \, \mathrm{d}t - \int_1^x \frac{t - [t]}{t^2} \, \mathrm{d}t - \frac{x - [x]}{x} \\
&= \log x + 1 - \int_1^\infty \frac{t - [t]}{t^2} \, \mathrm{d}t + \int_x^\infty \frac{t - [t]}{t^2} \, \mathrm{d}t + O(\frac{1}{x}).
\end{aligned}
$$

Wegen

$$\int_x^\infty \frac{t - [t]}{t^2} \mathrm{d}t = O(\frac{1}{x})$$

ergibt sich die behauptete Formel mit

$$C = 1 - \int_1^\infty \frac{t - [t]}{t^2} \mathrm{d}t.$$

Offensichtlich ist $0 < C < 1$. Diese Konstante, die man in der Regel durch

$$C = \lim_{n \to \infty} \left((1 + \frac{1}{2} + \frac{1}{3} + \ldots + \frac{1}{n}) - \log n \right)$$

definiert, heißt EULERsche Konstante oder auch EULER-MASCHERONI-Konstante (nach EULER und LORENZO MASCHERONI, 1750–1800). Es ist

$$C = 0,577215664901532\ldots.$$

Bis heute ist nicht geklärt, ob C rational oder irrational ist. Die Konstante C wird in den Kapiteln V und VI eine wichtige Rolle spielen.

Beispiel 2: Durch Vergleich der Reihe mit einem Integral erhält man ähnlich wie in Beispiel 1 die Aussagen

$$\sum_{n \leq x} n^r = \frac{x^{r+1}}{r+1} + O(x^r) \quad \text{für} \quad r \geq 0$$

und

$$\sum_{n \leq x} \frac{1}{n^s} = O(1) \quad \text{für} \quad s > 1.$$

Für $0 < s < 1$ konvergiert die Reihe $\sum_{n \leq x} \frac{1}{n^s}$ nicht, aber der Grenzwert von

$$\sum_{n \leq x} \frac{1}{n^s} - \frac{x^{1-s}}{1-s}$$

für $x \to \infty$ existiert. Da sich für $s > 1$ als Grenzwert $\zeta(s)$ ergeben würde (vgl. V.3), definiert man die ζ-Funktion für $0 < s < 1$ durch

$$\zeta(s) = \lim_{x \to \infty} \left(\sum_{n \leq x} \frac{1}{n^s} - \frac{x^{1-s}}{1-s} \right).$$

Es gilt dann (vgl. z.B. [Apostol 1976])

$$\sum_{n \leq x} \frac{1}{n^s} = \frac{x^{1-s}}{1-s} + \zeta(s) + O(x^{-s}) \quad \text{für} \quad s > 0,\ s \neq 1.$$

Wir verallgemeinern nun die Summen $\sum_{n \leq x} \alpha(n)$ in folgender Weise (vgl. [Amitsur 1961/1969]): Es sei $\mathcal{F}$ die Menge aller für $x \geq 1$ definierten Funktionen mit komplexen Werten. Für $\alpha \in \Phi$ und $f \in \mathcal{F}$ definieren wir $T_\alpha f \in \mathcal{F}$ durch

$$(T_\alpha f)(x) = \sum_{n \leq x} \alpha(n) f(\frac{x}{n})$$

und nennen $T_\alpha f$ die α-*Transformierte von f*. Dann ist T_α eine lineare Abbildung von $\mathcal{F}$ in sich, wenn man $\mathcal{F}$ in üblicher Weise als Vektorraum auffaßt. Die Menge $\mathcal{T} = \{T_\alpha \mid \alpha \in \Phi\}$ bildet bezüglich der Addition, Verkettung ($\circ$) und Vervielfachung eine $\mathbb{C}$-Algebra, welche isomorph zur $\mathbb{C}$-Algebra der zahlentheoretischen Funktionen ist. Insbesondere gilt für $\alpha, \beta \in \Phi$ und $c \in \mathbb{C}$

$$T_\alpha + T_\beta = T_{\alpha+\beta}, \qquad T_\alpha \circ T_\beta = T_{\alpha \star \beta}, \qquad cT_\alpha = T_{c\alpha}.$$

Statt $(T_\alpha f)(x)$ schreiben wir auch einfacher $T_\alpha f(x)$, wenn keine Mißverständnisse zu befürchten sind. Ist die Funktion $\underline{1} \in \mathcal{F}$ durch $\underline{1}(x) = 1$ für $x \geq 1$ definiert, dann ist für $\alpha \in \Phi$

$$T_\alpha \underline{1}(x) = \sum_{n \leq x} \alpha(n).$$

Zur Untersuchung der mittleren Ordnung der zahlentheoretischen Funktion α betrachtet man also die Funktion $T_\alpha \underline{1}$.

Satz 4 (DIRICHLET): Für die Teilerfunktion τ gilt für $x \geq 1$

$$\sum_{n \leq x} \tau(n) = x \log x + (2C - 1)x + O(\sqrt{x}),$$

wobei C die EULERsche Konstante ist.

Beweis: Wegen $\tau = \iota \star \iota$ und $T_\iota \underline{1}(x) = [x] = x + O(1)$ gilt

$$T_\tau \underline{1}(x) = T_\iota(T_\iota \underline{1}(x)) = T_\iota(x + O(1)) = x \log x + O(x),$$

wobei das Ergebnis aus Beispiel 1 verwendet worden ist. Um die genauere Aussage des Satzes zu erhalten, zählen wir die Paare (a, b) natürlicher Zahlen mit $ab \leq x$ folgendermaßen: Die Anzahl der Paare (a, b) mit $a < b$ und $ab \leq x$ ist

$$\sum_{a \leq \sqrt{x}} ([\frac{x}{a}] - a),$$

denn die Anzahl der $b \in \mathbb{N}$ mit $a < b \leq \frac{x}{a}$ ist $[\frac{x}{a}] - a$. Die Anzahl der Paare (a, b) mit $a \neq b$ und $ab \leq x$ ist dann doppelt so groß. Die Anzahl der Paare (a, b) mit $a = b$ und $ab \leq x$ ist genau $[\sqrt{x}]$. Es ergibt sich

$$\sum_{n \leq x} \tau(n) = 2 \sum_{a \leq \sqrt{x}} ([\frac{x}{a}] - a) + [\sqrt{x}]$$

$$= \; 2 \sum_{a \leq \sqrt{x}} (\frac{x}{a} - a + O(1)) + O(\sqrt{x})$$

$$= \; 2x \sum_{a \leq \sqrt{x}} \frac{1}{a} - 2 \sum_{a \leq \sqrt{x}} a + O(\sqrt{x})$$

$$= \; 2x \cdot (\log \sqrt{x} + C + O(\frac{1}{\sqrt{x}})) - 2 \cdot (\frac{x}{2} + O(\sqrt{x})) + O(\sqrt{x})$$

$$= \; x \log x + (2C - 1)x + O(\sqrt{x}). \quad \square$$

Die mittlere Ordnung der Teileranzahl $\tau(n)$ ist also asymptotisch $\log n$, denn $\sum_{n \leq x} \log n = x \log x + O(x)$. (Vgl. Beispiel 3 am Ende des Abschnitts.)

Satz 5: Für die Teilersummenfunktion σ gilt

$$\sum_{n \leq x} \sigma(n) = \frac{\zeta(2)}{2} \cdot x^2 + O(x \log x).$$

Beweis: Mit Hilfe der Resultate in obigem Beispiel 2 ergibt sich

$$T_\sigma \underline{1}(x) \;=\; T_{\iota * \nu} \underline{1}(x) = T_\iota (T_\nu \underline{1}(x)) = T_\iota (\frac{1}{2} x^2 + O(x))$$

$$= \; \frac{1}{2} x^2 \cdot \sum_{n \leq x} \frac{1}{n^2} + O \left(x \sum_{n \leq x} \frac{1}{n} \right)$$

$$= \; \frac{1}{2} x^2 \left(\zeta(2) + O \left(\frac{1}{x} \right) \right) + O(x \log x)$$

$$= \; \frac{\zeta(2)}{2} \cdot x^2 + O(x \log x). \quad \square$$

Die mittlere Ordnung der Teilersumme $\sigma(n)$ ist also $\zeta(2) \cdot n$, denn

$$\sum_{n \leq x} \zeta(2) \cdot n = \zeta(2) \cdot \frac{x^2}{2} + O(x).$$

Daraus darf man nicht auf $\sigma(n) = O(n)$ schließen; beispielsweise ergibt sich für $n = p_1 p_2 \ldots p_r$ (Produkt der ersten r Primzahlen)

$$\frac{\sigma(n)}{n} = \prod_{i=1}^{r} \left(1 + \frac{1}{p_i} \right),$$

und $\prod_p (1 + \frac{1}{p})$ ist divergent. (Vgl. Exkurs über unendliche Reihen in V.3, ferner VI.4, wo die Divergenz von $\sum_p \frac{1}{p}$ gezeigt wird.)

Satz 6: Für die EULERsche Funktion φ gilt

$$\sum_{n \leq x} \varphi(n) = \frac{1}{2\zeta(2)} \cdot x^2 + O(x \log x).$$

Beweis: Es gilt (vgl. Beispiel 2 aus V.3)

$$T_\varphi \underline{1}(x) \;=\; T_{\mu * \nu} \underline{1}(x) = T_\mu(T_\nu \underline{1}(x)) = T_\mu(\frac{1}{2}x^2 + O(x))$$

$$= \; \frac{1}{2}x^2 \cdot \sum_{n \le x} \frac{\mu(n)}{n^2} + O\left(x \sum_{n \le x} \frac{1}{n}\right)$$

$$= \; \frac{1}{2}x^2 \left(\frac{1}{\zeta(2)} + O(\frac{1}{x})\right) + O(x \log x). \quad \square$$

Die mittlere Ordnung der EULERschen Funktion $\varphi(n)$ ist also $\dfrac{n}{\zeta(2)}$, denn

$$\sum_{n \le x} \frac{n}{\zeta(2)} = \frac{1}{\zeta(2)} \cdot \frac{x^2}{2} + O(x).$$

Die mittlere Ordnung sagt nichts über das asymptotische Verhalten der zahlentheoretischen Funktion aus. Man kann z.B. beweisen:

$$\liminf_{n \to \infty} \frac{\varphi(n+1)}{\varphi(n)} = 0 \quad \text{und} \quad \limsup_{n \to \infty} \frac{\varphi(n+1)}{\varphi(n)} = \infty.$$

Die mittlere Ordnung der MÖBIUSfunktion μ ist nicht leicht zu berechnen. Es gilt

$$\sum_{n \le x} \mu(n) = o(x).$$

Auch die mittlere Ordnung der MANGOLDTschen Funktion Λ ist nur schwer zu bestimmen. Es gilt

$$\sum_{n \le x} \Lambda(n) = x + o(x).$$

Beide Aussagen sind äquivalent zum Primzahlsatz, mit dem wir uns in Kapitel VI beschäftigen werden.

In Kapitel VI werden wir neben Satz 4 auch den folgenden Satz benötigen:

Satz 7: Für $x \ge 2$ gilt

$$\left| \sum_{n \le x} \frac{\mu(n)}{n} \right| < 1.$$

Beweis: Aus

$$1 = T_\varepsilon \underline{1}(x) = T_\mu(T_\iota \underline{1}(x)) = T_\mu[x] = T_\mu x - T_\mu(x - [x])$$

folgt $|T_\mu x| \le 1 + T_\iota(x - [x])$, also für $x \ge 2$

$$x \cdot \left| \sum_{n \le x} \frac{\mu(n)}{n} \right| \; \le \; 1 + T_\iota(x - [x])$$

$$= \; 1 + x - [x] + \sum_{2 \le n \le x} \left(\frac{x}{n} - [\frac{x}{n}]\right)$$

$$< \; 1 + x - [x] + [x] - 1 = x. \quad \square$$

Aus Satz 7 erhält man insbesondere $\sum_{n\le x} \frac{\mu(n)}{n} = O(1)$. Der in Kapitel VI zu beweisende Primzahlsatz ist äquivalent zu der stärkeren Aussage

$$\sum_{n\le x} \frac{\mu(n)}{n} = o(1) \qquad \text{bzw.} \qquad \sum_{n=1}^{\infty} \frac{\mu(n)}{n} = 0.$$

Die Formel in folgendem Satz heißt ABEL*sche Identität* (nach NIELS HENRIK ABEL, 1802–1829). Sie dient zur Untersuchung von Summen der Form $\sum_{n\le x} \alpha(n)f(n)$, wenn f eine stetig differenzierbare Funktion ist.

Satz 8: Für $\alpha \in \Phi$ sei $A(x) = T_\alpha \underline{1}(x)$. Ferner sei $0 < x < y$ und f eine stetig differenzierbare Funktion auf dem Intervall $[x, y]$. Dann gilt

$$\sum_{x<n\le y} \alpha(n)f(n) = A(y)f(y) - A(x)f(x) - \int_x^y A(t)f'(t)\,dt.$$

Beweis: Mit $u = [x]$ und $v = [y]$ gilt

$$\begin{aligned}
\sum_{x<n\le y} \alpha(n)f(n) &= \sum_{n=u+1}^{v} \alpha(n)f(n) \\
&= \sum_{n=u+1}^{v} (A(n) - A(n-1))f(n) \\
&= \sum_{n=u+1}^{v} A(n)f(n) - \sum_{n=u}^{v-1} A(n)f(n+1) \\
&= \sum_{n=u+1}^{v-1} A(n)(f(n) - f(n+1)) + A(v)f(v) - A(u)f(u+1) \\
&= -\sum_{n=u+1}^{v-1} A(n) \int_n^{n+1} f'(t)\,dt + A(v)f(v) - A(u)f(u+1) \\
&= -\sum_{n=u+1}^{v-1} \int_n^{n+1} A(t)f'(t)\,dt + A(v)f(v) - A(u)f(u+1) \\
&= -\int_{u+1}^{v} A(t)f'(t)\,dt + A(y)f(y) - \int_v^y A(t)f'(t)\,dt \\
&\qquad - A(x)f(x) - \int_x^{u+1} A(t)f'(t)\,dt \\
&= A(y)f(y) - A(x)f(x) - \int_x^y A(t)f'(t)\,dt. \qquad \square
\end{aligned}$$

In den folgenden Beispielen zu Satz 8 betrachten wir statt $[x, y]$ stets das Intervall $[1, x]$.

Beispiel 3: Mit $\alpha(n) = \iota(n)$ und $f(n) = \log n$ erhält man

$$\sum_{n\le x} \log n = [x] \log x - \int_2^x \frac{[t]}{t}\,dt = x \log x - x + O(\log x).$$

Beispiel 4: Mit $\alpha(n) = \nu(n)$ und $f(n) = \log n$ erhält man

$$\sum_{n \leq x} n \cdot \log n = \frac{[x]([x] + 1)}{2} \log x - \int_2^x \frac{[t]([t] + 1)}{2t} \, \mathrm{d}t$$

$$= \frac{x^2}{2} \log x - x^2 + O(x \log x).$$

Beispiel 5: Mit $\alpha(n) = \frac{1}{n}$ und $f(n) = \log n$ erhält man unter Beachtung von Beispiel 1

$$\sum_{n \leq x} \frac{\log n}{n} = \left(\log x + C + O(\frac{1}{x})\right) \log x - \int_2^x \frac{\log t + C + O(\frac{1}{t})}{t} \, \mathrm{d}t$$

$$= \log^2 x + C \log x + O\left(\frac{\log x}{x}\right) - \frac{1}{2} \log^2 x + \frac{1}{2} \log 2$$

$$- C \log x + C \log 2 + O(1)$$

$$= \frac{1}{2} \log^2 x + O(1).$$

Beispiel 6: Mit $\alpha = \iota$ und $f(n) = \log n$ ergibt sich

$$\sum_{n \leq x} \log^2 n = [x] \log^2 x - 2 \int_2^x \frac{[t] \log t}{t} \, \mathrm{d}t$$

$$= x \log^2 x + O(\log^2 x) - 2 \int_2^x \log t \, \mathrm{d}t + O\left(\int_2^x \frac{\log t}{t} \, \mathrm{d}t\right)$$

$$= x \log^2 x + O(\log^2 x) - 2(x \log x - x + O(1)) + O(\log^2 x)$$

$$= x \log^2 x - 2x \log x + 2x + O(\log^2 x).$$

Beispiel 7: Mit $\alpha = \tau$ und $f(n) = \frac{1}{n}$ folgt unter Beachtung von Satz 4

$$\sum_{n \leq x} \frac{\tau(n)}{n} = (x \log x + (2C - 1)x + O(\sqrt{x})) \cdot \frac{1}{x} - 1$$

$$+ \int_1^x \left(\frac{\log t + (2C - 1) + O(\sqrt{t^{-1}})}{t}\right) \mathrm{d}t$$

$$= \log x + 2C - 2 + O(\sqrt{x^{-1}})$$

$$+ \frac{1}{2} \log^2 x + (2C - 1) \log x + O(1)$$

$$= \frac{1}{2} \log^2 x + 2C \log x + O(1).$$

Weitere Beispiele enthält Aufgabe 20. Die ABELsche Identität werden wir in Kapitel VI noch mehrfach benötigen, u.a. zur Untersuchung der Summen

$$\sum_{n \leq x} \frac{\Lambda(n)}{n} \quad \text{und} \quad \sum_{n \leq x} \Lambda(n) \log n.$$

V.5 Weitere Produkte zahlentheoretischer Funktionen

Es soll hier zunächst das DIRICHLET-Produkt für zahlentheoretische Funktionen verallgemeinert werden, was natürlich auf verschiedene Arten möglich und sinnvoll ist. Wir fragen, unter welchen Bedingungen für $D \subseteq \mathbb{N} \times \mathbb{N}$ und $f : D \longrightarrow \mathbb{N}$ durch

$$(\alpha \odot \beta)(n) := \sum_{f(x,y)=n} \alpha(x)\beta(y)$$

eine Verknüpfung in Φ definiert ist, bezüglich welcher Φ zusammen mit der üblichen Addition einen kommutativen Ring mit Einselement bildet. Die Kommutativität der Verknüpfung $\odot$ wird durch folgende Forderung gewährleistet: Mit $(x, y) \in D$ gilt auch $(y, x) \in D$ und

$$f(x,y) = f(y,x).$$

Die Assoziativität von $\odot$ erreicht man durch die folgende Forderung: Mit (x,y), $(f(x,y),z) \in D$ gilt auch (y,z), $(x,f(y,z)) \in D$ und

$$f(f(x,y),z) = f(x,f(y,z)).$$

Statt $f(f(x,y),z)$ oder $f(x,f(y,z))$ schreiben wir dann einfach $f(x,y,z)$, womit nur formal die Bedeutung von f erweitert wird. Für $\alpha_1, \alpha_2, \ldots, \alpha_r \in \Phi$ ist dann

$$(\alpha_1 \odot \alpha_2 \odot \ldots \odot \alpha_r)(n) = \sum_{f(x_1,x_2,\ldots,x_r)=n} \alpha_1(x_1)\alpha_2(x_2)\ldots\alpha_r(x_r).$$

Die Existenz eines Einselements ist gesichert, wenn für alle $x \in \mathbb{N}$ gilt: $(x,1)$, $(1,x) \in D$ und

$$f(x,1) = f(1,x) = x.$$

Das Einselement ε ist dabei die schon früher unter dieser Bezeichnung aufgetretene Funktion, die an der Stelle 1 den Wert 1 und sonst den Wert 0 hat. Bisher haben wir noch nicht die Möglichkeit ausgeschlossen, daß $f(x,y) = n$ für ein $n \in \mathbb{N}$ unendlich viele Lösungen hat; in diesem Fall wäre die Summe, welche $(\alpha \odot \beta)(n)$ definiert, nicht endlich. Durch folgende Forderung wird dieser Mangel behoben: Für alle $(x,y) \in D$ gilt

$$x|f(x,y) \quad \text{und} \quad y|f(x,y).$$

Mit diesen vier Forderungen an D und f ist nun $(\Phi, +, \odot)$ ein kommutativer Ring mit dem Einselement ε. Mit $D = \mathbb{N} \times \mathbb{N}$ und $f(x,y) = xy$ ergibt sich der Integritätsbereich $(\Phi, +, \star)$, wobei $\star$ das DIRICHLET-Produkt ist. Zwei weitere Beispiele sind von Interesse:

Beispiel 1: Es sei $D = \{(x,y) \in \mathbb{N} \times \mathbb{N} \mid \mathrm{ggT}(x,y) = 1\}$ und $f(x,y) = xy$. Dann ist für $\alpha, \beta \in \Phi$ und $n \in \mathbb{N}$

$$(\alpha \odot \beta)(n) = \sum_{\substack{xy=n \\ \mathrm{ggT}(x,y)=1}} \alpha(x)\beta(y).$$

Hier wird also nur über Paare von zueinander *teilerfremden* Komplementärteilern von n summiert. Diese Verknüpfung zahlentheoretischer Funktionen nennt man das *unitäre* DIRICHLET-*Produkt*. Der vorliegende Ring ist nicht nullteilerfrei; eine Funktion α ist genau dann invertierbar, wenn $\alpha(1) \neq 0$ gilt (Aufgabe 27).

Beispiel 2: Es sei $D = \mathbb{N} \times \mathbb{N}$ und $f(x,y) = \mathrm{kgV}(x,y)$; für $\alpha, \beta \in \Phi$ und $n \in \mathbb{N}$ gilt also

$$(\alpha \odot \beta)(n) = \sum_{\mathrm{kgV}(x,y)=n} \alpha(x)\beta(y).$$

Dies ist das *kgV-Produkt* zahlentheoretischer Funktionen. Der vorliegende Ring ist nicht nullteilerfrei; eine Funktion α ist genau dann invertierbar, wenn $\alpha \star \iota$ bezüglich des DIRICHLET-Produktes $\star$ invertierbar ist (Aufgabe 28). Für $\alpha_1, \alpha_2, \ldots, \alpha_k \in \Phi$ und

$$\alpha = \alpha_1 \odot \alpha_2 \odot \ldots \odot \alpha_k$$

gilt

$$\alpha \star \iota = (\alpha_1 \star \iota)(\alpha_2 \star \iota) \ldots (\alpha_k \star \iota),$$

wenn $\star$ wieder das DIRICHLET-Produkt bedeutet und $\iota(n) = 1$ für alle $n \in \mathbb{N}$ ist. Dies ist das *Satz von* STERNECK (nach R. DAUBLEBSKY VON STERNECK (1871–1928); vgl. Aufgabe 29). Eine schöne Anwendung dieser Formel erhält man für $\alpha_1 = \alpha_2 = \ldots = \alpha_k = \iota$: Es ist $(\iota \star \iota)(n) = \tau(n)$ die Anzahl der Teiler von n und $\alpha(n) = (\iota \odot \iota \odot \ldots \odot \iota)(n)$ die Anzahl der Darstellungen von n als kgV von k Zahlen unter Beachtung der Reihenfolge. Man erhält $\alpha \star \iota = \tau^k$ bzw. $\alpha = \mu \star \tau^k$, also ausgeschrieben

$$\sum_{\mathrm{kgV}(x_1,x_2,\ldots,x_k)=n} 1 = \sum_{d|n} \mu(d) \left(\tau(\tfrac{n}{d})\right)^k.$$

Beispielsweise kann man die Zahl 20 auf 133 verschiedene Arten als kgV von 3 Zahlen schreiben, denn

$$\mu(1)\tau(20)^3 + \mu(2)\tau(10)^3 + \mu(4)\tau(5)^3 + \mu(5)\tau(4)^3$$
$$+\mu(10)\tau(2)^3 + \mu(20)\tau(1)^3 = 6^3 - 4^3 - 3^3 + 2^3 = 133.$$

Nun wollen wir Funktionen betrachten, welche auf $\mathbb{N}_0$ definiert sind. Die Menge dieser Funktionen bezeichnen wir mit Φ_0. Es sei $D \subseteq \mathbb{N}_0 \times \mathbb{N}_0$ und $f : D \longrightarrow \mathbb{N}_0$ gegeben, wobei wieder die obigen vier Forderungen erfüllt sind, allerdings die dritte Forderung mit 0 statt 1, die vierte mit $\leq$ statt $|$. Ist dann für $\alpha, \beta \in \Phi_0$ und $n \in \mathbb{N}_0$

$$(\alpha \odot \beta)(n) = \sum_{f(x,y)=n} \alpha(x)\beta(y),$$

dann ist $(\Phi_0, +, \odot)$ wieder ein kommutativer Ring mit dem Einselement ε_0, wobei $\varepsilon_0(0) = 1$ und $\varepsilon_0(n) = 0$ für $n > 0$.

Beispiel 3: Für $D = \mathbb{N}_0 \times \mathbb{N}_0$ und $f(x, y) = x + y$ ergibt sich das CAUCHY-*Produkt*:

$$(\alpha \odot \beta)(n) = \sum_{x+y=n} \alpha(x)\beta(y).$$

Es liegt ein Integritätsbereich vor; eine Funktion α ist genau dann invertierbar, wenn $\alpha(0) \neq 0$ gilt (Aufgabe 30).

Beispiel 4: Es sei p eine fest gewählte Primzahl und

$$D = \{(x, y) \in \mathbb{N}_0 \times \mathbb{N}_0 \mid p \nmid \binom{x+y}{x}\}, \quad f(x, y) = x + y.$$

Aus den Eigenschaften des Binomialkoeffizienten folgt leicht, daß D und f den oben gestellten Forderungen genügen (Aufgabe 32). Es ist für $\alpha, \beta \in \Phi_0$ und $n \in \mathbb{N}_0$

$$(\alpha \odot \beta)(n) = \sum_{\substack{x+y=n \\ (x,y) \in D}} \alpha(x)\beta(y).$$

Dieses Produkt heißt LUCAS-*Produkt*. Auch hier liegt ein Integritätsbereich vor, und eine Funktion α ist genau dann invertierbar, wenn sie an der Stelle 0 nicht den Wert 0 hat (Aufgabe 32). Hierzu beachte man auch Aufgabe 54 in III.11, welche u.a. besagt, daß

$$(\iota \odot \iota)(n) = \prod_{i=1}^{\infty}(1 + a_i),$$

wenn $n = a_0 + a_1 p + a_2 p^2 + \ldots$ die p-adische Zifferndarstellung von n ist.

Die hier definierten Multiplikationen von Funktionen nennt man auch *Faltungen* oder *Konvolutionen*. Sie erinnern an das Falten von Wahrscheinlichkeitsverteilungen. Eine weitere Verallgemeinerung des Faltens von Funktionen aus Φ oder aus Φ_0 erreicht man mit Hilfe einer *Kernfunktion* $k : D \longrightarrow \mathbb{C}$, welche gewissen Forderungen genügen muß, damit wieder Ringe entstehen:

$$(\alpha \odot \beta)(n) = \sum_{f(x,y)=n} k(x, y)\alpha(x)\beta(y).$$

Beispielsweise erhält man in Φ das unitäre DIRICHLET-Produkt mit $D = \mathbb{N} \times \mathbb{N}$, $f(x, y) = xy$ und $k(x, y) = \varepsilon(\text{ggT}(x, y))$. Das folgende Beispiel erweist sich in der Zahlentheorie und auch in der Kombinatorik als nützlich.

Beispiel 5: Für $\alpha, \beta \in \Phi_0$ und $n \in \mathbb{N}_0$ sei

$$(\alpha \odot \beta)(n) := \sum_{x+y=n} \binom{n}{x} \alpha(x)\beta(y).$$

Wir nennen dieses Produkt *Binomialprodukt*. Es ergibt sich ein Integritätsbereich, in dem α genau dann eine Einheit ist, wenn $\alpha(0) \neq 1$ gilt (Aufgabe 33). Das Binomialprodukt von r Funktionen $\alpha_1, \ldots, \alpha_r \in \Phi_0$ berechnet man nach der Formel

$$(\alpha_1 \odot \ldots \odot \alpha_r)(n) = \sum_{x_1 + \ldots + x_r = n} \begin{pmatrix} n \\ x_1 \quad \ldots \quad x_r \end{pmatrix} \alpha_1(x_1) \ldots \alpha_r(x_r),$$

wobei

$$\begin{pmatrix} n \\ x_1 \quad \ldots \quad x_r \end{pmatrix} = \binom{n}{x_1}\binom{n-x_1}{x_2} \ldots \binom{n - x_1 - \ldots - x_{r-1}}{x_r} = \frac{n!}{x_1! x_2! \ldots x_r!}$$

mit $n = x_1 + \ldots + x_r$ eine Multinomialkoeffizient ist.

Das DIRICHLET-Produkt tritt bei der Multiplikation von DIRICHLET-Reihen auf (vgl. V.3):

$$\sum_{n=1}^{\infty} \frac{\alpha(n)}{n^s} \cdot \sum_{n=1}^{\infty} \frac{\beta(n)}{n^s} = \sum_{n=1}^{\infty} \frac{(\alpha \star \beta)(n)}{n^s}.$$

Entsprechend tritt das CAUCHY-Produkt bei der Multiplikation von Potenzreihen auf:

$$\sum_{n=0}^{\infty} \alpha(n)x^n \cdot \sum_{n=0}^{\infty} \alpha(n)x^n = \sum_{n=0}^{\infty} (\alpha \odot \beta)(n)x^n$$

mit $(\alpha \odot \beta)(n) = \sum_{x+y=n} \alpha(x)\beta(y)$. Das Binomialprodukt ergibt sich bei der Multiplikation von Reihen, welche sich von den Potenzreihen dadurch unterscheiden, daß man statt der Basis $\{1, x, x^2, x^3, \ldots\}$ die Basis $\{1, \frac{x}{1!}, \frac{x^2}{2!}, \frac{x^3}{3!}, \ldots\}$ wählt:

$$\sum_{n=0}^{\infty} \alpha(n)\frac{x^n}{n!} \cdot \sum_{n=0}^{\infty} \beta(n)\frac{x^n}{n!} = \sum_{n=0}^{\infty} (\alpha \odot \beta)(n)\frac{x^n}{n!}$$

mit $(\alpha \odot \beta)(n) = \sum_{x+y=n} \binom{n}{x} \alpha(x)\beta(y)$. Die Nützlichkeit des Binomialproduktes wollen wir nun demonstrieren, indem wir mit seiner Hilfe eine Formel für Potenzsummen herleiten. Im folgenden soll also $\odot$ stets das Binomialprodukt bedeuten.

Die BERNOULLI-*Zahlen* $B_0, B_1, B_2, \ldots$ (nach JAKOB BERNOULLI, 1654–1705), die z.B. in den TAYLOR-Entwicklungen von $\tan$ und $\cot$ auftreten, kann man durch

$$\frac{x}{e^x - 1} = \sum_{n=0}^{\infty} B_n \cdot \frac{x^n}{n!}$$

definieren. Aus

$$x = \sum_{n=0}^{\infty} B_n \cdot \frac{x^n}{n!} \cdot \sum_{n=1}^{\infty} \frac{x^n}{n!} = \sum_{n=0}^{\infty} (\beta \odot (\iota - \varepsilon))(n) \cdot \frac{x^n}{n!}$$

mit $\beta(n) = B_n$ und $\iota(n) = 1$ für $n \in \mathbb{N}_0$ sowie $\varepsilon(0) = 1$, $\varepsilon(n) = 0$ für $n > 0$ folgt

(1) $$\beta \odot (\iota - \varepsilon) = \alpha$$

mit $\alpha(1) = 1$, $\alpha(n) = 0$ für $n \neq 1$. Es sei nun für $k \in \mathbb{N}$, $n \in \mathbb{N}_0$

$$\sigma_k(n) = 1^n + 2^n + 3^n + \ldots + k^n.$$

Dann ist $\sigma_k = \iota + \iota^2 + \iota^3 + \ldots + \iota^n$, wobei sich die Potenzen auf das Binomial-produkt beziehen; denn für $m, n \in \mathbb{N}$ gilt nach dem Multinomialsatz bzw. aus kombinatorischen Gründen

$$\iota^m(n) = \sum_{x_1 + x_2 + \ldots + x_m = n} \binom{n}{x_1 \quad x_2 \quad \ldots \quad x_m} = m^n.$$

Es folgt

(2) $$\sigma_k \odot (\iota - \varepsilon) = \iota^{k+1} - \iota.$$

Aus (1) und (2) ergibt sich

$$\begin{aligned}
\sigma_k \odot \alpha &= \sigma_k \odot \beta \odot (\iota - \varepsilon) \\
&= \beta \odot \sigma_k \odot (\iota - \varepsilon) \\
&= \beta \odot (\iota^{k+1} - \iota).
\end{aligned}$$

Wegen $\beta \odot \iota = \alpha + \beta$ kann man dies weiter umformen zu

$$\sigma_k \odot \alpha = \beta \odot (\iota^{k+1} - \varepsilon) - \alpha.$$

Für $n > 1$ bedeutet dies ausgeschrieben

$$\binom{n}{1} \sigma_k(n-1) = \sum_{i=0}^{n-1} \binom{n}{i} B_i (k+1)^{n-i}$$

bzw. nach Ersetzung von n durch $n + 1$

$$\begin{aligned}
\sigma_k(n) = \frac{1}{n+1} \Bigg(&\binom{n+1}{0} B_0(k+1)^{n+1} + \binom{n+1}{1} B_1(k+1)^n \\
&+ \binom{n+1}{2} B_2(k+1)^{n-1} + \ldots + \binom{n+1}{n} B_n(k+1) \Bigg).
\end{aligned}$$

Die Folge der BERNOULLI-Zahlen, welche man aus (1), also aus

$$\sum_{i=0}^{n-1} \binom{n}{i} B_i = \begin{cases} 1, & \text{falls } n = 1 \\ 0, & \text{falls } n \neq 1 \end{cases}$$

rekursiv berechnet, beginnt mit

$$B_0 = 1, \quad B_1 = -\frac{1}{2}, \quad B_2 = \frac{1}{6}, \quad B_3 = 0,$$

$$B_4 = -\frac{1}{30}, \quad B_5 = 0, \quad B_6 = \frac{1}{42}, \quad B_7 = 0;$$

allgemein ergibt sich induktiv $B_{2n+1} = 0$ für $n \in \mathbb{N}$. Für $n = 2$ findet man

$$1^2 + 2^2 + \ldots + k^2 = \frac{1}{3} \cdot ((k+1)^3 - \frac{3}{2}(k+1)^2 + \frac{1}{2}(k+1)) = \frac{k(k+1)(2k+1)}{6},$$

also die bekannte Formel für die Summe der Quadrate.

Die Werte der Zetafunktion für gerade natürliche Zahlen lassen sich mit Hilfe der BERNOULLI-Zahlen ausdrücken (Aufgabe 26). Über die Bedeutung der BERNOULLI-Zahlen für die Zahlentheorie informiert [Hasse 1962/1963]. Zuweilen nennt man auch die Zahlen $(-1)^{k-1}B_{2k}$ BERNOULLIsche Zahlen; vgl. z.B. [Heaslet/Uspensky 1939].

Weitere Anwendungen des Binomialproduktes in zahlentheoretischen oder kombinatorischen Zusammenhängen findet man in den Aufgaben 34 und 35.

Eine umfassende Darstellung der Theorie der zahlentheoretischen Funktionen gibt [McCarthy 1986]. Die hier behandelten und noch weitere Konvolutionen zahlentheoretischer Funktionen lassen sich durch die Betrachtung von Funktionen auf lokal endlichen Halbordnungen zusammenfassen und verallgemeinern; vgl. hierzu [Scheid 1968,1969,1970/71], [Doubilet et al. 1970], [Smith 1972], [McCarthy 1986]. Eine lokal endliche Halbordnung ist eine Menge H mit einer nicht notwendig linearen Ordnungsrelation $\ll$ mit der Eigenschaft, daß alle „Intervalle"

$$[a,b] := \{x \in H \mid a \ll x \ll b\}$$

endlich sind. Auf der Menge $[H]$ aller Intervalle betrachte man komplexwertige Funktionen $f, g, \ldots$, welche man in üblicher Weise addiert und mit komplexen Zahlen vervielfacht und folgendermaßen „faltet":

$$(f \star g)([a,b]) := \sum_{x \in [a,b]} f([a,x])g([x,b]).$$

Ist H die Menge der natürlichen Zahlen mit der Teilbarkeitsrelation, dann erhält man durch geeignete Spezialisierung die DIRICHLET-Algebra aus V.1 und die Algebren in den Beispielen 2 und 3. Ist H die Menge $\mathbb{N}_0$ mit der $\le$-Relation, dann erhält man durch geeignete Spezialisierung die Algebren in den Beispielen 3,4,5.

Betrachtung von Faltalgebren von Funktionen auf gewissen „arithmetischen" Halbgruppen erlaubt eine weitgehende Verallgemeinerung von Aussagen der Analytischen Zahlentheorie (vgl. [Knopfmacher 1975]).

V.6 Die Teilersummenfunktion

Mit $\sigma^*(n)$ bezeichnen wir die Summe aller *echten* Teiler von n, es ist also $\sigma^*(n) = \sigma(n) - n$. Schon in der Antike interessierte man sich für Zusammenhänge zwischen n und $\sigma^*(n)$. Dies hängt möglicherweise mit der Bedeutung von Stammbruchsummen in der altägyptischen Arithmetik zusammen, wie den weiter unten folgenden Ausführungen zu entnehmen ist.

Die natürliche Zahl n heißt

$$
\begin{aligned}
defizient, &\quad \text{wenn} \quad \sigma^*(n) < n \quad (\text{also } \sigma(n) < 2n), \\
vollkommen, &\quad \text{wenn} \quad \sigma^*(n) = n \quad (\text{also } \sigma(n) = 2n), \\
abundant, &\quad \text{wenn} \quad \sigma^*(n) > n \quad (\text{also } \sigma(n) > 2n).
\end{aligned}
$$

Beispiele für defiziente Zahlen sind

- alle Primzahlpotenzen p^r, denn $1 + p + \ldots + p^{r-1} = \frac{p^r - 1}{p-1} < p^r$;

- alle Produkte von zwei verschiedenen Primzahlen p, q außer der Zahl 6, denn $\sigma^*(pq) = 1 + p + q < pq$ außer im Fall $pq = 6$

- alle Zahlen der Form $p^r q^s$ mit ungeraden Primzahlen p, q und $r, s \in \mathbb{N}_0$ (Aufgabe 43);

- alle Zahlen der Form $p_1^{r_1} p_2^{r_2} p_3^{r_3} p_4^{r_4} p_5^{r_5} p_6^{r_6}$ mit Primzahlen $p_i > 3$ und $r_i \in \mathbb{N}_0$ (Aufgabe 44).

Beispiele für abundante Zahlen sind 12, 18, 20, 24, 30. Jedes Vielfache einer abundanten Zahl ist wieder abundant, denn ist $\sigma(n) > 2n$, dann ist

$$
\sigma(kn) \geq \sum_{d|n} kd = k \cdot \sigma(n) > k \cdot 2n = 2 \cdot kn.
$$

Auch jedes *echte* Vielfache einer vollkommenen Zahl ist abundant, denn ist $\sigma(n) = 2n$, dann ist für $k \geq 2$

$$
\sigma(kn) \geq 1 + \sum_{d|n} kd = 1 + k \cdot \sigma(n) = 1 + k \cdot 2n > 2 \cdot kn.
$$

Man trifft sehr selten auf eine *ungerade* abundante Zahl. Die kleinste solche Zahl ist $945 = 3^3 \cdot 5 \cdot 7$ (vgl. Aufgabe 45); es ist

$$
\sigma(945) = 1920 > 1890 = 2 \cdot 945.
$$

Die kleinsten schon in der Antike bekannten Beispiele für vollkommene Zahlen sind

$$
\begin{aligned}
6 &= 2 \cdot 3 &&= 1 + 2 + 3, \\
28 &= 2^2 \cdot 7 &&= 1 + 2 + 4 + 7 \cdot (1 + 2), \\
496 &= 2^4 \cdot 31 &&= 1 + 2 + 4 + 8 + 16 + 31 \cdot (1 + 2 + 4 + 8), \\
8128 &= 2^6 \cdot 127 &&= 1 + 2 + 4 + 8 + 16 + 32 + 64 \\
&&&\quad + 127 \cdot (1 + 2 + 4 + 8 + 16 + 32).
\end{aligned}
$$

Am Hofe Karls des Großen lebte der Mönch ALCUIN von York (735–804), der u.a. ein Buch mit dem Titel *Aufgaben zur Übung der Jugendlichen* verfaßte. Er schreibt, daß die zweite Schöpfung der Menschheit durch Noah (8 Seelen waren in der Arche) weniger vollkommen als die erste Schöpfung (6 Schöpfungstage) war, da 8 defizient, 6 aber vollkommen sei. Ferner spiegele sich die Vollkommenheit der Zahl 28 in der Tatsache wieder, daß der Mond die Erde in 28 Tagen einmal umkreise. (Die letzte Aussage ist natürlich nicht ganz richtig.)

Die oben angegebenen vier vollkommenen Zahlen sind von der Form

$$2^{p-1}(2^p - 1),$$

wobei p eine Primzahl ist ($p = 2,3,5,7$) und auch $2^p - 1$ eine Primzahl ist (3,7,31,127); beachte dabei, daß $2^n - 1$ höchstens dann eine Primzahl sein kann, wenn n eine Primzahl ist. Im 9.Buch von EUKLIDs *Elementen* ist bewiesen, daß jede Zahl dieser Form vollkommen ist. EULER hat gezeigt, daß jede *gerade* vollkommen Zahl auch von dieser Form sein muß.

Satz 9 (EULER/EUKLID): Eine gerade Zahl ist genau dann vollkommen, wenn sie die Form

$$2^{p-1}(2^p - 1)$$

hat, wobei p eine Primzahl und $2^p - 1$ ebenfalls eine Primzahl ist.

Beweis: 1) (EUKLID) Es sei p eine Primzahl und $2^p - 1$ eine Primzahl. Dann gilt für $n = 2^{p-1} \cdot (2^p - 1)$ wegen der Multiplikativität von σ

$$\begin{aligned}
\sigma(n) &= \sigma(2^{p-1}) \cdot \sigma(2^p - 1) \\
&= (2^p - 1) \cdot (1 + (2^p - 1)) \\
&= 2^p \cdot (2^p - 1) = 2n.
\end{aligned}$$

Bei der Berechnung von $\sigma(2^p - 1)$ haben wir ausgenutzt, daß $2^p - 1$ eine Primzahl sein soll.

2) (EULER) Es sei n gerade, also $n = 2^r \cdot u$ mit $r \geq 1$ und ungeradem u. Dann ist wegen der Multiplikativität von σ

$$\sigma(n) = \sigma(2^r) \cdot \sigma(u) = (2^{r+1} - 1) \cdot \sigma(u).$$

Ist n vollkommen, ist also $\sigma(n) = 2n$, dann gilt

$$(2^{r+1} - 1) \cdot \sigma(u) = 2^{r+1} \cdot u.$$

Aus $2^{r+1} | \sigma(u)$ folgt $\sigma(u) = 2^{r+1}t$ und damit $u = (2^{r+1} - 1)t$. Ist $t \neq 1$, dann ist aufgrund der letzten Gleichung

$$\sigma(u) \geq 1 + t + 2^{r+1} - 1 + (2^{r+1} - 1)t = 2^{r+1}(t + 1),$$

was aber der Tatsache $\sigma(u) = 2^{r+1}t$ widerspricht. Also ist $t = 1$ und damit $\sigma(u) = u + 1$. Dies bedeutet, daß $u = 2^{r+1} - 1$ eine Primzahl sein muß. Dies ist nur der Fall, wenn $p = r + 1$ eine Primzahl ist (vgl.III.10 Satz 20). □

Ob auch *ungerade* vollkommene Zahlen existieren, ist eine bis heute unbeantwortete Frage; man weiß aber, daß unterhalb von 10^{200} keine solche existiert (vgl. [Guy 1981]). Der folgende Satz über ungerade vollkommene Zahlen geht auf EULER zurück.

Satz 10: Ist n eine *ungerade* vollkommene Zahl, dann ist $n = p^e k^2$, wobei p eine Primzahl mit $p \nmid k$ und $p \equiv 1 \bmod 4$ ist und $e \equiv 1 \bmod 4$ gilt.

Beweis: Es sei $n = \prod_{i=1}^{t} p_i^{r_i}$ mit $2 \nmid n$. Aus der Forderung $\sigma(n) = 2n$ folgt

$$\prod_{i=1}^{t} \left(1 + p_i + p_i^2 + \ldots + p_i^{r_i}\right) = 2 \cdot \prod_{i=1}^{t} p_i^{r_i}.$$

Nur einer der Faktoren auf der linken Seite darf gerade sein, also darf nur einer der Exponenten r_i ungerade sein. Dieser Faktor sei

$$1 + p + p^2 + \ldots + p^e \quad \text{mit ungeradem } e.$$

Diese Zahl und damit die Anzahl der Summanden darf nicht durch 4 teilbar sein, es muß also $e + 1 \equiv 2 \bmod 4$ bzw. $e \equiv 1 \bmod 4$ gelten, also $e = 4f + 1$ mit $f \in \mathbb{N}_0$. Wegen

$$1 + p + p^2 + \ldots + p^{4f+1} = (1 + p)(1 + p^2 + \ldots + p^{4f})$$

muß $1 + p \equiv 2 \bmod 4$, also $p \equiv 1 \bmod 4$ gelten. $\quad\Box$

Bemerkungen: 1) Für jede gerade vollkommene Zahl, deren Gestalt durch Satz 9 gegeben ist, gilt offensichtlich $\sigma(n) \mid n \cdot \tau(n)$, und der Quotient $\frac{n\tau(n)}{\sigma(n)}$ ist eine Primzahl. Nach Satz 10 gilt aber auch für eine ungerade vollkommene Zahl n die Beziehung $\sigma(n) \mid n \cdot \tau(n)$, denn n ist keine Quadratzahl.

2) Jede gerade vollkommene Zahl ist eine Dreieckszahl (vgl. IV.10):

$$6 = D_3, \quad 28 = D_7, \quad 496 = D_{31} \quad \text{usw.}$$

Die Zahlen $M_p = 2^p - 1$ (p Primzahl) sind die MERSENNEschen Zahlen. Bis heute (1993) kennt man 32 MERSENNEsche Primzahlen (vgl. III.10), also kennt man auch 32 vollkommene Zahlen. Die fünfte vollkommene Zahl ergibt sich für $p = 13$ zu

$$2^{12} \cdot (2^{13} - 1) = 4096 \cdot 8191 = 33\,550\,336.$$

Ist n vollkommen, dann ist

$$\sum_{\substack{d|n \\ d>1}} \frac{1}{d} = 1.$$

Es ergibt sich dann also eine sehr einfache Darstellung von 1 als Summe von verschiedenen Stammbrüchen:

$$1 = \tfrac{1}{2} + \tfrac{1}{3} + \tfrac{1}{6}$$
$$1 = \tfrac{1}{2} + \tfrac{1}{4} + \tfrac{1}{7} + \tfrac{1}{14} + \tfrac{1}{28}$$

usw. Da das Rechnen mit Stammbrüchen im Altertum, z.B. im alten Ägypten, eine ähnliche Bedeutung hatte wie heute das Rechnen mit Dezimalzahlen, könnte die Darstellung von 1 als Summe von verschiedenen Stammbrüchen ein Grund für die Beschäftigung mit vollkommenen Zahlen gewesen sein. Auch FI-BONACCI drückt im *Liber abbaci* die Vollkommenheit einer Zahl in obiger Form durch Stammbrüche aus.

Es ergibt sich nun die allgemeinere Fragestellung, für welche abundanten Zahlen n eine (echte) Teilmenge M der Menge der echten Teiler von n existiert, so daß

$$\sum_{d \in M} d = n \quad \text{bzw.} \quad \sum_{d \in M} \frac{1}{d} = 1$$

gilt. Beispielsweise ist

$$20 = 10 + 5 + 4 + 1, \quad \text{also} \quad \frac{1}{2} + \frac{1}{4} + \frac{1}{5} + \frac{1}{20} = 1.$$

Dies geht nicht bei jeder abundanten Zahl, beispielsweise kann man 70 nicht als Summe von echten Teilern von 70 schreiben. Wir wollen eine abundante Zahl *sonderbar* nennen, wenn sie *nicht* als Summe von echten Teilern zu schreiben ist. Man kann leicht zeigen, daß es unendlich viele sonderbare Zahlen gibt; ist nämlich n sonderbar und p eine Primzahl $> \sigma(n)$, dann ist auch pn sonderbar (Aufgabe 46). Also sind mit 70 wegen $\sigma(70) = 144$ auch die Zahlen

$$70 \cdot 149, \ 70 \cdot 151, \ 70 \cdot 157, \ 70 \cdot 163, \ 70 \cdot 167, \ 70 \cdot 173, \ \dots$$

sonderbar. Die kleinste sonderbare Zahl ist 70 (Aufgabe 47), die nächste ist 836. Sonderbarerweise sind alle bekannten sonderbaren Zahlen gerade. Der Nachweis, daß dies immer so ist, dürfte ähnlich schwer sein wie der Nachweis, daß alle vollkommenen Zahlen gerade sind.

Man hat auch die Frage untersucht, für welche natürlichen Zahlen n die Stammbruchsumme

$$\sum_{\substack{d|n \\ d>1}} \frac{1}{d}$$

eine ganze Zahl k ergibt. Für $k = 1$ ist dies die Frage nach vollkommenen Zahlen. Gilt $\sigma^*(n) = kn$, also $\sigma(n) = (k+1)n$, dann nennt man n *k-fach vollkommen*. Eine vollkommene Zahl müßte man dann 1-fach vollkommen nennen. Schon FERMAT kannte die beiden 2-fach vollkommenen Zahlen $120 = 2^3 \cdot 3 \cdot 5$ und $672 = 2^5 \cdot 3 \cdot 7$.

Die letztgenannte Zahl spielt eine gewisse Rolle im literarischen Werk von HUGO VON HOFMANNSTHAL. Er schrieb nämlich eine Erzählung mit dem Titel *Das Märchen der 672. Nacht*. In keiner Zeile dieser Erzählung ist aber zu erkennen, ob der Dichter die doppelte Vollkommenheit dieser Zahl ansprechen will, ob er das magische Quadrat mit der Zeile 6 7 2 zu Ehren kommen lassen möchte (vgl. III.8), oder ob er vielleicht nur an das Datum seines Abiturzeugnisses (**6.7.1892**) erinnern will. Daß in der Geschichte die Zahlen 2,3 und 7 (also die Primteiler von 672) vorkommen, ist nicht bemerkenswert; es dürfte eher schwerfallen, eine Räubergeschichte zu schreiben, in der diese Zahlen *nicht* vorkommen.

ANDRÉ JUMEAU, der Abt des Klosters Sainte-Croix, fand im Jahr 1638 die dritte 2-fach vollkommene Zahl $523\,776 = 2^9 \cdot 3 \cdot 11 \cdot 31$; dies teilte er RENÉ DESCARTES (1596–1650) mit und forderte ihn auf, die nächste solche Zahl zu suchen. DESCARTES fand die vierte 2-fach vollkommene Zahl $1\,476\,304\,896 = 2^{13} \cdot 3 \cdot 11 \cdot 43 \cdot 127$. DESCARTES entdeckte dann auch die ersten sechs 3-fach vollkommenen Zahlen, deren kleinste $30\,240 = 2^5 \cdot 3^3 \cdot 5 \cdot 7$ ist, und die erste 4-fach vollkommene Zahl $14\,182\,439\,040 = 2^7 \cdot 3^4 \cdot 5 \cdot 7 \cdot 11^2 \cdot 17 \cdot 19$. Mittlerweile kennt man auch 5-fach, 6-fach und 7-fach vollkommene Zahlen, und es gibt keinen Grund zu der Annahme, es gäbe nicht für jedes $k \geq 1$ eine k-fach vollkommene Zahl.

Bei der Untersuchung von Teilersummen stieß man auf Zahlenpaare (a, b) mit $\sigma^*(a) = b$ und $\sigma^*(b) = a$, also

$$\sigma(a) = a + b = \sigma(b).$$

In diesem Fall nennt man die Zahlen a und b *befreundet*. Jede der beiden Zahlen a und b ist „aus den Teilen der anderen zusammengesetzt". In der Philosophie der neuplatonischen Schule um 300 n.Chr. symbolisierten Zahlenpaare mit dieser Eigenschaft Harmonie, Freundschaft und Liebe. In der arabischen Mathematik des ausgehenden Mittelalters spielten sie eine große Rolle in Magie und Astrologie.

Sind a und b befreundet, dann gilt die merkwürdige Beziehung

$$\left(\sum_{\substack{d|a \\ d>1}} \frac{1}{d} \right) \cdot \left(\sum_{\substack{d|b \\ d>1}} \frac{1}{d} \right) = 1;$$

denn die beiden Faktoren sind offensichtlich gleich $\dfrac{\sigma^*(a)}{a}$ und $\dfrac{\sigma^*(b)}{b}$.

Das kleinste Paar befreundeter Zahlen ist (220,284); dieses wurde schon von PYTHAGORAS und später von ARISTOTELES erwähnt. Laut IAMBLICHUS (3. Jahrhundert n. Chr.) soll PYTHAGORAS auf die Frage, was ein Freund sei, geantwortet haben: „Einer, der ein anderes Ich ist, wie 220 und 284." JAKOB versucht, die Freundschaft ESAUs zu erringen, indem er ihm 220 Ziegen und 220 Schafe schickt (Genesis 32,14). Um 1000 n. Chr. beschreibt EL MADSCHRITI die aphrodisierende Wirkung der Zahlen 220 und 284, sofern diese von zwei befreundeten Menschen aufgeschrieben und verspeist würden.

Im 9. Jahrhundert n. Chr. gab der arabische Gelehrte ABU'L HASAN THABIT IBN KURRAH IBN MARWAN AL HARRANI eine Regel an, mit der man Paare befreundeter Zahlen finden kann:

Satz 11 (THABIT): Sind für $n > 1$ die Zahlen

$$u = 3 \cdot 2^{n-1} - 1, \quad v = 3 \cdot 2^n - 1 \quad \text{und} \quad w = 9 \cdot 2^{2n-1} - 1$$

Primzahlen, dann sind die Zahlen

$$a = 2^n \cdot u \cdot v \quad \text{und} \quad b = 2^n \cdot w$$

befreundet.

Beweis: Im folgenden beachte man, daß zwischen den Zahlen u, v, w die Beziehung

$$(1 + u)(1 + v) = 1 + w$$

besteht. Sind nun u, v Primzahlen, dann ist

$$
\begin{aligned}
\sigma(a) &= \sigma(2^n) \cdot \sigma(u) \cdot \sigma(v) \\
&= (2^{n+1} - 1) \cdot (1 + u) \cdot (1 + v) \\
&= 9 \cdot 2^{2n-1} \cdot (2^{n+1} - 1), \\
\sigma(b) &= \sigma(2^n) \cdot \sigma(w) \\
&= (2^{n+1} - 1) \cdot (1 + w) \\
&= 9 \cdot 2^{2n-1} \cdot (2^{n+1} - 1), \\
a + b &= 2^n \cdot (uv + w) \\
&= 2^n \cdot (9 \cdot 2^{2n-1} - 3 \cdot 2^{n-1} - 3 \cdot 2^n + 1 + 9 \cdot 2^{2n-1} - 1) \\
&= 2^n \cdot (9 \cdot 2^{2n} - 9 \cdot 2^{n-1}) = 9 \cdot 2^{2n-1} \cdot (2^{n+1} - 1).
\end{aligned}
$$

Es ist also $\sigma(a) = \sigma(b) = a + b$. $\quad\square$

Die THABIT-*Regel* liefert für $n = 2, 4, 7$ befreundete Zahlenpaare:

n	u	v	w	a	b
2	5	11	71	$2^2 \cdot 5 \cdot 11 = 220$	$2^2 \cdot 71 = 284$
3	11	23	287	w ist keine Primzahl	
4	23	47	1151	$2^4 \cdot 23 \cdot 47 = 17\,296$	$2^4 \cdot 1151 = 18\,416$
5	47	95		v ist keine Primzahl	
6	95			u ist keine Primzahl	
7	191	383	73\,727	$2^7 \cdot 191 \cdot 383 = 9\,363\,584$	$2^7 \cdot 73\,727 = 9\,437\,056$

Das Freundespaar 17296, 18416 wurde nicht, wie oft behauptet wird, erstmals von EULER angegeben, auch noch nicht von THABIT, sondern im 13. Jahrhundert von IBN AL BANNA; er schrieb: „Die Zahlen 17296 und 18416 sind befreundet, die eine reich, die andere arm. Allah ist allwissend." Dabei bedeuten „reich" und „arm" abundant bzw. defizient. Das Paar, das man aus der THABIT-Regel für $n = 7$ erhält, wurde um 1600 von MUHAMMED BAQIR YAZDI angegeben.

Die THABIT-Regel aus Satz 11 liefert kein weiteres der bisher bekannten Paare befreundeter Zahlen; es ist gezeigt worden [Borho et al. 1983], daß für $n \leq 20000$ tatsächlich nur die Fälle $n = 2, 4, 7$ zum Erfolg führen. Dabei muß man u.a. untersuchen, für welche $n \in \mathbb{N}$ die Zahlen

$$3 \cdot 2^n - 1 \quad \text{und} \quad 9 \cdot 2^n - 1$$

Primzahlen sind (sog. THABIT-*Primzahlen*).

EULER hat mit dem Ansatz

$$a = e \cdot u \cdot v, \quad b = e \cdot w$$

(u, v, w Primzahlen; u, v, w, e paarweise teilerfremd) befreundete Paare konstruiert. Es müssen in diesem Fall also die Gleichungen

$$
\begin{aligned}
\sigma(a) &= \sigma(e) \cdot (1+u) \cdot (1+v) &= e \cdot u \cdot v + e \cdot w &= a+b \\
\sigma(b) &= \sigma(e) \cdot (1+w) & = e \cdot u \cdot v + e \cdot w &= a+b
\end{aligned}
$$

gelten. Daraus folgt u.a.

$$(1+u) \cdot (1+v) = 1 + w.$$

Dies gilt z.B. für $u = 5$, $v = 11$, $w = 71$, so daß sich für e die Gleichung
$\sigma(e) \cdot 72 = e \cdot 126$ bzw. nach Kürzen $\sigma(e) \cdot 4 = e \cdot 7$ ergibt. Es gilt $4|e$, so daß
es naheliegt, e als Zweierpotenz anzunehmen. Dies führt auf $e = 4$ und damit
wieder auf das schon bekannte Paar (220,284).

Satz 12 (EULER): Sind u, v, w verschiedene ungerade Primzahlen, dann sind
die Zahlen

$$a = 2^n \cdot u \cdot v \quad \text{und} \quad b = 2^n \cdot w$$

genau dann befreundet, wenn es ein $m \in \mathbb{N}$ mit $m < n$ gibt, so daß mit
$f = 2^{n-m} + 1$ gilt:

$$
\begin{aligned}
u &= f \cdot 2^m - 1, \\
v &= f \cdot 2^n - 1, \\
w &= f^2 \cdot 2^{m+n} - 1 = (1+u)(1+v) - 1.
\end{aligned}
$$

Beweis: 1) Die verschiedenen ungeraden Primzahlen u, v, w seien von der angegebenen Form. Dann ist

$$
\begin{aligned}
\sigma(a) &= (2^{n+1} - 1) \cdot (1+u) \cdot (1+v), \\
\sigma(b) &= (2^{n+1} - 1) \cdot (1+w),
\end{aligned}
$$

also $\sigma(a) = \sigma(b)$. Ferner ist dann

$$
\begin{aligned}
a+b &= 2^n \cdot (u \cdot v + w) \\
&= 2^n \cdot (f^2 \cdot 2^{m+n} - f \cdot 2^m - f \cdot 2^n + 1 + f^2 \cdot 2^{m+n} - 1) \\
&= f \cdot 2^{m+n} \cdot (f \cdot 2^{n+1} - (2^{n-m} + 1)) \\
&= f^2 \cdot 2^{m+n} \cdot (2^{n+1} - 1) \\
&= (2^{n+1} - 1) \cdot (1+w),
\end{aligned}
$$

also $a + b = \sigma(a) \; (= \sigma(b))$.

2) Es seien u, v, w verschiedene ungerade Primzahlen, und für $a = 2^n \cdot u \cdot v$ und $b = 2^n \cdot w$ gelte $\sigma(a) = \sigma(b) = a + b$, also

$$(2^{m+1} - 1) \cdot (1 + u) \cdot (1 + v) = (2^{n+1} - 1) \cdot (1 + w) = 2^n \cdot (u \cdot v + w).$$

Daraus erhält man zunächst

$$w = (1 + u) \cdot (1 + v) - 1.$$

Damit eliminiert man w und erhält

$$(2^{n+1} - 1) \cdot (1 + u) \cdot (1 + v) = 2^n \cdot (u \cdot v + (1 + u) \cdot (1 + v) - 1)$$

und daraus

$$u \cdot v - (2^n - 1)(u + v) = 2^{n+1} - 1.$$

Dies kann man umformen zu

$$(u - (2^n - 1)) \cdot (v - (2^n - 1)) = 2^{2n}.$$

Ist nun $u < v$, dann ist

$$u = 2^n - 1 + 2^m \quad \text{mit} \quad m < n \quad \text{und} \quad v = 2^n - 1 + 2^{2n-m},$$

also

$$u = 2^m \cdot (2^{n-m} + 1) - 1 = f \cdot 2^m - 1,$$
$$v = 2^n \cdot (2^{n-m} + 1) - 1 = f \cdot 2^n - 1.$$

Die Primzahlen u, v, w müssen also von der angegebenen Gestalt sein.   □

Für $m = n - 1$ ist $f = 3$; in diesem Fall liefert Satz 12 also die THABIT-Regel in Satz 11. Darüberhinaus hat man bisher nur zwei Paare gemäß Satz 12 entdecken können, und zwar für $(m, n) = (1, 8)$ das Paar

$$
\begin{aligned}
a &= 2^8 \cdot (129 \cdot 2 - 1) \cdot (129 \cdot 2^8 - 1) &&= 2^8 \cdot 257 \cdot 33\,023 \\
b &= 2^8 \cdot (129^2 \cdot 2^9 - 1) &&= 2^8 \cdot 8\,520\,191
\end{aligned}
$$

und für $(m, n) = (29, 40)$ ein weiteres Paar (aus 40ziffrigen Zahlen).

Von EULER stammt auch die Idee, anstelle des Faktors 2^n in Satz 12 mit einem allgemeineren Faktor e zu arbeiten. Sollen

$$a = e \cdot u \cdot v \quad \text{und} \quad b = e \cdot w$$

(u, v, w verschiedene Primzahlen und e teilerfremd zu u, v und w) befreundet sein, soll also

$$\sigma(e) \cdot (1 + u) \cdot (1 + v) = \sigma(e) \cdot (1 + w) = e \cdot (u \cdot v + w)$$

gelten, dann folgt nach Elimination von $w = (1+u) \cdot (1+v) - 1$

$$D \cdot u \cdot v - F \cdot (u+v) = \sigma(e)$$

mit $D = 2e - \sigma(e)$ und $F = \sigma(e) - e$. Dies kann man umformen zu

$$D^2 \cdot u \cdot v - D \cdot F \cdot (u+v) + F^2 = D \cdot \sigma(e) + F^2 = e^2$$

bzw.

$$(Du - F) \cdot (Dv - F) = e^2.$$

Es gilt also $Du - F = d_1$ und $Dv - F = d_2$ mit $d_1 d_2 = e^2$. Damit erhalten wir folgenden Satz:

Satz 13 (EULER): Jedes Paar (a,b) befreundeter Zahlen der Form

$$a = e \cdot u \cdot v, \quad b = e \cdot w$$

mit verschiedenen ungeraden Primzahlen u, v, w, die nicht in e aufgehen, ergibt sich folgendermaßen:

(1) Man wähle eine Zahl e und berechne $D = 2e - \sigma(e)$ und $F = \sigma(e) - e$.

(2) Man wähle einen Teiler d_1 von e mit $d_1 < e$ und setze $d_2 = \dfrac{e^2}{d_1}$.

(3) Ist $D | d_1 + F$ und $D | d_2 + F$, dann setze man $u = \frac{1}{D}(d_1 + F)$, $v = \frac{1}{D}(d_2 + F)$ und $w = (1+u) \cdot (1+v) - 1$.

(4) Man prüfe, ob u, v, w Primzahlen sind, und ob diese nicht e teilen.

Sind (3) und (4) erfüllt, dann ist (a,b) ein Paar befreundeter Zahlen.

Insgesamt hat man bisher 66 Paare befreundeter Zahlen von dem in Satz 13 angegebenen Typ gefunden [Borho et al. 1983]. Schon EULER hat aber auch viele Paare von anderem Typ entdeckt.

Das zweitkleinste Paar befreundeter Zahlen

$$1184 = 2^5 \cdot 37, \quad 1210 = 2 \cdot 5 \cdot 11^2$$

wurde lange übersehen und erst 1866 von dem damals 16jährigen Schüler NICOLO PAGANINI angegeben. (Man verwechsele diesen nicht mit dem gleichnamigen Geigenvirtuosen.)

Im Jahr 1987 kannte man 11 882 Paare befreundeter Zahlen, wobei das größte aus zwei 282stelligen Zahlen besteht

Alle bekannten Paare bestehen aus zwei geraden oder zwei ungeraden Zahlen, ein „gemischtes" Paar ist noch nicht gefunden worden. Ist u, g ein solches Paar, wobei u für eine ungerade und g für eine gerade Zahl steht, so muß u eine (ungerade) Quadratzahl sein. Denn ist u keine Quadratzahl, dann ist die Anzahl der Teiler von u gerade, die Anzahl der *echten* Teiler von u also ungerade.

Da eine Summe von ungerade vielen ungeraden Zahlen ungerade ist, muß $\sigma^*(u)$ ungerade sein, es ist dann also $\sigma^*(u) \neq g$.

Über die Geschichte der vollkommenen Zahlen und die jüngsten Entwicklungen informiert [Borho 1981]; neue Methoden zur Erzeugung von Paare befreundeter Zahlen aus bekannten solchen Paare werden in [Borho/Hoffmann 1986] vorgestellt.

Wendet man die Funktion σ^* mehrfach an, dann ergibt sich eine Verallgemeinerung unserer bisherigen Fragestellungen: Es sei

$$\sigma_i^*(n) = \sigma^*(\sigma^*(\ldots(\sigma^*(n))))$$

die i-fache Anwendung von σ^*. Dann kann man nach Zahlen n fragen, für welche $\sigma_i^*(n) = n$ gilt, wobei i kleinstmöglich ist. Für $i = 1$ ist dies die Frage nach vollkommenen Zahlen; für $i = 2$ ergibt sich die Frage nach befreundeten Zahlen, denn ist $\sigma_2^*(n) = n$, dann sind n und $\sigma^*(n)$ befreundet. Gilt für ein $n \in \mathbb{N}$

$$\sigma_i^*(n) = n$$

mit einem kleinstmöglichen i, dann nennt man die Zahlen

$$\sigma_1^*(n),\ \sigma_2^*(n),\ \ldots, \sigma_i^*(n) = n$$

gesellig und spricht von einem *i-Zyklus geselliger Zahlen* oder von Zahlen, die *in i-ter Ordnung befreundet* sind. WALTER BORHO hat Verfahren zur Konstruktion von 3-Zyklen und 4-Zyklen angegeben und damit auch erstmals einen 4-Zyklus gefunden [Borho 1969]. Ein 3-Zyklus konnte aber bis heute noch nicht gefunden werden; die bei BORHOs Verfahren notwendigen Primzahltests sind in den bisher untersuchten Fällen stets negativ ausgefallen. Man kennt heute (1986) 14 4-Zyklen; derjenige mit den kleinsten Zahlen enthält die Zahl 1 264 460. PAUL POULET entdeckte im Jahr 1918 (ohne die Hilfe eines Computers) den 5-Zyklus mit der Zahl $12496 = 2^4 \cdot 11 \cdot 71$ und den 28-Zyklus mit der Zahl $14264 = 2^3 \cdot 1783$.

V.7 Aufgaben

1. Für eine zahlentheoretische Funktion α sei

$$\|\alpha\| := \begin{cases} \max\{\frac{1}{a} \mid \alpha(a) \neq 0\}, & \text{falls } \alpha \neq o, \\ 0, & \text{falls } \alpha = o. \end{cases}$$

Zeige, daß damit eine Norm in $(\Phi, +, \star)$ definiert ist, daß also gilt:

(1) $\|\alpha\| \geq 0$; $\|\alpha\| = 0 \iff \alpha = o$
(2) $\|\alpha \star \beta\| = \|\alpha\| \cdot \|\beta\|$
(3) $\|\alpha + \beta\| \leq \max(\|\alpha\|, \|\beta\|)$

2. Beweise, daß für eine multiplikative Funktion α die folgenden Aussagen äquivalent sind:

(1) α ist vollständig multiplikativ.
(2) $\alpha^{-1} = \mu\alpha$.
(3) $\alpha^{-1}(p^r) = 0$ für alle Primzahlen p und alle $r \geq 2$.

Dabei bezieht sich die Inversenbildung in (2) und (3) auf das DIRICHLET-Produkt.

3. Ist α multiplikativ, dann ist α genau dann das DIRICHLET-Produkt von zwei vollständig multiplikativen Funktionen, wenn $\alpha^{-1}(p^r) = 0$ für alle Primzahlen p und alle $r \geq 3$. Beweise dies.

4. Zeige, daß $\alpha \in \Phi$ mit $\alpha(1) = 1$ genau dann multiplikativ ist, wenn

$$\alpha(m)\alpha(n) = \alpha(\text{ggT}(m,n))\alpha(\text{kgV}(m,n)) \quad \text{für alle } m, n \in \mathbb{N}.$$

5. Die Funktion $\alpha \in \Phi$ sei multiplikativ. Zeige, daß

$$\sum_{d\mid n} \mu(d)\alpha(d) = \prod_{p\mid n}(1 - \alpha(p)) \quad \text{für alle } n \in \mathbb{N},$$

wobei das Produkt über alle verschiedenen Primteiler von n läuft.

6. Im folgenden seien $\alpha, \beta \in \Phi$, ferner sei φ die EULERsche Funktion, und ι, ν seien die Funktionen mit $\iota(n) = 1$ bzw. $\nu(n) = n$ für alle $n \in \mathbb{N}$.

a) Zeige: Sind α, β multiplikativ, dann ist $\alpha\beta \star \iota$ multiplikativ.

b) Zeige: Sind $\alpha\beta \star \iota$ und α multiplikativ, und nimmt α nicht den Wert 0 an, dann ist β multiplikativ.

c) Berechne $\sum_{d\mid n} d\varphi(d)$ für $n = \prod_{i=1}^{\infty} p_i^{r_i}$.

7. Die Funktion $\alpha \in \Phi$ sei vollständig multiplikativ und $\sum_{n=1}^{\infty} \alpha(n)$ sei absolut konvergent. Zeige, daß

$$\sum_{n=1}^{\infty} \alpha(n) = \prod_p \frac{1}{1 - \alpha(p)},$$

wobei das Produkt über alle Primzahlen läuft.

8. a) Beweise die Identität

$$\sum_{i=1}^{n} \sigma(i) = \sum_{i=1}^{n} i\left[\frac{n}{i}\right].$$

b) Zeige, daß aus $\alpha(n) = \sum_{d|n} \beta(d)$ für alle $n \in \mathbb{N}$, $(\alpha, \beta \in \Phi)$ folgt:

$$\sum_{i=1}^{n} \beta(i)\left[\frac{n}{i}\right] = \sum_{i=1}^{n} \alpha(i) \quad \text{für alle } n \in \mathbb{N}.$$

c) Beweise die Formeln

$$\sum_{i=1}^{n} \varphi(i)\left[\frac{n}{i}\right] = \frac{n(n+1)}{2} \quad \text{und} \quad \sum_{i=1}^{n}\left[\frac{n}{i}\right] = \sum_{i=1}^{n} \tau(i).$$

9. Es sei $\Omega(n)$ die Anzahl der (nicht notwendig verschiedenen) Primteiler von n und $\Omega(1) = 0$. Zeige, daß

$$\sum_{n \leq x} (-1)^{\Omega(n)}\left[\frac{x}{n}\right] = [\sqrt{x}].$$

10. Es sei $\alpha = \beta \star \iota$, ferner sei $\sum_{n \leq x} |\beta(n)| = o(x)$ und $\sum_{n=1}^{\infty} \frac{\beta(n)}{n}$ konvergent. Zeige, daß

$$\lim_{x \to \infty} \frac{1}{x} \cdot \sum_{n \leq x} \alpha(n) = \sum_{n=1}^{\infty} \frac{\beta(n)}{n}.$$

11. Zeige: Gilt für $\alpha, \beta \in \Phi$

$$\beta(n) = \sum_{i=1}^{n} \alpha(\mathrm{ggT}(n, i)) \quad \text{für alle } n \in \mathbb{N},$$

dann folgt

$$\sum_{d|n} \beta(d) = \sum_{d|n} d \cdot \alpha\left(\frac{n}{d}\right) \quad \text{für alle } n \in \mathbb{N}.$$

12. Ist u der größte ungerade Teiler von n, dann gibt es genau $\tau(u)$ Darstellungen von n als Summe aufeinanderfolgender Zahlen (wobei eine Summe auch nur aus einem einzigen Summand bestehen darf). Beweise dies.

13. Zeige, daß für die Teilerfunktion τ folgende Identität gilt:

$$\sum_{d|n} \tau^3(d) = \left(\sum_{d|n} \tau(d)\right)^2.$$

14. Beweise die Identität

$$\frac{n}{\varphi(n)} = \sum_{d|n} \frac{\mu^2(d)}{\varphi(d)}.$$

15. Zeige: Ist $\sigma(n)$ ungerade, dann ist n ein Quadrat oder das Doppelte eines Quadrats.

16 Es seien $p_1, p_2, \ldots, p_r$ die verschiedenen Primteiler von n. Zeige, daß

$$\sum_{\substack{k \leq n \\ \mathrm{ggT}(k,n)=1}} k^2 = \frac{1}{3}\varphi(n)n^2 + (-1)^r \frac{1}{6}\varphi(n)p_1 p_2 \ldots p_r.$$

17. Es sei α eine zahlentheoretische Funktion mit positiven Werten und γ eine solche mit reellen Werten und $\gamma(1) \neq 0$. Beweise folgende *Produktform der* MÖBIUS*schen Umkehrformeln*:

$$\beta(n) = \prod_{d|n} \alpha(d)^{\gamma(\frac{n}{d})} \iff \alpha(n) = \prod_{d|n} \beta(d)^{\gamma^{-1}(\frac{n}{d})}$$

18. Es sei $F_n(x) \in \mathbb{Z}[x]$ das n-te Kreisteilungspolynom, also

$$F_n(x) = \prod_{\substack{k=1 \\ \mathrm{ggT}(k,n)=1}}^{n} (x - \varepsilon^k) \quad \text{mit} \quad \varepsilon = e^{\frac{2\pi i}{n}}.$$

a) Zeige, daß für alle $n \in \mathbb{N}$

$$\prod_{d|n} F_d(x) = x^n - 1 \quad \text{und} \quad F_n(x) = \prod_{d|n}(x^d - 1)^{\mu(\frac{n}{d})}.$$

b) Berechne $F_n(x)$ für $n \in \{10, 11, 12, 16, 21, 24\}$.

19. Für $n, r \in \mathbb{N}$ sei

$$\beta_r(n) := \sum_{i=1}^{n} i^r \quad \text{und} \quad \gamma_r(n) := \sum_{\substack{i=1 \\ \mathrm{ggT}(i,n)=1}}^{n} i^r.$$

Zeige, daß

$$\gamma_r(n) = \sum_{d|n} \mu(d) d^r \beta_r\left(\frac{n}{d}\right).$$

20. Zeige, daß für $x \geq 2$ gilt:

(1) $\quad \displaystyle\sum_{n \leq x} \frac{\log n}{n} = \frac{1}{2} \log^2 x + A + O\left(\frac{\log x}{x}\right)$

(2) $\quad \displaystyle\sum_{n \leq x} \frac{1}{n \log n} = \log \log x + B + O\left(\frac{1}{x \log x}\right)$

(3) $\quad \displaystyle\sum_{n \leq x} \frac{\tau(n)}{n} = \frac{1}{2} \log^2 x + 2C \log x + (A + C^2) + O\left(\frac{\log x}{x}\right)$

Dabei sind A, B, C Konstanten; C ist die EULERsche Konstante.

21. Zeige, daß für $x \geq 2$ gilt:

(1) $\qquad \sum_{n \leq x} \varphi(n) = \frac{1}{2} \sum_{n \leq x} \mu(n) [\frac{x}{n}]^2 + \frac{1}{2} = \frac{x^2}{2\zeta(2)} + O(x \log x)$

(2) $\qquad \sum_{n \leq x} \frac{\varphi(n)}{n} = \sum_{n \leq x} \frac{\mu(n)}{n} [\frac{x}{n}] = \frac{x}{\zeta(2)} + O(\log x)$

(3) $\qquad \sum_{n \leq x} \frac{\varphi(n)}{n^2} = \frac{\log x}{\zeta(2)} + A + O(\frac{\log x}{x})$

Dabei ist in (3) $A = \dfrac{C}{\zeta(2)} \sum\limits_{n=1}^{\infty} \dfrac{\mu(n) \log n}{n^2}$ (C EULERsche Konstante).

22. Zeige: a) $\sum\limits_{n=1}^{\infty} \sum\limits_{\substack{m=1 \\ \mathrm{ggT}(m,n)=1}}^{\infty} \dfrac{1}{m^2 n^2} = \dfrac{\zeta^2(2)}{\zeta(4)}$ \qquad b) $\sum\limits_{n \leq x} \left(\dfrac{\sigma(n)}{n} \right)^2 \leq x \cdot \zeta^2 \left(\dfrac{3}{2} \right)$

23. Beweise:

$$\sum_{n=1}^{\infty} \frac{|\mu(n)|}{n^s} = \prod_{p} \left(1 + \frac{1}{p^s} \right) = \frac{\zeta(s)}{\zeta(2s)} \quad \text{für } s > 1.$$

24. Für $s > 1$ gilt

$$\sum_{n=1}^{\infty} \frac{(-1)^{n+1}}{n^s} + 2 \cdot \frac{\zeta(s)}{2^s} = \zeta(s).$$

Folgere daraus

$$\sum_{d|n} (-1)^{d+1} \mu(\frac{n}{d}) = \begin{cases} 1 \text{ für } n = 1, \\ -2 \text{ für } n = 2, \\ 0 \text{ für } n > 2. \end{cases}$$

25. Zeige mit Hilfe der Entwicklung des Integranden in eine geometrische Reihe, daß das Doppelintegral

$$I = \int_0^1 \int_0^1 \frac{1}{1 - xy} \, dx \, dy$$

den Wert $\zeta(2)$ hat. Berechne dann I mit Hilfe der Substitution

$$\begin{pmatrix} x \\ y \end{pmatrix} = \frac{1}{\sqrt{2}} \begin{pmatrix} 1 & -1 \\ 1 & 1 \end{pmatrix} \begin{pmatrix} u \\ v \end{pmatrix}.$$

Beweise damit, daß

$$\zeta(2) = \frac{\pi^2}{6}.$$

26. Für $n \in \mathbb{N}$ gilt

$$\zeta(2n) = \frac{(-1)^{n+1}(2\pi)^{2n} B_{2n}}{2 \cdot (2n)!},$$

11*

wobei $B_2, B_4, B_6, \ldots$ die BERNOULLI-Zahlen sind (vgl. V.5). Beweise diese Beziehung mit Hilfe der aus der Analysis bekannten Gleichungen (vgl. etwa [Lüneburg 1981])

$$1 - 2 \sum_{n=1}^{\infty} \frac{x^2}{(n\pi)^2 - x^2} = x \cot x = ix \cdot \frac{e^{ix} + e^{-ix}}{e^{ix} - e^{-ix}}.$$

27. Zeige, daß der Ring der zahlentheoretischen Funktionen bezüglich des unitären DIRICHLET-Produktes (Beispiel 1 in V.5) Nullteiler besitzt, und daß die Einheiten dadurch gekennzeichnet sind, daß ihr Wert an der Stelle 0 nicht verschwindet. Berechne die Werte der MÖBIUSfunktion μ, also der Inversen von ι mit $\iota(n) = 1$ für $n \in \mathbb{N}$. Berechne die Werte von $(\iota \odot \iota)(n)$, wenn die Primfaktozerlegung von n gegeben ist.

28. Zeige, daß der Ring der zahlentheoretischen Funktionen bezüglich des kgV-Produktes (Beispiel 2 in V.5) Nullteiler besitzt, und daß eine Funktion α genau dann invertierbar ist, wenn $\sum_{d|n} \alpha(d) \neq 0$ für alle $n \in \mathbb{N}$ gilt. Beweise den in Beispiel 2 in V.5 zitierten Satz von STERNECK. Zeige damit, daß das kgV-Produkt multiplikativer Funktionen wieder multiplikativ ist. Berechne schließlich die Werte der MÖBIUSfunktion μ, also der Inversen von ι mit $\iota(n) = 1$ für $n \in \mathbb{N}$.

29. Beweise mit Hilfe des Satzes von STERNECK (vgl. Beispiel 2 in V.5 und Aufgabe 29): Die Anzahl der Darstellungen der natürlichen Zahl $n = \prod_{i=1}^{\infty} p_i^{r_i}$ (kanonische Primfaktordarstellung) als kgV von k nicht notwendig verschiedenen Zahlen unter Beachtung der Reihenfolge ist

$$\prod_{i=1}^{\infty} ((r_i + 1)^k - r_i^k).$$

30. Zeige, daß der Ring der zahlentheoretischen Funktionen bezüglich des CAUCHY-Produktes (Beispiel 3 in V.5) nullteilerfrei ist und bestimme die Einheiten. Berechne die Werte der MÖBIUSfunktion μ, wobei μ die Inverse von ι mit $\iota(n) = 1$ für $n \in \mathbb{N}_0$ ist.

31. Es sei $\iota(n) = 1$ für alle $n \in \mathbb{N}_0$. Zeige, daß

$$\iota^k(n) = \binom{n + k - 1}{k - 1},$$

wobei ι^k das k-fache CAUCHY-Produkt von ι bedeutet.

32. Es bedeute $\odot$ das LUCAS-Produkt (Beispiel 4 in V.5). Zeige, daß $(\Phi_0, +, \odot)$ ein kommutativer Ring mit Einselement, aber nicht nullteilerfrei ist, und bestimme die Einheiten. Berechne ferner die Werte der MÖBIUSfunktion μ, also der Inversen von ι mit $\iota(n) = 1$ für $n \in \mathbb{N}_0$.

33. Im folgenden bedeute $\odot$ das Binomialprodukt (Beispiel 5 in V.5). Zeige, daß $(\Phi_0, +, \odot)$ ein Integritätsbereich ist und bestimme die Einheiten. Berechne ferner die Werte der MÖBIUSfunktion μ, also der Inversen von ι mit $\iota(n) = 1$ für $n \in \mathbb{N}_0$.

34. Beweise mit Hilfe des Binomialproduktes (Beispiel 5 in V.5):

a) Für die Anzahl $z_n(r)$ der Surjektionen einer n-elementigen Menge auf eine r-elementige Menge gilt

$$z_n(r) = \sum_{i=0}^{r} (-1)^i \binom{r}{i} (r - i)^n.$$

b) Für die Anzahl $d(r)$ der fixpunktfreien Permutationen einer r-elementigen Menge gilt

$$d(r) = \sum_{i=0}^{r} (-1)^i \binom{r}{i} (r - i)!.$$

Hinweis: Die MÖBIUSfunktion μ bezüglich des Binomialproduktes hat die Werte $\mu(r) = (-1)^r$ für $r \in \mathbb{N}_0$; vgl. Aufgabe 33.

35. Ein r-Tupel natürlicher Zahlen $(d_1, d_2, \ldots, d_r)$ heißt eine *echte Teilerkette der Länge r* von $a \in \mathbb{N}$, wenn

$$d_1 | d_2 | d_3 | \ldots | d_r \quad \text{und} \quad 1 < d_1 < d_2 < d_3 < \ldots < d_r = a.$$

Beweise: Ist $a = \prod_{i=1}^{\infty} p_i^{k_i}$ die kanonische Primfaktorzerlegung von a, dann besitzt a genau

$$\sum_{n=0}^{r} (-1)^n \binom{r}{n} \prod_{i=1}^{\infty} \binom{k_i + r - n - 1}{k_i}$$

echte Teilerketten der Länge r.

36. Für $\alpha, \beta \in \Phi_0$ sei

$$(\alpha \odot \beta)(n) := \sum_{\max(x,y)=n} \alpha(x)\beta(y).$$

Zeige, daß $(\Phi_o, +, \odot)$ ein kommutativer Ring mit Einselement ist und Nullteiler besitzt.

37. Eine Reihe der Form

$$\sum_{n=1}^{\infty} \alpha(n) \cdot \frac{x^n}{1 - x^n}$$

heißt LAMBERTsche Reihe (nach JOHANN HEINRICH LAMBERT, 1728-1777). Ist $\sum_{n=1}^{\infty} \alpha(n)$ konvergent, dann konvergiert die LAMBERTsche Reihe für alle x mit $|x| \neq 1$. Ist $\sum_{n=1}^{\infty} \alpha(n)$ nicht konvergent, dann konvergiert die LAMBERTsche Reihe in genau den Punkten, in denen die Potenzreihe $\sum_{n=1}^{\infty} \alpha(n)x^n$ konvergiert, nicht aber für $|x| = 1$. In jedem abgeschlossenen Intervall aus dem Konvergenzbereich ist die Konvergenz gleichmäßig. Im folgenden interessieren wir uns nicht für die Konvergenzbereiche der auftretenden LAMBERT-Reihen.

a) Zeige, daß

$$\sum_{n=1}^{\infty} \alpha(n) \cdot \frac{x^n}{1-x^n} = \sum_{n=1}^{\infty} (\alpha \star \iota)(n) \cdot x^n.$$

b) Stelle

$$\sum_{n=1}^{\infty} \tau(n) \cdot x^n \quad \text{und} \quad \sum_{n=1}^{\infty} \sigma(n) \cdot x^n$$

als LAMBERT-Reihen dar.
(Die Formel für die zweite Reihe geht auf EULER zurück.)
c) Beweise die Identitäten

$$\sum_{n=1}^{\infty} \mu(n) \cdot \frac{x^n}{1-x^n} = x \quad \text{und} \quad \sum_{n=1}^{\infty} \varphi(n) \cdot \frac{x^n}{1-x^n} = \frac{x}{(1-x)^2}.$$

(Die zweite Identität wurde erstmals von LIOUVILLE benutzt.)

38. Es sei

$$L(x) = \sum_{n=1}^{\infty} \frac{x^n}{1-x^n}$$

(vgl. Aufgabe 37). Zeige, daß

$$\sum_{k=1}^{\infty} \frac{1}{F_{2k}} = \sqrt{5} \cdot \left(L(\frac{3-\sqrt{5}}{2}) - L(\frac{7-3\sqrt{5}}{2}) \right),$$

wobei F_{2k} die FIBONACCI-Zahlen mit geradem Index sind.

39. Zeige: Ist n eine gerade vollkommene Zahl > 6, dann ist $n \equiv 1 \bmod 9$.

40. Bestimme alle Darstellungen von 1 als Summe von drei und als Summe von vier verschiedenen Stammbrüchen.

41. Zeige, daß man für jedes $n \geq 3$ die Zahl 1 als Summe von n verschiedenen Stammbrüchen schreiben kann.

42. Es seien p, q zwei verschiedene Primzahlen und n eine natürliche Zahl. Zeige, daß dann gilt:

$$q | \sigma(p^n) \iff \begin{cases} q \mid n+1, & \text{falls } q \mid p-1 \\ \mathrm{ord}_q[p] \mid n+1, & \text{falls } q \nmid p-1 \end{cases}$$

(Man kann vermuten, daß FERMAT bei der Suche nach vollkommenen Zahlen oder befreundeten Zahlenpaaren Teilersummen in Primfaktoren zu zerlegen versuchte und dabei auf den „Satz von FERMAT" stieß.)

43. Zeige, daß $p^r q^s$ $(r, s \in \mathbb{N}_0)$ defizient ist, wenn p, q Primzahlen > 2 sind.

44. Zeige, daß eine nicht durch 2 und nicht durch 3 teilbare Zahl defizient ist, wenn sie höchstens sechs verschiedene Primteiler (mit beliebigen Vielfachheiten) enthält.

45. Bestimme alle Zahlen der Form $3^r \cdot p \cdot q$ (p, q verschiedene Primzahlen > 3), welche abundant sind.

46. Die Zahl n sei sonderbar und die Primzahl p sei größer als $\sigma(n)$. Zeige, daß dann auch np sonderbar ist.

47. Zeige, daß 70 die kleinste sonderbare Zahl ist.

48. a) Eine Zahl $n \in \mathbb{N}$ heiße *unberührbar*, wenn kein $x \in \mathbb{N}$ mit $\sigma^*(x) = n$ existiert. Zeige, daß die Zahlen 2, 5, 52, 88, 96 unberührbar sind.

b) Bestimme alle unberührbaren Zahlen zwischen 100 und 200.

c) Die GOLDBACH*sche Vermutung* (vgl. I.12 Aufgabe 26) besagt, daß sich jede gerade Zahl außer 2 als Summe von zwei Primzahlen darstellen läßt. Ebenso berechtigt ist die Vermutung, daß jede gerade Zahl ≥ 8 als Summe von zwei *verschiedenen* Primzahlen zu schreiben ist. Wäre diese Vermutung bewiesen, dann wäre auch bewiesen, daß 5 die einzige *ungerade* unberührbare Zahl ist. Man begründe diesen Zusammenhang.

V.8 Lösungen der Aufgaben

1. (ii): Vgl. Beweis der Nullteilerfreiheit von $(\Phi, +, \star)$.
(iii) Haben α und β den Wert 0, dann hat auch $\alpha + \beta$ den Wert 0.

2. Es sei α multiplikativ und p eine Primzahl. Ist α vollständig multiplikativ, dann ist $(\alpha \star \alpha\mu)(p^r) = \alpha\varepsilon(p^r) = 1$ für $r = 0$ bzw. $= 0$ für $r \geq 1$. Also ist $\alpha^{-1} = \alpha\mu$. Gilt $\alpha^{-1} = \alpha\mu$, so ist offensichtlich $\alpha^{-1}(p^r) = 0$ für $r \geq 2$. Gilt schließlich $\alpha^{-1}(p^r) = 0$ für $r \geq 2$, dann gilt für $s \geq 1$

$$0 = (\alpha \star \alpha^{-1})(p^s) = \alpha(p^s) + \alpha(p^{s-1})\alpha^{-1}(p),$$

woraus wegen $\alpha^{-1}(p) = -\alpha(p)$ die Beziehung $\alpha(p^s) = \alpha(p)\alpha(p^{s-1})$ folgt; also ist α vollständig multiplikativ.

3. Es sei α multiplikativ und p eine Primzahl.
1) Ist $\alpha = \beta \star \gamma$ und sind β, γ vollständig multiplikativ, dann ist nach Aufg.2 für $r \geq 3$

$$\alpha^{-1}(p^r) = (\beta^{-1} \star \gamma^{-1})(p^r) = \sum_{i=0}^{r} \beta^{-1}(p^i)\gamma^{-1}(p^{r-i}) = 0.$$

2) Es sei $\alpha^{-1}(p^r) = 0$ für $r \geq 3$ und β eine vollständig multiplikative Funktion, deren Wert $\beta(p)$ der Gleichung $x^2 + \alpha^{-1}(p)x + \alpha^{-1}(p^2) = 0$ genügt. Ferner sei $\gamma = \beta^{-1} \star \alpha$. Dann ist γ multiplikativ und für $r \geq 2$ gilt

$$\gamma^{-1}(p^r) = (\beta \star \alpha^{-1})(p^r) = \beta(p^{r-2})((\beta(p))^2 + \alpha^{-1}(p)\beta(p) + \alpha^{-1}(p^2)) = 0;$$

also ist γ vollständig multiplikativ, und es gilt $\alpha = \beta \star \gamma$.

4. 1) Ist α multiplikativ, dann folgt die angegebene Gleichung aus

$$\alpha(p^r)\alpha(p^s) = \alpha(p^{\min(r,s)})\alpha(p^{\max(r,s)}).$$

2) Gilt die angegebene Gleichung, dann erhält man für $\mathrm{ggT}(m,n) = 1$

$$\alpha(m)\alpha(n) = \alpha(1)\alpha(mn) = \alpha(mn).$$

5. Sind $p_1, p_2, \ldots, p_r$ die verschiedenen Primteiler von n, dann ergibt sich auf beiden Seiten der behaupteten Gleichung

$$1 - \sum_{1 \leq i \leq r} \alpha(p_i) + \sum_{1 \leq i < j \leq r} \alpha(p_i p_j) - + \ldots + (-1)^r \alpha(p_1 p_2 \ldots p_r).$$

6. a) $\alpha\beta$ und damit $\alpha\beta \star \iota$ ist multiplikativ.

b) Mit $\alpha\beta \star \iota$ ist $\alpha\beta$ multiplikativ; für $\mathrm{ggT}(m,n) = 1$ ist also

$$\alpha(m)\alpha(n)\beta(m)\beta(n) = (\alpha\beta)(m)(\alpha\beta)(n) = (\alpha\beta)(mn) = \alpha(mn)\beta(mn);$$

wegen $\alpha(m)\alpha(n) = \alpha(mn)$ folgt $\beta(m)\beta(n) = \beta(mn)$, da α nicht den Wert 0 annimmt.

c) $\nu\varphi \star \iota$ ist multiplikativ nach a) und es gilt

$$(\nu\varphi \star \iota)(p^r) = 1 + p(p-1) + \ldots + p^r(p^r - p^{r-1}) = \frac{p^{2r+1} + 1}{p + 1}.$$

Also ist

$$(\nu\varphi \star \iota)(\prod_{i=1}^{\infty} p_i^{r_i}) = \prod_{i=1}^{\infty} \frac{p_i^{2r_i+1} + 1}{p_i + 1}.$$

7. $\displaystyle\prod_p \frac{1}{1 - \alpha(p)} = \prod_p \sum_{i=0}^{\infty} \alpha(p)^i = \prod_p \sum_{i=0}^{\infty} \alpha(p^i) = \sum_{j=0}^{\infty} \alpha(n).$

8. a) $T_\sigma \underline{1}(x)) = T_\nu(T_\iota \underline{1}(x)) = T_\nu[x]$

b) Aus $\alpha = \beta \star \iota$ folgt $T_\alpha \underline{1}(x) = T_\beta(T_\iota \underline{1}(x)) = T_\beta[x]$; mit $x = n$ ergibt sich die Behauptung.

c) Setze in b) $\beta = \varphi$ und beachte: $\varphi \star \iota = \nu$, $T_\nu \underline{1}(x) = \frac{[x]([x]+1)}{2}$; setze ferner in b) $\beta = \iota$ und beachte $\iota \star \iota = \tau$.

9. Die Funktion α mit $\alpha(n) = (-1)^{\Omega(n)}$ ist vollständig multiplikativ. Es gilt $(\alpha \star \iota)(p^r) = 1$, wenn r gerade, $=0$, wenn r ungerade ist. Also ist $(\alpha \star \iota)(n) = 1$, wenn n ein Quadrat ist, $=0$ sonst, d.h. $T_{\alpha\star\iota} \underline{1}(x) = $ Anzahl der Quadrate $\leq x$.

10. Es gilt

$$
\begin{aligned}
\frac{1}{x} \cdot \sum_{n \leq x} \alpha(n) &= \frac{1}{x} \cdot T_\alpha \underline{1}(x) = \frac{1}{x} T_\beta[x] = \frac{1}{x} \cdot \sum_{n \leq x} \beta(n)[\frac{x}{n}] \\
&= \sum_{n \leq x} \frac{\beta(n)}{n} + O\left(\frac{1}{x} \cdot \sum_{n \leq x} |\beta(n)|\right) = \sum_{n \leq x} \frac{\beta(n)}{n} + o(1).
\end{aligned}
$$

11. $\beta = \varphi \star \alpha$, also $\beta \star \iota = \varphi \star \alpha \star \iota = \nu \star \mu \star \alpha \star \iota = \nu \star \alpha$.

12. Ist $n = (r+1) + (r+2) + \ldots + (r+s) = \frac{1}{2}s(s + 2r + 1)$, dann ist von den Zahlen s und $s + 2r + 1$ genau eine ungerade, also genau eine ein Teiler von u.

13. Aufgrund der Multiplikativität von τ und τ^3 muß die Behauptung nur für eine Primzahlpotenz $n = p^r$ bewiesen werden. Es gilt

$$\tau^3(1) + \tau^3(p) + \ldots + \tau^3(p^r) = 1^3 + 2^3 + \ldots + (r+1)^3$$
$$(\tau(1) + \tau(p) + \ldots + \tau(p^r))^2 = (1 + 2 + \ldots + (r+1))^2.$$

Bekanntlich haben diese beiden Ausdrücke denselben Wert.

14. Aufgrund der Multiplikativität der auftretenden Funktionen ist die Identität nur für eine Primzahlpotenz $n = p^r$ zu beweisen. Es ist

$$\sum_{i=1}^{r} \frac{\mu^2(p^i)}{\varphi(p^i)} = \frac{\mu^2(1)}{\varphi(1)} + \frac{\mu^2(p)}{\varphi(p)} = 1 + \frac{1}{p-1} = \frac{p}{p-1} = \frac{p^r}{\varphi(p^r)}.$$

15. Ist $\sigma(n)$ ungerade und ist $p^r | n$, $p^{r+1} \nmid n$, dann muß $1 + p + \ldots + p^r$ ungerade sein. Für $p > 2$ muß also r gerade sein.

16. Aus

$$\sum_{d|n} \sum_{\substack{k \le \frac{n}{d} \\ \mathrm{ggT}(k, \frac{n}{d}) = 1}} k^2 = \sum_{i=1}^{n} i^2 = \frac{n(n+1)(2n+1)}{6}$$

folgt durch MÖBIUS–Umkehrung

$$\sum_{\substack{k \le n \\ \mathrm{ggT}(k,n) = 1}} k^2 = \sum_{d|n} \frac{n(n+1)(2n+1)}{6} (\tfrac{n}{d})^2 \mu(\tfrac{n}{d})$$

$$= \frac{n^2}{6} \sum_{d|n} (2d + 3 + \frac{1}{d}) \mu(\tfrac{n}{d}) = \frac{1}{3}n^2 \sum_{d|n} d\mu(\tfrac{n}{d}) + \frac{n}{6} \sum_{d|n} d\mu(d).$$

Die Behauptung folgt nun aus $\nu \star \mu = \varphi$ und

$$\sum_{d|n} d\mu(d) = (1 - p_1)(1 - p_2) \ldots (1 - p_r) = (-1)^r \frac{\varphi(n)}{n} p_1 p_2 \ldots p_r.$$

17. $\log \beta = \gamma \star \log \alpha \iff \log \alpha = \gamma \star \log \beta$.
(Beachte, daß β nur positive Werte hat, wenn dies für α zutrifft.)

18. a) $\prod_{d|n} F_d(x)$ ist das Polynom, dessen Nullstellen *sämtliche* n-te Einheitswurzeln sind. Wende die Formel aus Aufgabe 17 an.

b) $F_{10}(x) = (x-1)(x^2 - 1)^{-1}(x^5 - 1)^{-1}(x^{10} - 1) = \dfrac{x^5 + 1}{x + 1}$

$$= x^4 - x^3 + x^2 - x + 1$$

Ebenso ergibt sich:

$$F_{11}(x) = x^{10} + x^9 + x^8 + \ldots + x^2 + x + 1$$

$$F_{12}(x) = x^4 - x^2 + 1$$
$$F_{16}(x) = x^8 + 1$$
$$F_{21}(x) = x^{12} - x^{11} + x^9 - x^8 + x^6 - x^5 + x^3 - x^2 + 1$$
$$F_{24}(x) = x^8 + x^4 + 1$$

19. Es gilt $\beta_r = \nu_r \star \gamma_r$ mit $\nu_r(n) = n^r$, denn

$$(\nu_r \star \gamma_r)(n) = \sum_{xy=n} \left(x^r \sum_{\substack{i \leq y \\ \mathrm{ggT}(i,y)=1}} i^r \right) = \sum_{xy=n} \left(\sum_{\substack{xi \leq xy=n \\ \mathrm{ggT}(xi,n)=x}} xi^r \right)$$

$$= \sum_{x|n} \left(\sum_{\substack{k \leq n \\ \mathrm{ggT}(k,n)=x}} k^r \right) = \sum_{k \leq n} k^r = \beta_r(n).$$

Es folgt $\gamma_r = \nu_r^{-1} \star \beta_r$. Da ν_r vollständig multiplikativ ist, gilt $\nu_r^{-1} = \mu\nu_r$ (Aufgabe 2).

20. Man benutze bei (1) und (2) die ABELsche Identität (V.4) und $\sum_{r \leq x} \frac{1}{n} = \log x + C + r(x)$ mit $r(x) = O(\frac{1}{x})$ (C EULERsche Konstante). (3) ergibt sich folgendermaßen:

$$\sum_{n \leq x} \frac{\tau(n)}{n} = \frac{1}{x} T_\tau x = \frac{1}{x} T_\tau (x \log x + Cx + xr(x))$$

$$= \sum_{n \leq x} \frac{\log x - \log n}{n} + C \sum_{n \leq x} \frac{1}{n} + \sum_{n \leq x} \frac{1}{n} r\left(\frac{x}{n}\right)$$

$$= \log x \cdot (\log x + C + r(x)) - \frac{1}{2} \log x + A + O\left(\frac{\log x}{x}\right)$$

$$\qquad + C \log x + C^2 + Cr(x) + O\left(\frac{1}{x}\right)$$

$$= \frac{1}{2} \log^2 x + 2C \log x + (A + C^2) + O\left(\frac{\log x}{x}\right)$$

21. (1) Es ist $T_\varphi 1(x) = T_\mu(T_\nu 1(x)) = T_\mu \frac{[x]([x]+1)}{2} = \frac{1}{2} T_\mu[x]^2 + \frac{1}{2} T_\mu[x]$ und $T_\mu[x] = T_\mu(T_\iota 1(x)) = T_\varepsilon 1(x) = 1$. Ferner gilt

$$T_\mu([x]^2) = x^2 \sum_{n \leq x} \frac{\mu(n)}{n^2} + O\left(\sum_{n \leq x} \left(\frac{x}{n}\right)^2 - [\frac{x}{n}]^2 \right)$$

$$= \frac{x^2}{\zeta(2)} + O\left(\sum_{n \leq x} 2 \cdot \frac{x}{n} \right) = \frac{x^2}{\zeta(2)} + O(x \log x).$$

(2) $\quad \frac{1}{x} T_\varphi x = \frac{1}{x} T_\mu(T_\nu x) = \frac{1}{x} T_\mu(x \cdot [x]) = x \cdot \sum_{n \leq x} \frac{\mu(n)}{n^2} + O\left(\sum_{n \leq x} \frac{1}{x} \right)$

$$= \frac{x}{\zeta(2)} + O\left(x \cdot \sum_{n > x} \frac{1}{n^2} \right) + O\left(\sum_{n \leq x} \frac{1}{x} \right) = \frac{x}{\zeta(2)} + O(\log x).$$

$$(3) \quad \frac{1}{x^2} T_\varphi x^2 = \frac{1}{x^2} T_\mu (T_\nu x^2) = \frac{1}{x^2} T_\mu (x T_\iota x)$$

$$= \frac{1}{x^2} T_\mu (x^2 (\log x + C + r(x))) \quad (\text{mit } r(x) = O(\tfrac{1}{x}))$$

$$= \sum_{n \leq x} \frac{\mu(n)}{n^2} \cdot (\log x - \log n) + C \sum_{n \leq x} \frac{\mu(n)}{n^2} + \sum_{n \leq x} \frac{\mu(n)}{n^2} r(\tfrac{x}{n})$$

$$= \frac{\log x}{\zeta(2)} - \sum_{n=1}^{\infty} \frac{\mu(n) \log n}{n^2} + \frac{C}{\zeta(2)} + O\left(\frac{\log x}{x}\right)$$

22. a) Es ist

$$\zeta^2(2) = \sum_{n=1}^{\infty} \left(\frac{1}{n^2} \sum_{m=1}^{\infty} \frac{1}{m^2} \right) = \sum_{n=1}^{\infty} \sum_{m=1}^{\infty} \frac{1}{m^2 n^2}$$

$$= \sum_{n=1}^{\infty} \frac{1}{n^2} \sum_{d|n} \left(\sum_{\substack{m=1 \\ \mathrm{ggT}(m,n)=d}}^{\infty} \frac{1}{m^2} \right) = \sum_{n=1}^{\infty} \frac{1}{n^2} \sum_{d|n} \left(\frac{1}{d^2} \sum_{\substack{t=1 \\ \mathrm{ggT}(t,\frac{n}{d})=1}}^{\infty} \frac{1}{t^2} \right).$$

Mit $\alpha(n) = \dfrac{1}{n^2}$ und $\beta(n) = \displaystyle\sum_{\substack{t=1 \\ \mathrm{ggT}(t,n)=1}}^{\infty} \frac{1}{t^2}$ ist also

$$\zeta^2(2) = \sum_{n=1}^{\infty} \frac{(\alpha \star \beta)(n)}{n^2} = \sum_{n=1}^{\infty} \frac{\alpha(n)}{n^2} \cdot \sum_{n=1}^{\infty} \frac{\beta(n)}{n^2} = \zeta(4) \cdot \sum_{n=1}^{\infty} \frac{\beta(n)}{n^2}.$$

b) Es gilt $\displaystyle\sum_{n \leq x} \left(\frac{\sigma(n)}{n} \right)^2 = \sum_{n \leq x} (\sum_{d|n} \frac{1}{d})(\sum_{t|n} \frac{1}{t}) = \sum_{\substack{d \leq x \\ t \leq x}} \frac{1}{dt} \sum_{\substack{n \leq x \\ \mathrm{kgV}(d,t)|n}} 1$

$\displaystyle\leq \sum_{\substack{d \leq x \\ t \leq x}} \frac{1}{dt} \cdot \frac{x}{\sqrt{dt}} \; (\text{wegen kgV}(d,t) \geq \sqrt{dt}) = x \cdot \sum_{d \leq x} \frac{1}{d\sqrt{d}} \cdot \sum_{t \leq x} \frac{1}{t\sqrt{t}} \leq x \cdot \zeta^2(\tfrac{3}{2}).$

23. Es gilt $|\mu(n)| = 1$, wenn n quadratfrei ist, 0 sonst; also ist die Summe gleich dem Produkt. Ferner gilt

$$\prod_p \left(1 + \frac{1}{p^s} \right) = \prod_p \frac{1 + \frac{1}{p^{2s}}}{1 + \frac{1}{p^s}} = \frac{\zeta(s)}{\zeta(2s)}.$$

24. Aus $\sum_{n=1}^{\infty} \frac{(-1)^{n+1}}{n^s} = (1 - 2^{1-s})\zeta(s)$ folgt

$$\sum_{n=1}^{\infty} \frac{(-1)^{n+1}}{n^s} \cdot \sum_{n=1}^{\infty} \frac{\mu(n)}{n^s} = \frac{1}{1^s} + \frac{-2}{2^s} + \frac{0}{3^s} + \dots.$$

25. Es gilt

$$I = \int_0^1 \int_0^1 \sum_{n=0}^{\infty} (xy)^n \, \mathrm{d}x \, \mathrm{d}y = \int_0^1 \sum_{n=0}^{\infty} \frac{y^n}{n+1} \, \mathrm{d}y = \sum_{n=0}^{\infty} \frac{1}{(n+1)^2} = \sum_{n=1}^{\infty} \frac{1}{n^2}.$$

Andererseits ist $I = 4 \cdot \iint \frac{1}{2-u^2+v^2}\, du\, dv$, wobei über das Dreieck $0 \le u \le \sqrt{2}$, $0 \le v \le \min(u, \sqrt{2}-u)$ zu integrieren ist. Es gilt also $I = 4J$ mit

$$
\begin{aligned}
J &= \int_0^{\frac{1}{2}\sqrt{2}} \left(\int_0^u \frac{dv}{2-u^2+v^2} \right) du + \int_{\frac{1}{2}\sqrt{2}}^{\sqrt{2}} \left(\int_0^{\sqrt{2}-u} \frac{dv}{2-u^2+v^2} \right) du \\
&= \int_0^{\frac{1}{2}\sqrt{2}} \frac{1}{\sqrt{2-u^2}} \cdot \arctan \frac{u}{\sqrt{2-u^2}}\, du + \int_{\frac{1}{2}\sqrt{2}}^{\sqrt{2}} \frac{1}{\sqrt{2-u^2}} \cdot \arctan \frac{u}{\sqrt{2-u^2}}\, du \\
&= \int_{\frac{\pi}{3}}^{\frac{\pi}{2}} \arctan \cot \varphi\, d\varphi + \int_0^{\frac{\pi}{3}} \arctan \frac{1-\cos\varphi}{\sin\varphi}\, d\varphi \\
&= \int_{\frac{\pi}{3}}^{\frac{\pi}{2}} \left(\frac{\pi}{2} - \varphi \right) d\varphi + \int_0^{\frac{\pi}{3}} \frac{1}{2}\varphi\, d\varphi = \frac{\pi^2}{72} + \frac{\pi^2}{36} = \frac{\pi^2}{24}.
\end{aligned}
$$

26. Aus

$$
x \cot x = 1 - 2 \sum_{k=1}^{\infty} \sum_{n=1}^{\infty} \left(\frac{x}{k\pi} \right)^{2n} = 1 - 2 \sum_{n=1}^{\infty} \zeta(2n) \left(\frac{x}{\pi} \right)^{2n}
$$

und

$$
\begin{aligned}
x \cot x &= ix \cdot \frac{e^{2ix}+1}{e^{2ix}-1} = ix + \frac{2ix}{e^{2ix}-1} \\
&= ix + \sum_{m=0}^{\infty} B_m \frac{(2ix)^m}{m!} = 1 + \sum_{n=1}^{\infty} B_{2n} \frac{(2ix)^{2n}}{(2n)!}
\end{aligned}
$$

ergibt sich die Behauptung durch Koeffizientenvergleich.

27. Nullteiler: Für $\alpha(2) = 1$, $\alpha(n) = 0$ für $n \ne 2$ gilt $\alpha \odot \alpha = o$.
Einheiten: Die Gleichungen

$$
\alpha(1)\xi(1) = 1 \quad \text{und} \quad \sum_{\substack{xy=n \\ \mathrm{ggT}(x,y)=1}} \alpha(x)\xi(y) = 0 \ (n = 2,3,4,\ldots)
$$

sind genau dann eindeutig nach $\xi(1), \xi(2), \xi(3), \ldots$ auflösbar, wenn $\alpha(1) \ne 0$ gilt. MÖBIUSfunktion: Ist $\omega(n)$ die Anzahl der verschiedenen Primteiler von n und $\omega(1) = 0$, dann ist $\mu(n) = (-1)^{\omega(n)}$; denn ist $n > 1$ und besitzt n genau k verschiedene Primteiler, dann ist

$$
\sum_{\substack{d|n \\ \mathrm{ggT}(d, \frac{n}{d})=1}} (-1)^{\omega(d)} = \sum_{i=0}^{k} (-1)^i \binom{k}{i} = (1-1)^k = 0.
$$

Ferner ist

$$
(\iota \odot \iota) \left(\prod_{i=1}^{k} \right) = \sum_{j=0}^{k} \binom{k}{j} = 2^k.
$$

28. Nullteiler: Für $\alpha(2) = 1$, $\alpha(n) = 0$ für $n \ne 2$ sowie $\beta(1) = 1$, $\beta(2) = -1$ und $\beta(n) = 0$ für $n > 2$ ist $\alpha \odot \beta = o$.

Einheiten: Die Gleichungen $(\alpha \odot \beta)(1) = 1$ und

$$(\alpha \odot \xi)(n) = \sum_{\substack{\mathrm{kgV}(x,y)=n \\ y<n}} \alpha(x)\xi(y) + \left(\sum_{d|n} \alpha(d)\right) \cdot \xi(n) = 0$$

sind genau dann nach $\xi(1), \xi(2), \xi(3), \ldots$ auflösbar, wenn $\sum_{d|n} \alpha(d) \neq 0$ für alle $n \in \mathrm{IN}$. Satz von STERNECK: Die Menge aller Paare (x, y) mit $x|n$ und $y|n$ teile man in Klassen mit gleichem kgV ein; es ist also

$$\sum_{x|n} \alpha(x) \cdot \sum_{y|n} \beta(y) = \sum_{\substack{x|n \\ y|n}} \alpha(x)\beta(y) = \sum_{d|n} \left(\sum_{\mathrm{kgV}(x,y)=d} \alpha(x)\beta(y)\right),$$

womit der Satz für zwei Funktionen bewiesen ist. Entsprechend verfährt man bei mehr als zwei Funktionen. Multiplikativität: Sind α, β multiplikativ, dann ist auch $\alpha \odot \beta = (\alpha \star \iota)(\beta \star \iota) \star \mu$ multiplikativ, wobei μ die MÖBIUSfunktion bzgl. $\star$ bedeutet. MÖBIUSfunktion: Offensichtlich ist $\mu(1) = 1$. Ist p^r eine Primzahlpotenz, so ist $(\mu \odot \iota)(p^r) = 0$ gleichbedeutend mit

$$\mu(1) + \mu(p) + \mu(p^2) + \ldots + \mu(p^{r-1}) + (r+1)\mu(p^r) = 0.$$

Daraus ergibt sich induktiv $\mu(p^r) = \frac{1}{r+1} - \frac{1}{r}$. Aufgrund der Multiplikativität sind damit die Werte von μ bestimmt.

29. Die gesuchte Anzahl ist $(\iota \odot \iota \odot \ldots \odot \iota)(n)$ (k Faktoren). Da dieses Produkt multiplikativ ist (vgl. Aufgabe 28), genügt die Berechnung für eine Primzahlpotenz p^r. Die Gleichung $\mathrm{kgV}(x_1, x_2, \ldots, x_k) = p^r$ hat $(r+1)^k - r^k$ Lösungen, denn es gibt $(r+1)^k$ k-Tupel $(x_1, x_2, \ldots, x_k)$, deren kgV ein Teiler von p^r ist, und r^k unter diesen teilen bereits p^{r-1}.

30. Nullteilerfreiheit: Sind a, b minimal mit $\alpha(a) \neq 0$ und $\beta(b) \neq 0$, dann ist $(\alpha \odot \beta)(a+b) = \alpha(a)\beta(b) \neq 0$. Einheiten: $\alpha(0) \neq 1$. MÖBIUSfunktion: $\mu(0) = 1$, $\mu(1) = -1$, $\mu(n) = 0$ für $n \geq 2$.

31. Beweis z.B. induktiv: $\iota(n) = \binom{n}{0}$ und

$$\iota^{k+1}(n) = \sum_{i=0}^{n} \iota^k(i) = \sum_{i=0}^{n} \binom{i+k-1}{k-1} = \binom{n+k}{k}.$$

(Man kann auch kombinatorisch argumentieren.)

32. Die Assoziativitätsbedingung für D folgt aus

$$\binom{x+y+z}{x+y}\binom{x+y}{x} = \binom{x+y+z}{x\ \ y\ \ z} = \binom{x+y+z}{y+z}\binom{y+z}{y}.$$

Einselement ist ε mit $\varepsilon(0) = 1$, $\varepsilon(n) = 0$ für $n > 0$. Nullteiler: Für α mit $\alpha(n) \neq 0 \iff p|n$ gilt $\alpha \odot \alpha = o$, denn $p | \binom{kp}{lp}$, falls $0 < l < k$. Einheiten: $\alpha(0) \neq 1$. MÖBIUSfunktion: $\mu(1) = 1$, $\mu(n) = -1$, falls $p|n$, $\mu(n) = 0$ sonst.

33. Die Ringeigenschaften folgen aus den Eigenschaften des Binomialkoeffizienten. Das Einselement ist dasselbe wie bei der CAUCHY-Multiplikation. Einheiten sind alle α mit $\alpha(0) \neq 0$. Die MÖBIUS-Funktion μ hat die Werte $\mu(n) = (-1)^n$, denn $\sum_{i=0}^{n}(-1)^i \binom{n}{i} = 0$ für $n > 0$.

34. a) Die Anzahl *aller* Abbildungen einer n-Menge in eine r-Menge ist $\sum_{i=0}^{r} \binom{r}{i} z_n(i) = r^n$. Auf diese Gleichung wende man μ an.

b) Die Anzahl der Permutationen einer r-Menge ist $\sum_{i=0}^{r} \binom{r}{i} d(i) = r!$; hierauf wende man μ an.

35. Es sei $f_a(r)$ die Anzahl der *echten* Teilerketten der Länge r von a. Mit $g_a(r)$ bezeichne man die Anzahl *aller* Teilerketten der Länge r von a, also der n-Tupel $(d_1, d_2, \ldots, d_r)$ mit $d_1 | d_2 | \ldots | d_r$ und $d_r = a$. Dann ist $f_a \odot \iota = g_a$, also $f_a = \mu \odot g_a$, wobei $\odot$ das kgV-Produkt bedeutet und μ die zugehörige MÖBIUSfunktion ist (vgl. Aufgabe 33). Aus

$$g_a(r) = \prod_{i=1}^{\infty} \binom{k_i + r - 1}{k_i}$$

ergibt sich die Behauptung. Beachte, daß es genau $\binom{k+r-1}{k}$ verschiedene ganzzahlige $(r-1)$-Tupel $(a_1, a_2, \ldots, a_{r-1})$ mit $0 \leq a_1 \leq a_2 \leq \ldots \leq a_{r-1} \leq k$ gibt; vgl. z.B. [Lüneburg 1971].

36. Die Ringeigenschaften sind unmittelbar klar.
Nullteiler: Ist $\alpha(0) = 0$, $\alpha(1) = 1$, $\alpha(n) = 0$ für $n > 1$ und $\beta(0) = 1$, $\beta(1) = -1$ und $\beta(n) - 0$ für $n > 1$, dann ist $\alpha \odot \beta = o$.

37. a) $\quad \sum_{n=1}^{\infty} \alpha(n) \cdot \frac{x^n}{1 - x^n} = \sum_{n=1}^{\infty} \alpha(n) x^n (1 + x^n + x^{2n} + x^{3n} + \ldots)$

b) $\sum_{n=1}^{\infty} \tau(n) x^n = \sum_{n=1}^{\infty} \frac{x^n}{1 - x^n}; \quad \sum_{n=1}^{\infty} \sigma(n) x^n = \sum_{n=1}^{\infty} \frac{n x^n}{1 - x^n}$

c) Beachte $\mu \star \iota = \varepsilon$ und $\varphi \star \iota = \nu$ sowie $\sum_{n=1}^{\infty} n x^n = \frac{x}{(1-x)^2}$.

38. In I.11 haben wir die BINETsche Formel

$$F_n = \frac{a^n - b^n}{a - b} \quad \text{mit} \quad a = \frac{1 + \sqrt{5}}{2} \text{ und } b = \frac{1 - \sqrt{5}}{2}$$

bewiesen. Es gilt $a - b = \sqrt{5}$ und $ab = -1$. Also ist

$$\frac{1}{\sqrt{5}} \cdot \frac{1}{F_{2n}} = \frac{1}{a^{2n} - b^{2n}} = \frac{b^{2n}}{1 - b^{4n}} = \frac{b^{2n}}{1 - b^{2n}} - \frac{b^{4n}}{1 - b^{4n}}$$

und somit

$$\frac{1}{\sqrt{5}} \sum_{n=1}^{\infty} \frac{1}{F_{2n}} = \sum_{n=1}^{\infty} \left(\frac{b^{2n}}{1 - b^{2n}} - \frac{b^{4n}}{1 - b^{4n}} \right) = L(b^2) - L(b^4).$$

Mit $b^2 = \frac{3-\sqrt{5}}{2}$ und $b^4 = \frac{7-3\sqrt{5}}{2}$ ergibt sich die Behauptung.

39. Für eine ungerade Primzahl p ist $2^{p-1} \equiv 1 \bmod 3$, also $2^{p-1} = 1 + 3k$ und somit $2^p - 1 = 1 + 6k$. Also ist $2^{p-1}(2^p - 1) = (1+3k)(1+6k) = 1 + 9k + 18k^2$.

40. Ist $\frac{1}{x} + \frac{1}{z} + \frac{1}{y} = 1$ mit $x, y, z \in \mathbb{N}$ und $2 \leq x < y < z$, so muß $x = 2$ sein, da andernfalls $\frac{1}{z} + \frac{1}{y} \leq \frac{1}{4} + \frac{1}{5} < \frac{2}{3} \leq 1 - \frac{1}{x}$ wäre. Ebenso folgt $y = 3$ und damit $z = 6$. Ist $\frac{1}{x} + \frac{1}{z} + \frac{1}{y} + \frac{1}{t} = 1$ mit $x, y, z, t \in \mathbb{N}$ und $2 \leq x < y < z < t$, so muß $x = 2$ sein, da anderenfalls $\frac{1}{z} + \frac{1}{y} + \frac{1}{t} \leq \frac{1}{4} + \frac{1}{5} + \frac{1}{6} < \frac{2}{3} \leq 1 - \frac{1}{z}$ wäre. Weiter folgt $3 \leq y \leq 5$, da anderenfalls $\frac{1}{y} + \frac{1}{t} \leq \frac{1}{7} + \frac{1}{8} < \frac{1}{3} \leq \frac{1}{2} - \frac{1}{z}$ wäre. Für $y = 3$ erhält man $\frac{1}{t} = \frac{z-6}{6z}$ und daraus $(z, t) = (7,42), (8,24), (9,18), (10,15)$. Für $y = 4$ erhält man $\frac{1}{t} = \frac{z-4}{4z}$ und daraus $(z, t) = (5,20), (6,12)$. Für $y = 5$ ergeben sich keine Lösungen. Die Lösungen sind also $(x, y, z, t) = (2,3,7,42), (2,3,8,24), (2,3,9,18), (2,3,10,15), (2,4,5,20), (2,4,6,12)$. Sie gehören zu den abundanten Zahlen 42, 24, 18, 30, 20, 12.

41.
$$1 = \sum_{i=1}^{n-2} \left(\frac{1}{2}\right)^i + \left(\frac{1}{2}\right)^{n-3}\left(\frac{1}{3} + \frac{1}{6}\right).$$

42. 1) Ist $q | p - 1$, also $p \equiv 1 \bmod q$, dann ist $\sigma(p^n) \equiv n + 1 \bmod q$.

2) Ist $q \nmid p - 1$, ist genau dann $\sigma(p^n) \equiv 0 \bmod q$, wenn $(q-1)(1 + p + \ldots + p^n) \equiv p^{n+1} - 1 \equiv 0 \bmod q$, also wenn $p^{n+1} \equiv 1 \bmod q$ und damit $\mathrm{ord}_q[p] | n + 1$.

43.
$$\frac{\sigma(p^r q^s)}{p^r q^s} = \left(1 + \frac{1}{p} + \ldots + \frac{1}{p^r}\right)\left(1 + \frac{1}{q} + \ldots + \frac{1}{q^s}\right)$$
$$< \frac{p}{p-1} \cdot \frac{q}{q-1} \leq \frac{3}{2} \cdot \frac{5}{4} = \frac{15}{8} < 2.$$

44.
$$\frac{\sigma\left(p_1^{r_1} p_2^{r_2} p_3^{r_3} p_4^{r_4} p_5^{r_5} p_6^{r_6}\right)}{p_1^{r_1} p_2^{r_2} p_3^{r_3} p_4^{r_4} p_5^{r_5} p_6^{r_6}} < \frac{p_1}{p_1 - 1} \cdot \ldots \cdot \frac{p_6}{p_6 - 1}$$
$$\leq \frac{5}{4} \cdot \frac{7}{6} \cdot \frac{11}{10} \cdot \frac{13}{12} \cdot \frac{17}{16} \cdot \frac{19}{18} = \frac{1616615}{829440} < 2.$$

45. $\sigma(3^r \cdot p \cdot q) > 2 \cdot 3^r \cdot p \cdot q \iff (1 + \frac{1}{3} + \ldots + \frac{1}{3^r})(1 + \frac{1}{p})(1 + \frac{1}{q}) > 2$. Wegen $r \geq 1$ muß also $(1 + \frac{1}{p})(1 + \frac{1}{q}) > \frac{4}{3}$ gelten, was nur mit $p = 5$, $q = 7$ möglich ist. Es folgt $(1 + \frac{1}{3} + \ldots + \frac{1}{3^r}) > 2 \cdot \frac{5}{6} \cdot \frac{7}{8} = \frac{35}{24}$ und daraus $r \geq 3$. Es ergeben sich also die abundanten Zahlen $3^3 \cdot 5 \cdot 7 = 945$, $3^4 \cdot 5 \cdot 7 = 2835$ usw.

46. Es sei n sonderbar und $p > \sigma(n)$. Die Teiler von np sind dann die Zahlen d und dp mit $d | n$, die wegen $p > n$ alle voneinander verschieden sind. Wäre nun $np = d_1 + d_2 + \ldots + d_r + pt_1 + pt_2 + \ldots + pt_s$ eine Darstellung von np als Summe von verschiedenen Teilern von np, dann wäre $p \mid (d_1 + d_2 + \ldots + d_r)$, wegen $d_1 + d_2 + \ldots + d_r \leq \sigma(n) < p$ also $d_1 + d_2 + \ldots + d_r = 0$ und daher $n = t_1 + t_2 + \ldots + t_s$. Dies widerspricht der Tatsache, daß n sonderbar ist.

47. Die einzigen abundanten Zahlen zwischen 1 und 70 sind die echten Vielfachen von 6 (also 12,18,24,36,48,60,66), die echten Vielfachen von 28 (also 56),

die Vielfachen von 20 (also 20,40,60) und 70. Ein echtes Vielfaches einer vollkommenen Zahl oder einer nicht-sonderbaren Zahl ist nicht sonderbar, denn aus
$n = \sum d$ folgt $kn = \sum kd$. Da 20 nicht sonderbar ist $(20 = 10 + 5 + 4 + 1)$,
verbleibt 70 als erste Möglichkeit, und diese Zahl ist in der Tat sonderbar.

48. a) Die Unberührbarkeit von 2 und 5 sieht man sofort. Ist $x = p$ eine
Primzahl, so ist $\sigma^*(x) = 1$. Ist $x = p^2$ ein Primzahlquadrat, so ist $\sigma^*(x) =$
$1 + p$, keine der Zahlen 52, 88, 96 ist aber von dieser Form. Ist $x = p^r$ eine
Primzahlpotenz mit $r \geq 3$, so erhält man für $p = 2$ keine der Zahlen 52,88,96
als σ^*-Wert (dieser ist $2^r - 1$), für $p \geq 3$ muß r gerade sein, weil 52, 88, 96 gerade
sind. In den verbleibenden Fällen liefert aber nur 3^4 einen σ^*-Wert unterhalb
von 100. Ist $x = p^r q^s$ und $2 < p < q$ (p, q Primzahlen; $r, s \in \mathbb{N}$), so müssen
r und s gerade sein, weil anderenfalls $\sigma^*(x)$ ungerade wäre. Dann ist $\sigma^*(x) \geq$
$\sigma^*(3^2 \cdot 5^2) = 178$, es wird also keine der Zahlen 52, 88, 96 geliefert. Ist $x = 2^r q^s$ (q
Primzahl > 2; $r, s \in \mathbb{N}$), so muß s ungerade sein. Auch diese Möglichkeiten
entfallen. Besitzt x drei verschiedene Primfaktoren, so ergeben sich nur für x
$= 30, 42, 66, 70, 78, 105$ σ^*-Werte unterhalb von 100, darunter aber nicht die
Zahlen 52, 88, 96.

b) 120, 124, 146, 162, 188

c) Ist $2n = p+q$, wobei p, q zwei verschiedene Primzahlen sind, dann ist $2n+1 =$
$p + q + 1 = \sigma^*(pq)$.

VI Der Primzahlsatz

VI.1 Der Primzahlsatz und der Dirichletsche Primzahlsatz

Der Primzahlsatz besagt, daß die Anzahl $\pi(x)$ der Primzahlen unterhalb der Schranke x asymptotisch gleich $\frac{x}{\log x}$ ist , daß also

$$\lim_{x \to \infty} \frac{\pi(x)}{\frac{x}{\log x}} = 1$$

gilt. Unabhängig voneinander haben GAUSS und LEGENDRE diesen Zusammenhang anhand der ihnen zur Verfügung stehenden Primzahltabellen (für $x \leq 10^6$) vermutet, sie konnten aber keinen Beweis finden. Einen ersten Schritt zu einem Beweis stellte der Satz von TSCHEBYSCHEFF (vgl. I.4 Satz 7) dar, welcher besagt, daß positive Konstanten a und A existieren, so daß für alle $x \geq 2$ gilt:

$$a < \frac{\pi(x)}{\frac{x}{\log x}} < A.$$

BERNHARD RIEMANN beschäftige sich im Jahr 1859 mit dem Zusammenhang zwischen dem Primzahlsatz sowie anderen zahlentheoretischen Problemen und der *komplexen* Zetafunktion ζ, welche als analytische Fortsetzung der für Realteil$(z) > 1$ definierten Funktion

$$z \longmapsto \sum_{n=1}^{\infty} \frac{1}{n^z}$$

erklärt ist. Diese Funktion ζ ist dann holomorph auf $\mathbb{C}\backslash\{1\}$ und hat an der Stelle 1 einen Pol erster Ordnung mit dem Residuum 1, d.h. es gilt

$$\lim_{z \to 1}(z-1)\zeta(z) = 1.$$

Von größtem Interesse für die Zahlentheorie ist dabei die Frage, wo die Nullstellen von ζ liegen. Die bis heute unbewiesene RIEMANN*sche Vermutung* besagt, daß alle nichttrivialen Nullstellen von ζ den Realteil $\frac{1}{2}$ haben.

Im Jahr 1896 konnten JAQUES HADAMARD (1865–1963) und CHARLES DE LA VALLÉE POUSSIN (1866–1962) unabhängig voneinander den Primzahlsatz beweisen, wobei sie wesentlich die Tatsache benutzten, daß ζ für Realteil(z) ≥ 1 keine Nullstelle besitzt.

Danach glaubte man lange Zeit nicht, daß man den Primzahlsatz auch „elementar", d.h. ohne funktionentheoretische Mittel beweisen könnte. Jedoch im Jahr 1948 fanden ATLE SELBERG und PAUL ERDÖS unabhängig voneinander einen solchen „elementaren" Beweis. In VI.3 werden wir eine Variante dieser Beweise vorstellen, die sich an [Hardy/Wright 1960] anlehnt.

Einen funktionentheoretischen Beweis des Primzahlsatzes findet man z.B. in [Apostol 1976], [Bundschuh 1988], [Chandrasekharan 1968], [Grosswald 1966], [LeVeque 1956], [Narkiewicz 1983]. Elementare Beweise werden z.B. in [Gioia 1970], [Hardy/Wright 1960], [Hua 1982], [Rose 1988], [Trost 1968] dargestellt. Vgl. auch [Prachar 1957] und [Schwarz 1968, 1969, 1987].

In Kapitel I haben wir schon gesehen, daß die primen Restklassen

$$\pm 1 \bmod 3, \ \pm 1 \bmod 4 \text{ und } \pm 1 \bmod 6$$

jeweils unendlich viele Primzahlen enthalten. In [Nagell 1964] wird dasselbe für viele weitere Restklassen mit Hilfe der Theorie der quadratischen Reste gezeigt. Mit Hilfe von Kreisteilungspolynomen läßt sich zeigen, daß die Restklassen $\pm 1 \bmod m$ für jedes $m \in \mathbb{N}$ unendlich viele Primzahlen enthalten; vgl. hierzu etwa [Hasse 1950], [Nagell 1964], [Lüneburg 1979]. Für die Restklassen $1 \bmod m$ hat dies schon EULER nachgewiesen. LEGENDRE glaubte, einen Beweis für alle primen Restklassen $a \bmod m$ zu besitzen, wenn m gerade ist, sein Beweis war aber fehlerhaft. Erst DIRICHLET konnte im Jahr 1837 zeigen, daß unendlich viele Primzahlen in der „arithmetischen Progression"

$$a + km \ (k \in \mathbb{N})$$

sind, falls ggT(a, m) = 1. Der schwierigste Teil des Beweises besteht darin,

$$\sum_{k=1}^{\infty} \frac{\chi(k)}{k} \neq 0$$

nachzuweisen, wobei χ eine Funktion ist, deren Werte $\varphi(m)$-te Einheitswurzeln sind. Einen Beweis des DIRICHLETschen Primzahlsatzes werden wir in VI.5 darstellen. Dieser Beweis ist „elementar" in dem Sinne, daß die komplexe Logarithmusfunktion vermieden wird.

Beim Beweis des Primzahlsatzes und verwandter Sätze werden ganz entscheidend Methoden der (reellen oder komplexen) Analysis eingesetzt. Man spricht daher hier von der *Analytischen Zahlentheorie*. Natürlich ist wie bei den Bezeichnungen „elementar", „algebraisch", „multiplikativ" und „additiv" (vgl. VII) eine strenge Abgrenzung nicht möglich.

VI.2 Die Selbergsche Formel

Zum Beweis des Primzahlsatzes werden wir statt der Funktion π die Funktion ψ betrachten, welche durch

$$\psi = T_\Lambda \underline{1}$$

definiert ist; dabei ist Λ die MANGOLDTsche Funktion (vgl. V.5). Aufgrund des folgenden Satzes ist der Primzahlsatz nämlich äquivalent mit der Aussage

$$\lim_{x\to\infty} \frac{\psi(x)}{x} = 1.$$

Satz 1: Es sei $\psi(x) = T_\Lambda \underline{1}(x) = \sum_{n\leq x} \Lambda(n)$. Dann gilt:

$$\lim_{x\to\infty} \frac{\psi(x)}{x} = 1 \iff \lim_{x\to\infty} \frac{\pi(x)}{\frac{x}{\log x}} = 1.$$

Beweis: Es gilt einerseits

$$\psi(x) = \sum_{p^\alpha \leq x} \log p = \sum_{p \leq x} \left[\frac{\log x}{\log p}\right] \cdot \log p \leq \sum_{p \leq x} \log x = \pi(x) \cdot \log x.$$

Andererseits gilt für $0 < r < 1$

$$\begin{aligned}
\psi(x) &= \sum_{p^\alpha \leq x} \log p \geq \sum_{x^r < p \leq x} \log p = \log x^r \sum_{x^r < p \leq x} \frac{\log p}{\log x^r} \\
&\geq \log x^r \sum_{x^r < p \leq x} 1 = \log x^r \cdot (\pi(x) - \pi(x^r)) \\
&\geq \log x^r \cdot (\pi(x) - x^r).
\end{aligned}$$

Es folgt

$$\pi(x) \leq \frac{\psi(x)}{r \log x} + x^r,$$

insgesamt also

$$\frac{\psi(x)}{x} \leq \frac{\pi(x)}{\frac{x}{\log x}} \leq \frac{\psi(x)}{rx} + \frac{\log x}{x^{1-r}}.$$

Nun denken wir uns $r = r(x)$ in Abhängigkeit von x so gewählt, daß

$$\lim_{x\to\infty} r(x) = 1 \quad \text{und} \quad \lim_{x\to\infty} \frac{\log x}{x^{1-r(x)}} = 0,$$

etwa

$$r(x) = 1 - \frac{1}{\log \log x}.$$

Dann ergibt sich die Behauptung des Satzes. $\square$

Die Aussage $\lim_{x \to \infty} \frac{\psi(x)}{x} = 1$ läßt sich mit Hilfe von

$$\delta(x) = \psi(x) - x$$

auch folgendermaßen formulieren:

$$\delta(x) = o(x) \quad \text{bzw.} \quad \lim_{x \to \infty} \frac{\delta(x)}{x} = 0.$$

Es ist leicht zu sehen, daß $\delta(x) = O(x)$, daß also $\frac{\delta(x)}{x}$ beschränkt ist. Gleichwertig damit ist nämlich $\psi(x) = O(x)$ bzw. nach obigem Satz $\pi(x) = O(\frac{x}{\log x})$, und dies haben wir schon früher bewiesen (I.4 Satz 7 (Satz von TSCHEBYSCHEFF)). Wir wollen hier aber einen weiteren Beweis für diese Tatsache angeben.

Satz 2: Es gilt $\delta(x) = O(x)$.

Beweis: Wegen $T_\iota \underline{1}(x) = x + O(1)$ ist

$$x - \psi(x) = T_\iota \underline{1}(x) - T_\Lambda \underline{1}(x) + O(1).$$

Nun gilt mit $\lambda(n) = \log n$ wegen

$$\begin{aligned}
T_\tau \underline{1}(x) &= x \log x + (2C - 1)x + O(\sqrt{x}), \\
T_\lambda \underline{1}(x) &= x \log x - x + O(\log x)
\end{aligned}$$

(vgl. V.4 Satz 4 und Beispiel 3) und $\tau = \iota \star \iota$, $\lambda = \iota \star \Lambda$ (vgl. V.1 Satz 2)

$$\begin{aligned}
T_\iota(T_\iota \underline{1}(x) - T_\Lambda \underline{1}(x)) &= T_{\iota \star \iota} \underline{1}(x) - T_{\iota \star \Lambda} \underline{1}(x) \\
&= T_\tau \underline{1}(x) - T_\lambda \underline{1}(x) \\
&= (x \log x + (2C - 1)x + O(\sqrt{x})) \\
&\quad -(x \log x - x + O(\log x)) \\
&= 2Cx + O(\sqrt{x}).
\end{aligned}$$

Also ist wegen $\sum_{n \le x} \frac{\mu(n)}{n} = O(1)$ (vgl. V.4 Satz 7)

$$\begin{aligned}
T_\iota \underline{1}(x) - T_\Lambda \underline{1}(x) &= T_\mu(2Cx + O(\sqrt{x})) \\
&= 2C \cdot T_\mu x + O(T_\iota \sqrt{x}) \\
&= 2Cx \sum_{n \le x} \frac{\mu(n)}{n} + O(\sqrt{x} \cdot \sum_{n \le x} \frac{1}{\sqrt{n}}) \\
&= O(x) + O(x) = O(x). \quad \square
\end{aligned}$$

Bemerkung: Im folgenden werden wir häufig von der Beziehung

$$T_\alpha(f(x) \log x) = \log x \cdot T_\alpha f(x) - T_{\lambda\alpha} f(x)$$

$(\alpha \in \Phi, \ f \in \mathcal{F})$ Gebrauch machen, welche sich aus $\log \frac{x}{n} = \log x - \log n$ ergibt. Beispielsweise ist mit $\alpha = \iota$ und $f(x) = \underline{1}(x)$

$$\sum_{n \leq x} \log \frac{x}{n} \ = \ \log x \cdot T_\iota \underline{1}(x) - T_\lambda \underline{1}(x)$$

$$= \ x \log x + O(\log x) - (x \log x - x + O(\log x))$$

$$= \ x + O(\log x).$$

Satz 3: Es gilt

(1) $\quad T_\Lambda x = x \log x + O(x);$

(2) $\quad T_\Lambda x = \psi(x) + x \displaystyle\int_1^x \frac{\psi(t)}{t^2} \, dt.$

Beweis: (1) Wegen $\Lambda \star \iota = \lambda$ und $T_\lambda \underline{1}(x) = x \log x + O(x)$ sowie $\psi(x) = O(x)$ gilt

$$T_\Lambda x = T_\Lambda(T_\iota \underline{1}(x) + O(1)) = T_\lambda \underline{1}(x) + O(\psi(x)) = x \log x + O(x).$$

(2) Aus der ABELschen Identität (V.8 Satz 8) folgt

$$\frac{1}{x} T_\Lambda x = \sum_{n \leq x} \frac{\Lambda(n)}{n} = \psi(x) \cdot \frac{1}{x} + \int_1^x \frac{\psi(t)}{t^2} \, dt. \quad \square$$

Der Ausgangspunkt zur Untersuchung des asymptotischen Verhaltens von $\psi(x)$ ist die folgende SELBERG*sche Formel*, für welche wir drei äquivalente Formen angeben.

Satz 4: Es gilt

(1) $\quad \log x \cdot T_\Lambda \underline{1}(x) + T_{\Lambda \star \Lambda} \underline{1}(x) = 2x \log x + O(x).$

(2) $\quad \psi(x) \log x + T_\Lambda \psi(x) = 2x \log x + O(x).$

(3) $\quad T_{\lambda \Lambda + \Lambda \star \Lambda} \underline{1}(x) = 2x \log x + O(x).$

Beweis: Die Äquivalenz von (1) und (2) folgt aus $T_\Lambda \underline{1}(x) = \psi(x)$; die Äquivalenz von (1) und (3) folgt aus der ABELschen Identität (V.8 Satz 8):

$$T_{\lambda \Lambda} \underline{1}(x) \ = \ \sum_{n \leq x} \Lambda(n) \cdot \log n = \psi(x) \cdot \log x - \int_1^x \frac{\psi(t)}{t} \, dt$$

$$= \ \psi(x) \cdot \log x + O(x) = \log x \cdot T_\Lambda \underline{1}(x) + O(x).$$

Dabei haben wir die Beziehung $\psi(x) = O(x)$ (Satz 2) ausgenutzt.

Nun soll (3) bewiesen werden. Wegen $\lambda = \Lambda \star \iota$ bzw. $\Lambda = \mu \star \lambda$ gilt

$$\lambda \Lambda + \Lambda \star \Lambda \ = \ \lambda \Lambda + \Lambda \star (\mu \star \lambda)$$

$$= \ \mu \star ((\lambda \Lambda \star \iota) + (\Lambda \star \lambda))$$

$$= \ \mu \star \lambda (\Lambda \star \iota)$$

$$= \ \mu \star \lambda^2.$$

Dabei haben wir von der Produktregel der Differentiation zahlentheoretischer Funktionen Gebrauch gemacht: $(\Lambda \star \iota)' = \Lambda' \star \iota + \Lambda \star \iota'$. Bezeichnen wir die linke Seite in (3) mit $S(x)$, dann gilt also

$$S(x) = T_{\mu \star \lambda^2} \underline{1}(x) = \sum_{n \leq x} \left(\sum_{d|n} \mu(d) \log^2(\frac{n}{d}) \right).$$

Ersetzen wir in dieser Gleichung $\log^2(\frac{n}{d})$ durch $\log^2(\frac{x}{d})$, dann ist der Fehler von der Ordnung $O(x)$, denn

$$\sum_{n \leq x} \left(\sum_{d|n} \mu(d) \left(\log^2(\frac{x}{d}) - \log^2(\frac{n}{d}) \right) \right)$$

$$= \sum_{n \leq x} \left(\sum_{d|n} \mu(d)(\log^2 x - \log^2 n - 2(\log x - \log n) \log d) \right)$$

$$= \log^2 x - 2 \log x \cdot T_{\lambda \mu \star \iota} \underline{1}(x) + 2 \cdot T_{\lambda(\lambda \mu \star \iota)} \underline{1}(x)$$

$$= \log^2 x + 2 \log x \cdot T_{\Lambda} \underline{1}(x) - 2 \cdot T_{\lambda \Lambda} \underline{1}(x)$$

$$= \log^2 x + 2\psi(x) \log x - 2(\psi(x) \log x + O(x)) = O(x),$$

wobei wir neben $\lambda \mu \star \iota = -\Lambda$ (vgl. V.1 Satz 2) die oben hergeleitete Beziehung $T_{\lambda \Lambda} \underline{1}(x) = \psi(x) \log x + O(x)$ benutzt haben. Wegen

$$\sum_{n \leq x} \left(\sum_{d|n} \mu(d) \log^2(\frac{x}{d}) \right) = \sum_{td \leq x} \mu(d) \log^2(\frac{x}{d})$$

$$= \sum_{d \leq x} \mu(d) \left(\sum_{t \leq \frac{x}{d}} 1 \right) \log^2(\frac{x}{d})$$

$$= \sum_{d \leq x} \mu(d)[\frac{x}{d}] \log^2(\frac{x}{d})$$

und

$$\sum_{d \leq x} \log^2(\frac{x}{d}) = [x] \log^2 x - 2 \log x \sum_{d \leq x} \log d + \sum_{d \leq x} \log^2 d$$

$$= x \log^2 x - 2 \log x (x \log x - x)$$
$$+ x \log^2 x - 2x \log x + O(x) = O(x)$$

(vgl. V.4 Beispiele 3 und 6) ist

$$S(x) = x \sum_{d \leq x} \frac{\mu(d)}{d} \log^2(\frac{x}{d}) + O(x).$$

Nun ist $T_{\mu} x = O(x)$, so daß man hier $\log^2(\frac{x}{d})$ durch $\log^2(\frac{x}{d}) - C^2$ ersetzen kann, wobei C die EULERsche Konstante sein soll:

$$S(x) = x \sum_{d \leq x} \frac{\mu(d)}{d} \left(\log^2(\frac{x}{d}) - C^2 \right) + O(x).$$

Mit $\sum_{k \leq \frac{x}{d}} \frac{1}{k} = \log \frac{x}{d} + C + O(\frac{d}{x})$ folgt daraus

$$S(x) = x \sum_{d \leq x} \frac{\mu(d)}{d} \left(\log \frac{x}{d} - C \right) \left(\sum_{k \leq \frac{x}{d}} \frac{1}{k} + O(\frac{d}{x}) \right) + O(x).$$

Wegen

$$\sum_{d \leq x} \frac{1}{d} \left(\log \frac{x}{d} + C \right) O(\frac{d}{x}) = O \left(\frac{1}{x} \sum_{d \leq x} \log \frac{x}{d} \right) = O(1)$$

folgt

$$\begin{aligned}
S(x) &= x \sum_{d \leq x} \left(\frac{\mu(d)}{d} (\log(\frac{x}{d}) - C) \sum_{k \leq \frac{x}{d}} \frac{1}{k} \right) + O(x) \\
&= x \sum_{dk \leq x} \frac{\mu(d)}{dk} (\log(\frac{x}{d}) - C) + O(x) \\
&= x \sum_{n \leq x} \frac{1}{n} \sum_{d|n} \mu(d) (\log \frac{x}{d} - C) + O(x).
\end{aligned}$$

Für $n = 1$ ergibt sich der Summand $x \log x - Cx$, für ein $n \geq 2$ ergibt sich

$$x \cdot \frac{1}{n} \cdot \sum_{d|n} \mu(d) \log \frac{x}{d} = -\frac{x}{n} \sum_{d|n} \mu(d) \log d = \frac{x}{n} \cdot \Lambda(n).$$

Wegen $T_\Lambda x = x \log x + O(x)$ erhält man schließlich

$$S(x) = x \log x - Cx + x \log x + O(x) = 2x \log x + O(x). \quad \Box$$

Aus Satz 3 (1) ergibt sich eine bemerkenswerte Eigenschaft der Primzahlen:

Satz 5 (EULER): Mit einer Konstanten c gilt

$$\sum_{p \leq x} \frac{1}{p} = \log \log x + c + O \left(\frac{1}{\log x} \right).$$

Beweis: Wegen

$$\sum_{n \leq x} \frac{\Lambda(n)}{n} = \sum_{p^r \leq x} \frac{\log p}{p^r} = \sum_{p \leq x} \frac{\log p}{p} + \sum_{\substack{p^r \leq x \\ r \geq 2}} \frac{\log p}{p^r} = \sum_{p \leq x} \frac{\log p}{p} + O(1)$$

folgt aus Satz 3 (1)

$$\sum_{p \leq x} \frac{\log p}{p} = \log x + O(1).$$

Nun sei $\alpha(n) = 1$, wenn n eine Primzahl ist, und 0 sonst. Mit

$$A(x) = \sum_{p \leq x} \frac{\log p}{p} = \sum_{n \leq x} \frac{\alpha(n) \cdot \log n}{n}$$

folgt aus der ABELschen Identität (V.4 Satz 8)

$$\sum_{p \leq x} \frac{1}{p} = \sum_{n \leq x} \frac{\alpha(n) \cdot \log n}{n} \cdot \frac{1}{\log n} = \frac{A(x)}{\log x} + \int_2^x \frac{A(t)}{t \log^2 t}\, dt.$$

Es ist $A(x) = \log x + r(x)$ mit $r(x) = O(1)$, also

$$
\begin{aligned}
\sum_{p \leq x} \frac{1}{p} &= 1 + O\left(\frac{1}{\log x}\right) + \int_2^x \frac{1}{t \log t}\, dt + \int_2^x \frac{r(t)}{t \log^2 t}\, dt \\
&= \log \log x + 1 - \log \log 2 \\
&\quad + \int_2^\infty \frac{r(t)}{t \log^2 t}\, dt - \int_x^\infty \frac{r(t)}{t \log^2 t}\, dt \\
&= \log \log x + c + O\left(\frac{1}{\log x}\right)
\end{aligned}
$$

mit

$$c = 1 - \log \log 2 + \int_2^\infty \frac{r(t)}{t \log^2 t}\, dt. \qquad \square$$

VI.3 Der Beweis des Primzahlsatzes

In der SELBERGschen Formel (Satz 4)

$$\psi(x) \log x + T_\Lambda \psi(x) = 2x \log x + O(x)$$

setzen wir $\psi(x) = x + \delta(x)$ ein. Wegen $T_\Lambda x = x \log x + O(x)$ (Satz 3) folgt

$$\delta(x) \log x + T_\Lambda \delta(x) = O(x).$$

Daraus folgt durch Multiplikation mit $\log x$ bzw. Anwenden von T_Λ

$$\log x \cdot T_\Lambda \delta(x) = -\delta(x) \log^2 x + O(x \log x)$$

und

$$
\begin{aligned}
T_\Lambda(\delta(x) \log x) &= T_\Lambda(-T_\Lambda \delta(x) + O(x)) \\
&= -T_{\Lambda \star \Lambda} \delta(x) + O(T_\Lambda x) \\
&= -T_{\Lambda \star \Lambda} \delta(x) + O(x \log x),
\end{aligned}
$$

wobei wieder $T_\Lambda x = O(x \log x)$ benutzt worden ist. Wegen

$$\log x \cdot T_\Lambda \delta(x) - T_\Lambda(\delta(x) \log x) = T_{\lambda \Lambda} \delta(x)$$

ergibt sich aus den beiden letzten Gleichungen

$$\delta(x)\log^2 x = -T_{\lambda\Lambda}\delta(x) + T_{\Lambda\star\Lambda}\delta(x) + O(x\log x).$$

Daraus folgt die Abschätzung

(1) $$|\delta(x)|\log^2 x \leq T_\alpha|\delta(x)| + O(x\log x)$$

mit $\alpha = \lambda\Lambda + \Lambda\star\Lambda$. Es ist nun unser Ziel, aus (1) auf $\delta(x) = o(x)$ zu schließen.

Aufgrund der SELBERGschen Formel gilt $T_\alpha\underline{1}(x) = 2x\log x + O(x)$. Wegen

$$\int_1^x \log t\,dt = x\log x + O(x)$$

ist es ein naheliegender Gedanke, $\alpha(n)$ in (1) für $n \geq 2$ durch

$$\beta(n) = 2\cdot\int_{n-1}^n \log t\,dt$$

zu ersetzen (beachte $\alpha(1) = 0$) und damit die Summe $T_\alpha|\delta(x)|$ in (1) in ein Integral zu verwandeln. Es gilt mit $\gamma = \alpha - \beta$ und $c(x) = T_\gamma\underline{1}(x)$

$$
\begin{aligned}
T_\gamma|\delta(x)| &= \sum_{n\leq x}(c(n) - c(n-1))|\delta(\tfrac{x}{n})| \\
&= \sum_{n\leq x-1} c(n)\left(|\delta(\tfrac{x}{n})| - |\delta(\tfrac{x}{n+1})|\right) + c(x)|\delta(\tfrac{x}{[x]})|.
\end{aligned}
$$

Wegen

$$c(x) = T_\alpha\underline{1}(x) - 2\int_1^{[x]}\log t\,dt = 2x\log x - 2x\log x + O(x) = O(x)$$

und

$$
\begin{aligned}
\left||\delta(\tfrac{x}{n})| - |\delta(\tfrac{x}{n+1})|\right| &\leq \left|\delta(\tfrac{x}{n}) - \delta(\tfrac{x}{n+1})\right| \\
&= \left|\psi(\tfrac{x}{n}) - \tfrac{x}{n} - \psi(\tfrac{x}{n+1}) + \tfrac{x}{n+1}\right| \\
&\leq \left|\psi(\tfrac{x}{n}) - \psi(\tfrac{x}{n+1})\right| + \left|\tfrac{x}{n} - \tfrac{x}{n+1}\right| \\
&= \left(\psi(\tfrac{x}{n}) - \psi(\tfrac{x}{n+1})\right) + \left(\tfrac{x}{n} - \tfrac{x}{n+1}\right) \\
&= \left(\psi(\tfrac{x}{n}) + \tfrac{x}{n}\right) - \left(\psi(\tfrac{x}{n+1}) + \tfrac{x}{n+1}\right)
\end{aligned}
$$

gilt mit $F(t) = \psi(t) + t\ (= O(t))$

$$
\begin{aligned}
T_\gamma|\delta(x)| &= O\left(\sum_{n\leq x-1} n\left(F(\tfrac{x}{n}) - F(\tfrac{x}{n+1})\right)\right) \\
&= O\left(\sum_{n\leq x} F(\tfrac{x}{n}) + [x]\cdot F(\tfrac{x}{[x]})\right) \\
&= O(x\log x + x) = O(x\log x).
\end{aligned}
$$

Also ist der Fehler bei Ersetzung von α durch β ein $O(x \log x)$, so daß sich

$$|\delta(x)| \log^2 x \leq T_\beta |\delta(x)| + O(x \log x)$$

bzw.

$$(2) \qquad |\delta(x)| \log^2 x \leq 2 \int_1^x |\delta(\tfrac{x}{t})| \log^2 t \, \mathrm{d}t + O(x \log x)$$

ergibt. Man beachte dabei, daß die Ersetzung von $|\delta(\tfrac{x}{n})|$ durch $|\delta(\tfrac{x}{t})|$ für $n-1 \leq t \leq n$ wegen

$$
\begin{aligned}
0 \leq F(\tfrac{x}{t}) - F(\tfrac{x}{n}) &= \psi(\tfrac{x}{t}) - \psi(\tfrac{x}{n}) + \frac{x}{t} - \frac{x}{n} \\
&\leq \sum_{\frac{x}{n} \leq k \leq \frac{x}{t}} \log k + \frac{x}{t^2} \\
&= O\left((\tfrac{x}{t} - \tfrac{x}{n}) \cdot \log \tfrac{x}{t} + \tfrac{x}{t^2}\right) = O\left(\frac{x}{t^2} \log x\right)
\end{aligned}
$$

und

$$\int_1^x \frac{\log t}{t^2} \, \mathrm{d}t = O(1)$$

nur zu einem Fehler der Ordnung $O(x \log x)$ führt.

Würden wir nun in (2) $|\delta(\tfrac{x}{t})|$ einfach durch $O(\tfrac{x}{t})$ ersetzen, so ergäbe sich wegen $\int_1^x \frac{\log t}{t} \, \mathrm{d}t = O(\log^2 x)$ nur wieder $\delta(x) = O(x)$. Wir müssen also obiges Integral etwas genauer untersuchen. Wegen des Logarithmus im Integral ersetzen wir die Variable t durch u mit $t = xe^{-u}$. Dann ist

$$\int_1^x |\delta(\tfrac{x}{t})| \log t \, \mathrm{d}t = x \int_0^{\log x} |\delta(e^u)| \cdot e^{-u} \cdot (\log x - u) \, \mathrm{d}u.$$

Mit $v = \log x$ und $f(u) = |\delta(e^u)| \cdot e^{-u}$ ergibt sich

$$\int_1^x |\delta(\tfrac{x}{t})| \log t \, \mathrm{d}t = e^v \int_0^v f(u) \cdot (v - u) \, \mathrm{d}u.$$

Damit erhält man aus (2)

$$
\begin{aligned}
(3) \qquad v^2 f(v) &\leq 2 \int_0^v f(u) \cdot (v - u) \, \mathrm{d}u + O(v) \\
&= 2 \int_0^v f(u) \left(\int_u^v \mathrm{d}w\right) \mathrm{d}u + O(v) \\
&= 2 \int_0^v \left(\int_0^w f(u) \, \mathrm{d}u\right) \mathrm{d}w + O(v).
\end{aligned}
$$

Es gilt $f(u) = e^{-u} |\delta(e^u)| = e^{-u} \cdot O(e^u) = O(1)$, die Funktion f ist also beschränkt für $u \longrightarrow \infty$. Daher existieren

$$a = \limsup_{u \to \infty} f(u) \quad \text{und} \quad b = \limsup_{v \to \infty} \frac{1}{v} \int_0^v f(u) \, \mathrm{d}u.$$

Es ist unser Ziel, $a = 0$ zu beweisen, denn dies bedeutet

$$\lim_{u \to \infty} f(u) = 0 \quad \text{bzw.} \quad \lim_{x \to \infty} \frac{\delta(x)}{x} = 0.$$

Wir zeigen dies mit einem Widerspruchsbeweis, nehmen also $a > 0$ an. Wegen

$$\int_0^w f(u)\,du \leq bw + o(w)$$

folgt aus (3)

$$v^2 f(v) \leq 2 \int_0^v (bw + o(w))\,dw + O(v) = bv^2 + o(v^2),$$

also $f(v) \leq b + o(1)$. Daraus ergibt sich aufgrund der Definition von a die Beziehung

$$a \leq b.$$

Wir beweisen nun unter der Annahme $a > 0$ die gegenteilige Ungleichung

$$b < a$$

und erhalten so einen Widerspruch zur Annahme $a > 0$.

Zunächst zeigen wir, daß für $y > 0$ im Falle $f(y) = 0$ gilt:

$$(4) \qquad \int_0^a f(y + u)\,du \leq \frac{1}{2}a^2 + O(y^{-1}).$$

Für $x > x_0 \geq 1$ folgt aus der SELBERGschen Formel wegen

$$T_\Lambda \psi(x) - T_\Lambda \psi(x_0) \geq \sum_{x_0 < n \leq x} \Lambda(n)\psi(\frac{x}{n}) \geq 0$$

die Beziehung

$$\psi(x)\log x - \psi(x_0)\log x_0 \leq 2(x \log x - x_0 \log x_0) + O(x)$$

und damit

$$|\delta(x)\log x - \delta(x_0)\log x_0| \leq x \log x - x_0 \log x_0 + O(x).$$

Es sei $x_0 = e^y$, also $\delta(x_0) = 0$, ferner $x = e^{y+u}$. Für $0 \leq u \leq a$ ist dann

$$
\begin{aligned}
f(y + u) = \frac{1}{x}|\delta(x)| &\leq 1 - \frac{x_0 \log x_0}{x \log x} + O(\log^{-1} x) \\
&= 1 - e^{-u} \cdot \frac{y}{y + u} + O(y^{-1}) \\
&= 1 - e^{-u} + O(y^{-1}) \leq u + O(y^{-1}),
\end{aligned}
$$

woraus sich (4) ergibt.

Wir untersuchen nun $\int_v^{v+c} f(u)\,du$ für $v, c > 0$, wobei sich die O-Glieder auf $v \longrightarrow \infty$ beziehen und c zunächst eine beliebige positive Konstante ist, über welche wir erst später geeignet verfügen.

Existiert ein y mit $v \leq y \leq v + c - a$ und $f(y) = 0$, dann ist wegen $f(v) \leq a + o(1)$

$$
\begin{aligned}
\int_v^{v+c} f(u)\,du &= \int_v^y f(u)\,du + \int_y^{y+a} f(u)\,du + \int_{y+a}^{v+c} f(u)\,du \\
&\leq a(y - v) + \frac{1}{2}a^2 + a(v + c - y - a) + o(1) \\
&= a(c - \frac{a}{2}) + o(1),
\end{aligned}
$$

wobei wir (4) auf das Integral von y bis $y + a$ angewendet haben.

Besitzt f keine Nullstelle zwischen v und $v+c-a$, dann wechselt die Funktion g mit

$$
g(u) = e^{-u}\delta(e^u) = e^{-u}\psi(e^u) - 1
$$

in diesem Intervall höchstens einmal das Vorzeichen. Denn die Funktion g ist monoton fallend außer an den Unstetigkeitstellen, wo sie wächst. Die Funktion g kann also wegen des Fehlens einer Nullstelle nicht von positiven zu negativen Werten wechseln, und wechselt sie (an einer Unstetigkeitsstelle) von negativen zu positiven Werten, dann kann sie nicht wieder zu negativen Werten wechseln. Ändert nun g das Vorzeichen an der Stelle z zwischen v und $v + c - a$, dann ist

$$
\int_v^{v+c-a} f(u)\,du = \left| \int_v^z g(u)\,du \right| + \left| \int_z^{v+c-a} g(u)\,du \right|.
$$

Nun existiert ein $A > 0$, so daß für beliebige $r, s > 0$

$$
(5) \qquad \left| \int_r^s g(u)\,du \right| < A
$$

gilt. Denn mit $t = e^u$, $x = e^s$ ist wegen

$$
T_\Lambda x = \psi(x) + x \int_1^x \frac{\psi(t)}{t^2}\,dt \quad \text{und} \quad T_\Lambda x = x \log x + O(x)
$$

(Satz 3) sowie $\psi(x) = O(x)$

$$
\int_0^s g(u)\,du = \int_1^x \left(\frac{\psi(t)}{t^2} - \frac{1}{t} \right)\,dt = \frac{1}{x}T_\Lambda x - \frac{\psi(x)}{x} - \log x = O(1).
$$

Also ist

$$
\int_v^{v+c-a} f(u)\,du < 2A,
$$

falls g zwischen v und $v + c - a$ das Vorzeichen wechselt.

Wenn g zwischen v und $v + c - a$ das Vorzeichen aber nicht wechselt, dann folgt aus (5) wegen $f = |g|$ sofort

$$
\int_v^{v+c-a} f(u)\,du < A.
$$

Insgesamt ergibt sich wegen

$$\int_{v+c-a}^{v+c} f(u)\,du \leq a^2 + o(1)$$

die Beziehung

$$\int_{v}^{v+c} f(u)\,du = \int_{v}^{v+c-a} f(u)\,du + \int_{v+c-a}^{v+c} f(u)\,du$$

$$\leq \max\left(a(c-\frac{a}{2}),\quad 2A+a^2\right) + o(1).$$

Das noch frei verfügbare c wählen wir nun so, daß

$$2A + a^2 = a(c-\frac{a}{2}), \quad \text{also} \quad c = \frac{3a^2 + 4A}{2a},$$

was wegen $a > 0$ möglich ist. Dann ergibt sich

$$\int_{v}^{v+c} f(u)\,du \leq a(c-\frac{a}{2}) + o(1).$$

Mit $N = [\frac{v}{c}]$ erhält man daraus

$$\int_{0}^{v} f(u)\,du = \sum_{n=0}^{N-1} \int_{nc}^{(n+1)c} f(u)\,du + \int_{Nc}^{v} f(u)\,du$$

$$\leq a(c-\frac{a}{2})N + o(N) + O(1)$$

$$= \frac{a}{c}\left(c-\frac{a}{2}\right)v + o(v).$$

Daraus folgt

$$b = \limsup_{v\to\infty} \frac{1}{v}\int_{0}^{v} f(u)\,du \leq \frac{a}{c}\left(c-\frac{a}{2}\right) = a - \frac{a^2}{2c} < a,$$

womit der erwünschte Widerspruch ensteht. Damit ist der Primzahlsatz bewiesen. □

VI.4 Anmerkungen, Folgerungen

Für Funktionen $f, g \in \mathcal{F}$ schreiben wir $f(x) \sim g(x)$ („f und g verhalten sich für $x \to \infty$ asymptotisch gleich"), wenn

$$\lim_{x \to \infty} \frac{f(x)}{g(x)} = 1.$$

In diesem Sinn besagt also der Primzahlsatz:

$$\pi(x) \sim \frac{x}{\log x}.$$

An Primzahltabellen kann man sehen, daß die Approximation

$$\pi(x) \sim \frac{x}{\log x - 1}$$

etwas besser ist. LEGENDRE hat eine noch bessere Approximation aus den ihm zugänglichen Primzahltabellen abgelesen, nämlich

$$\pi(x) \sim \frac{x}{\log x - 1,08366}.$$

Eine ebenfalls sehr gute Näherung ist für $x > e^4$

$$\pi(x) \sim P(x) = \frac{x}{2} \left(1 - \sqrt{1 - \frac{4}{\log x}} \right)$$

(Aufgabe 1). Für $x \geq 55$ gilt die Abschätzung

$$\frac{x}{\log x + 2} < \pi(x) < \frac{x}{\log x - 4}.$$

Auf GAUSS geht folgender Gedanke zurück: Wenn der Primzahlsatz gilt, dann ist die „Wachstumsrate" der Primzahlen ziemlich genau $\frac{1}{\log x}$, denn

$$\left(\frac{x}{\log x} \right)' = \frac{\log x - 1}{\log^2 x} \sim \frac{1}{\log x};$$

folglich ist dann

$$\pi(x) \sim \mathrm{Li}(x) := \int_2^x \frac{\mathrm{d}t}{\log t};$$

dabei steht „Li" für *Logarithmus integralis*. Diese Approximation ist für $x \leq 10^7$ fast so gut wie die von LEGENDRE, für größere x ist sie besser. Mit partieller Integration ergibt sich

$$\mathrm{Li}(x) = \frac{x}{\log x} - \frac{2}{\log 2} + \int_2^x \frac{\mathrm{d}t}{\log^2 t},$$

also

$$\mathrm{Li}(x) \sim \frac{x}{\log x},$$

wie nicht anders zu vermuten war. Eine noch bessere Approximation ist

$$\pi(x) \sim \mathrm{R}(x) = \mathrm{Li}(x) - \sum_{k=2}^{\infty} \frac{1}{k} \cdot \mathrm{Li}\left(\sqrt[k]{x}\right),$$

wobei der Buchstabe „R" zu Ehren von RIEMANN gewählt worden ist. RIEMANN hat nachgewiesen, daß

$$\mathrm{R}(x) = 1 + \sum_{n=1}^{\infty} \frac{1}{n\zeta(n+1)} \cdot \frac{(\log x)^n}{n!}$$

gilt, wobei ζ die RIEMANNsche Zetafunktion bedeutet (vgl. V.3). Man beachte aber, daß weder GAUSS noch LEGENDRE noch RIEMANN einen *Beweis* des Primzahlsatzes hatten, daß ein solcher erst HADAMARD und DE LA VALLÉE POUSSIN gelungen ist (vgl. VI.1). Sie zeigten, daß

$$\pi(x) = \mathrm{Li}(x) + r(x)$$

mit

$$r(x) = O(x \cdot e^{-c\sqrt{\log x}}),$$

wobei c eine positive Konstante ist. Dieses O-Glied ist inzwischen stark verbessert worden; man vermutet

$$r(x) = O(\sqrt{x} \cdot \log x),$$

kann dies aber noch nicht beweisen. Das Fehlerglied $r(x)$ ist im bisher untersuchten Bereich ($x \leq 10^{12}$) stets negativ, d.h. dort gilt $\pi(x) < \mathrm{Li}(x)$. J. E. LITTLEWOOD hat aber bewiesen, daß $r(x)$ unendlich oft das Vorzeichen wechselt, und S. SKEWES hat gezeigt, daß dies mindestens einmal für

$$x < S = e^{e^{e^{e^{79}}}}$$

geschieht. Die Zahl S ist wohl eine der größten Zahlen, die je in der Mathematik eine Rolle gespielt haben. Sie hat im 10er-System etwa 10^{34} Stellen, so daß die vorhandene Materie nicht ausreichen würde, sie ziffernmäßig aufzuschreiben. (Vgl. [Ribenboim 1988], [Schwarz 1968, 1969, 1987], [Zagier 1981].)

In folgender Tabelle sind die oben angegebenen Näherungswerte von $\pi(x)$ für $x = 10^9$ zusammengestellt.

$$\left[\frac{10^9}{\log 10^9}\right] \qquad\qquad = \quad 48\,254\,942$$

$$\left[\frac{10^9}{\log 10^9 - 1}\right] \qquad = \quad 50\,701\,542$$

$$[P(10^9)] \qquad\qquad\qquad = \quad 50\,839\,608$$

$$[\mathrm{R}(10^9)] \qquad\qquad\qquad = \quad 50\,847\,455$$

$$\pi(10^9) \qquad\qquad\qquad = \quad 50\,847\,534$$

$$[\mathrm{Li}(10^9)] \qquad\qquad\quad = \quad 50\,849\,236$$

$$\left[\frac{10^9}{\log 10^9 - 1,08366}\right] = \quad 50\,917\,518$$

Bezeichnet man mit p_n die n-te Primzahl, dann folgt aus dem Primzahlsatz

$$p_n \sim n \log n.$$

Denn ist $x = p_n$, also $\pi(x) = n$, dann ist

$$\lim_{n\to\infty} \frac{p_n}{n \log n} = \lim_{x\to\infty} \frac{x}{\pi(x) \log \pi(x)} = \lim_{x\to\infty} \frac{x}{\pi(x) \log x} \cdot \lim_{x\to\infty} \frac{\log x}{\log \pi(x)},$$

und es gilt

$$\lim_{x\to\infty} \frac{\log x}{\log \pi(x)} = \lim_{x\to\infty} \frac{\log x}{\log x - \log\log x} = 1.$$

Insbesondere folgt die Divergenz der Reihe $\sum_p \frac{1}{p}$ jetzt aus der Divergenz der Reihe $\sum_{n=2}^{\infty} \frac{1}{n \log n}$.

Äquivalent zum Primzahlsatz ist die Aussage

$$\sum_{n\leq x} \mu(n) = o(x).$$

Daß dies aus dem Primzahlsatz folgt, soll in Aufgabe 7 gezeigt werden. Daß sich umgekehrt aus dieser Beziehung der Primzahlsatz ergibt, sieht man folgendermaßen ein: Wegen

$$\mu \star (\lambda - \tau + 2C\iota) = \Lambda - \iota + 2C\varepsilon$$

gilt

$$\psi(x) - [x] + 2C = \sum_{n\leq x}(\Lambda(n) - \iota(n) + 2C\varepsilon(n)) = \sum_{n\leq x}(\mu \star \alpha)(n)$$

mit $\alpha = \lambda - \tau + 2C\iota$, wobei C die EULERsche Konstante ist. Es gilt also

$$\psi(x) - x = \sum_{n\leq x}(\mu \star \alpha)(n) + O(1).$$

Nun ist für $0 < y \leq x$

$$\sum_{n \leq x} (\mu \star \alpha)(n) = \sum_{ab \leq x} \mu(a)\alpha(b)$$

$$= \sum_{\substack{ab \leq x \\ a \leq \frac{x}{y}}} \mu(a)\alpha(b) + \sum_{\substack{ab \leq x \\ b \leq y}} \mu(a)\alpha(b) - \sum_{\substack{a \leq \frac{x}{y} \\ b \leq y}} \mu(a)\alpha(b)$$

$$= \sum_{a \leq \frac{x}{y}} \left(\mu(a) \sum_{b \leq \frac{x}{a}} \alpha(b) \right) + \sum_{b \leq y} \left(\alpha(b) \sum_{a \leq \frac{x}{b}} \mu(a) \right)$$

$$- \left(\sum_{a \leq \frac{x}{y}} \mu(a) \right) \left(\sum_{b \leq y} \alpha(b) \right).$$

Aus V.4 Beispiel 3 und V.4 Satz 4 folgt

$$\sum_{n \leq x} \alpha(n) = (x \log x - x + O(\log x))$$

$$- \left(x \log x + (2C - 1)x + O(\sqrt{x}) \right) + (2Cx + O(1)) = O(\sqrt{x}).$$

Unter der Annahme $\sum_{n \leq x} \mu(n) = o(x)$ ergibt sich also

$$\sum_{n \leq x} (\mu \star \alpha)(n) = O\left(\sum_{a \leq \frac{x}{y}} \sqrt{\frac{x}{a}} \right) + o\left(x \sum_{b \leq y} \left| \frac{\alpha(b)}{b} \right| \right) - o\left(\frac{x}{y} \right) O(\sqrt{y})$$

$$= O\left(\frac{x}{\sqrt{y}} \right) + o(x \log^2 y);$$

dabei haben wir die Beziehung

$$\sum_{n \leq x} \frac{\log n + \tau(n) + 2C}{n} = O\left(\sum_{n \leq x} \frac{\log n}{n} + \sum_{n \leq x} \frac{\tau(n)}{n} \right) = O(\log^2 x)$$

benutzt (vgl. V.7 Aufgabe 18). Zu jedem $\varepsilon > 0$ existiert also ein x_0, so daß für $x \geq x_0$

$$|\psi(x) - x| \leq K \left(\frac{x}{\sqrt{y}} + \varepsilon x \log^2 y \right)$$

gilt, wobei K eine Konstante ist. Für $x \geq y = [\sqrt{\frac{1}{\varepsilon}}] + 1$ gilt

$$\frac{x}{\sqrt{y}} < \varepsilon x \quad \text{und} \quad x \log^2 y = A_\varepsilon x \quad \text{mit} \quad A_\varepsilon = \log^2 \left(\left[\frac{1}{\varepsilon} \right] + 1 \right).$$

Also ist

$$|\psi(x) - x| \leq K \left(\varepsilon + \varepsilon A_\varepsilon \right) x.$$

Wegen $\lim_{\varepsilon \to 0} (\sqrt{\varepsilon} \cdot A_\varepsilon) = 0$ existiert daher eine absolute L mit

$$|\psi(x) - x| \leq L\sqrt{\varepsilon} \cdot x$$

für $x \geq \max(x_0, y)$, woraus sich $\psi(x) - x = o(x)$ ergibt.

VI.5 Primzahlen in arithmetischen Progressionen (1)

Auf DIRICHLET geht folgender Satz zurück:

Satz 6: Sind a, m teilerfremde natürliche Zahlen, dann enthält die Restklasse $a \bmod m$ unendlich viele Primzahlen.

Dieser DIRICHLET*sche Primzahlsatz* ist in einigen Spezialfällen leicht zu beweisen (vgl. I.3 und III.11 Aufgabe 31, VI. 7 Aufgabe 13), der allgemeine Beweis erfordert aber einige algebraische und analytische Vorbereitungen. Wir werden diesen Satz dadurch beweisen, daß wir zeigen, daß die Reihe $\sum_p \frac{\log p}{p}$ divergiert, wenn man über alle Primzahlen der primen Restklasse $a \bmod m$ summiert. Mit Hilfe des Primzahlsatzes könnte man sogar zeigen, daß für die Anzahl $\pi_m(x)$ der Primzahlen $\leq x$ in der Restklasse $a \bmod m$ unabhängig von a die asymptotische Beziehung

$$\pi_m(x) \sim \frac{1}{\varphi(m)} \cdot \frac{x}{\log x}$$

gilt, wobei φ die EULERsche φ-Funktion ist, daß sich also die Primzahlen gleichmäßig auf die $\varphi(m)$ primen Restklassen $\bmod m$ verteilen. Dies wurde erstmals von DE LA VALLÉE POUSSIN bewiesen. Vgl. hierzu auch VIII.3.

Bevor wir den Satz 6 beweisen, wollen wir den Beweisgedanken an zwei einfachen Beispielen darstellen.

Beispiel 1: Die uns schon bekannte Tatsache, daß die Restklasse $1 \bmod 4$ unendlich viele Primzahlen enthält, kann man folgendermaßen beweisen: Wir definieren zwei *vollständig multiplikative* zahlentheoretische Funktionen χ_1, χ_2 durch

$$
\begin{aligned}
\chi_1(2) &= \chi_2(2) = 0, \\
\chi_1(p) &= 1 \text{ für alle Primzahlen } p \neq 2, \\
\chi_2(p) &= \left\{ \begin{array}{l} 1, \text{ wenn } p \equiv 1 \bmod 4 \\ -1, \text{ wenn } p \equiv 3 \bmod 4 \end{array} \right\} \ (p \text{ Primzahl.})
\end{aligned}
$$

Dann ist für $x > 0$

$$\sum_{\substack{p \leq x \\ p \neq 2}} \frac{1}{p} + \sum_{\substack{p \leq x \\ p \neq 2}} \frac{(-1)^{\frac{p-1}{2}}}{p} = \sum_{p \leq x} \frac{\chi_1(p) + \chi_2(p)}{p} = 2 \cdot \sum_{\substack{p \leq x \\ p \equiv 1 \bmod 4}} \frac{1}{p}.$$

Die Reihe

$$\sum_{p \neq 2} \frac{(-1)^{\frac{p-1}{2}}}{p}$$

ist eine Teilreihe der konvergenten Reihe $1 - \frac{1}{3} + \frac{1}{5} - \frac{1}{7} + \frac{1}{9} - \ldots$; da diese aber nicht absolut konvergiert, kann man nicht ohne weiteres auf die Konvergenz der

Teilreihe schließen. Wir nehmen nun an, die Beziehung

$$\sum_{p \le x} \frac{(-1)^{\frac{p-1}{2}}}{p} = O(1)$$

sei bewiesen (Aufgabe 11). Wegen

$$\sum_{\substack{p \le x \\ p \ne 2}} \frac{1}{p} = \log \log x + O(1)$$

(vgl. VI.2 Satz 5) ist dann

$$\sum_{\substack{p \le x \\ p \equiv 1 \bmod 4}} \frac{1}{p} = \frac{1}{2} \log \log x + O(1).$$

Daher enthält die Restklasse 1 mod 4 unendlich viele Primzahlen. Hätten wir mit $-\chi_2$ statt mit χ_2 argumentiert, dann hätte sich dasselbe Resultat für die Restklasse 3 mod 4 ergeben. Die Funktionen χ_1, χ_2 dienen also in gewisser Weise dazu, die Restklassen zu trennen. Ist $\varphi(m) = 2$ (also $m \in \{3, 4, 6\}$), dann kann man analog die Unendlichkeit der Menge der Primzahlen in den Restklassen 1 mod m und $m - 1$ mod m beweisen, wenn man die Werte von χ_1, χ_2 für Primzahlen p folgendermaßen definiert: $\chi_1(p) = \chi_2(p) = 0$ für $p | m$, $\chi_1(p) = 1$ für alle p mit $p \nmid m$, $\chi_2(p) = \pm 1$ für $p \equiv \pm 1 \bmod m$.

Beispiel 2: Nun untersuchen wir die primen Restklassen mod 8. Um die 4 primen Restklassen zu trennen, definieren wir vier vollständig multiplikative Funktionen χ_1, χ_2, χ_3, χ_4 durch $\chi_k(2) = 0$ ($k = 1, 2, 3, 4$) und

$$\chi_1(p) = 1, \qquad \chi_2(p) = (-1)^{\frac{p-1}{2}},$$
$$\chi_3(p) = i^{\frac{p-1}{2}}, \qquad \chi_4(p) = (-i)^{\frac{p-1}{2}}$$

für alle Primzahlen $p \ne 2$, wobei i die imaginäre Einheit ist. Die Werte dieser Funktionen sind in der folgenden Tafel zusammengestellt:

	χ_1	χ_2	χ_3	χ_4
$p \equiv 1 \bmod 8$	1	1	1	1
$p \equiv 3 \bmod 8$	1	-1	i	$-i$
$p \equiv 5 \bmod 8$	1	1	-1	-1
$p \equiv 7 \bmod 8$	1	-1	$-i$	i

Es gilt offensichtlich

$$\chi_1(p) + \chi_2(p) + \chi_3(p) + \chi_4(p) = \begin{cases} 4 \text{ für } p \equiv 1 \bmod 8, \\ 0 \text{ für } p \not\equiv 1 \bmod 8. \end{cases}$$

12*

Daraus folgt

$$\sum_{p \leq x} \frac{\chi_1(p)}{p} + \sum_{p \leq x} \frac{\chi_2(p)}{p} + \sum_{p \leq x} \frac{\chi_3(p)}{p} + \sum_{p \leq x} \frac{\chi_4(p)}{p}$$

$$= \sum_{p \leq x} \frac{\chi_1(p) + \chi_2(p) + \chi_3(p) + \chi_4(p)}{p} = 4 \cdot \sum_{\substack{p \leq x \\ p \equiv 1 \bmod 8}} \frac{1}{p}.$$

Gilt nun

$$\sum_{p \leq x} \frac{\chi_k(p)}{p} = O(1) \text{ für } k = 2, 3, 4,$$

dann erhält man wegen

$$\sum_{p \leq x} \frac{\chi_1(p)}{p} = \log \log x + O(1)$$

die Beziehung

$$\sum_{\substack{p \leq x \\ p \equiv 1 \bmod 8}} \frac{1}{p} = \frac{1}{4} \log \log x + O(1).$$

Argumentiert man statt mit $\chi_1(p) + \chi_2(p) + \chi_3(p) + \chi_4(p)$ mit der Summe

$$\chi_1(bp) + \chi_2(bp) + \chi_3(bp) + \chi_4(bp)$$

für $\mathrm{ggT}(b, m) = 1$, dann ergibt sich völlig analog, daß die zu $b \bmod 8$ inverse Restklasse $a \bmod 8$ unendlich viele Primzahlen enthält. (Im vorliegenden Fall der Restklassen mod 8 ist stets $a \equiv b \bmod 8$, denn es gilt $a^2 \equiv 1 \bmod 8$ für jede prime Restklasse $a \bmod 8$.) Mit derselben Argumentation kann man den Fall der primen Restklassen $\bmod m$ behandeln, wenn $\varphi(m) = 4$ gilt, wenn also $m \in \{5, 8, 10, 12\}$.

Bemerkung: Man hätte in diesen Beispielen statt der Summe $\sum_{p \leq x} \frac{1}{p}$ auch die Summe $\sum_{p \leq x} \frac{\log p}{p}$ benutzen können oder allgemein eine Summe $\sum_{p \leq x} \alpha(p)$ mit

$$\sum_{p \leq x} \chi(p)\alpha(p) \begin{cases} \neq O(1), & \text{wenn } \chi = \chi_1, \\ = O(1), & \text{wenn } \chi \neq \chi_1. \end{cases}$$

Wir werden im folgenden mit der Summe $\sum_{p \leq x} \frac{\log p}{p}$ argumentieren; man könnte mit der einfacheren Summe $\sum_{p \leq x} \frac{1}{p}$ arbeiten, wenn man die komplexe Logarithmusfunktion benutzen würde. Dann wäre der Beweis aber nicht mehr „elementar", d.h., es würden funktionentheoretische Methoden verwendet. Vgl. hierzu [LeVeque 1976], [Apostol 1976].

Wir beginnen nun mit der Vorbereitung des Beweises von Satz 6. Zunächst definieren wir Funktionen χ_1, χ_2, ..., mit deren Hilfe man die primen Restklassen „trennen" kann, wie wir es in den Beispielen gesehen haben.

Definition: Eine zahlentheoretische Funktion χ mit komplexen Werten heißt ein *Charakter modulo m*, wenn gilt:

$$\chi(a) = \chi(b), \text{ falls } a \equiv b \bmod m;$$
$$\chi(ab) = \chi(a)\chi(b) \text{ für alle } a, b \in \mathbb{N};$$
$$\chi(a) = 0, \text{ falls } \mathrm{ggT}(a, m) \neq 1;$$
$$\chi(a) \neq 0, \text{ falls } \mathrm{ggT}(a, m) = 1.$$

Der Charakter χ_1 mit $\chi_1(a) = 1$ für alle $a \in \mathbb{N}$ mit $\mathrm{ggT}(a, m) = 1$ heißt der *Hauptcharakter modulo m*.

Die zweite der Eigenschaften eines Charakters χ besagt, daß χ vollständig multiplikativ ist. Da χ nicht die Nullfunktion ist, folgt insbesondere $\chi(1) = 1$. Wegen

$$\chi(a)^{\varphi(m)} = \chi(a^{\varphi(m)}) = \chi(1) = 1 \text{ für } \mathrm{ggT}(a, m) = 1$$

(Satz von EULER-FERMAT) ist $\chi(a)$ für $\mathrm{ggT}(a, m) = 1$ eine $\varphi(m)$-te Einheitswurzel, also

$$\chi(a) = e^{\frac{2\pi i t}{\varphi(m)}} = \cos \frac{2\pi t}{\varphi(m)} + i \sin \frac{2\pi l}{\varphi(m)}$$

mit einem geeigneten $t \in \{1, 2, \ldots, \varphi(m)\}$. In Beispiel 1 waren die Werte von χ zweite Einheitswurzeln (1 oder -1), in Beispiel 2 waren sie vierte Einheitswurzeln ($1, i, -1$ oder $-i$).

Wir beweisen nun vier Hilfssätze, aus denen sich dann schließlich der Beweis von Satz 6 ergibt.

Hilfssatz 1: Es gibt genau $\varphi(m)$ verschiedene Charaktere mod m.

Beweis: Es sei

$$m = \prod_{r=1}^{k} p_r^{\alpha_r}$$

die Primfaktorzerlegung von m. Für jedes $x \in \mathbb{N}$ und jedes $r \in \{1, 2, \ldots, k\}$ ist dann die Restklasse $x_r \bmod m$ mit

$$x_r \equiv x \bmod p_r^{\alpha_r} \quad \text{und} \quad x_r \equiv 1 \bmod p_i^{\alpha_i} \text{ für } i \neq r$$

nach dem Chinesischen Restsatz eindeutig bestimmt. Ist ein Charakter χ mod m gegeben und setzen wir $\chi^{(r)}(x) = \chi(x_r)$, so ist $\chi^{(r)}$ ein Charakter mod $p_r^{\alpha_r}$. Es ist dann

$$x_1 x_2 \ldots x_k \equiv x \bmod p_r^{\alpha_r} \quad (r = 1, 2, \ldots, k),$$

also

$$x_1 x_2 \ldots x_k \equiv x \bmod m$$

und

$$\chi(x) = \chi(x_1 x_2 \ldots x_k) = \chi(x_1)\chi(x_2)\ldots\chi(x_k) = \chi^{(1)}(x)\chi^{(2)}(x)\ldots\chi^{(k)}(x).$$

Der Charakter χ ist also durch die Charaktere $\chi^{(r)}$ $(r = 1, 2, \ldots, k)$ eindeutig bestimmt. Auf diese Art entsteht jeder Charakter χ mod m höchstens einmal, denn ist

$$\prod_{i=1}^{k} \chi^{(i)}(x) = \prod_{i=1}^{k} \chi_0^{(i)}(x) \quad \text{für alle } x \in \mathbb{N},$$

dann ergibt sich für ein x mit $x \equiv a \bmod p_r^{\alpha_r}$ und $x \equiv 1 \bmod p_i^{\alpha_i}$ für $i \neq r$ die Gleichung $\chi^{(r)}(a) = \chi_0^{(r)}(a)$; da a jede beliebige Zahl sein darf, folgt $\chi^{(r)} = \chi_0^{(r)}$. Die Anzahl der Charaktere mod p^{α} ist nun $\mu = \varphi(p^{\alpha})$. Denn ist g eine Primitivwurzel mod p^{α}, dann ist ein Charakter χ mod p^{α} durch den Wert $\chi(g)$ festgelegt, und für diesen Wert stehen genau die μ μ-ten Einheitswurzeln zur Verfügung, also die komplexen Zahlen

$$e^{\frac{t}{\mu} \cdot 2\pi i} \quad (t = 0, 1, \ldots, \mu - 1).$$

Insgesamt ergibt sich, daß mod m genau

$$\prod_{r=1}^{k} \varphi(p_r^{\alpha_r}) = \varphi(m)$$

Charaktere existieren. $\square$

Hilfssatz 2: Es sei χ_1 der Hauptcharakter mod m. Dann gilt:

(1) $\displaystyle \sum_{a \bmod m} \chi(a) = \begin{cases} \varphi(m), & \text{falls } \chi = \chi_1, \\ 0, & \text{falls } \chi \neq \chi_1. \end{cases}$

(2) $\displaystyle \sum_{\chi} \chi(a) = \begin{cases} \varphi(m), & \text{falls } a \equiv 1 \bmod m, \\ 0, & \text{falls } a \not\equiv 1 \bmod m. \end{cases}$

In (1) wird über Vertreter a der $\varphi(m)$ primen Restklassen summiert, in (2) über die $\varphi(m)$ Charaktere mod m.

Beweis: (1) Für $\mathrm{ggT}(b, m) = 1$ und einen beliebigen Charakter χ modulo m gilt

$$\chi(b) \sum_{a \bmod m} \chi(a) = \sum_{a \bmod m} \chi(ab) = \sum_{c \bmod m} \chi(c),$$

denn mit a durchläuft auch $c = ab$ alle primen Restklassen mod m. Ist $\chi \neq \chi_1$, dann kann man b so wählen, daß $\chi(b) \neq 1$. Also hat in diesem Fall die Summe der $\chi(a)$ über alle a mod m den Wert 0.

(2) Für einen beliebigen Charakter χ' gilt

$$\chi'(a) \sum_{\chi} \chi(a) = \sum_{\chi} \chi'(a)\chi(a) = \sum_{\chi''} \chi''(a),$$

und mit χ durchläuft auch $\chi'' = \chi'\chi$ alle Charaktere modulo m. Ist $a \not\equiv 1 \bmod m$, so kann man χ' so wählen, daß $\chi'(a) \neq 1$. Also hat in diesem Fall die Summe der $\chi(a)$ über alle χ den Wert 0. $\square$

Nun gehen wir wie in obigen Beispielen vor, wobei wir aber statt der Summen $\sum_{p\leq x}\frac{1}{p}$ solche der Form $\sum_{p\leq x}\frac{\log p}{p}$ betrachten. Für $\mathrm{ggT}(a,m)=1$ sei $ab\equiv 1\bmod m$, und es sei χ_1 der Hauptcharaker mod m. Dann ist für $x>0$

$$\varphi(m)\cdot\sum_{\substack{p\leq x\\ p\equiv a\bmod m}}\frac{\log p}{p}=\sum_{p\leq x}\left(\sum_{k=1}^{\varphi(m)}\chi_k(bp)\right)\cdot\frac{\log p}{p}$$

$$=\chi_1(b)\sum_{p\leq x}\frac{\chi_1(p)\cdot\log p}{p}+\sum_{k=2}^{\varphi(m)}\left(\chi_k(b)\sum_{p\leq x}\frac{\chi_k(p)\cdot\log p}{p}\right).$$

Es gilt

$$\sum_{p\leq x}\frac{\chi_1(p)\cdot\log p}{p}=\sum_{p\leq x}\frac{\log p}{p}-\sum_{\substack{p\leq x\\ p\mid m}}\frac{\log p}{p}=\sum_{p\leq x}\frac{\log p}{p}+O(1).$$

Die Reihe $\sum_p\frac{\log p}{p}$ divergiert (I.4 Korollar zu Satz 6). Wenn nun

$$\sum_{p\leq x}\frac{\chi_k(p)\cdot\log p}{p}=O(1)\quad\text{für}\quad k=2,3,\dots,\varphi(m)$$

gilt, dann folgt wie in den Beispielen die Divergenz der Reihe

$$\sum_{p\equiv a\bmod m}\frac{\log p}{p}$$

und damit die Unendlichkeit der Menge der Primzahlen in der primen Restklasse $a\bmod m$.

Wir müssen nun also die Reihen

$$\sum_p\frac{\chi_k(p)\cdot\log p}{p}\quad\text{für}\quad k=2,3,\dots,\varphi(m)$$

untersuchen. Statt des Grenzwerts

$$\lim_{x\to\infty}\sum_{p\leq x}\frac{\chi_k(p)\cdot\log p}{p}$$

betrachten wir den rechtsseitigen Grenzwert

$$\lim_{s\to 1+}\sum_p\frac{\chi_k(p)\cdot\log p}{p^s}.$$

Dazu führen wir die für $s>1$ absolut konvergenten DIRICHLET-Reihen

$$L(s,\chi):=\sum_{n=1}^{\infty}\frac{\chi(n)}{n^s},$$

ein, welche man DIRICHLET*sche L-Reihen* nennt. Dabei soll χ ein Charakter mod m sein.

Ein Angelpunkt des elementaren Beweises des Primzahlsatzes ist die Beziehung

$$-\frac{\zeta'(s)}{\zeta(s)} = \sum_{n=1}^{\infty} \frac{\Lambda(n)}{n^s}$$

für $s > 1$, durch welche die Funktion Λ ins Spiel kommt. Der folgende Hilfssatz enthält ein Analogon dieser Beziehung.

Hilfssatz 3: Ist χ ein Charakter mod m und $s > 1$, dann ist $L(s, \chi) \neq 0$ und

$$-\frac{L'(s, \chi)}{L(s, \chi)} = \sum_{n=1}^{\infty} \frac{\chi(n)\Lambda(n)}{n^s}.$$

Beweis: Für $N \in \mathbb{N}$ ist

$$\prod_{p \leq N} \left(1 - \frac{\chi(p)}{p^s}\right)^{-1} = \prod_{p \leq N} \left(\sum_{k=0}^{\infty} \left(\frac{\chi(p)}{p^s}\right)^k\right) = \prod_{p \leq N} \left(\sum_{k=0}^{\infty} \left(\frac{\chi(p^k)}{(p^k)^s}\right)\right) = \sum \frac{\chi(n)}{n^s},$$

wobei in der letzten Summe über alle n summiert wird, deren Primfaktoren nicht größer als N sind. Für $N \to \infty$ ergibt sich

$$\sum_{n=1}^{\infty} \frac{\chi(n)}{n^s} = \prod_{p} \left(1 - \frac{\chi(p)}{p^s}\right)^{-1}.$$

Dieses Produkt hat nicht den Wert 0, denn aus der (absoluten) Konvergenz der Reihe $\sum_p \frac{\chi(p)}{p^s}$ folgt die (absolute) Konvergenz des Produktes $\prod_p \left(1 - \frac{\chi(p)}{p^s}\right)$ (vgl. Exkurs über unendliche Produkte in V.3). Also ist $L(s, \chi) \neq 0$ für $s > 1$. Daher ist die Funktion

$$s \longmapsto \frac{L'(s, \chi)}{L(s, \chi)}$$

für $s > 1$ definiert, wobei die Differenzierbarkeit aus der absoluten Konvergenz von

$$L(s, \chi) = \sum_{n=1}^{\infty} \frac{\chi(n)}{n^s} \quad \text{und} \quad L'(s, \chi) = -\sum_{n=1}^{\infty} \frac{\chi(n) \cdot \log n}{n^s}$$

für $s > 1$ folgt. Die DIRICHLET-Reihe $\frac{L'(s,\chi)}{L(s,\chi)}$ hat die Koeffizientenfunktion

$$-\chi\lambda \star \chi^{-1} = -(\chi\lambda \star \chi\mu) = -\chi(\lambda \star \mu) = -\chi\Lambda$$

(vgl. V.2 und V.3). $\square$

Ist χ nicht der Hauptcharakter, den konvergieren $L(s, \chi)$ und $L'(s, \chi)$ sogar für $s > 0$, aber nicht absolut. Dies ergibt sich aus dem folgenden Hilfssatz:

Hilfssatz 4: Ist $\chi \neq \chi_1$ und f eine für $t \geq 1$ stetig differenzierbare Funktion mit $\lim_{t\to\infty} f(t) = 0$, für welche das uneigentliche Integral

$$\int_1^\infty |f'(t)|\, dt$$

existiert, dann konvergiert die Reihe

$$\sum_{n=1}^\infty \chi(n)f(n).$$

Beweis: Es sei

$$C(x) = \sum_{n \leq x} \chi(n).$$

Dann ist $|C(x)| < \varphi(m)$ nach Hilfssatz 2. Nun gilt für $M, N \in \mathbb{N}$ mit $M < N$ gemäß der ABELschen Identität (V.4 Satz 8)

$$\sum_{n=M+1}^N \chi(n)f(n) = C(N)f(N) - C(M)f(M) - \int_M^N C(t) \cdot f'(t)\, dt.$$

Wegen $\lim_{N\to\infty} C(N)f(N) = 0$ und

$$\left| \int_M^N C(t) \cdot f'(t)\, dt \right| \leq \varphi(m) \int_M^N |f'(t)|\, dt$$

ergibt sich die Behauptung aus dem CAUCHYschen Konvergenzkriterium.   □

Mit

$$f(x) = \frac{1}{x^s} \qquad \text{und} \qquad f'(x) = -\frac{s}{x^{s+1}}$$

bzw.

$$f(x) = \frac{\log x}{x^s} \qquad \text{und} \qquad f'(x) = -\frac{s \log x + 1}{x^{s+1}}$$

ergibt sich für $s > 0$ und $\chi \neq \chi_1$ die Konvergenz der Reihen

$$L(s, \chi) = \sum_{n=1}^\infty \frac{\chi(n)}{n^s} \qquad \text{und} \qquad L'(s, \chi) = -\sum_{n=1}^\infty \frac{\chi(n) \log n}{n^s}.$$

Insbesondere handelt es sich bei $L(s, \chi)$ und $L'(s, \chi)$ mit $\chi \neq \chi_1$ um Funktionen, die für $s > 0$ stetig sind. Weiterhin ergeben sich für $\chi \neq \chi_1$ und $s > 0$ mit $M = [x]$ und $N \to \infty$ die Abschätzungen

$$\sum_{n>x} \frac{\chi(n)}{n^s} = O\left(\frac{1}{x^s}\right) \qquad \text{und} \qquad \sum_{n>x} \frac{\chi(n) \log n}{n^s} = O\left(\frac{\log x}{x^s}\right),$$

welche wir im folgenden mehrfach verwenden werden.

Nun sind wir in der Lage, den Beweis von Satz 6 zu führen.

Beweis von Satz 6: Für $s > 1$ gilt nach Hilfssatz 3

$$-\frac{L'(s,\chi)}{L(s,\chi)} = \sum_p \frac{\chi(p)\log p}{p^s} + R(s,\chi)$$

mit

$$R(s,\chi) = \sum_p \left(\sum_{k=2}^{\infty} \frac{\chi(p^k)\cdot\log p}{p^{ks}} \right).$$

$R(s,\chi)$ ist für $s > \frac{1}{2}$ beschränkt, denn für $s > \frac{1}{2}$ ist

$$|R(s,\chi)| \leq \sum_p \left(\sum_{k=2}^{\infty} \frac{\log p}{p^{ks}} \right) \leq \sum_p \left(\frac{\log p}{p^{2s}} \sum_{k=0}^{\infty} \frac{1}{p^{ks}} \right) < 4 \cdot \sum_p \frac{\log p}{p^{2s}}$$

wegen

$$\sum_{k=0}^{\infty} \frac{1}{p^{ks}} < \sum_{k=0}^{\infty} \left(\frac{1}{\sqrt{2}} \right)^k < 4,$$

und

$$\sum_p \frac{\log p}{p^{2s}}$$

ist konvergent.

Nun sei $\mathrm{ggT}(a,m) = 1$ und $ab \equiv 1 \bmod m$. Es gilt für $s > 1$

$$
\begin{aligned}
-\sum_\chi \chi(b) \cdot \frac{L'(x,\chi)}{L(s,\chi)} &= \sum_\chi \chi(b) \left(\sum_p \frac{\chi(p)\cdot\log p}{p^s} + R(s,\chi) \right) \\
&= \sum_\chi \left(\sum_p \frac{\chi(bp)\cdot\log p}{p^s} \right) + \sum_\chi \chi(b) R(s,\chi) \\
&= \sum_p \left(\sum_\chi \frac{\chi(bp)\cdot\log p}{p^s} \right) + \sum_\chi \chi(b) R(s,\chi) \\
&= \sum_p \left(\frac{\log p}{p^s} \cdot \sum_\chi \chi(bp) \right) + \sum_\chi \chi(b) R(s,\chi) \\
&= \varphi(m) \cdot \sum_{p \equiv a \bmod m} \frac{\log p}{p^s} + \sum_\chi \chi(b) R(s,\chi).
\end{aligned}
$$

Jetzt betrachten wir den rechtsseitigen Grenzübergang $s \to 1^+$. Der Term $\sum_\chi \chi(b) R(s,\chi)$ ist beschränkt. Der Term $-\frac{L'(s,\chi)}{L(s,\chi)}$ ist für $\chi = \chi_1$ nicht beschränkt, denn in diesem Fall hat er für $s > 1$ den Wert

$$\sum_{n=1}^{\infty} \frac{\chi_1(n)\Lambda(n)}{n^s} = \sum_{\mathrm{ggT}(m,n)=1} \frac{\Lambda(n)}{n^s} \geq \sum_{p\nmid m} \frac{\log p}{p^s} = \sum_p \frac{\log p}{p^s} + O(1).$$

Weil $L(s,\chi)$ und $L'(s,\chi)$ für $\chi \neq \chi_1$ an der Stelle 1 stetig sind, ist $\frac{L'(s,\chi)}{L(s,\chi)}$ an der Stelle 1 beschränkt, *wenn $L(1,\chi) \neq 0$ gilt.* Dann folgt, daß

$$\sum_{p \equiv a \bmod m} \frac{\log p}{p^s}$$

für $s \to 1$ unbeschränkt wächst, daß also unendlich viele Primzahlen in der Restklasse $a \bmod m$ existieren.

Um den Beweis von Satz 6 zu vervollständigen, müssen wir also das *Nicht-verschwinden der L-Reihen* an der Stelle 1 für die vom Hauptcharakter verschiedenen Charaktere beweisen. Dies ist der schwierigste Teil des Beweises von Satz 6.

Zuerst beweisen wir die Behauptung

$$L(1, \chi) \neq 0 \quad \text{für} \quad \chi \neq \chi_1$$

für einen *reellen* Charakter χ, also für den Fall, daß χ nur die Werte ± 1 annehmen kann. Wir betrachten dazu den Ausdruck

$$A(x) = \sum_{n \leq x} \left(\frac{1}{\sqrt{n}} \cdot \sum_{d|n} \chi(d) \right).$$

Die Funktion β mit $\beta(n) = \sum_{d|n} \chi(d)$ ist multiplikativ und es gilt für eine Primzahlpotenz p^k

$$\beta(p^k) = \begin{cases} k + 1, & \text{falls } \chi(p) = 1, \\ 1, & \text{falls } \chi(p) = -1 \text{ und } k \text{ gerade,} \\ 0, & \text{falls } \chi(p) = -1 \text{ und } k \text{ ungerade.} \end{cases}$$

Also ist stets $\beta(n) \geq 0$ und insbesondere $\beta(n) \geq 1$, falls n ein Quadrat ist. Daher gilt

$$A(x) \geq \sum_{m \leq \sqrt{x}} \frac{1}{m},$$

$A(x)$ ist also nicht beschränkt. Andererseits ist

$$
\begin{aligned}
A(x) &= \sum_{kn \leq x} \frac{\chi(n)}{\sqrt{kn}} \\
&= \sum_{\substack{kn \leq x \\ n > \sqrt{x}}} \frac{\chi(n)}{\sqrt{kn}} + \sum_{\substack{kn \leq x \\ n \leq \sqrt{x}}} \frac{\chi(n)}{\sqrt{kn}} \\
&= \sum_{k \leq \sqrt{x}} \left(\frac{1}{\sqrt{k}} \sum_{\sqrt{x} < n \leq \frac{x}{k}} \frac{\chi(n)}{\sqrt{n}} \right) + \sum_{n \leq \sqrt{x}} \left(\frac{\chi(n)}{\sqrt{n}} \sum_{k \leq \frac{x}{n}} \frac{1}{\sqrt{k}} \right),
\end{aligned}
$$

woraus sich wegen

$$
\begin{aligned}
\sum_{n \leq x} \frac{1}{\sqrt{n}} &= 2\sqrt{[x]} - 1 - \frac{1}{2} \int_1^{[x]} \frac{t - [t]}{t\sqrt{t}} \, dt \\
&= 2\sqrt{x} - 1 - \frac{1}{2} \int_1^{\infty} \frac{t - [t]}{t\sqrt{t}} \, dt + O\left(\frac{1}{\sqrt{x}}\right) \\
&= 2\sqrt{x} - c + O\left(\frac{1}{\sqrt{x}}\right)
\end{aligned}
$$

und

$$\sum_{n>\sqrt{x}} \frac{\chi(n)}{\sqrt{n}} = O\left(\frac{1}{\sqrt[4]{x}}\right)$$

ergibt:

$$
\begin{aligned}
A(x) &= O\left(\frac{1}{\sqrt[4]{x}} \sum_{k\leq\sqrt{x}} \frac{1}{\sqrt{k}}\right) + \sum_{n\leq\sqrt{x}} \frac{\chi(n)}{\sqrt{n}}\left(2\sqrt{\frac{x}{n}} - c + O\left(\sqrt{\frac{n}{x}}\right)\right) \\
&= 2\sqrt{x} \cdot \sum_{n\leq\sqrt{x}} \frac{\chi(n)}{n} - c \cdot \sum_{n\leq\sqrt{x}} \frac{\chi(n)}{\sqrt{n}} + O(1) \\
&= 2\sqrt{x} \cdot L(1,\chi) + O(1).
\end{aligned}
$$

Dabei haben wir

$$\sum_{n>\sqrt{x}} \frac{\chi(n)}{\sqrt{n}} = O\left(\frac{1}{\sqrt{x}}\right)$$

benutzt. Wäre nun $L(1,\chi) = 0$, so ergäbe sich der Widerspruch $A(x) = O(1)$.

Nun betrachten wir beliebige komplexe Charaktere. In VI.2 Satz 3 haben wir gezeigt, daß $T_\Lambda x = x \log x + O(x)$. Jetzt zeigen wir, daß

$$
T_{\lambda\Lambda}x = \begin{cases} O(x), & \text{falls } L(1,\chi) \neq 0, \\ -x \log x + O(x), & \text{falls } L(1,\chi) = 0 : \end{cases}
$$

Es gilt

$$
\begin{aligned}
T_{\chi\Lambda}x &= T_{\chi(\mu\star\lambda)}x = T_{\chi\mu\star\chi\lambda}x = T_{\chi\mu}(T_{\chi\lambda}x) \\
&= T_{\chi\mu}\left(\sum_{n\leq x}(\chi(n)\log n)\frac{x}{n}\right) \\
&= T_{\chi\mu}\left(x\cdot(-L'(1,\chi)) + O(\log x)\right) \\
&= -L'(1,\chi)\cdot T_{\chi\mu}x + O(x),
\end{aligned}
$$

denn

$$\sum_{n\geq x} \frac{\chi(n)\log n}{n} = O\left(\frac{\log x}{x}\right)$$

und

$$T_{\chi\mu}O(\log x) = O(T_\iota(\log x)) = O\left(\sum_{n\leq x}\log\frac{x}{n}\right) = O(x).$$

Wegen $\sum_{n\leq x} \frac{\chi(n)}{n} = L(1,\chi) + O(\frac{1}{x})$ gilt

$$
\begin{aligned}
x = T_\varepsilon x &= T_{\chi\mu\star\chi}x = T_{\chi\mu}(T_\chi x) \\
&= T_{\chi\mu}(x\cdot L(1,\chi) + O(1)) \\
&= L(1,\chi)\cdot T_{\chi\mu}x + O(x).
\end{aligned}
$$

Ist $L(1,\chi) \neq 0$, dann erhält man daraus $T_{\chi\mu}x = O(x)$ und damit auch $T_{\chi\Lambda}x = O(x)$. Für $L(1,\chi) = 0$ schließen wir folgendermaßen: Es ist

$$
\begin{aligned}
T_{\chi\Lambda}x &= T_{\chi(\mu\ast\lambda)}x = T_{\chi\mu\ast\chi\lambda}x = T_{\chi\mu}(T_{\chi\lambda}x) \\
&= T_{\chi\mu}(T_{\chi\lambda}x - x\log x\, L(1,\chi)) \qquad (\text{weil } L(1,\chi) = 0) \\
&= T_{\chi\mu}(T_{\chi\lambda}x - \log x\, T_{\chi}x + O(\log x)) \qquad \Big(\text{weil } \sum_{n \geq x}\frac{\chi(n)}{n} = O\Big(\frac{1}{x}\Big)\Big) \\
&= T_{\chi\mu}(-T_{\chi}(x\log x) + O(\log x)) \\
&= -T_{\chi\mu\ast\chi}(x\log x) + O(T_{\iota}(\log x)) \\
&= -T_{\varepsilon}(x\log x) + O(x) \\
&= -x\log x + O(x).
\end{aligned}
$$

Nun sei a die Anzahl der Charaktere mit $L(1,\chi) = 0$. Dann ist einerseits

$$
\begin{aligned}
\sum_{\chi} T_{\chi\Lambda}x &= x \sum_{\chi}\sum_{n \leq x}\frac{\chi(n)\Lambda(n)}{n} \\
&= x \sum_{n \leq x}\left(\frac{\Lambda(n)}{n}\sum_{\chi}\chi(n)\right) \\
&= \varphi(m) \cdot x \cdot \sum_{n \leq x}\frac{\Lambda(n)}{n} \geq 0
\end{aligned}
$$

und andererseits

$$
\begin{aligned}
\sum_{\chi} T_{\chi\Lambda}x &= T_{\chi_1\Lambda}x + \sum_{\chi \neq \chi_1} T_{\chi\Lambda}x \\
&= x\log x + O(x) + a(-x\log x) + O(x) \\
&= (1-a)(x\log x) + O(x).
\end{aligned}
$$

Es muß also $a \leq 1$ gelten. Die Zahl a muß aber gerade sein, da für reelle Charaktere χ oben $L(1,\chi) \neq 0$ gezeigt wurde und für nicht-reelle Charaktere χ mit $L(1,\chi) = 0$ auch $L(1,\overline{\chi}) = 0$ gelten müßte. Also ist $a = 0$. $\square$

Bemerkung: Aus der Ausgangsgleichung

$$
\varphi(m) \cdot \sum_{\substack{p \leq x \\ p \equiv a\, \mathrm{mod}\, m}}\frac{\log p}{p} = \sum_{k=1}^{\varphi(m)}\left(\sum_{p \leq x}\frac{\chi_k(p) \cdot \log p}{p}\right)
$$

ergibt sich aufgrund der Konvergenz der Reihen

$$
\sum_{p}\frac{\chi_k(p) \cdot \log p}{p} \qquad \text{für } k \geq 2
$$

die Beziehung

$$
\sum_{\substack{p \leq x \\ p \equiv a\, \mathrm{mod}\, m}}\frac{\log p}{p} = \frac{1}{\varphi(m)} \cdot \sum_{p \leq x}\frac{\log p}{p} + O(1),
$$

wegen $\sum_{p \le x} \dfrac{\log p}{p} = \log x + O(1)$ also

(1)
$$\sum_{\substack{p \le x \\ p \equiv a \bmod m}} \frac{\log p}{p} = \frac{1}{\varphi(m)} \cdot \log x + O(1).$$

Entsprechend gilt wegen $\sum_{p \le x} \dfrac{1}{p} = \log\log x + O(1)$ die Formel

(2)
$$\sum_{\substack{p \le x \\ p \equiv a \bmod m}} \frac{1}{p} = \frac{1}{\varphi(m)} \cdot \log\log x + O(1).$$

Man kann (2) aus (1) mit Hilfe der ABELschen Identität gewinnen: Mit

$$a(n) = \begin{cases} 1, \text{ wenn } n \text{ Primzahl } \equiv a \bmod m \\ 0 \text{ sonst} \end{cases}$$

und

$$A(x) = \sum_{p \le x} \frac{\log p}{p} = \sum_{n \le x} \frac{a(n)\log n}{n}$$

ist

$$\sum_{\substack{p \le x \\ p \equiv a \bmod m}} \frac{1}{p} = \sum_{n \le x} \frac{a(n)}{n} = \sum_{n \le x} \frac{a(n)\log n}{n} \cdot \frac{1}{\log n}$$

$$= \frac{A(x)}{\log x} + \int_2^x \frac{A(t)}{t \log^2 t} \, \mathrm{d}t,$$

aus (1) folgt also

$$\sum_{\substack{p \le x \\ p \equiv a \bmod m}} \frac{1}{p} = \frac{1}{\varphi(m)} \int_2^x \frac{\mathrm{d}t}{t \log t} + O(1) = \frac{1}{\varphi(m)} \cdot \log\log x + O(1).$$

VI.6 Zufallsprimzahlen und stochastische Argumentationen

Wir wollen des Sieb des ERATOSTHENES *stochastisch* auffassen, d.h. wir betrachten den folgenden stochastischen Prozeß:

(1) Man schreibe alle natürlichen Zahlen von 2 bis N auf.

(2) Man markiere die Zahl 2 und streiche jede Zahl > 2 mit der Wahrscheinlichkeit $\frac{1}{2}$.

(3) Ist n die erste nicht-markierte und nicht-gestrichene Zahl, so markiere man n und streiche jede folgende Zahl mit der Wahrscheinlichkeit $\frac{1}{n}$.

(4) Man führe Schritt 3 so lange aus, bis jede Zahl $\leq N$ markiert oder gestrichen ist.

(5) Die markierten Zahlen heißen *Zufallsprimzahlen* in der Menge $\{2, \ldots, N\}$.

Für $N = 100$ haben sich bei drei Computersimulationen die folgenden Zufallsprimzahlen ergeben:

1. Lauf: 2 3 6 12 14 21 24 26 31 33 40 50 59 62 63 64 69 73 77 85 93
2. Lauf: 2 4 6 7 12 13 14 17 19 20 34 35 55 60 61 67 72 79 82 90
3. Lauf: 2 3 16 28 29 32 36 37 39 41 49 52 53 66 68 71 73 74 81 87

Es werden in der Regel weniger als $\pi(100) = 25$ Zufallsprimzahlen geliefert, weil wir die Siebung nicht bei $\sqrt{N}$ abgebrochen haben. Dieser Unterschied ist aber asymptotisch zu vernachlässigen. Wir haben die Siebung bis N durchgeführt, damit die folgenden Überlegungen rechnerisch einfacher werden.

Es sei nun w_k die Wahrscheinlichkeit, daß die Zahl k im Laufe der Zufallssiebung markiert wird. Die Zufallsgröße

$$X_N := \text{Anzahl der ausgesiebten Zufallsprimzahlen}$$

hat den Erwartungswert

$$E(X_N) = \sum_{k=2}^{N} w_k.$$

Es gilt für $2 < n \leq N$

$$w_n = \prod_{k=2}^{n-1} \left(1 - \frac{w_k}{k}\right),$$

denn mit der Wahrscheinlichkeit w_k wird k markiert, und mit der Wahrscheinlichkeit $\frac{1}{k}$ wird n aufgrund der Markierung von k gestrichen. Daraus folgt für $2 < n < N$

$$w_{n+1} = w_n \left(1 - \frac{w_n}{n}\right),$$

woraus man zusammen mit $w_2 = 1$ die Wahrscheinlichkeiten w_n berechnen kann. Es ergibt sich nun

$$\frac{1}{w_{n+1}} = \frac{n}{w_n(n - w_n)} = \frac{1}{w_n} + \frac{1}{n - w_n},$$

wegen $0 < w_n < 1$ für $n > 2$ also

$$\frac{1}{w_n} + \frac{1}{n} < \frac{1}{w_{n+1}} < \frac{1}{w_n} + \frac{1}{n-1}.$$

Summation dieser Ungleichungen von $n = 3$ bis $N - 1$ ergibt

$$\sum_{n=3}^{N-1} \frac{1}{n} < \frac{1}{w_N} - \frac{1}{w_3} < \sum_{n=2}^{N-2} \frac{1}{n},$$

wegen $w_3 = \frac{1}{2}$ also

$$\sum_{n=1}^{N} \frac{1}{n} < \frac{1}{w_N} < \sum_{n=2}^{N} \frac{1}{n} + 1.$$

Also ist $\frac{1}{w_N} = \log N + O(1)$ bzw. für $n \in \mathbb{N}$

$$w_n = \frac{1}{\log n} + O\left(\frac{1}{\log^2 n}\right).$$

Es folgt

$$E(X_N) = \sum_{n \leq N} \frac{1}{\log n} + O\left(\sum_{n \leq N} \frac{1}{\log^2 n}\right) = \frac{N}{\log N} + O\left(\frac{N}{\log^2 N}\right),$$

also der *Primzahlsatz für Zufallsprimzahlen*.

Nun betrachten wir die „richtigen" Primzahlen unter wahrscheinlichkeitstheoretischem Aspekt, um Belege (leider keine Beweise) für einige berühmte Vermutungen zu gewinnen. Den Primzahlsatz wollen wir dabei folgendermaßen interpretieren: Für eine hinreichend große natürliche Zahl n ist die Wahrscheinlichkeit, daß sie eine Primzahl ist, etwa $\frac{1}{\log n}$. Daß man damit zu „vernünftigen" Resultaten kommt, zeigt folgendes Beispiel:

$$\sum_{\substack{p \leq x \\ p \text{ prim}}} \frac{1}{p} \sim \sum_{2 \leq n \leq x} \frac{1}{n} \cdot \frac{1}{\log n} \sim \int_2^x \frac{dt}{t \log t} \sim \log \log x.$$

In der Tat gilt (vgl. VI.2 Satz 5)

$$\sum_{\substack{p \leq x \\ p \text{ prim}}} \frac{1}{p} = \log \log x + c + O\left(\frac{1}{\log x}\right).$$

Primzahlzwillingsproblem (vgl. I.2): Zunächst ist die Wahrscheinlichkeit dafür, daß zwei Zahlen m und n in der Nähe von x beides Primzahlen sind, etwa $\frac{1}{\log^2 x}$. Nun ist die Wahrscheinlichkeit für ein Paar $(n, n+2)$, aus Primzahlen zu bestehen, etwas größer als diese Wahrscheinlichkeit für ein beliebiges Paar (m, n): Eine Primzahl p teilt weder m noch n mit der Wahrscheinlichkeit $\left(1 - \frac{1}{p}\right)^2$. Sie teilt weder n noch $n+2$ mit der Wahrscheinlichkeit $\frac{1}{2}$, falls $p = 2$, mit der Wahrscheinlichkeit $\left(1 - \frac{2}{p}\right)$ für $p \geq 3$; denn für $p \geq 3$ teilt sie eine der beiden Zahlen n und $n+2$ mit der Wahrscheinlichkeit $\frac{1}{p} + \frac{1}{p}$, weil sie nicht beide Zahlen teilen kann. Daher ist der Faktor, mit dem man die spezielle Form der Paare berücksichtigen muß, die Zahl $2A$ mit

$$A = \prod_{p \geq 3} \frac{\left(1 - \frac{2}{p}\right)}{\left(1 - \frac{1}{p}\right)^2} = \prod_{p \geq 3} \left(1 - \frac{1}{(p-1)^2}\right) \approx 0,66016\dots.$$

Diese Konstante nennt man die *Primzahlzwillingskonstante*. Die Wahrscheinlichkeit dafür, daß ein Paar $(n, n+2)$ ein Primzahlzwilling ist, beträgt also

$$\frac{2A}{\log^2 n} \approx \frac{1,32}{\log^2 n}.$$

Daraus erhält man für die Anzahl $\pi_2(x)$ der Primzahlzwillinge unterhalb x die Beziehung

$$\pi_2(x) \sim 2A \int_2^x \frac{dt}{\log^2 t} \sim 2A \cdot \frac{x}{\log^2 x}.$$

Es ist

$$\pi_2(10^9) = 3\,424\,506 \quad \text{und} \quad 2A \cdot \frac{10^9}{\log^2 10^9} \approx 3\,074\,000.$$

Für $x = 10^{11}$ ist die Näherung schon etwas besser, aber auch hier ist der Quotient der beiden Werte noch etwa 1,09:

$$\pi_2(10^{11}) = 224\,376\,048 \quad \text{und} \quad 2A \cdot \frac{10^9}{\log^2 10^9} \approx 205\,760\,000.$$

Auch wenn $\pi_2(x)$ mit wachsendem x fast so stark wie $\pi(x)$ zu wachsen scheint, so ist die Anzahl der Primzahlzwillinge andererseits doch so klein, daß die Reihe

$$\sum_{\substack{p \text{ prim} \\ p+2 \text{ prim}}} \left(\frac{1}{p} + \frac{1}{p+2}\right)$$

konvergiert, obwohl die Reihe $\sum_{p \text{ prim}} \frac{1}{p}$ divergiert; dies wurde im Jahr 1919 von VIGGO BRUN bewiesen [Brun 1919]. Wir werden einen Beweis dieses Satzes in VIII.4 darstellen. Der Wert dieser Reihe scheint kleiner als 2 zu sein. Mit unserem probabilistischen Verfahren können wir für den Satz von BRUN eine „Begründung" geben:

$$\sum_{\substack{p \leq x \\ p, p+2 \text{ prim}}} \left(\frac{1}{p} + \frac{1}{p+2}\right) \sim \sum_{2 \leq n \leq x} \frac{2}{n} \cdot \frac{2A}{\log^2 n} \sim 4A \int_2^x \frac{dt}{t \log^2 t} < \frac{4A}{\log 2} \approx 3,8.$$

Goldbachsche Vermutung (vgl. I.12 Aufgabe 26, V.7 Aufgabe 8): Die GOLD-BACHsche Vermutung besagt, daß jede gerade Zahl ≥ 6 als Summe von zwei ungeraden Primzahlen geschrieben werden kann. Man vermutet sogar, daß die Anzahl $r(n)$ dieser GOLDBACH-Darstellungen einer geraden Zahl n mit wachsendem n unbeschränkt wächst. Dies läßt sich mit einer „stochastischen" Argumentation belegen: Es gibt

$$\pi\left(\frac{n}{2}\right) - 1 \approx \frac{n}{2 \log n}$$

Primzahlen q mit $3 \leq q \leq \frac{n}{2}$. Die Zahl $n - q$ ist ungerade, ist also mit der Wahrscheinlichkeit

$$\frac{2}{\log(n-q)} \approx \frac{2}{\log n}$$

eine Primzahl, so daß man zunächst mit etwa $\frac{n}{\log^2 n}$ GOLDBACH-Darstellungen rechnen kann. Diese Anzahl muß noch multipliziert werden mit dem Verhältnis der Wahrscheinlichkeiten, daß ein beliebiges Paar (r, s) bzw. das spezielle Paar $(r, n-r)$ aus Primzahlen besteht. Die Primzahl $p \geq 2$ teilt weder r noch s mit der Wahrscheinlichkeit $\left(1 - \frac{1}{p}\right)^2$; sie teilt im Falle $p \mid n$ weder r noch $n - r$ mit der Wahrscheinlichkeit $1 - \frac{1}{p}$, im Falle $p \nmid n$ für $p = 2$ mit der Wahrscheinlichkeit $\frac{1}{2}$ (weil n gerade ist), für $p > 2$ mit der Wahrscheinlichkeit $1 - \frac{2}{p}$ (weil sie dann nicht r *und* $n - r$ teilen kann). Der gesuchte Faktor ist also

$$\frac{1}{2} \cdot \prod_{\substack{p>2 \\ p \nmid n}} \frac{(1 - \frac{2}{p})}{(1 - \frac{1}{p})^2} \cdot \prod_{p \mid n} \frac{(1 - \frac{1}{p})}{(1 - \frac{1}{p})^2} = \prod_{p>2} \frac{(1 - \frac{2}{p})}{(1 - \frac{1}{p})^2} \cdot \prod_{\substack{p>2 \\ p \mid n}} \frac{(1 - \frac{1}{p})}{(1 - \frac{2}{p})}$$

$$= \prod_{p \geq 3} \left(1 - \frac{1}{(p-1)^2}\right) \cdot \prod_{\substack{p>2 \\ p \mid n}} \left(\frac{p-1}{p-2}\right) = A \cdot \prod_{\substack{p>2 \\ p \mid n}} \left(\frac{p-1}{p-2}\right),$$

wobei A die Primzahlzwillingskonstante. Man erhält also

$$r(n) \sim A \prod_{\substack{p>2 \\ p \mid n}} \left(\frac{p-1}{p-2}\right) \cdot \frac{n}{\log^2 n}.$$

Man beachte, daß es dabei auf die Reihenfolge der Summanden nicht ankommt, die Darstellungen $11 + 89$ und $89 + 11$ von 100 werden also *nur einmal* gezählt.

Die folgende Tabelle gibt einen Eindruck von der Qualität dieser Näherungsformel:

n	100	256	514	1000	2398	10000
$r(n)$	6	8	14	28	37	127
Näherung	4,1	5,5	8,7	18,4	29,3	103,8

Aufgrund einer genaueren Analyse haben G. H. HARDY und J. E. LITTLE-WOOD [Hardy/Littlewood 1923] die oben angegebene Vermutungen über die Anzahl der GOLDBACH-Darstellungen einer geraden Zahl und über die Anzahl der Primzahlzwillinge erhärten können. In VIII.5 werden wir eine obere Abschätzung für $r(n)$ herleiten, welche obige Vermutung stützt.

Primzahlen der Form $n^2 + 1$: Zunächst ergibt sich für die Anzahl der Primzahlen der Form $n^2 + 1$ unterhalb von x

$$\sum_{n^2+1\leq x} \frac{1}{\log(n^2+1)} \sim \sum_{n\leq\sqrt{x}} \frac{1}{2\log n} \sim \frac{1}{2}\cdot\frac{\sqrt{x}}{\log\sqrt{x}} = \frac{\sqrt{x}}{\log x}.$$

Die Wahrscheinlichkeit, daß $n^2 + 1$ durch die Primzahl $p > 2$ teilbar ist, beträgt

$$\begin{cases} 0, & \text{falls } \left(\dfrac{-1}{p}\right) = -1, \\[2mm] \dfrac{2}{p}, & \text{falls } \left(\dfrac{-1}{p}\right) = +1. \end{cases}$$

Also ist obiger Ausdruck noch mit der Konstanten

$$D = \prod_{p\geq 3} \frac{1 - \frac{\left(\frac{-1}{p}\right)+1}{p}}{1 - \frac{1}{p}} = \prod_{p\geq 3}\left(1 - \frac{\left(\frac{-1}{p}\right)}{p-1}\right) \approx 1,37281346\ldots$$

zu multiplizieren. Folgende Tabelle zeigt die genauen Werte und die Näherungswerte für die Anzahl der Primzahlen der Form $n^2 + 1$ unterhalb von x (vgl. [Ribenboim 1988]):

x	10^6	10^8	10^{10}	10^{12}	10^{14}
Genaue Anzahl	112	841	6656	54110	456362
Näherungswert	99	745	5962	49683	425860

Bis heute ist aber nicht bewiesen, ob unendlich viele Primzahlen der Form $n^2 + 1$ existieren.

Mersennesche Primzahlen (vgl. III.10, IV.4): Die Wahrscheinlichkeit, daß die MERSENNE-Zahl $M_p = 2^p - 1$ eine Primzahl ist, beträgt

$$\frac{1}{\log M_p} \approx \frac{1}{p\cdot\log 2}.$$

Der Erwartungswert der Anzahl aller MERSENNEschen Primzahlen ist dann

$$\frac{1}{\log 2} \sum_p \frac{1}{p},$$

wegen der Divergenz der Reihe also unendlich. Wegen

$$\sum_{p \le x} \frac{1}{p} \approx \log \log x$$

erwartet man bis zur bisher größten MERSENNEschen Primzahl M_{756839} etwa

$$\frac{\log(756839 \cdot \log 2)}{\log 2} \approx 19$$

solche Primzahlen. (In dem angegebenen Bereich existieren genau 32 solche Primzahlen.) Eine etwas subtilere Analyse führt zu der Vermutung, daß die Anzahl der MERSENNEschen Primzahlen $\le x$ besser mit

$$\frac{e^C}{\log 2} \log \log x$$

abzuschätzen ist, wobei C die EULERsche Konstante bedeutet. Es ist $e^C \approx 1,78$; damit ergibt sich für die Anzahl der MERSENNEschen Primzahlen bis M_{756838} der Näherungswert 33,8, eine erstaunlich gute Übereinstimmung! (Vgl. [Ribenboim 1988].)

Fermatsche Primzahlen (vgl. III.10, IV.4): Die Wahrscheinlichkeit, daß die FERMAT-Zahl $F_k = 2^{2^k} + 1$ eine Primzahl ist, beträgt etwa

$$\frac{1}{\log F_k} \approx \frac{1}{2^k \cdot \log 2}.$$

Der Erwartungswert der Anzahl aller FERMATschen Primzahlen ist dann

$$\frac{1}{\log 2} \sum_{k=0}^{\infty} \frac{1}{2^k} = \frac{2}{\log 2} \approx 3.$$

So windig diese Überlegung auch sein mag, so stimmt sie doch gut mit der Tatsache überein, daß man bis heute nur 5 FERMATsche Primzahlen kennt und auch nicht glaubt, daß eine weitere existiert.

Primzahlen zwischen Quadraten: Es ist eine bis heute unbewiesene Vermutung, daß zwischen zwei Quadratzahlen stets eine Primzahl liegt. Man beachte, daß diese Aussage viel schärfer ist als die des Satzes von BERTRAND-TSCHEBYSCHEFF (vgl. I.4). Die Abschätzung

$$\pi((n+1)^2) - \pi(n^2) \approx \sum_{n^2 < k \le (n+1)^2} \frac{1}{\log k} \approx \frac{n}{\log n}$$

ist nur ein sehr schwaches Indiz für die Richtigkeit der Vermutung. Sie liefert aber recht vernünftige Werte; beispielsweise liegen zwischen 100^2 und 101^2 genau 23 Primzahlen, wofür die Abschätzung den Wert 21,7 ergibt.

VI.7 Aufgaben

1. Begründe die asymptotische Formel

$$\pi(x) \sim \frac{x}{2}\left(1 - \sqrt{1 - \frac{4}{\log x}}\right) \qquad (x \geq 55)$$

mit Hilfe des Primzahlsatzes. Begründe ebenso die asymptotische Formel

$$\pi(x) \sim \frac{x}{3}\left(1 - \sqrt[3]{1 - \frac{9}{\log x}}\right) \qquad (x \geq 8104).$$

2. a) Zeige mit Hilfe des Primzahlsatzes, daß für jedes $\varepsilon > 0$ ein $x_0 > 0$ derart existiert, daß für alle $x \geq x_0$ zwischen x und $(1+\varepsilon)x$ mindestens eine Primzahl liegt. (Dies ist eine Verschärfung des BERTRANDschen Postulats; vgl. I.4.)

b) Beweise, daß jedes Intervall aus $\mathbb{R}$ eine Bruchzahl enthält, deren Zähler und Nenner Primzahlen sind.

3. Zeige mit Hilfe des Primzahlsatzes: Sind m Ziffern $z_1, z_2, \ldots, z_m$ gegeben, dann existiert eine Primzahl, deren Dezimaldarstellung mit $z_1 z_2 \ldots z_m \ldots$ beginnt.

4. Es ist eine unbewiesene Vermutung, daß es unendlich viele Primzahlen der Form $4n^2 + 1$ gibt.

a) Zeige, daß

$$5 | 4n^2 + 1 \text{ für } n \equiv \pm 1 \bmod 5 \quad \text{und} \quad 13 | 4n^2 + 1 \text{ für } n \equiv \pm 1 \bmod 13$$

und daß $4n^2 + 1$ für kein $n \in \mathbb{N}$ durch 3,7 oder 11 teilbar ist.

b) Gib mit Hilfe der Methoden aus VI.6 ein Indiz dafür an, daß die Vermutung sinnvoll ist.

5. Zeige, daß die Reihe

$$\sum_p \frac{1}{p \cdot (\log \log p)^r}$$

genau dann konvergiert, wenn $r > 1$.

6. Zeige, daß

$$\prod_{p \leq x}\left(1 - \frac{1}{p}\right) = \frac{a}{\log x} + O\left(\frac{1}{\log^2 x}\right)$$

mit einer Konstanten a gilt.

7. a) Es sei $f(x) = \psi(x) - [x]$. Man beweise für $x \geq 1$:

$$\sum_{n \leq x} \mu(n) \log n = -1 - \sum_{n \leq x} \mu(n) f\left(\frac{x}{n}\right).$$

b) Man leite aus dem Primzahlsatz her:

$$\sum_{n \leq x} \mu(n) = o(x)$$

8. Zeige, daß der Primzahlsatz äquivalent ist mit

$$\sum_{p \leq x} \log p \sim x.$$

9. Leite aus der ABELschen Identität (V.4 Satz 8) die Beziehung

$$\int_2^x \frac{\pi(t)}{t^2} \, dt = \sum_{p \leq x} \frac{1}{p} + o(1)$$

her und beweise dann mit Hilfe von VI.2 Satz 5 den folgenden Satz von TSCHE-
BYSCHEFF: Wenn der Grenzwert

$$\lim_{x \to \infty} \frac{\pi(x)}{\frac{x}{\log x}}$$

existiert, dann ist er 1 (vgl. I.4).

10. Man betrachte die Reihe

$$\sum_{p \neq 2} \frac{(-1)^{\frac{p-1}{2}}}{p},$$

wobei über alle von 2 verschiedenen Primzahlen summiert wird.

a) Zeige: Ist die Reihe konvergent, dann existieren in jeder der beiden Restklassen 1 mod 4 und 3 mod 4 unendlich viele Primzahlen.

b) Zeige, daß man aus der Unendlichkeit der Menge der Primzahlen in jeder der
Restklassen 1 mod 4 und 3 mod 4 nicht auf die Konvergenz der Reihe schließen
kann.

11. Es sei α eine vollständig multiplikative Funktion mit reellen Werten und
$|\alpha(p)| < 1$ für alle Primzahlen p, ferner sei $\sum_p \alpha(p)$ absolut konvergent.

a) Beweise, daß $\sum_{n=1}^{\infty} \alpha(n)$ absolut konvergiert und daß

$$\sum_{n=1}^{\infty} \alpha(n) = \prod_p \frac{1}{1 - \alpha(p)}.$$

b) Zeige:

$$\log \sum_{n=1}^{\infty} \alpha(n) = \sum_p \alpha(p) + R \quad \text{mit} \quad |R| \leq \frac{1}{2} \sum_p \frac{|\alpha(p)|^2}{1 - |\alpha(p)|}.$$

c) Es sei $|\alpha(n)| \leq n^{-s}$ mit $s > 1$. Zeige $|R| < 1$ für den Term R aus b).

d) Beweise die Konvergenz der Reihe

$$\sum_p \frac{(-1)^{\frac{p-1}{2}}}{p}.$$

12. a) Zeige, daß unendlich viele Primzahlen p existieren, für welche 10 quadratischer Rest mod p ist.

b) Zeige, daß es unendlich viele Primzahlen p gibt, für welche die Periodenlänge der Dezimalbruchentwicklung von $\frac{1}{p}$ kleiner als $p - 1$ ist.

13. Zeige: Ist p eine Primzahl > 2 und ist die Kongruenz

$$x^{2^r} + 1 \equiv 0 \bmod p,$$

lösbar, dann ist $p \equiv 1 \bmod 2^{r+1}$. Beweise dann, daß die Restklasse 1 mod 2^{r+1} unendlich viele Primzahlen enthält.

14. Beweise, daß der DIRICHLETsche Primzahlsatz (Satz 6) äquivalent mit folgender Aussage ist: Für alle $a, m \in \mathbb{N}$ mit $\mathrm{ggT}(a, m) = 1$ existiert ein $n \in \mathbb{N}$, so daß $a + mn$ eine Primzahl ist.

15. Beweise mit Hilfe des Satzes von DIRICHLET, daß es für jedes $s \in \mathbb{N}$ in jeder primen Restklasse a mod m unendlich viele natürliche Zahlen gibt, welche das Produkt von s verschiedenen Primzahlen sind.

16. Es sei $d|m$ und χ_1 ein Charakter mod d, ferner χ ein Charakter mod m. Man sagt, χ sei von χ_1 *induziert*, wenn $\chi(a) = \chi_1(a)$ für $\mathrm{ggT}(a, m) = 1$ und $\chi(a) = 0$ für $\mathrm{ggT}(a, m) \neq 1$. (Offensichtlich wird auf diesem Weg durch einen Charakter mod d tatsächlich ein solcher mod m definiert.) Man nennt einen Charakter χ mod m *primitiv*, wenn er nicht von einem Charakter mod d für einen echten Teiler d von m induziert wird. Zeige, daß für die Anzahl $\vartheta(m)$ der primitiven Charaktere mod m gilt:

$$\vartheta(m) = \sum_{d|m} \mu(d)\varphi(\frac{m}{d}).$$

VI.8 Lösungen der Aufgaben

1. Man beachte, daß die Terme auf der rechten Seite nur für $x \geq e^n$ $(n = 2, 3)$ definiert sind. Der Quotient aus dem angegebenen Term und $\frac{x}{\log x}$ strebt für $x \to \infty$ gegen 1.

2. a) Man kann sich auf $0 < \varepsilon < 1$ beschränken. Es existiert $x_1 > 0$ mit

$$\pi((1+\varepsilon)x) - \pi(x) \geq (1 - \frac{\varepsilon}{3}) \cdot \frac{(1+\varepsilon)x}{\log(1+\varepsilon)x} - (1 + \frac{\varepsilon}{3}) \cdot \frac{x}{\log x}$$

$$\geq \frac{x}{\log x \log(1+\varepsilon)x} \cdot \left(\frac{\varepsilon(1-\varepsilon)}{3} \log x - 2\log 2 \right)$$

für $x \geq x_1$. Es existiert ein $x_2 > 0$, so daß der Ausdruck in der Klammer für $x \geq x_2$ positiv ist. Für $x \geq x_0 = \max(x_1, x_2)$ ist also $\pi((1 + \varepsilon)x) - \pi(x) > 0$.

b) Es sei $a < b$ $(a, b \in \mathbb{R}^+)$. Man wende Teil a) auf $1 + \varepsilon = \frac{b}{a}$ und $x = aq$ an, wobei q eine Primzahl mit $aq > x_0$ ist.

3. Es sei $n = (z_1 z_2 \ldots z_m)_{10}$. Man wende die Aussage von Aufgabe 2 a) auf $x = 10^k n$ mit $k \in \mathbb{N}$ und $\varepsilon = \frac{1}{n}$ an. Es existiert also für genügend großes k eine Primzahl p zwischen $10^k n$ und $10^k (n + 1)$, also

$$(z_1 z_2 \ldots z_m 00 \ldots 0)_{10} < p \leq (z_1 z_2 \ldots z_m 99 \ldots 9)_{10}.$$

4. a) $4n^2 + 1 \equiv 0 \bmod 5$ bzw. $4n^2 + 1 \equiv 0 \bmod 13$ hat die Lösungen $n \equiv \pm 1 \bmod 5$ bzw. $n \equiv \pm 4 \bmod 13$; $4n^2 + 1 \equiv 0 \bmod 3$ (bzw. 7 bzw. 11) führt auf $n^2 \equiv 2 \bmod 3$ bzw. $n^2 \equiv 5 \bmod 7$ bzw. $n^2 \equiv 8 \bmod 11$, ist also nicht lösbar wegen

$$\left(\frac{2}{3} \right) = \left(\frac{5}{7} \right) = \left(\frac{8}{11} \right) = -1.$$

b) $\displaystyle\sum_{n=1}^{\infty} \frac{1}{\log(4n^2 + 1)}$ ist divergent.

5. Mit $a(n) = 1$, wenn n Primzahl, 0 sonst, und $A(x) = \sum_{n \leq x} \frac{a(n)}{n} = \sum_{p \leq x} \frac{1}{p}$ wenden wir die ABELsche Identität (V.4 Satz 8) an, wobei wir $A(x) = \log\log x + O(1)$ (VI.2 Satz 5) verwenden. Es ist dann

$$\sum_{p \leq x} \frac{1}{p \log\log p^r} = (\log\log x)^{1-r} + O((\log\log x)^{-r})$$

$$+ r \int_2^x \frac{dt}{t \log t (\log\log t)^r} + O\left(\int_2^x \frac{dt}{t \log t (\log\log t)^{r+1}} \right),$$

und die Terme auf der rechten Seite konvergieren genau dann, wenn $r > 1$.

6. Es gilt

$$\log \prod_{p \leq x} \left(1 - \frac{1}{p} \right) = -\sum_{p \leq x} \frac{1}{p} - \sum_{p \leq x} \sum_{k=2}^{\infty} \frac{1}{kp^k}$$

$$= -\log\log x - A - B + O\left(\frac{1}{\log x} \right)$$

mit $B = \sum_p \sum_{k=2}^{\infty} \frac{1}{kp^k}$. Mit $a = e^{-A-B}$ und $e^{O(\log^{-1} x)} = 1 + O(\log^{-1} x)$ ergibt sich die Behauptung.

7. a) $\displaystyle\sum_{n \leq x} \mu(n) f\left(\frac{x}{n} \right) = T_{\mu \star \Lambda} 1(x) - T_{\mu \star \iota} 1(x) = -T_{\mu \lambda \star \iota} 1(x) - T_{\varepsilon} 1(x).$

b) Es sei $\varepsilon > 0$; aufgrund des Primzahlsatzes existiert dann ein $x_0 > 0$ mit $|f(x)| \leq \varepsilon x$ für $x > x_0$. Man setze $K = \max_{x \leq x_0} |f(x)|$. Für $x > x_0$ gilt dann

$$\left| \sum_{n \leq x} \mu(n) f\left(\frac{x}{n} \right) \right| \leq \left| \sum_{n \leq x} f\left(\frac{x}{n} \right) \right| \leq \varepsilon x \sum_{n \leq x} \frac{1}{n} + Kx.$$

Also ist, da ε beliebig > 0 war,

$$\limsup_{x \to \infty} \frac{1}{x \log x} \left| \sum_{n \leq x} \mu(n) f\left(\frac{x}{n}\right) \right| = 0.$$

Aus a) folgt daher $\sum_{n \leq x} \mu(n) \log n = o(x \log x)$. Die Behauptung folgt nun aus

$$\sum_{n \leq x} \mu(n) \log n = \log x \sum_{n \leq x} \mu(n) + O(x).$$

8. Die Funktion $\theta(x) = \sum_{p \leq x} \log p$ heißt TSCHEBYSCHEFF-*Funktion*. Es gilt

$$0 \leq \psi(x) - \theta(x) = \sum_{\substack{p^r \leq x \\ r \geq 2}} \log p \leq \frac{\log x}{\log 2} \cdot \sum_{p \leq \sqrt{x}} \log p,$$

weil für alle r mit $2^r > x$ keine Summanden mehr auftreten. Es folgt wegen $\sum_{n \leq x} \log n = x \log x + O(x)$

$$0 \leq \psi(x) - \theta(x) \leq \frac{\log x}{\log 2} \cdot O(\sqrt{x} \log \sqrt{x}) = O\left(\sqrt{x} \cdot \log^2 x\right),$$

mit $\psi(x) \sim x$ gilt also auch $\theta(x) \sim x$.

9. Aus V.4 Satz 8 und VI.2 Satz 5 folgt für $P(x) := \int_2^x \frac{\pi(t)}{t^2} \, dt$

$$P(x) \sim \log \log x + O(1).$$

Wegen $\int_2^x \frac{dt}{t \log t} = \log \log x + O(1)$ gilt aber:

(1) Gäbe es ein δ mit $0 < \delta < 1$ und ein $X_\delta > 0$, so daß

$$\pi(x) \leq (1 - \delta) \cdot \frac{x}{\log x} \quad \text{für} \quad x > X_\delta,$$

dann wäre $P(x) \leq (1 - \delta) \log \log x + O(1)$.

(2) Gäbe es ein δ mit $0 < \delta < 1$ und ein $X_\delta > 0$, so daß

$$\pi(x) \geq (1 + \delta) \cdot \frac{x}{\log x} \quad \text{für} \quad x > X_\delta,$$

dann wäre $P(x) \geq (1 + \delta) \log \log x + O(1)$.

10. a) Enthielte eine der Restklassen 1 mod 4 oder 3 mod 4 nur endlich viele Primzahlen, so wäre

$$\left| \sum_{\substack{p \neq 2 \\ p \leq x}} (-1)^{\frac{p-1}{2}} \cdot \frac{1}{p} \right| = \sum_{p \leq x} \frac{1}{p} + O(1).$$

b) Ist z.B. $\sum_{p \equiv 3} \frac{1}{p}$ konvergent, dann ist

$$\sum_{\substack{p \neq 2 \\ p \leq x}} (-1)^{\frac{p-1}{2}} \cdot \frac{1}{p} + \sum_{\substack{p \equiv 3 \\ p \leq x}} \frac{1}{p} + \frac{1}{2} = \sum_{p \leq x} \frac{1}{p},$$

so daß die Beziehung aus a) folgt.

11. a) Vgl. Exkurs über unendliche Produkte in V.3; insbesondere ergibt sich $\sum \alpha(n) > 0$, so daß man den (reellen) Logarithmus bilden kann.

b) $\quad \sum_{p} \log \frac{1}{1 - \alpha(p)} = \sum_{p} \sum_{k} \frac{1}{k} (\alpha(p))^k = \sum_{p} \alpha(p) + R \quad$ mit

$$|R| = \left| \sum_{p} \sum_{k \geq 2} \frac{1}{k} (\alpha(p))^k \right| \leq \frac{1}{2} \sum_{p} \sum_{k \geq 2} |\alpha(p)|^k = \frac{1}{2} \sum_{p} \frac{|\alpha(p)|^2}{1 - |\alpha(p)|}.$$

c) $\quad |R| \leq \sum_{n=2}^{\infty} \frac{1}{n^2} < 1;$ dies gilt auch für $s = 1$.

d) Mit $\alpha(n) = 0$ für $2|n$ und $\alpha(n) = (-1)^{\frac{n-1}{2}} \cdot n^{-s}$ für $2 \nmid n$ $(s > 1)$ folgt:

$$\log \sum_{n=1}^{\infty} \alpha(n) = \sum_{p} \alpha(p) + R \quad \text{mit} \quad |R| < 1.$$

Da die Reihe $1 - \frac{1}{3} + \frac{1}{5} - + \ldots$ gegen einen positiven Wert konvergiert, existiert auch $\lim_{s \to 1} \sum_{p} \alpha(p)$.

12. a) Es gilt $\left(\dfrac{10}{p} \right) = \left(\dfrac{2}{p} \right) \left(\dfrac{5}{p} \right) = (-1)^{\frac{p^2 - 1}{8}} \cdot \left(\dfrac{p}{5} \right) = +1$, falls

(1) $p \equiv \pm 1 \mod 8$ und $p \equiv \pm 1 \mod 5$, also $p \equiv 1, 9, 31, 39 \mod 40$;

(2) $p \equiv \pm 3 \mod 8$ und $p \equiv \pm 2 \mod 5$, also $p \equiv 3, 13, 27, 37 \mod 40$.

Nach dem Satz von DIRICHLET enthält jede der acht Restklassen mod 40 unendlich viele Primzahlen.

b) Ist $10 \equiv a^2 \mod p$, so ist $10^{\frac{p-1}{2}} \equiv a^{p-1} \equiv 1 \mod p$, also $\mathrm{ord}_p[10] < p - 1$. Aus Teil a) folgt nun die Behauptung.

13. Aus $x^{2^r} \equiv -1 \mod p$ folgt $x^{2^{r+1}} \equiv 1 \mod p$ und daraus $\varphi(p)|2^{r+1}$ bzw. $p \equiv 1 \mod 2^{r+1}$. Sei p_1 ein Primteiler von $2^{2^r} + 1$, p_2 ein Primteiler von $(2p_1)^{2^r} + 1$, p_3 ein Primteiler von $(2p_1 p_2)^{2^r} + 1$ usw., allgemein p_{i+1} ein Primteiler von $(2p_1 \cdot \ldots \cdot p_i)^{2^r} + 1$, dann sind die Primzahlen $p_1, p_2, \ldots, p_i, \ldots$ paarweise verschieden und gehören alle zur Restklasse 1 mod 2^{r+1}.

14. Es existiert für alle $a, m \in \mathbb{N}$ mit $\mathrm{ggT}(a, m) = 1$ ein n, so daß $a + nm$ eine Primzahl ist. Ist nun $\mathrm{ggT}(a, m) = 1$ und $a + nm$ eine Primzahl, dann ist auch $\mathrm{ggT}(a, mn) = 1$. Es existiert also ein n' so, daß $a + n'(nm) = a + (n'n)m$ eine Primzahl ist. So fortfahrend erhält man unendlich viele Primzahlen in der Restklasse $a \mod m$.

15. Man gehe induktiv vor. Für $s = 1$ folgt die Behauptung direkt aus dem Satz von DIRICHLET. Schluß von s auf $s + 1$: Es sei

$$a + km = p_1 p_2 \ldots p_s \quad \text{mit} \quad p_1 < p_2 < \ldots < p_s.$$

Aufgrund des Satzes von DIRICHLET existieren unendlich viele $n \in \mathbb{N}$, für welche $1 + nm = p_{s+1}$ eine Primzahl $> p_s$ ist. Dann folgt

$$
\begin{aligned}
a + (p_1 p_2 \ldots p_s n + k)m &= (p_1 p_2 \ldots p_s)nm + (a + km) \\
&= (p_1 p_2 \ldots p_s)(1 + nm) = p_1 p_2 \ldots p_s p_{s+1}.
\end{aligned}
$$

16. Es gilt $\varphi(m) = \sum_{d|m} \vartheta(d)$, da jeder primitive Charakter mod d genau einen Charakter mod m induziert und jeder Charakter mod m für genau ein $d|m$ von genau einem primitiven Charakter mod d induziert wird. (Dabei ist im Fall $d = n$ der Charakter mod m selbst primitiv.) Anwenden der MÖBIUSfunktion liefert die Behauptung.

VII Elemente der Additiven Zahlentheorie

VII.1 Problemstellungen der Additiven Zahlentheorie

Viele Fragestellungen der Zahlentheorie beschäftigen sich mit der Darstellung oder Darstellbarkeit natürlicher Zahlen als Summe von Zahlen spezieller Art. In IV.5 und IV.9 haben wir untersucht, welche Zahlen als Summe von zwei bzw. drei Quadratzahlen zu schreiben sind. Der Satz von LAGRANGE (IV.5 Satz 15) besagt, daß jede Zahl als Summe von höchstens vier Quadraten zu schreiben ist. WARING vermutete, daß allgemeiner jede Zahl als Summe von höchstens $g(k)$ k-ten Potenzen zu schreiben ist; diese Vermutung ist in der Zwischenzeit bewiesen worden (Satz von WARING-HILBERT, VII.7 Satz 17). Jede Zahl läßt sich als Summe von höchstens n n-Eckszahlen darstellen, wie CAUCHY bewiesen hat (vgl. IV.8). Die von CHRISTIAN GOLDBACH (1690–1764), einem Kollegen EULERs an der Petersburger Akademie der Wissenschaften, aufgeworfene Frage, ob jede gerade Zahl ≥ 6 Summe von zwei ungeraden Primzahlen sei, ist bis heute unbeantwortet. Man kann aber zeigen, daß eine Konstante c existiert, so daß jede Zahl als Summe von höchstens c Primzahlen zu schreiben ist (Satz von GOLDBACH-SCHNIRELMANN, VII.6 Satz 16). Mit $c = 3$ wäre die GOLDBACHsche Vermutung bewiesen.

Bei diesen Fragen interessiert man sich natürlich auch für die *Anzahl der Darstellungen* einer Zahl als Summe von Zahlen der jeweils betrachteten Art, und zwar insbesondere dann, wenn die *Möglichkeit* der Darstellung bekannt oder gar trivial ist. Der „trivialste" Fall ist dann die Darstellung einer Zahl als Summe von Zahlen ohne weitere Einschränkungen. Eine solche Darstellung nennt man eine *Partition* der Zahl. Mit Partitionen werden wir uns in VII.2 und VII.3 auseinandersetzen.

Zur Behandlung der Probleme der Additiven Zahlentheorie hat EULER erzeugende Funktionen von Folgen natürlicher Zahlen betrachtet. Ist

$$f(x) = \sum_{n=0}^{\infty} a_n x^n$$

für $|x| < r$ konvergent, dann heißt f die (gewöhnliche) *erzeugende Funktion* der

Folge $\{a_n\}$ bzw. der zahlentheoretischen Funktion $n \mapsto a_n$ (vgl. V.5). Ist nun
$A \subseteq \mathbb{N}_0$ und

$$a_n = \left\{ \begin{array}{ll} 1, & \text{wenn } n \in A \\ 0, & \text{wenn } n \notin A, \end{array} \right.$$

dann ist

$$(f(x))^k = \sum_{n=0}^{\infty} r(n)x^n,$$

wobei $r(n)$ die Anzahl der Darstellungen von n als Summe von k Zahlen aus A
ist (mit Berücksichtigung der Reihenfolge, Wiederholungen erlaubt). Gelingt es
nun, die Funktion f bzw. f^k noch anders als durch die Potenzreihe zu beschreiben, dann kann man hoffen, Aufschluß über die Zahlen $r(n)$ zu erhalten.

In den Dreißigerjahren entwickelte sich eine andere Methode zur Untersuchung von Problemen der Additiven Zahlentheorie. Man definierte verschiedene
Dichtebegriffe für Teilmengen von $\mathbb{N}$ sowie eine *Addition* solcher Mengen und
versuchte, die Dichte einer Summe von Mengen mit Hilfe der Dichte der einzelnen Mengen abzuschätzen. Dieser moderne Zweig der Additiven Zahlentheorie
ist mittlerweile sehr umfangreich, so daß wir in VII.5 und VII.8 nur einen kleinen
Ausschnitt behandeln können.

In VII.9 sprechen wir die Frage an, welche Zahlen als Summe von Zahlen
aus einer gegebenen *endlichen* Menge zu schreiben sind.

Zur Unterscheidung von der Additiven Zahlentheorie nennt man die Teile
der Zahlentheorie, in denen man sich mit den Teilbarkeitseigenschaften und
z.B. mit der Primfaktorzerlegung der ganzen Zahlen beschäftigt, *Multiplikative*
Zahlentheorie. Natürlich ist diese Unterscheidung nicht sehr streng, wie z. B.
die Frage der Darstellung von Zahlen als Summe von zwei Quadraten zeigt.

Monographien zur Additiven Zahlentheorie sind [Ostmann 1956], [Halb-
erstam/Roth 1966]. Themen der Additiven Zahlentheorie enthalten u. a. die
Bücher [Niven/Zuckerman 1980], [Hua 1982], [Narkiewicz 1983]. In [Guy 1981]
ist der Abschnitt C den ungelösten Problemen der Additiven Zahlentheorie gewidmet.

VII.2 Partitionen

Es sei A eine Teilmenge von $\mathbb{N}$. Eine Darstellung einer natürlichen Zahl n
als Summe von Zahlen aus A, wobei es nicht auf die Reihenfolge ankommt und
Zahlen aus A mehrfach als Summand auftreten dürfen, nennt man eine *Partition*
oder *Zerlegung von n in Summanden aus A*. Ist $A = \mathbb{N}$, so spricht man einfach
von einer *Partition* von n. Tritt der Summand $a_i \in A$ genau k_i-mal auf, dann
nennt man k_i die *Vielfachheit* von a_i in der Partition

$$n = k_1 a_1 + k_2 a_2 + k_3 a_3 + \dots .$$

Die Anzahl der Partitionen von n bezeichnet man mit $p_A(n)$ bzw. im Fall $A = \mathbb{N}$
einfach mit $p(n)$. Man betrachtet auch Partitionen mit gewissen Einschränkun-

gen, z.B. Partionen mit lauter verschiedenen Summanden, mit einer gewissen Höchstzahl von Summanden, mit einem gewissen höchsten Wert der Summanden und allen möglichen Kombinationen dieser Einschränkungen. Mit $\overline{p}_A(n)$ bezeichnen wir die Anzahl der Partitionen in lauter *verschiedene* Summanden aus A. Obwohl 0 nicht als Summe von natürlichen Zahlen zu schreiben ist, vereinbaren wir $p_A(0) = \overline{p}_A(0) = 1$; die Nützlichkeit dieser Vereinbarung sieht man schon im folgenden Satz.

Satz 1: Für $x \in \mathbb{R}$ mit $|x| < 1$ und $A \subseteq \mathbb{N}$ gilt

$$\sum_{n=0}^{\infty} p_A(n)x^n = \prod_{a \in A}(1 - x^a)^{-1} \quad \text{und} \quad \sum_{n=0}^{\infty} \overline{p}_A(n)x^n = \prod_{a \in A}(1 + x^a).$$

Beweis: Für $|x| < 1$ gilt

$$\prod_{a \in A}(1 - x^a)^{-1} = \prod_{a \in A}(1 + x^a + x^{2a} + x^{3a} + \ldots).$$

Beim Ausmultiplizieren, was wegen der absoluten Konvergenz erlaubt ist, ergibt sich als Koeffizient von x^n die Anzahl der Darstellungen von n in der Form $k_1 a_1 + k_2 a_2 + k_3 a_3 + \ldots$ ($k_i \in \mathbb{N}_0$, $a_i \in A$), also $p_A(n)$. Die zweite Behauptung ergibt sich daraus, daß sich beim Ausmultiplizieren von $\prod_{a \in A}(1 + x^a)$ als Koeffizient von x^n gerade $\overline{p}_A(n)$ ergibt. □

Wir verzichten hier und im folgenden auf ausführlichere Konvergenzbetrachtungen, da dies in der Regel einfache Übungen zur Analysis sind.

Man nennt allgemein die Funktion

$$x \longmapsto \sum_{n=0}^{\infty} \alpha(n)x^n$$

die *erzeugende Funktion* (genauer *gewöhnliche* erzeugende Funktion) der Folge $\alpha(n)$ bzw. der zahlentheoretischen Funktion α (vgl. V.5). Satz 1 besagt also, daß

$$F_A : x \mapsto \prod_{a \in A}(1 - x^a)^{-1}$$

die erzeugende Funktion von p_A und

$$\overline{F}_A : x \mapsto \prod_{a \in A}(1 + x^a)$$

die erzeugende Funktion von $\overline{p}_A$ ist.

Satz 2: Ist U die Menge der ungeraden natürlichen Zahlen, dann gilt

$$\overline{p}(n) = p_U(n)$$

für alle $n \in \mathbb{N}$; die Anzahl der Partitionen von n in *verschiedene* Summanden ist also gleich der Anzahl der Partitionen von n in *ungerade* Summanden.

Beweis: Für die erzeugenden Funktionen $\overline{F}$ und F_U von $\overline{p}$ und p_U gilt

$$\overline{F}(x) = \prod_{i=1}^{\infty}(1 + x^i) \quad \text{bzw.} \quad F_U(x) = \prod_{i=1}^{\infty}(1 - x^{2i-1})^{-1}$$

(Satz 1). Es ist nun

$$\prod_{i=1}^{\infty}(1 + x^i) = \prod_{i=1}^{\infty}\frac{1 - x^{2i}}{1 - x^i} = \prod_{k=1}^{\infty}\frac{1}{1 - x^{2k-1}},$$

denn im Nenner des mittleren Produktes kommen *alle* Faktoren $1 - x^i$ vor, im Zähler nur die mit *geradem* Exponent, es verbleiben also die mit *ungeradem* Exponent. Aus $\overline{F} = F_U$ folgt $\overline{p}(n) = p_U(n)$ für alle $n \in \mathbb{N}$.   □

Die Aussage $\overline{p} = p_U$ aus Satz 2 kann man auch mit kombinatorischen Argumenten belegen, die Benutzung erzeugender Funktionen ist aber hier und bei ähnlichen Problemen der schnellere Weg. Diese Methode ist von EULER erdacht worden; er versuchte u.a., in der Beziehung

$$\left(\sum_{i=0}^{\infty} x^{i^2}\right)^4 = \sum_{n=0}^{\infty} \varrho(n)x^n$$

$\varrho(n) > 0$ für alle $n \in \mathbb{N}$ nachzuweisen, um so den Vierquadratesatz zu erhalten. Dieser Beweis des Satzes von LAGRANGE ist aber erst CARL GUSTAV JAKOB JACOBI (1804–1851) im Rahmen der Theorie der elliptischen Funktionen gelungen. EULERs großes Verdienst besteht in diesem Zusammenhang darin, das zahlentheoretische Problem der Bestimmung von Partitionsanzahlen funktionentheoretischen Methoden zugänglich gemacht zu haben.

Weil das Produkt $\prod_{i=1}^{\infty}(1-x^i)^{-1}$ und damit die Reihe $\sum_{n=0}^{\infty} p(n)x^n$ für $|x| < 1$ konvergiert, gilt dies für jede erzeugende Funktion einer Partitionsfunktion, da die Partitionsanzahlen durch Einschränkungen nicht vergrößert werden. Für $|x| > 1$ herrscht Divergenz. Wegen $p(n + 1) \geq p(n) + 1$ folgt aus dem Quotientenkriterium für Reihen, daß

$$\lim_{n \to \infty} \frac{p(n + 1)}{p(n)} = 1.$$

Ist $A = \{1, 2, .., m\}$, so schreiben wir p_m statt p_A; es ist also $p_m(n)$ die Anzahl der Partitionen von n in Summanden $\leq m$. Die erzeugende Funktion von p_m ist

$$F_m : x \mapsto \prod_{i=1}^{m}(1 - x^i)^{-1}.$$

Weiterhin bezeichnen wir mit $p^{(m)}(n)$ die Anzahl der Partitionen von n in höchstens m Summanden. Wir zeigen im folgenden Satz, daß $p^{(m)}(n) = p_m(n)$ für alle $n \in \mathbb{N}$ gilt, wobei wir von der Darstellung einer Partition als *Graph*

(Punktmuster) Gebrauch machen. Der folgende Graph bedeutet zeilenweise gelesen die Partition

$$27 = 8 + 6 + 6 + 3 + 2 + 1 + 1,$$

spaltenweise gelesen die Partition

$$27 = 7 + 5 + 4 + 3 + 3 + 3 + 1 + 1.$$

Um Eindeutigkeit herzustellen, sei dabei die Anordnung der Zahlen (Zeilen/Spalten) nach abnehmender Größe verlangt. JAMES JOSEPH SYLVESTER (1814–1897) benutzte erstmals solche Graphen in einer Publikation, schrieb diese Methode aber NORMAN MACLEOD FERRERS (1829–1903) zu, weshalb man von FERRERS-*Graphen* spricht.

Satz 3: Für alle $m, n \in \mathbb{N}$ gilt

$$p^{(m)}(n) = p_m(n).$$

Die Anzahl der Partitionen von n in höchstens m Summanden ist also gleich der Anzahl der Partitionen von n in Summanden $\leq m$.

Beweis: Man lese den Graph einer Partition einmal zeilenweise und einmal spaltenweise. $\square$

Ist F die erzeugende Funktion von p, dann bezeichnen wir ihre Kehrfunktion $\frac{1}{F}$ mit $\mathcal{E}$. Es ist also

$$\mathcal{E}(x) = \prod_{i=1}^{\infty}(1 - x^i).$$

Diese von EULER eingeführte Funktion wird im folgenden Satz als eine Potenzreihe dargestellt.

Satz 4: Es gilt

$$\mathcal{E}(x) = 1 + \sum_{n=1}^{\infty}(-1)^n \left(x^{\frac{n(3n+1)}{2}} + x^{\frac{n(3n-1)}{2}} \right).$$

Beweis: Beim Ausmultiplizieren des Produktes

$$\prod_{i=1}^{\infty}(1 - x^i)$$

erhält der Summand x^n den Koeffizient

$$\bar{p}^g(n) - \bar{p}^u(n),$$

wobei $\bar{p}^g(n)$ die Anzahl der Partitionen von n in eine *gerade* Anzahl verschiedener Summanden und $\bar{p}^u(n)$ die Anzahl der Partitionen von n in eine *ungerade* Anzahl verschiedener Summanden bedeutet. Denn der Summand x^n entsteht aus $(-x^a)(-x^b)(-x^c)\ldots$ mit $n = a + b + c + \ldots$ und einer *geraden* Anzahl von verschiedenen Summanden, der Summand $-x^n$ entsteht aus $(-x^a)(-x^b)(-x^c)\ldots$ mit $n = a + b + c + \ldots$ und einer *ungeraden* Anzahl von verschiedenen Summanden.

Ist nun $n = a_1 + a_2 + \ldots a_k$ mit $a_1 > a_2 > \ldots > a_k$ eine Partition von n in k verschiedene Summanden, und gilt $a_1 - a_2 = a_2 - a_3 = \ldots = a_{r-1} - a_r = 1$ und $a_r - a_{r+1} > 1$ sowie $r < k$ und $r < a_k$, dann ist

$$n = (a_1 - 1) + (a_2 - 1) + \ldots + (a_r - 1) + a_{r+1} + \ldots + a_k + r$$

eine Partition von n in $k + 1$ Summanden, welche ebenfalls streng monoton abnehmen (Fig. 1).

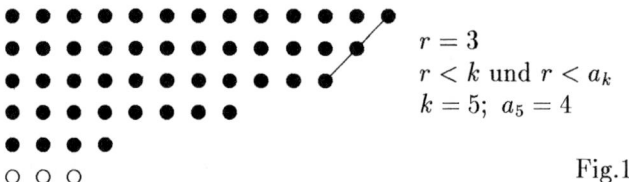

$r = 3$
$r < k$ und $r < a_k$
$k = 5$; $a_5 = 4$

Fig.1

Man kann also einer Partition in eine gerade Anzahl von verschiedenen Summanden im vorliegenden Fall ($r < k$ und $r < a_k$) stets eine solche in eine ungerade Anzahl von verschiedenen Summanden und umgekehrt zuordnen. Ist $r < k$ und $r > a_k$, dann verfährt man analog (Fig. 2):

$$n = (a_1 + 1) + (a_2 + 1) + \ldots + (a_{a_k} + 1) + a_{a_k+1} + \ldots + a_{k-1}$$

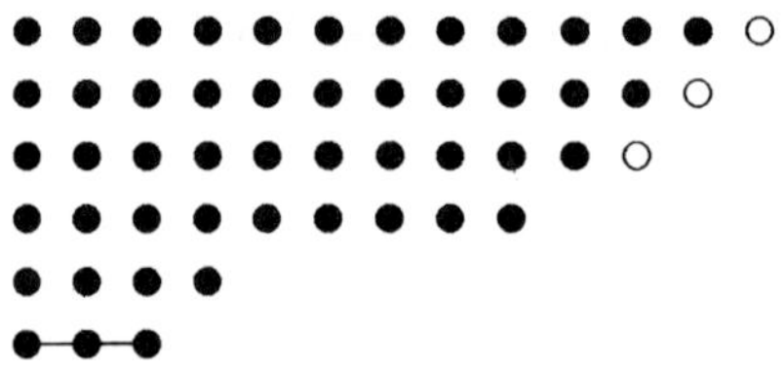

$r = 4$
$r < k$ und $r > a_k$
$k = 6$; $a_6 = 3$

Fig.2

Unter den Partitionen von n mit $r < k$ und $r \neq a_k$ existieren also ebenso viele mit gerader wie mit ungerader Anzahl verschiedener Summanden. Aus $r = a_k$ folgt $r = k$, es bleibt also nur noch der Fall $r = k$ zu untersuchen. Ist hier $r < a_k - 1$ oder $r > a_k$, so kann man wie oben verfahren (Fig. 3).

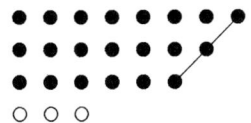 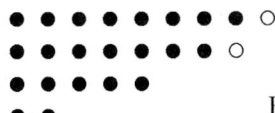

Fig.3

Es bleiben nur die Fälle $r = k = a_k$ und $r = k = a_k - 1$ übrig. Ist $r = k = a_k$, dann ist

$$n = r + (r + 1) + \ldots + (2r - 1) = r \cdot \frac{r + 2r - 1}{2} = \frac{r(3r - 1)}{2};$$

Ist $r = k = a_k - 1$, dann ist

$$n = (r + 1) + (r + 2) + \ldots + 2r = r \cdot \frac{r + 1 + 2r}{2} = \frac{r(3r + 1)}{2}.$$

Es ergibt sich also

$$\bar{p}^g(n) - \bar{p}^u(n) = \begin{cases} (-1)^r, & \text{falls } n = \frac{r(3r \pm 1)}{2}, \\ 0 & \text{sonst}, \end{cases}$$

womit Satz 4 bewiesen ist.   □

Die Zahlen $\frac{i(3i-1)}{2}$ haben wir in IV.8 als die *Fünfeckszahlen* kennengelernt. Die Reihe in Satz 4 (und damit auch $\mathcal{E}(x)$) nennt man die EULER*sche Reihe*. Diese ermöglicht eine rekursive Berechnung der Partitionszahlen $p(n)$: Für

$$\mathcal{E}(x) = \sum_{n=0}^{\infty} \alpha(n)x^n \quad \text{mit} \quad \alpha(n) = \begin{cases} 1, & \text{falls } n = 0, \\ (-1)^r, & \text{falls } n = \frac{r(3r \pm 1)}{2}, \\ 0 & \text{sonst} \end{cases}$$

gilt wegen $\mathcal{E}(x) \cdot F(x) = 1$

$$\sum_{i=0}^{n} \alpha(i)p(n - i) = \begin{cases} 1 \text{ für } n = 0, \\ 0 \text{ für } n > 0. \end{cases}$$

Daher ist p die bezüglich des CAUCHY-Produkts zu α inverse Funktion (vgl. V.5). Es ist also

$$p(n) = p(n - 1) + p(n - 2) - p(n - 5) - p(n - 7)$$
$$+ p(n - 12) + p(n - 15) - + \ldots$$

Der folgende Satz enthält zwei weitere Rekursionsformeln für $p(n)$.

Satz 5: Für alle $n \in \mathbb{N}$ gilt

a) $np(n) = \sum_{i=1}^{n} \left(\sum_{k=1}^{[\frac{n}{i}]} ip(n - ki) \right);$

13*

b) $np(n) = \sum\limits_{i=0}^{n-1} p(i)\sigma(n-i)$, wobei σ die Teilersummenfunktion ist.

Beweis: a) Man denke sich alle Partitionen von n aufgeschrieben und dann addiert. Man erhält $np(n)$. In dieser Summe kommt der Summand i genau $(p(n-i) + p(n-2i) + p(n-3i) + \ldots)$-mal vor.

b) $\sum\limits_{i=1}^{n} \left(\sum\limits_{k=1}^{[\frac{n}{i}]} ip(n-ki) \right) = \sum\limits_{r=1}^{n} \left(p(n-r) \sum\limits_{i|r} i \right) = \sum\limits_{r=1}^{n} p(n-r)\sigma(r). \quad \square$

Wir haben oben die Rekursion

$$\sum_{i=0}^{n} \alpha(i)p(n-i) = \left\{ \begin{array}{l} 1 \text{ für } n = 0, \\ 0 \text{ für } n > 0 \end{array} \right.$$

für die Partitionsfunktion hergeleitet. Interessanterweise gilt eine ähnliche Rekursion für die Teilersummenfunktion σ, mit welcher wir uns nun befassen.

Satz 6: Ist $\alpha(n)$ wie oben definiert, dann gilt

$$\sum_{i=0}^{n-1} \alpha(i)\sigma(n-i) = -n\alpha(n);$$

also hat $\sigma(n) - \sigma(n-1) - \sigma(n-2) + \sigma(n-5) + \sigma(n-7) - \sigma(n-12) - + \ldots$ den Wert $(-1)^{r+1}n$, falls $n = \dfrac{3r^2 \pm r}{2}$, und andernfalls den Wert 0.

Beweis: Die Vertauschbarkeit der Grenzprozesse in den folgenden Ausführungen ist durch die absolute Konvergenz der betrachteten Reihen für $|x| < 1$ gewährleistet. Es ist nun einerseits

$$\mathcal{E}'(x) = \left(\sum_{n=0}^{\infty} \alpha(n)x^n \right)' = \sum_{n=1}^{\infty} n\alpha(n)x^{n-1}$$

und andererseits

$$\begin{aligned} \frac{\mathcal{E}'(x)}{\mathcal{E}(x)} &= (\log \mathcal{E}(x))' = \left(\log \prod_{n=1}^{\infty} (1-x^n) \right)' \\ &= \left(\sum_{n=1}^{\infty} \log(1-x^n) \right)' = \sum_{n=1}^{\infty} \frac{-nx^{n-1}}{1-x^n} \\ &= \sum_{n=1}^{\infty} \left(-nx^{n-1} \sum_{i=0}^{\infty} x^{ni} \right) = \sum_{n=1}^{\infty} \left(\sum_{j=1}^{\infty} -nx^{nj-1} \right) \\ &= \sum_{k=1}^{\infty} \left(-\sum_{n|k} n \right) x^{k-1} = \sum_{k=1}^{\infty} -\sigma(k)x^{k-1}, \end{aligned}$$

also

$$\mathcal{E}'(x) = \mathcal{E}(x) \cdot \sum_{k=1}^{\infty} -\sigma(k)x^{k-1} = \sum_{n=0}^{\infty} \alpha(n)x^n \cdot \sum_{n=0}^{\infty} -\sigma(n+1)x^n.$$

Es folgt

$$-\sum_{i=0}^{\infty} \alpha(i)\sigma(n+1-i) = (n+1)\alpha(n+1)$$

bzw. bei Ersetzung von n durch $n-1$ die behauptete Beziehung   □

Die EULERsche Reihe $\mathcal{E}(x)$ ist der Ausgangspunkt für viele Betrachtungen der Additiven Zahlentheorie. Dabei ist die JACOBI*sche Formel*

$$(\mathcal{E}(x))^3 = \sum_{n=0}^{\infty}(-1)^n(2n+1) \cdot x^{\frac{n(n+1)}{2}},$$

von Bedeutung, in welcher die Dreieckszahlen $\frac{n(n+1)}{2}$ als Exponenten auftreten. (Vgl. z.B. [Grosswald 1966], [Apostol 1976], [Rose 1988].) Eine entsprechende Reihe mit den Koeffizienten 1 ist die GAUSS*sche Reihe*

$$\frac{\mathcal{E}^2(x^2)}{\mathcal{E}(x)} = \sum_{n=0}^{\infty} x^{\frac{n(n+1)}{2}}.$$

Die Quadratzahlen treten als Exponenten in folgender Reihe auf:

$$\frac{\mathcal{E}^5(x^2)}{\mathcal{E}^2(x^4)} = 1 + \sum_{n=1}^{\infty} 2x^{n^2}.$$

Mit Hilfe solcher Funktionen kann man versuchen, Aussagen über die Anzahl der Darstellungen einer natürlichen Zahl als Summe von Zahlen aus vorgegebenen Mengen zu gewinnen. Beweist man z.B., daß in der Potenzreihenentwicklung von $\left(\frac{\mathcal{E}^2(x^2)}{\mathcal{E}(x)}\right)^3$ kein Koeffizient verschwindet, dann hat man bewiesen, daß jede natürliche Zahl eine Summe von höchstens drei Dreieckszahlen ist.

Mit Hilfe der EULERschen Reihe kann man gewisse Teilbarkeitseigenschaften der Partitionszahlen $p(n)$ beweisen.

Satz 7: Ist p eine Primzahl, dann gilt

$$\frac{\mathcal{E}(x^p)}{\mathcal{E}^p(x)} = 1 + p \cdot \sum_{n=1}^{\infty} a_n x^n$$

mit $a_1, a_2, a_3, \ldots \in \mathbb{Z}$.

Beweis: Für $0 \le y < 1$ gilt

$$\frac{1}{(1-y)^p} = \left(\sum_{n=0}^{\infty} y^n\right)^p = \sum_{n=0}^{\infty} \beta(n)y^n$$

mit $\beta = \iota \odot \iota \odot \ldots \odot \iota$ (p-faches CAUCHY-Produkt von ι mit $\iota(n) = 1$ für alle $n \in \mathbb{N}_0$). Es gilt

$$\beta(n) = \sum_{x_1+x_2+\ldots+x_p=n} 1 = \binom{n+p-1}{p-1},$$

denn man kann n Einsen auf genau $\binom{n+p-1}{p-1}$ Arten auf p Plätze verteilen, wenn es nicht auf die Reihenfolge ankommt und die Plätze mehrfach besetzt werden dürfen (vgl. z.B. [Lüneburg 1971]; in VII.3 beweisen wir diese Ausssage nochmals induktiv.). Dann ist

$$\frac{1-y^p}{(1-y)^p} \;=\; \sum_{n=0}^{\infty} \beta(n)y^n - \sum_{n=0}^{\infty} \beta(n)y^{n+p}$$

$$= \sum_{n=0}^{p-1} \beta(n)y^n + \sum_{n=p}^{\infty}(\beta(n)-\beta(n-p))y^n = \sum_{n=0}^{\infty} \gamma(n)y^n$$

mit $\gamma(n) = \beta(n)$ für $n \le p-1$ und $\gamma(n) = \beta(n)-\beta(n-p)$ für $n \ge p$. Es gilt

$$\beta(n) = \frac{(n+p-1)(n+p-2)\cdot\ldots\cdot(n+1)}{(p-1)!} \equiv \begin{cases} 1 \bmod p, & \text{falls } n \equiv 0 \bmod p \\ 0 \bmod p, & \text{falls } n \not\equiv 0 \bmod p \end{cases}$$

und daher $\gamma(n) \equiv 0 \bmod p$ für alle $n > 0$. Ferner ist $\gamma(0) = \beta(0) = 1$, $\beta(0) < \beta(1) < \beta(2) < \ldots$, also $\gamma(n) > 0$ für alle n. Für $0 \le x < 1$ und $m \in \mathbb{N}$ betrachten wir jetzt

$$F_m(x) \;:=\; \prod_{n=1}^{m} \frac{1-x^{np}}{(1-x^n)^p}$$

$$= \left(\sum_{n=0}^{\infty}\gamma(n)x^n\right)\cdot\left(\sum_{n=0}^{\infty}\gamma(n)x^{2n}\right)\cdot\ldots\cdot\left(\sum_{n=0}^{\infty}\gamma(n)x^{mn}\right).$$

Es gilt

$$\lim_{m\to\infty} F_m(x) = \frac{\mathcal{E}(x^p)}{\mathcal{E}^p(x)}.$$

Nun ist

$$F_m(x) = \sum_{n=0}^{\infty} \delta_m(n)x^n$$

mit

$$\delta_m(n) = \sum_{a_1+2a_2+\ldots+ma_m=n} \gamma(a_1)\gamma(a_2)\ldots\gamma(a_m).$$

In der Summe, welche $\delta_m(n)$ darstellt, ist für $n > 0$ in jedem Summand mindestens ein Faktor durch p teilbar, weil $\gamma(a) \equiv 0 \bmod p$ für $a > 0$. Also ist $\delta_m(n) \equiv 0 \bmod p$ für $n > 0$. Ferner ist $\delta_m(n) \ge \gamma(n)$, weil in der genannten Summe der Summand $\gamma(n)$ auftritt und alle Summanden positiv sind. Schließlich ist $\delta_m(n) = \delta_{m-1}(n)$, falls $n \le m-1$, weil in diesem Fall die Gleichung $a_1 + 2a_2 + \ldots + ma_m = n$ nur mit $m = 0$ zu lösen ist. Also ist

$$\sum_{n=0}^{m} \delta_n(n)x^n = \sum_{n=0}^{m} \delta_m(n)x^n \le \sum_{n=0}^{\infty} \delta_m(n)x^n = F_m(x).$$

Da $\sum_{n=0}^{m} \delta_n(n)x^n$ monoton wächst, ergibt sich die Konvergenz und damit

$$\sum_{n=0}^{\infty} \delta_n(n)x^n \le \frac{\mathcal{E}(x^p)}{\mathcal{E}^p(x)}.$$

Andererseits ist

$$\sum_{n=0}^{\infty} \delta_n(n)x^n = \sum_{n=0}^{m} \delta_m(n)x^n + \sum_{n=m+1}^{\infty} \delta_n(n)x^n$$

$$\geq \sum_{n=0}^{\infty} \delta_m(n)x^n + \sum_{n=m+1}^{\infty} \delta_m(n)x^n = F_m(x)$$

und daher

$$\sum_{n=0}^{\infty} \delta_n(n)x^n \geq \frac{\mathcal{E}(x^p)}{\mathcal{E}^p(x)}.$$

Es ergibt sich also

$$\sum_{n=0}^{\infty} \delta_n(n)x^n = \frac{\mathcal{E}(x^p)}{\mathcal{E}^p(x)}.$$

Dabei gilt $\delta_0(0) = \gamma(0) = \beta(0) = 1$ und $\delta_n(n) \equiv 0 \bmod p$ für $n > 0$. $\square$

Anwendung: Mit Hilfe der (hier nicht bewiesenen) JACOBIschen Formel kann man zeigen, daß für $0 \leq x < 1$ gilt:

$$x \cdot \mathcal{E}^4(x) = \sum_{n=1}^{\infty} b_n x^n \qquad \text{mit} \quad b_n \equiv 0 \bmod 5 \text{ für } n \equiv 0 \bmod 5$$

(Aufgabe 2). Also gilt für $0 \leq x < 1$

$$\sum_{n=0}^{\infty} p(n)x^{n+1} = \frac{x}{\mathcal{E}(x)} = x \cdot \mathcal{E}^4(x) \cdot \frac{\mathcal{E}(x^5)}{\mathcal{E}^5(x)} \cdot \frac{1}{\mathcal{E}(x^5)}$$

$$= \left(\sum_{n=1}^{\infty} b_n x^n \right) \cdot \left(1 + 5 \cdot \sum_{n=1}^{\infty} a_n x^n \right) \cdot \left(\sum_{n=0}^{\infty} p(n)x^{5n} \right),$$

wobei a_n, b_n die oben eingeführten Koeffizienten sind. Betrachtet man die Koeffizienten mod 5, dann kann man dabei den mittleren Faktor weglassen. Das verbleibende Produkt hat bei x^n den Koeffizient

$$\sum_{i+5j=n} b_i p(j).$$

Also ist

$$p(n-1) \equiv \sum_{i+5j=n} b_i p(j) \bmod 5.$$

Für $n = 5(m+1)$ ist in der Summe stets $i \equiv 0 \bmod 5$, also $b_i \equiv 0 \bmod 5$; es ergibt sich also

$$p(5m+4) \equiv 0 \bmod 5.$$

Auf ähnliche Weise kann man zeigen, daß

$$p(7m+5) \equiv 0 \bmod 7 \quad \text{und} \quad p(11m+6) \equiv 0 \bmod 11.$$

gilt. Diese Teilbarkeitsbeziehungen für Partitionszahlen sind von SRINIVASA AAIYANGAR RAMANUJAN (1887–1920) gefunden worden.

Die Partitionsfunktion wächst sehr stark. Im folgenden Satz ist eine (sehr grobe) Abschätzung für die Werte $p(n)$ angegeben.

Satz 8: Für $n > 1$ gilt

$$2^{[\sqrt{n}]} < p(n) < c^{\sqrt{n}} \quad \text{mit} \quad c = e^{\pi \cdot \sqrt{\frac{2}{3}}} \approx 13.$$

Beweis: 1) Aus der Menge $\{1, 2, 3, \ldots, [\sqrt{n}]\}$ wählen wir r verschiedene Zahlen $a_1, a_2, \ldots, a_r$ aus und bilden damit die Partition

$$n = a_1 + a_2 + \ldots + a_r + (n - a_1 - a_2 - \ldots - a_r).$$

Wegen

$$a_1 + a_2 + \ldots + a_r \;\leq\; 1 + 2 + \ldots + [\sqrt{n}]$$
$$\leq\; \frac{1}{2}\sqrt{n}(\sqrt{n} + 1) < n$$

liegt tatsächlich eine Partition von n vor. Auf diese Art kann man insgesamt

$$\sum_{i=0}^{[\sqrt{n}]} \binom{[\sqrt{n}]}{i} = 2^{[\sqrt{n}]}$$

verschiedene Partitionen erzeugen.

2) Nun betrachten wir für $0 < x < 1$ die erzeugende Funktion von p:

$$F(x) = \prod_{i=1}^{\infty} (1 - x^i)^{-1} = \sum_{n=0}^{\infty} p(n)x^n.$$

Aus $p(n)x^n < F(x)$ folgt $\log p(n) + n \log x < \log F(x)$ oder

$$\log p(n) < \log F(x) + n \log \frac{1}{x}.$$

Zunächst wird $\log F(x)$ abgeschätzt. Es gilt

$$\log F(x) \;=\; -\log \prod_{i=1}^{\infty}(1 - x^i) = -\sum_{i=1}^{\infty} \log(1 - x^i)$$
$$=\; \sum_{i=1}^{\infty}\sum_{k=1}^{\infty} \frac{1}{k}(x^i)^k = \sum_{k=1}^{\infty} \frac{1}{k} \sum_{i=1}^{\infty}(x^k)^i$$
$$=\; \sum_{k=1}^{\infty} \frac{1}{k} \cdot \frac{x^k}{1 - x^k}.$$

Wegen $0 < x < 1$ ist

$$\frac{1}{k} \cdot \frac{x^k}{1-x^k} = \frac{1}{k} \cdot \frac{x^k}{(1-x)(1+x+\ldots+x^{k-1})}$$

$$< \frac{1}{k} \cdot \frac{x^k}{(1-x) \cdot kx^{k-1}} = \frac{1}{k^2} \cdot \frac{x}{1-x}.$$

Dies liefert die Abschätzung

$$\log F(x) < \frac{x}{1-x} \sum_{k=1}^{\infty} \frac{1}{k^2} = \zeta(2) \cdot \frac{x}{1-x}.$$

Nun wird $\log \frac{1}{x}$ mit Hilfe des Terms $\frac{x}{1-x}$ abgeschätzt:

$$\log \frac{1}{x} = \log(1 + \frac{1-x}{x}) < \frac{1-x}{x}.$$

Setzen wir $y = \frac{1-x}{x}$, so erhalten wir insgesamt

$$\log p(n) < \frac{\zeta(2)}{y} + ny.$$

Die Funktion

$$y \longmapsto \frac{\zeta(2)}{y} + ny$$

hat den kleinsten Wert an der Stelle $\sqrt{\frac{1}{n}\zeta(2)}$, also ist wegen $\zeta(2) = \frac{1}{6}\pi^2$

$$\log p(n) < \sqrt{n\zeta(2)} + \sqrt{n\zeta(2)} = 2\sqrt{n\zeta(2)} = \pi \cdot \sqrt{\frac{2}{3}} \cdot \sqrt{n}. \quad \square$$

Bemerkung: Mit Hilfe der Theorie der elliptischen modularen Funktionen kann man das asymptotische Wachstum von $p(n)$ genau beschreiben. Es ist

$$p(n) \sim \frac{c^{\sqrt{n}}}{4n\sqrt{3}},$$

wobei c die Konstante aus Satz 8 ist.

VII.3 Ein spezielles Partitionsproblem

Bei dem im folgenden behandelten Problem erweist es sich als zweckmäßig, Potenzreihen mit einer *komplexen* Variablen z zu betrachten.

Satz 9: Es sei $A = \{a_1, a_2, \ldots, a_k\}$ eine Menge von k paarweise teilerfremden natürlichen Zahlen und $p_A(n)$ die Anzahl der Darstellungen von $n \in \mathbb{N}$ als Vielfachensumme der a_j mit nichtnegativen Koeffizienten. Dann ist

$$p_A(n) = \sum_{j=0}^{k-1} \frac{(-1)^j}{j!} \cdot G^{(j)}(1) \cdot \binom{n+k-j-1}{k-j-1} \quad + \quad \Delta(n),$$

wobei

$$G(z) = \prod_{j=1}^{k} \frac{1}{f_j(z)}$$

mit

$$f_j(z) = 1 + z + z^2 + \ldots + z^{a_j-1} \quad (j = 1, \ldots, k)$$

und

$$|\Delta(n)| \leq \frac{\pi^2}{12} \sum_{j=1}^{k} \left(\frac{a_j}{4} \right)^{k-2}.$$

Beweis: Zunächst beachte man, daß die Funktion G in einer Umgebung von 1 holomorph ist, wenn diese für kein j eine a_j-te von 1 verschiedene Einheitswurzel enthält. Für $|z| < 1$ gilt

$$\sum_{n=0}^{\infty} p_A(n) z^n = (-1)^k g(z)$$

mit

$$g(z) = \prod_{j=1}^{k} (z^{a_j} - 1)^{-1} = (z-1)^{-k} G(z).$$

Die Funktion g hat einen Pol der Ordnung k an der Stelle 1 und Pole der Ordnung 1 an den von 1 verschiedenen Nullstellen $\varepsilon_1, \ldots, \varepsilon_R$ von $\prod_{j=1}^{k} (z^{a_j} - 1)$. Wegen der paarweisen Teilerfremdheit von $a_1, \ldots, a_k$ kann nämlich keine der Einheitswurzeln ε mehrfach auftreten.

Die Partialbruchzerlegung von $g(z)$ sei

$$g(z) = \frac{\gamma_k}{(z-1)^k} + \frac{\gamma_{k-1}}{(z-1)^{k-1}} + \ldots + \frac{\gamma_1}{z-1} \quad + \quad \sum_{r=1}^{R} \frac{c_r}{z - \varepsilon_r}$$

mit $\gamma_j \in \mathbb{C}$ $(j = 1, \ldots, k)$ und $c_r \in \mathbb{C}$ $(r = 1, \ldots, R)$. Für $j \in \mathbb{N}$ und $z \in \mathbb{C}$ mit $|z| < 1$ gilt

$$\frac{1}{(1-z)^j} = \left(\sum_{n=0}^{\infty} z^n \right)^j = \sum_{n=0}^{\infty} \iota^j(n) \cdot z^n,$$

wobei $\iota^j = \iota \odot \iota \odot \ldots \odot \iota$ das j-fache CAUCHY-Produkt der Funktion ι mit $\iota(n) = 1$ für alle $n \in \mathbb{N}_0$ ist (vgl. V.5). Dabei ist

$$\iota^j(n) = \binom{n+j-1}{j-1},$$

denn $\iota(n) = 1 = \binom{n}{0}$,

$$(\iota \odot \iota)(n) = \sum_{x+y=n} 1 = n+1 = \binom{n+1}{1}$$

und per Induktion

$$\iota^{j+1}(n) = (\iota^j \odot \iota)(n) = \sum_{x+y=n} \binom{x+j-1}{j-1} = \binom{n+j-1+1}{j+1+1} = \binom{n+j}{j}.$$

(Vgl. auch V.7 Aufgabe 31.) Für $|z| < 1$ gilt also

$$g(z) = \sum_{j=1}^{k} \left(\gamma_j(-1)^j \sum_{n=0}^{\infty} \binom{n+j-1}{j-1} z^n \right) - \sum_{r=1}^{R} \left(\frac{c_r}{\varepsilon_r} \sum_{n=0}^{\infty} \left(\frac{z}{\varepsilon_r} \right)^n \right)$$

und daher

$$p_A(n) = (-1)^k \left(\sum_{j=1}^{k} (-1)^j \gamma_j \binom{n+j-1}{j-1} - \sum_{r=1}^{R} \frac{c_r}{\varepsilon_r^{n+1}} \right).$$

Zur Berechnung von γ_j $(j = k, k-1, \ldots, 1)$ betrachte man die an der Stelle 1 holomorphe Funktion G mit $G(z) = (z-1)^k g(z)$, also

$$G(z) = \gamma_k + \gamma_{k-1}(z-1) + \ldots + \gamma_1(z-1)^{k-1} + (z-1)^k \sum_{r=1}^{R} \frac{c_r}{z - \varepsilon_r},$$

für welche

$$\gamma_{k-j} = \frac{G^{(j)}(1)}{j!} \quad (j = 0, 1, \ldots, k-1)$$

gilt. Summiert man über $k - j$ anstatt über j, so ergibt sich die im Satz angegebene Formel.

Nun muß noch die Abschätzung für $|\Delta(n)|$ nachgewiesen werden, welche insbesondere besagt, daß $\Delta(n) = O(1)$. Die letzte Aussage ist trivial, denn die Zahlen

$$\Delta(n) = (-1)^{k+1} \sum_{r=1}^{R} \frac{c_r}{\varepsilon_r^{n+1}}$$

bilden eine periodische Folge mit der Periodenlänge $a_1 a_2 \ldots a_k$. Für $n + 1 \equiv 0 \bmod p$ ist

$$\Delta(n) = \pm \sum_{r=1}^{R} c_r,$$

so daß die Abschätzung

$$|\Delta(n)| \le \sum_{r=1}^{R} |c_r|$$

naheliegt. Es sei nun $a \in A$, und zwar sei zwecks Vereinfachung der Schreibweise $a = a_k$. Ferner seien c_1, c_2, ..., c_{a-1} die zu den von 1 verschiedenen a-ten Einheitswurzeln gehörenden Koeffizienten in obiger Summe, d.h. genauer, es sei

$$\varepsilon = e^{\frac{2\pi i}{a}}$$

und c_r das Residuum von $g(z)$ an der Stelle ε^r ($r = 1, 2, ..., a-1$). Weil ε^r eine einfache Polstelle von $g(z)$ ist, gilt

$$c_r = \lim_{z \to \varepsilon^r} \frac{z - \varepsilon^r}{z^a - 1} \cdot \prod_{j=1}^{k-1} (z^{a_j} - 1)^{-1} = \frac{1}{a\varepsilon^{r(a-1)}} \cdot \prod_{j=1}^{k-1} (\varepsilon^{ra_j} - 1)^{-1}$$

($r = 1, ..., a-1$). Es muß nun

$$S_a := \frac{1}{a} \sum_{r=1}^{a-1} \prod_{j=1}^{k-1} |\varepsilon^{ra_j} - 1|^{-1}$$

abgeschätzt werden. Wegen $\mathrm{ggT}(a, a_j) = 1$ für $j = 1$, ..., $k-1$ durchlaufen die Zahlen ra_j für $r = 1$, ..., $a-1$ ein Restsystem $\bmod\, a$ ohne 0, die $k-1$ Faktoren

$$A_{rj} := |\varepsilon^{ra_j} - 1|^{-1}$$

durchlaufen also die gleichen Zahlen, nur in unterschiedlicher Reihenfolge. Mit

$$B_r := |\varepsilon^r - 1|^{-1}$$

ist also

$$\{A_{rj} \mid r = 1, ..., a-1\} = \{B_r \mid r = 1, ..., a-1\}$$

für $j = 1$, ..., $k-1$. Aus der CAUCHY-SCHWARZschen Ungleichung folgt also

$$\sum_{r=1}^{a-1} \prod_{j=1}^{k-1} A_{rj} \le \sqrt{\sum_{r=1}^{a-1} B_r^2} \cdot \sqrt{\sum_{r=1}^{a-1} \prod_{j=2}^{k-1} A_{rj}^2}$$

$$\le \sqrt{\sum_{r=1}^{a-1} B_r^2} \cdot \sqrt[4]{\sum_{r=1}^{a-1} B_r^4} \cdot \sqrt[4]{\sum_{r=1}^{a-1} \prod_{j=3}^{k-1} A_{rj}^4}$$

$$\le \sqrt{\sum_{r=1}^{a-1} B_r^2} \cdot \sqrt[4]{\sum_{r=1}^{a-1} B_r^4} \cdot \sqrt[8]{\sum_{r=1}^{a-1} B_r^8} \cdot \sqrt[8]{\sum_{r=1}^{a-1} \prod_{j=4}^{k-1} A_{rj}^8}$$

$$\le \sqrt{\sum_{r=1}^{a-1} B_r^2} \cdot \sqrt[4]{\sum_{r=1}^{a-1} B_r^4} \cdot \sqrt[8]{\sum_{r=1}^{a-1} B_r^8} \cdots$$

$$\cdots \cdot \sqrt[2^{k-3}]{\sum_{r=1}^{a-1} B_r^{2^{k-3}}} \cdot \left(\sqrt[2^{k-2}]{\sum_{r=1}^{a-1} \prod_{j=4}^{k-1} B_r^{2^{k-2}}} \right)^2.$$

Es ist

$$B_r = \frac{1}{2 \sin \frac{r\pi}{a}} \quad \text{für} \quad r = 1, \ldots, a-1,$$

wegen

$$\sin x \geq \frac{2}{\pi} x \quad \text{für} \quad 0 \leq x \leq \frac{\pi}{2}$$

gilt also

$$\sum_{r=1}^{a-1} B_r^{2^j} \leq 2 \cdot \sum_{r=1}^{[\frac{a}{2}]} \left(2 \cdot \frac{2}{\pi} \cdot \frac{r\pi}{a} \right)^{-2^j} = 2 \cdot \left(\frac{a}{4} \right)^{2^j} \cdot \sum_{r=1}^{[\frac{a}{2}]} r^{-2^j} \leq 2 \cdot \left(\frac{a}{4} \right)^{2^j} \cdot \zeta(2^j),$$

wobei ζ die RIEMANNsche Zetafunktion ist. Es folgt

$$\sum_{r=1}^{a-1} \prod_{j=1}^{k-1} A_{rj} \leq C \cdot \left(\frac{a}{4} \right)^{k-1}$$

mit

$$
\begin{aligned}
C &= \sqrt{2\zeta(2)} \cdot \sqrt[4]{2\zeta(4)} \cdot \sqrt[8]{2\zeta(8)} \cdots \\
&\quad\cdots\cdots \cdot \sqrt[2^{k-3}]{2\zeta(2^{k-3})} \cdot \left(\sqrt[2^{k-2}]{2\zeta(2^{k-2})} \right)^2 \\
&= 2 \cdot \sqrt{\zeta(2)} \cdot \sqrt[4]{\zeta(4)} \cdot \sqrt[8]{\zeta(8)} \cdots \\
&\quad\cdots\cdots \cdot \sqrt[2^{k-3}]{\zeta(2^{k-3})} \cdot \left(\sqrt[2^{k-2}]{\zeta(2^{k-2})} \right)^2 \\
&\leq \cdots \\
&\leq 2 \cdot \sqrt{\zeta(2)} \cdot \sqrt[4]{\zeta(4)} \cdot (\sqrt[8]{\zeta(8)})^2 \\
&\leq 2 \cdot \sqrt{\zeta(2)} \cdot (\sqrt[4]{\zeta(4)})^2 \\
&\leq 2 \cdot (\sqrt{\zeta(2)})^2 \\
&\leq \frac{1}{3} \pi^2.
\end{aligned}
$$

Damit ergibt sich

$$S_a \leq \frac{1}{a} \cdot \frac{\pi^2}{3} \cdot \left(\frac{a}{4} \right)^{k-1} = \frac{\pi^2}{12} \cdot \left(\frac{a}{4} \right)^{k-2}.$$

Daraus folgt schließlich die behauptete Abschätzung. □

Wir wollen nun zeigen, wie man $G^{(j)}(1)$ berechnet. Es ist

$$G(z) = \prod_{j=1}^{k} \frac{1}{f_j(z)} \quad \text{mit} \quad f_j(z) = 1 + z + \ldots + z^{a_j - 1},$$

also

$$\gamma_k = G(1) = \prod_{j=1}^{k} \frac{1}{a_j} \quad \text{und} \quad \frac{G'(z)}{G(z)} = -\sum_{j=1}^{k} \frac{f_j'(z)}{f_j(z)}.$$

Mit den Abkürzungen

$$F_j(z) = \frac{f_j'(z)}{f_j(z)} \quad \text{und} \quad \Sigma(z) = -\sum_{j=1}^{k} F_j(z)$$

ist also $G' = G\Sigma$, $G'' = G'\Sigma + G\Sigma'$ usw., allgemein also

$$G^{(j)} = (G \cdot \Sigma)^{(j-1)} = \sum_{i=0}^{j-1} \binom{j-1}{i} G^{(i)} \Sigma^{(j-1-i)}.$$

Daraus kann man rekursiv die Zahlen $G^{(j)}(1)$ berechnen, wenn man zuvor $\Sigma(1)$, $\Sigma'(1)$, $\Sigma''(1)$, ... bestimmt hat. Um diese Zahlen zu berechnen, betrachten wir zunächst nur einen Summanden von $-\Sigma$, also

$$F(z) = \frac{f'(z)}{f(z)} \quad \text{mit} \quad f(z) = 1 + z + \dots + z^{a-1} \quad (a \in \mathbb{N}).$$

Aus

$$(fF)^{(j)} = \sum_{m=0}^{j} \binom{j}{m} f^{(m)} F^{(j-m)}$$

folgt wegen $(fF)^{(j)} = f^{(j+1)}$

$$F^{(j)} = \frac{1}{f} \left(f^{(j+1)} - \sum_{m=1}^{j} \binom{j}{m} f^{(m)} F^{(j-m)} \right).$$

Es gilt $f(1) = a$, $f'(1) = 1 + 2 + \dots + (a-1) = \binom{a}{2}$ und allgemein für $m = 0, 1, \dots, a-1$

$$f^{(m)}(1) = m! \binom{a}{m+1};$$

denn

$$f^{(m)}(1) = \sum_{r=m}^{a-1} r(r-1) \dots (r-m+1) = m! \sum_{r=m}^{a-1} \binom{r}{m} = m! \binom{a}{m+1}.$$

Damit ergibt sich

$$F^{(j)}(1) = \frac{1}{a} \left((j+1)! \binom{a}{j+2} - \sum_{m=1}^{j} \binom{j}{m} m! \binom{a}{m+1} F^{(j-m)}(1) \right).$$

Offensichtlich ist $F^{(j)}(1)$ für $j \in \mathbb{N}_0$ ein Polynom in a vom Grad $j+1$, welches für $a = 1$ den Wert 0 hat. Wir setzen $F^{(j)}(1) = (a-1)p_j(a)$, wobei p_j ein Polynom vom Grad j ist, und betrachten dann die Rekursion

$$p_j(a) = \frac{1}{a} \left(\frac{(j+1)!}{a-1} \binom{a}{j+2} - \sum_{m=1}^{j} \binom{j}{m} m! \binom{a}{m+1} p_{j-m}(a) \right).$$

Daraus bestimmen wir rekursiv $p_j(a)$ für $j = 0, 1, 2, \ldots$:

$$p_0(a) = \frac{1}{2},$$

$$p_1(a) = \frac{1}{12}(a - 5),$$

$$p_2(a) = \frac{1}{4}(-a + 3),$$

$$p_3(a) = \frac{1}{120}(-a^3 - a^2 + 109a - 251)$$

usw. Daraus wiederum gewinnt man $F^{(m)}(1) = (a - 1)p_m(a)$. Es ist nun naheliegend, zur Vereinfachung die Variable $b := \frac{a-1}{2}$ einzuführen; dann ist

$$F(1) = b,$$

$$F'(1) = \frac{1}{3}(b^2 - 2b),$$

$$F''(1) = -b^2 + b,$$

$$F^{(3)}(1) = \frac{1}{15}(-2b^4 - 4b^3 + 52b^2 - 36b)$$

usw. Mit $b_j = \frac{1}{2}(a_j - 1)$ $(j = 1, \ldots, k)$ und $s_i := \sum_{j=1}^{k} b_j^i$ $(i = 1, 2, \ldots)$ erhält man

$$\Sigma(1) = -s_1,$$

$$\Sigma'(1) = -\frac{1}{3}(s_2 - 2s_1),$$

$$\Sigma''(1) = -(-s_2 + s_1),$$

$$\Sigma^{(3)}(1) = -\frac{1}{15}(-2s_4 - 4s_3 + 52s_2 - 36s_1)$$

usw. Mit $G(1) = \gamma_k$ und den Abkürzungen $\Sigma^{(i)}$, $G^{(i)}$ für $\Sigma^{(i)}(1)$ und $G^{(i)}(1)$ ist

$$\gamma_{k-1} = G' = \gamma_k \Sigma,$$

$$2!\gamma_{k-2} = G'' = \gamma_k(\Sigma^2 + \Sigma'),$$

$$3!\gamma_{k-3} = G^{(3)} = \gamma_k(\Sigma^3 + 3\Sigma\Sigma' + \Sigma''),$$

$$4!\gamma_{k-4} = G^{(4)} = \gamma_k(\Sigma^4 + 6\Sigma^2\Sigma' + 3\Sigma'^2 + 4\Sigma\Sigma'' + \Sigma^{(3)})$$

usw. Es ergibt sich also

$$\gamma_{k-1} = -\gamma_k s_1,$$

$$\gamma_{k-2} = \gamma_k \cdot \frac{1}{6}(3s_1^2 - s_2 + 2s_1),$$

$$\gamma_{k-3} = -\gamma_k \cdot \frac{1}{6}(s_1^3 - s_1 s_2 + 2s_1^2 - s_2 + s_1),$$

$$\gamma_{k-4} = \gamma_k \cdot \frac{1}{360}(15s_1^4 + 5s_2^2 - 30s_1^2 s_2 + 2s_4$$

$$+ 60s_1^3 - 80s_1 s_2 + 4s_3 + 80s_1^2 - 52s_2 + 36s_1)$$

usw. Allgemein ergibt sich

$$\gamma_{k-j} = \frac{(-1)^j}{j!} \cdot \gamma_k \cdot A(s_1, \ldots, s_j),$$

wobei $A(s_1, \ldots, s_j)$ ein Polynom in $s_1, \ldots, s_j$ vom Grad j ist.

Für $k = 3$ und $A = \{a, b, c\}$ erhält man

$$p_A(n) = \frac{1}{abc} \left(\binom{n+2}{2} + s_1 \binom{n+1}{1} + \frac{3s_1^2 + 2s_1 - s_2}{6} \binom{n}{0} \right) + \Delta(n)$$

mit

$$s_1 = \frac{a-1}{2} + \frac{b-1}{2} + \frac{c-1}{2} \quad \text{und} \quad s_2 = \left(\frac{a-1}{2}\right)^2 + \left(\frac{b-1}{2}\right)^2 + \left(\frac{c-1}{2}\right)^2.$$

Dies läßt sich umformen zu

$$p_A(n) = \frac{1}{2abc} \left((n + \frac{a+b+c}{2})^2 - \frac{a^2+b^2+c^2}{12} \right) + \Delta(n).$$

Dabei ist

$$|\Delta(n)| \leq \frac{\pi^2}{48}(a+b+c).$$

Wir wollen hierzu zwei Beispiele betrachten und in diesen eine schärfere Abschätzung für $|\Delta(n)|$ herleiten. Dazu beachten wir, daß

$$|\Delta(n)| \leq S_a + S_b + S_c$$

mit

$$S_a = \frac{1}{a} \sum_{j=1}^{a-1} \frac{1}{|\varepsilon^{bj} - 1||\varepsilon^{cj} - 1|}, \quad S_b = \frac{1}{b} \sum_{j=1}^{b-1} \frac{1}{|\eta^{aj} - 1||\eta^{cj} - 1|}, \quad S_c = \frac{1}{c} \sum_{j=1}^{c-1} \frac{1}{|\zeta^{aj} - 1||\zeta^{bj} - 1|},$$

wobei

$$\varepsilon = e^{\frac{2\pi i}{a}}, \quad \eta = e^{\frac{2\pi i}{b}}, \quad \zeta = e^{\frac{2\pi i}{c}}.$$

Beispiel 1: Es sei $a = 2$, $b = 3$, $c = 5$, also $A = \{2, 3, 5\}$. Dann ist

$$p_A(n) = \frac{1}{60}n^2 + \frac{1}{6}n + \frac{131}{360} + \Delta(n).$$

Mit den oben eingeführten Bezeichnungen ist

$$\varepsilon = -1, \quad \eta = e^{\frac{2\pi i}{3}}, \quad \zeta = e^{\frac{2\pi i}{5}}$$

und

$$g(z) = \frac{1}{(z^2 - 1)(z^3 - 1)(z^5 - 1)}.$$

Es sind insgesamt 7 Einheitswurzeln zu betrachten, und zwar

$$\varepsilon_1 = -1,\; \varepsilon_2 = \eta,\; \varepsilon_3 = \eta^2,\; \varepsilon_4 = \zeta,\; \varepsilon_5 = \zeta^2,\; \varepsilon_6 = \zeta^3,\; \varepsilon_7 = \zeta^4.$$

Für die zugehörigen Koeffizienten $c_1, \ldots, c_7$ gilt

$$|c_1| = |\lim_{z \to -1}(z+1)g(z)| = \frac{1}{8},$$

$$|c_2| + |c_3| = |\lim_{z \to \eta}(z-\eta)g(z)| + |\lim_{z \to \eta^2}(z-\eta^2)g(z)| = \frac{1}{9} + \frac{1}{9} = \frac{2}{9},$$

$$|c_4| + |c_5| + |c_6| + |c_7|$$
$$= \frac{1}{5} \cdot \left(\frac{1}{|\zeta^2 - 1||\zeta^3 - 1|} + \frac{1}{|\zeta^4 - 1||\zeta^6 - 1|} + \frac{1}{|\zeta^6 - 1||\zeta^9 - 1|} + \frac{1}{|\zeta^8 - 1||\zeta^{12} - 1|} \right)$$
$$= \frac{2}{5} \cdot \left(\frac{1}{|\zeta^2 - 1||\zeta^3 - 1|} + \frac{1}{|\zeta^4 - 1||\zeta - 1|} \right)$$
$$= \frac{2}{5} \cdot \left(\frac{1}{|\zeta - 1|^2} + \frac{1}{|\zeta^2 - 1|^2} \right) = \frac{2}{5}.$$

Man beachte dabei, daß $s = |\zeta - 1|$ die Länge der Seite und $d = |\zeta^2 - 1|$ die Länge der Diagonale eines dem Einheitskreis einbeschriebenen regelmäßigen Fünfecks ist, daß also $(\frac{1}{s})^2 + (\frac{1}{d})^2 = 1$ gilt (vgl. z.B. [Beutelspacher/Petri 1989]). Es folgt nun

$$|\Delta(n)| \leq \sum_{r=1}^{7} |c_r| = \frac{1}{8} + \frac{2}{9} + \frac{2}{5} = \frac{269}{360}.$$

Es gilt $\Delta(1) = -\frac{197}{360} \leq \Delta(n) \leq \frac{229}{360} = \Delta(30)$, so daß die gewonnene Abschätzung nicht schlecht ist. Für $n = 100$ erhält man z.B. das Resultat $182 \leq p_A(100) \leq 184$. (Es ist $p_A(100) = 184$.)

Beispiel 2: $A = \{5, 7, 13\}$. Es ist $p = 455, s_1 = 11, s_2 = 49$ und

$$p_A(n) = \frac{1}{455} \left(\binom{n+2}{2} + 11\binom{n+1}{1} + 56\binom{n}{0} \right) + \Delta(n)$$
$$= \frac{1}{910}(n^2 + 25n + 136) + \Delta(n).$$

Es gilt $S_5 = \frac{2}{5}$ (vgl. Beispiel 1), man findet ferner $S_7 < 0,48$ und $S_{13} < 0,72$, also $|\Delta(n)| < 1,6$. (Eine Rechnung zeigt, daß der größte Fehler bei $n = 215$ vorliegt und etwa $1,15$ beträgt.)

Wir können nun feststellen, für welche Zahl N alle $n \geq N$ mit Sicherheit als Vielfachensumme von 5, 7 und 13 darzustellen sind. Dazu betrachten wir die Ungleichung

$$n^2 + 25n + 136 > 1,6 \cdot 910 = 1456,$$

welche auf $(n + \frac{25}{2})^2 > \frac{1}{2}\sqrt{5905}$ und schließlich $n \geq 26$ führt. Diese Schranke ist nicht scharf, denn schon alle Zahlen ab 17 sind in der gewünschten Form darstellbar. (Vgl. hierzu VII.9.)

Bemerkung: Aus Satz 9 folgt

$$p_A(n) = \frac{n^{k-1}}{(k-1)!a_1 a_2 \ldots a_k} + O(n^{k-2}).$$

Für hinreichend großes n ist $p_A(n)$ streng monoton wachsend. Ist also r hinreichend groß und $g_r(A)$ die größte Zahl n mit $p_A(n) \leq r$, dann ist

$$g_r(A) \sim \sqrt[k-1]{(k-1)!a_1 a_2 \ldots a_k \cdot r}.$$

Auf diesen Zusammenhang werden wir in VII.9 erneut eingehen.

VII.4 Anzahl der Darstellungen als Quadratsummen

Die Darstellung von Zahlen als Summe von Quadraten haben wir schon in II.3, IV.5 und IV.9 untersucht. Nun möchten wir die *Anzahl* der Darstellungen einer Zahl n als Summe von 2, 3 oder 4 Quadraten betrachten. Für $k = 2, 3, 4$ und $n \in \mathbb{N}$ bezeichnen wir mit $R_k(n)$ bzw. $r_k(n)$ die Anzahl der Darstellungen von n als Summe von k *teilerfremden* bzw. *nicht notwendig teilerfremden* Quadraten ganzer Zahlen, wobei es auf die Reihenfolge der Summanden ankommen soll. Es sei also

$R_2(n)$ die Anzahl der $(x, y) \in \mathbb{Z}^2$ mit $x^2 + y^2 = n$ und $\mathrm{ggT}(x, y) = 1$,

$r_2(n)$ die Anzahl der $(x, y) \in \mathbb{Z}^2$ mit $x^2 + y^2 = n$.

Es gilt dann offensichtlich

$$r_k(n) = \sum_{d^2 \mid n} R_k\left(\frac{n}{d^2}\right).$$

Im folgenden werden wir $r_2(n)$ und $r_4(n)$ bestimmen. Die Bestimmung von $r_3(n)$ ist sehr schwierig und kann hier nicht durchgeführt werden; vgl. hierzu [Grosswald 1985].

Wir bestimmen zunächst $R_2(n)$, also die Anzahl der Darstellungen von n als Summe von zwei Quadraten teilerfremder ganzer Zahlen. Es ist $R_2(1) = 4$, denn 1 hat genau die vier Darstellungen

$$1 = (\pm 1)^2 + 0^2 = 0^2 + (\pm 1)^2.$$

Ist $4 \mid n$, dann ist $R_2(n) = 0$, denn zwei teilerfremde Quadrate sind nicht beide gerade, ihre Summe ist also $\equiv 1$ oder $\equiv 2 \bmod 4$. Ist p eine Primzahl mit

$p \equiv 3 \bmod 4$ und $p|n$, dann ist ebenfalls $R_2(n) = 0$, denn aus $x^2 + y^2 \equiv 0 \bmod p$ und $\mathrm{ggT}(x,y) = 1$ folgt $\left(\frac{-1}{p}\right) = 1$, also $p \equiv 1 \bmod 4$ (vgl. IV.3). Den einzig interessanten Fall behandelt der folgende Satz 10. Zu seinem Beweis benötigen wir einen Hilfssatz:

Hilfssatz: a) Es sei $n > 1$ und $4 \nmid n$. Ferner sei n durch keine Primzahl p mit $p \equiv 3 \bmod 4$ teilbar, und es sei s die Anzahl der *verschiedenen* Primteiler von n. Dann hat die Kongruenz $t^2 \equiv -1 \bmod n$ genau 2^s verschiedene Lösungen.

b) Es sei $n > 1$ und $t^2 \equiv -1 \bmod n$. Dann existiert genau ein Paar $(x,y) \in \mathbb{N}^2$ mit $x^2 + y^2 = n$, $\mathrm{ggT}(x,y) = 1$ und $y \equiv tx \bmod n$.

Beweis: a) Der Fall $n = 2$ ist trivial. Es sei $p^r|n$ und $p \equiv 1 \bmod 4$. Dann hat $t^2 \equiv -1 \bmod p^r$ genau zwei Lösungen. Die Behauptung folgt nun daraus, daß die Anzahl $\varrho(n)$ der Lösungen von $t^2 \equiv -1 \bmod n$ eine multiplikative Funktion ist (vgl. V.2 Beispiel 5).

b) Nach I.10 Satz 27 existieren $a, b \in \mathbb{N}$ mit $\mathrm{ggT}(a,b) = 1$ und

$$\left| -\frac{t}{n} - \frac{a}{b} \right| = \left| \frac{tb + na}{nb} \right| \leq \frac{1}{b(k+1)} \quad \text{mit } b \leq k,$$

wobei $k \in \mathbb{N}$ vorgegeben ist. Mit $k = [\sqrt{n}]$ ist dann

$$|tb + na| < \sqrt{n} \quad \text{mit } b \leq \sqrt{n}.$$

Mit $c = tb + na$ gilt dann $c \equiv tb \bmod n$ und $|c| < \sqrt{n}$ und daher $0 < b^2 + c^2 < 2n$. Wegen

$$b^2 + c^2 \equiv b^2 + t^2 b^2 \equiv (1 + t^2) b^2 \equiv 0 \bmod n$$

ist also $b^2 + c^2 = n$. Dabei ist $\mathrm{ggT}(b,c) = 1$, denn

$$
\begin{aligned}
1 = \frac{b^2 + c^2}{n} &= \frac{b^2 + (tb + na)^2}{n} \\
&= \frac{(1 + t^2) b^2}{n} + 2tab + na^2 \\
&= \left(\frac{(1 + t^2) b}{n} + ta \right) \cdot b + a \cdot c.
\end{aligned}
$$

Wegen $n > 1$ und $\mathrm{ggT}(b,c) = 1$ ist $c \neq 0$. Ist $c > 0$, so setze man $x = b$, $y = c$. Ist $c < 0$, so setze man $x = -c$, $y = b$; dann ist nämlich

$$y \equiv b \equiv -t^2 b \equiv -tc \equiv t(-c) \equiv tx \bmod n.$$

Nun muß noch die Eindeutigkeit bewiesen werden. Sind $(x_1, y_1), (x_2, y_2)$ Lösungen, dann ist

$$n^2 = (x_1^2 + y_1^2)(x_2^2 + y_2^2) = (x_1 x_2 + y_1 y_2)^2 + (x_1 y_2 - y_1 x_2)^2$$

und

$$x_1 x_2 + y_1 y_2 \equiv (1 + t^2) x_1 x_2 \equiv 0 \bmod n,$$

also $x_1 x_2 + y_1 y_2 = n$ und $x_1 y_2 - y_1 x_2 = 0$. Daher gilt

$$x_1 n = x_1(x_1 x_2 + y_1 y_2) - y_1(x_1 y_2 - y_1 x_2) = x_2(x_1^2 + y_1^2) = x_2 n$$

und damit $x_1 = x_2$ und auch $y_1 = y_2$. $\quad\square$

Satz 10: Es sei $n > 1$ und $4 \nmid n$. Weiterhin sei n durch keine Primzahl p mit $p \equiv 3 \bmod 4$ teilbar, und es sei s die Anzahl der *verschiedenen* Primteiler von n. Dann ist $R_2(n) = 2^{s+2}$.

Beweis: Ist $1 < n = x^2 + y^2$ und $\mathrm{ggT}(x, y) = 1$, dann ist $x, y \neq 0$. Es gilt dann $R_2(n) = 4 \cdot \varrho_1(n)$, wobei $\varrho_1(n)$ die Anzahl der $(x, y) \in \mathbb{N}^2$ mit $x^2 + y^2 = n$ und $\mathrm{ggT}(x, y) = 1$ ist. Ein solches Paar (x, y) bestimmt eindeutig ein $t \bmod n$ mit $y \equiv tx \bmod n$, weil mit $\mathrm{ggT}(x, y) = 1$ auch $\mathrm{ggT}(x, n) = 1$ gilt. Es ist dann

$$x^2 + y^2 \equiv x^2 + t^2 x^2 \equiv x^2(1 + t^2) \equiv 0 \bmod n,$$

also $t^2 \equiv -1 \bmod n$. Gilt umgekehrt $t^2 \equiv -1 \bmod n$, dann existiert nach Teil b) des Hilfssatzes genau ein Paar $(x, y) \in \mathbb{N}^2$ mit $\mathrm{ggT}(x, y) = 1$ und $x^2 + y^2 = n$. Also ist $\varrho_1(n) = \varrho(n) = $ Anzahl der Lösungen von $t^2 \equiv -1 \bmod n$. Daher folgt aus Teil a) des Hilfssatzes die Behauptung des Satzes. $\quad\square$

Satz 11: Ist $n = 2^a m$ mit $2 \nmid m$ und gilt $p \equiv 1 \bmod 4$ für jeden Primteiler p von m, dann ist $r_2(n) = 4\tau(m)$, wobei $\tau(m)$ die Anzahl der Teiler von m ist.

Beweis: Es gilt $R_2(n) = 4 \cdot \varrho(n)$, wobei $\varrho(n)$ die Anzahl der Lösungen der Kongruenz $t^2 + 1 \equiv 0 \bmod n$ ist. Die zahlentheoretische Funktion α sei definiert durch

$$\alpha(n) = \begin{cases} 1, & \text{wenn } n \text{ eine Quadratzahl ist,} \\ 0 & \text{sonst.} \end{cases}$$

Dann ist

$$r_2(n) = \sum_{d^2 | n} R_2\left(\frac{n}{d^2}\right) = 4 \cdot \sum_{x | n} \alpha(x) \varrho\left(\frac{n}{x}\right).$$

Die Funktionen α und ϱ sind multiplikativ, also ist auch ihr DIRICHLET-Produkt $\alpha \star \varrho$ multiplikativ. Für eine Primzahl p mit $p \equiv 1 \bmod 4$ gilt

$$\begin{aligned}
(\alpha \star \varrho)(p^{2r}) &= \alpha(1)\varrho(p^{2r}) + \alpha(p)\varrho(p^{2r-1}) + \ldots + \alpha(p^{2r})\varrho(1) \\
&= \varrho(p^{2r}) + \varrho(p^{2r-2}) + \ldots + \varrho(p^2) + \varrho(1) \\
&= 2r + 1, \\
(\alpha \star \varrho)(p^{2r+1}) &= \alpha(1)\varrho(p^{2r+1}) + \alpha(p)\varrho(p^{2r}) + \ldots + \alpha(p^{2r+1})\varrho(1) \\
&= \varrho(p^{2r+1}) + \varrho(p^{2r-1}) + \ldots + \varrho(p^3) + \varrho(p) \\
&= (r+1) \cdot 2 = (2r + 1) + 1.
\end{aligned}$$

Es ergibt sich in jedem Fall

$$(\alpha \star \varrho)(p^v) = v + 1 = \tau(p^v).$$

Weiterhin ist $\varrho(2^w) = 0$ für $w > 1$ und $\varrho(1) = \varrho(2) = 1$, also für $a > 0$

$$(\alpha \star \varrho)(2^a) = \alpha(2^{a-1}) + \alpha(2^a) = 1. \quad \square$$

Satz 12: Ist χ der vom Hauptcharakter verschiedene Charakter mod 4, dann ist

$$r_2(n) = 4 \cdot \sum_{d|n} \chi(d).$$

Beweis: Es ist die Beziehung

$$\chi \star \iota = \alpha \star \varrho$$

zu beweisen. Da alle auftretenden Funktionen multiplikativ sind, genügt der Nachweis von

$$(\chi \star \iota)(p^r) = (\alpha \star \varrho)(p^r)$$

für eine Primzahlpotenz p^r mit $r \geq 1$.

Es ist $(\chi \star \iota)(2^r) = \chi(1) = 1$, weil $\chi(d) = 0$ für gerades d. Andererseits ist auch $(\alpha \star \varrho)(2^r) = 1$, wie wir im Beweis von Satz 11 gesehen haben.

Ist $p \equiv 1$ mod 4, dann ist $\chi(p^i) = \left(\frac{-1}{p}\right)^i = 1$ für alle $i \in \mathbb{N}$, also $(\chi \star \iota)(p^r) = r + 1$. Andrerseits ist dann auch $(\alpha \star \varrho)(p^r) = r + 1$, wie wir oben gesehen haben.

Ist $p \equiv 3$ mod 4, dann ist $\chi(p^i) = \left(\frac{-1}{p}\right)^i = (-1)^i$ für alle $i \in \mathbb{N}$, also hat $(\chi \star \iota)(p^r) = 1 - 1 + 1 - + \ldots + (-1)^r$ für gerades r den Wert 1, für ungerades r den Wert 0. Andererseits ergibt sich dieser Wert auch für $(\alpha \star \varrho)(p^r)$, denn in diesem Fall ist $\varrho(p^i) = 0$ für alle $i \in \mathbb{N}$. $\quad \square$

Nun wollen wir $r_4(n)$ berechnen und dabei obigen Satz 12 verwenden. Insbesondere ergibt sich $r_4(n) > 0$ für alle $n \in \mathbb{N}$ und damit erneut ein Beweis des Vier-Quadrate-Satzes von LAGRANGE. Wir benutzen dabei die Abkürzung $\xi(n)$ für $\frac{1}{4} \cdot r_2(n)$, es ist also

$$\xi = \alpha \star \varrho = \chi \star \iota.$$

Satz 13: Es sei σ die Teilersummenfunktion; dann gilt

$$r_4(n) = \begin{cases} 8 \cdot \sigma(n), & \text{wenn } 2 \nmid n, \\ 24 \cdot \sigma(n), & \text{wenn } 2|n. \end{cases}$$

Beweis: 1) Es sei $n = 4u$ und $2 \nmid u$. Wir bestimmen zunächst die Anzahl $A(u)$ der Darstellungen

$$4u = u_1^2 + u_2^2 + u_3^2 + u_4^2$$

mit ungeraden $u_1, u_2, u_3, u_4 \in \mathbb{N}$. Je zwei dieser Quadrate ergeben zusammen eine gerade Zahl. Für die Zerlegung $4u = 2v + 2w$ gibt es $\xi(2v) \cdot \xi(2w)$ Quadrupel $(u_1, u_2, u_3, u_4) \in \mathbb{N}^4$ mit

$$2v = u_1^2 + u_2^2 \quad \text{und} \quad 2w = u_3^2 + u_4^2.$$

Also ist wegen $\chi(x) = 0$ für $2 | x$

$$A(u) = \sum_{v+w=2u} (\xi(2v) \cdot \xi(2w)) = \sum_{v+w=2u} \left(\sum_{a|v} \chi(a) \sum_{b|w} \chi(b) \right)$$

$$= \sum_{v+w=2u} \left(\sum_{\substack{a|v \\ b|w}} \chi(ab) \right) = \sum_{ac+bd=2u} \chi(ab).$$

Da v, w ungerade sind, müssen auch die Teiler a, c von v und b, d von w ungerade sein. Zunächst summieren wir über die Quadrupel (a, b, c, d) mit $a = b$. Wegen $\chi(a^2) = 1$ für $2 \nmid a$ ergibt sich

$$\sum_{a(c+d)=2u} 1 = \sum_{a|u} \frac{u}{a} = \sigma(u).$$

Nun zeigen wir, daß die verbleibende Summe den Wert 0 hat, wobei wir uns aus Symmetriegründen auf $a > b$ beschränken können. Die Menge aller Quadrupel (a, b, c, d) mit $ac + bd = 2u$ und $a > b$ bilden wir folgendermaßen bijektiv auf sich selbst ab:

$$\Gamma : \begin{pmatrix} a \\ b \\ c \\ d \end{pmatrix} \longmapsto \begin{pmatrix} 0 & 0 & k+2 & k+1 \\ 0 & 0 & k+1 & k \\ -k & k+1 & 0 & 0 \\ k+1 & -(k+2) & 0 & 0 \end{pmatrix} \begin{pmatrix} a \\ b \\ c \\ d \end{pmatrix},$$

wobei k zunächst eine beliebige Zahl aus $\mathbb{N}_0$ ist. Das Quadrat der Abbildungsmatrix ergibt die Einheitsmatrix, die Abbildung Γ ist also involutorisch, insbesondere ist Γ nicht singulär. Gilt

$$\begin{pmatrix} a \\ b \end{pmatrix}^T \begin{pmatrix} c \\ d \end{pmatrix} = ac + bd = 2u,$$

dann gilt dies auch für das Bild von (a, b, c, d):

$$\left(\begin{pmatrix} k+2 & k+1 \\ k+1 & k \end{pmatrix} \begin{pmatrix} c \\ d \end{pmatrix} \right)^T \begin{pmatrix} -k & k+1 \\ k+1 & -(k+2) \end{pmatrix} \begin{pmatrix} a \\ b \end{pmatrix}$$

$$= \begin{pmatrix} c \\ d \end{pmatrix}^T \begin{pmatrix} k+2 & k+1 \\ k+1 & k \end{pmatrix} \begin{pmatrix} -k & k+1 \\ k+1 & -(k+2) \end{pmatrix} \begin{pmatrix} a \\ b \end{pmatrix}$$

$$= \begin{pmatrix} c \\ d \end{pmatrix}^T \begin{pmatrix} 1 & 0 \\ 0 & 1 \end{pmatrix} \begin{pmatrix} a \\ b \end{pmatrix} = \begin{pmatrix} c \\ d \end{pmatrix}^T \begin{pmatrix} a \\ b \end{pmatrix} = \begin{pmatrix} a \\ b \end{pmatrix}^T \begin{pmatrix} c \\ d \end{pmatrix}.$$

Die Bedingung $a > b$ ist auch für das Bild erfüllt, denn wegen $c + d > 0$ ist $(k+2)c + (k+1)d > (k+1)c + kd$. Die Bilder von a, b, c, d sind offensichtlich wieder ungerade Zahlen. Die Bilder von a und b sind positiv. Damit auch die Bilder von c und d positiv sind, müssen wir aber k geeignet wählen: Es muß

$$-ka + (k+1)b = b - k(a-b) > 0$$

und

$$(k+1)a - (k+2)b = (k+1)(a-b) - b > 0$$

gelten, also

$$\frac{b}{a-b} - 1 < k < \frac{b}{a-b}.$$

Wir wählen daher

$$k = \left[\frac{b}{a-b}\right].$$

(Beachte, daß $a - b \nmid b$, weil $a - b$ gerade und b ungerade ist.) Es gilt nun

$$\chi(ab) + \chi(a'b') = 0.$$

Denn für ungerade Zahlen x, y ist $xy \equiv x + y - 1 \bmod 4$, also

$$
\begin{aligned}
ab + a'b' &\equiv a + b - 1 + a' + b' - 1 \\
&\equiv a + b + (k+2)c + (k+1)d + (k+1)c + kd - 2 \\
&\equiv 2k(c+d) + a + b + c + d + 2(c-1) \\
&\equiv 0 \bmod 4,
\end{aligned}
$$

denn $c + d$ und $c - 1$ sind gerade, und $a + b + c + d \equiv 2 \bmod 4$. Daraus folgt $\chi(ab) = -\chi(a'b')$. Daher heben sich die Summanden der verbliebenen Summe paarweise weg.

2) Wir zeigen nun, daß $r_4(2u) = 3r_4(u)$ für jedes ungerade $u \in \mathbb{N}$ gilt. In der Gleichung

$$2u = x_1^2 + x_2^2 + x_3^2 + x_4^2$$

müssen zwei der Quadrate gerade und zwei ungerade sein, da ihre Summe $\equiv 2 \bmod 4$ ist. Da es 6 Möglichkeiten gibt, zwei der Summanden als gerade vorzuschreiben, gibt es $\frac{1}{6} \cdot r_4(2u)$ Lösungen obiger Gleichung mit geraden x_1, x_2 und ungeraden x_3, x_4. Setzen wir

$$y_1 = \frac{1}{2}(x_1 + x_2), \quad y_2 = \frac{1}{2}(x_1 - x_2), \quad y_3 = \frac{1}{2}(x_3 + x_4), \quad y_4 = \frac{1}{2}(x_3 - x_4),$$

dann entsprechen sich die Lösungen von $2u = x_1^2 + x_2^2 + x_3^2 + x_4^2$ mit geraden x_1, x_2 und ungeraden x_3, x_4 und die Lösungen von

$$u = y_1^2 + y_2^2 + y_3^2 + y_4^2 \quad \text{mit } y_1 + y_2 \equiv 0 \bmod 2, \; y_3 + y_4 \equiv 1 \bmod 2$$

umkehrbar eindeutig. Die letzte Gleichung hat $\frac{1}{2} \cdot r_4(u)$ Lösungen; denn genau eine der Zahlen y_1, y_2, y_3, y_4 ist von anderer Parität als die drei anderen (weil

u ungerade ist), und wegen der Zusatzbedingung darf dies nur eine der beiden Zahlen y_1 oder y_4 sein. Also ist

$$\frac{1}{6} \cdot r_4(2u) = \frac{1}{2} \cdot r_4(u),$$

woraus sich die Behauptung ergibt.

3) Für $n > 0$ gilt

$$r_2(2n) = r_2(4n),$$

denn aus

$$4n = x_1^2 + x_2^2 + x_3^2 + x_4^2$$

folgt, daß x_1, x_2, x_3, x_4 alle gerade sind, daß also mit den in 2) definierten Zahlen y_1, y_2, y_3, y_4 gilt:

$$2n = y_1^2 + y_2^2 + y_3^2 + y_4^2.$$

Ferner gilt für ungerades u

$$r_4(4u) = 16 \cdot \sigma(u) + r_4(u),$$

denn sind in der Gleichung $4n = x_1^2 + x_2^2 + x_3^2 + x_4^2$ alle Quadrate ungerade, dann ergeben sich (wegen der Vorzeichen) $2^4 A(u) = 16 \cdot \sigma(u)$ Möglichkeiten, sind aber alle Quadrate gerade, dann kann man den Faktor 4 herauskürzen. Es folgt nun

$$3 \cdot r_4(u) = r_4(2u) = r_4(4u) = 16 \cdot \sigma(u) + r_4(u)$$

und daraus $r_4(u) = 8 \cdot \sigma(u)$. Daraus folgt weiter $r_4(2u) = 24 \cdot \sigma(u)$, wegen $r_4(4n) = r_4(2n)$ also auch $r_4(2^r u) = 24 \cdot \sigma(u)$ für $r > 0$. □

Beispiel: Wir wollen die Darstellungen von $n = 34$ als Summen von vier Quadraten angeben:

$34 = 5^2 + 3^2 + 0^2 + 0^2$
    mit 12 Permutationen und 4 Vorzeichenkombinationen: 48
$34 = 5^2 + 2^2 + 2^2 + 1^2$
    mit 12 Permutationen und 16 Vorzeichenkombinationen: 192
$34 = 4^2 + 4^2 + 1^2 + 1^2$
    mit 6 Permutationen und 16 Vorzeichenkombinationen: 96
$34 = 4^2 + 3^2 + 3^2 + 0^2$
    mit 12 Permutationen und 8 Vorzeichenkombinationen: 96

Es ergeben sich 432 Darstellungen. In der Tat ist

$$24 \cdot \sigma(17) = 24 \cdot 18 = 432.$$

VII.5 Die Dichte einer Menge natürlicher Zahlen

Für eine Teilmenge A von $\mathbb{N}$ und $n \in \mathbb{N}$ bezeichnen wir mit $N_A(n)$ die Anzahl der Elemente aus A, die $\leq n$ sind. Ist beispielsweise A die Menge der Primzahlen, dann ist $N_A(n) = \pi(n)$. Man nennt

$$\delta_A := \inf_{n \geq 1} \frac{N_A(n)}{n} \quad \text{die } \textit{finite Dichte} \text{ von } A;$$

$$\delta_A^* := \liminf_{n \to \infty} \frac{N_A(n)}{n} \quad \text{die } \textit{asymptotische Dichte} \text{ von } A;$$

$$\delta_A^0 := \lim_{n \to \infty} \frac{N_A(n)}{n} \quad \text{die } \textit{natürliche Dichte} \text{ von } A.$$

Bei der natürlichen Dichte muß selbstverständlich die Existenz des Grenzwerts vorausgesetzt sein, es muß also gelten:

$$\delta_A^* = \liminf_{n \to \infty} \frac{N_A(n)}{n} = \limsup_{n \to \infty} \frac{N_A(n)}{n} = \delta_A^0.$$

Trivialerweise gilt $0 \leq \delta_A \leq \delta_A^* \leq \delta_A^0 \leq 1$. Ist $\delta_A = 1$, so ist $A = \mathbb{N}$. Ist $1 \notin A$, so ist $\delta_A = 0$. Genau dann ist $\delta_A > 0$, wenn $1 \in A$ und $\delta_A^* > 0$. Diese Aussagen sind leicht einzusehen. Ist $\bar{A} := \mathbb{N} \setminus A$ die Komplementärmenge von A, dann ist $N_A(n) + N_{\bar{A}}(n) = n$. Existiert die natürliche Dichte von A, dann existiert auch die von $\bar{A}$ und es gilt $\delta_A^0 + \delta_{\bar{A}}^0 = 1$. In diesem Fall gilt auch $\delta_A^* + \delta_{\bar{A}}^* = 1$, im allgemeinen ist aber $\delta_A^* + \delta_{\bar{A}}^* < 1$ (Beispiel 3). Man sagt, A enthalte *fast alle* natürlichen Zahlen, wenn $\delta_A^* = 1$ gilt.

Beispiel 1: Die Menge der Primzahlen hat die natürliche Dichte 0, denn

$$\lim_{n \to \infty} \frac{\pi(n)}{n} = 0.$$

„Fast alle" natürlichen Zahlen sind also zusammengesetzt.

Beispiel 2: Die Menge der Quadratzahlen hat die natürliche Dichte 0, denn

$$\lim_{n \to \infty} \frac{[\sqrt{n}]}{n} = 0.$$

Also sind „fast alle" natürlichen Zahlen Nichtquadrate.

Beispiel 3: Es sei A_i die Menge der $x \in \mathbb{N}$ mit

$$10^{2i-1} \leq x < 10^{2i} \quad (i = 1, 2, \ldots).$$

Man setze

$$A = \bigcup_{i=1}^{\infty} A_i = \{10, 11, \ldots 99, 1000, 1001, \ldots\}.$$

Dies ist also die Menge aller Zahlen, die im Zehnersystem eine gerade Stellenzahl haben. Dann ist $\delta_A = 0$ (wegen $1 \notin A$) und

$$
\begin{aligned}
\delta_A^* &= \liminf_{n \to \infty} \frac{N_A(n)}{n} = \lim_{k \to \infty} \frac{9 \sum_{i=1}^k 10^{2i-1}}{10^{2k+1} - 1} \\
&= \lim_{k \to \infty} 9 \cdot \frac{1 + 10^2 + \ldots + 10^{2k-2}}{10^{2k}} = 9 \cdot \frac{1}{99} = \frac{1}{11}.
\end{aligned}
$$

Ebenso findet man

$$
\limsup_{n \to \infty} \frac{N_A(n)}{n} = \frac{10}{11}.
$$

Die natürliche Dichte existiert nicht. $\bar{A}$ ist die Menge aller natürlichen Zahlen, die im Zehnersystem eine *ungerade* Stellenzahl haben. Man findet ebenfalls $\delta_{\bar{A}}^* = \frac{1}{11}$. Es ist also $\delta_A^* + \delta_{\bar{A}}^* < 1$.

Beispiel 4: Die Menge der quadratfreien natürlichen Zahlen hat die natürliche Dichte

$$
\frac{1}{\zeta(2)} = \frac{6}{\pi^2}.
$$

Beim Beweis dieser Tatsache wollen wir den in V.4 dargestellten Transformationskalkül benutzen. Ist $A = \{1, 2, 3, 5, 6, 7, 10, 11, 13, 14, 15, 17, \ldots\}$ die Menge der quadratfreien Zahlen, dann ist

$$
N_A(n) = \sum_{i \leq n} \mu^2(i) = T_{\mu^2} \underline{1}(n),
$$

wobei μ die MÖBIUSfunktion ist. Mit

$$
\alpha(n) = \begin{cases} \mu(\sqrt{n}), & \text{falls } n \text{ ein Quadrat ist,} \\ 0 \text{ sonst} \end{cases}
$$

gilt $\mu^2 = \alpha \star \iota$; denn ist $n = m^2 k$ mit quadratfreiem k, dann gilt

$$
(\alpha \star \iota)(n) = \sum_{d|n} \alpha(d) = \sum_{t^2|n} \mu(t) = \sum_{t|m} \mu(t) = \varepsilon(m).
$$

Es folgt

$$
\begin{aligned}
N_A(n) &= T_{\alpha \star \iota} \underline{1}(n) = T_\alpha[n] = \sum_{l \leq n} \alpha(k) \left[\frac{n}{k} \right] = \sum_{i^2 \leq n} \mu(i) \left[\frac{n}{i^2} \right] \\
&= n \sum_{i \leq \sqrt{n}} \frac{\mu(i)}{i^2} + O\left(\sum_{i \leq \sqrt{n}} 1 \right) \\
&= n \sum_{i=1}^\infty \frac{\mu(i)}{i^2} + O\left(\sum_{i \geq \sqrt{n}} \frac{1}{i^2} \right) + O\left(\sum_{i \leq \sqrt{n}} 1 \right) \\
&= \frac{n}{\zeta(2)} + O(\sqrt{n}),
\end{aligned}
$$

also

$$\lim_{n \to \infty} \frac{N_A(n)}{n} = \frac{1}{\zeta(2)}.$$

Der folgende Satz liefert interessante Mengen mit der natürlichen Dichte 0, wie die anschließenden Anwendungen zeigen werden.

Satz 14: Es sei $\{p_i \mid i = 1, 2, 3, \ldots\}$ eine Menge von Primzahlen mit der Eigenschaft, daß $\sum_{i=1}^{\infty} \frac{1}{p_i}$ divergiert, ferner sei $A \subseteq \mathbb{N}$. Haben dann die Mengen

$$A_{p_i} := \{a \in A \mid p_i | a, \ p_i^2 \nmid a\} \quad (i = 1, 2, 3, \ldots)$$

alle die natürliche Dichte 0, dann hat A die natürliche Dichte 0.

Beweis: Es sei $r \in \mathbb{N}$. Mit B_r bezeichnen wir die Menge aller natürlichen Zahlen, die für alle $i \in \{1, 2, \ldots, r\}$ *entweder* nicht durch p_i *oder* durch p_i^2 teilbar sind. Dann ist

$$A \subseteq B_r \cup A_{p_1} \cup A_{p_2} \cup \ldots \cup A_{p_r}.$$

Wir müssen nun die Anzahlfunktionen $\beta_r(n)$ von B_r und $\alpha_i(n)$ von A_{p_i} nach oben abschätzen. Dazu sei ein $\varepsilon > 0$ gegeben. Da die Mengen A_{p_i} die natürliche Dichte 0 haben sollen, existiert ein $n_0 \in \mathbb{N}$ mit

$$\alpha_i(n) < \frac{\varepsilon n}{2r} \quad \text{für } n \geq n_0 \text{ und } i = 1, 2, \ldots, r,$$

also

$$N_A(n) < \beta_r(n) + \frac{\varepsilon}{2} n$$

für $n \geq n_0$. Nun gilt

$$
\begin{aligned}
\beta_r(n) &= n - \sum_{1 \leq i \leq r} \left(\left[\frac{n}{p_i} \right] - \left[\frac{n}{p_i^2} \right] \right) \\
&\quad + \sum_{1 \leq i < j \leq r} \left(\left[\frac{n}{p_i p_j} \right] - \left[\frac{n}{p_i^2 p_j} \right] - \left[\frac{n}{p_i p_j^2} \right] + \left[\frac{n}{p_i^2 p_j^2} \right] \right) \\
&\quad - \sum_{1 \leq i < j < k \leq r} \left(\left[\frac{n}{p_i p_j p_k} \right] - \left[\frac{n}{p_i^2 p_j p_k} \right] - \left[\frac{n}{p_i p_j^2 p_k} \right] - \left[\frac{n}{p_i p_j p_k^2} \right] \right. \\
&\quad \left. + \left[\frac{n}{p_i^2 p_j^2 p_k} \right] + \left[\frac{n}{p_i^2 p_j p_k^2} \right] + \left[\frac{n}{p_i p_j^2 p_k^2} \right] - \left[\frac{n}{p_i^2 p_j^2 p_k^2} \right] \right) \\
&\quad + \quad - \quad \ldots \\
&\quad + (-1)^r \left(\left[\frac{n}{p_1 p_2 \ldots p_r} \right] - \ldots + (-1)^r \left[\frac{n}{p_1^2 p_2^2 \ldots p_r^2} \right] \right) \\
&= \sum_{\substack{0 \leq s_i \leq 2 \\ 1 \leq i \leq r}} (-1)^{s_1 + s_2 + \ldots + s_r} \left[\frac{n}{p_1^{s_1} p_2^{s_2} \ldots p_r^{s_r}} \right].
\end{aligned}
$$

Diese Summe besteht aus 3^r Summanden; also gilt

$$\beta_r(n) \le \sum_{\substack{0 \le s_i \le 2 \\ 1 \le i \le r}} (-1)^{s_1 + s_2 + \ldots + s_r} \cdot \frac{n}{p_1^{s_1} p_2^{s_2} \cdots p_r^{s_r}} + 3^r.$$

Die letztgenannte Summe ist gleich dem Produkt

$$n \cdot \prod_{n=1}^{r} \left(1 - \frac{1}{p_i} + \frac{1}{p_i^2} \right).$$

Da die Reihe $\sum_{i=1}^{\infty} \frac{1}{p_i}$ und damit auch die Reihe

$$\sum_{i=1}^{\infty} \left(\frac{1}{p_i} - \frac{1}{p_i^2} \right)$$

divergiert, existiert ein $r_0 \in \mathbb{N}$, so daß für alle $r \ge r_0$ gilt:

$$\prod_{i=1}^{r} \left(1 - \frac{1}{p_i} + \frac{1}{p_i^2} \right) < \frac{\varepsilon}{4}.$$

Für $r \ge r_0$ und $n \ge n_0$ sowie $n \ge 3^r \cdot \frac{4}{\varepsilon}$ gilt also

$$N_A(n) < \left(\frac{\varepsilon}{4} + \frac{\varepsilon}{4} + \frac{\varepsilon}{2} \right) n$$

und damit $\delta_A^0 \le \varepsilon$. Da ε beliebig klein gewählt werden kann, folgt $\delta_A^0 = 0$. $\square$

Folgerung aus Satz 14: Ist $k \in \mathbb{N}$ und besitzt jede Zahl aus A höchstens k verschiedene Primteiler, dann hat A die natürliche Dichte 0.

Beweis: Statt A betrachten wir die Menge $C^{(k)}$, welche aus *allen* natürlichen Zahlen mit höchstens k verschiedenen Primteilern besteht. Hat dann $C^{(k)}$ die natürliche Dichte 0, dann gilt dies auch für A. Wir führen den Beweis induktiv. $C^{(1)}$ ist die Menge aller Primzahlpotenzen. Für jede Primzahl p besteht die Menge $C_p^{(1)}$, welche analog zu den Mengen A_{p_i} in Satz 14 zu bilden ist, nur aus der Primzahl p und hat daher die Dichte 0. Weil $\sum_p \frac{1}{p}$ divergiert, hat $C^{(1)}$ nach Satz 14 die natürliche Dichte 0. Es sei nun bewiesen, daß $C^{(k-1)}$ die natürliche Dichte 0 hat. Ferner sei $C_p^{(k)}$ die Menge aller Zahlen aus $C^{(k)}$, die durch die Primzahl p, aber nicht durch p^2 teilbar sind. Ist $a \in C_p^{(k)}$, dann ist $\frac{a}{p} \in C^{(k-1)}$, also gilt

$$N_{C_p^{(k)}}(n) \le N_{C^{(k-1)}}\left(\frac{n}{p} \right).$$

Daher hat $C_p^{(k)}$ aufgrund der Induktionsvoraussetzung für jede Primzahl p die natürliche Dichte 0. Aus Satz 14 folgt nun, daß dann $C^{(k)}$ die natürliche Dichte 0 hat. $\square$

Anwendung 1: Es sei φ die EULERsche Funktion. Für fast alle $k \in \mathbb{N}$ ist die Gleichung $\varphi(x) = k$ unlösbar, denn die Menge

$$A = \{\varphi(m) \mid m \in \mathbb{N}\}$$

hat die natürliche Dichte 0. Dies sieht man folgendermaßen ein: Es sei $\varepsilon > 0$ und $k \in \mathbb{N}$ so gewählt, daß $2^{-k} < \frac{\varepsilon}{2}$. Ferner sei B die Menge der durch 2^k teilbaren Zahlen aus A und $C = A \setminus B$. Dann ist $N_B(n) \leq n \cdot \frac{\varepsilon}{2}$. Sind $p_1, p_2, \ldots, p_r$ die verschiedenen Primfaktoren von m, dann ist

$$\varphi(m) = \frac{m}{p_1 p_2 \ldots p_r} \cdot (p_1 - 1)(p_2 - 1) \ldots (p_r - 1);$$

also gilt $2^{r-1} \mid \varphi(m)$. Ist $\varphi(m) \in C$, dann muß daher $r \leq k$ gelten und somit

$$\varphi(m) = m \prod_{i=1}^{r} (1 - \frac{1}{p_i}) \geq m \cdot (1 - \frac{1}{2})(1 - \frac{1}{3}) \cdot \ldots \cdot (1 - \frac{1}{p_k}) = c_k m,$$

wobei p_k die k-te Primzahl und c_k eine positive Konstante ist. Ist nun $\varphi(m) \in C$ und $\varphi(m) \leq n$, dann gilt $m \leq \frac{n}{c_k}$. Ist D die Menge aller $m \in \mathbb{N}$ mit $\varphi(m) \in C$, dann folgt

$$N_C(n) \leq N_D(\frac{n}{c_k}).$$

Die Zahlen aus D haben höchstens k verschiedene Primfaktoren, also hat nach der Folgerung aus Satz 14 die Menge D die natürliche Dichte 0. Daher existiert ein $n_0 \in \mathbb{N}$, so daß

$$N_D(\frac{n}{c_k}) < \frac{\varepsilon}{2} n$$

für $n \geq n_0$. Es ergibt sich

$$N_A(n) = N_B(n) + N_C(n) < \varepsilon n$$

und daher $\delta_A^0 = 0$. $\square$

Anwendung 2: Wir wollen zeigen: Die Menge aller natürlichen Zahlen, die sich als Summe von zwei Quadraten schreiben lassen, hat die natürliche Dichte 0. Eine Zahl ist genau dann als Summe von zwei Quadraten zu schreiben, wenn sie keine Primzahl p mit $p \equiv 3 \bmod 4$ mit einem ungeraden Exponent enthält (vgl. Satz 6 in II.3). Da wir wissen, daß

$$\sum_{p \equiv 3 \bmod 4} \frac{1}{p}$$

divergiert (vgl. Beweis von Satz 5 in VI.5), können wir Satz 14 anwenden. Es sei A die Menge der als Summe zweier Quadrate darstellbaren Zahlen und B die Menge der quadratfreien Zahlen aus A. Dann ist

$$N_A(n) = \sum_{k \leq \sqrt{n}} N_B(\frac{n}{k^2}).$$

Für jede Primzahl p mit $p \equiv 3 \bmod 4$ ist die Menge B_p der Zahlen aus B, die durch p und nicht durch p^2 teilbar sind, leer, denn keine Zahl aus B ist durch p teilbar. Nach Satz 14 hat also B die natürliche Dichte 0. Für jedes $\varepsilon > 0$ existiert also ein $n_0 \in \mathbb{N}$ mit $N_B(n) < \varepsilon n$ für $n \geq n_0$. Für $n \geq k^2 n_0$ ist daher

$$N_B\left(\frac{n}{k^2}\right) < \varepsilon \cdot \frac{n}{k^2}$$

und somit

$$
\begin{aligned}
N_A(n) \; &< \; \sum_{k \leq \sqrt{\frac{n}{n_0}}} \varepsilon \cdot \frac{n}{k^2} + \sum_{\sqrt{\frac{n}{n_0}} \leq k \leq \sqrt{n}} N_B\left(\frac{n}{k^2}\right) \\
&< \; \varepsilon n \cdot \zeta(2) + \sqrt{n} \cdot N_B(n_0).
\end{aligned}
$$

Für

$$n > \left(\frac{N_B(n_0)}{\varepsilon}\right)^2$$

ist $\sqrt{n} \cdot N_B(n_0) < \varepsilon n$; für diese Werte von n gilt also

$$\frac{N_A(n)}{n} < \varepsilon \cdot (\zeta(2) + 1);$$

daher hat A die natürliche Dichte 0.   □

Unter der *Summe* $A + B$ zweier Teilmengen A, B von $\mathbb{N}$ verstehen wir die Menge aller Zahlen, die als Summe einer Zahl aus A und einer Zahl aus B zu schreiben sind. Entsprechend ist die Summe von h Teilmengen $A_1, \ldots, A_h$ von $\mathbb{N}$ definiert:

$$\sum_{i=1}^{h} A_i = \{\sum_{i=1}^{h} a_i \mid a_i \in A_i, \; i = 1, 2, \ldots, h\}.$$

Statt $A + A + \ldots + A$ (h Summanden) schreiben wir kurz hA. Wir wollen dabei künftig stets die Zahl 0 zu jeder einzelnen Menge hinzunehmen, um zu erreichen, daß $\sum_{i=1}^{h} A_i$ alle Mengen A_i enthält. In der Anzahlfunktion einer Menge zählt die 0 aber auch weiterhin nicht mit.

Man nennt B eine *Basis h-ter Ordnung* (von $\mathbb{N}$), wenn $hB = \mathbb{N}$. Ist dabei h minimal, dann heißt B eine Basis der *genauen* Ordnung h. Allgemeiner spricht man von einer Basis (der Ordnung h bzw. der genauen Ordnung h) der Menge A, wenn $hB \supseteq A$. Man nennt B eine *asymptotische Basis* der Ordnung h (bzw. der genauen Ordnung h) von A, wenn hB *alle bis auf endlich viele* Zahlen aus A enthält.

Beispiel 5: 1) Der Satz von LAGRANGE besagt, daß die Menge Q der Quadratzahlen (vereinbarungsgemäß einschließlich der Zahl 0) eine Basis der Ordnung 4 ist, also $4Q = \mathbb{N}_0$. Da es Zahlen gibt, die sich nicht mit weniger als 4 Quadraten darstellen lassen, ist 4 die genaue Ordnung der Basis Q. Da es sogar *unendlich* *viele* Zahlen in $\mathbb{N} \setminus 3Q$ gibt, hat Q auch als asymptotische Basis die genaue Ordnung 4.

Beispiel 6: Die GOLDBACHsche Vermutung besagt, daß die Menge der ungeraden Primzahlen eine Basis der Ordnung 2 für die Menge der geraden Zahlen ≥ 6 ist. L. SCHNIRELMANN hat bewiesen, daß die Menge der Primzahlen eine Basis endlicher Ordnung für $\mathbb{N}$ ist (VII.4). I. M. WINOGRADOW (1891–1983) hat gezeigt, daß die Menge der Primzahlen eine Basis der asymptotischen Ordnung 3 für die Menge der ungeraden Zahlen ist.

In obigen Beispielen handelt es sich um Basen, welche die Dichte 0 haben. Im folgenden Satz zeigen wir, daß eine Menge mit *positiver* finiter bzw. asymptotischer Dichte eine Basis bzw. asymptotische Basis endlicher Ordnung von $\mathbb{N}$ ist. Im letzten Fall muß man aber voraussetzen, daß die Elemente der Menge teilerfremd sind; sind nämlich alle Zahlen einer Menge B durch $d > 1$ teilbar, so gilt dies auch für hB ($h \in \mathbb{N}$), also kann dann B keine asymptotische Basis von $\mathbb{N}$ sein.

Satz 15 (SCHNIRELMANN): a) Jede Teilmenge B von $\mathbb{N}_0$ mit $0 \in B$ und positiver finiter Dichte ist eine Basis endlicher Ordnung von $\mathbb{N}$.

b) Jede Teilmenge B von $\mathbb{N}_0$ mit $0 \in B$ und positiver asymptotischer Dichte ist eine asymptotische Basis endlicher Ordnung von $\mathbb{N}$, falls die Elemente von B teilerfremd sind.

Beweis: a) Zunächst wollen wir allgemein untersuchen, wie die (finite) Dichte von $A + B$ durch diejenige von A und B abzuschätzen ist. Dabei sei $0 \in A \cap B$. Ist $A + B \neq \mathbb{N}_0$ und $n \notin A + B$, dann ist $N_A(n) + N_B(n) \leq n - 1$. Denn ist $\{a_1, a_2, \ldots, a_k\}$ die Menge der positiven Elemente aus A, die kleiner als n sind, dann gehören die $k+1$ Zahlen n, $n - a_1$, $\ldots$, $n - a_k$ nicht zu B; beachte dabei, daß $n \notin A$ wegen $0 \in B$ und $n \notin B$ wegen $0 \in A$. Daher ist

$$N_A(n) + N_B(n) \leq k + (n - (k+1)) = n - 1.$$

Es folgt $\delta_A + \delta_B < 1$. Daraus können wir schließen:

(1)   Ist $\delta_A + \delta_B \geq 1$, dann ist $A + B = \mathbb{N}$, also $\delta_{A+B} = 1$.

Es sei nun $\delta_{A+B} < 1$, also $A + B \neq \mathbb{N}_0$. Wir denken uns die Elemente von A, die $\leq n$ sind, als monoton wachsende Folge geschrieben, also

$$0 < a_1 < a_2 < \ldots < a_k \leq n,$$

und setzen

$$d_i = a_{i+1} - a_i - 1 \quad \text{mit} \quad d_k = n - a_k.$$

Zwischen a_i und a_{i+1} liegen mindestens $N_B(d_i)$ Elemente von $A + B$, nämlich alle Elemente $a_i + b$ mit $b \in B$ und $0 < b \leq d_i$. Es ist also

$$N_{A+B}(n) \geq N_A(n) + \sum_{i=1}^{k} N_B(d_i),$$

wobei man beachte, daß $N_B(0) = 0$ ist. Wegen

$$N_B(d_i) \geq \delta_B d_i \quad \text{und} \quad \sum_{i=1}^{k} d_i = n - N_A(n) \quad \text{sowie} \quad N_A(n) \geq \delta_A n$$

ergibt sich

$$
\begin{aligned}
N_{A+B}(n) &\geq N_A(n) + \delta_B(n - N_A(n)) \\
&= N_A(n)(1 - \delta_B) + \delta_B n \\
&\geq \delta_A(1 - \delta_B)n + \delta_B n \\
&= (\delta_A + \delta_B - \delta_A \delta_B)n.
\end{aligned}
$$

Da dies für beliebiges $n \in \mathbb{N}$ gilt, folgt

$$\delta_{A+B} \geq \delta_A + \delta_B - \delta_A \delta_B.$$

Diese Ungleichung ist natürlich trivial für $\delta_A = 0$ oder $\delta_B = 0$, da wegen $0 \in A \cap B$ stets $A, B \subseteq A + B$ gilt. Man kann diese Ungleichung nun in der Form

$$1 - \delta_{A+B} \leq (1 - \delta_A)(1 - \delta_B)$$

schreiben und iterieren: Mit einer dritten Menge C gilt

$$1 - \delta_{A+B+C} \leq (1 - \delta_{A+B})(1 - \delta_C) \leq (1 - \delta_A)(1 - \delta_B)(1 - \delta_C)$$

und schließlich für t Mengen $A_1, A_2, \ldots, A_t$ mit $S = \sum_{i=1}^{t} A_i$

$$1 - \delta_S \leq \prod_{i=1}^{t}(1 - \delta_{A_i}).$$

Im Sonderfall $A_1 = A_2 = \ldots = A_t = A$ ergibt sich $1 - \delta_{tA} \leq (1 - \delta_A)^t$ bzw.

(2) $\qquad \delta_{tA} \geq 1 - (1 - \delta_A)^t.$

Nun können wir Teil a) von Satz 15 leicht beweisen: Ist $\delta_B \geq \frac{1}{2}$, also $2\delta_B \geq 1$, dann ist nach (1) $2B = \mathbb{N}_0$, also B eine Basis der Ordnung 2. Ist $0 < \delta_B < \frac{1}{2}$ und r die kleinste Zahl mit $1 - (1 - \delta_B)^r \geq \frac{1}{2}$, dann ist nach (2) $\delta_{rB} \geq \frac{1}{2}$ und damit $2rB = \mathbb{N}_0$, also B eine Basis der Ordnung $2r$.

b) Für $1 \in B$ folgt aus $\delta_B^* > 0$ auch $\delta_B > 0$, so daß B nach Teil a) des Satzes eine Basis und daher erst recht eine asymptotische Basis endlicher Ordnung ist. Ist $1 \notin B$, dann ist $C = B \cup \{1\}$ aus dem eben angeführten Grund eine Basis endlicher Ordnung. Es muß in diesem Fall gezeigt werden, daß eine Zahl h existiert, so daß jede hinreichend große natürliche Zahl n als Summe von h Zahlen aus B dargestellt werden kann.

Es seien $b_1, b_2, \ldots, b_s \in B$ mit $\mathrm{ggT}(b_1, b_2, \ldots, b_s) = 1$. *Jede* natürliche Zahl läßt sich als Vielfachensumme von $b_1, b_2, \ldots, b_s$ mit *ganzzahligen* Koeffizienten darstellen. Für *jede hinreichend große* natürliche Zahl ist dies sogar mit nicht-negativen Koeffizienten möglich (vgl. I.12 Aufgabe 47). Dies sei für alle Zahlen $\geq n_0$ der Fall, und es sei $n \geq n_0$. Dann ist

$$n = u_1 b_1 + u_2 b_2 + \ldots + u_s b_s \quad \text{mit} \quad u_1, u_2, \ldots, u_s \geq 0.$$

Ist $C = B \cup \{1\}$ eine Basis der Ordnung r, dann ist für $j = 1, 2, \ldots, s$

$$u_j = m_j \cdot 1 + b_{1j} + b_{2j} + \ldots + b_{rj} \quad \text{mit} \quad b_{1j}, b_{2j}, \ldots, b_{rj} \in B,$$

also

$$u_j b_j = m_j \cdot b_j + b_{1j} b_j + b_{2j} b_j + \ldots + b_{rj} b_j.$$

Dies ist eine Summe mit $m_j + r b_j$ Summanden aus B. Folglich läßt sich n darstellen als eine Summe von

$$\sum_{j=1}^{s} (m_j + r b_j)$$

Summanden aus B. Wegen $m_j \leq r$ ist also B eine asymptotische Basis der Ordnung

$$r \sum_{j=1}^{s} (1 + b_j). \quad \square$$

Interessanter als Basen mit positiver Dichte sind solche mit der Dichte 0 (z.B. Menge der Quadratzahlen, Menge der Primzahlen). Ist B eine Menge mit $\delta_B = 0$, von der gezeigt werden soll, daß sie eine Basis ist, so versucht man zunächst, ein $k \in \mathbb{N}$ mit $\delta_{kB} > 0$ zu finden und kann dann mit Satz 15 argumentieren. Das folgende Beispiel zeigt aber, daß man mit diesem Vorgehen nicht immer Glück hat.

Beispiel 7: Die Menge aller natürlichen Zahlen, die im Zehnersystem geschrieben eine bestimmte Ziffer (z.B. die 4) nicht enthalten, hat die natürliche (und damit auch asymptotische und finite) Dichte 0, denn zwischen 1 und 10^n existieren 9^n solche Zahlen, und es gilt

$$\lim_{n \to \infty} \frac{9^n}{10^n} = 0.$$

Erst recht hat dann die Menge aller natürlichen Zahlen, die mit einer echten Teilmenge der Ziffernmenge auskommen, die Dichte 0. Wir betrachten die Menge

$$B = \{ \sum_{i=0}^{r} \varepsilon_i 10^i \mid r \in \mathbb{N}, \ \varepsilon_i \in \{0, 1\} \},$$

also die Menge aller natürlichen Zahlen einschließlich der 0 mit den Ziffern 0 und 1. Dann ist kB für $1 \leq k \leq 9$ die Menge aller natürlichen Zahlen, die mit den Ziffern $0, 1, \ldots, k$ darzustellen sind. Es ist $\delta_{kB} = 0$ (sogar $\delta_{kB}^0 = 0$) für $1 \leq k \leq 8$ und offensichtlich $\delta_{9B} = 1$.

Ist B eine Basis der Ordnung h, dann ist

$$(N_B(n) + 1)^h \geq n + 1,$$

denn aus $r \; (= N_B(n) + 1)$ Zahlen kann höchstens r^h Summen mit h Summanden bilden, wenn man auf die Reihenfolge achtet und Wiederholungen zuläßt. (Achtet man nicht auf die Reihenfolge, wie es beim Addieren von Zahlenmengen der Fall ist, so ergeben sich nur $\binom{r+h-1}{h}$ Summen; die angegebene Ungleichung ist aber jedenfalls gültig.) Es folgt

$$N_B(n) \geq \beta \cdot \sqrt[h]{n}$$

mit einer positiven Konstanten β. Aus der Gültigkeit einer solchen Ungleichung darf man aber nicht umgekehrt schließen, daß B eine Basis ist, wie man z.B. für $h = 2$ und $B = Q$ (Menge der Quadratzahlen) erkennt. Andererseits existiert eine Basis B der Ordnung h mit

$$N_B(n) < 2h \sqrt[h]{n},$$

wie das folgende Beispiel zeigt [Rohrbach 1939].

Beispiel 8: Für $i = 1, 2, 3, \ldots, h$ sei B_i die Menge aller Zahlen aus $\mathbb{N}_0$, die in ihrer Zifferndarstellung zur Basis 2^h nur die Ziffern 0 und 2^{i-1} besitzen. Weiterhin sei $B = B_1 \cup B_2 \cup \ldots \cup B_h$. Wir betrachten eine beliebige natürliche Zahl a mit der Zifferndarstellung

$$a = c_0 + c_1 \cdot 2^h + c_2 \cdot 2^{2h} + \ldots + + c_r \cdot 2^{rh} \quad (0 \leq c_j < 2^h)$$

im 2^h-System. Es gilt $c_j \in B_1 + B_2 + \ldots + B_h$, also

$$c_j = \sum_{i=1}^{h} b_i^{(j)} \quad \text{mit} \quad b_i^{(j)} \in B_i \; (i = 1, 2, \ldots h)$$

für $j = 1, 2, \ldots r$, also

$$a = \sum_{j=0}^{r} \sum_{i=1}^{h} b_i^{(j)} 2^{jh} = \sum_{i=0}^{h} \sum_{j=0}^{r} b_i^{(j)} 2^{jh}.$$

Wegen

$$\sum_{j=0}^{r} b_i^{(j)} 2^{jh} \in B_i \quad (i = 1, 2, \ldots, h)$$

gilt $a \in B$. Also ist B eine Basis der Ordnung h. Weil je zwei der Mengen B_i nur die Zahl 0 gemeinsam haben, gilt

$$N_B(n) = \sum_{i=1}^{h} N_{B_i}(n).$$

Ist nun $2^{sh} \leq n < 2^{(s+1)h}$, so folgt

$$N_{B_i}(n) < 2^{s+1} \leq 2\sqrt[h]{n},$$

denn mit den zwei Ziffern 0 und 2^{i-1} kann man genau $2^{s+1}-1$ höchstens $(s+1)$-stellige positive Zahlen bilden. Insgesamt folgt

$$N_B(n) < h \cdot 2\sqrt[h]{n}.$$

Besonders faszinierend sind Basen B der Ordnung 2 mit der natürlichen Dichte 0, also $\delta_B^0 = 0$ und $\delta_{2B} = 1$. Ein Beispiel dafür ist die Menge

$$B = \{a^2 + b^2 \mid a, b \in \mathbb{N}_0\},$$

für welche wir in Anwendung 2 zu Satz 14 gezeigt haben, daß sie die natürliche Dichte 0 hat. Der Satz von LAGRANGE besagt, daß $\delta_{2B} = 1$.

Schon SCHNIRELMANN vermutete, daß man die Abschätzung in Satz 15 zu

$$\delta_{A+B} \geq \min(1, \delta_A + \delta_B)$$

verbessern könnte. Dies wurde dann 1942 von HENRY B. MANN bewiesen. Eine ähnlich gute Abschätzung darf man für die asymptotische Dichte nicht erwarten, wie folgendes Beispiel zeigt.

Beispiel 9: Es sei A die Menge der $a \in \mathbb{N}$ mit $a \equiv 0 \bmod 6$ oder $a \equiv 1 \bmod 6$, ferner B die Menge der $b \in \mathbb{N}$ mit $b \equiv 0 \bmod 6$ oder $b \equiv 5 \bmod 6$. Dann ist $A + B$ die Menge der $c \in \mathbb{N}$ mit $c \equiv 0,1$ oder $5 \bmod 6$. Es ist $\delta_A^* = \delta_B^* = \frac{1}{3}$ und $\delta_{A+B}^* = \frac{1}{2}$, also ist

$$\delta_{A+B}^* = \frac{1}{2} < \frac{2}{3} = \delta_A^* + \delta_B^*.$$

Es gilt hier also nur

$$\delta_{A+B}^* \geq \frac{3}{4} \cdot (\delta_A^* + \delta_B^*).$$

HANS-HEINRICH OSTMANN hat gezeigt, daß die Abschätzung in Beispiel 8 allgemein gilt (falls nicht schon $\delta_{A+B}^* = 1$ gilt). In manchen Fällen kann dabei die Konstante $\frac{3}{4}$ durch 1 ersetzt werden, in der Regel aber durch $\frac{k}{k+1}$ mit einer von A und B abhängigen natürlichen Zahl $k \geq 3$. (vgl. [Ostmann 1956], [Halberstam/Roth, 1966].)

VII.6 Der Satz von Goldbach-Schnirelmann

Die GOLDBACHsche Vermutung läßt sich mit Hilfe der Menge

$$P = \{0, 1, 2, 3, 5, 7, 11, 13, 17, \ldots\}$$

(Menge der Primzahlen einschließlich 0 und 1) folgendermaßen ausdrücken: $2P$ enthält die Menge aller geraden Zahlen. Ist dies der Fall, dann ist $3P = \mathbb{N}_0$, dann ist also P eine Basis der genauen Ordnung 3 für $\mathbb{N}$. GOLDBACH drückte seine Vermutung in einem Brief an EULER auch entsprechend aus: „Jede Zahl größer als 5 ist eine Summe von drei Primzahlen."

Einen ersten Erfolg in dieser Frage erzielte SCHNIRELMANN im Jahr 1930, indem er zeigte, daß P eine Basis endlicher Ordnung ist, wozu es nach Satz 15 genügt, $\delta_{2P} > 0$ nachzuweisen. Damit war auch die Nützlichkeit von Dichteuntersuchungen belegt. SCHNIRELMANN konnte 1930 allerdings nur zeigen, daß jede genügend große Zahl Summe von höchstens 800 000 Primzahlen ist. Heute weiß man, daß jede genügend große Zahl Summe von höchstens vier Primzahlen ist; im Jahr 1937 hat nämlich WINOGRADOW bewiesen, daß jede ungerade Zahl $> 3^{3^{15}}$ Summe von drei Primzahlen ist. (Die genannte Schranke ist ein Zahl mit 6 846 165 Stellen !) Man hat auch gezeigt, daß jede genügend große *gerade* Zahl Summe einer Primzahl und einer aus höchstens zwei Primzahlen zusammengesetzten Zahl ist [Chen 1966,1973,1978], womit man der GOLDBACHschen Vermutung schon sehr nahe kommt. Numerisch hat man die GOLDBACHsche Vermutung für alle Zahlen bis 10^8 verifiziert.

Der folgende Satz stammt von SCHNIRELMANN. Zu seinem Beweis benötigen wir ein Resultat, welches aufgrund der heuristischen Betrachtungen in VI.6 plausibel ist, welches wir hier aber noch nicht beweisen wollen. Zum Beweis dieses Resultats benötigt man die von SELBERG entwickelte Siebmethode (vgl. VIII.4):

Ist $r(n)$ die Anzahl der Darstellungen von n als Summe von zwei Primzahlen, dann gibt es eine positive Konstante c, so daß für alle $n \geq 2$ gilt:

$$(1) \qquad r(n) \leq c \prod_{p|n}(1 + \frac{1}{p}) \cdot \frac{n}{\log^2 n}.$$

Beim Vergleich dieser Beziehung mit der heuristisch gefundenen asymptotischen Beziehung in VI.6 beachte man, daß der Term

$$\prod_{p|n}(1 + \frac{1}{p}) \; : \; \prod_{\substack{p|n \\ p>2}} \frac{p-1}{p-2} = \frac{3}{2} \prod_{\substack{p|n \\ p>2}} \left(1 - \frac{1}{p(p-1)}\right)$$

wegen der Konvergenz der Reihe $\sum_p \frac{1}{p(p-1)}$ durch positive Konstanten nach oben und nach unten abgeschätzt werden kann.

Satz 16 (GOLDBACH-SCHNIRELMANN): Die finite Dichte von $2P$ ist positiv.

Beweis: Es sei $r(n)$ die Anzahl der Darstellungen von $n \in \mathbb{N}$ als Summe von zwei Zahlen aus P. Aus der CAUCHY-SCHWARZschen Ungleichung ergibt sich

$$\left(\sum_{i=1}^n r(i)\right)^2 \leq \left(\sum_{i=1}^n r(i)^2\right)\left(\sum_{\substack{i=1 \\ r(i)\geq 1}}^n 1\right) = N_{2P}(n)\left(\sum_{i=1}^n r(i)^2\right),$$

also

$$N_{2P}(n) \geq \left(\sum_{i=1}^{n} r(i)\right)^2 \; : \; \left(\sum_{i=1}^{n} r(i)^2\right).$$

Nun ist aufgrund des Primzahlsatzes für $n \geq 4$

$$\sum_{i=1}^{n} r(i) \geq \sum_{\substack{p,q \text{ Primzahlen} \\ p,q \leq \frac{n}{2}}} 1 = \left(\pi\left(\frac{n}{2}\right)\right)^2 > c_1 \cdot \frac{n^2}{\log^2 n}$$

mit einer Konstanten $c_1 > 0$, also

(2)
$$\left(\sum_{i=1}^{n} r(i)\right)^2 > c_1^2 \cdot \frac{n^4}{\log^4 n}.$$

Diese Ungleichung gilt mit geeignetem c_1 selbstverständlich auch für $n = 2$ und $n = 3$. Aus (1) folgt für $n \geq 2$ wegen $r(1) = 1$

$$\sum_{i=1}^{n} r(i)^2 \;\leq\; 1 + c^2 \sum_{i=2}^{n} \left(\frac{i^2}{\log^4 i} \cdot \prod_{p|i} \left(1 + \frac{1}{p}\right)^2 \right)$$

$$\leq\; 1 + c^2 \cdot \frac{n^2}{\log^4 n} \cdot \sum_{i=2}^{n} \left(\prod_{p|i} \left(1 + \frac{1}{p}\right)^2 \right).$$

Nun ist

$$\sum_{i=2}^{n} \left(\prod_{p|i} \left(1 + \frac{1}{p}\right)^2 \right) \leq \sum_{i=2}^{n} \left(\sum_{d|i} \frac{1}{d} \right) = \sum_{i=1}^{n} \left(\frac{\sigma(i)}{i} \right)^2 \leq c_2 n$$

mit $c_2 = \zeta^2(\frac{3}{2})$ (vgl. V.7 Aufgabe 22 b)). Daher gilt

(3)
$$\sum_{i=1}^{n} r(i)^2 \leq 1 + c^2 c_2 \cdot \frac{n^3}{\log^4 n} \leq c_3 \frac{n^3}{\log^4 n}$$

mit einer geeigneten positiven Konstanten c_3. Aus (2) und (3) folgt

$$N_{2P}(n) \geq c_1^2 \cdot \frac{n^4}{\log^4 n} \; : \; c_3 \frac{n^3}{\log^4 n} = \frac{c_1^2}{c_3} \cdot n.$$

Also existiert eine positive Konstante a mit

$$\frac{N_{2P}(n)}{n} \geq a$$

für alle $n \in \mathbb{N}$ und damit $\delta_{2P} \geq a > 0$. $\square$

VII.7 Der Satz von Waring-Hilbert

Die Vermutung von EDWARD WARING aus dem Jahr 1770 besagt, daß für jedes $k \in \mathbb{N}$ ein $c_k \in \mathbb{N}$ existiert, so daß sich jede natürliche Zahl als Summe von höchstens c_k k-ten Potenzen schreiben läßt (vgl. IV.5). Für $k = 1$ ist dies trivial, für $k = 2$ gilt diese Aussage mit $c_2 = 4$ (Satz von LAGRANGE). Im Jahr 1909 wurde die WARINGsche Vermutung von DAVID HILBERT (1862–1943) bewiesen. Seitdem spricht man vom *Satz von* WARING-HILBERT. Zum Beweis dieses Satzes stützen wir uns auf VII.5 Satz 15 (Satz von SCHNIRELMANN), indem wir lediglich zeigen, daß für einen gewissen von k abhängigen Wert c die Menge aller Summen von c k-ten Potenzen eine positive finite Dichte hat. Im Beweis dieses Satzes werden wir den folgenden Hilfssatz benötigen.

Hilfssatz: Es sei $n \in \mathbb{N}$ und

$$f(x) = a_2 x^2 + a_1 x + a_0$$

ein ganzzahliges Polynom vom Grad 2. Dabei soll

$$a_0 = O(n), \ a_1 = O(\sqrt{n}), \ a_2 = O(1)$$

gelten. Dann ist die Anzahl der 8-Tupel

$$(x_1, x_2, x_3, x_4, y_1, y_2, y_3, y_4) \in \mathbb{N}_0^8 \quad \text{mit} \quad x_j, y_j \leq n \ (j = 1, 2, 3, 4),$$

für welche

(1) $$f(x_1) + f(x_2) + f(x_3) + f(x_4) = f(y_1) + f(y_2) + f(y_3) + f(y_4)$$

gilt, von der Ordnung $O(n^6)$.

Beweis: Setzen wir für $j = 1, 2, 3, 4$

$$z_j = (-1)^{j-1}(x_j - y_j) \quad \text{und} \quad w_j = a_2(x_j + y_j) + a_1,$$

dann ist für $j = 1, 2, 3, 4$

$$f(x_j) - f(y_j) = a_2(x_j - y_j)(x_j + y_j) + a_1(x_j - y_j) = (-1)^{j-1} z_j w_j.$$

Aus Gleichung (1) ergibt sich damit

(2) $$z_1 w_1 + z_3 w_3 = z_2 w_2 + z_4 w_4.$$

Jede Lösung von (1) liefert eine Lösung von (2) mit

(3) $$|z_j| \leq n \quad \text{und} \quad |w_j| \leq bn \ (j = 1, 2, 3, 4),$$

wobei b eine Konstante mit $b > 1$ ist. Ist $q(t)$ die Anzahl der Lösungen von $z_1 w_1 + z_3 w_3 = t$ mit den Bedingungen (3), dann ist

$$\sum_{|t| \leq 2bn^2} q^2(t)$$

eine obere Schranke für die Anzahl der Lösungen von (2) mit den Bedingungen (3) und damit für die Anzahl der Lösungen von (1) mit $x_j, y_j \leq n$ $(j = 1, 2, 3, 4)$. Wir müssen nun $q(t)$ nach oben abschätzen. Es gilt

$$q(0) \leq (2n + 1)^2(2bn + 1) \leq (3n)^2 \cdot 3bn = 27bn^3,$$

denn z_1, z_3 können jeweils höchstens $2n + 1$ Werte annehmen, w_1 kann höchstens $2bn + 1$ Werte annehmen, und w_3 ist durch z_1, z_3, w_1 und t festgelegt. Ist $t \neq 0$, so betrachten wir für jeden Teiler d von t die Anzahl der Lösungen von

$$z_1w_1 + z_3w_3 = t \quad \text{mit (3) und} \quad \text{ggT}(z_1, z_3) = d.$$

Mit

$$u_1 = \frac{z_1}{d}, \ u_3 = \frac{z_3}{d}$$

betrachten wir also die Anzahl der Lösungen von

$$u_1w_1 + u_3w_3 = \frac{t}{d} \quad \text{mit} \quad \text{ggT}(u_1, u_3) = 1 \quad \text{und} \quad |u_j| \leq \frac{n}{d}, \ |w_j| \leq bn \ (j = 1, 3);$$

ferner setzen wir zunächst $|u_3| \leq |u_1|$ voraus, woraus wegen $t \neq 0$ insbesondere $u_1 \neq 0$ folgt. Für vorgegebene Werte von u_1, u_3 existiert eine Lösung w_1^0, w_3^0, und man erhält alle Lösungen in der Form

$$w_1 = w_1^0 + su_3, \ w_3 = w_3^0 - su_1 \quad \text{mit} \quad s \in \mathbb{Z}$$

und

$$|s| = \left| \frac{w_3^0 - w_3}{u_1} \right| \leq \frac{2bn}{|u_1|};$$

Die Anzahl der möglichen Werte von s ist also höchstens

$$2 \cdot \frac{2bn}{|u_1|} + 1 \leq \frac{4bn + n}{|u_1|} \leq \frac{5bn}{|u_1|}.$$

Für alle Werte von u_1, u_3 mit $\text{ggT}(u_1, u_3) = 1$ und $|u_1|, |u_3| \leq \frac{n}{d}$ ergeben sich insgesamt höchstens

$$\sum_{1 \leq |u_1| \leq \frac{n}{d}} \sum_{|u_3| \leq |u_1|} \frac{5bn}{|u_1|} \leq 5bn \sum_{1 \leq |u_1| \leq \frac{n}{d}} \frac{2|u_1| + 1}{|u_1|}$$

$$\leq 5bn \cdot 2\frac{n}{d} \cdot 3 = 30bn^2 \cdot \frac{1}{d}$$

Lösungen w_1, w_3. Lassen wir die Beschränkung $|u_3| \leq |u_1|$ fallen, so muß man diesen Wert verdoppeln. Damit ergibt sich also für $t \neq 0$

$$q(t) \leq 60bn^2 \sum_{d|t} \frac{1}{d} = 60bn^2 \cdot \frac{\sigma(t)}{t}.$$

Wir erhalten

$$\sum_{|t| \leq 2bn^2} q^2(t) \leq (27bn^3)^2 + (60bn^2)^2 \sum_{1 \leq |t| \leq 2bn^2} \left(\frac{\sigma(t)}{t}\right)^2.$$

In V.7 Aufgabe 22 b) haben wir gezeigt, daß

$$\sum_{n \leq x} \left(\frac{\sigma(n)}{n}\right)^2 \leq \zeta^2(\frac{3}{2}) \cdot x$$

gilt. Also ist

$$\sum_{1 \leq |t| \leq 2bn^2} \left(\frac{\sigma(t)}{t}\right)^2 = 2 \cdot \sum_{1 \leq t \leq 2bn^2} \left(\frac{\sigma(t)}{t}\right)^2 \leq 4b \cdot \zeta^2(\frac{3}{2}) \cdot n^2.$$

Insgesamt ergibt sich also

$$\sum_{|t| \leq 2bn^2} q^2(t) \leq (27bn^3)^2 + (60bn^2)^2 \cdot 4b \cdot \zeta^2(\frac{3}{2}) \cdot n^2 = O(n^6). \quad \square$$

Satz 17: Es sei $k \geq 2$ und $c = 4 \cdot 8^{k-2}$. Dann besitzt die Menge

$$A = \{x_1^k + x_2^k + \ldots + x_c^k \mid x_1, x_2, \ldots, x_c \in \mathbb{N}_0\}$$

eine positive finite Dichte.

Beweis: Es sei $r(a)$ die Anzahl der Darstellungen von a als Summe von höchstens c k-ten Potenzen. Aus der CAUCHY-SCHWARZschen Ungleichung ergibt sich

$$\left(\sum_{a=1}^{n} r(a)\right)^2 \leq \left(\sum_{\substack{a=1 \\ r(a) \geq 1}}^{n} 1\right) \left(\sum_{a=1}^{n} r(a)^2\right) = N_A(n) \left(\sum_{a=1}^{n} r(a)^2\right),$$

also

$$N_A(n) \geq \left(\sum_{a=1}^{n} r(a)\right)^2 : \left(\sum_{a=1}^{n} r(a)^2\right).$$

Wir müssen nun $\sum_{a=1}^{n} r(a)$ nach unten und $\sum_{a=1}^{n} r(a)^2$ nach oben abschätzen. Zunächst gilt für $n \geq 1$

$$\sum_{a=1}^{n} r(a) = -1 + \sum_{a=0}^{n} \left(\sum_{x_1^k + \ldots + x_c^k = a} 1\right)$$

$$\geq \left(\sum_{x_1 \leq \sqrt[k]{\frac{n}{c}}} 1\right) \cdot \left(\sum_{x_2 \leq \sqrt[k]{\frac{n}{c}}} 1\right) \cdot \ldots \cdot \left(\sum_{x_c \leq \sqrt[k]{\frac{n}{c}}} 1\right) - 1$$

$$\geq \left(\sqrt[k]{\frac{n}{c}} + 1\right)^c - 1 \geq \gamma \cdot (\sqrt[k]{n})^c$$

mit einer von k abhängigen positiven Konstanten γ.

Soll nun eine Abschätzung der Form $N_A(n) \geq \alpha n$ mit einer positiven Konstanten α erreicht werden, so muß man zeigen, daß

$$\sum_{a=1}^{n} r(a)^2 \leq \delta \cdot (\sqrt[k]{n})^{2c} \cdot \frac{1}{n} = \delta \cdot n^{\frac{2c}{k}-1}$$

mit einer (von k abhängigen) positiven Konstanten δ gilt. Mit dem Nachweis einer solchen Ungleichung ist der Satz dann bewiesen.

Wir benötigen nun die Exponentialfunktionen

$$e(nt) = e^{2\pi int} = \cos 2\pi nt + i \sin 2\pi nt$$

($n \in \mathbb{N}_0$, $t \in \mathbb{R}$) und insbesondere deren Orthogonalitätsrelation

$$\int_0^1 e(mt)\overline{e(nt)} \, dt = \int_0^1 e((m-n)t) \, dt = \begin{cases} 1 \text{ für } m = n, \\ 0 \text{ für } m \neq n. \end{cases}$$

(Man beachte, daß $e(mt)e(nt) = e((m+n)t)$ und $\overline{e(t)} = e(-t)$ gilt.) Im folgenden setzen wir ferner zur Abkürzung

$$L := [\sqrt[k]{n}].$$

Es sei nun n so groß, daß

$$N := c \cdot L^k > n.$$

Ferner sei $s(a)$ die Anzahl der Darstellungen

$$a = x_1^k + \ldots + x_c^k \quad \text{mit} \quad x_j \leq L \ (j = 1, \ldots, c).$$

Für $a \leq n$ ist $r(a) = s(a)$, denn aus $x_i^k \leq a \leq n$ folgt $x_i \leq \sqrt[k]{n}$. Also ist

$$\sum_{a=1}^{n} r^2(a) \leq \sum_{a=1}^{N} s^2(a) = \int_0^1 \left(\sum_{a=1}^{N} s(a)e(at) \right) \overline{\left(\sum_{a=1}^{N} s(a)e(at) \right)} \, dt$$

$$= \int_0^1 \left| \sum_{a=1}^{N} s(a)e(at) \right|^2 \, dt = \int_0^1 \left| \sum_{x_1 \leq L} \cdots \sum_{x_c \leq L} e((x_1^k + \ldots + x_c^k)t) \right|^2 \, dt$$

$$= \int_0^1 \left| \sum_{x \leq L} e(x^k t) \right|^{2c} \, dt = \int_0^1 \left| \sum_{x \leq L} e(x^k t) \right|^{8^{k-1}} \, dt.$$

Dieses Integral muß nun für $k \geq 2$ nach oben abgeschätzt werden. Wir gehen induktiv vor, beginnen also mit $k = 2$. In diesem Fall ist

$$\int_0^1 \left| \sum_{x \leq \sqrt{n}} e(x^2 t) \right|^8 \, dt = \int_0^1 \left(\sum_{x \leq \sqrt{n}} e(x^2 t) \right)^4 \cdot \left(\sum_{y \leq \sqrt{n}} e(-y^2 t) \right)^4 \, dt$$

$$= \int_0^1 \sum_{\substack{0 \leq x_j, y_j \leq \sqrt{n} \\ (j=1,2,3,4)}} e(x_1^2 + x_2^2 + x_3^2 + x_4^2 - y_2^2 - y_2^2 - y_3^2 - y_4^2)t) \, dt,$$

und dies ist die Anzahl der Lösungen von

$$x_1^2 + x_2^2 + x_3^2 + x_4^2 = y_1^2 + y_2^2 + y_3^2 + y_4^2$$

mit $0 \leq x_j, y_j \leq \sqrt{n}$. Wenden wir den Hilfssatz mit $\sqrt{n}$ statt n an, so erhalten wir

$$\int_0^1 \left| \sum_{x \leq \sqrt{n}} e(x^2 t) \right|^8 dt = O(n^3) = O\left(n^{\frac{2 \cdot 4}{2} - 1}\right).$$

Gemäß obigem Hilfssatz hätte an der Stelle von x^2 auch ein ganzzahliges Polynom vom Grad 2 stehen können, dessen Koeffizienten a_0, a_1, a_2 von der Ordnung $O(n)$, $O(\sqrt{n})$ bzw. $O(1)$ sind. Der Induktionsbeweis wird nun für Polynome

$$f(x) = a_k x^k + a_{k-1} x^{k-1} + \ldots + a_1 x + a_0$$

statt nur für Monome x^k geführt. Dabei sollen die Koeffizienten bezüglich n nicht allzu groß sein; wir fordern wie im Fall $k = 2$ allgemein

$$a_j = O(L^{k-j})$$

für $j = 0, 1, \ldots, k$. Es gilt nun

$$
\begin{aligned}
\left| \sum_{x \leq L} e(f(x)t) \right|^2 &= \sum_{x \leq L} e(f(x)t) \cdot \sum_{y \leq L} e(-f(y)t) \\
&= \sum_{y \leq L} \left(\sum_{x \leq L} e((f(x) - f(y)) \cdot t) \right) \\
&= \sum_{y \leq L} \left(\sum_{-y \leq z \leq L-y} e((f(y+z) - f(y)) \cdot t) \right) \\
&= \sum_{-L \leq z \leq L} \left(\sum_{\substack{0 \leq y \leq L \\ 0 \leq y+z \leq L}} e((f(y+z) - f(y)) \cdot t) \right) \\
&= \sum_{0 < |z| \leq L} \left(\sum_{\substack{0 \leq y \leq L \\ 0 \leq y+z \leq L}} e((f(y+z) - f(y)) \cdot t) \right) + L + 1
\end{aligned}
$$

Der Term

$$g(y, z) = \frac{1}{z}(f(y+z) - f(y))$$

ist für $z \neq 0$ ein Polynom in y vom Grad $k-1$, dessen Koeffizienten die geforderte Ordnung bezüglich n haben; für den Koeffizient bei y^{k-m} gilt nämlich wegen $z = O(L)$ und $a_{k-j} = O(L^j)$

$$\sum_{j=0}^{m-1} \binom{k}{m-j} a_{k-j} z^{m-1-j} = O(L^{m-1}).$$

Wir setzen zur Abkürzung für $u \in \mathbb{R}$

$$\alpha(u) = \sum_{\substack{0 \leq y \leq L \\ 0 \leq y+z \leq L}} e(g(y,z)u).$$

Um nun das Integral

$$\int_0^1 \left| \sum_{x \leq L} e(f(x)t) \right|^{8^{k-1}} dt$$

abzuschätzen, potenzieren wir zunächst die soeben gefundene Gleichung

$$\left| \sum_{x \leq L} e(f(x)t) \right|^2 \leq \sum_{0 < |z| \leq L} \alpha(zt) + L + 1$$

mit dem Exponent 8^{k-2}. Allgemein gilt für $a, b > 0$ und $m \in \mathbb{N}$ die Ungleichung $(a+b)^m \leq 2^m \cdot \max(a^m, b^m)$. Also ist

$$\left| \sum_{x \leq L} e(f(x)t) \right|^{2 \cdot 8^{k-2}} \leq 2^{8^{k-2}} \max\left(B^{8^{k-2}}, (L+1)^{8^{k-2}} \right)$$

mit

$$B = \sum_{0 < |z| \leq L} \alpha(zt).$$

Ist $B \leq L + 1$, dann ergibt sich sofort die noch schärfere als die behauptete Abschätzung

$$\int_0^1 \left| \sum_{x \leq L} e(f(x)t) \right|^{8^{k-1}} dt \leq \left(2^{8^{k-2}} (L+1)^{8^{k-2}} \right)^4 = O(L^c) = O\left(n^{\frac{c}{k}} \right).$$

Ist aber $B > L + 1$, dann schätzen wir $B^{8^{k-2}}$ mehrfach mit Hilfe der CAUCHY-SCHWARZschen Ungleichung ab:

$$B^{8^{k-2}} = B^{2^{3k-6}} \leq \left(\left(\sum_{0 < |z| \leq L} 1 \right) \cdot \left(\sum_{0 < |z| \leq L} |\alpha(zt)|^2 \right) \right)^{2^{3k-7}}$$

$$\leq \left(\left(\sum_{0 < |z| \leq L} 1 \right)^3 \cdot \left(\sum_{0 < |z| \leq L} |\alpha(zt)|^4 \right) \right)^{2^{3k-8}}$$

$$\leq \left(\left(\sum_{0 < |z| \leq L} 1 \right)^7 \cdot \left(\sum_{0 < |z| \leq L} |\alpha(zt)|^8 \right) \right)^{2^{3k-9}}$$

. . . .

$$\leq \left(\left(\sum_{0<|z|\leq L} 1 \right)^{2^{3k-7}-1} \cdot \left(\sum_{0<|z|\leq L} |\alpha(zt)|^{2^{3k-7}} \right) \right)^2$$

$$\leq \left(\sum_{0<|z|\leq L} 1 \right)^{2^{3k-6}-1} \cdot \left(\sum_{0<|z|\leq L} |\alpha(zt)|^{2^{3k-6}} \right)$$

$$\leq (2L)^{8^{k-2}-1} \sum_{0<|z|\leq L} |\alpha(zt)|^{8^{k-2}}.$$

Nun ist für $u \in \mathbb{R}$

$$|\alpha(u)|^{8^{k-2}} = \sum_{j \in \mathbb{Z}} A(j)e(ju),$$

wobei die Indizes j von der Ordnung

$$O\left(\max_{\substack{0\leq y\leq L \\ 0\leq y+z\leq L}} |g(y,z)| \right) = O(L^{k-1})$$

sind und die Koeffizienten $A(j)$ sich aufgrund der Orthogonalität der Funktionen $e(t)$ folgendermaßen bestimmen:

$$A(j) = \int_0^1 |\alpha(u)|^{8^{k-2}} e(-ju) \, du.$$

Jetzt kommt die Induktionsvoraussetzung in der Gestalt

$$\int_0^1 \left| \sum_{y\leq L_1} e(g(y,z)u) \right|^{8^{k-2}} du = O\left(n^{\frac{8^{k-2}}{k-1}-1} \right) = O\left(L_1^{8^{k-2}-(k-1)} \right)$$

mit $L_1 = [\sqrt[k-1]{n}]$ ins Spiel. Dabei ist $L_1 \geq L$ und

$$L_1 = O\left(L^{\frac{k}{k-1}} \right) \quad \text{bzw.} \quad L = O\left(L_1^{\frac{k-1}{k}} \right),$$

so daß

$$\int_0^1 \left| \sum_{y\leq L} e(g(y,z)u) \right|^{8^{k-2}} du = O\left(\left(L^{\frac{k-1}{k}} \right)^{8^{k-2}-(k-1)} \right) = O\left(L^{\frac{(k-1)\cdot 8^{k-2}}{k} - \frac{(k-1)^2}{k}} \right).$$

Es gilt also für $j \in \mathbb{Z}$

$$|A(j)| \leq \int_0^1 |\alpha(u)|^{8^{k-2}} du \leq \int_0^1 \left| \sum_{y\leq L} e(g(y,z)u) \right|^{8^{k-2}} dt$$

$$= O\left(L^{\frac{(k-1)\cdot 8^{k-2}}{k} - \frac{(k-1)^2}{k}} \right).$$

Nun folgt

$$\int_0^1 \left| \sum_{x \leq L} e(f(x)t) \right|^{8^{k-1}} dt = \int_0^1 \left(\left| \sum_{x \leq L} e(f(x)t) \right|^{2 \cdot 8^{k-2}} \right)^4 dt$$

$$\leq \int_0^1 \left(2^{8^{k-2}} B^{8^{k-2}} \right)^4 dt$$

$$= O\left(\left(L^{8^{k-2}-1} \right)^4 \int_0^1 \left(\sum_{0 < |z| \leq L} |\alpha(zt)|^{8^{k-2}} \right)^4 dt \right)$$

$$= O\left(L^{4 \cdot 8^{k-2}-4} \int_0^1 \left(\sum_{0 < |z| \leq L} \left(\sum_{j \in \mathbb{Z}} A(j)e(jzt) \right) \right)^4 dt \right)$$

$$= O\left(L^{4 \cdot 8^{k-2}-4} \sum A(j_1)A(j_2)A(j_3)A(j_4) \right),$$

wobei die Summe im letzten Term über alle $(z_1, z_2, z_3, z_4, j_1, j_2, j_3, j_4) \in \mathbb{Z}^8$ zu erstrecken ist, welche einer Gleichung

$$z_1 j_1 + z_2 j_2 + z_3 j_3 + z_4 j_4 = 0$$

mit

$$0 < |z_m| \leq L \quad \text{und} \quad 0 \leq |j_m| \leq bL^{k-1}$$

mit einer positiven Konstanten b $(m = 1, 2, 3, 4)$ genügen. Die Summanden sind von der Ordnung

$$O\left(\left(L^{\frac{(k-1) \cdot 8^{k-2}}{k} - \frac{(k-1)^2)}{k}} \right)^4 \right) = O\left(L^{4 \cdot 8^{k-2} - 4 \cdot \frac{(k-1)^2}{k}} \right).$$

Die Anzahl der Summanden ist von der Ordnung $O(L^{3k})$. Denn ersetzt man im Beweis des Hilfssatzes die Bedingungen $|z_j| \leq n$ und $|w_j| \leq bn$ durch $|z_j| \leq L$ und $|w_j| \leq bL^{k-1}$, dann ergibt sich für die Anzahl der Lösungen von $z_1 w_1 + z_3 w_3 = z_2 w_2 + z_4 w_4$ die Ordnung $O(L^{3k})$. Die Summe $\sum A(j_1)A(j_2)A(j_3)A(j_4)$ ist also von der Ordnung

$$O\left(L^{4 \cdot 8^{k-2} - 4 \cdot \frac{(k-1)^2}{k} + 3k} \right) = O\left(L^{4 \cdot 8^{k-2} - k + 4} \right).$$

Damit ergibt sich schließlich

$$\int_0^1 \left| \sum_{x \leq L} e(f(x)t) \right|^{8^{k-1}} dt = O\left(L^{4 \cdot 8^{k-2} - 4} \cdot L^{4 \cdot 8^{k-2} - k + 4} \right)$$

$$= O\left(L^{8^{k-1} - k} \right) = O\left(n^{\frac{2c}{k} - 1} \right). \quad \square$$

VII.8 Wesentliche Komponenten

Ist W eine Menge natürlicher Zahlen mit $\delta_W > 0$, dann ist $\delta_{A+W} > \delta_A$ für jedes $A \subseteq \mathbb{N}_0$ mit $\delta_A < 1$; das folgt aus

$$\delta_{A+W} \geq \delta_A + \delta_W - \delta_A \delta_W$$

(vgl. Beweis von Satz 15 in VII.7). Interessant ist aber die Frage, ob eine Menge $W \subseteq \mathbb{N}_0$ mit $\delta_W = 0$ und $\delta_{A+W} > \delta_A$ für jedes $A \subseteq \mathbb{N}_0$ existiert, wobei man die Fälle $\delta_A = 0$ und $\delta_A = 1$ ausschließt. Allgemein nennt man eine Menge $W \subseteq \mathbb{N}_0$ mit $\delta_{A+W} > \delta_A$ für jedes $A \subseteq \mathbb{N}$ mit $0 < \delta_A < 1$ eine *wesentliche Komponente*. PAUL ERDÖS hat bewiesen, daß jede Basis endlicher Ordnung eine wesentliche Komponente ist; genauer hat er gezeigt: Ist W eine Basis der Ordnung h, dann gilt

$$\delta_{A+W} > \delta_A + \frac{1}{2h} \cdot \delta_A \cdot (1 - \delta_A).$$

(Mit „$\geq$" statt „$>$" gilt dies natürlich auch für $\delta_A = 0$ und $\delta_A = 1$.) Dieses Resultat wurde von LANDAU verschärft, indem er die Ordnung h durch eine in der Regel kleinere Zahl λ ersetzte, die folgendermaßen definiert wird: Für $i \in \mathbb{N}$ sei $l(i)$ die kleinste Anzahl von Summanden, die man zur Darstellung von i als Summe von Zahlen aus W benötigt; es ist also $l(i) \leq h$. Dann sei

$$\lambda := \sup_{n \in \mathbb{N}} \frac{1}{n} \sum_{i=1}^{n} l(i).$$

Es ist $\lambda \leq h$. Man nennt λ die *mittlere Ordnung* der Basis W.

Satz 18 (ERDÖS/LANDAU): Ist W eine Basis der mittleren Ordnung λ, dann gilt für jedes $A \subseteq \mathbb{N}_0$ mit $0 < \delta_A < 1$

$$\delta_{A+W} > \delta_A + \frac{1}{2\lambda} \cdot \delta_A \cdot (1 - \delta_A).$$

Beweis: Für $m, n \in \mathbb{N}$ mit $m < n$ sei

$\quad a_m(n) =$ Anzahl der $a \in A$ mit $m < a + m \leq n$ und $a + m \in A$,

$\quad \bar{a}_m(n) =$ Anzahl der $a \in A$ mit $m < a + m \leq n$ und $a + m \notin A$,

ferner sei $a_n(n) = \bar{a}_n(n) = 0$. Dann ist

$$a_m(n) + \bar{a}_m(n) = N_A(n - m) \geq \delta_A \cdot (n - m).$$

Nun gilt

$$\sum_{m=1}^{n} a_m(n) = \sum_{\substack{a \in A \\ 1 \leq a \leq n}} \left(\sum_{\substack{1 \leq m \leq n \\ a + m \leq n \\ a + m \in A}} 1 \right) = \sum_{\substack{a \in A \\ 1 \leq a \leq n}} \left(\sum_{\substack{a < x \leq n \\ x \in A}} 1 \right)$$

$$= \sum_{\substack{a \in A \\ 1 \leq a \leq n}} (N_A(n) - N_A(a)) \leq \sum_{a=1}^{n} (N_A(n) - N_A(a))$$

$$\leq 1 + 2 + 3 + \ldots + (N_A(n) - 1) = \frac{1}{2} \cdot N_A(n) \cdot (N_A(n) - 1).$$

Also ist

$$\sum_{m=1}^{n} \overline{a}_m(n) \geq \sum_{m=1}^{n} (\delta_A \cdot (n - m) - a_m(n))$$

$$= \delta_A \cdot \frac{n(n-1)}{2} - \sum_{m=1}^{n} a_m(n)$$

$$\geq \frac{1}{2} \cdot \delta_A \cdot n^2 - \frac{1}{2} \cdot N_A(n)^2 + \frac{1}{2}(N_A(n) - \delta_A n)$$

$$\geq \frac{1}{2} \cdot \delta_A \cdot n^2 - \frac{1}{2} \cdot N_A(n)^2.$$

Als nächstes beweisen wir die Ungleichung

$$\sum_{m=1}^{n} \overline{a}_m(n) \leq \lambda n (N_{A+W}(n) - N_A(n)).$$

Dazu betrachten wir für $m_1, m_2 \in \mathbb{N}$ die Ungleichung

$$\overline{a}_{m_1+m_2}(n) \leq \overline{a}_{m_1}(n) + \overline{a}_{m_2}(n).$$

Diese ergibt sich folgendermaßen: Ist

$$a + m_1 + m_2 \leq n \quad \text{und} \quad a + m_1 + m_2 \notin A,$$

dann ist

$$a + m_1 \leq n \quad \text{und} \quad a + m_1 \notin A$$

(a wird also in $\overline{a}_{m_1}(n)$ gezählt) oder

$$a' + m_2 \leq n \quad \text{und} \quad a' + m_2 \notin A$$

mit $a' = a + m_1 \in A$ (a wird also in $\overline{a}_{m_2}$ gezählt.) Obige Ungleichung wenden wir für

$$m = w_1 + w_2 + \ldots + w_{l(m)}$$

an und beachten dabei die Beziehung

$$\overline{a}_w(n) \leq N_{A+W}(n) - N_A(n)$$

für $w \in W$:

$$\overline{a}_m(n) \leq \sum_{i=1}^{l(m)} \overline{a}_{w_i}(n) \leq \sum_{i=1}^{l(m)} (N_{A+W}(n) - N_A(n)) = l(m)(N_{A+W}(n) - N_A(n)).$$

Summation über m liefert die behauptete Ungleichung:

$$\sum_{m=1}^{n} \overline{a}_m(n) \leq (N_{A+W}(n) - N_A(n)) \sum_{m=1}^{n} l(m) \leq \lambda n (N_{A+W}(n) - N_A(n)).$$

Daraus folgt

$$\lambda n(N_{A+W}(n) - N_A(n)) \geq \frac{1}{2} \cdot \delta_A \cdot n^2 - \frac{1}{2} \cdot N_A(n)^2,$$

also gilt für jedes $n \in \mathbb{N}$

$$\frac{N_{A+W}(n)}{n} \geq \frac{1}{2\lambda} \cdot \delta_A - \frac{1}{2\lambda} \cdot \left(\frac{N_A(n)}{n}\right)^2 + \frac{N_A(n)}{n}.$$

Die Funktion

$$x \longmapsto x - \frac{1}{2\lambda} \cdot x^2$$

ist für $\delta_A \leq x \leq 1$ ($\leq \lambda$) monoton wachsend; daher folgt für alle $n \in \mathbb{N}$

$$\frac{N_{A+W}(n)}{n} \geq \frac{1}{2\lambda} \cdot \delta_A - \frac{1}{2\lambda} \cdot \delta_A^2 + \delta_A = \delta_A + \frac{1}{2\lambda} \cdot \delta_A \cdot (1 - \delta_A).$$

Wegen

$$\delta_{A+W} \geq \frac{N_{A+W}(n)}{n}$$

für alle $n \in \mathbb{N}$ ergibt sich die Behauptung des Satzes. $\square$

Beispiel 1: Die Menge $Q = \{0, 1, 4, 9, 16, 25, \ldots\}$ der Quadratzahlen ist eine Basis der Ordnung 4 (Satz von LAGRANGE). Wir wollen zeigen, daß Q die mittlere Ordnung $\frac{19}{6}$ hat. Es gilt

$$\sum_{m=1}^{n} l(m) = 4n - \sum_{\substack{m=1 \\ l(m)=3}}^{n} 1 - \sum_{\substack{m=1 \\ l(m)=2}}^{n} 2 - \sum_{\substack{m=1 \\ l(m)=1}}^{n} 3$$

$$= 4n - \sum_{\substack{m=1 \\ l(m)\leq 3}}^{n} 1 - \sum_{\substack{m=1 \\ l(m)=2}}^{n} 1 - \sum_{\substack{m=1 \\ l(m)=1}}^{n} 2.$$

Nun gilt $l(m) = 1$ genau dann, wenn m eine Quadratzahl ist; also ist

$$\sum_{\substack{m=1 \\ l(m)=1}}^{n} 2 = 2[\sqrt{n}] = o(n).$$

In VII.3 haben wir gesehen, daß die Menge der als Summe von zwei Quadraten darstellbaren Zahlen die natürliche Dichte 0 hat; also ist auch

$$\sum_{\substack{m=1 \\ l(m)=2}}^{n} 1 = o(n).$$

Genau für die Zahlen $m = 4^r(8k - 1)$ mit $r \in \mathbb{N}_0$ und $k \in \mathbb{N}$ gilt $l(m) = 4$, für alle anderen Zahlen gilt $l(m) \leq 3$. Diesen *Dreiquadratesatz* haben wir in IV.9 bewiesen. Es gilt $4^r(8k - 1) \leq n$, wenn

$$0 \leq r \leq \frac{\log n - \log 7}{\log 4} \quad \text{und} \quad 1 \leq k \leq \frac{1}{8} + \frac{n}{8 \cdot 4^r}.$$

Die Anzahl der Zahlen $4^r(8k-1)$ unterhalb von n ist dann bis auf ein $o(n)$-Glied

$$\sum_{r \le \frac{\log n - \log 7}{\log 4}} \left(\frac{1}{8} + \frac{n}{8 \cdot 4^r} \right) = \frac{n}{8} \cdot \sum_{r=0}^{\infty} \left(\frac{1}{4}\right)^r + o(n)$$

$$= \frac{n}{8} \cdot \frac{4}{3} + o(n) = \frac{n}{6} + o(n).$$

Es folgt

$$\sum_{\substack{m=1 \\ l(m) \le 3}}^{n} 1 = \frac{5}{6}n + o(n).$$

Also ist

$$\sum_{m=1}^{n} l(m) = 4n - \frac{5}{6}n + o(n) = \frac{19}{6}n + o(n).$$

Für jede Menge A mit $0 < \delta_A < 1$ gilt also nach Satz 14

$$\delta_{A+Q} > \delta_A + \frac{3}{19} \cdot \delta_A \cdot (1 - \delta_A).$$

Beispiel 2: Wäre die GOLDBACHsche Vermutung bewiesen, dann wüßte man, daß die (durch 0 und 1 ergänzte) Menge $P = \{0, 1, 3, 5, 7, 11, \ldots\}$ der ungeraden Primzahlen eine Basis der mittleren Ordnung $\frac{5}{2}$ wäre. (Für jede gerade Zahl m ist $l(m) = 2$, für jede ungerade zusammengesetzte Zahl m ist $l(m) = 3$, und die Primzahlen fallen nicht ins Gewicht.) Dann wäre also für jede Menge A mit $0 < \delta_A < 1$

$$\delta_{A+P} > \delta_A + \frac{1}{5} \cdot \delta_A \cdot (1 - \delta_A).$$

Bemerkungen: Die Abschätzung in Satz 14 kann man in der Form

$$\delta_{A+W} > \delta_A \cdot \left(1 + c_A \cdot \frac{1 - \delta_A}{\lambda} \right)$$

mit $c_A = \frac{1}{2}$ schreiben. Die Konstante c_A ist nicht wesentlich zu verbessern. Die bisher beste Abschätzung ist

$$\frac{3}{4} < \max \left(\frac{1 + \sqrt{x} + x}{(1 + \sqrt{x})^2}, \frac{1 + \sqrt{1-x} + (1-x)}{(1 + \sqrt{1-x})^2} \right) \le c_A < 1$$

mit $x = \delta_A$.

Es gibt wesentliche Komponenten, die keine Basen sind; dies ist von JU. V. LINNIK bewiesen worden. Offen ist die Frage, ob eine Menge V mit $\delta_V = 0$ und $\delta_{B+V} > 0$ für jede Basis B existiert; selbst für Basen B der Ordnung 2 ist diese Frage noch nicht beantwortet.

Ist W eine *asymptotische* Basis der Ordnung h^*, dann nennt man

$$\lambda^* := \limsup_{n \to \infty} \frac{1}{n} \sum_{m=1}^{n} l(m)$$

die *mittlere asymptotische Dichte* dieser Basis. ROHRBACH hat gezeigt, daß das asymptotische Analogon zu Satz 18 gilt, also

$$\delta^*_{A+M} > \delta^*_A + \frac{1}{2\lambda^*} \cdot \delta^*_A \cdot (1 - \delta^*_A)$$

für alle $A \subseteq \mathbb{N}_0$ mit $0 < \delta^*_A < 1$ gilt [Rohrbach 1939].

Bezüglich der hier genannten Resultate vgl. [Ostmann 1956] und [Halberstam/Roth 1966].

VII.9 Das Münzproblem und das Briefmarkenproblem

Mit unseren Münzen können wir jeden Geldbetrag zusammenstellen. Wollen wir ohne die 1-Pf-Münze auskommen, so gelingt dies nicht mehr mit den Beträgen 1 Pf und 3 Pf, ab 4 Pf ist aber wieder jeder Betrag darstellbar. Ohne die Kupfermünzen 1 Pf und 2 Pf kann man aber nur durch 5 teilbare Pfennigbeträge erreichen.

Es sei nun $A = \{a_1, a_2, \ldots, a_k\}$ eine k-elementige Teilmenge von $\mathbb{N}$. Dann erhebt sich die Frage, welche natürlichen Zahlen als Summe von Elementen aus A darstellbar sind, für welche $n \in \mathbb{N}$ also gilt:

$$n = \sum_{i=1}^{k} r_i a_i \quad \text{mit} \quad r_i \in \mathbb{N}_0.$$

Sicher gilt dies nur für solche n, die durch $\mathrm{ggT}(a_1, a_2, \ldots, a_k)$ teilbar sind, wir wollen uns daher auf

$$\mathrm{ggT}(a_1, a_2, \ldots, a_k) = 1$$

beschränken. Zunächst gilt

$$n = \sum_{i=1}^{k} x_i a_i \quad \text{mit} \quad x_i \in \mathbb{Z}$$

(vgl. I.6 Satz 11). Ist dann

$$x_i = q_i a_k + r_i \quad \text{mit} \quad q_i \in \mathbb{Z} \text{ und } 0 \leq r_i < a_k$$

$(i = 1, 2, \ldots, k - 1)$ und

$$r_k := x_k + \sum_{i=1}^{k-1} q_i a_i,$$

so folgt

$$n = \sum_{i=1}^{k} x_i a_i = \sum_{i=1}^{k-1} (q_i a_k + r_i) a_i + x_k a_k$$

$$= \sum_{i=1}^{k-1} r_i a_i + (x_k + \sum_{i=1}^{k-1} q_i a_i) a_k = \sum_{i=1}^{k} r_i a_i.$$

Es ist zu prüfen, unter welcher Voraussetzung $r_k \geq 0$ gilt. Es ist

$$r_k a_k = n - \sum_{i=1}^{k-1} r_i a_i \geq n - (a_k - 1) \sum_{i=1}^{k-1} a_i.$$

Für

$$n > (a_k - 1) \sum_{i=1}^{k-1} a_i - a_k$$

ist daher $r_k > -1$, also $r_k \geq 0$. Bezeichnet man mit $g(A)$ die größte Zahl, die *nicht* als Summe von Zahlen aus A zu schreiben ist, so gilt daher

$$g(A) \leq (a_k - 1) \sum_{i=1}^{k-1} a_i - a_k.$$

Da die Zahlen in A nicht der Größe nach angeordnet sein müssen, wird man in der Abschätzung a_k als die kleinste Zahl aus A wählen. Man sollte daher vielleicht besser

$$g \leq (a_1 - 1) \sum_{i=2}^{k} a_i - a_1$$

schreiben.

Das *Münzproblem* oder *Problem von* FROBENIUS (nach FERDINAND GEORG FROBENIUS, 1849–1917) besteht in der Bestimmung der FROBENIUS*zahl* $g(A)$ für eine vorgelegte Menge A. Ist $1 \in A$, dann ist dieses Problem offensichtlich trivial und man setzt $g(A) = -1$, damit obige Formel mit $a_k = 1$ bzw. $a_1 = 1$ gültig bleibt.

Für die Anzahl $n(A)$ der nicht darstellbaren Zahlen gilt

$$n(A) \geq \frac{g(A) + 1}{2};$$

denn von zwei Zahlen m, n mit $0 \leq m, n \leq g(A)$ und $m + n = g(A)$ ist mindestens eine nicht darstellbar, da andernfalls $g(A)$ darstellbar wäre.

Ist $k = 2$, also $A = \{a_1, a_2\}$ mit $\text{ggT}(a_1, a_2) = 1$, so ist

$$g(A) = a_1 a_2 - a_1 - a_2 \quad \text{und} \quad n(A) = \frac{g(A) + 1}{2}.$$

(Aufgabe 14). Im folgenden Beispiel ist $k = 3$.

Beispiel 1: Es sei $A = \{6, 10, 15\}$. Aus obiger allgemeiner Abschätzung folgt $g(A) \leq 119$, wenn man $a_3 = 6$ setzt. Es gilt aber $g(A) = 29$, wie man folgendermaßen findet: Die kleinste Zahl

$$r_1 \cdot 6 + r_2 \cdot 10 + r_3 \cdot 15$$

mit $r_1, r_2, r_3 \in \mathbb{N}_0$ in der Restklasse

0 mod 6		$r_1 = 0,\ r_2 = 0,\ r_3 = 0 :$	0
1 mod 6		$r_1 = 0,\ r_2 = 1,\ r_3 = 1 :$	25
2 mod 6	ergibt sich für	$r_1 = 0,\ r_2 = 2,\ r_3 = 0 :$	20
3 mod 6		$r_1 = 0,\ r_2 = 0,\ r_3 = 1 :$	15
4 mod 6		$r_1 = 0,\ r_2 = 1,\ r_3 = 0 :$	10
5 mod 6		$r_1 = 0,\ r_2 = 2,\ r_3 = 1 :$	35

Die jeweils folgenden Zahlen der Restklasse sind dann natürlich auch darstellbar, da man nur eine 6 addieren muß. Die größte nicht darstellbare Zahl liegt in 5 mod 6 und lautet 29. Es folgt $n(A) \geq 15$. Nachzählen ergibt $n(A) = 15$.

Das in Beispiel 1 benutzte Verfahren kann man allgemein zur Berechnung von $g(A)$ und $n(A)$ verwenden, wie folgender Satz besagt.

Satz 19: Es sei $A = \{a_1,\ \ldots,\ a_k\}$ eine Menge von k natürlichen Zahlen mit $a_1 < a_2 < \ldots < a_k$ und $\mathrm{ggT}(a_1,\ \ldots,\ a_k) = 1$. Für $0 < j < a_1$ sei r_j die kleinste natürliche Zahl mit $r_j \equiv j \bmod a_1$, die als Summe von Zahlen aus $A \setminus \{a_1\}$ dargestellt werden kann. Dann gilt

$$g(A) = \max_{0 < j < a_1} r_j\ - a_1$$

und

$$n(A) = \frac{1}{a_1} \sum_{0 < j < a_1} r_j\ - \frac{a_1 - 1}{2}.$$

Beweis: Ist $n \equiv 0 \bmod a_1$, dann ist n (als Vielfaches von a_1) in A darstellbar. Ist $n \not\equiv 0 \bmod a_1$ und $n \equiv j \equiv r_j \bmod a_1$, dann ist n genau dann in A darstellbar, wenn $n \geq r_j$; die größte nicht-darstellbare Zahl dieser Restklasse ist $r_j - a_1$. Es folgt

$$g(A) = \max_{0 < j < a_1} (r_j - a_1) = \max_{0 < j < a_1} r_j\ - a_1.$$

Für $j \not\equiv 0 \bmod a_1$ gibt es genau $\left[\frac{r_j}{a_1}\right]$ Zahlen n mit $n \equiv j \bmod a_1$ und $0 < n < r_j$. Wegen $0 < j < a_1$ ist

$$\left[\frac{r_j}{a_1}\right] = \frac{r_j - j}{a_1}$$

und damit

$$n(A) = \sum_{0 < j < a_1} \left[\frac{r_j}{a_1}\right] = \frac{1}{a_1} \sum_{0 < j < a_1} r_j - \frac{1}{a_1} \cdot \frac{(a_1 - 1)a_1}{2}. \quad \square$$

Beispiel 2: Wir betrachten $A = \{5, 7, 13\}$ mit $a_1 = 5$.

$$
\begin{array}{llll}
1 \bmod 5: & 1,\ 6,\ 11,\ 16,\ \underline{21} & r_1 &=& 21 \\
2 \bmod 5: & 2,\ \underline{7} & r_2 &=& 7 \\
3 \bmod 5: & 3,\ 8,\ \underline{13} & r_3 &=& 13 \\
4 \bmod 5: & 4,\ 9,\ \underline{14} & r_4 &=& 14 \\
\end{array}
$$

Es ergibt sich

$$
g(A) = 21 - 5 = 16 \quad \text{und} \quad n(A) = \frac{1}{5} \cdot 55 - 2 = 9.
$$

Man kann das Problem der Bestimmung von $g(A)$ und $n(A)$ auf den Fall zurückführen, daß je $k - 1$ der Zahlen aus A teilerfremd sind. Es gilt nämlich:

Satz 20: Es sei $A = \{a_1, \ldots, a_k\}$ eine Menge von k natürlichen Zahlen mit

$$
\mathrm{ggT}(a_1, \ldots, a_k) = 1 \quad \text{und} \quad \mathrm{ggT}(a_2, \ldots, a_k) = d.
$$

Dann gilt für die Menge $A' = \{a_1, \dfrac{a_2}{d}, \ldots, \dfrac{a_k}{d}\}$

$$
g(A) = d \cdot g(A') + (d - 1)a_1
$$

und

$$
n(A) = d \cdot n(A') + \frac{d - 1}{2} \cdot (a_1 - 1).
$$

Beweis: Es seien r_j die in Satz 19 eingeführten Zahlen und r_j' die analog definierten Zahlen für die Menge A'. Die Zahl n ist genau dann in der Menge $\{\dfrac{a_2}{d}, \ldots, \dfrac{a_k}{d}\}$ darstellbar, wenn dn in $\{a_2, \ldots, a_k\}$ darstellbar ist. Wegen

$$
\mathrm{ggT}(a_1, d) = \mathrm{ggT}(a_1, a_2, \ldots, a_k\} = 1
$$

durchläuft dn mit n ebenfalls ein vollständiges Restsystem mod a_1. Ist

$$
n \equiv i \bmod a_1 \quad \text{und} \quad dn \equiv j \bmod a_1
$$

$(0 < i, j < a_1)$, dann ist

$$
r_j = dr_i'.
$$

Es folgt aus Satz 19

$$
g(A') = \max_{0 < i < a_1} r_i' - a_1 = \max_{0 < j < a_1} \frac{r_j}{d} - a_1 = \frac{1}{d}(g(A) + a_1) - a_1,
$$

woraus sich die erste Behauptung ergibt. Ferner ist nach Satz 19

$$
n(A') = \frac{1}{a_1} \sum_{0 < i < a_1} r_i' - \frac{a_1 - 1}{2} = \frac{1}{a_1} \sum_{0 < j < a_1} \frac{r_j}{d} - \frac{a_1 - 1}{2} = \frac{1}{d}(n(A) + \frac{a_1 - 1}{d}),
$$

woraus sich auch die zweite Behauptung ergibt. $\square$

Beispiel 3: Wir betrachten nochmals die Menge $A = \{6, 10, 15\}$ aus obigem Beispiel 1. Mit $a_1 = 6$ folgt

$$g(A) = 5 \cdot g(\{6, 2, 3\}) + 24.$$

Offensichtlich ist $g(\{6, 2, 3\}) = g(\{2, 3\}) = 1$, was sich auch mit Hilfe von Satz 20 ergibt:

$$g(\{2, 3, 6\}) = 3 \cdot g(\{2, 1\}) + 4 = 3 \cdot (-1) + 4 = 1.$$

Es folgt

$$g(A) = 5 \cdot 1 + 24 = 29.$$

Ferner liefert Satz 20

$$n(A) = 5 \cdot n(\{2, 3\}) + 10 = 15.$$

Die Elemente von A seien nun der Größe nach numeriert, es sei also

$$0 < a_1 < a_2 < \ldots < a_k;$$

ferner sei

$$d_i = \mathrm{ggT}(a_1, a_2, \ldots, a_i)$$

für $i = 1, 2, \ldots, k$. Dann gilt ([Brauer/Shockley 1962])

$$g(A) \le \sum_{i=1}^{k-1} a_{i+1} \cdot \frac{d_i}{d_{i+1}}.$$

In obigen Beispiel 2 ergibt sich damit

$$g(A) \le 7 \cdot \frac{5}{1} + 13 \cdot \frac{1}{1} = 48.$$

Es gilt ferner ([Erdös/Graham 1972])

$$g(A) \le 2a_{k-1} \left[\frac{a_k}{k} \right] - a_k.$$

Dies liefert für die Menge in Beispiel 2

$$g(A) \le 14 \cdot 4 - 13 = 43.$$

Ist $k = 2$ und a_2 ungerade, dann ergibt sich

$$g(A) \le 2a_1 \cdot \frac{a_2 - 1}{2} - a_2 = a_1(a_2 - 1) - a_2,$$

so daß in diesem Fall das Gleichheitszeichen gilt (s. o.).

Explizite Formeln für $g(A)$ ähnlich wie im Fall $|A| = 2$ erhält man unter geeigneten Voraussetzungen über die Menge A; vgl. z. B. [Hofmeister 1966], [Selmer 1986].

In VII.3 haben wir im Fall, daß die Elemente von A *paarweise* teilerfremd sind, eine Formel für die Anzahl $p_A(n)$ der Darstellungen von n als Linearkombination von Elementen aus A mit nicht-negativen Koeffizienten hergeleitet. Im Fall $k = 3$ mit $A = \{a, b, c\}$ ergab sich

$$p_A(n) = \frac{1}{2abc} \left(\left(n + \frac{a + b + c}{2} \right)^2 - \frac{a^2 + b^2 + c^2}{12} \right) + \Delta(n).$$

Es gilt $p_A(n) > 0$, falls

$$n > \sqrt{\frac{1}{12}(a^2 + b^2 + c^2) + 2abc \cdot |\Delta(n)|} - \frac{a + b + c}{2}.$$

Also gilt wegen

$$|\Delta(n)| \leq \frac{\pi^2}{48} \cdot (a + b + c)$$

(vgl. VII.3) für die FROBENIUSzahl

$$g(A) \leq \sqrt{\frac{1}{12}(a^2 + b^2 + c^2) + \frac{1}{24}abc\pi^2(a + b + c)} - \frac{a + b + c}{2}.$$

Diese Abschätzung ist nicht sonderlich scharf; z.B. für $A = \{5, 7, 13\}$ liefert sie $g(A) \leq 56$, während $g(A) = 16$ gilt (Beispiel 2).

Bezeichnet man für $r \in \mathbb{N}_0$ mit $g_r(A)$ die größte natürliche Zahl, die höchstens r Partitionen in A besitzt, also

$$g_r(A) = \max\{n \in \mathbb{N} \mid p_A(n) \leq r\}$$

(und insbesondere $g_0(A) = g(A)$), dann erhält man folgendes Resultat:

Satz 21: Es sei $A = \{a, b, c\}$, wobei die natürlichen Zahlen a, b, c paarweise teilerfremd sind. Dann gilt

$$g_r(A) \leq \sqrt{\frac{1}{12}(a^2 + b^2 + c^2) + 2abc\left(\frac{\pi^2}{48}(a + b + c) + r\right)} - \frac{a + b + c}{2}.$$

Beispiel 4: Wir betrachten nochmals die Menge $A = \{5, 7, 13\}$ aus Beispiel 2 und geben für $0 \leq r \leq 12$ die Werte von $g_r(A)$ und die Schranke gemäß Satz 21 an:

r	0	1	2	3	4	5	6	7	8	9	10	11	12
$g_r(A)$	16	29	37	44	51	58	64	71	76	81	86	89	94
$\leq$	56	62	68	73	78	83	88	92	96	101	104	108	112
$[\sqrt{2abcr}]$	0	30	42	52	60	67	73	79	85	90	95	100	104

Wegen $g_r(A) \sim \sqrt{2abcr}$ $(r \to \infty)$ haben wir in der letzten Zeile der Tabelle noch $[\sqrt{910r}]$ angegeben.

Satz 22: Es sei $A = \{a_1, \ldots, a_k\}$, wobei die natürlichen Zahlen $a_1, \ldots, a_k$ paarweise teilerfremd sind. Dann gilt für $r \to \infty$

$$g_r(A) \sim \sqrt[k-1]{(k-1)! a_1 \cdot \ldots \cdot a_k \cdot r}.$$

Beweis: Aus VII.3 Satz 9 folgt

$$p_A(n) = \frac{n^{k-1}}{(k-1)! a_1 \cdot \ldots \cdot a_k}(1 + u_n),$$

wobei (u_n) eine Nullfolge ist. Da $p_A(n)$ bis auf ein $O(1)$-Glied ein Polynom ist, gibt es ein $n_0 \in \mathbb{N}$, so daß die Folge $(p_A(n))$ für $n \geq n_0$ monoton wachsend ist. Für $g_r(A) \geq n_0$ ist dann

$$p_A(g_r(A)) \geq r - p_A'(g_r(A) + 1) \geq r - c\left(r^{\frac{k-2}{k-1}}\right),$$

wobei p_A' die Ableitung von p_A bedeutet und c eine Konstante ist. Also gilt wegen $p_A(g_r(A)) \leq r$

$$r\left(1 - \frac{c}{\sqrt[k-1]{r}}\right) \leq \frac{g_r(A)^{k-1}}{(k-1)! a_1 \cdot \ldots \cdot a_k}\left(1 + u_{g_r(A)}\right) \leq r,$$

woraus sich die Behauptung ergibt. □

In gewisser Weise komplementär zum Münzproblem ist das *Briefmarken-problem* (vgl. etwa [Selmer 1986]). Möchte man mit 10-, 50- und 60-Pfennig–Briefmarken einen Brief frankieren und dabei höchstens 4 Marken verwenden, so kann man jedes Vielfache von 10 Pf zwischen 0 und 240 Pf zusammenstellen. Rechnet man in Vielfachen von 10, so gilt also

$$\{0, 1, 2, \ldots, 24\} \subseteq 4\{0, 1, 5, 6\}.$$

Beim Briefmarkenproblem geht es um die Bestimmung der größten Zahl n, so daß

$$\{0, 1, 2, \ldots, n\} \subseteq hA$$

für ein gegebenes $h \in \mathbb{N}$ gilt. Diese Zahl $n(h, A)$ nennt man die *h-Reichweite* von A. Außer (wie stets) $0 \in A$ setzen wir nun auch $1 \in A$ voraus, da andernfalls $n(h, A) = 0$ wäre. Ist k die Anzahl der positiven Elemente von A, dann gilt

$$n(h, A) < \binom{h + k}{k}.$$

Denn eine Summe

$$\sum_{i=0}^{k} x_i a_i \quad \text{mit} \quad a_0 = 0, \ a_1 = 1, \ x_i \in \mathbb{N}_0 \quad \text{und} \quad \sum_{i=0}^{k} x_i = h$$

entsteht als h-Auswahl aus einer $(k+1)$-Menge ohne Berücksichtigung der Reihenfolge, wobei Wiederholungen erlaubt sind, und die Anzahl solcher Auswahlen beträgt $\binom{h+k}{k}$, wie man in der Kombinatorik lernt.

Interessant sind k-Mengen A mit möglichst großer Reichweite. (Dabei soll zwar 1, nicht aber 0 als Element von A mitgezählt werden.) Man setzt

$$n(h,k) := \max_{|A|=k} n(h,A)$$

und nennt eine Menge A mit $n(h,A) = n(h,k)$ eine (h,k)-*optimale* Menge oder (h,k)-*Extremalbasis*. Trivialerweise gilt $n(h,1) = h$, denn $\{0,1\}$ ist eine $n(h,1)$-optimale Menge. Der folgende Satz behandelt den Fall $k = 2$; er geht auf [Stöhr 1955] zurück.

Satz 23: Es gilt

$$n(h,2) = \left[\frac{h^2 + 6h + 1}{4}\right].$$

Beweis: Es sei $A = \{0,1,a\}$ mit $a > 1$. Dabei können wir $a \leq h+2$ annehmen, da andernfalls schon $h + 1 \notin hA$ gilt. Ist $n \in \mathbb{N}$ und $n = x_1 \cdot a + x_2 \cdot 1$ mit $x_1, x_2 \in \mathbb{N}_0$ und $x_2 < a$ (Division mit Rest), dann gilt für jede Darstellung $n = y_1 \cdot a + y_2 \cdot 1$ mit $y_1, y_2 \in \mathbb{N}_0$ die Beziehung $y_1 + y_2 \geq x_1 + x_2$. Die Zahl n besitzt *keine* Darstellung als Summe von h Zahlen aus A, wenn $x_1 + x_2 \geq h+1$. Die kleinste solche Zahl ergibt sich mit $x_2 = a - 1$ und $x_1 = h + 1 - (a-1)$. Also ist

$$n(h,A) = (h - a + 2) \cdot a + (a-1) \cdot 1 - 1 = -a^2 + (h+3) \cdot a - 2.$$

Betrachten wir a als reelle Variable, so nimmt dieser Term seinen größten Wert an der Stelle $\frac{h+3}{2}$ an. Es gilt nämlich

$$n(h,A) = \frac{h^2 + 6h + 1}{4} - \left(a - \frac{h+3}{2}\right)^2.$$

Man erhält

$$n(h,2) = \begin{cases} \dfrac{h^2 + 6h + 1}{4}, & \text{falls } h \text{ gerade,} \\[2mm] \dfrac{h^2 + 6h + 1}{4} - \dfrac{1}{4}, & \text{falls } h \text{ ungerade.} \end{cases}$$

Insgesamt ergibt sich also obige Behauptung. $\square$

Aus Satz 23 folgt

$$n(h,2) = \left(\frac{h}{2}\right)^2 + O(h).$$

Beispiel 5: Nach Satz 23 gilt $n(3,2) = 7$, und $A = \{0,1,3\}$ ist (3,2)-optimal. Die kleinste Zahl, die man nicht als Summe von drei Summanden aus A schreiben kann, ist die Zahl 8.

Beispiel 6: Es gilt $n(10,2) = 40$, und $A = \{0,1,6\}$ ist (10,2)-optimal. Alle Zahlen von 1 bis 40 sind also als Summe von 10 Summanden aus A darstellbar; beispielsweise gilt

$$34 = 6 + 6 + 6 + 6 + 1 + 1 + 1 + 1 + 0.$$

Die Zahl 41 kann man nicht so darstellen. Denn dazu benötigt man mindestens sechs Summanden 6 und kommt dann auf 11 Summanden, mit sieben Summanden 6 erhält man aber schon 42.

Für den Fall $k = 3$ hat GERD HOFMEISTER folgendes Resultat erzielt: Ist

$$s = \left[\frac{4h+4}{9}\right] + 2 \quad \text{und} \quad t = \left[\frac{2h}{9}\right] + 2$$

sowie

$$a = 2s - t + 1 \quad \text{und} \quad b = ta - s,$$

dann ist für $h > 22$ die Menge $A = \{1, a, b\}$ (h,3)-optimal, und es gilt

$$n(h,3) = (h + 4 - s - t) \cdot b + (t - 2) \cdot a + (s - 2) \cdot 1$$

Daraus folgt

$$n(h,3) = \frac{4}{3} \cdot \left(\frac{h}{3}\right)^3 + O(h)$$

[Hofmeister 1968,1983].

Eine Tabelle für $n(h,k)$ und zugehörige optimale Mengen mit

$$(h-1)(k^2 - 9) \leq 190$$

findet man in [Hofmeister 1985]. Vgl. hierzu auch [Selmer 1986].

Satz 24 ([Rohrbach 1939], [Stöhr 1955]) Es gilt

$$\max\left(\left(\frac{h}{k}\right)^k, \left(\frac{k}{h}\right)^h\right) \leq n(h,k) < \binom{h+k}{h}.$$

Beweis: Die Abschätzung nach oben ergibt sich aus

$$n(h, A) < \binom{h+k}{h}$$

für $|A| = k$ (s.o.). Es sind zwei verschiedene Abschätzungen nach unten zu beweisen, wobei die eine für $h < k$ und die andere für $k < h$ trivial ist. Zunächst zeigen wir für $k \leq h$

$$n(h, k) \geq \left(\frac{h}{k}\right)^k.$$

Dazu setzen wir

$$g = \left[\frac{h}{k}\right] + 1.$$

Wegen $k \leq h$ ist $g \geq 2$. Für die Menge

$$A = \{0, \ 1, \ g, \ g^2, \ \dots, \ g^{k-1}\}$$

gilt dann

$$n(h, A) \geq g^k,$$

denn in der g-adischen Zifferndarstellung einer Zahl zwischen 1 und $g^k - 1$ ist die Quersumme $\leq k(g-1) = k[\frac{h}{k}] \leq h$, und g^k ist die Summe von g ($\leq h$) Summanden g^{k-1}. Es folgt

$$n(h, k) \geq n(h, A) \geq \left(\left[\frac{h}{k}\right] + 1\right)^k \geq \left(\frac{h}{k}\right)^k.$$

Nun beweisen wir für $h \leq k$ die Abschätzung

$$n(h, k) \geq \left(\frac{k}{h}\right)^h.$$

Wir betrachten dazu die $h + 1$ Zahlen

$$
\begin{aligned}
d_1 &= 1 \\
d_2 &= (u+1)d_1 \\
d_3 &= ud_1 + (u+1)d_2 \\
d_4 &= ud_1 + ud_2 + (u+1)d_3 \\
&\ \vdots \\
d_{h+1} &= ud_1 + ud_2 + \dots + ud_{h-1} + (u+1)d_h
\end{aligned}
$$

mit $u \in \mathbb{N}$ und bilden damit die Menge B_h mit $0 \in B_h$ und den positiven Elementen

$$
\begin{array}{ccc}
d_1, & 2d_1, \ \dots, & ud_1, \\
ud_1 + d_2, & ud_1 + 2d_2, \ \dots, & ud_1 + ud_2, \\
ud_1 + ud_2 + d_3, & ud_1 + ud_2 + 2d_3, \ \dots, & ud_1 + ud_2 + ud_3, \\
& \vdots & \\
u\sum_{i=1}^{h-1} d_i + d_h, & u\sum_{i=1}^{h-1} d_i + 2d_h, \ \dots, & u\sum_{i=1}^{h} d_i.
\end{array}
$$

Die Anzahl der positiven Elemente in B_h ist $k = uh$. Für die h-Reichweite von B_h gilt

$$n(h, B_h) \geq d_{h+1} - 1.$$

Dies kann man induktiv beweisen: Für $h = 1$ ist $B_1 = \{0, 1, 2, \ldots, u\}$ und daher wegen $d_1 = 1$

$$n(1, B_1) = u = d_2 - 1.$$

Ist schon

$$n(h - 1, B_{h-1}) \geq d_h - 1$$

bewiesen, so muß man wegen $B_{h-1} \subseteq B_h$ nur noch zeigen, daß die Zahlen von d_h bis $d_{h+1} - 1$ als Summe von h Zahlen aus B_h darzustellen sind. Jede dieser Zahlen ist nun von der Form

$$s = ud_1 + ud_2 + \ldots + ud_{h-1} + qd_h + r$$

mit $0 \leq q \leq u$ und $0 \leq r \leq d_h - 1$. Es gilt

$$u \sum_{i=1}^{h-1} d_i + qd_h \in B_h,$$

und r ist nach Induktionsvoraussetzung eine Summe von $h - 1$ Summanden aus B_{h-1} und damit auch aus B_h. Also ist s eine Summe von h Summanden aus B_h. Es folgt

$$
\begin{aligned}
n(h, B_h) \geq d_{h+1} - 1 \;&\geq\; (u + 1)d_h \\
&\geq\; (u + 1)(u + 1)d_{h-1} \\
&\;\;\vdots \\
&\geq\; (u + 1)^h d_1 = (u + 1)^h.
\end{aligned}
$$

Setzen wir nun $u = [\frac{k}{h}]$, dann besitzt B_h wegen $h[\frac{k}{h}] \leq k$ höchstens k positive Elemente. Es ist also

$$n(h, k) \geq n(h, B_h) \geq \left(\left[\frac{k}{h}\right] + 1\right)^h \geq \left(\frac{k}{h}\right)^h. \qquad \square$$

Die Abschätzungen in Satz 24 sind symmetrisch bezüglich h und k, denn

$$\binom{h + k}{h} = \binom{k + h}{k}.$$

Es gilt allerdings im allgemeinen *nicht* $n(h, k) = n(k, h)$; beispielsweise ist

$$n(3, 4) = 24 \qquad \text{(optimale Menge } \{0, 1, 4, 7, 8\})$$

und

$$n(4, 3) = 26 \qquad \text{(optimale Menge } \{0, 1, 5, 8\}).$$

Für $k \leq h$ ergibt sich aus Satz 24 die gröbere Abschätzung

$$n(h,k) \leq \frac{(2k)^k}{k!} \cdot \left(\frac{h}{k}\right)^k.$$

Diese kann man für festes k und $h \to \infty$ verbessern zu

$$n(h,k) \leq \frac{(k-1)^{k-1}}{(k-1)!} \cdot \left(\frac{h}{k}\right)^k + O(h^{k-1})$$

[Rödseth 1990]. Aus Satz 24 folgt, daß positive Konstanten c_k und C_k existieren, mit welchen

$$c_k \cdot \left(\frac{h}{k}\right)^k + O(h^{k-1}) \leq n(h,k) \leq C_k \cdot \left(\frac{h}{k}\right)^k + O(h^{k-1})$$

gilt. Dabei ist $c_k \geq 1$ nach Satz 24. Man kann sogar zeigen, daß der Grenzwert

$$\gamma_k := \lim_{h \to \infty} \frac{n(h,k)}{(\frac{h}{k})^k}$$

existiert ([Kirfel 1993]). Es gilt

$$\gamma_1 = \gamma_2 = 1, \qquad \gamma_3 = \frac{4}{3}.$$

Ferner weiß man, daß

$$2,008 \leq \gamma_4 \leq 2,43$$

([Mossige 1987], [Kirfel 1989]).

VII.10 Aufgaben

1. Es sei $p^{((m))}(n)$ bzw. $\overline{p}^{((m))}(n)$ die Anzahl der Partitionen von n in *genau m* Summanden bzw. *genau m verschiedene* Summanden. Mit $p_m(n)$ haben wir die Anzahl der Partitionen von n in Summanden $\leq m$ bezeichnet. Zeige mit Hilfe von FERRERSgraphen, daß

(1) $p^{((m))}(n) = p_m(n - m)$ für $m < n$;

(2) $\overline{p}^{((m))}(n) = p_m(n - \dfrac{m(m+1)}{2})$ für $\dfrac{m(m+1)}{2} < n$.

2. Berechne unter Benutzung der Jacobischen Formel die Koeffizienten von $x^0, x^5, x^{10}, x^{15}, x^{20}, x^{25}$ und x^{30} in der Reihe $x\mathcal{E}^4(x)$.

3. Es sei $A = \{a_1, a_2, a_3, \ldots\} \subseteq \mathbb{N}$ mit $a_1 < a_2 < a_3 < \ldots$. Zeige, daß

$$\delta_A^* = \liminf_{n \to \infty} \frac{n}{a_n}.$$

Nenne eine Menge A mit

$$\delta_A \neq \inf_{n \geq 1} \frac{n}{a_n}.$$

4. a) Zeige, daß die natürliche Dichte einer Menge $A \subseteq \mathbb{N}$ genau dann existiert, wenn $\delta_A^* + \delta_{\overline{A}}^* = 1$ gilt.

b) Zeige, daß für jede Menge $A \subseteq \mathbb{N}$ gilt: $\delta_A^* + \delta_{\overline{A}}^* \leq 1$.

5. Die Menge $A \subseteq \mathbb{N}$ habe folgende Eigenschaft: Jedes $a \in A$ kann abgesehen von der Reihenfolge auf höchstens eine Weise als Summe von zwei Elementen aus A geschrieben werden. Zeige, daß

$$N_A(n) \leq 2\sqrt{n}.$$

6. Es sei A die Folge der k-Ecks-Zahlen (vgl. IV.10). Zeige, daß

$$\lim_{n \to \infty} \frac{N_A(n)}{\sqrt{n}} = \sqrt{\frac{2}{k-2}}.$$

7. Es sei

$$A_n = \{a \in \mathbb{N} \mid (2n)! \leq a < (2n+1)!\}$$

und $A = \bigcup_{n=1}^{\infty} A_n$. Zeige, daß $\delta_A^* = \delta_{\overline{A}}^* = 0$.

8. Es sei A_i die Menge der $x \in \mathbb{N}_0$ mit $7^{(7^i)} \leq x < 7^{(7^{i+1})}$ und $A = \bigcup_{i=1}^{\infty} A_i$. Zeige, daß

$$\liminf_{n \to \infty} \frac{N_A(n)}{n} = 0 \quad \text{und} \quad \limsup_{n \to \infty} \frac{N_A(n)}{n} = 1.$$

9. Es sei A die Menge aller Potenzen a^n mit $a, n \in \mathbb{N}$ und $n \geq 2$. Zeige, daß A die natürliche Dichte 0 hat.

10. Es seien $d_1, d_2, \ldots, d_k$ endlich viele natürliche Zahlen. Berechne die natürliche Dichte der Menge der Zahlen, die durch keine der Zahlen $d_1, d_2, \ldots, d_k$ teilbar sind.

11. Berechne die natürliche Dichte der Menge der Zahlen, die außer
a) durch 1 oder 4   b) durch 1,4 oder 9
durch kein Quadrat teilbar sind.

12. Es sei $A \subseteq \mathbb{N}$. Zeige: Ist $\sum_{a \in A} \frac{1}{a}$ konvergent, dann ist $\delta_A^0 = 0$. Zeige, daß die Umkehrung dieser Behauptung nicht gilt.

13. Es sei A die Menge aller natürlichen Zahlen n, für deren Primteiler p gilt: $p \leq \sqrt{n}$. Es ist also

$$A = \{1, 4, 8, 9, 12, 16, 18, 24, 25, 27, 30, 32, \ldots\}.$$

Ferner sei $B_p = \{p, 2p, 3p, \ldots, (p-1)p\}$ für jede Primzahl p. Zeige, daß

$$N_A(x) = [x] - \sum_p N_{B_p}(x)$$

und bestimme die natürliche Dichte von A. (Hinweis: Man benötigt VI.2 Satz 5 und den Primzahlsatz bzw. I.4 Satz 7.)

14. Es sei $A = \{0, a_1, a_2\}$ mit $0 < a_1 < a_2$ und $\text{ggT}(a_1, a_2) = 1$. Bestimme die größte Zahl $g(A)$, die nicht als Summe von Elementen aus A zu schreiben ist, sowie die Anzahl $n(A)$ der nicht als Summe von Elementen aus A darzustellenden Zahlen.

15. Es sei $h > 1$ und B_i die Menge aller Zahlen, die im Ziffernsystem zur Basis 2^h nur die Ziffern 0 und 2^{i-1} haben $(i = 1, 2, \ldots, h)$. Ferner sei

$$B = B_1 \cup B_2 \cup \ldots \cup B_h.$$

Beweise:
a) $B_i \cap B_j = \{0\}$ für $1 \leq i < j \leq h$.
b) $N_B(x) \leq \sum_{i=1}^h N_{B_i}(2^{h(s+1)} - 1) = h \cdot 2^{s+1} - h$, falls $2^{hs} \leq x \leq 2^{h(s+1)} - 1$.
c) $N_B(x) < 2h \cdot \sqrt[h]{x}$.
d) B ist eine Basis h-ter Ordnung.

16. a) Es gibt genau eine (3,3)-optimale Menge. Man bestimme diese.
b) Die Menge $A = \{0, 1, 11, 37\}$ ist die einzige (12,3)-optimale Menge. Zeige, daß $213 \notin 12A$. Bestimme $n(12, 3)$.

17. Bestimme $n(h, A)$ für $A = \{0, 1, 5, 12, 28\}$ und $h = 4, 5, 6$.

18. Es sei $A = \{0, a_1, a_2, \ldots, a_k\}$ mit $1 = a_1 < a_2 < \ldots < a_k$. Für $n \in \mathbb{N}$ nennt man die Darstellung

$$n = \sum_{i=1}^k e_i a_i \quad \text{mit} \quad e_i \in \mathbb{N}_0 \ (i = 1, 2, \ldots, k)$$

die *euklidische* oder *reguläre* Darstellung, wenn

$$0 \leq n - \sum_{i=k-j}^{k} e_i a_i < a_{k-j} \quad \text{für } j = 0, 1, \ldots, k-2.$$

Die euklidische Darstellung ist i.allg. nicht diejenige Darstellung von n mit der kleinstmöglichen Anzahl von Summanden. Zeige dies für $A = \{0, 1, 5, 12, 28\}$ und $h = 5$. (Vgl. Aufgabe 16.)

19. Bestimme $p_A(n)$ für $A = \{5, 6, 7\}$ (vgl. Satz 9) und schätze den Fehler $\Delta(n)$ ab. Gib mit Hilfe dieser Abschätzung eine Schranke für die FROBENIUSzahl $g(A)$ an und bestimme dann $g(A)$ selbst.

VII.11 Lösungen der Aufgaben

1. (1) s. Fig. 1   (2) s. Fig. 2

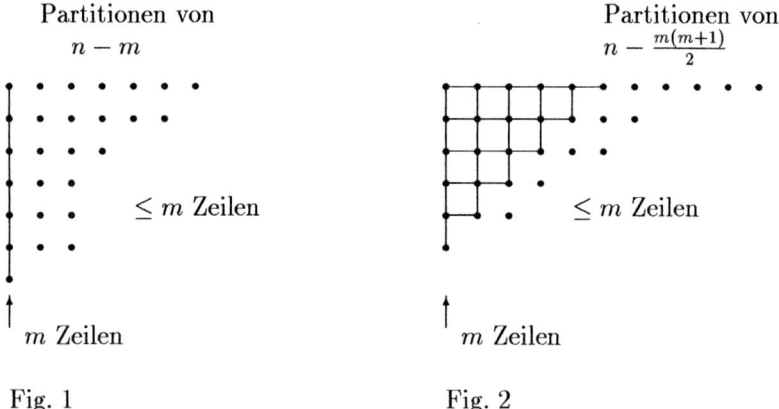

Fig. 1   Fig. 2

2. Multiplikation der beiden Potenzreihen

$$1 - x - x^2 + x^5 + x^7 - x^{12} - x^{15} + x^{22} + x^{26} - \ldots$$

und

$$1 - 3x + 5x^3 - 7x^6 + 9x^{10} - 11x^{15} + 13x^{21} - 15x^{28} + \ldots$$

liefert für x^4 den Koeffizient -5, für $x^9, x^{14}, x^{19}, x^{24}$ jeweils den Koeffizient 0; für x^{29} ergibt sich der Koeffizient -10. Die gesuchten Koeffizienten sind also $0, -5, 0, 0, 0, 0, -10$.

3. $\delta_A^* \leq \liminf\limits_{n \to \infty} \dfrac{n}{a_n}$, weil $\dfrac{n}{a_n} = \dfrac{N_A(a_n)}{a_n}$ eine Teilfolge von $\dfrac{N_A(n)}{n}$ bildet.

$\delta_A^* \geq \liminf\limits_{n \to \infty} \dfrac{n}{a_n}$, weil $\dfrac{k}{a_k} < \dfrac{N_A(n) + 1}{n}$ für $a_{k-1} \leq n < a_k$.

Für $A = \mathbb{N} \setminus \{1\}$ gilt $\delta_A = 0$ und $\inf\limits_{n \geq 1} \dfrac{n}{a_n} = \dfrac{1}{2}$.

4. a) 1) Existiert δ_A^0, dann ist $\delta_A^* = \delta_A^0$ und

$$\delta_{\overline{A}}^* = \liminf_{n \to \infty} \frac{n - N_A(n)}{n} = \lim_{n \to \infty} \frac{n - N_A(n)}{n} = 1 - \delta_A^*.$$

2) Ist $\delta_A^* + \delta_{\overline{A}}^* = 1$, dann existiert δ_A^0, denn

$$\limsup_{n \to \infty} \frac{N_A(n)}{n} = 1 - \liminf_{n \to \infty} \frac{n - N_A(n)}{n} = 1 - \delta_{\overline{A}}^* = \delta_A^*.$$

5. Es sei $N_A(n) = k$. Dann gibt es $\frac{k(k+1)}{2}$ Summen $a + a'$ mit $a, a' \in A$ und $a, a' \leq n$, wenn man nicht auf die Reihenfolge der Summanden achtet. Der Wert einer solchen Summe darf höchstens einmal in A vorkommen, es muß also $\frac{k(k+1)}{2} \leq 2n$ bzw. $k \leq \sqrt{k(k+1)} \leq 2\sqrt{n}$ sein.

6. Es gilt $\dfrac{k-2}{2}(r^2 - r) + r \leq n \iff r \leq \sqrt{\dfrac{2n}{k-2}} + O(1)$, also ist

$$N_A(n) = \sqrt{\frac{2n}{k-2}} + O(1).$$

7. $N_A((2n)! - 1) = (3! - 2!) + (5! - 4!) + \ldots + ((2n-1)! - (2n-2)!)$
$\leq 3! + 5! + \ldots + (2n-3)! + (2n-1)!$
$\leq \left(\frac{1}{4 \cdot 5 \cdot 2n} + \frac{1}{6 \cdot 7 \cdot 2n} + \ldots + \frac{1}{(2n-2) \cdot (2n-1) \cdot 2n} + \frac{1}{2n} \right) \cdot (2n)!$
$\leq \frac{c}{2n} \cdot (2n)!$ mit einer Konstanten c.

$N_{\overline{A}}((2n+1)! - 1) = (2! - 1!) + (4! - 3!) + \ldots + ((2n)! - (2n-1)!)$
$\leq 2! + 4! + \ldots + (2n-2)! + (2n)!$
$\leq \left(\frac{1}{3 \cdot 4 \cdot 2n} + \frac{1}{5 \cdot 6 \cdot 2n} + \ldots + \frac{1}{(2n-1) \cdot 2n \cdot 2n} + \frac{1}{2n} \right) \cdot (2n+1)!$
$\leq \frac{c}{2n} \cdot (2n+1)!$ mit einer Konstanten c.

8. $\liminf\limits_{n \to \infty} \dfrac{N_A(n)}{n} \leq \lim\limits_{k \to \infty} \dfrac{k \cdot 7^{(7^{2k})}}{7^{7^{2k+1}}} = \lim\limits_{k \to \infty} \dfrac{k}{7^{(6 \cdot 7^{2k})}} = 0;$

$\limsup\limits_{n \to \infty} \dfrac{N_A(n)}{n} \geq \lim\limits_{k \to \infty} \dfrac{7^{(7^{2k})} - 7^{(7^{2k-1})}}{7^{(7^{2k})}} = \lim\limits_{k \to \infty} \left(1 - \dfrac{1}{7^{(6 \cdot 7^{2k-1})}} \right) = 1.$

9. Es gilt

$$N_A(n) = 1 + \sum_{\substack{p \text{ prim} \\ 2^p \leq n}} \Big(\sum_{\substack{i^p \leq n \\ i \geq 2}} 1 \Big) - \sum_{\substack{p,q \text{ prim} \\ p \neq q, \, 2^{pq} \leq n}} \Big(\sum_{\substack{i^{pq} \leq n \\ i \geq 2}} 1 \Big) + \sum_{p,q,r} - + \ldots$$

$$= 1 - \sum_{d \leq \frac{\log n}{\log 2}} \mu(d) \left[n^{\frac{1}{d}} - 1 \right] \leq O\Big(\sum_{d \leq \frac{\log n}{\log 2}} n^{\frac{1}{d}} \Big) = O\Big(\int_1^{\frac{\log n}{\log 2}} e^{\frac{\log n}{t}} \, dt \Big)$$

$$= O\Big(\int_{\log 2}^{\log n} \frac{e^u}{u^2} \, du \Big) \leq O\Big(\log n \cdot \frac{n}{\log^2 n} \Big) = O\Big(\frac{n}{\log n} \Big).$$

10. $1 - \sum_{1 \leq i \leq k} \frac{1}{d_i} + \sum_{1 \leq i < j \leq k} \frac{1}{\text{kgV}(d_i, d_j)} - + \ldots \pm \frac{1}{\text{kgV}(d_1, \ldots, d_k)}$

11. a) $(1 + \frac{1}{4}) \cdot \frac{1}{\zeta(2)} = \frac{15}{2\pi^2}$ b) $(1 + \frac{1}{4} + \frac{1}{9}) \cdot \frac{1}{\zeta(2)} = \frac{49}{6\pi^2}$

12. Ist $\limsup_{n \to \infty} \frac{N_A(n)}{n} = \delta > 0$, dann existiert für jedes ε mit $0 < \varepsilon < \delta$ eine Folge $\{a_i\}$ in A mit $\frac{N_A(a_i)}{a_i} \geq \delta - \varepsilon$. Dann ist mit $N_A(a_0) = 0$

$$\sum_{a \in A} \frac{1}{a} \geq \sum_{i=1}^{\infty} \frac{N_A(a_i) - N_A(a_{i-1})}{a_i} \geq \sum_{j=1}^{\infty} \frac{N_A(a_{2j})}{a_{2j}} \geq (\delta - \varepsilon) \sum_{j=1}^{\infty} 1.$$

Die Umkehrung gilt nicht, wie man am Beispiel der Menge der Primzahlen sieht.

13. Für $p \neq q$ ist $B_p \cap B_q = \emptyset$, denn eine Zahl aus $B_p \cap B_q$ müßte durch pq teilbar sein. Ferner ist $A = \mathbb{N} \setminus \bigcup_p B_p$, denn genau dann ist $n \notin A$, wenn eine Primzahl p mit $p|n$ und $\frac{n}{p} < p$ existiert, also $n = ap$ mit $1 \leq a \leq p - 1$ und damit $n \in B_p$. Es folgt

$$N_A(x) = [x] - \sum_p N_{B_p}(x) = [x] - \sum_{p \leq \sqrt{x}} (p - 1) - \sum_{\sqrt{x} < p \leq x} \left[\frac{x}{p}\right].$$

Es folgt aus VI.2 Satz 5 und dem Primzahlsatz

$$\frac{N_A(x)}{x} = 1 + O\left(\frac{\pi(\sqrt{x})}{\sqrt{x}}\right) - \left(\log\log x - \log\log\sqrt{x} + O(\frac{1}{\log x})\right)$$
$$= 1 - \log 2 + O\left(\frac{1}{\log x}\right).$$

14. Ist $n = x_1 a_1 + x_2 a_2$ mit $x_1, x_2 \in \mathbb{Z}$ und $x_2 = q_2 a_1 + r_2$ mit $q_2 \in \mathbb{Z}$ und $0 \leq r_2 < a_1$, also $n = (x_1 + q_2 a_2)a_1 + r_2 a_2$, so bestimme man die größte Zahl n mit $x_1 + q_2 a_2 < 0$. Diese ist

$$g(A) = (-1) \cdot a_1 + (a_1 - 1)a_2 = a_1 a_2 - a_1 - a_2.$$

Für $n < g(A)$ besitzt genau eine der beiden Zahlen n oder $g(A) - n$ eine Darstellung; also besitzt genau die Hälfte der Zahlen $0, 1, \ldots, g(A)$ keine Darstellung.

15. a) $2^{i-1} = 2^{j-1} \iff i = j$.
b) Wegen a) gilt $N_B(x) = \sum_{i=1}^{h} N_{B_i}(x)$. Ferner ist

$$N_{B_i}(x) \leq N_{B_i}(2^{h(s+1)} - 1) = 2^{s+1} - 1,$$

denn es gibt genau 2^{s+1} Zahlen $< (2^h)^{s+1}$, die im 2^h-System höchstens zwei verschiedene Ziffern haben.

c) Aus b) folgt $\dfrac{N_B(x)}{\sqrt[h]{x}} \leq \dfrac{h(2^{s+1}-h)}{\sqrt[h]{2^{hs}}} < \dfrac{h \cdot 2^{s+1}}{2^s} = 2h.$

d) Für $0 \leq c < 2^h$ ist $c = \sum_{i=1}^{h} b_i$ mit $b_i \in \{0, 2^{i-1}\} \subseteq B_i$, wobei die Zahlen b_i eindeutig bestimmt sind. Ist $n = \sum_{j=0}^{m} c_j 2^{hj}$ mit $0 \leq c^j < 2^h$, so bestimmt man b_{ij} gemäß $c_j = \sum_{i=1}^{h} b_{ij}$ mit $b_{ij} \in \{0, 2^{i-1}\} \subseteq B_i$ $(j = 0, \ldots, m; \; i = 1, \ldots, h)$ und erhält

$$n = \sum_{j=0}^{m} \left(\sum_{i=1}^{h} b_{ij} 2^{hj} \right) = \sum_{i=1}^{h} \left(\sum_{j=0}^{m} b_{ij} 2^{hj} \right) \quad \text{mit} \quad \sum_{j=0}^{m} b_{ij} 2^{hj} \in B_i \subseteq B.$$

16. a) $3\{0, 1, a, b\}$ liefert für $a = 2, 3, 4$ die Reichweite 12 (für $b = 5$) bzw. 12 (für $b=4,8$) bzw. 15 (für $b=5$). Also ist $n(3,3) = 15$ und $\{0, 1, 4, 5\}$ (3,3)-optimal.

b) Zur Darstellung von 213 würde man mindestens 3 und höchstens 5 Summanden 37 benötigen; es gilt aber

$$213 - 3 \cdot 37 = 102 \notin 9\{0, 1, 11\}$$
$$213 - 4 \cdot 37 = 65 \notin 8\{0, 1, 11\};$$
$$213 - 5 \cdot 37 = 28 \notin 7\{0, 1, 11\}.$$

Es gilt $\{1, 2, \ldots, 212\} \subseteq 12A$, also $n(12, A) = 212 \;(= n(12, 3))$; zum Beweis zeige man, daß die Vereinigung der Mengen $\{i \cdot 37\} + (12-i)\{0, 1, 11\}$ $(i = 0, 1, 2, 3, 4, 5)$ alle Zahlen ≤ 212 enthält.

17. $n(4, A) = 8$; $\;n(5, A) = 71$; $\;n(6, A) = 100$. Bestimmung von $n(6, A)$: $6A \supseteq [0, 99]$ (beachte $71+28=99$); $100 \notin 6\{0, 1, 5, 12\}$: $100 = 28 + 72$ und $72 \notin 5A$; $100 = 56 + 44$ und $44 \notin 4A$; $100 = 84 + 16$ und $16 \notin 3A$.

18. Es gilt $n(5, A) = 71$ (Aufgabe 17). Läßt man nur euklidische Darstellungen zu, dann kommt man nur bis 20; denn die euklidische Darstellung von 21 benötigt 6 Summanden: $21 = 4 \cdot 1 + 1 \cdot 5 + 1 \cdot 12 + 0 \cdot 28$. (Die nichteuklidische Darstellung mit 5 Summanden ist $21 = 1 + 4 \cdot 5$.)

19. Es gilt

$$p_A(n) = \frac{1}{420} \left((n+9)^2 - \frac{55}{6} \right) + \Delta(n)$$

mit $|\Delta(n)| < 1,54$. Es ist $p_A(n) > 0$ für $n \geq 17$. Also ist $g(A) \leq 16$. Es gilt $g(A) = 9$.

VIII Siebmethoden

VIII.1 Allgemeine Bemerkungen über Siebverfahren

In I.2 haben wir das Sieb des ERATOSTHENES zur Bestimmung aller Primzahlen unterhalb einer Schranke N behandelt. Für die Anzahl $\pi(N)$ der Primzahlen $\leq N$ ergab sich

$$\pi(N) - \pi(\sqrt{N}) + 1 = \sum_{\substack{i=1 \\ \mathrm{ggT}(i,P)=1}}^{N} 1 = \sum_{d|P} (-1)^{\omega(d)} \left[\frac{N}{d}\right] .$$

Dabei bedeutet P das Produkt aller Primzahlen $\leq \sqrt{N}$ und $\omega(d)$ die Anzahl der verschiedenen Primteiler von d. Weil P quadratfrei ist, gilt $(-1)^{\omega(d)} = \mu(d)$, wobei μ die MÖBIUSfunktion bedeutet. Es ist also auch

$$\sum_{\substack{i=1 \\ \mathrm{ggT}(i,P)=1}}^{N} 1 = \sum_{d|P} \mu(d) \left[\frac{N}{d}\right] .$$

Um hieraus z.B. den Primzahlsatz zu gewinnen, darf man nicht etwa auf der rechten Seite die eckigen Klammern weglassen, da der dabei entstehende Fehler zunächst nur durch

$$O\left(2^{\pi(\sqrt{n})}\right)$$

abzuschätzen ist, das Fehlerglied also von größerer Ordnung als das Hauptglied wäre. Setzt man

$$\sum_{\substack{i=1 \\ d|i}}^{N} 1 = \left[\frac{N}{d}\right] = \frac{N}{d} + R(d),$$

so ergibt sich

$$\sum_{d|P} \mu(d) \left[\frac{N}{d}\right] = N \sum_{d|P} \frac{\mu(d)}{d} + \sum_{d|P} \mu(d) R(d).$$

Nun verallgemeinern wir das Siebverfahren des ERATOSTHENES, indem wir aus einer beliebigen endlichen Folge

$$\mathcal{A} = (a_1, a_2, \ldots, a_n)$$

statt aus der speziellen Folge $(1,2,3,\ldots,N)$ die Vielfachen der r verschiedenen Primzahlen der Menge

$$\mathcal{P} = \{p_1, p_2, \ldots, p_r\}$$

streichen. Dabei sei

$$P = \prod_{i=1}^{r} p_i$$

wieder das Produkt dieser Primzahlen. Möchte man z.B. aus einer „arithmetischen Progression" $a \bmod m$ Vielfache der Primzahlen aus $\mathcal{P}$ streichen, so betrachtet man

$$\mathcal{A} = (a,\ a+m,\ a+2m,\ \ldots,\ a+(n-1)m);$$

möchte man Primzahlzwillinge untersuchen, so betrachtet man

$$\mathcal{A} = (1 \cdot 3,\ 2 \cdot 4,\ 3 \cdot 5,\ \ldots,\ n \cdot (n+2)).$$

Es sei ferner α eine multiplikative zahlentheoretische Funktion mit $\alpha(p) > 1$ für alle $p \in \mathcal{P}$, und es sei

$$\sum_{\substack{i=1 \\ d|a_i}}^{n} 1 = \frac{n}{\alpha(d)} + R(d).$$

(Beim Sieb des ERATOSTHENES ist $\alpha(d) = d$ und $|R(d)| \leq 1$.) Dann gilt für die Anzahl $S(\mathcal{A},\mathcal{P})$ der Zahlen aus $\mathcal{A}$, die durch keine Primzahl aus $\mathcal{P}$ teilbar sind, also für

$$S(\mathcal{A},\mathcal{P}) = \sum_{\substack{i=1 \\ \mathrm{ggT}(a_i,P)=1}}^{n} 1 = \sum_{d|P} \mu(d)\Big(\sum_{\substack{i=1 \\ d|a_i}}^{n} 1\Big),$$

die Gleichung

$$S(\mathcal{A},\mathcal{P}) = n \sum_{d|P} \frac{\mu(d)}{\alpha(d)} + \sum_{d|P} \mu(d)R(d).$$

Aufgrund der Multiplikativität von α ist dabei

$$\sum_{d|P} \frac{\mu(d)}{\alpha(d)} = \prod_{p|P} \Big(1 - \frac{1}{\alpha(p)}\Big).$$

Beispiel: Es sei f ein ganzzahliges Polynom, für welches die Kongruenz

$$f(x) \equiv 0 \bmod p$$

für alle $p \in \mathcal{P}$ eine Lösung besitzt; ferner sei

$$a_i = |f(i)| \quad \text{für} \quad 1 \leq i \leq n$$

und $\varrho(d)$ die Anzahl der Lösungen von $f(x) \equiv 0 \bmod d$. Dann ist ϱ eine multiplikative Funktion (vgl. V.2 Beispiel 5) mit $\varrho(p) \geq 1$ für $p \in \mathcal{P}$. Wegen

$f(i) \equiv f(j) \bmod d$ für $i \equiv j \bmod d$ sind in der Folge der a_i für $i \leq [\frac{n}{d}]d$ genau $[\frac{n}{d}]\varrho(d)$ Glieder durch d teilbar, für $[\frac{n}{d}]d < i \leq n$ sind höchstens $\varrho(d)$ Glieder durch d teilbar. Also ist

$$\sum_{\substack{i=1 \\ d|a_i}}^{n} 1 = \frac{n}{d} \cdot \varrho(d) + R(d) \quad \text{mit} \quad |R(d)| \leq \varrho(d).$$

Die Anzahl der durch keine der Primzahlen aus $\mathcal{P}$ teilbaren Glieder der Folge $a_1, a_2, \ldots, a_n$ ist daher im vorliegenden Fall

$$\sum_{\substack{i=1 \\ \mathrm{ggT}(a_i, P)=1}}^{n} 1 \;=\; n \sum_{d|P} \frac{\mu(d)\varrho(d)}{d} + \sum_{d|P} \mu(d)R(d).$$

Möchte man diese Anzahl abschätzen, so muß man also den oben genannten Term $S(\mathcal{A}, \mathcal{P})$ mit $\alpha(d) = \frac{d}{\varrho(d)}$ und $|R(d)| \leq \varrho(d)$ untersuchen.

Wir wollen uns hier nur mit der Frage beschäftigen, wie man den Term $S(\mathcal{A}, \mathcal{P})$ *nach oben* abschätzen kann. Brauchbare Abschätzungen *nach unten* sind sehr viel schwerer zu erhalten (vgl. [Halberstam/Roth 1966], [Halberstam/Richert 1974], [Schwarz 1974]).

1915 und in den folgenden Jahren hat VIGGO BRUN ein Verfahren zur Abschätzung des Terms $S(\mathcal{A}, \mathcal{P})$ nach oben entwickelt. In

$$\sum_{\substack{i=1 \\ \mathrm{ggT}(a_i, P)=1}}^{n} 1 = \sum_{i=1}^{n} s(i)$$

mit

$$s(i) = \varepsilon(\mathrm{ggT}(a_i, P)) = (\mu \star \iota)(\mathrm{ggT}(a_i, P)) = \sum_{d|\mathrm{ggT}(a_i, P)} \mu(d)$$

ersetzt er den Wert $\mu(d)$ durch 0, wenn d nicht in einer bestimmten echten Teilmenge D der Menge aller Teiler von P liegt. Dabei muß man darauf achten, daß sich der Wert von $s(i)$ nicht verkleinert. Die Schwierigkeit liegt dann in der geschickten Wahl der Menge D; es muß einerseits erreicht werden, daß der ursprüngliche Fehlerterm

$$\sum_{d|P} \mu(d)R(d)$$

bedeutend weniger Summanden bekommt, und daß der Hauptterm

$$n \sum_{d|P} \frac{\mu(d)}{\alpha(d)}$$

in einen gut abzuschätzenden Term übergeht. BRUN hat mit seiner Siebmethode zwei interessante Ergebnisse erzielt, nämlich:

(1) Die Reihe aus den Kehrwerten der Primzahlzwillinge konvergiert (wenn sie nicht sogar endlich ist!); diese Behauptung wird — allerdings mit der SEL-BERGschen Siebmethode aus VIII.2 — in VIII.4 bewiesen.

(2) Jede gerade Zahl ≥ 6 ist Summe von zwei Zahlen, welche jeweils höchstens 9 Primfaktoren enthalten. Mit „1" statt „9" wäre die GOLDBACHsche Vermutung bewiesen; mittlerweile ist diese Aussage mit „2" statt „9" gesichert. Es ist sogar bewiesen [Chen 1973/1978], daß jede gerade Zahl ≥ 6 Summe einer Primzahl und einer Zahl mit höchstens 2 Primfaktoren ist; vgl. [Halberstam/Richert 1974].

ATLE SELBERG (1947) ersetzt in

$$s(i) = \sum_{d | \mathrm{ggT}(a_i, P)} \mu(d)$$

die Funktion μ durch eine Funktion λ derart, daß sich $s(i)$ nicht verkleinert, wobei $\lambda(d) = 0$ für $d > \eta$ und η eine geeignet gewählte positive Zahl ist. Die Anzahl der Summanden in $\sum_{d|P} \mu(d) R(d)$ kann man damit drastisch reduzieren, da die Summationsbedingung $d \leq \eta$ hinzukommt. Auch hier muß man natürlich darauf achten, daß das Hauptglied, welches jetzt die Gestalt

$$n \sum_{\substack{d|P \\ d \leq \eta}} \frac{\lambda(d)}{\alpha(d)}$$

hat, vernünftig abzuschätzen ist.

Bei den Siebmethoden von BRUN und SELBERG werden die Restklassen 0 mod p für $p \in \mathcal{P}$ aus der endlichen Folge $\mathcal{A}$ „ausgesiebt". Man kann diese Verfahren dahingehend verallgemeinern, daß man mehrere Restklassen mod p gleichzeitig aussiebt, gerät dann aber in Schwierigkeiten, wenn die Anzahl dieser Restklassen zu groß ist. Das *große Sieb* ist von J.V. LINNIK (1915–1972) für diese Situation entwickelt worden. Mit dem Verfahren von LINNIK kann man z.B. zeigen, daß die Anzahl der nicht ausgesiebten Zahlen in einem Intervall der Länge n höchstens $\frac{1}{2L}(n + 2\xi^2)$ beträgt, wobei

$$L = \sum_{d \leq \xi} \mu^2(d) \prod_{p|d} \frac{k(p)}{p - k(p)}$$

ist, ξ eine reelle Zahl ≥ 1 und $k(p)$ die Anzahl der auszusiebenden Restklassen mod p ist. (Vgl. [Halberstam/Roth 1966], [Halberstam/Richert 1974], [Schwarz 1974]).

Wir werden uns im folgenden mit Abschätzungen nach oben mit Hilfe des SELBERGschen Siebverfahrens begnügen und einige interessante Anwendungen besprechen. Weitere Anwendungen findet man z.B. in [Prachar 1957].

VIII.2 Die Siebmethode von Selberg

Wir schließen an die in VIII.1 eingeführten Bezeichnungen an. Um

$$S(\mathcal{A}, \mathcal{P}) := \sum_{\substack{i=1 \\ \mathrm{ggT}(a_i, P) = 1}}^{n} 1$$

nach oben abzuschätzen, führen wir eine zahlentheoretische Funktion λ ein, die folgende Eigenschaft mit der MÖBIUSfunktion μ gemeinsam hat:

$$(*) \qquad \sum_{d | \mathrm{ggT}(m, P)} \lambda(d) \geq \left\{ \begin{array}{l} 1 \text{ für } \mathrm{ggT}(m, P) = 1 \\ 0 \text{ für } \mathrm{ggT}(m, P) > 1 \end{array} \right\} \quad \text{für alle } m \in \mathbb{N}.$$

Dann ist

$$\sum_{\substack{i=1 \\ \mathrm{ggT}(a_i, P) = 1}}^{n} 1 \quad \leq \quad \sum_{i=1}^{n} \Big(\sum_{d | \mathrm{ggT}(a_i, P)} \lambda(d) \Big) = \sum_{d | P} \lambda(d) \Big(\sum_{\substack{i=1 \\ d | a_i}}^{n} 1 \Big).$$

Es soll ferner eine multiplikative Funktion α mit

$$\sum_{\substack{i=1 \\ d | a_i}}^{n} 1 = \frac{n}{\alpha(d)} + R(d)$$

existieren (vgl. VIII.1). Dann gilt

$$S(\mathcal{A}, \mathcal{P}) \leq n \sum_{d | P} \frac{\lambda(d)}{\alpha(d)} + \sum_{d | P} |\lambda(d) R(d)|.$$

Es wird zunächst darauf ankommen, den Term $\sum_{d | P} \frac{\lambda(d)}{\alpha(d)}$ durch geeignete Wahl der Funktion λ möglichst klein zu machen, wobei (hoffentlich) auch der Restterm hinreichend klein wird.

Es sei nun weiterhin ξ eine positive reelle Zahl und β eine zahlentheoretische Funktion mit

$$(**) \qquad \beta(1) = 1 \quad \text{und} \quad \beta(d) = 0 \text{ für } d > \xi \,.$$

Wir setzen dann

$$\lambda(d) := \sum_{\mathrm{kgV}(x, y) = d} \beta(x) \beta(y).$$

Es ist also $\lambda = \beta \odot \beta$, wobei $\odot$ das kgV-Produkt bedeutet (vgl. V.5). Mit dem DIRICHLET-Produkt $\star$ (vgl. V.1) gilt

$$\lambda \star \iota = (\beta \odot \beta) \star \iota = (\beta \star \iota)^2$$

(vgl. V.2 Beispiel 2); daher folgt

$$\sum_{d | \mathrm{ggT}(m, P)} \lambda(d) = \Big(\sum_{x | \mathrm{ggT}(m, P)} \beta(x) \Big)^2 \geq \left\{ \begin{array}{l} 1 \text{ für } \mathrm{ggT}(m, P) = 1, \\ 0 \text{ für } \mathrm{ggT}(m, P) > 1. \end{array} \right.$$

Die Funktion λ erfüllt also die Bedingung $(*)$. Damit ergibt sich

$$S(\mathcal{A}, \mathcal{P}) \leq n \sum_{x,y|P} \frac{\beta(x)\beta(y)}{\alpha(\mathrm{kgV}(x,y))} + \sum_{x,y|P} |\beta(x)\beta(y)R(\mathrm{kgV}(x,y))|.$$

Man beachte, daß dabei wegen $\beta(x) = 0$ für $x > \xi$ nur über $x, y \leq \xi$ zu summieren ist. Über die Funktion β kann man noch frei verfügen, es muß nur $(**)$ gelten. Wir wollen das Infimum der Summe

$$\sum_{x,y|P} \frac{\beta(x)\beta(y)}{\alpha(\mathrm{kgV}(x,y))}$$

über alle möglichen β berechnen. Zu diesem Zweck verwenden wir zunächst die aufgrund der Multiplikativität von α geltende Beziehung

$$\alpha(x)\alpha(y) = \alpha(\mathrm{kgV}(x,y)) \cdot \alpha(\mathrm{ggT}(x,y))$$

und erhalten für obige Summe

$$\sum_{x,y|P} \frac{\beta(x)\beta(y)}{\alpha(x)\alpha(y)} \cdot \alpha(\mathrm{ggT}(x,y)),$$

was sich noch zu

$$\sum_{d|P} \alpha(d) \sum_{\substack{x,y|P \\ \mathrm{ggT}(x,y)=d}} \frac{\beta(x)\beta(y)}{\alpha(x)\alpha(y)}$$

umformen läßt. Nun ersetzen wir α durch $\alpha \star \varepsilon = \alpha \star \mu \star \iota$, bezeichnen $\alpha \star \mu$ mit γ und erhalten für diese Summe

$$\sum_{d|P} \sum_{t|d} \gamma(t) \sum_{\substack{x,y|P \\ \mathrm{ggT}(x,y)=d}} \frac{\beta(x)\beta(y)}{\alpha(x)\alpha(y)}$$

$$= \sum_{t|P} \gamma(t) \sum_{t|d} \sum_{\substack{x,y|P \\ \mathrm{ggT}(x,y)=d}} \frac{\beta(x)\beta(y)}{\alpha(x)\alpha(y)}$$

$$= \sum_{t|P} \gamma(t) \sum_{\substack{x,y|P \\ t|\mathrm{ggT}(x,y)}} \frac{\beta(x)\beta(y)}{\alpha(x)\alpha(y)}$$

$$= \sum_{t|P} \gamma(t) \sum_{\substack{x,y|P \\ t|x,y}} \frac{\beta(x)\beta(y)}{\alpha(x)\alpha(y)}$$

$$= \sum_{t|P} \gamma(t) \left(\sum_{t|x|P} \frac{\beta(x)}{\alpha(x)} \right)^2.$$

Wir setzen zur Abkürzung

$$\delta(t) = \sum_{t|x|P} \frac{\beta(x)}{\alpha(x)}.$$

Es ist $\delta(t) = 0$ für $t > \xi$ und

$$\sum_{t|u|P} \mu(\frac{u}{t})\delta(u) = \sum_{t|u|P} \mu(\frac{u}{t}) \left(\sum_{u|x|P} \frac{\beta(x)}{\alpha(x)} \right)$$

$$= \sum_{t|x|P} \frac{\beta(x)}{\alpha(x)} \left(\sum_{\frac{u}{t}|\frac{x}{t}} \mu(\frac{u}{t}) \right) = \frac{\beta(t)}{\alpha(t)}.$$

Wegen $\alpha(1) = \beta(1) = 1$ ist also insbesondere

$$\sum_{u|P} \mu(u)\delta(u) = 1.$$

Zur Abkürzung setzen wir nun

$$Q = \sum_{\substack{d|P \\ d \leq \xi}} \frac{1}{\gamma(d)}$$

Man beachte dabei, daß $\gamma(d) > 0$ für alle Teiler d von P, denn

$$\gamma(p) = (\alpha \star \mu)(p) = \alpha(p) - 1 \quad \text{für alle } p \in \mathcal{P}.$$

Es gilt dann wegen $\mu^2(t) = 1$ für alle Teiler t von P

$$\sum_{t|P} \gamma(t) \left(\sum_{t|x|P} \frac{\beta(x)}{\alpha(x)} \right)^2 = \sum_{t|P} \gamma(t)\delta^2(t)$$

$$= \sum_{\substack{t|P \\ t \leq \xi}} \frac{1}{\gamma(t)} \left(\gamma(t)\delta(t) - \frac{\mu(t)}{Q} \right)^2 + \frac{1}{Q}.$$

Wegen $\gamma(t) > 0$ hat diese Summe also das Minimum $\frac{1}{Q}$. Dieses wird für

$$\delta(t) = \frac{\mu(t)}{Q \cdot \gamma(t)} \quad \text{(für alle } t \leq \xi)$$

angenommen. In diesem Fall ist auch die Bedingung $(\ast\ast)$ erfüllt, denn wegen $\mu(\frac{u}{t}) = \mu(u)\mu(t)$ und $\mu^2(u) = 1$ für $t|u|P$ ist

$$\beta(t) = \alpha(t) \sum_{t|u|P} \mu(\frac{u}{t})\delta(u)$$

$$= \mu(t)\alpha(t) \sum_{\substack{t|u|P \\ u \leq \xi}} \frac{1}{Q \cdot \gamma(u)}$$

$$= \frac{\mu(t)\alpha(t)}{Q} \sum_{\substack{t|u|P \\ u \leq \xi}} \frac{1}{\gamma(u)}.$$

Damit haben wir folgenden Satz bewiesen:

Satz 1: Es sei $\mathcal{A} = (a_1, a_2, \ldots, a_n)$ eine endliche Folge natürlicher Zahlen und $\mathcal{P} = \{p_1, p_2, \ldots, p_r\}$ eine Menge von Primzahlen, und es sei P das Produkt dieser Primzahlen. Weiterhin sei α eine multiplikative zahlentheoretische Funktion mit $\alpha(p) > 1$ für alle $p \in \mathcal{P}$ und $\gamma = \mu \star \alpha$. Es sei ξ eine positive reelle Zahl und

$$Q = \sum_{\substack{d \mid P \\ d \leq \xi}} \frac{1}{\gamma(t)}.$$

Schließlich sei

$$\beta(t) = \frac{\mu(t)\alpha(t)}{Q} \sum_{\substack{t \mid u \mid P \\ u \leq \xi}} \frac{1}{\gamma(u)}$$

und

$$R(t) = \sum_{\substack{i=1 \\ t \mid a_i}}^{n} 1 - \frac{n}{\alpha(t)}.$$

Dann gilt für

$$S(\mathcal{A}, \mathcal{P}) := \sum_{\substack{i=1 \\ t \mid a_i}}^{n} 1$$

die obere Abschätzung

$$S(\mathcal{A}, \mathcal{P}) \leq \frac{n}{Q} + \sum_{x,y \mid P} |\beta(x)\beta(y)R(\mathrm{kgV}(x,y))|.$$

Eine weitere Abschätzung des Restgliedes

$$\sum_{x,y \mid P} |\beta(x)\beta(y)R(\mathrm{kgV}(x,y))|$$

ist natürlich erst möglich, wenn man Eigenschaften der Folge $\mathcal{A}$ und damit der Funktionen α und R kennt. Wir wollen den Fall

$$(***) \qquad \alpha(d) \leq c_1 \cdot d \quad \text{und} \quad |R(d)| \leq c_2 \cdot \frac{d}{\alpha(d)}$$

mit positiven Konstanten c_1, c_2 näher betrachten, da er für die Anwendungen in den folgenden Abschnitten von Interesse ist. Es gilt dann

$$
\begin{aligned}
|\beta(t)| &= \frac{\alpha(t)}{Q} \sum_{\substack{t \mid u \mid P \\ u \leq \xi}} \frac{1}{\gamma(u)} = \frac{\alpha(t)}{Q \cdot \gamma(t)} \sum_{\substack{tv \mid P \\ tv \leq \xi}} \frac{1}{\gamma(v)} \\
&\leq \frac{\alpha(t)}{Q \cdot \gamma(t)} \sum_{\substack{v \mid P \\ v \leq \xi}} \frac{1}{\gamma(v)} = \frac{\alpha(t)}{\gamma(t)},
\end{aligned}
$$

also

$$\sum_{x,y|P} |\beta(x)\beta(y)R(\mathrm{kgV}(x,y))|$$

$$\leq c_2 \cdot \sum_{\substack{x,y|P \\ x,y\leq\xi}} \frac{\alpha(x)\alpha(y)\cdot \mathrm{kgV}(x,y)}{\gamma(x)\gamma(y)\cdot \alpha(\mathrm{kgV}(x,y))}$$

$$= c_2 \cdot \sum_{\substack{x,y|P \\ x,y\leq\xi}} \frac{xy\cdot \alpha(\mathrm{ggT}(x,y))}{\mathrm{ggT}(x,y)} \cdot \frac{1}{\gamma(x)\gamma(y)}$$

$$\leq c_1 c_2 \xi^2 \sum_{\substack{x,y|P \\ x,y\leq\xi}} \frac{1}{\gamma(x)\gamma(y)}$$

$$= c_1 c_2 \xi^2 \left(\sum_{\substack{x|P \\ x\leq\xi}} \frac{1}{\gamma(x)}\right)^2 = c_1 c_2 \xi^2 Q^2.$$

Nun ist

$$Q = \sum_{\substack{x|P \\ x\leq\xi}} \frac{1}{\gamma(x)} \leq \prod_{p\in\mathcal{P}} \left(1 + \frac{1}{\gamma(p)}\right) = \prod_{p\in\mathcal{P}} \left(1 - \frac{1}{\alpha(p)}\right)^{-1}.$$

Es ergibt sich also:

Satz 2: Unter den Voraussetzungen $(***)$ ist

$$\sum_{x,y|P} |\beta(x)\beta(y)R(\mathrm{kgV}(x,y))| \leq c_1 c_2 \xi^2 Q^2$$

mit

$$Q = \sum_{\substack{x|P \\ x\leq\xi}} \frac{1}{\gamma(x)} \leq \prod_{p\in\mathcal{P}} \left(1 - \frac{1}{\alpha(p)}\right)^{-1}.$$

Aus den Sätzen 1 und 2 folgt nun bei Vorliegen der Bedingung $(***)$

$$S(\mathcal{A},\mathcal{P}) \leq \frac{n}{Q} + c_1 c_2 \xi^2 Q^2.$$

Der Term Q soll noch etwas umgeformt werden. Für jeden Teiler d von P ist

$$\gamma(d) = \prod_{p|d}(\alpha(p) - 1),$$

also

$$Q = \sum_{\substack{x|P \\ x\leq\xi}} \prod_{p|x}(\alpha(p) - 1)^{-1}$$

$$= \sum_{\substack{x|P \\ x \le \xi}} \prod_{p|x} \alpha(p)^{-1} \left(1 - \frac{1}{\alpha(p)}\right)^{-1}$$

$$= \sum_{\substack{x|P \\ x \le \xi}} \prod_{p|x} \alpha(p)^{-1} \left(\sum_{j=0}^{\infty} \left(\frac{1}{\alpha(p)}\right)^{j}\right)$$

$$= \sum_{\substack{x|P \\ x \le \xi}} \prod_{p|x} \left(\sum_{j=1}^{\infty} \left(\frac{1}{\alpha(p)}\right)^{j}\right).$$

Von der zahlentheoretischen Funktion α sind bisher nur die Werte $\alpha(d)$ mit $d|P$ verwendet worden. Wir verlangen nun:

$(****)$ α sei *vollständig* multiplikativ und es sei $\alpha(p) = 1$ für $p \notin \mathcal{P}$.

Bezeichnet man mit $q(m)$ den *quadratfreien Kern* der natürlichen Zahl m, also das Produkt der verschiedenen Primteiler von m, dann ist

$$\prod_{p|x} \left(\sum_{j=1}^{\infty} \left(\frac{1}{\alpha(p)}\right)^{j}\right) = \sum_{\substack{m=1 \\ q(m)=x}}^{\infty} \frac{1}{\alpha(m)}.$$

Damit ergibt sich der folgende Satz:

Satz 3: Unter der Voraussetzung $(****)$ gilt

$$Q = \sum_{\substack{m=1 \\ q(m)|P \\ q(m) \le \xi}}^{\infty} \frac{1}{\alpha(m)}.$$

In den Anwendungen von Satz 1 in Verbindung mit Satz 2 und Satz 3 muß man nun versuchen, Q nach unten und nach oben abzuschätzen, indem man weitere spezielle Eigenschaften der Funktion α und der Menge $\mathcal{P}$ ausnutzt.

VIII.3 Primzahlen
in arithmetischen Progressionen (2)

In einer primen Restklasse $a \bmod m$ gibt es unendlich viele Primzahlen. Das haben wir in VI.5 gezeigt (Satz von DIRICHLET). Ist $\pi_m(x)$ die Anzahl der Primzahlen $\leq x$ in der primen Restklasse $a \bmod m$, dann gilt die asymptotische Beziehung

$$\pi_m(x) \sim \frac{1}{\varphi(m)} \cdot \frac{x}{\log x},$$

die Primzahlen sind also „gleichmäßig" auf die $\varphi(m)$ primen Restklassen $\bmod m$ verteilt. Das haben wir in VI.5 aber nicht bewiesen. Wir wollen hier mit Hilfe des SELBERGschen Siebverfahrens eine obere Abschätzung für $\pi_m(x)$ gewinnen. Der folgende Satz heißt *Satz von* TITCHMARSH (nach EDWARD CHARLES TITCHMARSH, 1899–1963) oder auch *Satz von* BRUN-TITCHMARSH.

Satz 4: Für $1 \leq m < x$ gilt

$$\pi_m(x) < \frac{10}{\varphi(m)} \cdot \frac{x}{\log \frac{x}{m}}.$$

Beweis: Es sei $\xi > 1$ und $\mathcal{P}$ die Menge aller Primzahlen $p \leq \xi$ mit $p \nmid m$ sowie P das Produkt dieser Primzahlen. Ferner sei $\mathcal{A}$ die Folge der natürlichen Zahlen aus der Restklasse $a \bmod m$ mit $0 < a < m$ und $\mathrm{ggT}(a,m) = 1$, die $> a$ und $\leq x$ sind, also

$$\mathcal{A} = (a + m, \ a + 2m, \ \ldots, \ a + nm) \quad \text{mit} \quad n = \left[\frac{x - a}{m}\right].$$

Dann gilt mit $a_i = a + im \ (i = 1, 2, \ldots, n)$ und

$$S(\mathcal{A}, \mathcal{P}) := \sum_{\substack{i=1 \\ \mathrm{ggT}(a_i, P) = 1}}^{n} 1$$

die Ungleichung

$$\pi_m(x) \leq 1 + \pi_m(\xi) + S(\mathcal{A}, \mathcal{P}) \leq 1 + \xi + S(\mathcal{A}, \mathcal{P});$$

denn in $S(\mathcal{A}, \mathcal{P})$ werden die nur durch Primzahlen p mit $p > \xi$ teilbaren Zahlen aus $\mathcal{A}$ mitgezählt, auch wenn sie keine Primzahlen sind, und eine Primzahl aus $\mathcal{P} \cap \mathcal{A}$ wird *nicht* mitgezählt. Der Summand 1 berücksichtigt den Fall, daß a eine Primzahl ist. Nun gilt für $d|P$

$$\sum_{\substack{i=1 \\ d|a_i}}^{n} 1 = \left[\frac{n}{d}\right] \varrho(d) = n \cdot \frac{\varrho(d)}{d} + R(d),$$

wobei $\varrho(d)$ die Anzahl der Lösungen von $a+xm \equiv 0 \bmod d$ ist und $|R(d)| < \varrho(d)$ gilt. In IV.1 haben wir gesehen, daß

$$\varrho(d) = \begin{cases} 0, & \text{falls } \mathrm{ggT}(d,m) \nmid a, \\ \mathrm{ggT}(d,m), & \text{falls } \mathrm{ggT}(d,m)|a. \end{cases}$$

Für $d|P$ ist $\mathrm{ggT}(d,m) = 1$, weil die Primteiler von m nicht zu $\mathcal{P}$ gehören. Also ist $\varrho(d) = 1$ und damit in den Bezeichnungen aus VIII.1

$$\alpha(d) = d \text{ für } d|P.$$

Mit $c_1 = c_2 = 1$ gilt also Satz 2, so daß sich aus Satz 1

$$S(\mathcal{A},\mathcal{P}) \leq \frac{n}{Q} + \xi^2 Q^2$$

ergibt. Dabei ist

$$n = \left[\frac{x-a}{m}\right] < \frac{x}{m}.$$

Nun muß Q nach oben und nach unten abgeschätzt werden.

1) Für $d|P$ ist

$$\gamma(d) = \prod_{p|d}(\alpha(p) - 1) = \prod_{p|d}(p-1) \geq 1$$

und daher

$$Q = \sum_{\substack{d|p \\ d \leq \xi}} \frac{1}{\gamma(d)} \leq \xi.$$

2) Zur Abschätzung von Q nach unten gehen wir von Satz 3 aus, beachten also im folgenden, daß α vollständig multiplikativ mit $\alpha(p) = 1$ für $p \notin \mathcal{P}$ ist. Es gilt

$$Q = \sum_{\substack{i=1 \\ q(i) \leq \xi \\ q(i)|P}}^{\infty} \frac{1}{\alpha(i)} \geq \sum_{\substack{i=1 \\ q(i) \leq \xi \\ \mathrm{ggT}(i,m)=1}}^{\infty} \frac{1}{i},$$

weil P keinen der Primteiler von m enthält und weil $\alpha(i) = i$ oder $\alpha(i) = 1$ gilt. Multipliziert man diese Ungleichung mit

$$\frac{m}{\varphi(m)} = \prod_{p|m}\left(1 - \frac{1}{p}\right)^{-1} = \prod_{p|m}\left(\sum_{j=0}^{\infty} \frac{1}{p^j}\right),$$

dann entsteht rechts eine Summe, die größer als die Summe aller $\frac{1}{i}$ mit $q(i) \leq \xi$ ist. Daher gilt

$$\frac{m}{\varphi(m)} \cdot Q \geq \sum_{\substack{i=1 \\ q(i) \leq \xi}}^{\infty} \frac{1}{i} \geq \sum_{i \leq \xi} \frac{1}{i} \geq \log \xi$$

und somit

$$Q \geq \frac{\varphi(m)}{m} \cdot \log \xi.$$

Es ergibt sich also

$$\pi_m(x) \le 1 + \xi + \frac{n}{Q} + \xi^2 Q^2 \quad < \quad 1 + \xi + \frac{m}{\varphi(m)} \cdot \frac{\frac{x}{m}}{\log \xi} + \xi^4$$

$$< \quad \frac{x}{\varphi(m) \log \xi} + (1 + \xi + \xi^4).$$

Nun macht man sich die Tatsache zunutze, daß man über ξ noch frei verfügen kann, so lange man $\xi > 1$ beachtet. Man wird ξ in Abhängigkeit von x so wählen, daß $\xi^4 = O(\frac{x}{\log x})$ gilt. Für $x \ge 4m$ wählen wir

$$\xi = \left(\frac{\frac{x}{m}}{\log \frac{x}{m}} \right)^{\frac{1}{4}}.$$

Es ist

$$\xi \ge \left(\frac{4}{\log 4} \right)^{\frac{1}{4}} > 1,3$$

und damit $1 + \xi < \xi^4$, so daß man $1 + \xi + \xi^4$ durch $2\xi^4$ abschätzen kann. Wegen

$$\frac{t}{\log t} \ge \sqrt{t} \quad \text{für} \quad t \ge 4$$

ist

$$\log \xi = \frac{1}{4} \log \left(\frac{\frac{x}{m}}{\log \frac{x}{m}} \right) \ge \frac{1}{4} \log \sqrt{\frac{x}{m}} = \frac{1}{8} \log \frac{x}{m}$$

und damit

$$\pi_m(x) < \frac{8x}{\varphi(m) \log \frac{x}{m}} + 2 \cdot \left(\frac{\frac{x}{m}}{\log \frac{x}{m}} \right) \le \frac{10}{\varphi(m)} \cdot \frac{x}{\log \frac{x}{m}}.$$

Für $m < x < 4m$ kann man $\pi_m(x)$ direkt abschätzen:

$$\pi_m(x) \quad \le \quad 1 + \frac{x}{m} < 2 \cdot \frac{x}{m} \le 2 \cdot \frac{x}{\varphi(m) \log \frac{x}{m}} \cdot \log \frac{x}{m}$$

$$\le \quad 2 \cdot \frac{x}{\varphi(m) \log \frac{x}{m}} \cdot \log 4 < 10 \cdot \frac{x}{\varphi(m) \log \frac{x}{m}}. \qquad \square$$

Bemerkung: Für die Anzahl $\pi(x)$ der Primzahlen $\le x$ ergibt sich als Sonderfall von Satz 4 für $x > 1$ die Abschätzung

$$\pi(x) < A \cdot \frac{x}{\log x}$$

mit $A = 10$. Schon in I.4 haben wir aber für $x \ge 2$ die bessere Abschätzung mit $A = 6 \log 2 < 4,2$ erhalten.

16 Scheid

VIII.4 Primzahlzwillinge

Wir bezeichnen hier mit $\pi^{(2)}(x)$ die Anzahl der Primzahlzwillinge $(p, p+2)$ mit $p \leq x$. Die bis heute unbewiesene *Primzahlzwillingsvermutung* besagt, daß es unendlich viel Primzahlzwillinge gibt, daß also mit $x \to \infty$ auch $\pi^{(2)}(x) \to \infty$ gilt. In I.2 ist dargelegt worden, wie man Primzahlzwillinge mit Hilfe einer einfachen Modifikation des Siebes von ERATOSTHENES gewinnen kann. Daher ist es naheliegend, nach einer oberen Abschätzung für $\pi^{(2)}(x)$ mit Hilfe des SELBERGschen Siebverfahrens zu suchen. Als Folgerung der Abschätzung in Satz 5 wird sich die erstmals von BRUN [Brun 1919] bewiesene Tatsache ergeben, daß die Reihe der Kehrwerte der zu Zwillingspaaren gehörenden Primzahlen konvergiert (Satz 6), daß es in diesem Sinne also „nicht sehr viel" Zwillinge gibt. Beachte, daß die Reihe der Kehrwerte *aller* Primzahlen divergiert; vgl. z.B. I.12 Aufgabe 32 oder VI.1 Satz 5.)

Satz 5: Es existiert eine positive Konstante c mit

$$\pi^{(2)}(x) < c \cdot \frac{x}{\log^2 x}.$$

Beweis: Es sei $\xi \geq 4$ und $\mathcal{P}$ die Menge aller Primzahlen p mit $p \leq \xi$ sowie P das Produkt dieser Primzahlen. Ferner sei

$$\mathcal{A} = (1 \cdot 3, \ 2 \cdot 4, \ 3 \cdot 5, \ \ldots \ n \cdot (n+2)) \quad \text{mit } n \leq [x].$$

Ist $\varrho(d)$ die Anzahl der Lösungen von $i(i+2) \equiv 0 \mod d$, dann ist ϱ multiplikativ und es gilt $\varrho(2) = 1$ und $\varrho(p) = 2$ für eine Primzahl $p > 2$. Für die Funktionen α und R aus Satz 1 gilt für $d|P$

$$\alpha(d) = \frac{d}{\varrho(d)},$$

also

$$\alpha(2) = 2 \quad \text{und} \quad \alpha(p) = \frac{p}{2} \text{ für } p \in \mathcal{P} \text{ mit } p > 2$$

sowie

$$|R(d)| \leq \varrho(d)$$

(vgl. Beispiel in VIII.1). Nun ist

$$\pi^{(2)}(x) \leq \pi^{(2)}(\xi) + S(\mathcal{A}, \mathcal{P}) \leq \xi + S(\mathcal{A}, \mathcal{P})$$

mit

$$S(\mathcal{A}, \mathcal{P}) = \sum_{\substack{i=1 \\ \text{ggT}(i(i+2),P)=1}}^{n} 1 \ \leq \ \frac{x}{Q} + \xi^2 Q^2,$$

denn die Bedingung $(\ast\ast\ast)$ aus VIII.2 ist mit $c_1 = c_2 = 1$ erfüllt. Dabei ist

$$Q = \sum_{\substack{d|P \\ d \leq \xi}} \frac{1}{\gamma(d)} \quad \text{und} \quad \gamma(d) = \prod_{p|d}(\alpha(p) - 1) \text{ für } d|P.$$

Dieser Term Q muß nun nach oben und nach unten abgeschätzt werden.

1) Wegen $\alpha(p) = \frac{p}{\varrho(p)} \geq 2$ für $p \neq 3$ ist $\gamma(d) \geq 1$, falls $3 \nmid d$, und $\gamma(d) \geq \frac{1}{2}$, falls $d|3$. Daher ist

$$Q \leq \sum_{\substack{d|P \\ d \leq \xi}} 2 \leq 2\xi.$$

2) Es sei $\nu(m)$ die Anzahl der von 2 verschiedenen Primteiler von m (mit ihrer jeweiligen Vielfachheit gezählt). Die Werte von α haben wir bisher nur für die (quadratfreien) Teiler von P benötigt. Nehmen wir jetzt α als vollständig multiplikativ an, dann ist

$$\alpha(m) = \frac{m}{2^{\nu(m)}}, \quad \text{falls } q(m)|P.$$

Nach Satz 3 gilt also

$$Q = \sum_{\substack{m=1 \\ q(m)|P \\ q(m) \leq \xi}}^{\infty} \frac{1}{\alpha(m)} = \sum_{\substack{m=1 \\ q(m) \leq \xi}}^{\infty} \frac{1}{\alpha(m)} \geq \sum_{m \leq \xi} \frac{1}{\alpha(m)} = \sum_{m \leq \xi} \frac{2^{\nu(m)}}{m}.$$

(Man beachte, daß die Bedingung $q(m)|P$ aus $q(m) \leq \xi$ folgt, weil P alle Primzahlen $\leq \xi$ enthält, und daß $q(m) \leq m$ gilt.) Ist

$$m = \prod_p p^{\mu_p}$$

die kanonische Primfaktorzerlegung von m, dann ist

$$2^{\nu(m)} = \prod_{p \neq 2} 2^{\mu_p} \geq \prod_{p \neq 2} (1 + \mu_p) = \prod_{p \neq 2} \tau(p^{\mu_p}) = \sum_{\substack{d|m \\ 2 \nmid d}} 1,$$

wobei τ die Teileranzahlfunktion ist. Daher gilt

$$
\begin{aligned}
Q &\geq \sum_{m \leq \xi} \Big(\frac{1}{m} \sum_{\substack{d|m \\ 2 \nmid d}} 1 \Big) \\
&= \sum_{\substack{dt \leq \xi \\ 2 \nmid d}} \frac{1}{dt} \\
&\geq \Big(\sum_{\substack{d \leq \sqrt{\xi} \\ 2 \nmid d}} \frac{1}{d} \Big) \cdot \Big(\sum_{t \leq \sqrt{\xi}} \frac{1}{t} \Big) \\
&\geq \frac{1}{2} \cdot \Big(\sum_{\substack{d \leq \sqrt{\xi} \\ 2 \nmid d}} \frac{1}{d} \cdot \big(1 + \frac{1}{2} + \frac{1}{4} + \ldots \big) \Big) \cdot \Big(\sum_{t \leq \sqrt{\xi}} \frac{1}{t} \Big) \\
&\geq \frac{1}{2} \cdot \Big(\sum_{t \leq \sqrt{\xi}} \frac{1}{t} \Big)^2 > \frac{1}{8} \log^2 \xi.
\end{aligned}
$$

Man erhält nun

$$\pi^{(2)}(x) \;\leq\; \xi + S(\mathcal{A}, \mathcal{P}) \leq \xi + \frac{x}{Q} + \xi^2 Q^2$$

$$\leq\; \xi + \frac{8x}{\log^2 \xi} + \xi^2 \cdot 4\xi^2 < \frac{8x}{\log^2 \xi} + 5\xi^4.$$

Wählt man $\xi = \sqrt[8]{x}$, dann ergibt sich

$$\pi^{(2)}(x) < 512 \cdot \frac{x}{\log^2 x} + 5 \cdot \sqrt{x}.$$

Wegen $\xi \geq 4$ muß dabei $x \geq 4^8$ gelten. Wegen $\sqrt{x} < \frac{x}{\log^2 x}$ ergibt sich schließlich für $x \geq 4^8$

$$\pi^{(2)}(x) < 517 \cdot \frac{x}{\log^2 x}. \quad \square$$

Satz 6: Die Reihe

$$\sum_{\substack{p \text{ prim} \\ p+2 \text{ prim}}} \frac{1}{p}$$

konvergiert.

Beweis: Ist $(p_n, p_n + 2)$ der n-te Primzahlzwilling, dann ist nach Satz 5

$$n < c \cdot \frac{p_n}{\log^2 p_n},$$

also

$$\frac{1}{p_n} < \frac{c}{n \log^2 p_n} < \frac{c}{n \log^2 n},$$

und die Behauptung folgt aus der Konvergenz der Reihe

$$\sum_{n=1}^{\infty} \frac{1}{n \log^2 n}. \quad \square$$

Bemerkung: In Verallgemeinerung von Satz 5 gilt für jede natürliche Zahl k für die Anzahl $\pi^{(k)}(x)$ der Primzahlpaare $(p, p+k)$ mit $p \leq x$ die Abschätzung

$$\pi^{(k)}(x) < c \cdot \frac{k}{\varphi(k)} \cdot \frac{x}{\log^2 x}$$

mit einer positiven Konstanten c. Den Beweis von Satz 5 muß man dann an einigen Stellen etwas modifizieren. Es ist jetzt

$$\mathcal{A} = (1 \cdot (1 + k),\ 2 \cdot (2 + k),\ \ldots,\ n \cdot (n + k)) \quad \text{mit } n \leq [x].$$

Ferner ist $\varrho(d)$ die Anzahl der Lösungen von $i(i + k) \equiv 0 \bmod d$, und es gilt $\varrho(p) = 1$, falls $p|k$, $\varrho(p) = 2$, falls $p \nmid k$. Man muß nun

$$S(\mathcal{A}, \mathcal{P}) = \sum_{\substack{i=1 \\ \mathrm{ggT}(i(i+k), P)=1}}^{n} 1 \leq \frac{x}{Q} + \xi^2 Q^2$$

abschätzen. Während die Abschätzung von Q nach oben nur unwesentlich zu ändern ist, muß bei der Abschätung von Q nach unten die Bedeutung von $\nu(m)$ geändert werden; jetzt ist nämlich $\nu(m)$ die Anzahl der Primteiler von m (mit ihrer jeweiligen Vielfachheit gezählt), die keine Teiler von k sind. Dann ergibt sich

$$Q \geq \sum_{\substack{m \leq \xi \\ \mathrm{ggT}(d,k)=1}} \Big(\frac{1}{m} \sum_{\substack{d|m \\ }} 1\Big) = \sum_{\substack{dt \leq \xi \\ \mathrm{ggT}(d,k)=1}} \frac{1}{dt} \geq \Big(\sum_{\substack{d \leq \sqrt{\xi} \\ \mathrm{ggT}(d,k)=1}} \frac{1}{d}\Big) \cdot \Big(\sum_{t \leq \sqrt{\xi}} \frac{1}{t}\Big),$$

nach Multiplikation mit

$$\frac{k}{\varphi(k)} = \prod_{p|k} \Big(1 - \frac{1}{p}\Big)^{-1}$$

also

$$\begin{aligned} Q \cdot \frac{k}{\varphi(k)} &\geq \Big(\sum_{d \leq \sqrt{\xi}} \frac{1}{d}\Big) \cdot \prod_{p|k} \Big(1 - \frac{1}{p}\Big)^{-1} \cdot \Big(\sum_{t \leq \sqrt{\xi}} \frac{1}{t}\Big) \\ &\geq \Big(\sum_{t \leq \sqrt{\xi}} \frac{1}{t}\Big)^2 \geq \frac{1}{4} \log^2 \xi. \end{aligned}$$

Damit erklärt sich der gegenüber Satz 5 hinzutretende Faktor $\frac{\varphi(k)}{k}$, der in Satz 5 als $\frac{1}{2}$ in der Konstanten c untertaucht.

VIII.5 Zur Goldbachschen Vermutung

In VII.4 haben wir zum Beweis des Satzes von GOLDBACH-SCHNIRELMANN die in folgendem Satz angegebene Abschätzung für die Anzahl der Darstellungen einer Zahl als Summe von zwei Primzahlen benutzt.

Satz 7: Für die Anzahl $r(n)$ der Darstellungen von n als Summe von zwei Primzahlen gilt mit einer positiven Konstanten c

$$r(n) \leq c \prod_{p|n} \Big(1 + \frac{1}{p}\Big) \cdot \frac{n}{\log^2 n}.$$

Beweis: Wir beschränken uns auf eine gerade Zahl $n \geq 6$, da die Aussage des Satzes in den anderen Fällen trivial ist. Zunächst gilt

$$r(n) = \sum_{p_1+p_2=n} 1 \leq \sum_{\substack{p_1+p_2=n \\ p_1 \leq \sqrt{n}}} 1 + \sum_{\substack{p_1+p_2=n \\ p_2 \leq \sqrt{n}}} 1 + \sum_{\substack{p_1+p_2=n \\ p_1,p_2 > \sqrt{n}}} 1 \leq 2\sqrt{n} + s(n)$$

mit

$$s(n) = \sum_{\substack{p_1+p_2=n \\ p_1,p_2 > \sqrt{n}}} 1,$$

wobei die Summationsvariablen p_1, p_2 für Primzahlen stehen. Es sei ξ eine reelle Zahl mit $1 < \xi < \sqrt{n}$; wegen $\sqrt{n} < \frac{n}{2}$ für $n \geq 6$ ist also insbesondere $\xi < \frac{n}{2}$. Ferner sei

$$\mathcal{A} = (1 \cdot (n-1),\ 3 \cdot (n-3),\ 5 \cdot (n-5),\ \ldots,\ (n-1) \cdot 1)$$

und $\mathcal{P}$ die Menge aller Primzahlen p mit $p \nmid n$ und $p \leq \xi$, weiterhin sei P das Produkt dieser Primzahlen. Dann ist

$$s(n) \leq S(\mathcal{A}, \mathcal{P}) = \sum_{\substack{i=1 \\ \mathrm{ggT}(a_i, P)=1}}^{\frac{n}{2}} 1$$

mit

$$a_i = (2i-1)(n-2i+1) \quad (i = 1, 2, \ldots, \frac{n}{2}).$$

Ist $\varrho(k)$ für $k \in \mathbb{N}$ die Anzahl der Lösungen von $t(n-t) \equiv 0 \bmod k$, dann ist ϱ multiplikativ und es gilt für eine Primzahl p

$$\varrho(p) = 1,\ \text{falls } p|n, \quad \varrho(p) = 2,\ \text{falls } p \nmid n.$$

Für $p \in \mathcal{P}$ gilt also stets $\varrho(p) = 2$, für $d|P$ also $\varrho(d) = 2^{\omega(d)}$, wobei $\omega(d)$ die Anzahl der Primteiler von d bedeutet. Für die Funktionen α und R aus Satz 1 gilt für $p \in \mathcal{P}$ bzw. $d|P$

$$\alpha(p) = \frac{p}{2} \quad \text{bzw.} \quad \alpha(d) = \frac{d}{2^{\omega(d)}}$$

sowie

$$|R(d)| \leq \frac{d}{\alpha(d)} = 2^{\omega(d)}.$$

Nun ist

$$S(\mathcal{A}, \mathcal{P}) \leq \frac{n}{2Q} + \xi^2 Q^2$$

mit

$$Q = \sum_{\substack{d|p \\ d \leq \xi}} \left(\prod_{p|d} (\alpha(p) - 1) \right)^{-1}.$$

Dieser Term muß nach oben und nach unten abgeschätzt werden.

1) Wegen $2 \notin \mathcal{P}$ ist $\alpha(p) - 1 \geq \frac{1}{2}$ für alle $p \in \mathcal{P}$ und daher

$$Q \leq \sum_{\substack{d|P \\ d \leq \xi}} 2 \leq 2\xi.$$

2) Nach Satz 3 ist

$$Q = \sum_{\substack{m=1 \\ q(m)|P \\ q(m) \leq \xi}}^{\infty} \frac{1}{\alpha(m)} = \sum_{\substack{m=1 \\ q(m)|P \\ q(m) \leq \xi}}^{\infty} \frac{2^{\Omega(m)}}{m} \geq \sum_{\substack{m \leq \xi \\ \mathrm{ggT}(m,n)=1}} \frac{2^{\Omega(m)}}{m},$$

wobei $\Omega(m)$ die Anzahl aller (nicht notwendig verschiedenen) Primfaktoren von m und $q(m)$ der quadratfreie Kern von m ist. Dann gilt

$$2^{\Omega(m)} \geq \tau(m),$$

wobei $\tau(m)$ die Anzahl der Teiler von m bedeutet. Es ist also

$$Q \geq \sum_{\substack{m \leq \xi \\ \mathrm{ggT}(m,n)=1}} \frac{\tau(m)}{m}.$$

Multipliziert man mit

$$\prod_{p|n} \left(1 - \frac{1}{p} \right)^{-1} = \prod_{p|n} \left(\sum_{j=0}^{\infty} \frac{1}{p^j} \right),$$

dann ergibt sich

$$\prod_{p|n} \left(1 - \frac{1}{p} \right)^{-1} \cdot Q \geq \sum_{k \leq \xi} \left(\frac{1}{k} \sum_{\substack{st=k \\ q(t)|n}} \tau(s') \right),$$

wobei s' der größte zu n teilerfremde Teiler von s ist. Nun gilt

$$\sum_{\substack{st=k \\ q(t)|n}} \tau(s') = \tau(k),$$

wie man folgendermaßen erkennt: Es sei

$$k = k_1 k_2,$$

wobei k_1 nur Primteiler von n und k_2 keine Primteiler von n enthält. Dann gilt in obiger Summe

$$s' = k_1 \quad \text{und} \quad t | k_2.$$

Also ist

$$\sum_{\substack{st=k \\ q(t)|n}} \tau(s') = \tau(k_1) \sum_{t|k_2} 1 = \tau(k_1)\tau(k_2) = \tau(k).$$

Es ergibt sich nach Beispiel 3 (5) aus V.4

$$\prod_{p|n} \left(1 - \frac{1}{p} \right)^{-1} \cdot Q \geq \sum_{k \leq \xi} \frac{\tau(k)}{k} \geq A \log^2 \xi$$

mit einer positiven Konstanten A. Es folgt

$$r(n) \leq 2\sqrt{n} + \prod_{p|n} \left(1 - \frac{1}{p} \right)^{-1} \cdot \frac{n}{2A \log^2 \xi} + \xi^2 \cdot 4\xi^2.$$

17*

Nun ist

$$\prod_{p|n}\left(1-\frac{1}{p}\right)^{-1} \le C \cdot \prod_{p|n}\left(1+\frac{1}{p}\right)$$

mit

$$C = \prod_{p}\left(1-\frac{1}{p^2}\right)^{-1}.$$

Es gilt daher

$$r(n) \le \prod_{p|n}\left(1+\frac{1}{p}\right) \cdot \frac{Cn}{2A\log^2\xi} + 2\sqrt{n} + 4\xi^4.$$

Nun wählen wir $\xi = \sqrt[8]{n}$ und erhalten

$$r(n) \le \frac{4C}{A} \cdot \prod_{p|n}\left(1+\frac{1}{p}\right) \cdot \frac{n}{\log^2 n} + 6\sqrt{n}.$$

Wegen $\sqrt{n} < \frac{n}{\log^2 n}$ für $n \ge 2$ ergibt sich schließlich mit $c = \frac{2C}{A} + 6$ die Behauptung des Satzes. $\square$

VIII.6 Quadratsummen und Stammbruchsummen

In VII.5 (Anwendung 2 zu Satz 14) haben wir gezeigt, daß die Menge aller als Summe von zwei Quadraten darstellbaren Zahlen die natürliche Dichte 0 hat. Jetzt wollen wir dies nochmals beweisen, indem wir eine obere Abschätzung für die als Summe zweier Quadrate zu schreibenden Zahlen $\le x$ herleiten. Wir benötigen dabei die Abschätzung

$$(*) \qquad \prod_{\substack{p\le x \\ p\equiv 3\bmod 4}}\left(1-\frac{1}{p}\right)^{-1} \ge A \cdot \sqrt{\log x}$$

mit einer positiven Konstanten A, welche wir zunächst beweisen wollen: Für $a \in \{1,3\}$ gilt

$$2 \cdot \sum_{\substack{p\le x \\ p\equiv a\bmod 4}}\frac{1}{p} = \sum_{p\le x}\frac{1}{p} + (-1)^{\frac{a-1}{2}}\sum_{p\le x}\frac{(-1)^{\frac{p-1}{2}}}{p}.$$

Wegen der Konvergenz der Reihe $\sum_{p}(-1)^{\frac{p-1}{4}} \cdot \frac{1}{p}$ (vgl. VI.7 Aufgabe 11) ist also

$$\sum_{\substack{p\le x \\ p\equiv a\bmod 4}}\frac{1}{p} = \frac{1}{2}\sum_{p\le x}\frac{1}{p} + O(1)$$

$$= \frac{1}{2}\log\log x + O(1)$$

$$= \log(\sqrt{\log x}) + O(1)$$

(vgl. VI.2 Satz 5). Es folgt wegen

$$\log\left(\prod_{\substack{p\leq x \\ p\equiv a\bmod 4}}\left(1-\frac{1}{p}\right)^{-1}\right) = \sum_{\substack{p\leq x \\ p\equiv a\bmod 4}}\frac{1}{p} + O(1)$$

die Beziehung

$$\prod_{\substack{p\leq x \\ p\equiv a\bmod 4}}\left(1-\frac{1}{p}\right)^{-1} = e^{O(1)}e^{\log(\sqrt{\log x})} = e^{O(1)}\cdot\sqrt{\log x}$$

und damit (∗).

Nun formulieren wir den Satz über die Anzahl der Quadratsummen.

Satz 8: Es sei $q(x)$ die Anzahl der natürlichen Zahlen $\leq x$, die als Summe von zwei Quadraten darzustellen sind. Dann gilt mit einer positiven Konstanten c für hinreichend großes x

$$q(x) \leq c\cdot\frac{x}{\sqrt{\log x}}.$$

Beweis: Wir benutzen die Tatsache, daß eine Zahl genau dann Summe von zwei Quadraten ist, wenn sie in ihrer kanonischen Primfaktorzerlegung Primzahlen der Restklasse 3 mod 4 nur mit geraden Exponenten enthält. Eine solche Zahl ist dann in der Form $a^2 k$ zu schreiben, wo k durch keine Primzahl p mit $p \equiv 3 \bmod 4$ teilbar ist. Wenn $T(x)$ die Anzahl der nur aus 2 und Primzahlen der Restklasse 1 mod 4 zusammengesetzten Zahlen $\leq x$ bedeutet, dann gilt

$$q(x) \leq \sum_{a\leq\sqrt{x}} T\left(\frac{x}{a^2}\right),$$

denn aus $a^2 k \leq x$ folgt $a \leq \sqrt{x}$ und $k \leq \frac{x}{a^2}$. Nun wollen wir $T(x)$ nach oben abschätzen. Dazu sei ξ eine reelle Zahl mit $\xi \geq 2$, ferner

$$\mathcal{A} = (1,\ 2,\ 3\ldots,\ n)\quad \text{mit}\quad n = [x]$$

und $\mathcal{P}$ die Menge aller Primzahlen p mit

$$p \leq \xi \quad \text{und} \quad p \equiv 3 \bmod 4$$

sowie P das Produkt dieser Primzahlen. Dann ist

$$T(x) \leq S(\mathcal{A},\mathcal{P}) = \sum_{\substack{i=1 \\ \mathrm{ggT}(i,P)=1}}^{n} 1.$$

Wegen

$$\sum_{\substack{i=1 \\ d|i}}^{n} 1 = \frac{n}{d} + R(d)\quad \text{mit}\quad |R(d)| \leq 1$$

ist in Satz 1

$$\alpha(d) = d \quad \text{für} \quad d|P$$

zu wählen. Es ergibt sich

$$S(\mathcal{A}, \mathcal{P}) \le \frac{x}{Q} + \xi^2 Q^2$$

mit

$$Q = \prod_{\substack{p \le \xi \\ p \equiv 3 \bmod 4}} \left(1 - \frac{1}{p}\right)^{-1}.$$

Wir müssen Q nach oben und nach unten abschätzen.

1) Es gilt einerseits

$$Q \le \prod_{p \le \xi} \left(1 - \frac{1}{p}\right)^{-1} = O(\log \xi).$$

2) Andererseits ist nach $(*)$

$$Q \ge A \cdot \sqrt{\log \xi}.$$

Es folgt

$$T(x) \le \frac{x}{A \cdot \sqrt{\log \xi}} + O(\xi^2 \log^2 \xi),$$

also

$$q(x) \le \sum_{a \le \sqrt{x}} T\left(\frac{x}{a^2}\right) \le \frac{x}{A \cdot \sqrt{\log \xi}} \cdot \sum_{a \le \sqrt{x}} \frac{1}{a^2} + O(\sqrt{x} \cdot \xi^2 \log^2 \xi)$$

$$\le B \cdot \frac{x}{\sqrt{\log \xi}} + O(\sqrt{x} \cdot \xi^2 \log^2 \xi)$$

mit

$$B = \frac{1}{A} \cdot \sum_{a=1}^{\infty} \frac{1}{a^2}.$$

Beim O-Glied beachte man, daß eine (bisher noch offengelassene) monotone Abhängigkeit zwischen ξ und x gilt. Dies nutzen wir aus, indem wir

$$\xi = x^\alpha \quad \text{mit} \quad \frac{1}{2} + 2\alpha < 1,$$

setzen, so daß das O-Glied von kleinerer Größenordnung ist als das Hauptglied. Setzen wir etwa $\xi = \sqrt[5]{x}$, dann folgt

$$q(x) \le 5B \cdot \frac{x}{\sqrt{\log x}} + O(x^{0,9} \cdot \log^2 x)$$

$$= c \cdot \frac{x}{\sqrt{\log x}} + o\left(\frac{x}{\sqrt{\log x}}\right). \quad \square$$

Satz 8 erlaubt eine interessante Anwendung auf die Darstellung von Brüchen der Form $\frac{4}{n}$ als Summe von verschiedenen Stammbrüchen. Da in der altägyptischen Arithmetik mit Stammbrüchen (statt wie heute mit Dezimalzahlen) gerechnet wurde, nennen wir eine solche Darstellung eines Bruchs eine *ägyptische Darstellung*. Zunächst ist klar, daß jeder Bruch $\frac{z}{n}$ mit $1 < z < n$ als eine endliche Summe von verschiedenen Stammbrüchen zu schreiben ist. Eine solche ägyptische Darstellung kann man z.B. mit einem von FIBONACCI angegebenen Algorithmus gewinnen: Man spalte von $\frac{z}{n}$ den größtmöglichen Stammbruch $\frac{1}{k}$ ab, so daß der Rest nicht negativ ist, und verfahre mit dem Rest in gleicher Weise. So ergibt sich z.B.

$$\frac{4}{17} = \frac{1}{5} + \frac{1}{29} + \frac{1}{1233} + \frac{1}{3039345}.$$

Oft existieren aber ägyptische Darstellungen mit weniger Summanden und kleineren Nennern, als sie dieser Algorithmus liefert (vgl. Aufgaben 6 und 7); im vorliegenden Fall ist z.B.

$$\frac{4}{17} = \frac{1}{6} + \frac{1}{15} + \frac{1}{510}$$

eine sehr viel schönere Darstellung.

Man kann zeigen, daß für jede natürliche Zahl a ein Bruch existiert, zu dessen ägyptischer Darstellung mindestens a Stammbrüche benötigt werden. Andererseits ist folgende Vermutung geäußert worden:

Für alle Brüche $\frac{z}{n}$ mit einem festen Zähler z existiert ein (von z abhängiges) $n_0 > z$ derart, daß für $n \geq n_0$ der Bruch eine ägyptische Darstellung mit höchstens drei Summanden besitzt.

Natürlich interessiert man sich dabei nur für reduzierte Brüche, es sei also im folgenden stets $\mathrm{ggT}(z,n) = 1$ vorausgesetzt.

Für $z = 2$ und $z = 3$ ist die Vermutung offensichtlich richtig:

$$\frac{2}{n} = \frac{1}{k} + \frac{1}{kn} \quad \text{mit } k = \frac{n+1}{2} \quad \text{für } n > 2 \text{ und } 2 \nmid n;$$

$$\frac{3}{n} = \frac{1}{k} + \frac{1}{kn} \quad \text{mit } k = \frac{n+1}{3} \quad \text{für } n > 3 \text{ und } n \equiv -1 \bmod 3;$$

$$\frac{3}{n} = \frac{1}{k} + \frac{2}{kn} \quad \text{mit } k = \frac{n+2}{3} \quad \text{für } n > 3 \text{ und } n \equiv +1 \bmod 3.$$

Dabei muß in der letzten Darstellung $\frac{2}{kn}$ gemäß der erstgenannten Darstellung ersetzt werden, falls kn ungerade ist, so daß sich eine ägyptische Darstellung mit drei Summanden ergibt. (Der bekannte fast 4000 Jahre alte *Papyrus Rhind* enthält eine $\frac{2}{n}$-Tabelle, aus welcher ägyptische Darstellungen von Brüchen der Form $\frac{2}{n}$ mit ungeradem $n \leq 101$ abzulesen sind. Die Darstellungen entsprechen aber nicht alle unserer obigen Formel.) Bezeichnen wir mit $a(z,n)$ die Mindestzahl der Summanden in einer ägyptischen Darstellung von $\frac{z}{n}$, so ist also $a(2,n) \leq 2$ und $a(3,n) \leq 3$ für alle $n \in \mathbb{N}$ mit $n > 2$ bzw. $n > 3$.

Der erste nichttriviale Fall der obigen Vermutung ergibt sich für $n = 4$. In diesem Fall stammt die Vermutung von ERDÖS (1950). Der folgende Satz besagt, daß *fast alle* Brüche $\frac{4}{n}$ eine ägyptische Darstellung mit höchstens *zwei* Summanden besitzen.

Satz 9: Die Menge $\{n \geq 5 \mid a(4, n) > 2\}$ hat die natürliche Dichte 0.

Beweis: Ist p eine Primzahl mit $p \equiv 3 \bmod 4$, dann ist

$$\frac{4}{p} = \frac{1}{k} + \frac{1}{kp} \quad \text{mit} \quad k = \frac{p+1}{4},$$

also

$$\frac{4}{pm} = \frac{1}{km} + \frac{1}{kpm} \quad \text{für alle} \quad m \in \mathbb{N}.$$

Folglich gilt $a(4, n) > 2$ höchstens dann, wenn alle Primteiler von n der Restklasse 1 mod 4 angehören. Dann ist n aber eine Summe von zwei Quadraten, so daß sich Satz 9 aus Satz 8 ergibt.   □

In Aufgabe 5 soll gezeigt werden, daß *genau dann* $a(4, n) > 2$ gilt, wenn alle Primteiler von n der Restklasse 1 mod 4 angehören, wenn also n keinen Teiler d mit $d \equiv 3 \bmod 4$ besitzt.

Satz 9 gilt allgemeiner auch für $a(z, n)$; *fast alle* Brüche besitzen also eine ägyptische Darstellung mit höchstens *zwei* Summanden. Dies ist die Aussage des folgenden Satzes, der auf [Hofmeister/Stoll 1985] zurückgeht.

Satz 10: Es sei z eine feste natürliche Zahl und $a(z, n)$ die kleinstmögliche Anzahl von Summanden in einer ägyptischen Darstellung von $\frac{z}{n}$. Dann gilt

$$|\{n \leq x \mid \mathrm{ggT}(z, n) = 1, \ a(z, n) > 2\}| = O\left(x \cdot (\log x)^{-\frac{1}{\varphi(z)}}\right).$$

Beweis: Aus der Menge der natürlichen Zahlen mit $n \leq x$ sollen solche Zahlen gestrichen werden, für welche $a(z, n) \leq 2$ gilt. Dies gilt jedenfalls für diejenigen n, die einen Primteiler p mit

$$p \equiv -1 \bmod z \quad \text{oder} \quad p \equiv -n \bmod z$$

besitzen. Denn ist $pq = n$ und $p = -1 + rz$ bzw. $p = -n + rz$ $(q, r \in \mathbb{N})$, dann ist

$$\frac{z}{n} = \frac{1}{rq} + \frac{1}{rn} \quad \text{bzw.} \quad \frac{z}{n} = \frac{1}{r} + \frac{1}{rq}.$$

Zweckmäßigerweise führen wir die Streichungen zunächst in einer primen Restklasse mod z durch, wir betrachten also für $0 < s < z$ und $\mathrm{ggT}(s, z) = 1$ zunächst nur die Menge der $n \in \mathbb{N}$ mit $n \leq x$ und $n \equiv s \bmod z$. Aus dieser streichen wir die n, die durch eine Primzahl $p \leq \xi$ mit $p \equiv -1 \bmod z$ oder $p \equiv -s \bmod z$ ($\equiv -n \bmod z$) teilbar sind, also lauter Zahlen n mit $a(z, n) \leq 2$. Dabei ist $\xi = \xi(x)$ eine reelle Zahl, über die wir später so verfügen, daß sie in Abhängigkeit von x monoton unbeschränkt wächst. Ist $\mathcal{P}$ die Menge dieser Primzahlen, dann ist

$$
\begin{aligned}
A(s) &:= \left| \{ n \le x \mid n \equiv s \bmod z \text{ und } a(z,n) > 2 \} \right| \\
&\le \left| \left\{ u \le \frac{x}{z} \;\middle|\; a(z, zu+s) > 2 \right\} \right| \\
&\le \left| \{ u \le y \mid p \nmid zu+s \text{ für } p \in \mathcal{P} \} \right| =: B(s)
\end{aligned}
$$

mit $y = \frac{x}{z}$. Setzen wir noch

$$
\mathcal{A} := \{ zu+s \mid u \le y \} \quad \text{und} \quad P = \prod_{p \in \mathcal{P}} p,
$$

dann ist in den Bezeichnungen von Satz 1

$$
B(s) = S(\mathcal{A}, \mathcal{P}) = \sum_{\substack{u \le y \\ \mathrm{ggT}(zu+s, P)=1}} 1.
$$

Wegen $\mathrm{ggT}(z,s) = 1$ ist auch $\mathrm{ggT}(z,d) = 1$ für $d \mid P$, die Kongruenz $zu + s \equiv 0 \bmod d$ hat für $d \mid P$ also genau eine Lösung mod z. Daher gilt

$$
\sum_{\substack{u \le y \\ d \mid uz+s}} 1 = \frac{y}{d} + R(d) \quad \text{mit} \quad |R(d)| \le 1.
$$

Somit können wir VIII.2 Satz 1 mit $\alpha(d) = d$ und daher $\gamma(d) = \varphi(d)$ benutzen; die Konstanten c_1, c_2 in Satz 1 haben hier beide den Wert 1. Es gilt also

$$
B(s) \le \frac{y}{Q} + \xi^2 Q^2
$$

mit

$$
Q = \sum_{\substack{d \mid P \\ d \le \xi}} \frac{1}{\varphi(d)}.
$$

Nun muß Q nach oben und nach unten abgeschätzt werden. Zunächst ist

$$
\begin{aligned}
Q \le \sum_{d \mid P} \frac{1}{\varphi(d)} &= \prod_{p \in \mathcal{P}} \left(1 + \frac{1}{\varphi(p)} \right) \\
&= \prod_{p \in \mathcal{P}} \left(1 - \frac{1}{p} \right)^{-1} \le \prod_{p \le \xi} \left(1 - \frac{1}{p} \right)^{-1} \\
&= e^{\sum_{p \le \xi} \left(\frac{1}{p} + \frac{1}{2} \left(\frac{1}{p} \right)^2 + \frac{1}{3} \left(\frac{1}{p} \right)^3 + \dots \right)} \\
&= e^{\log \log \xi + O(1)} \le c_3 \log \xi
\end{aligned}
$$

mit einer Konstanten c_3. Ferner gilt

$$
\begin{aligned}
\prod_{p \in \mathcal{P}} \left(1 - \frac{1}{p}\right)^{-1} &= \prod_{p \in \mathcal{P}} \left(1 + \frac{1}{\varphi(p)}\right) \\
&= \sum_{\substack{d \mid P \\ d \leq \xi}} \frac{1}{\varphi(d)} + \sum_{\substack{d \mid P \\ d > \xi}} \frac{1}{\varphi(d)} \\
&\leq Q + \frac{1}{\varphi(p)} \cdot \sum_{t \mid P} \frac{1}{\varphi(t)} \\
&= Q + \frac{1}{\varphi(p)} \cdot \prod_{p \in \mathcal{P}} \left(1 - \frac{1}{p}\right)^{-1},
\end{aligned}
$$

wenn p die kleinste Primzahl > 2 aus $\mathcal{P}$ ist. (Daß $\mathcal{P}$ eine solche Primzahl enthält, ist aufgrund des Primzahlsatzes von DIRICHLET gewährleistet, da ξ mit x unbeschränkt wachsen soll.) Also ergibt sich mit $c_4 = 1 - \frac{1}{\varphi(p)} > 0$

$$
Q \geq c_4 \cdot \prod_{p \in \mathcal{P}} \left(1 - \frac{1}{p}\right)^{-1}.
$$

Nun gilt

$$
\log \prod_{p \in \mathcal{P}} \left(1 - \frac{1}{p}\right)^{-1} \geq \sum_{p \in \mathcal{P}} \frac{1}{p} = \frac{\delta}{\varphi(z)} \cdot \log \log \xi + O(1)
$$

mit

$$
\delta = \begin{cases} 1, & \text{falls } s \equiv 1 \bmod z \\ 2, & \text{falls } s \not\equiv 1 \bmod z \end{cases}
$$

(vgl. (2) aus VI.5 Bemerkung), also existiert eine Konstante $c > 0$ mit

$$
Q \geq c \cdot (\log \xi)^{\frac{\delta}{\varphi(z)}}.
$$

Wir setzen nun

$$
\xi = y^{\frac{1}{2}} (\log y)^{-\varrho}
$$

mit $y = \frac{x}{z}$ und einem noch nicht näher bestimmten $\varrho > 0$. Dann ist

$$
B(s) = O\left(y \cdot (\log y)^{-\frac{\delta}{\varphi(z)}}\right) + O\left(y \cdot (\log y)^{-2\varrho + 2}\right).
$$

Setzen wir

$$
\varrho = 1 + \frac{\delta}{2\varphi(y)},
$$

dann folgt

$$
B(s) = O\left(y \cdot (\log y)^{-\frac{\delta}{\varphi(z)}}\right).
$$

Mit $y = \frac{x}{z}$ liefert dies auch

$$B(s) = O\left(x \cdot (\log x)^{-\frac{\delta}{\varphi(z)}}\right),$$

weil z eine fest gewählte Zahl ist. Daraus folgt

$$|\{n \leq x \mid \mathrm{ggT}(z,n) = 1,\ a(z,n) > 2\}|$$

$$= \sum_{\substack{0 < s < z \\ \mathrm{ggT}(s,z)=1}} A(s) \leq \sum_{\substack{0 < s < z \\ \mathrm{ggT}(s,z)=1}} B(s)$$

$$\leq \varphi(z) \cdot \max_{\substack{0 < s < z \\ \mathrm{ggT}(s,z)=1}} B(s) = O\left(x \cdot (\log x)^{-\frac{1}{\varphi(z)}}\right). \quad \square$$

Für $z = 4$ erhält man aus Satz 10 die Aussage

$$|\{n \leq x \mid \mathrm{ggT}(4,n) = 1,\ a(4,n) > 2\}| = O\left(\frac{x}{\sqrt{\log x}}\right).$$

Betrachtet man die Restklassen $n \equiv -1 \bmod 4$ und $n \equiv 1 \bmod 4$ getrennt, so ergibt sich im ersten Fall wegen $a(2,n) = 2$ für $n \equiv -1 \bmod 4$ eine Trivialität, im zweiten Fall

$$|\{n \leq x \mid n \equiv 1 \bmod 4,\ a(4,n) > 2\}| = O\left(\frac{x}{\sqrt{\log x}}\right).$$

Dies gibt die richtige Größenordnung an. Denn genau dann ist $a(4,n) > 2$, wenn alle Primfaktoren von n zur Restklasse $1 \bmod 4$ gehören, wenn also n ungerade und Summe von zwei teilerfremden Quadratzahlen ist (vgl. IV.5 Satz 13), und die Anzahl dieser n mit $n \leq x$ läßt sich nach unten durch $c \cdot \frac{x}{\sqrt{\log x}}$ mit $c > 0$ abschätzen [Kano 1969].

Verschiedene Algorithmen zur Konstruktion ägyptischer Darstellungen findet man in [Bleicher 1972]. Eine Literaturübersicht enthält Abschnitt D 11 in [Guy 1981].

VIII.7 Aufgaben

1. Bestimme beim Sieb des ERATOSTHENES für $\mathcal{A} = (1,2,3,\ldots,100)$ und $\mathcal{P} = \{2,3,5,7\}$ den Fehler, den man bei Ersetzung von

$$\sum_{d|210} \mu(d) \left[\frac{100}{d}\right] \quad \text{durch} \quad \sum_{d|210} \mu(d) \cdot \frac{100}{d}$$

machen würde. Bestimme auch den Fehler, den man bei Ersetzung von

$$\sum_{d|210} \mu(d) \left[\frac{100}{d}\right] \quad \text{durch} \quad \sum_{d|30} \mu(d) \left[\frac{100}{d}\right]$$

machen würde.

2. Wie groß ist der Fehler, mit dem sich $\pi(500)$ beim Sieb des ERATOSTHENES ergibt, wenn man statt mit 2, 3, 5, 7, 11, 13, 17, 19 nur mit den Primzahlen 2, 3, 5 siebt ?

3. Beweise mit Hilfe der SELBERGschen Siebmethode:

$$\limsup_{x \to \infty} \frac{\pi(x)}{\frac{x}{\log x}} \le 2.$$

4. Zeige mit Hilfe der Überlegungen im Beweis von Satz 4:

$$\limsup_{x \to \infty} \frac{\pi_m(x)}{\frac{x}{\varphi(m) \log x}} \le 4.$$

5. Es sei n eine ungerade Zahl ≥ 5 und $a(4,n)$ die Mindestzahl der Stammbrüche in einer ägyptischen Darstellung von $\frac{4}{n}$. Beweise:

a) Genau dann ist $a(4,n) = 2$, wenn es Teiler x, y von n mit $4|x + y$ gibt.

b) Genau dann ist $a(4,n) > 2$, wenn jeder Primteiler von n zur Restklasse 1 mod 4 gehört.

6. Es seien z, n natürliche teilerfremde Zahlen mit $z < n$, und $a(z,n)$ sei die Mindestzahl der Stammbrüche in einer ägyptischen Darstellung des Bruchs $\frac{z}{n}$. Beweise:

a) Genau dann ist $a(z,n) = 2$, wenn es Teiler x, y von n mit $z|x + y$ gibt.

b) Ist $z \ge 3$ und n eine Primzahl mit $n \equiv 1 \mod z$, dann ist $a(z,n) > 2$. Ist dagegen n eine Primzahl mit $n \equiv -1 \mod z$, dann ist $a(z,n) = 2$. Die letzte Behauptung gilt auch, wenn n keine Primzahl ist.

7. Es sei $\frac{z}{n}$ ein echter Bruch, und es sei

$$n = rs \quad \text{mit} \quad r < z \quad \text{und} \quad n \equiv -1 \mod (z - r).$$

Zeige, daß $\frac{z}{n}$ dann eine ägyptische Darstellung mit drei Summanden besitzt. (Die Fälle $r = 1, 2, 3$ werden in FIBONACCIs *Liber abbaci* behandelt.)

8. a) Zeige, daß der Algorithmus von FIBONACCI zur Bestimmung einer ägyptischen Darstellung von $\frac{z}{n}$ höchstens z Summanden liefert.

b) Zeige, daß sich für $n \equiv 1 \mod (z!)$ genau z Summanden ergeben; bestimme für $z = 5$ und $n = 5! + 1$ eine ägyptische Darstellung mit weniger als fünf Summanden.

VIII.8 Lösungen der Aufgaben

1. $\sum\limits_{d|210} \mu(d) \left(\dfrac{100}{d} - [\dfrac{100}{d}] \right) = \dfrac{6}{7}$;   der Wert $3 - 1 + \sum\limits_{d|30} \mu(d)[\dfrac{100}{d}] = 28$ ist um 3 zu groß.

2. Es ist $\pi(500) = 95$; bei Siebung nur mit 2, 3, 5 ergibt sich ein zu großer Wert, nämlich 146.

3. In den Bezeichnungen aus VIII.1 ist

$$\pi(x) \leq 1 + \pi(\xi) + \frac{x}{Q} + \xi^2 Q^2 \text{ mit } Q = \prod_{p \leq \xi} \left(1 - \frac{1}{p} \right)^{-1}$$

Es gilt

$$\log Q = \sum_{p \leq \xi} \log \frac{1}{1 - \frac{1}{p}} = \sum_{p \leq \xi} \sum_{i=1}^{\infty} \frac{1}{i} (\frac{1}{p})^i < \sum_{p \leq \xi} \frac{1}{p} + \sum_{i=1}^{\infty} \frac{1}{i^2},$$

wegen $\sum_{p \leq \xi} \frac{1}{p} = \log\log \xi + O(1)$ somit $Q \leq c \log \xi$ mit einer Konstanten c. Wie in Satz 4 (VIII.2) zeigt man $Q > \log \xi$. Es folgt

$$\pi(x) \leq \xi + \frac{x}{\log \xi} + c^2 \xi^2 \log^2 \xi.$$

Es sei nun $\varepsilon > 0$ und $\xi = x^{\frac{1}{2+\varepsilon}}$. Dann ist

$$\pi(x) \leq \xi = x^{\frac{1}{2+\varepsilon}} + (2 + \varepsilon) \cdot \frac{x}{\log x} + \left(\frac{c}{2 + \varepsilon} \right)^2 \cdot x^{\frac{2}{2+\varepsilon}} \cdot \log^2 x,$$

also

$$\frac{\pi(x)}{\frac{x}{\log x}} \leq x^{-\frac{1+\varepsilon}{2+\varepsilon}} \cdot \log x + (2 + \varepsilon) + \left(\frac{c}{2 + \varepsilon} \right)^2 \cdot x^{-\frac{\varepsilon}{2+\varepsilon}} \cdot \log x,$$

und dies strebt für $x \to \infty$ gegen $2 + \varepsilon$.

4. Im Beweis von Satz 4 ergibt sich $\pi_m(x) \leq \frac{x}{\varphi(m) \log \xi} + O(\xi^4)$. Mit $\xi = x^{\frac{1}{4} - \varepsilon}$ und $0 < \varepsilon < \frac{1}{4}$ wird

$$\pi_m(x) \leq \frac{4}{1 - 4\varepsilon} \cdot \frac{x}{\varphi(m) \log x} + O(x^{1-4\varepsilon}).$$

5. a) Ist $\frac{4}{n} = \frac{1}{x} + \frac{1}{y}$ mit $d = \text{ggT}(x, y)$ und $x = du$, $y = dv$, dann ist $4duv = n(u + v)$ und somit $u|n$, $v|n$ und $4|u + v$. Ist umgekehrt $a|n$, $b|n$ und $4|a + b$, ferner $d = \text{ggT}(a, b)$, $a = du$, $b = dv$, dann ist $uv|n$ und $4|u + v$ wegen $2 \nmid d$; mit $n = tuv$ ist dann $n(u + v) = uvt(u + v) = 4ruv$ mit $r = t \cdot \frac{u+v}{4}$. Es folgt $4 \cdot ru \cdot rv = n(ru + rv)$, also $\frac{4}{n} = \frac{1}{ru} + \frac{1}{rv}$. Dabei ist $u \neq v$, da andernfalls $a = b$ wäre, wegen $4|2a$ also $2|a$ und somit $2|n$.

b) Es ist schon in VIII.6 gezeigt, daß $a(4, n) = 2$, wenn n einen Teiler d mit $d \equiv 3 \bmod 4$ besitzt. Ist umgekehrt $a(4, n) = 2$, dann existieren nach a) Teiler

u, v von n mit $\mathrm{ggT}(u, v) = 1$ und $4 | u + v$. Folglich liegt eine der Zahlen u, v in $1 \bmod 4$, die andere in $3 \bmod 4$, so daß n einen Teiler $\equiv 3 \bmod 4$ besitzt.

6. a) Ist $\frac{z}{n} = \frac{1}{x} + \frac{1}{y}$ mit $d = \mathrm{ggT}(x, y)$ und $x = du$, $y = dv$, dann ist $zduv = n(u + v)$ und somit $u | n$, $v | n$ und $z | u + v$. Ist umgekehrt $a | n$, $b | n$ und $z | a + b$, ferner $d = \mathrm{ggT}(a, b)$, $a = du$, $b = dv$, dann ist $uv | n$ und $z | u + v$, weil d als Teiler von n zu z teilerfremd ist. Mit $n = tuv$ ist dann $n(u + v) = uvt(u + v) = zruv$ mit $r = t \cdot \frac{u+v}{z}$. Es folgt $z \cdot ru \cdot rv = n(ru + rv)$, also $\frac{z}{n} = \frac{1}{ru} + \frac{1}{rv}$. Dabei ist $u \neq v$, da andernfalls $a = b$ wäre, wegen $z | 2a$ also $\mathrm{ggT}(z, n) > 1$, wenn wir den trivialen Fall $z = 2$ ausschließen.

b) Es sei $n = p$ (Primzahl). Die Bedingung aus a) führt auf $z | 1 + p$, also $p \equiv -1 \bmod z$, wegen $z \geq 3$ also $p \not\equiv 1 \bmod z$. Ist aber $p \equiv -1 \bmod z$, dann liefert die Konstruktion in a)

$$\frac{z}{p} = \frac{1}{k} + \frac{1}{kp} \quad \text{mit } k = \frac{1+p}{z}.$$

Man verifiziert sofort, daß dabei p nicht unbedingt eine Primzahl sein muß. Es handelt sich hier um die ägyptische Darstellung, welche der Algorithmus von FIBONACCI liefert.

7. Ist $n = q(z - r) - 1$, dann ist $\dfrac{z}{n} = \dfrac{1}{s} + \dfrac{1}{q} + \dfrac{1}{qn}$.

8. a) Ist $n = qz + r$ mit $0 < r < z$, dann ist $\dfrac{z}{n} = \dfrac{1}{q + 1} + \dfrac{z - r}{(q + 1)n}$ der erste Schritt im FIBONACCI-Algorithmus.

b) Ist $n \equiv 1 \bmod (z!)$, dann ist $q \equiv 0 \bmod ((z - 1)!)$ (vgl. a)), also $(q + 1)n \equiv 1 \bmod ((z - 1)!)$, so daß die Behauptung per Induktion folgt. Um $\frac{5}{121}$ ägyptisch darzustellen, beachte man $a(4, 121) = 2$; es ist

$$\frac{5}{121} = \frac{1}{33} + \frac{1}{121} + \frac{1}{363}.$$

Literatur

AIGNER, A., Zahlentheorie, de Gruyter Berlin 1975

AMITSUR, S.A., Arithmetic linear transformations and abstract prime number theorems, Canad. J. Math. 13 (1961), 83–109; 21 (1969), 1–5

APOSTOL, T.M., Introduction to analytic number theory, Springer New York 1976

BACHMANN, P., Niedere Zahlentheorie I, II, Teubner Leipzig 1902/1910, Nachdruck Chelsea Publ. Comp. New York 1968

BACHMANN, P., Grundlehren der Neueren Zahlentheorie, Göschen Leipzig 1907

BAKER, A., A concise introduction to the theory of numbers, Cambrige Univ. Press, Cambridge 1984

BEUTELSPACHER, A., PETRI, B., Der Goldene Schnitt, BI Wissenschaftsverlag Mannheim 1988

BLEICHER, M.N., A new algorithm for the expansion of Egyptian fractions, J. Number Theory 4 (1972), 342–382

BOREWICZ, S.I., SAFAREVIC, I.R., Zahlentheorie, Birkhäuser Basel 1966

BORHO, W., Über die Fixpunkte der k-fach iterierten Teilersummenfunktion, Mitt. d. Math. Ges. Hamburg IX/5 (1969), 34–48

BORHO, W., Befreundete Zahlen — Ein zweitausend Jahre altes Thema der elementaren Zahlentheorie, in: W. Borho (Hrsg.), Lebendige Zahlen, Birkhäuser Basel (1981), 5–38

BORHO, W., BUHL, J., HOFFMANN, H., MERTENS, S., NEBGEN, E., RECKOW, R., Große Primzahlen und befreundete Zahlen: Über den Lucas-Test und Thabit-Regeln, Mitt. d. Math. Ges. Hamburg XI/2 (1983), 232–256

BORHO, W., HOFFMANN, H., Breeding amicable numbers in abundance, Math. Comp. 46/173 (1986), 281–293

BRAUER, A., SHOCKLEY, J.E., On a problem of Frobenius, J. reine angew. Math. 211 (1962), 215–220

BRILLHART, J., LEHMER, D. H., SELFRIDGE, J. L., New primality criteria and factorisation of $2^m \pm 1$, Math. Comp. 29 (1975), 620–647

BRILLHART, J., LEHMER, D. H., SELFRIDGE, J. L., TUCKERMAN, B., WAGSTAFF, S. S., Factorizations of $b^n \pm 1$, $b = 2, 3, 5, 6, 7, 10, 11, 12$ up to high powers, Contemp. Math. AMS 22 Providence 1983

BRUN, V., La série $\frac{1}{3} + \frac{1}{5} + \frac{1}{11} + \frac{1}{13} + \frac{1}{17} + \frac{1}{19} + \frac{1}{29} + \frac{1}{31} + \frac{1}{41} + \frac{1}{43} + \frac{1}{59} + \frac{1}{61} + \ldots$, où les dénominateurs sont „nombres premiers jumeaux" est convergente ou finie, Bull. Sci. Math. (2) 43 (1919), 100–104, 124–128

BUNDSCHUH, P., Einführung in die Zahlentheorie, Springer Berlin 1988

484

BURTON, D.M., Elementary number theory, Allyn and Bacon Boston 1976

CARMICHAEL, R.D., Diophantine analysis, Dover Publ. New York 1915

CASHWELL, E.D., EVERETT, C.J., The ring of number-theoretic functions, Pac. J. Math. 9 (1959), 975–985

CHANDRASEKHARAN, K., Introduction to analytic number theory, Springer Berlin 1968

CHEN, J.R., On the representation of a large even integer as the sum of a prime and the product of at most two primes I, II, Sci. Sinica 16 (1973), 157–176, 21 (1978), 421–430

DAVENPORT, H., Multiplicative number theory, Markham Chicago 1967

DICKSON, L.E., History of the theory of numbers I, II, III, Chelsea Publ. Comp. New York 1971 (Nachdruck der Erstausgabe von 1919 ff.)

DICKSON, L.E., Modern elementary theory of numbers, Univ. of Chicago Press Chicago 1939

DIOPHANT, Arithmetika Bücher IV bis VII: Jacques Sesiano, Books IV to VII of Diophantus' Arithmetica in the arabic translation attributed to Qusta ibn Luqa, Springer New York 1982

DOUBILET, P., ROTA, G.-C., STANLEY, R., On the foundations of combinatorial theory (VI): The idea of generating functions, Proc. 6th Berkeley Symp. Math. Stat. Prob. 2 (1970), 267–318

ERDÖS, P., GRAHAM, R.L., On a linear diophantine problem of Frobenius, Acta Arith. 21 (1972), 399–408

FALTINGS, G., Endlichkeitssätze für abelsche Varietäten über Zahlkörpern, Invent. Math. 73 (1983), 349–366

FIBONACCI (LEONARDO PISANO), Liber abbaci. Herausgegeben von Baldassarre Boncompagni, Tipografia delle scienze matematiche e fisiche, Rom 1857

FIBONACCI (LEONARDO PISANO), Liber quadratorum/The Book of Squares, An annotated translation into modern English by L. E. Sigler, Academic Press Orlando 1987

FLATH, D.E., Introduction to number theory, John Wiley & Sons New York 1989

FREY, G., Elementare Zahlentheorie, Vieweg Braunschweig 1984

GIOIA, A.A., The theory of numbers, Markham Chicago 1970

GROSSWALD, E., Topics from the theory of numbers, Macmillan New York 1966

GRANVILLE, A., Primality testing and Carmichael numbers, Notices AMS 39 (1992), 696–700

GROSSWALD, E., Representations of integers as sums of squares, Springer New York 1985

GUNDLACH, K.-B., Einführung in die Zahlentheorie,
BI Wissenschaftsverlag Mannheim 1972

GUTHMANN, A., Primzahltests und Pseudoprimzahlen,
Bayreuther Math. Schr. 21 (1986), 101–116

GUY, R.K., Unsolved problems in number theory, Springer New York 1981

HALBERSTAM, H., RICHERT, H.-E., Sieve Methods,
Academic Press London 1974

HALBERSTAM, H., ROTH, K.F., Sequences I,
Oxford Univ. Press Oxford 1966

HARDY, G.H., LITTLEWOOD, J.E.,
Some problems of „partitio numerorum" III, Acta Math. 44 (1923), 1–70

HARDY, G.H., WRIGHT, E.M., An introduction to the theory of numbers,
Clarendon Oxford 1960^4

HASSE. H., Vorlesungen über Zahlentheorie, Springer Berlin 1950

HASSE, H., Über die Bernoullischen Zahlen,
Leopoldina 8/9 (1962/1963), 159–167

HEASLET, M.A., USPENSKY, J.V., Elementary number theory,
McGraw-Hill New York 1939

HECKE, E., Vorlesungen über die Theorie der algebraischen Zahlen,
Akad. Verlagsgesellschaft Leipzig 1923,
Nachdruck Chelsea Publ. Comp. New York 1970

HOFMEISTER, G., Asymptotische Abschätzungen für dreielementige Extremal-
basen in natürlichen Zahlen, J. reine angew. Math. 232 (1968), 77–101

HOFMEISTER, G., Die dreielementigen Abschnittsbasen,
J. reine angew. Math. 339 (1983), 207–214

HOFMEISTER, G., Einige gelöste und ungelöste Probleme aus der Zahlentheorie, in: Zahlen, Codes und Computer; Arbeitsgruppe für Lehrerfortbildung am
FB Mathematik U Mainz 1985

HOFMEISTER, G., STOLL, P., Note on Egyptian fractions,
J. reine angew. Math. 362 (1985), 141–145

HUA LOO KENG, Introduction to number theory, Springer Berlin 1982

INDLEKOFER, K.-H., Zahlentheorie, Birkhäuser Basel 1978

KANO, T., On the number of integers representable as the sum of two squares,
J. Fac. Shinshu Univ. 4 (1969), 57–69

KIRFEL, C., On extremal bases for the h-range problem I,
Preprint Univ. of Bergen 1989

KIRFEL, C., Extremale asymptotische Reichweitenbasen, Mat. Inst. Univ. Bergen 1992; erscheint in Acta Arithmetica

KNOPFMACHER, J., Introduction to abstract analytic number theory and its
applications, North Holland Amsterdam/Oxford 1975

KNOPP, K., Theorie und Anwendung der unendlichen Reihen,
Springer Berlin 1947[4]

KRANAKIS, E., Primality and cryptography,
John Wiley & Sons New York/ Teubner Stuttgart 1986

LANDAU, E., Vorlesungen über Zahlentheorie, Hirzel Leipzig 1927

LEHMER, D.H., On Lucas's test for the primality of Mersenne's numbers,
J. London math. Soc. 10 (1935), 162–165

LEHMER, D.N., On the congruences connected with certain magic squares,
Trans. AMS 31 (1929), 529–551

LEONARDO PISANO, s. Fibonacci

LEVEQUE, W.J., Topics in number theory, Addison-Wesley Reading 1956

LONG, C.T., Elementary introduction to number theory,
Heath Lexington 1972[2]

LÜNEBURG, H., Kombinatorik, Birkhäuser Basel 1971

LÜNEBURG, H., Vorlesungen über Zahlentheorie, Birkhäuser Basel 1978

LÜNEBURG, H., Galoisfelder, Kreisteilungskörper und Schieberegisterfolgen,
BI Wissenschaftsverlag Mannheim 1979

LÜNEBURG. H., Vorlesungen über Analysis,
BI Wissenschaftsverlag Mannheim 1981

LÜNEBURG, H., Kleine Fibel der Arithmetik,
BI Wissenschaftsverlag Mannheim 1987

LÜNEBURG, H., Leonardi Pisani liber abbaci oder Lesevergnügen eines
Mathematikers, BI Wissenschaftsverlag Mannheim 1992

McCARTHY, P.J., Introduction to arithmetical functions,
Springer New York 1986

MORDELL, L.J., Diophantine equations, Academic Press London 1969

MOSSIGE, S., On the extremal h-range of the postage stamp problem with four
stamp denominations, Inst. Rep. No. 41 (1986), Math. Inst. Univ. Bergen

NAGELL, T., Introduction to number theory,
Chelsea Publ. Comp. New York 1964

NARKIEWICZ, W., Number theory, World Scientific Singapore 1983

NATHANSON, M.B., A short proof of Cauchy's polygonial number theorem,
Proc. A. Math. Soc. 99 (1978), 22–24

NIVEN, I., ZUCKERMAN, H.S., The theory of numbers, John Wiley 1980[4]

ORE, O., Number theory and its history, McGraw Hill New York 1948

OSTMANN, H., Additive Zahlentheorie I, II, Springer Berlin 1956

PARENT, D.P., Exercices de théorie des nombres,
Gauthiers-Villars Paris 1978

PERRON, O., Die Lehre von den Kettenbrüchen, Teubner Leipzig 1913

PRACHAR, K., Primzahlverteilung, Springer Berlin 1957

RABIN, M.O., Probabilistic algorithm for primality testing,
J. Numb. Theory 12 (1980), 128–138

RIBENBOIM, P., The book of prime number records,
Springer New York 1988

RIEGER, G.J., Zahlentheorie, Vandenhoeck & Ruprecht, Göttingen 1976

RIESEL, H., Prime numbers and computer methods for factorization,
Birkhäuser Boston 1987[2]

RIVEST, R.L., SHAMIR, A., ADLEMAN, L., A method for obtaining digital
signatures and public key cryptosystems, Comm. ACM 21 (1978), 120–126

RÖDSETH, Ö., An upper bound for the h-range of the postage stamp problem,
erscheint in Acta Arith.

ROHRBACH, H., Ein Beitrag zur additiven Zahlentheorie,
Math. Z. 42 (1936), 1–30

ROHRBACH, H., Einige neuere Untersuchungen über die Dichte in der additiven
Zahlentheorie, DMV 48 (1939), 199–236

ROSE, H.E., A Course in number theory, Oxford Science Publ. Oxford 1988

SCHARLAU, W., OPOLKA, H., Von Fermat bis Minkowski,
Springer Berlin 1980

SCHEID, H., Arithmetische Funktionen über Halbordnungen I, II,
J. reine angew. Math. 231 (1968), 192–214 und 232 (1968), 207–220

SCHEID, H., Einige Ringe zahlentheoretischer Funktionen,
J. reine angew. Math. 237 (1969), 1–11.

SCHEID, H., Funktionen über lokal endlichen Halbordnungen I, II,
Monatsh. f. Math. 74 (1970), 336–347 und 75 (1971), 44–56

SCHROEDER, M.R., Number theory in science and communication,
Springer Berlin 1986[2]

SCHWARZ, W., Der Primzahlsatz, in: Überblicke Mathematik Band 1,
BI Wissenschaftsverlag Mannheim 1968, 35-61

SCHWARZ, W., Einführung in Methoden und Ergebnisse der Primzahltheorie,
BI Wissenschaftsverlag Mannheim 1969

SCHWARZ, W., Einführung in Siebmethoden der analytischen Zahlentheorie,
BI Wissenschaftsverlag Mannheim 1974

SCHWARZ, W., Einführung in die Zahlentheorie,
Wissenschaftliche Buchgesellschaft Darmstadt 1987[2]

SELMER, E.S., The local postage stamp problem 1,2
Preprint Univ. of Bergen 1986

SHOCKLEY, J.E., Introduction to number theory,
Holt, Rinehart and Weston New York 1967

SIERPINSKI, W., A selection of problems in the theory of numbers,

Pergamon Press New York 1964

SIERPINSKI, W., 250 problems in elementary number theory,
Amer. Elsevier New York 1970

SIERPINSKI, W., Elementary Theory of Numbers,
North-Holland Amsterdam/New York/Oxford 1988^2

SMITH, D.A., Generalized arithmetic function algebras,
Lecture Notes 251 (1972), 205-245

STARK, H.M., A complete determination of the complex quadratic fields of
class-number one, Michigan Math. J. 14 (1967), 1-27

STARK, H.M., An introduction to number theory, Markham Chicago 1970

STÖHR, A., Gelöste und ungelöste Fragen über Basen der natürlichen
Zahlenreihe I, J. reine angew. Math. 194 (1955), 40-65

Trost, E., Primzahlen, Birkhäuser Basel 1968^2

VENKOV, B.A., Elementary number theory,
Wolters-Noordhoff Groningen 1970

WEIL, A., Number Theory: An approach through history. From Hamurapi to
Legendre, Birkhäuser Boston 1983

WOLFART, J., Primzahltests und Primfaktorzerlegung, in: Jahrbuch Überblicke
Mathematik 1981, BI Wissenschaftsverlag Mannheim 1981, 161-188

ZAGIER, D., Die ersten 50 Millionen Primzahlen, in:
W. Borho (Hrsg.), Lebendige Zahlen, Birkhäuser Basel 1981, 39-73

Symbolverzeichnis

Es läßt sich nicht vermeiden, daß einige Symbole (wie etwa $[x]$, F, λ) in mehrfacher Bedeutung auftreten. Aus dem Zusammenhang ergibt sich dann aber die jeweilige Bedeutung. Die Liste ist nicht vollständig, es fehlen allgemein gebräuchliche Symbole sowie solche, die nur von „lokaler" Bedeutung sind.

$\mathbb{N}$, $\mathbb{Z}$, $\mathbb{Q}$, $\mathbb{R}$, $\mathbb{C}$ Menge der natürlichen, ganzen, rationalen, reellen bzw.
    komplexen Zahlen; $\mathbb{N}_0$ Menge der natürlichen Zahlen einschließlich 0

$a|b$ a teilt b; $a \nmid b$ a teilt nicht b

T_a, P_a, V_a Menge der Teiler, Primärteiler bzw. Vielfachen von a

$\mathrm{ggT}(a_1,\ldots,a_n)$ größter gemeinsamer Teiler der Zahlen $a_1,\ldots,a_n$

$\mathrm{kgV}(a_1,\ldots,a_n)$ kleinstes gemeinsames Vielfaches der Zahlen $a_1,\ldots,a_n$

$\binom{a}{b}$ Binomialkoeffizient oder Vektor aus $\mathbb{R}_2$

$\left(\frac{a}{b}\right)$ Legendre-Symbol, Jacobi-Symbol

$\sum_{d|n} f(d)$ Summe der $f(d)$ über alle Teiler d von n

$\sum_p f(p)$, $\prod_p f(p)$ Summe bzw. Produkt der $f(p)$ über alle Primzahlen p

$a = \prod_{i=1}^{\infty} p_i^{\alpha_i}$ kanonische Primfaktorzerlegung von a

$[x]$ Gauß-Klammer, größte ganze Zahl $\leq x$

$[a_0,\ldots,a_n]$ Kettenbruch; $[a_0,\ldots,a_n,\overline{b_1,\ldots,b_m}]$ period. Kettenbruch

P_k, Q_k k-ter Näherungszähler bzw. -nenner eines Kettenbruchs

$[a]$ bzw. $[a]_m$ Restklasse $a \bmod m$

R_m (R_m^*) Menge der (primen) Restklassen $\bmod\, m$

$\approx$ ungefähr gleich; $\sim$ asymptotisch gleich

$o(\ldots)$, $O(\ldots)$ Landau-Symbole

$\mathcal{F}_n$ n-te Farey-Folge

F_n n-te Fibonacci-Zahl oder n-te Fermat-Zahl

M_n n-te Mersenne-Zahl

$\log x$ natürlicher Logarithmus von x

$\tau(n)$ = Anzahl der Teiler von n (Teileranzahlfunktion)

$\sigma(n)$ = Summe der Teiler von n (Teilersummenfunktion)

$\varphi(n)$ = Anzahl der primen Restklassen $\bmod\, n$ (Euler-Funktion)

$\varepsilon(n)$ = 1 für $n = 1$, = 0 für $n > 1$

$\iota(n)$ = 1 für alle $n \in \mathbb{N}$

$o(n)$ = 0 für alle $n \in \mathbb{N}$

$\mu(n)$ Umkehrfunktion von $\iota(n)$ (Möbius-Funktion)

$\nu(n)$ = n für alle $n \in \mathbb{N}$

$\lambda(n)$ = $\log n$ für alle $n \in \mathbb{N}$

$$\Lambda(n) = \begin{cases} \log p, & \text{wenn } n \text{ Potenz der Primzahl } p \\ 0 \text{ sonst} & \text{(Mangoldt-Funktion)} \end{cases}$$

$\omega(n) =$ Anzahl der verschiedenen Primteiler von n

$\Omega(n) =$ Anzahl aller Primteiler von n

$q(n) =$ quadratfreier Kern von n

$e_p(n) =$ Exponent der Primzahl p in der Primfaktorzerlegung von n

$s_p(n) =$ Quersumme von n in der p-adischen Zifferndarstellung

$\chi(n)$, $\chi_k(n)$ Restklassencharakter; $\chi_1(n)$ Hauptcharakter

$r_k(n)$, $R_k(n)$ Anzahl der Darstellungen von n als Summe von k teilerfremden bzw. nicht notwendig teilerfremden Quadraten unter Berücksichtigung der Reihenfolge

$p(n)$, $p_A(n)$ Anzahl der Partitionen von n mit Summanden aus IN bzw. A

$\bar{p}(n)$, $\bar{p}_A(n)$ Anzahl dieser Partitionen mit verschiedenen Summanden

$\alpha \star \beta$ Dirichlet-Produkt der Funktionen α, β

$\alpha \odot \beta$ Cauchy-Produkt oder ein anderes Faltprodukt der Funktionen α, β

$\pi(x) =$ Anzahl der Primzahlen $\leq x$

$\pi_m(x) =$ Anzahl der Primzahlen $\leq x$ in einer primen Restklasse mod m

$\pi^{(2)}(x) =$ Anzahl der Primzahlzwillinge $\leq x$

$\psi(x) =$ Summe der $\Lambda(n)$ für $n \leq x$ (Λ siehe oben)

$\delta(x) = \psi(x) - x$

C Euler-Mascheroni-Konstante

$L(x, \chi)$ Dirichletsche L-Reihe

$\zeta(s)$ Riemannsche Zetafunktion

$\mathcal{E}(x) = \prod_{i=1}^{\infty}(1 - x^i)$

$N_A(x)$ Anzahl der Elemente aus $A \subseteq$ IN, die $\leq x$ sind

δ_A, δ_A^*, δ_A^0 finite, asymptotische bzw. natürliche Dichte von A

$A + B =$ Menge aller $a + b$ mit $a \in A$, $b \in B$ für $A, B \subseteq$ IN$_0$

$hA =$ Menge aller ha mit $a \in A$ für $h \in$ IN und $A \subseteq$ IN$_0$

$g(A)$ Frobenius-Zahl von $A \subseteq$ IN

$n(h, A)$ h-Reichweite von $A \subseteq$ IN$_0$

$n(n, k)$ maximale h-Reichweite einer k-Menge

Namensverzeichnis

Sachverzeichnis